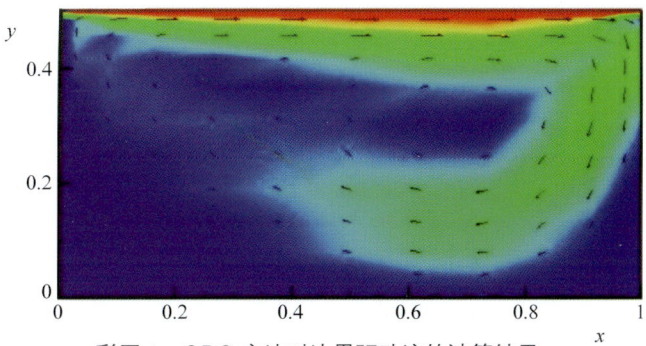

彩图 1　GDQ 方法对边界驱动流的计算结果

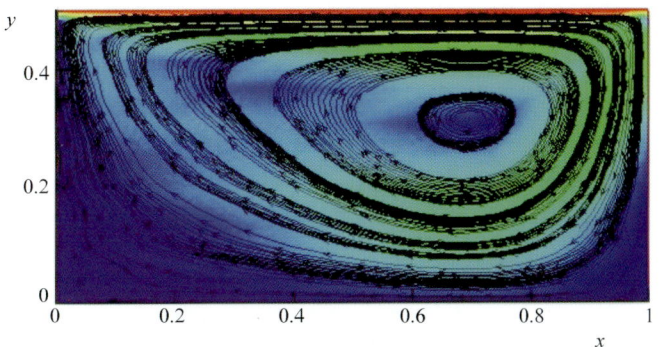

彩图 2　彩图 1 的流线处理结果

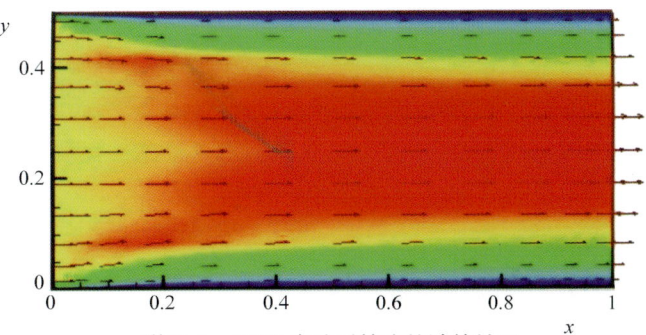

彩图 3　GDQ 方法对管流的计算结果

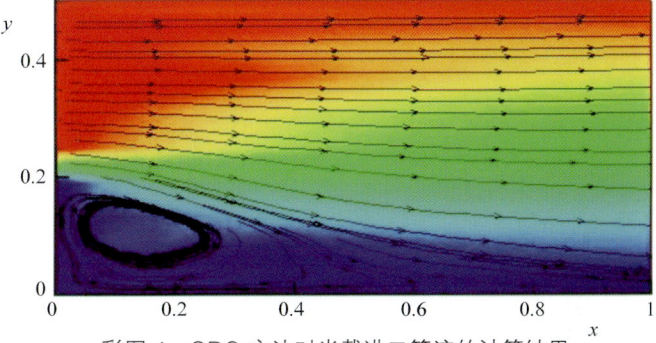

彩图 4　GDQ 方法对半截进口管流的计算结果

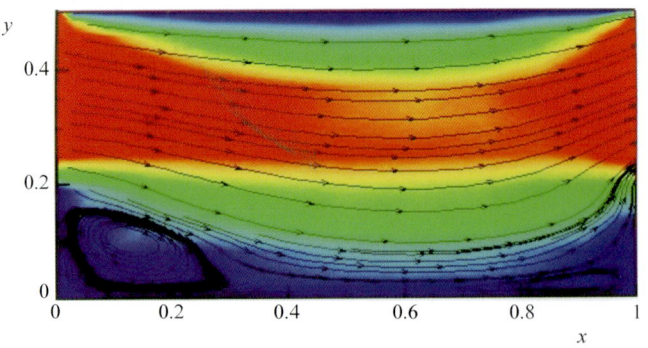

彩图 5 GDQ 方法对 Groove Channel 流的计算结果

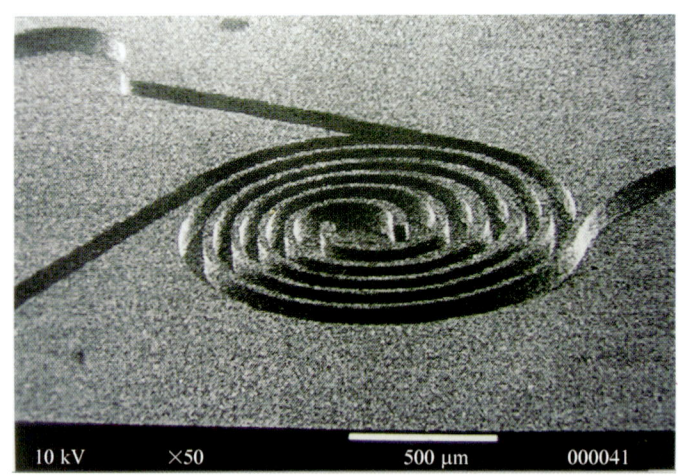

彩图 6 螺旋式微混合器

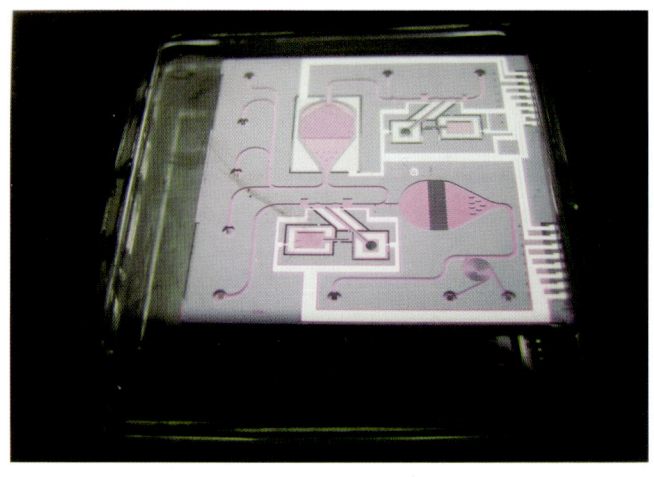

彩图 7 DNA 净化芯片

微流动及其元器件

计光华 计洪苗 编著

Microfluidic Theory and Elements

高等教育出版社

内容简介

微流动是 20 世纪末的新兴学科,是当今活跃的交叉学科之一。它被广泛用于各类芯片、微机电系统 (MEMS)、微机器人及微飞行器等的研究与设计中。本书共设三篇 22 章。第一篇重点介绍微流动基本理论中考虑速度滑移后 Burnett 方程的具体化、数值计算方法及其应用。第二篇介绍引起微流动的各种动力源,例如毛细现象、动电现象、介电电泳、渗透与扩散、附壁现象、微热管、相变现象及流变现象等。第三篇介绍调节和控制微流动的各类元器件以及微流管网,包括微阀、微泵、微混合器、微分离器及微动力机械。

本书适合已具备物理学、流体力学、物理化学等基本知识的大学理工科学生和研究生,以及从事各类芯片、微机电系统 (MEMS)、微机器人、微飞行器等研究、开发、设计、制造的有关科技人员阅读。

图书在版编目(CIP)数据

微流动及其元器件 / 计光华,计洪苗编著. — 北京:高等教育出版社,2009.3

ISBN 978-7-04-025381-8

Ⅰ.微… Ⅱ.①计… ②计… Ⅲ.微流体动力学 Ⅳ. O351.2

中国版本图书馆 CIP 数据核字(2009)第 001595 号

策划编辑	刘占伟	责任编辑	刘占伟	封面设计	刘晓翔
责任绘图	尹 莉	版式设计	王 莹	责任校对	刘 莉
责任印制	陈伟光				

出版发行	高等教育出版社	购书热线	010-58581118
社　　址	北京市西城区德外大街 4 号	免费咨询	800-810-0598
邮政编码	100120	网　　址	http://www.hep.edu.cn
总　　机	010-58581000		http://www.hep.com.cn
		网上订购	http://www.landraco.com
经　　销	蓝色畅想图书发行有限公司		http://www.landraco.com.cn
印　　刷	涿州市星河印刷有限公司	畅想教育	http://www.widedu.com
开　　本	787×1092　1/16		
印　　张	30.5	版　　次	2009 年 3 月第 1 版
字　　数	600 000	印　　次	2009 年 3 月第 1 次印刷
插　　页	1	定　　价	64.00 元

本书如有缺页、倒页、脱页等质量问题,请到所购图书销售部门联系调换。

版权所有　侵权必究

物料号　25381-00

前　言

洛特曼在美国麻省理工学院 2001 年出版的技术评论杂志 "Technology Review" 上撰文指出, 微流动学 (microfluidics) 是未来五年内可改变世界的十大新兴科学技术之一 [其他九项为机器与人脑的接口、塑料晶体管、数据开发 (data mining)、数字知识权利管理、生物统计学 (biometrics)、语言识别处理、微光学技术 (microphotonics)、解开程序代码 (untangling code)、机器人设计]。他列举了一些例子, 如利用极微量的水就可以完成原来需要耗时耗钱的实验; 利用微流动学原理设计的 DNA 分析芯片, 不仅让设备体积大大缩小, 而且还可使分析速度大大加快。

微流动学是一门多学科交叉的新兴学科。它被广泛应用于微机电系统 (MEMS)、生物芯片 (biochip)、芯片微实验室 (lab-on-a-chip)、微全分析系统 (μ-TAS)、微机器人 (microrobot)、微飞行器 (micro air vehicle, MAV), 以及生物体内体液的流动、微生物及昆虫在流体中的运动等各个方面。或者说, 它是一门研究在微空间、微速度、微流量、微动量、微能量等不同条件下工质流动规律及其应用的学科。由于微流动的特殊要求, 微流动学还牵涉产生微流动的微动力源、微流动工质的特性和限制、控制微流动的元器件的材料及其特殊的加工方法、微流动信息的传输及测试方法等。总之, 这是一门在 20 世纪 90 年代才开始发展起来的新兴学科。

微流动的一个重要标志是分子平均自由行程与流动的定性尺寸之比 (称 Knudsen 数) 很大, 接近于 1, 甚至大于 1。这时的流动将出现不连续现象, 因此不仅要考虑流体总体上的运动特性, 而且还要顾及分子本身的运动特性。

微流动有内流和外流两大类。内流是指工质的流动受器壁或场壁 (如电磁场) 的制约, 如生物芯片内生物样品与试剂的流动及其混合与分离, 化学芯片微实验室内工质的流动及其化学反应, 生物体内体液的流动及其生理化学过程等。外流则是指绕流, 是工质在微尺寸表面附近的流动, 如微生物及昆虫在空气或水中的运动, 微飞行器的飞行, Knudsen 边界层内的流动等。微流动不仅研究通常意义下的流动, 而且还包括迁移、蠕动、摄动等。

正是由于上述原因, 微流动学不仅仅是一门单纯的流体力学, 而且还包括热物理、表面物理、分子物理、电磁学、统计力学、物理化学、胶体化学、生物学、材料学、信息学等方方面面。涉及物理学中的力、热、光、电、磁, 物理化学中的混合、分离、吸附、渗透、扩散、溶解, 生物医学中的血液、基因、药物、检测, 材料学中的材料、相变、加工、表面处理, 信息学中的微信息处理、传输及测量等。

至今还没有一本较全面地介绍微流动的书籍问世。本书重点介绍微流动的基本理论、推动微流动的微动力源及调控微流动的元器件三个方面，是国内第一本介绍微流动的科技著作。

本书作者自 1997 年开始接触微流动的课题，一直跟踪至今。作者之一计洪苗在 2000 年完成了《微流动的理论分析及数值模拟》学位论文，并在生物芯片领域从事微流动研究工作至今，在国际杂志及会议上单独或合作发表论文 20 余篇，申请美国及国际专利八项。书中介绍了作者近 10 年的研究成果，也综合介绍了 10 年来各国学者在微流动方面取得的一些典型成果。

全书内容共分成三篇：微流动的基本理论、微流动中的动力源及其引起的微流动、微流动中的元器件及微流管网。

基本理论篇中，从气体分子动力论出发，介绍 Boltzmann 方程的由来及其零阶、一阶和二阶三种近似方程——Euler 方程、Navier-Stokes 方程和 Burnett 方程。重点介绍了二阶近似 Burnett 方程及其在微流动中应用的可能性和具体方程组。对这些非线性偏微分方程组，作者采用了较新的 GDQ 通用微分累加数值计算方法求解，具有耗时少、结构清晰的特点。作者以应用在流体力学中具有经典性的 Couette 流作为例子，利用上述方法进行了大量数值计算，并且考虑了 Knudsen 边界层内速度滑移和温度突跳的影响。在本篇中作者还简要介绍了蒙特卡罗 (Monte Carlo) 直接数值模拟 (DSMC) 方法，并用这一方法对具有滑移边界层的 Couette 流进行了数值模拟计算。与 DSMC 数值计算的结果比较表明，二阶近似式 Burnett 方程适用于 Kn 值稍小的滑移流区。对于 Kn 值较大的过渡区，还有待进一步研究它的收敛性。而 DSMC 方法则可以在更大范围内用于微流动的计算中。

第二篇重点介绍微流动的动力源，包括常规动力源，如压力驱动 (Poiseuille 流)、剪切力驱动 (Couette 流)，以及非常规动力源两部分。非常规动力源是多种多样的，并且还在不断地开发。本书具体介绍了毛细现象及表面张力引起的微流动、动电现象引起的微流动、介电电泳引起的微流动、渗透和扩散现象引起的微流动、附壁现象中的微流动、微型热管中的微流动、相变现象及多相流引起的微流动、流变效应引起的微流动等。

第三篇扼要介绍了在微流动中应用的元器件及微流管网，这是一个相当活跃的实用研究领域。本书从中抽出一些比较典型的微流元器件，作了一些原理性的介绍，主要包括微阀、微泵、微混合器、微分离器、微流道及微动力机械。微阀结构除了传统意义上的舌片阀、膜片阀外，实际上更多的是利用各种物理、化学、生物等效应来实现对微流动的控制，如变截面微阀、附壁式微阀、气泡式微阀、毛细力微阀、流变式微阀、亲液/疏液微阀、凝胶微阀、多相微阀等。根据对微阀的驱动方式，介绍了双金属片、形状记忆合金、压电效应、静电力与电磁力、化学和物理化学作用、气动和热力气动、毛细力等各类微阀。微泵除了传统意义上的机械式微泵外，根据不同的动力源，把非机械式微泵归纳为压力梯度式、浓度梯度式、电位梯度式、磁场梯度式、物理化学变化式以及其他梯度式等，分别作了介绍。微流的很大一个特点是处于层流状态，这对混合过程是一个很大的挑战。本书从强化层流和弱化层流两个方面归纳了目前已经出现的众多微混合器结构。对于微分离器，则根据物理化学过程分别介绍了利用不同尺度、不同扩散度、不同质量进行分离的各种微分离器，以及毛细管电泳、介电电泳等分离方法。根据实际需要，微流道是多种多样的，本书仅就生物芯片上使用的微流道举出几个典型例子，并介绍了微流动中的进口效应（包括层流发展区及动力进口长度、层流进样）、弯道效应等对微流动的影响。最后，在微动力机械中介绍了微流动的最新发展之一——微透平，一个直径只有几毫米的转子叶轮在每分钟 100 万转以上条件下运转，这一神奇的微机械已经实现，它将为未来的微飞行器、微机器人、人工心脏等提供足够的动力。与微发电机相结合，将从根本上解决目前电池尺寸过大、效率较低的问题。

本书的读者对象是已具备物理学、流体力学、物理化学等基本知识的大学理工科学生、研究生及相关科技人员。该书可帮助他们深化已有知识，扩大知识面，以便他们能够很快地进入微流动这一新兴交叉学科的研究中去。

作者要感谢上海交通大学机械与动力工程学院教授、上海市教学名师邹慧君先生对出版本书的热忱鼓励和支持；感谢高等教育出版社自然科学学术出版基金的资助。作者也要向被本书引用相关资料的作者们表示谢意。最后，要感谢妻子/母亲洪伟芬女士、女婿/丈夫王军红先生，没有他们的支持，本书是很难完成的。

计光华　计洪苗
2008 年 5 月

目 录

主要符号说明 ······ I

第1章 绪论 ······ 1
1.1 流动的多样性 ······ 1
1.2 微流动的含义 ······ 2
1.3 微流动的特殊效应 ······ 4
1.3.1 稀薄效应 ······ 5
1.3.2 不连续效应 ······ 6
1.3.3 表面优势效应 ······ 7
1.3.4 低雷诺数效应 ······ 8
1.3.5 多尺度多物态效应 ······ 9
1.4 微流动中的几个关键参数 ······ 10
1.4.1 雷诺数 ······ 10
1.4.2 克努森数 ······ 10
1.4.3 马兰戈尼数 ······ 11
1.5 微流动的应用领域 ······ 12

第一篇 微流动的基本理论

第2章 预备知识——矢量与张量的概念 ······ 15
2.1 矢量的算法 ······ 15
2.1.1 矢量的概念 ······ 15
2.1.2 矢量分析 ······ 18
2.1.3 场论用语 ······ 19
2.2 张量的算法 ······ 22
2.2.1 张量的概念 ······ 22
2.2.2 张量的运算 ······ 25

第 3 章 微流动分析的基础 29
3.1 微流动概述 29
3.1.1 根据克努森数对微流动进行分类 29
3.1.2 微流动的处理方法 30
3.2 气体分子动力论在微流动中的应用 31
3.2.1 基本概念 31
3.2.2 Liouville 定理 32
3.2.3 BBGKY 方程 33
3.2.4 由 BBGKY 方程组求解 Boltzmann 方程 37
3.2.5 用 Chapman–Enskog 方法求解 Boltzmann 方程 42
3.3 Boltzmann 方程的三种近似方程 48
3.3.1 Boltzmann 方程的零阶近似和一阶近似 —— Euler 方程和 Navier–Stokes 方程组 48
3.3.2 Boltzmann 方程的二阶近似 —— Burnett 方程组 52
3.3.3 Boltzmann 方程的三种近似方程的比较及其应用 54
3.4 分子作用力模型及碰撞项中各系数的确定 55

第 4 章 Burnett 方程组的求解方法 59
4.1 Burnett 方程 —— 非线性偏微分方程求解方法简介 59
4.1.1 分析计算方法 59
4.1.2 数值计算方法 59
4.1.3 蒙特卡罗直接模拟法 (DSMC) 61
4.2 用分析法求解 Burnett 方程组 61
4.2.1 三维微流动中的 Burnett 方程 61
4.2.2 二维微流动中的 Burnett 方程 62
4.2.3 不可压缩的一维微流动时的 Burnett 方程 78
4.2.4 可压缩一维定常微流动时的 Burnett 方程 84
4.2.5 可压缩等温一维非定常微流动时的 Burnett 方程 86
4.2.6 细长微流道中等温一维定常流动时的 Burnett 方程 93
4.2.7 微流道中的等温二维非定常流动时的 Burnett 方程 95
4.3 Couette 微流动的 Burnett 方程理论解 103
4.3.1 通用式推导 103
4.3.2 $y-T$ 函数 107
4.3.3 $y-p$ 函数 109
4.3.4 $y-u$ 函数 111

目录

4.4 与 Poiseuille 流相结合的 Couette 流 ··················· 113
4.5 能量方程与传热 ····························· 115

第 5 章 GDQ 方法求解 Burnett 方程组 ··················· 121
5.1 GDQ 方法简介 ····························· 121
    5.1.1 GDQ 方法的提出 ························ 121
    5.1.2 网格的划分 ··························· 123
    5.1.3 二阶及高阶加权系数的求取 ··················· 125
    5.1.4 多维空间中的 GDQ 方法 ····················· 126
5.2 应用 GDQ 方法时的技巧 ························ 127
    5.2.1 网格的选用 ··························· 127
    5.2.2 初值的选取 ··························· 129
    5.2.3 边界条件的确定 ·························· 129
    5.2.4 流动方程组的离散化 ······················· 130
    5.2.5 压力修正量的确定 —— SIMPLE 方法 ············· 130
    5.2.6 迭代方法的选用 —— Gauss-Seidel 方法 ··········· 131
5.3 GDQ 方法在求解不可压缩二维流动的 Navier-Stokes 方程中的应用 ··························· 133
    5.3.1 不可压缩二维流动的 Navier-Stokes 方程 ·········· 133
    5.3.2 基本方程的离散化 ························ 133
    5.3.3 迭代方法及收敛条件 ······················· 135
    5.3.4 边界条件的确定 ·························· 138
    5.3.5 迭代步骤、程序框图及计算结果 ················· 140
5.4 GDQ 方法在求解 Burnett 方程组中的应用 ··············· 143
    5.4.1 不可压缩一维微流动时的 Burnett 方程 ············ 143
    5.4.2 Couette 微流动的 Burnett 方程 ··············· 147

第 6 章 边界层内的流动及阻力系数 ····················· 151
6.1 流体动力边界层 —— 粘性边界层 ··················· 151
    6.1.1 粘性边界层对流动的影响 ···················· 151
    6.1.2 充分发展的进口长度 ······················· 169
6.2 Knudsen 边界层 ····························· 175
6.3 速度滑移 ································· 177
    6.3.1 速度滑移简介 ·························· 177
    6.3.2 速度滑移的产生及其一阶表达式 ················ 178

6.4 温度突跳的产生及其一阶表达式 ·· 180
6.5 速度滑移与温度突跳的计算 ·· 181
    6.5.1 计算中的问题 ··· 181
    6.5.2 高阶速度滑移的处理方法 ·· 181
    6.5.3 动量调节系数与热量调节系数 ·· 183
6.6 考虑速度滑移后微流动的计算 ··· 183
    6.6.1 考虑速度滑移及温度突跳后的管内流动 ···································· 183
    6.6.2 在细长微流道中有速度滑移的微流动 ······································· 186
    6.6.3 有滑移的 Couette 微流动 ·· 192
6.7 边界条件 ·· 199
    6.7.1 正常情况下的边界条件 ··· 199
    6.7.2 影响边界条件的其他因素 ·· 199
6.8 局部流动阻力 ··· 202
    6.8.1 局部流动阻力的概念 ·· 202
    6.8.2 工程上的局部阻力 ··· 202
    6.8.3 微流动元器件中的局部阻力及其利用 ······································· 209

第 7 章 用蒙特卡罗 (Monte Carlo) 直接数值模拟 (DSMC) 方法求解微流动 ········· 217

7.1 DSMC 方法简介 ·· 217
7.2 求解微流动时 DSMC 方法的具体化 ··· 218
7.3 求解 Couette 微流动时 DSMC 方法的步骤及其程序框图 ·················· 220
7.4 DSMC 计算结果与 GDQ 数值计算结果的比较 ································ 221

第 8 章 微流动中的流体及其有关特性 ·· 227

8.1 概述 ·· 227
8.2 空气及其他气体 ·· 229
8.3 水 ··· 231
8.4 溶液 ·· 233
    8.4.1 概述 ·· 233
    8.4.2 两组分全溶流体的相图 ··· 235
    8.4.3 电解质溶液 ··· 239
8.5 胶体溶液 ·· 243
8.6 血液 ·· 248

第二篇 微流动中的动力源及其引起的微流动

第 9 章 微流动中的推动力及其引起的微流动 ········· 261
9.1 微流动中的常规动力 ········· 261
9.1.1 压力驱动管槽内的微流动 —— Poiseuille 流 ········· 261
9.1.2 压力喷管与热力喷管内的微流动 ········· 262
9.1.3 剪切力驱动的微流动 ········· 265
9.2 微流动中的非常规动力 ········· 267
9.2.1 简介 ········· 267
9.2.2 非常规动力源 ········· 267

第 10 章 毛细现象及表面张力引起的微流动 ········· 269
10.1 简介 ········· 269
10.2 弯曲表面下的压力与表面张力 ········· 269
10.3 表面浸润与展布 ········· 272
10.4 粘附功 ········· 274
10.5 表面构形的影响 ········· 277
10.6 毛细现象对微流动的影响 ········· 277
10.6.1 对边界条件的影响 ········· 277
10.6.2 毛细现象所引起的微流动 ········· 278
10.6.3 相变引起的毛细微流动 ········· 279
10.6.4 表面张力梯度驱动对流的量纲一参数 ········· 279
10.6.5 影响表面张力的因素 ········· 280
10.7 毛细现象在微流动中的应用 ········· 285
10.7.1 气泡式微泵 ········· 285
10.7.2 微阀 ········· 286
10.7.3 喷墨打印头 ········· 287
10.7.4 气泡执行器 ········· 287

第 11 章 动电现象引起的微流动 ········· 289
11.1 简介 ········· 289
11.2 产生双电层错位的基本原理 ········· 289
11.3 Stern 面与滑动面 ········· 291
11.4 双电层对微流动的影响 ········· 293
11.5 动电现象在微流动中的应用 ········· 297
11.5.1 电渗流 ········· 297

11.5.2　电泳流 · 298

第 12 章　介电电泳引起的微流动 · 299
12.1　简介 · 299
12.2　介电电泳的基本原理 · 300
12.3　电极的不同几何组合及其介电力 · 304
12.4　高频交流电场中的介电力 · 306
12.5　介电电泳在微流动中的应用 · 307
　　12.5.1　介电电泳流 · 308
　　12.5.2　微粒的操纵 · 309

第 13 章　渗透和扩散现象引起的微流动 · 311
13.1　简介 · 311
13.2　渗透的基本原理及渗透压强 · 312
13.3　扩散现象的基本原理及扩散系数 · 314
13.4　渗透及扩散现象在微流动中的应用 · 317
　　13.4.1　微混合器中的层流扩散混合 · 317
　　13.4.2　渗透泵片剂 · 318

第 14 章　附壁现象中的微流动 · 321
14.1　简介 · 321
14.2　附壁现象的基本原理 · 321
14.3　附壁效应在微流动中的应用 · 327
　　14.3.1　可控制微流放大器 · 327
　　14.3.2　微流振荡器 · 328
　　14.3.3　微阀 · 328
　　14.3.4　Tesla 泵 · 328

第 15 章　微型热管中的微流动 · 331
15.1　简介 · 331
15.2　微型热管的基本工作原理 · 332
15.3　微型热管中的微流动 · 335

第 16 章　相变现象及多相流引起的微流动 · 341
16.1　简介 · 341
16.2　蒸发及气泡的形成 · 341

16.3　冷凝及液滴的形成 ……………………………………………………… 348
16.4　二次液滴的形成与 Weber 数 ………………………………………… 353
16.5　两相流动的基本概念 …………………………………………………… 356
16.6　相变及多相流在微流动中的应用 ……………………………………… 357
　　　16.6.1　相变阀与相变泵 ………………………………………………… 357
　　　16.6.2　多相微流动 ……………………………………………………… 358

第 17 章　流变效应引起的微流动 ……………………………………………… 359
17.1　简介 ……………………………………………………………………… 359
17.2　血液 ……………………………………………………………………… 360
17.3　流变体在微流动中的应用 ……………………………………………… 361

第三篇　微流动中的元器件及微流管网

第 18 章　微阀 ……………………………………………………………………… 365
18.1　微阀的形式 ……………………………………………………………… 365
　　　18.1.1　变截面微阀（缩/扩式微阀）…………………………………… 366
　　　18.1.2　舌片式微阀（悬梁式微阀）…………………………………… 366
　　　18.1.3　膜片式微阀 ……………………………………………………… 369
　　　18.1.4　附壁式微阀 ……………………………………………………… 377
　　　18.1.5　表面张力及气泡式微阀 ………………………………………… 378
　　　18.1.6　电毛细力微阀 …………………………………………………… 379
　　　18.1.7　流变式微阀 ……………………………………………………… 380
　　　18.1.8　凝胶微阀 ………………………………………………………… 380
　　　18.1.9　多相微阀 ………………………………………………………… 381
18.2　微阀的驱动 ……………………………………………………………… 381
　　　18.2.1　双金属片式驱动 ………………………………………………… 382
　　　18.2.2　形状记忆材料驱动 ……………………………………………… 387
　　　18.2.3　压电效应驱动 …………………………………………………… 389
　　　18.2.4　静电力与电磁力驱动 …………………………………………… 390
　　　18.2.5　化学和物理化学作用驱动 ……………………………………… 392
　　　18.2.6　气动与热力气动驱动 …………………………………………… 395
　　　18.2.7　毛细力驱动 ……………………………………………………… 396
　　　18.2.8　其他形式的驱动 ………………………………………………… 397

VII

第 19 章 微泵 ... 399
19.1 微泵的形式 ... 399
19.2 机械式微泵 ... 400
19.2.1 有阀机械式微泵 ... 400
19.2.2 无阀阻差式微泵 ... 401
19.2.3 旋转式微泵 ... 402
19.2.4 其他形式的机械式微泵 ... 403
19.3 非机械式微泵 ... 404
19.3.1 压力梯度微泵 ... 405
19.3.2 浓度梯度微泵 ... 407
19.3.3 电位梯度微泵 ... 407
19.3.4 磁场梯度微泵 ... 412
19.3.5 物理化学变化及其他形式微泵 ... 413

第 20 章 微混合器与微分离器 ... 415
20.1 微混合器的形式 ... 415
20.2 弱化层流型微混合器——被动型 ... 417
20.2.1 多维扰动型 ... 418
20.2.2 弯道二次流型 ... 418
20.2.3 分流型 ... 418
20.2.4 喷注型 ... 418
20.2.5 填床型 ... 419
20.2.6 液滴型 ... 419
20.3 强化层流型微混合器——扩散型 ... 419
20.3.1 多层平行型 ... 419
20.3.2 圣诞树型 ... 419
20.4 弱化层流型微混合器——主动型 ... 420
20.4.1 机械力式 ... 420
20.4.2 电场力式 ... 420
20.4.3 电磁力式 ... 421
20.4.4 超声波式 ... 421
20.5 微分离器 ... 421
20.5.1 利用不同尺度进行分离 ... 421
20.5.2 利用不同扩散度进行分离 ... 422
20.5.3 利用不同质量进行分离 ... 422

20.5.4 毛细管电泳分离 423
　　20.5.5 介电电泳分离 428

第 21 章　微流道及其特点 429
21.1 进口效应 429
　　21.1.1 层流发展区与动力进口长度 429
　　21.1.2 层流进样效应 430
21.2 弯道效应 430
21.3 微流通道 431

第 22 章　微动力机械 437
22.1 简介 437
22.2 微动力循环 437
22.3 微透平 439
　　22.3.1 简介 439
　　22.3.2 微透平膨胀机的计算 440
　　22.3.3 微透平流动损失的分析 445
22.4 微气体轴承 446
　　22.4.1 简介 446
　　22.4.2 静压气体轴承 447
　　22.4.3 典型的微静压气体轴承结构 449

参考文献 451

索引 461

主要符号说明

符号	名称	单位
$\boldsymbol{A}$	Chapman–Enskog 中的矢量函数	—
A	面积	m^2
a	声速	m/s
a	毛细管参数	—
a	热扩散率	m^2/s
a_{ij}	GDQ 中的一阶加权系数	—
$\boldsymbol{B}$	Chapman–Enskog 中的张量函数	—
B	磁感应强度	T
Bo	Bond 数	—
Br	Brinkman 数	—
b_{ij}	GDQ 中的二阶加权系数	—
$\boldsymbol{C}$	随机速度	m/s
C	绝对速度	m/s
C	浓度	mol/L
Ca	毛细数	—
C_D	阻力系数	—
D	扩散系数	cm^2/s
d	距离	m
d_{ij}	压电应变常数	C/N
$\boldsymbol{E}$	电场强度	V/m
E	弹性模量	Pa
Et	Eckert 数	—
e	单位能	J/kg
$\boldsymbol{F}$	电场力、作用力	N
F_i	第 i 个粒子所受的力	N
f	速度分布函数	—
f	摩擦因数	—

I

主要符号说明

符号	名称	单位
g	重力加速度	m/s^2
H	高度	m
h	高度	m
h_S	等熵焓差	J/kg
h_{fg}	潜热	J/kg
$\boldsymbol{I}$	单位张量	—
I	线性碰撞算子	—
$\boldsymbol{i}$	x 方向单位矢量	—
J	碰撞算子	—
J	射流的动量	kg·m/s
J	惯性矩	m^4
$\boldsymbol{j}$	y 方向单位矢量	—
K_a	粒子曲率半径与双电层厚度比	—
K	弹性系数	N/m
Kn	Knudsen 数	—
$\boldsymbol{k}$	z 方向单位矢量	—
k	Boltzmann 常数	J/K
k	比热容比、等熵指数	—
L	定性长度	m
l	长度	m
M	力矩	N·m
Ma	Mach 数	—
Ma	Marangoni 数	—
m	质量	kg
$\dot{m}$	质量流量	kg/s
N_A	阿伏伽德罗常数	—
Nu	Nusselt 数	—
n	粒子数密度	—
n	转速	r/min
$\boldsymbol{P}$	胁强张量	Pa
P	几率密度	—
Pe	Peclet 数	—
Pr	Prandtl 数	—
$\boldsymbol{p}$	粒子广义动量	kg·m/s
$\boldsymbol{p}$	电偶极矩	C·m
p	静压强	Pa
p	展开项顺序	—
Q_E	粒子静电荷	C
$\boldsymbol{q}$	热流矢量	J/(s·m^2)
q	摩尔粒子数	mol^{-1}

符号	名称	单位
q	点电荷	C
q	单位能量损失	J/kg
q	展开项顺序	—
R	气体常数	J/(kg·K)
R	曲率半径	m
Re	Reynolds 数	—
$\boldsymbol{r}$	位置矢量	m
r	半径	m
r	展开项顺序	—
$\boldsymbol{S}$	切变率张量	—
S	质量熵	J/(kg·K)
Sr	Strouhal 数	—
S_s	过饱和度	—
s	展开项顺序	—
T	绝对温度	K
t	时间	s
U	速度	m/s
U_{ij}	粒子 i,j 间相互作用势	—
u	x 方向分速度	m/s
u	圆周速度	m/s
u	单位质量内能	J/kg
u_E	电泳或电渗淌度	m²/(V·s)
V	体积	m³
$\dot{V}$	体积流量	m³/s
v	速度、y 方向分速度	m/s
v	比容	m³/kg
v_E	电泳或电渗速度	m/s
W	单位功	J/m²
W	宽度	m
We	Weber 数	—
W_{ij}	GDQ 中的高阶加权系数	—
w	相对速度	m/s
$\boldsymbol{X}$	单位质量外力	N/kg
$\boldsymbol{x}$	相空间坐标	m
x	直角坐标系 x 方向坐标	m
y	直角坐标系 y 方向坐标	m
α	角度	rad
β	角度	rad
Γ	表面浓度	m²/mol
γ	热膨胀率	K^{-1}
δ	边界层厚度	m

符号	名称	单位
δ	Stern 层厚度	m
ε	介电常数	F/m
ε	微小量	—
ζ	动电电势	V
η	效率	—
θ	接触角	rad
θ_i	热流矢量 q 中的系数	—
κ	热导率	W/(m·K)
λ	分子平均自由行程	m
μ	动力粘度	Pa·s
ν	运动粘度	m²/s
ν	泊松比	—
$\boldsymbol{\xi}$	粒子广义速度	m/s
π	吸附膜表面压力	Pa
ρ	密度	kg/m³
ρ	反动度	—
σ	表面张力	N/m, J/m²
σ	表面电荷	C
σ	正应力	Pa·s
σ	微分碰撞截面	m²
σ_{ij}	张量 $\boldsymbol{P}$ 的分量	N/m²
τ	时间	s
τ	切应力	Pa·s
ϕ	粒子间相互作用力	N
ϕ	电势	V
ϕ	自由焓	J/kg
ψ	表面电势	V
ψ	碰撞总和不变量	—
$\boldsymbol{\Omega}$	立体角元单位矢量	rad
ω	角速度	rad/s
ω	旋度	—
ω	松弛因子	—
ω_i	胁强张量 $\boldsymbol{P}$ 中的系数	—

第 1 章 绪　　论

1.1 流动的多样性

实际的流动是多种多样的，在我们的视野以外，还存在着很多没有直觉感知的流动。下面我们根据这些流动的不同特点，对其作一简要的分类。

从流动的动力来区分，可分为宏动力和微动力两大类。宏动力包括压力差流 (Poiseuille 流)、密度流 (Density 流)、壁面驱动流 (Couette 流)、温度差流、电磁力流等。微动力包括德拜力、静电力、化学键力、离子力等，如动电现象、表面张力、扩散现象等都可归入这一类。

按照边界的状态，流动又可区分为有壁面无滑移流、有壁面滑移流、自由空间流、引射流等。

按照流体本身的特征，则有牛顿流、宾厄姆流 (Bingham)、非牛顿粘滞流、磁电流变流等。

根据分子自由行程影响的程度，又有连续流、滑移流、过渡流、自由分子流。

根据流动的状态则有连续流、间断流、不稳定流、移动流、摄动流、蠕动流等。

随着尺寸的缩小，一些在宏观流动中不易出现或影响不大的因素，到了微流动时就会表现出来，甚至成为微流动的主要因素。因此微流动不仅研究在微尺寸下宏观流动中常见的连续、稳定、牛顿流，还将研究在微流动中表现出来的滑移流、微动力流，甚至是蠕动流、摄动流。

微流动的多样性造成微流动研究的复杂性，它要求有多种学科的互相配合，因此是一门多学科交叉的学科。只有具有多学科的知识，才能更好地分析和研究微流动学。

为此，本书分三部分来介绍微流动。第一部分介绍以分子动力论为基础的 Boltzmann 方程及其零阶、一阶和二阶近似方程 —— Euler 方程、Navier-Stokes 方程和 Burnett 方程。特别对适用于克努森数 (Kn) 较大的非连续流的 Burnett 方程作了较多的分析。采用新的通用微分累加法（GDQ）对非线性微分方程 Burnett 方程进行数值计算，大大加快了研究的进度。并用蒙特卡罗直接数值模拟（DSMC）结果互相印证，使计算结果更趋合理。第二部分分别介绍毛细现象、动电现象、介电电泳、渗透和扩散、附壁现象、相变和多相流及流变效应等作为微动力源而引起的微流动及其应用。第三部分重点介绍微阀、微泵、微混合器和微分离器、微流通道及微动力机械等在微流动中常用的元器件。由于篇幅所限，本书不能涉及微流动的所有领域。

1.2 微流动的含义

人们对自己周围直觉感知到的宏观环境已经有了比较成熟的科学认知，但是对直觉以外领域的认识并不完善。现代科学技术正在深入到人们凭直觉无法感知的各个领域之中。从尺度这方面来说，向大尺度方向的科学研究通过对宇宙飞行技术的发展已经扩展为一个广阔的天地。向小尺度方向的研究从微机电系统（MEMS）开始，也把人们带入到一个崭新的微观领域。不论是大尺度方向研究还是小尺度方向研究，它们都与流体的流动有着不可分割的联系。

既然是流动，当然涉及空间和时间两个范畴。具体地讲，它包含空间、速度、流量、动量、能量等各个方面。因此微流动就应该包括微空间、微速度、微流量、微动量、微能量各个方面。由于微流动具有特殊要求，因此还涉及限制和控制微流动元器件的材料及其特殊的加工方法、微流动信息的传输及其测试方法等。微流动往往与自然界生物体有密切联系，也可以把生物体内的体液流动包括在微流动之内。因此，微流动是一门十分复杂的、多样性的、综合性的新兴交叉学科。到目前为止，微流动学作为微流动这门学科的专门名词所包含的内容，国际学术界还没有取得统一的认识。在一些出版物及研究论文中，有的就某一方面做较深入的探讨，而忽略了另一方面，往往顾此失彼。有的认为应以微空间为主要特征，有的认为应以微流量为基础，有的则从微能量这个角度去考察，有的则侧重于微器件，有的突出微流动元器件材料及其加工方法，也有的以微信息为依据。总之，人们根据研究对象的不同，往往在某一方面加以重点研究和阐述。

本书也不可能面面俱到，还是以"流动"这个主题为主，再以"微"这个前提来限制。因此，本书内容就限制在微空间、微速度、微流量、微动量和微能量上，并把它们统一在"微流动及其元器件"这个总题目下。

既然微流动学是一门新兴的边缘学科，它就不像一般意义上的流体力学那样，纯粹研究流体本身的运动；它更不同于工程流体力学，只研究在宏观压强作用下流体的运动。微流动学研究的内容应包含微流动的动力源、微尺寸下流体的特性、微尺寸下流体的运动、不同动力源作用下流体的微流动、微流动的控制与操纵、微流动通流部分及元器件的材料特性及其加工技术等。微流动学的范畴已经超出一般意义上的流动,它还包括迁移、蠕动、摄动、游动等。微流动学所涉及的流体可以是液体、气体,也可以是气 – 固、液 – 固、气 – 液等多相流体,因此流动过程也包含相变过程、热传递过程、热质交换过程,以及电、声、光、酸、碱等对流体的作用过程等。因此它是一门综合性、多学科的交叉学科,涉及热物理、表面物理、分子物理、电磁学、物理化学、胶体化学、生物学、材料学、信息学等各个方面。包括物理学中的力、热、光、电、磁,物理化学中的混合、分离、吸附、吸收、渗透、扩散、溶解,生物医学中的血液、体液、基因、药品、检测,材料学中的材料特性、加工、表面处理,信息学中的微信息传输、转换和处理等。

事实上,对于"微"的概念也还没有一个统一的认识,有的认为是从尺度上来说的,有的则从流量方面来考虑,更有的是限定在运动区域内,也有认为只考察微能量作用下的流动。我们认为,微流动应包括空间和时间两大因素,即在微尺寸条件下的微流动和在微能作用下的微流动两个部分。微尺寸条件是指在流动过程中至少有一个定性尺寸是在微米级或亚微米级,但流动速度并不一定很低,甚至可以达到声速。微能是指作用于流体质点上的作用力很小,因此流体流动的速度很低,但活动区域的尺度并不一定是很小的。

对于"微"这个前缀字,从科学意义上来说,是指用在计量单位前的一个词头,相当于 10^{-6},即百万分之一,例如 1 微米就是百万分之一米,即 1×10^{-6} m。表 1.1 给出了我国所采用的国际单位制词头的译名及其含义[1]。

表 1.1　国际单位制词头的译名及其含义

中文名称	吉	兆	千	百	十	分	厘	毫	微	纳	皮	飞	阿
英文名称	giga	mega	kilo	hecto	deca	deci	centi	milli	micro	nano	pico	femto	atto
因数	10^9	10^6	10^3	10^2	10^1	10^{-1}	10^{-2}	10^{-3}	10^{-6}	10^{-9}	10^{-12}	10^{-15}	10^{-18}
符号	G	M	k	h	da	d	c	m	μ	n	p	f	a

下面给出目前常见的在自然界生物体中和工程技术中有关的尺度范围。

图 1.1 是长度及其对应的容积关系。

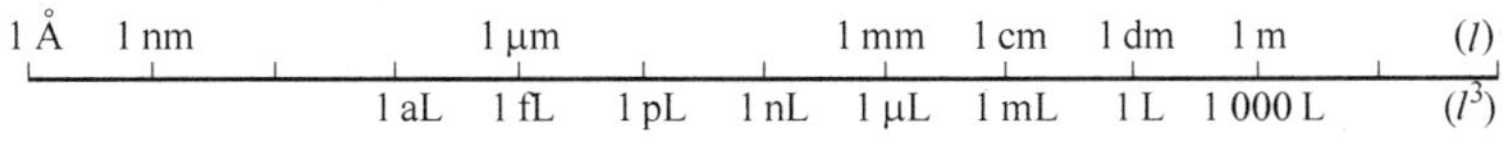

图 1.1　长度及其对应的容积

图 1.2 是自然界生物体中一些物质的尺度。

图 1.3 给出了工艺技术中涉及的一些尺度。

图 1.4 给出了在微流动中一些元器件的尺度。

图 1.5 还给出了目前人类血液诊断分析中典型成分的浓度,可供研究生物医学微流动时参考[2]。浓度单位为每 mL 中典型的分子数或复制数。

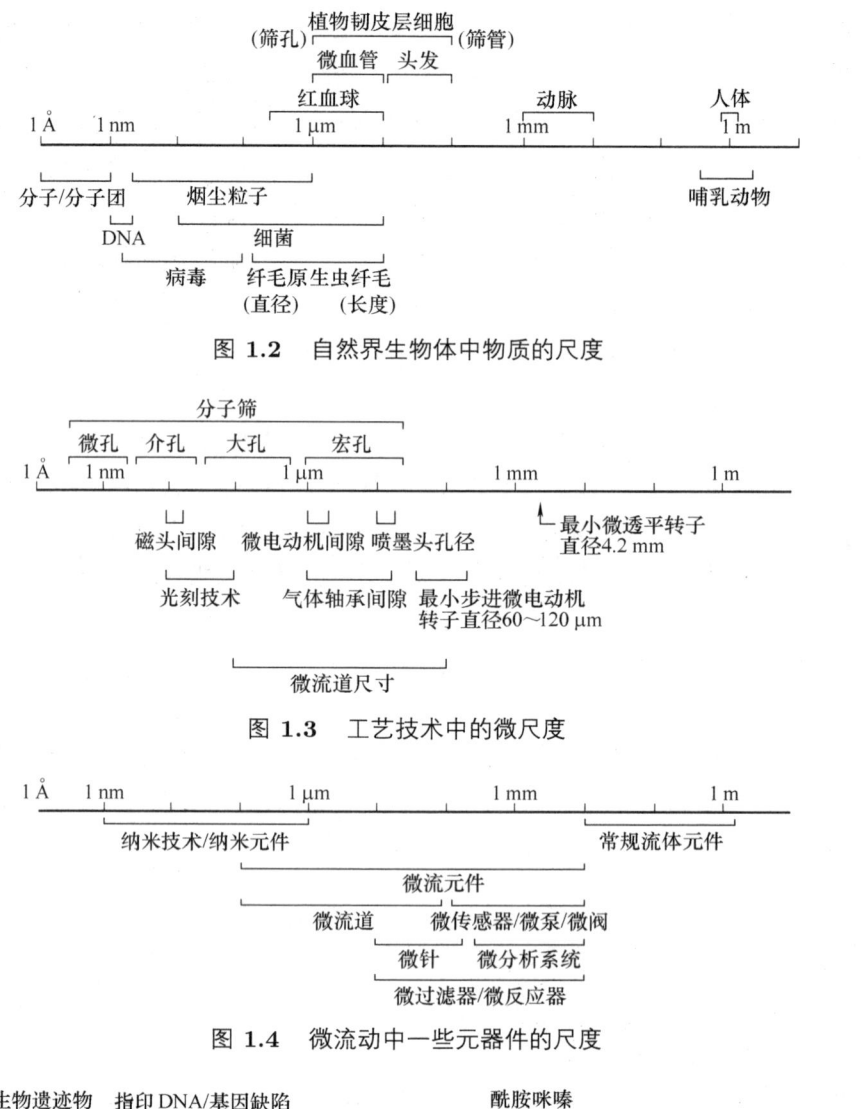

图 1.2　自然界生物体中物质的尺度

图 1.3　工艺技术中的微尺度

图 1.4　微流动中一些元器件的尺度

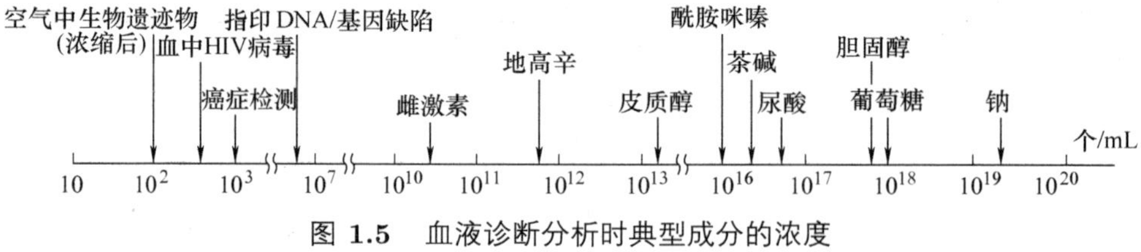

图 1.5　血液诊断分析时典型成分的浓度

1.3　微流动的特殊效应

微流动是指流体在流动过程中至少有一个定性尺寸是在微米级或亚微米级的流动。广义地说,微流动应该包括外流和内流两大部分。也就是说,应包括流体环绕着物体的流动 (外流) 和流体被物体包围着的流动 (内流)。前者如昆虫振翅时气流在翅翼表面上的流动,血液在红、白血球表面上的流动,微型人造飞行器飞翼表面上流体的流动等。后者如流体在细微的管槽、容器及缝隙内的流动等。不管是内流还是外流，它们的定性尺寸都是很小的。为了表征这一特点，通常采用量纲一准则克努森 (Knudsen) 数来表达，简写为 Kn。它的定义是分子平均自由行程 λ 与定性尺寸 L 之比，即

$$Kn = \frac{\lambda}{L} \tag{1.1}$$

当定性尺寸 L 很小时，Kn 将较大，这时必须考虑到由于微流动在小尺寸时引起的特殊效应。这些特殊效应主要有：稀薄效应、不连续效应、表面优势效应、低雷诺数效应、多尺度多物态效应等。

1.3.1 稀薄效应

稀薄效应最早是在研究高空稀薄空气条件下的飞行技术时提出来的。此时，虽然定性尺寸很大，但由于空气稀薄，空气分子的平均自由行程很大，则克努森数 Kn 也可以较大。因此研究微流动中某些物理现象时，可以借鉴高空飞行研究的成果，因为空间技术发展较早，对稀薄气体的研究比较充分。例如，壁面附近的速度滑移和温度突跳就是先从稀薄气体的研究中提出来的。这些概念可以直接用于微流动的研究，但两者却并不完全相似，因为两者还有很多截然不同的其他效应。因此，微流动时克努森数较大，但克努森数较大并不一定就是微流动。

按一般规律，当 $Kn \leq 10^{-3}$ 时为连续介质区；当 $10^{-3} \leq Kn \leq 10^{-1}$ 时，要考虑气体分子平均自由行程的影响，属于滑移区；当 $10^{-1} \leq Kn \leq 10^3$ 时，则处于过渡区，不连续现象突出；当 $Kn \geq 10^3$ 时，连续流概念失效，应采用自由分子流概念。

高空飞行就可能经历上述各个流动区。表 1.2 给出了某一飞行器在高空大气层的不同高度时有关的大气物性及其马赫数 Ma 和雷诺数 Re 值，并由此可以确定该飞行器经历的是哪一个流动区。表中飞行器的定性尺寸为 4 m。根据 Re 的不同，相应的定性尺寸有所不同。当 $Re > 1$ 时，采用边界层厚度 δ 作为定性尺寸，因此

$$Kn = \frac{\lambda}{\delta} = \frac{Ma}{Re^{0.5}} \tag{1.2}$$

表 1.2 某飞行器在大气层中经历的不同区域[3]

高度 H/km	速度 V/(m/s)	密度 ρ/(kg/m³)	声速 a/(m/s)	粘度 μ/(Pa·s)	马赫数 Ma	雷诺数 Re	$\frac{Ma}{Re^{0.5}}$	$\frac{Ma}{Re}$
30	2200	1.7×10^{-1}	290	1.6×10^{-5}	7.6	9.3×10^7	0.008	—
50	5500	2.6×10^{-2}	280	1.5×10^{-5}	19.6	3.8×10^7	0.003	—
70	7800	2.6×10^{-3}	260	1.3×10^{-5}	30.0	6.2×10^6	0.012	—
100	8000	3.9×10^{-6}	280	1.5×10^{-5}	28.2	8.3×10^3	0.310	0.003
120	8000	2.3×10^{-7}	400	2.5×10^{-5}	20.0	1.7×10^2	1.530	0.118
150	8000	2.0×10^{-9}	630	5.3×10^{-5}	12.6	1.2	11.50	10.50

当 $Re < 1$ 时,则用

$$Kn = \frac{Ma}{Re} \tag{1.3}$$

由于在上表所列高度内 Re 数都大于 1,因此可以用 $Ma/Re^{0.5}$ 来确定流动区域。由此可以得出,当海拔高度 $H < 65$ km 时为连续流,65 km $\leqslant H \leqslant 110$ km 时为滑移流,110 km $\leqslant H \leqslant 140$ km 时为过渡流,$H > 140$ km 时为自由分子流 (这里划分流区的 Kn 数范围与前略有不同)。

1.3.2 不连续效应

不连续效应是稀薄效应中的一种。从分子动力论观点来看,流体的宏观参数都是大量分子运动时分子行为概率的宏观表现,因此宏观参数直接与分子运动的行为有关。而分子运动的行为,除了分子本身的移动、转动之外,还有分子之间的碰撞、分子与壁面之间的碰撞。根据分子动力论,分子行为的表现中就包含了碰撞项和非碰撞项两部分。而碰撞项就直接与分子平均自由行程及宏观定性尺寸有关。也就是说与克努森数 Kn 有关。因此克努森数就成为判别稀薄效应影响大小的一个标志参数。上述对流动的分类就是按照 Kn 值的大小来区分的。

碰撞包含分子相互之间的碰撞和分子与壁面之间的碰撞两部分。当分子的数目多到一定程度时,分子行为概率的宏观表现完全可以用统计概念来描述。如果在壁面附近,分子到达壁面时已经有了非常多次的相互之间碰撞,以致于个别分子对壁面碰撞的行为可以被忽略,那么这时就可以把分子的行为处理成宏观连续流模型,可以应用 Navier–Stokes 方程计算。这时由于 Kn 值非常小,在计算中就可以忽略它的影响。

例如,在 1 大气压力下 (1 atm=101 325 Pa),常温空气中分子平均自由行程约为 $\lambda \approx 0.061\ 1 \times 10^{-3}$ mm,如果定性尺寸为 1 mm,则 $Kn = 0.611 \times 10^{-4} < 0.001$,可以看作连续流动。但是如果是在 1 μm 的微流槽内流动,则 $Kn = 0.061\ 1$,显然已经进入滑移流区。

表 1.3 给出了一些气体的物性参数及分子平均自由行程,可供计算时参考。数据是在状态为 1 atm, 298 K 时给出的。

在滑移区,除了在动量、能量交换时要考虑碰撞项内 Kn 的影响外,更重要的还需考虑分子与壁面碰撞行为的影响。分子对壁面碰撞进行动量交换的结果,使紧靠壁面的一层 (称 Knudsen 层) 流体速度大于壁面本身的移动速度,形成所谓的 "速度滑移"。同样,分子与壁面碰撞时进行能量交换的结果,使 Knudsen 层内流体的温度不同于壁面温度,形成所谓的 "温度突跳"。速度滑移和温度突跳的结果,使流动与传热过程中速度分布和温度分布发生变化,因而影响通道中的流量和传热量。在这一流动区内,有的作者把流体分子行为处理成两部分,即主流的流动仍被看作为连

表 1.3　一些气体的物性参数及分子平均自由行程[4]

气体	密度 $\rho/(kg/m^3)$	粘度 $\mu/(Pa \cdot s)$	热导率 $\kappa/[W/(m \cdot K)]$	热扩散率 $a/(m^2/s)$	质量定压热容 $c_p/[J/(kg \cdot K)]$	分子平均自由行程 λ/m
空气	1.293	1.85×10^{-5}	0.026 1	2.01×10^{-5}	1 004.5	6.111×10^{-8}
N_2	1.251	1.80×10^{-5}	0.026 0	2.00×10^{-5}	1 038.3	6.044×10^{-8}
CO_2	1.965	1.50×10^{-5}	0.016 6	1.00×10^{-5}	845.7	4.019×10^{-8}
O_2	1.429	2.07×10^{-5}	0.026 7	2.04×10^{-5}	916.9	6.503×10^{-8}
He	0.179	1.99×10^{-5}	0.150	1.60×10^{-4}	5 233.5	17.651×10^{-8}
Ar	1.783	2.29×10^{-5}	0.017 7	1.93×10^{-5}	515.0	6.441×10^{-8}

续流动,可以适用连续流模型得出的各种现有研究成果。而靠近壁面的 Knudsen 层内则突出分子的个别行为,考虑到不连续性。可把后者作为前者的边界条件。

在我们的研究工作中,将 Burnett 方程应用到主流的流动计算中,这时也考虑了 Kn 的影响。计算表明,在不考虑速度滑移时,用 Burnett 方程计算的结果和用 Navier-Stokes 方程计算的结果相比,即使 Kn 值达到 0.1,也没有反映出两者明显的差别。

1.3.3 表面优势效应

随着定性尺寸的减小,与尺寸的三次方成正比的体积力的影响明显减弱,而与尺寸的二次方成正比的表面力的影响则相应增强。也就是说,表面优势明显增长。表 1.4 给出了球形水滴分散后,它们的表面积和表面能的大小。从表中可以看出,水滴半径从 1 cm 分散为 1 nm 时,表面积增加了 10^7 倍,表面能也相应地增加了 10^7 倍。或者说,比表面积增加的速率为表面积/体积 $= \dfrac{4\pi r^2}{\dfrac{4}{3}\pi r^3} = \dfrac{3}{r}$。因此表面力的作用将大大增强,而体积力相应减弱。

由于表面优势增强,牵涉表面物理的一些现象将凸现出来。例如,在微通道中的流动过程中,流体的表面张力、固体壁面上的吸附量、双电层内的表面静电力、分子吸引力和范德瓦耳斯力等对流动都会产生重要影响。这些影响在常规的宏观流动中,往往被归纳到粘性边界层中,甚至不予考虑。但是在微流动时,就显得十分重要,有的甚至就利用这些表面力作为微流动的动力。

微尺寸效应不仅使表面优势效应增强,而且也影响到设计理论和方法、结构材料及制造加工方法、测试技术与传感器的设计制造及数据处理、流体控制及不同形式能量之间的转换等方面。

微尺寸效应也反映在热量的传输上。由于表面积相对增大,热惯性力减弱,使热传导速率加快,这对于冷却或加热是十分有利的。但是由于不连续效应产生的温度突跳却会降低传热量而产生不利影响。

表 1.4　不同大小水滴的表面积和表面能[5]

液滴半径 r/cm	分散后所得小球数	总表面积 A/cm²	单位质量表面积 A_0/(cm²/g)	表面能 $A_0\sigma$/(J/g)
1	1	1.2566×10	3	2.184×10^{-5}
1×10^{-1}(mm)	10^3	1.2566×10^2	3×10	2.184×10^{-4}
1×10^{-2}	10^6	1.2566×10^3	3×10^2	2.184×10^{-3}
1×10^{-3}	10^9	1.2566×10^4	3×10^3	2.184×10^{-2}
1×10^{-4}(μm)	10^{12}	1.2566×10^5	3×10^4	2.184×10^{-1}
1×10^{-5}	10^{15}	1.2566×10^6	3×10^5	2.184×10^0
1×10^{-6}	10^{18}	1.2566×10^7	3×10^6	2.184×10
1×10^{-7}(nm)	10^{21}	1.2566×10^8	3×10^7	2.184×10^2

1.3.4　低雷诺数效应

雷诺数 $Re = LU/\nu$ 是反映流动特性的一个重要准则。当 Re 值很小时, 表示流体的惯性力作用要比粘性力作用小, 流动进入层流状态。在微流动中, 定性尺寸 L 低到微米级时, 一般情况下流速 U 也不会太高 (除了像微透平流道中及微轴承间隙中的流动有较高的流速之外), 因此雷诺数很小, 往往都是在层流状态下流动。这种流动状态对热质交换都是不利的。而在实际应用的微流动中, 却存在着大量的热质交换现象, 例如电子芯片的冷却、生物芯片中试剂与取样的混合、微化学反应芯片中的化学反应等, 都要求在微通道内或微元器件内进行良好的热质交换。这时, 热量的交换主要通过热传导, 而物质的交换主要通过扩散来进行, 这种热质交换的强度比较小。对此, 必须采取特殊的结构设计来加强微流动时的热质交换过程。

例如, 有一微通道, 其深宽为同一数量级 1 mm, 流速为 40 m/s, 流体为空气, 这时雷诺数为

$$Re = \frac{1\times10^{-3}\times40\times1.293}{1.85\times10^{-5}} = 2796$$

当深宽定性尺寸减小到 1 μm 时, 则雷诺数 $Re = 2.796$。可见, 如果说在 1 mm 流道内流动, 由于 $Re > Re_{\text{cr}} = 2300$, 流动已进入湍流区, 有良好的热质交换条件, 那么当流道尺寸减为 1 μm 时, 流动就纯粹属于层流了。

事实上, 在微流动中, 由于速度滑移和层流流动, 使实际流速更容易接近声速。但是即使流速达到声速, 雷诺数 Re 仍然是会很小的。上例中当流速达到 300 m/s 时, 雷诺数为

$$Re = \frac{1\times10^{-6}\times300\times1.293}{1.85\times10^{-5}} = 21$$

此值仍远小于临界雷诺数 Re_{cr}, 因此仍处于层流状态。但是马赫数却已经达到 1, 这与宏观流动有很大的差别。

不过要指出的是, 从光滑圆管的试验中得出的莫迪图, 用在微流动时会产生很大的偏差, 特别是从层流向湍流过渡时的临界雷诺数 Re_{cr} 值, 将会发生变化。这一变化关系复杂, 到目前为止仍没有得出一个明确的微流临界雷诺数。由于微流动中表面效应增大、微流道分叉、弯曲现象增多等因素, 都会使得在宏观试验中以光滑直圆管作为依据而得出的结论出现偏差。这一偏差与很多因素有关, 如壁面材料、表面状态 (包括物理、化学、生物各方面, 例如粗糙度、散射率、浸润率、吸附性能、扩散、化学键、生物键等)、流动方向的剧变等。有试验表明, 在生物体内血液的流动中, 从层流向湍流转变时, 临界雷诺数可以降到很低[6]。这一现象对强化微流动时的热质交换是十分有利的。

即使流动已达到湍流区, 但是在管槽流动中, 往往有一个从层流向湍流的发展过程。只有在充分发展之后, 才有可能完全进入湍流状态。这一过程需要有一定的时间和距离。这段距离称为动力进口长度或热力进口长度 (如果考察传热过程)。一般情况下, 微流通道不会太长, 而入口处的雷诺数都较低, 层流发达, 因此会使动力进口长度很长, 还没有来得及发展到湍流段, 流动已经结束, 影响微流动的精确计算。但是也有的微流动可以达到从层流到湍流的充分发展, 例如在人体血管中、藤类植物的超长纤维中。即便如此, 这时的临界雷诺数也无法完全套用宏观研究的结果。因此开展这方面的研究也是十分必要的。

1.3.5 多尺度多物态效应

在微流动时, 往往并不是所有几何尺寸都是处于微尺度之下, 例如细长的管槽, 相对于槽宽来说, 其长度方向就是一个很大的宏观量。又如光盘旋转时, 相对于间隙来说, 光盘的外形尺寸就是一个宏观量。这些都要求在计算时加以考虑, 以便简化计算过程。

同一种流体, 在不同尺度下会影响其物理性质, 例如流体的动力粘度 μ, 在宏观尺度下它是与尺度无关的。但是进入微流动中, 动力粘度会因曲率半径的不同而改变。

在微流动时, 流体的物态往往是多样化的, 如流动有连续、滑移、过渡及自由分子流; 流态有层流、过渡流和湍流; 物态有气、液、固、两相、多相; 状态有气泡、液滴、气流、液流、微粒; 电荷有静电、动电、介电、离子等。有时是同时出现几种不同的物理状态, 使得计算复杂化。

最简单的例子就是毛细管中存在气泡时, 就需要为推动气泡而增加外加的压力。又如微粒的存在容易堵塞微流道。

1.4 微流动中的几个关键参数

为了反映微流动的特点，实际计算中常常需要一些特殊的参数来表征某些物理特性。这些特殊参数中影响较大的有：量纲为一的参数雷诺数、克努森数、马兰戈尼数等，以及表面张力、动力粘度等。

1.4.1 雷诺数

从 $Re = LU/\nu$ 的定义可以看出，在确定的流体中，由于微流动中至少有一维的尺度 L 很小，即使速度 U 很大，甚至接近声速，Re 数仍可能很小。图 1.6 给出了一些文献中提供的微流元器件中 Re 数与尺度比 L/D_h 之间的关系。L 是指流动方向的长度，D_h 是指水力直径。对于大值 $L/D_h (> 70)$，已知从层流向湍流的转换值一般为 $Re_{cr} = 2\,300$。

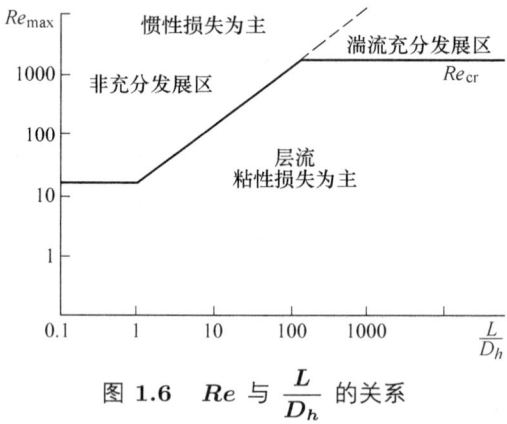

图 1.6 Re 与 $\dfrac{L}{D_h}$ 的关系

从图 1.6 中可以看出，存在三个不同性质的区域。折线下部 $Re < Re_{cr}$，流动压力降主要由粘性损失支配。折线上部的右边则为充分发展的湍流区，上部左边为非充分发展区，这时的流动压力降由惯性损失支配。分隔的斜线正是由惯性损失引起的压力降与由粘性损失引起的压力降相平衡时的状态。这时 $Re_{cr} \approx 30L/D_h$。由此可以看出，即使在微流动时的速度很大，流动仍可能处于层流状态或非充分发展的湍流区。

由于处于层流状态的流动对于传热及混合等物理化学过程特别不利，因此在微流动时，必须采取特别措施以强化传热与混合过程。

1.4.2 克努森数

克努森数的定义为 $Kn = \lambda/L$，式中 λ 为分子平均自由行程，即

$$\lambda = \sqrt{\dfrac{\pi}{2}} \dfrac{\mu}{\rho\sqrt{RT}} \tag{1.4}$$

L 为定性尺寸。在微流动中由于存在一维以上的尺度 L 很小,使得 Kn 值较大。正如一开始所述的,利用 Kn 值可以把流动状态分成连续、滑移、过渡和自由分子流等各个不同区域。对于不同的流动区域,所建立的数学模型也是不同的。在微流动区必须考虑到当尺度接近分子平均自由行程时,分子相互之间的碰撞和分子与壁面碰撞的影响,这一影响就是通过克努森数 Kn 反映出来的。以后,我们还将进一步来分析这一影响。

1.4.3 马兰戈尼数

马兰戈尼 (Marangoni) 数的定义为

$$Ma = \frac{\frac{\Delta\sigma}{\Delta T}\Delta T H}{\mu\kappa} \tag{1.5}$$

它反映了由热毛细和浓度毛细对流引起的热输运与由热传导引起的热输运之间的关系。式中 $\Delta\sigma$ 为表面张力差;ΔT 为温度差;H 为定性尺寸;μ 为动力粘度;κ 为热导率。

在微流动中,由于体积力的影响降低,由热毛细和浓度毛细产生的对流将会呈现出来。这一对流除了引起流体内部的运动,还影响流体内部热量的输运,而 Ma 数正是反映这一输运能力大小的准则数。

由表面张力梯度驱动对流引起的特征速度应为

$$U_R = \frac{\frac{\Delta\sigma}{\Delta T}\Delta T H}{\mu L} \tag{1.6}$$

而雷诺数应以特征速度 U_R 定义,即

$$Re_\sigma = \frac{U_R L}{\nu} \tag{1.7}$$

这样,就可以建立马兰戈尼数 Ma 与雷诺数 Re_σ 的关系

$$Ma = Re_\sigma Pr \tag{1.8}$$

式中,$Pr = \frac{\nu}{\kappa}$ 为普朗特数。

用来反映表面张力影响的准则还有毛细数 Ca 和邦德数 Bo。毛细数 (capillay number) 的定义为

$$Ca = \frac{\mu U_R}{\sigma} \tag{1.9}$$

它表征了粘性与表面张力的关系。邦德数 (Bond number) 的定义为

$$Bo = \frac{\Delta\rho g L^2}{\sigma} \tag{1.10}$$

它表征了体积力与表面张力的关系。

有关表面张力和动力粘度的内容,将在以后相关章节中详述。

1.5　微流动的应用领域

作为一门独立的新学科，微流动的出现还只是 20 世纪 90 年代以后的事情。但是作为其他学科中的一个分支则早已分别在有关的领域内开展了研究工作。

毛细现象是一个经典的物理学研究对象，早在 200 年前就有了明确的认识，提出了著名的 Young-Laplac 公式。现在，这一物理现象在微流动中已获得了广泛的应用，甚至成为微流动的一个重要微动力源。渗透和扩散也是物理化学中的一项典型内容，电泳分析在医学分析及化学分析中早已获得应用。

但是，随着 20 世纪 80 年代后微机电系统 (MEMS) 的出现，借鉴它的一些工艺技术，使得微流动有了迅猛的发展，甚至还有人认为微流动学的定义应以 MEMS 的技术为依据，以区别于宏观的常规流动。当然，广义地说，微流动学不能局限于 MEMS 的束缚，它应包括内流和外流两大领域。内流除了在技术领域内借鉴 MEMS 技术来实现微流动及其控制之外，还包括了生物界各类体液的细微流动，也包括生物医学中各种微粒 (如红白血球、病毒、基因等) 的分离。外流则是微型仿生技术研究的基础，如微飞行器、人造昆虫等。微型机器人技术更包含微流的内流和外流。

具体地说，微流动最重要的一个应用领域是芯片的设计和制造，如电子设备的冷却、生物芯片、微芯片实验室、微化学反应器、微动力机械等。相对于这一以内流为主的芯片领域，其他领域的应用面虽广，但发展比较缓慢。

第一篇 微流动的基本理论

无论是内流还是外流,当流动过程的定性尺寸很小,以致克努森数 Kn 大到一定值时,流动将呈现非连续现象。这时如果仍采用 Navier-Stokes 方程来分析微流动,将会出现与实际不符的问题。因此本书首先以分子动力论为基础,介绍通用的 Boltzmann 方程。在此基础上求出它的零阶、一阶和二阶近似式,即 Eular 方程、Navier-Stokes 方程和 Burnett 方程。

Burnett 方程考虑了克努森数的影响。在此基础上推导出几种比较实际的偏微分方程。由于这些偏微分方程都是非典型的非线性偏微分方程,无法求出精确的理论解,即使采用数值计算的方法也是十分复杂的。本书利用近来新提出的通用微分累加法(GDQ)进行数值计算[7-9],获得满意结果。书中对这一方法作了具体介绍。计算中考虑了克努森数的影响及 Knudsen 边界层内的速度滑移。本篇还介绍了蒙特卡罗直接数值模拟(DSMC)方法[10-11],并以 Couette 流作为例子进行模拟计算。与 Burnett 方程的计算结果比较表明,两者十分相符。作者用多台个人计算机进行联机运算,解决了 DSMC 方法数值计算量大的问题。

第 2 章　预备知识 —— 矢量与张量的概念

在本书中,特别是在理论部分,经常用到有关矢量和张量的一些运算。为了便于阅读、查找和记忆,这一章把与本书有关的内容综合在一起。更系统、更深入的内容可参考有关书籍。

2.1 矢量的算法

2.1.1 矢量的概念

只有大小而与方向无关的量称为标量 (或直称数量、纯量),例如本书所用到的温度、时间、质量、能量等,用非黑体斜体字母表示,如 A, B。既有大小又有方向的量则称为矢量 (又称向量),例如力、速度、力矩、加速度、角速度、动量等,本书中用斜黑体字母表示,如 $\boldsymbol{F}$。矢量的大小称为模或绝对值,在斜黑体字母两边加上两竖表示,如 $|\boldsymbol{F}|$。模等于 1 的矢量称为单位矢量,等于零的矢量称为零矢量。模相等而方向相反的两个矢量互为负矢量。

在直角坐标系 x, y, z 中,矢量 $\boldsymbol{r}$ 可表达为

$$\boldsymbol{r} = \boldsymbol{i}x + \boldsymbol{j}y + \boldsymbol{k}z = \boldsymbol{i}r_x + \boldsymbol{j}r_y + \boldsymbol{k}r_z \tag{2.1}$$

式中,$\boldsymbol{i}, \boldsymbol{j}, \boldsymbol{k}$ 分别为 x, y, z 轴的正向单位矢量,又称坐标的单位矢量,因此有

$$|\boldsymbol{r}| = r = \sqrt{r_x^2 + r_y^2 + r_z^2} \tag{2.2}$$

两个矢量相加为

$$\begin{aligned}\boldsymbol{A} + \boldsymbol{B} &= (\boldsymbol{i}A_x + \boldsymbol{j}A_y + \boldsymbol{k}A_z) + (\boldsymbol{i}B_x + \boldsymbol{j}B_y + \boldsymbol{k}B_z) \\ &= \boldsymbol{i}(A_x + B_x) + \boldsymbol{j}(A_y + B_y) + \boldsymbol{k}(A_z + B_z)\end{aligned} \tag{2.3}$$

两个矢量相加在几何上相当于以两个矢量作为两条边的平行四边形，其对角线就是两者之和，如图 2.1 所示。加法适用交换律和结合律，即

$$A + B = B + A \tag{2.4}$$

$$A + (B + C) = (A + B) + C \tag{2.5}$$

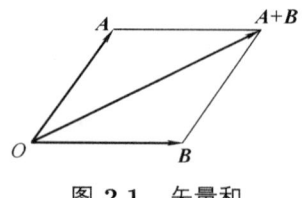

图 2.1　矢量和

两个矢量相减为

$$\begin{aligned}A - B &= (iA_x + jA_y + kA_z) - (iB_x + jB_y + kB_z) \\ &= i(A_x - B_x) + j(A_y - B_y) + k(A_z - B_z)\end{aligned} \tag{2.6}$$

两个矢量相减在几何上相当于以矢量 A 和负矢量 $-B$ 作为两条边的平行四边形，其对角线就是两矢量之差，如图 2.2 所示。把负矢量 $-B$ 作为一个整体，那么减法也适用交换律和结合律：

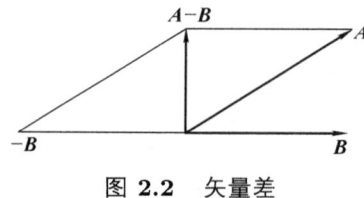

图 2.2　矢量差

$$A - B = A + (-B) = -B + A \tag{2.7}$$

$$(A - B) + C = A + (-B) + C = A + (-B + C) \tag{2.8}$$

以实数 λ 乘以矢量 A，相当于把矢量 A 的模伸缩 λ 倍，而方向不变。

标量积又称数量积或点乘、内积，其积是一个标量（如图 2.3 所示），即

$$A \cdot B = AB\cos\theta = A_xB_x + A_yB_y + A_zB_z \tag{2.9}$$

标量积适用交换律和分配律，即

$$A \cdot B = B \cdot A \tag{2.10}$$

$$A \cdot (B + C) = A \cdot B + A \cdot C \tag{2.11}$$

$$A \cdot A = |A|^2 = A^2 \tag{2.12}$$

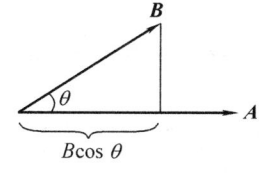

图 2.3 标量积

若 A, B 为非零矢量,而 $A \cdot B = 0$,则必有 $A \perp B$,因此有

$$i \cdot j = j \cdot k = k \cdot i = 0 \tag{2.13}$$

而

$$i \cdot i = j \cdot j = k \cdot k = 1 \tag{2.14}$$

矢量积又称叉乘、外积,其积仍是一个矢量,即

$$A \times B = \begin{vmatrix} i & j & k \\ A_x & A_y & A_z \\ B_x & B_y & B_z \end{vmatrix}$$
$$= i(A_y B_z - A_z B_y) + j(A_z B_x - A_x B_z) + k(A_x B_y - A_y B_x) \tag{2.15}$$

该矢量的模为

$$|A \times B| = AB \sin \theta \tag{2.16}$$

模的大小相当于在直角坐标中 A, B 平面上的一块面积,而其方向则是垂直于这个平面的,指向适用右手定律的规则,如图 2.4 所示,即除大拇指外,其余四指从矢量 A 转向矢量 B,那么伸直的大拇指即指向其矢量积 $A \times B$ 的方向。由此可见,矢量积的位置不能互相交换。若互换时则应变号,即

$$A \times B = -B \times A \tag{2.17}$$

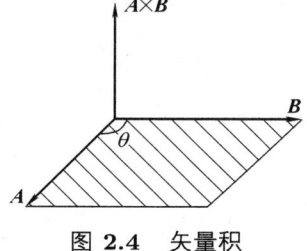

图 2.4 矢量积

并矢量是一个由两个矢量组成的二阶张量,即

$$AB = \begin{bmatrix} A_x B_x & A_x B_y & A_x B_z \\ A_y B_x & A_y B_y & A_y B_z \\ A_z B_x & A_z B_y & A_z B_z \end{bmatrix} \tag{2.18}$$

若 $\boldsymbol{A}, \boldsymbol{B}$ 为非零矢量，而 $\boldsymbol{A} \times \boldsymbol{B} = 0$，则矢量 $\boldsymbol{A}, \boldsymbol{B}$ 必共线，因此有

$$\boldsymbol{i} \times \boldsymbol{i} = \boldsymbol{j} \times \boldsymbol{j} = \boldsymbol{k} \times \boldsymbol{k} = 0 \tag{2.19}$$

而

$$\boldsymbol{i} \times \boldsymbol{j} = \boldsymbol{k},\ \boldsymbol{j} \times \boldsymbol{k} = \boldsymbol{i},\ \boldsymbol{k} \times \boldsymbol{i} = \boldsymbol{j} \tag{2.20}$$

矢量积的点乘又称拉格朗日恒等式，它是一组标量之差

$$(\boldsymbol{A} \times \boldsymbol{B}) \cdot (\boldsymbol{C} \times \boldsymbol{D}) = (\boldsymbol{A} \cdot \boldsymbol{C})(\boldsymbol{B} \cdot \boldsymbol{D}) - (\boldsymbol{A} \cdot \boldsymbol{D})(\boldsymbol{B} \cdot \boldsymbol{C}) = \begin{vmatrix} \boldsymbol{A} \cdot \boldsymbol{C} & \boldsymbol{A} \cdot \boldsymbol{D} \\ \boldsymbol{B} \cdot \boldsymbol{C} & \boldsymbol{B} \cdot \boldsymbol{D} \end{vmatrix} \tag{2.21}$$

三个矢量的混合积是一组标量之和

$$(\boldsymbol{ABC}) = \boldsymbol{A} \cdot (\boldsymbol{B} \times \boldsymbol{C}) = \begin{vmatrix} A_x & A_y & A_z \\ B_x & B_y & B_z \\ C_x & C_y & C_z \end{vmatrix}$$
$$= A_x(B_y C_z - B_z C_y) + A_y(B_z C_x - B_x C_z) + A_z(B_x C_y - B_y C_x) \tag{2.22}$$

混合积在几何上的意义是在直角坐标系中以 $\boldsymbol{A}, \boldsymbol{B}, \boldsymbol{C}$ 为边的平行六面体的体积。

若 $\boldsymbol{A}, \boldsymbol{B}, \boldsymbol{C}$ 为非零矢量，而 $(\boldsymbol{ABC})=0$，则三个矢量必共面。单位矢量的混合积为单位量，即

$$\boldsymbol{i} \cdot (\boldsymbol{j} \times \boldsymbol{k}) = \boldsymbol{j} \cdot (\boldsymbol{k} \times \boldsymbol{i}) = \boldsymbol{k} \cdot (\boldsymbol{i} \times \boldsymbol{j}) = 1 \tag{2.23}$$

三重矢积

$$\boldsymbol{A} \times (\boldsymbol{B} \times \boldsymbol{C}) = (\boldsymbol{A} \cdot \boldsymbol{C})\boldsymbol{B} - (\boldsymbol{A} \cdot \boldsymbol{B})\boldsymbol{C} \tag{2.24}$$

$$(\boldsymbol{A} \times \boldsymbol{B}) \times \boldsymbol{C} = (\boldsymbol{A} \cdot \boldsymbol{C})\boldsymbol{B} - (\boldsymbol{B} \cdot \boldsymbol{C})\boldsymbol{A} \tag{2.25}$$

矢量积的叉乘

$$(\boldsymbol{A} \times \boldsymbol{B}) \times (\boldsymbol{C} \times \boldsymbol{D}) = (\boldsymbol{ABD})\boldsymbol{C} - (\boldsymbol{ABC})\boldsymbol{D} \tag{2.26}$$

2.1.2 矢量分析

矢函数

$$\boldsymbol{A} = f(t) = iA_x + jA_y + kA_z \tag{2.27}$$

$$A_x = f_x(t), A_y = f_y(t), A_z = f_z(t) \tag{2.28}$$

用矢径作为函数，则有

$$\boldsymbol{r} = \boldsymbol{r}(t) = ix + jy + kz \tag{2.29}$$

$$x = x(t), y = y(t), z = z(t) \tag{2.30}$$

矢函数的求导, 即

$$\frac{\mathrm{d}\boldsymbol{C}}{\mathrm{d}t} = 0 \ (\boldsymbol{C} \text{ 为常矢量}) \tag{2.31}$$

$$\frac{\mathrm{d}}{\mathrm{d}t}(\lambda \boldsymbol{A}) = \lambda \frac{\mathrm{d}\boldsymbol{A}}{\mathrm{d}t} \ (\lambda \text{ 为常数}) \tag{2.32}$$

$$\frac{\mathrm{d}}{\mathrm{d}t}(\boldsymbol{A}+\boldsymbol{B}+\boldsymbol{C}) = \frac{\mathrm{d}\boldsymbol{A}}{\mathrm{d}t} + \frac{\mathrm{d}\boldsymbol{B}}{\mathrm{d}t} + \frac{\mathrm{d}\boldsymbol{C}}{\mathrm{d}t} \tag{2.33}$$

$$\frac{\mathrm{d}}{\mathrm{d}t}(\varphi \boldsymbol{A}) = \frac{\mathrm{d}\varphi}{\mathrm{d}t}\boldsymbol{A} + \varphi\frac{\mathrm{d}\boldsymbol{A}}{\mathrm{d}t} (\varphi \text{ 是 } t \text{ 的标函数}) \tag{2.34}$$

$$\frac{\mathrm{d}}{\mathrm{d}t}(\boldsymbol{A}\cdot\boldsymbol{B}) = \frac{\mathrm{d}\boldsymbol{A}}{\mathrm{d}t}\cdot\boldsymbol{B} + \boldsymbol{A}\cdot\frac{\mathrm{d}\boldsymbol{B}}{\mathrm{d}t} \text{ (顺序可交换)} \tag{2.35}$$

$$\frac{\mathrm{d}}{\mathrm{d}t}(\boldsymbol{A}\times\boldsymbol{B}) = \frac{\mathrm{d}\boldsymbol{A}}{\mathrm{d}t}\times\boldsymbol{B} + \boldsymbol{A}\times\frac{\mathrm{d}\boldsymbol{B}}{\mathrm{d}t} \text{ (顺序不可交换)} \tag{2.36}$$

$$\frac{\mathrm{d}}{\mathrm{d}t}(\boldsymbol{ABC}) = \left(\frac{\mathrm{d}\boldsymbol{A}}{\mathrm{d}t}\boldsymbol{BC}\right) + \left(\boldsymbol{A}\frac{\mathrm{d}\boldsymbol{B}}{\mathrm{d}t}\boldsymbol{C}\right) + \left(\boldsymbol{AB}\frac{\mathrm{d}\boldsymbol{C}}{\mathrm{d}t}\right) \text{ (顺序不可交换)} \tag{2.37}$$

矢径形式的矢函数求导如下:

$\boldsymbol{r} = \boldsymbol{r}(t) = \boldsymbol{i}x(t) + \boldsymbol{j}y(t) + \boldsymbol{k}z(t)$ 表示矢端曲线, 则

$$\boldsymbol{r}' = \frac{\mathrm{d}\boldsymbol{r}}{\mathrm{d}t} = \boldsymbol{i}x' + \boldsymbol{j}y' + \boldsymbol{k}z' \tag{2.38}$$

表示矢端曲线的切线矢量, 指向 t 增加的方向, 如图 2.5 所示。

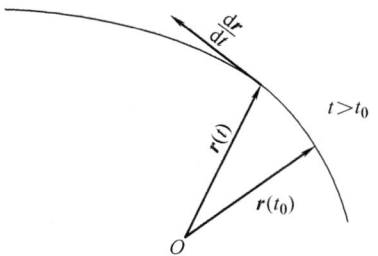

图 2.5 矢函数求导

由于 $\mathrm{d}\boldsymbol{r}/\mathrm{d}S = \boldsymbol{t}$, 其中 S 为矢端曲线的弧长, $\boldsymbol{t}$ 为切线的单位矢量, 因此有

$$\boldsymbol{r}'' = \frac{\mathrm{d}^2\boldsymbol{r}}{\mathrm{d}t^2} = \boldsymbol{i}x'' + \boldsymbol{j}y'' + \boldsymbol{k}z'' \tag{2.39}$$

2.1.3 场论用语

梯度 $\quad\mathbf{grad}\varphi = \left(\dfrac{\partial\varphi}{\partial x}, \dfrac{\partial\varphi}{\partial y}, \dfrac{\partial\varphi}{\partial z}\right) = \nabla\varphi = \boldsymbol{i}\dfrac{\partial\varphi}{\partial x} + \boldsymbol{j}\dfrac{\partial\varphi}{\partial y} + \boldsymbol{k}\dfrac{\partial\varphi}{\partial z} \qquad (2.40)$

散度 $\quad\mathrm{div}\boldsymbol{R} = \dfrac{\partial X}{\partial x} + \dfrac{\partial Y}{\partial y} + \dfrac{\partial Z}{\partial z} = \nabla\cdot\boldsymbol{R} = \mathrm{div}(X, Y, Z) \qquad (2.41)$

旋度 $\operatorname{rot}\boldsymbol{R} = \boldsymbol{i}\left(\dfrac{\partial Z}{\partial y} - \dfrac{\partial Y}{\partial z}\right) + \boldsymbol{j}\left(\dfrac{\partial X}{\partial z} - \dfrac{\partial Z}{\partial x}\right) + \boldsymbol{k}\left(\dfrac{\partial Y}{\partial x} - \dfrac{\partial X}{\partial y}\right)$

$$= \nabla \times \boldsymbol{R} = \begin{vmatrix} \boldsymbol{i} & \boldsymbol{j} & \boldsymbol{k} \\ \dfrac{\partial}{\partial x} & \dfrac{\partial}{\partial y} & \dfrac{\partial}{\partial z} \\ X & Y & Z \end{vmatrix} \tag{2.42}$$

上述公式中

$$\nabla = \boldsymbol{i}\dfrac{\partial}{\partial x} + \boldsymbol{j}\dfrac{\partial}{\partial y} + \boldsymbol{k}\dfrac{\partial}{\partial z} \text{ 称为哈密顿算子。}$$

结合以上各式可得

$$\begin{cases} \operatorname{grad}(\lambda\varphi + \mu\psi) = \lambda\operatorname{grad}\varphi + \mu\operatorname{grad}\psi & (2.43) \\ \operatorname{div}(\lambda\boldsymbol{A} + \mu\boldsymbol{B}) = \lambda\operatorname{div}\boldsymbol{A} + \mu\operatorname{div}\boldsymbol{B} & (2.44) \\ \operatorname{rot}(\lambda\boldsymbol{A} + \mu\boldsymbol{B}) = \lambda\operatorname{rot}\boldsymbol{A} + \mu\operatorname{rot}\boldsymbol{B} & (2.45) \end{cases}$$

$$\begin{cases} \operatorname{grad}(\varphi\psi) = \varphi\operatorname{grad}\psi + \psi\operatorname{grad}\varphi & (2.46) \\ \operatorname{div}(\varphi\boldsymbol{A}) = \varphi\operatorname{div}\boldsymbol{A} + \boldsymbol{A}\operatorname{grad}\varphi & (2.47) \\ \operatorname{rot}(\varphi\boldsymbol{A}) = \varphi\operatorname{rot}\boldsymbol{A} + \boldsymbol{A}\times\operatorname{grad}\varphi & (2.48) \end{cases}$$

$$\begin{cases} \operatorname{grad}F(\varphi) = F'(\varphi)\operatorname{grad}\varphi & (2.49) \\ \operatorname{div}(\boldsymbol{A}\times\boldsymbol{B}) = \boldsymbol{B}\cdot\operatorname{rot}\boldsymbol{A} - \boldsymbol{A}\cdot\operatorname{rot}\boldsymbol{B} & (2.50) \\ \operatorname{rot}(\boldsymbol{A}\times\boldsymbol{B}) = (\boldsymbol{B}\cdot\nabla)\boldsymbol{A} - (\boldsymbol{A}\cdot\nabla)\boldsymbol{B} + (\operatorname{div}\boldsymbol{B})\boldsymbol{A} - (\operatorname{div}\boldsymbol{A})\boldsymbol{B} & (2.51) \end{cases}$$

$$\operatorname{div}\operatorname{rot}\boldsymbol{R} = 0 \tag{2.52}$$

$$\operatorname{rot}\operatorname{grad}\varphi = 0 \tag{2.53}$$

$$\operatorname{div}\operatorname{grad}\varphi = \dfrac{\partial^2\varphi}{\partial x^2} + \dfrac{\partial^2\varphi}{\partial y^2} + \dfrac{\partial^2\varphi}{\partial z^2} = \Delta\varphi \tag{2.54}$$

式中，$\Delta = \nabla\cdot\nabla = \nabla^2$ 称为拉普拉斯算子。

$$\operatorname{grad}\operatorname{div}\boldsymbol{R} = \nabla(\nabla\boldsymbol{R}) \tag{2.55}$$

$$\operatorname{rot}\operatorname{rot}\boldsymbol{R} = \nabla\times(\nabla\times\boldsymbol{R}) \tag{2.56}$$

$$\operatorname{grad}\operatorname{div}\boldsymbol{R} - \operatorname{rot}\operatorname{rot}\boldsymbol{R} = \Delta\boldsymbol{R} \tag{2.57}$$

势量场：若矢量场 $\boldsymbol{R}(x,y,z)$ 是某一标函数 $\varphi(x,y,z)$ 的梯度，即

$$\boldsymbol{R} = \operatorname{grad}\varphi \quad \text{或} \quad X = \dfrac{\partial\varphi}{\partial x}, \quad Y = \dfrac{\partial\varphi}{\partial y}, \quad Z = \dfrac{\partial\varphi}{\partial z} \tag{2.58}$$

则 $\boldsymbol{R}$ 称为势量场，而标函数 φ 称为 $\boldsymbol{R}$ 的势函数。矢量场 $\boldsymbol{R}$ 为势量场的充分必要条件是 $\operatorname{rot}\boldsymbol{R} = 0$，这时

$$\dfrac{\partial X}{\partial y} = \dfrac{\partial Y}{\partial x}, \quad \dfrac{\partial Y}{\partial z} = \dfrac{\partial Z}{\partial y}, \quad \dfrac{\partial Z}{\partial x} = \dfrac{\partial X}{\partial z} \tag{2.59}$$

因此，势量场是一种无旋场，这时必存在一个标函数 φ，使 $\boldsymbol{R} = \mathrm{grad}\varphi$。

矢量环流：如果 Γ 为一封闭曲线，则沿曲线 Γ 的曲线积分为

$$\oint_{\Gamma} \boldsymbol{R}(\boldsymbol{r}) \cdot \mathrm{d}\boldsymbol{r} = \oint_{\Gamma} (\boldsymbol{X}\mathrm{d}x + \boldsymbol{Y}\mathrm{d}y + \boldsymbol{Z}\mathrm{d}z) \tag{2.60}$$

称为矢量场 $\boldsymbol{R}(\boldsymbol{r})$ 沿封闭曲线 Γ 的环流。势量场沿任何封闭曲线的环流都等于零。

如果 $\boldsymbol{R}(\boldsymbol{r})$ 为一势量场，且它的势函数为 φ 时，则曲线积分

$$\int_{\Gamma} \boldsymbol{R}(\boldsymbol{r}) \cdot \mathrm{d}\boldsymbol{r} = \int_{A}^{B} \boldsymbol{R}(\boldsymbol{r}) \cdot \mathrm{d}\boldsymbol{r} = \varphi(\boldsymbol{B}) - \varphi(\boldsymbol{A}) \tag{2.61}$$

可见，势量场的曲线积分与路径无关，只决定于积分的始终点 A, B 的位置，如图 2.6 所示。

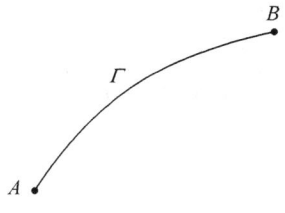

图 2.6　曲线积分

高斯公式为

$$\iiint_{V} \mathrm{div}\boldsymbol{R}\mathrm{d}V = \iint_{S} \boldsymbol{R} \cdot \mathrm{d}\boldsymbol{S} = \iint_{S} \boldsymbol{R} \cdot \boldsymbol{N}\mathrm{d}S \tag{2.62}$$

或

$$\iiint_{V} \left(\frac{\partial \boldsymbol{X}}{\partial x} + \frac{\partial \boldsymbol{Y}}{\partial y} + \frac{\partial \boldsymbol{Z}}{\partial z}\right) \mathrm{d}x\mathrm{d}y\mathrm{d}z = \iint_{S} (\boldsymbol{X}\cos\alpha + \boldsymbol{Y}\cos\beta + \boldsymbol{Z}\cos\gamma)\mathrm{d}S \tag{2.63}$$

式中，$\boldsymbol{N} = (\cos\alpha, \cos\beta, \cos\gamma)$ 为 S 曲线上一点的法线单位矢量，如图 2.7 所示。

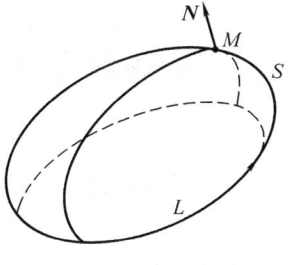

图 2.7　高斯积分

斯托克斯公式为

$$\iint_{S} \mathrm{rot}\boldsymbol{R} \cdot \mathrm{d}\boldsymbol{S} = \iint \mathrm{rot}\boldsymbol{R} \cdot \boldsymbol{N}\mathrm{d}S = \oint_{L} \boldsymbol{R} \cdot \mathrm{d}\boldsymbol{r} \tag{2.64}$$

或

$$\iint_S \left[\left(\frac{\partial \boldsymbol{Z}}{\partial y}-\frac{\partial \boldsymbol{Y}}{\partial z}\right)\mathrm{d}y\mathrm{d}z+\left(\frac{\partial \boldsymbol{X}}{\partial z}-\frac{\partial \boldsymbol{Z}}{\partial x}\right)\mathrm{d}z\mathrm{d}x+\right.$$
$$\left.\left(\frac{\partial \boldsymbol{Y}}{\partial x}-\frac{\partial \boldsymbol{X}}{\partial y}\right)\mathrm{d}x\mathrm{d}y\right]=\oint_L(\boldsymbol{X}\mathrm{d}x+\boldsymbol{Y}\mathrm{d}y+\boldsymbol{Z}\mathrm{d}z) \quad (2.65)$$

格林公式为

$$\iint_S \varphi\mathbf{grad}\psi\cdot\mathrm{d}S=\iiint_V(\varphi\Delta\psi+\mathbf{grad}\varphi\cdot\mathbf{grad}\psi)\mathrm{d}V \quad (2.66)$$

$$\iint_S \mathbf{grad}\varphi\cdot\mathrm{d}S=\iint\Delta\varphi\mathrm{d}V \quad (2.67)$$

或

$$\iint_S \left(\frac{\partial\varphi}{\partial x}\mathrm{d}y\mathrm{d}z+\frac{\partial\varphi}{\partial y}\mathrm{d}z\mathrm{d}x+\frac{\partial\varphi}{\partial z}\mathrm{d}x\mathrm{d}y\right)=\iiint_V\left(\frac{\partial^2\varphi}{\partial x^2}+\frac{\partial^2\varphi}{\partial y^2}+\frac{\partial^2\varphi}{\partial z^2}\right)\mathrm{d}V \quad (2.68)$$

2.2 张量的算法[35-37]

2.2.1 张量的概念

张量是对矢量和矩阵的推广。可以认为标量是零阶张量，矢量是一阶张量，矩阵是二阶张量，而三阶张量相当于"立体矩阵"，图 2.8 给出了这四种"张量"的表示方法。

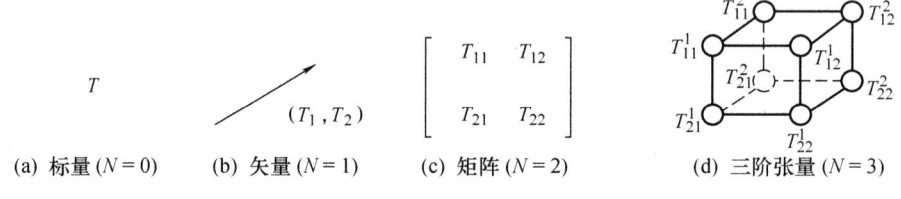

(a) 标量 ($N=0$)　　(b) 矢量 ($N=1$)　　(c) 矩阵 ($N=2$)　　(d) 三阶张量 ($N=3$)

图 2.8　各阶张量的示意图

本书中使用的张量概念，一般只用在三维空间中，而且属于二阶张量，因此实际上只是一种矩阵运算。但是采用张量形式表示，以便其结论可以推广到多阶张量中去。

在三维空间中，二阶张量 $\boldsymbol{W}$ 可以用 $W_{ij}, i,j=1,2,3$ 表示，也可以用下述矩阵表示：

$$\boldsymbol{W}=\begin{bmatrix} W_{11} & W_{12} & W_{13} \\ W_{21} & W_{22} & W_{23} \\ W_{31} & W_{32} & W_{33} \end{bmatrix} \quad (2.69)$$

如果将该张量 $\boldsymbol{W}$ 矩阵的行和列交换，那么得到的新矩阵称为张量 $\boldsymbol{W}$ 的转置矩阵。新张量用上角标 T 以示区别，即

$$\boldsymbol{W}^{\mathrm{T}} = \begin{bmatrix} W_{11} & W_{21} & W_{31} \\ W_{12} & W_{22} & W_{32} \\ W_{13} & W_{23} & W_{33} \end{bmatrix} \tag{2.70}$$

如果 $\boldsymbol{W}^{\mathrm{T}} = \boldsymbol{W}$，则称 $\boldsymbol{W}$ 为对称张量，因此当 $\boldsymbol{W}$ 为对称张量时，$W_{ij} = W_{ji}$。如果 $\boldsymbol{W}^{\mathrm{T}} = -\boldsymbol{W}$，则称 $\boldsymbol{W}$ 为反对称张量，这时 $W_{ij} = -W_{ji}$。

任何一个二阶张量可以写成两部分之和，一部分为对称张量，另一部分为反对称张量，即

$$\boldsymbol{W} = \frac{1}{2}(\boldsymbol{W} + \boldsymbol{W}^{\mathrm{T}}) + \frac{1}{2}(\boldsymbol{W} - \boldsymbol{W}^{\mathrm{T}}) \tag{2.71}$$

由克罗内克尔符号 $\delta_{ij} = \begin{cases} 1, & i = j \\ 0, & i \neq j \end{cases}$ 组成的张量是最简单的对称张量，即

$$\begin{bmatrix} 1 & 0 & 0 \\ 0 & 1 & 0 \\ 0 & 0 & 1 \end{bmatrix}$$

此张量称为单位张量，用 $\boldsymbol{I}$ 表示。

张量对角分量之和称为张量的迹，如果 $W_{ii} = 0$，则称此张量为无迹张量。单位张量的迹等于 3。有时，在张量上部加上一横线表示有迹张量，如 $\overline{W}_{ij}, \overline{T}_{ij}$，而没有一横线的则是无迹张量。

在直角坐标系中，一个四面体 (其中三面分别为坐标平面) 上的受力情况如图 2.9 所示。每个坐标平面上受到的力分别为 p_x, p_y, p_z，则矩阵张量 $\boldsymbol{P}$ 为

$$\boldsymbol{P} = \begin{bmatrix} p_{xx} & p_{xy} & p_{xz} \\ p_{yx} & p_{yy} & p_{yz} \\ p_{zx} & p_{zy} & p_{zz} \end{bmatrix} \tag{2.72}$$

$\boldsymbol{P}$ 称为应力张量，又称胁强张量。

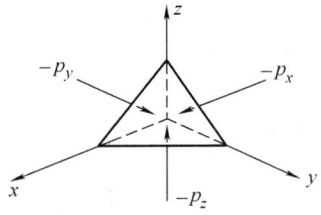

图 2.9　应力张量 $\boldsymbol{P}$

二阶张量可以用流体力学中的微团运动来加以比拟。微团运动包括平动、转动和变形，用矢量可表达为

$$\boldsymbol{V} = \boldsymbol{V}_0 + \frac{\partial \boldsymbol{V}}{\partial x}\mathrm{d}x + \frac{\partial \boldsymbol{V}}{\partial y}\mathrm{d}y + \frac{\partial \boldsymbol{V}}{\partial z}\mathrm{d}z \tag{2.73}$$

或采用张量表达式

$$v_i = v_{0i} + \frac{\partial v_i}{\partial x_j}\mathrm{d}x_j \tag{2.74}$$

而二阶张量 $\partial v_i/\partial x_j$ 可分解为对称张量和反对称张量两部分，即

$$\frac{\partial v_i}{\partial x_j} = \frac{1}{2}\left(\frac{\partial v_i}{\partial x_j} - \frac{\partial v_j}{\partial x_i}\right) + \frac{1}{2}\left(\frac{\partial v_i}{\partial x_j} + \frac{\partial v_j}{\partial x_i}\right) = A_{ij} + B_{ij} = \boldsymbol{A} + \boldsymbol{B} \tag{2.75}$$

式中

$$\boldsymbol{A} = \frac{1}{2}\left(\frac{\partial v_i}{\partial x_j} - \frac{\partial v_j}{\partial x_i}\right) \tag{2.76}$$

为反对称张量，它对应于微团运动中的矢量

$$\boldsymbol{\omega} = \frac{1}{2}\,\mathrm{rot}\,\boldsymbol{V} \tag{2.77}$$

其中

$$\boldsymbol{\omega}_1 = \frac{1}{2}\left(\frac{\partial w}{\partial y} - \frac{\partial v}{\partial z}\right), \quad \boldsymbol{\omega}_2 = \frac{1}{2}\left(\frac{\partial u}{\partial z} - \frac{\partial w}{\partial x}\right), \quad \boldsymbol{\omega}_3 = \frac{1}{2}\left(\frac{\partial v}{\partial x} - \frac{\partial u}{\partial y}\right)$$

$$\boldsymbol{B} = \frac{1}{2}\left(\frac{\partial v_i}{\partial x_j} + \frac{\partial v_j}{\partial x_i}\right) \tag{2.78}$$

为对称张量，它可表达为

$$\boldsymbol{B} = B_{ij} = \begin{bmatrix} \dfrac{\partial u}{\partial x} & \dfrac{1}{2}\left(\dfrac{\partial v}{\partial x} + \dfrac{\partial u}{\partial y}\right) & \dfrac{1}{2}\left(\dfrac{\partial u}{\partial z} + \dfrac{\partial w}{\partial x}\right) \\ \dfrac{1}{2}\left(\dfrac{\partial v}{\partial x} + \dfrac{\partial u}{\partial y}\right) & \dfrac{\partial v}{\partial y} & \dfrac{1}{2}\left(\dfrac{\partial w}{\partial y} + \dfrac{\partial v}{\partial z}\right) \\ \dfrac{1}{2}\left(\dfrac{\partial u}{\partial z} + \dfrac{\partial w}{\partial x}\right) & \dfrac{1}{2}\left(\dfrac{\partial w}{\partial y} + \dfrac{\partial v}{\partial z}\right) & \dfrac{\partial w}{\partial z} \end{bmatrix} \tag{2.79}$$

因此速度矢量是由三部分组成的，即

$$v_i = v_{0i} + A_{ij}\mathrm{d}x_j + B_{ij}\mathrm{d}x_j \tag{2.80}$$

或

$$\begin{aligned}\boldsymbol{V} &= \boldsymbol{V}_1 + \boldsymbol{V}_2 + \boldsymbol{V}_3 = \boldsymbol{V}_0 + \frac{1}{2}\mathrm{rot}\boldsymbol{V} \times \mathrm{d}\boldsymbol{r} + \boldsymbol{B} \cdot \mathrm{d}\boldsymbol{r} \\ &= \boldsymbol{V}_0 + \frac{1}{2}\mathrm{rot}\boldsymbol{V} \times \mathrm{d}\boldsymbol{r} + \mathbf{grad}\,\varphi \end{aligned} \tag{2.81}$$

式中，$\boldsymbol{V}_0$ 为平动速度；$\dfrac{1}{2}\mathrm{rot}\boldsymbol{V} \times \mathrm{d}\boldsymbol{r}$ 为转动速度；$\mathbf{grad}\,\varphi$ 为变形速度张量，是一个二阶对称张量，图 2.10 给出了它们的示意图。

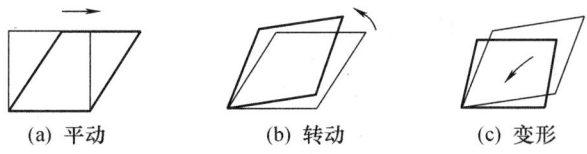

(a) 平动　　(b) 转动　　(c) 变形

图 2.10　微团的三种运动方式

2.2.2 张量的运算

二阶张量之和仍为二阶张量

$$\boldsymbol{T} = \boldsymbol{P} + \boldsymbol{Q} \tag{2.82}$$

或

$$t_{ij} = p_{ij} + q_{ij} \tag{2.83}$$

二阶张量的内积或称点乘，又称张量简单积，仍是二阶张量，这时张量 $\boldsymbol{P}$ 和张量 $\boldsymbol{Q}$ 各收缩一次，即

$$\begin{aligned}\boldsymbol{P} \cdot \boldsymbol{Q} &= p_{ik} q_{kj} = \begin{bmatrix} p_{11} & p_{12} \\ p_{21} & p_{22} \end{bmatrix} \cdot \begin{bmatrix} q_{11} & q_{12} \\ q_{21} & q_{22} \end{bmatrix} \\ &= \begin{bmatrix} p_{11}q_{11} + p_{12}q_{21} & p_{11}q_{12} + p_{12}q_{22} \\ p_{21}q_{11} + p_{22}q_{21} & p_{21}q_{12} + p_{22}q_{22} \end{bmatrix}\end{aligned} \tag{2.84}$$

二阶张量的张量积或称叉乘，它是一个四阶张量，即

$$\begin{aligned}\boldsymbol{P} \otimes \boldsymbol{Q} &= p_{ij} \otimes q_{ij} = \begin{bmatrix} p_{11} & p_{12} \\ p_{21} & p_{22} \end{bmatrix} \otimes \begin{bmatrix} q_{11} & q_{12} \\ q_{21} & q_{22} \end{bmatrix} \\ &= \begin{bmatrix} p_{11}q_{11} & p_{11}q_{12} & p_{12}q_{11} & p_{12}q_{12} \\ p_{11}q_{21} & p_{11}q_{22} & p_{12}q_{21} & p_{12}q_{22} \\ p_{21}q_{11} & p_{21}q_{12} & p_{22}q_{11} & p_{22}q_{12} \\ p_{21}q_{21} & p_{21}q_{22} & p_{22}q_{21} & p_{22}q_{22} \end{bmatrix}\end{aligned} \tag{2.85}$$

二阶张量的标量积或称双重积、双点乘，又称二次收缩，是一个标量，即

$$\boldsymbol{P} : \boldsymbol{Q} = p_{ij} q_{ji} = \begin{bmatrix} p_{11} & p_{12} \\ p_{21} & p_{22} \end{bmatrix} : \begin{bmatrix} q_{11} & q_{12} \\ q_{21} & q_{22} \end{bmatrix} = (p_{11}q_{11} + p_{12}q_{21}) + (p_{21}q_{12} + p_{22}q_{22}) \tag{2.86}$$

当 $\boldsymbol{Q}$ 为单位张量 $\boldsymbol{I} = \begin{bmatrix} 1 & 0 \\ 0 & 1 \end{bmatrix}$ 时

$$\boldsymbol{P} : \boldsymbol{I} = \begin{bmatrix} p_{11} & p_{12} \\ p_{21} & p_{22} \end{bmatrix} : \begin{bmatrix} 1 & 0 \\ 0 & 1 \end{bmatrix} = p_{11} + p_{22} \tag{2.87}$$

即为二阶张量 $\boldsymbol{P}$ 的迹，也就是二阶张量 $\boldsymbol{P}$ 矩阵对角线之和。

当二阶张量 $\boldsymbol{P} = \boldsymbol{I}$ 时，则

$$\boldsymbol{I} : \boldsymbol{I} = \begin{bmatrix} 1 & 0 \\ 0 & 1 \end{bmatrix} : \begin{bmatrix} 1 & 0 \\ 0 & 1 \end{bmatrix} = 1 + 1 = 2 \tag{2.88}$$

n 阶张量的梯度

$$\nabla \boldsymbol{P} = \operatorname{grad} \boldsymbol{P} = \frac{\partial}{\partial x_k} \quad p_{i_1 i_2 \cdots i_n} \tag{2.89}$$

是一个 $n + 1$ 阶张量。

n 阶张量的散度

$$\nabla \cdot \boldsymbol{P} = \operatorname{div} \boldsymbol{P} = \frac{\partial}{\partial x_k} \quad p_{k, i_2 \cdots i_n} \tag{2.90}$$

是一个 $n - 1$ 阶张量。

矢量的梯度为

$$\nabla \boldsymbol{C} = \frac{\partial u_j}{\partial x_i} = \frac{\partial \boldsymbol{C}}{\partial \boldsymbol{r}} = \begin{bmatrix} \dfrac{\partial u}{\partial x} & \dfrac{\partial v}{\partial x} & \dfrac{\partial w}{\partial x} \\ \dfrac{\partial u}{\partial y} & \dfrac{\partial v}{\partial y} & \dfrac{\partial w}{\partial y} \\ \dfrac{\partial u}{\partial z} & \dfrac{\partial v}{\partial z} & \dfrac{\partial w}{\partial z} \end{bmatrix} \tag{2.91}$$

矢量的散度为

$$\nabla \cdot \boldsymbol{C} = \frac{\partial u_k}{\partial x_k} = \frac{\partial}{\partial \boldsymbol{r}} \cdot \boldsymbol{C} = \frac{\partial u}{\partial x} + \frac{\partial v}{\partial y} + \frac{\partial w}{\partial z} \tag{2.92}$$

奥高公式为

$$\int_S \boldsymbol{n} \cdot \boldsymbol{P} \mathrm{d}S = \int_V \operatorname{div} \boldsymbol{P} \mathrm{d}V \tag{2.93}$$

还有

$$(\boldsymbol{A} \cdot \nabla) \boldsymbol{B} = A_j \frac{\partial B_i}{\partial x_j} \tag{2.94}$$

$$\Delta \boldsymbol{A} = \nabla^2 \boldsymbol{A} = \nabla \cdot \nabla \boldsymbol{A} = \frac{\partial}{\partial x_j} \left(\frac{\partial A_j}{\partial x_i} \right) = \frac{\partial^2 A_j}{\partial x_i \partial x_j} \tag{2.95}$$

$$\nabla \cdot (\boldsymbol{P} \cdot \boldsymbol{V}) - (\nabla \cdot \boldsymbol{P}) \cdot \boldsymbol{V} + \nabla \boldsymbol{V} : \boldsymbol{P} = \boldsymbol{V} \cdot (\nabla \cdot \boldsymbol{P}) + \boldsymbol{P} : \nabla \boldsymbol{V} \tag{2.96}$$

定义张量的平均值为

$$\overline{A_{ij}} = \frac{A_{ij} + A_{ji}}{2} - \frac{1}{3}(A_{11} + A_{22} + A_{33})\delta_{ij} \tag{2.97}$$

全导数为

$$\frac{\mathrm{d}}{\mathrm{d}t}\left(\frac{\partial u_i}{\partial x_j}\right) = \frac{\partial}{\partial t}\left(\frac{\partial u_i}{\partial x_j}\right) + u_1 \frac{\partial}{\partial x_1}\left(\frac{\partial u_i}{\partial x_j}\right) + u_2 \frac{\partial}{\partial x_2}\left(\frac{\partial u_i}{\partial x_j}\right) + u_3 \frac{\partial}{\partial x_3}\left(\frac{\partial u_i}{\partial x_j}\right) \tag{2.98}$$

微分关系有
$$\frac{\partial}{\partial \bm{A}} = e_i \frac{\partial}{\partial A_i} \tag{2.99}$$

如果 ϕ 是一个标量，$\dfrac{\partial \phi}{\partial \bm{A}}$ 称为 ϕ 对 $\bm{A}$ 的梯度。

如果 ϕ 只是矢量 $\bm{A}$ 的大小 A 的函数，则有
$$\frac{\partial \phi}{\partial \bm{A}} = \phi'(A) \frac{\bm{A}}{A}, \quad \phi'(A) = \frac{\mathrm{d}\phi(\bm{A})}{\mathrm{d}\bm{A}} \tag{2.100}$$

又有
$$\frac{\partial}{\partial \bm{r}} \cdot \bm{A}\bm{B} = \left(\bm{A} \cdot \frac{\partial}{\partial \bm{r}}\right) \bm{B} + \bm{B} \left(\frac{\partial}{\partial \bm{r}} \cdot \bm{A}\right) \tag{2.101}$$

$$\bm{A}\bm{B} : \frac{\partial}{\partial \bm{r}} \bm{C} = \bm{A} \cdot \left(\bm{B} \cdot \frac{\partial}{\partial \bm{r}}\right) \bm{C} \tag{2.102}$$

第 3 章 微流动分析的基础

3.1 微流动概述

3.1.1 根据克努森数对微流动进行分类

如上所述,微流动的一个最大特点是流动的特征尺寸 L 很小,与气体分子平均自由行程 λ 相比,若按宏观方法分析流动则已经不能不把分子运动的特性一并考虑进去。因此,需要引入一个量纲一准则数 —— 克努森数 (Knudsen 数),用符号 Kn 表示,其定义为 $Kn = \lambda/L$。根据 Kn 的大小,可以把流动分成以下几种类型:

对于 $Kn \leqslant 10^{-3}$,我们称其为连续介质区。这时气体分子的平均自由行程远小于特征尺寸 L,气体分子相互之间的碰撞几率远远高于气体分子与壁面之间的碰撞,这时可以把气体的流动看作连续流动,满足连续流的要求。

随着 Kn 数的提高,达到 $10^{-3} \leqslant Kn \leqslant 10^{-1}$ 时,就不能不考虑分子平均自由行程 λ 的影响。这时与壁面碰撞的分子来自距离壁面约为 λ 量级的内部,这些分子对壁面的碰撞使得气体在壁面附近流动时的速度场产生变化,存在所谓速度滑移现象。这时的流动虽然仍可以利用连续流动的概念,但是必须考虑到滑移的影响,故称滑移流。

当达到 $10^{-1} \leqslant Kn \leqslant 10^3$ 时,流动处于过渡状态,不连续现象表现明显 (有的作者认为当 $Kn \geqslant 10$ 时,已进入自由分子流状态),称过渡流。

当 $Kn \geqslant 10^3$ 时,连续流的概念已经完全不再适用了,而应采用自由分子流的概念。

在壁面附近的三种不同流动的示意图如图 3.1 所示。

从物理学可知,分子平均自由行程 λ 可以表达为

$$\lambda = \sqrt{\frac{\pi k}{2}} \frac{\mu}{\rho a} \tag{3.1}$$

式中,k 为比热比;μ 为气体的动力粘度;ρ 为气体的密度;a 为当地声速。

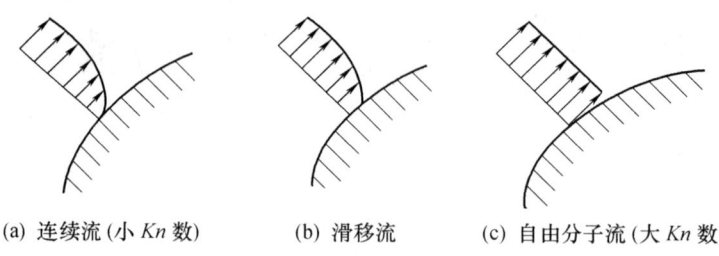

(a) 连续流(小 Kn 数)　　(b) 滑移流　　(c) 自由分子流(大 Kn 数)

图 3.1　三种不同流动的示意图

对上述稍加改变，引入马赫数 Ma 和雷诺数 Re，可得

$$Kn = \sqrt{\frac{\pi k}{2}} \frac{\mu}{\rho a L} = \sqrt{\frac{\pi k}{2}} \frac{\mu}{\rho v L} \frac{v}{a} = \sqrt{\frac{\pi k}{2}} \frac{Ma}{Re} \qquad (3.2)$$

式中，v 为气流速度。由此可见，用克努森数 Kn 表达的不同流动形式也可以通过马赫数 Ma 和雷诺数 Re 为坐标的图形来反映，如图 3.2 所示。

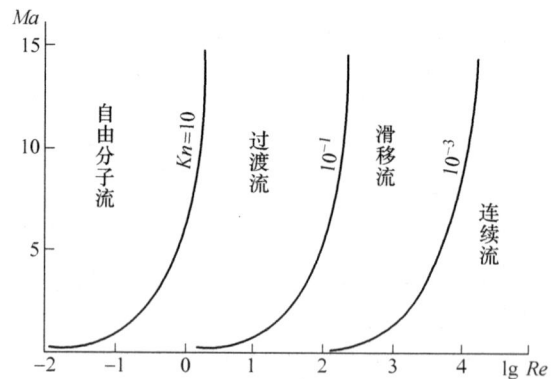

图 3.2　用马赫数 Ma 和雷诺数 Re 表达的不同流动

3.1.2　微流动的处理方法[12-14]

由于流动时克努森数 Kn 的大小不同，分子运动对气体流动的影响也有所不同，因此分析气体流动时必须建立不同的数学模型分别加以描述。图 3.3 给出了不同数学模型的大致适用范围。

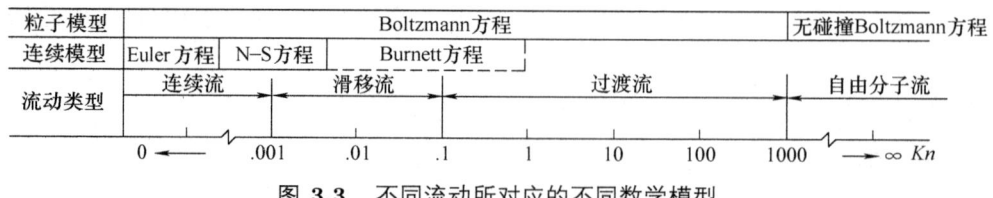

图 3.3　不同流动所对应的不同数学模型

工程上常使用的 N-S 方程是建立在连续模型基础上的。当 $10^{-3} \leqslant Kn \leqslant 10^{-1}$ 时，N-S 方程将引起较大的误差，这时要利用 Boltzmann 方程并引入速度滑移的概

念。当 $10^{-1} \leqslant Kn \leqslant 10^3$ 时，流动处于过渡状态，必须用 Boltzmann 方程求解这种流动。当 $Kn \geqslant 10^3$ 时，气体分子相互之间的碰撞已经十分稀少，这时可采用进入无碰撞时的 Boltzmann 方程。

分析表明，连续性的 N–S 方程是可以从分子碰撞模型出发的 Boltzmann 方程求得的。因此下面首先重点分析 Boltzmann 方程及其在微流动中的应用。而 Boltzmann 方程则是在更为普遍的分子动力学基础上经过简化得到的。这里也就简要介绍一下 Boltzmann 方程的来龙去脉。它们之间的关系可以用图 3.4 表示。

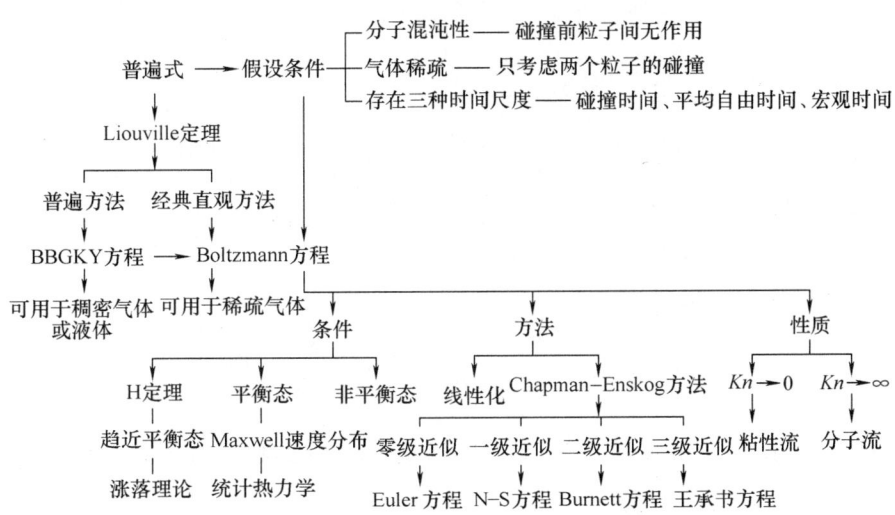

图 3.4 Boltzmann 方程与其他流动方程的关系

3.2 气体分子动力论在微流动中的应用

3.2.1 基本概念

气体分子动力论认为，一个宏观的状态必然是以大量的微观状态形式存在的，因此研究微观状态可以反映出整个系统的状态。[10,12-14,38-39,41-43]

设想在相空间中有一个点，它具有一定的力学状态，或者说它具有六维空间。这个点在六维相空间中的广义位置为 x，其中三维属于相空间中一个粒子的广义坐标 r_i，另三维则是这个粒子的广义动量 p_i 或速度 ξ_i。分子动力论就是利用处于某一微观状态或在其附近的几率来描述宏观状态的。某一微观状态点的密集度就代表了整个系统处于该微观状态的几率或几率密度 P。如果系统中有 N 个粒子，那么几率密度 P 应该是 N 个矢量 $x_i = (r_i, p_i), i = 1, 2, \cdots, N$ 的函数，当然也可以是时间 t 的函数，因此有

$$P(x) = P(x_1, x_2, \cdots, x_N, t) = P(r_1, r_2, \cdots, r_N, p_1, p_2, \cdots, p_N, t) \qquad (3.3)$$

式 (3.3) 是气体分子动力论对某一系统宏观状态的微观描述。如果能够求得微观状态的几率密度 P，就可以确定某一系统的宏观状态。因此问题就集中于如何求出几率密度 P。

3.2.2 Liouville 定理

设想当时间从 t 时刻变为 $t+\mathrm{d}t$ 时刻时，上述处于广义坐标 $\boldsymbol{r}_i$ 和广义动量 $\boldsymbol{p}_i$ 的某一微观状态附近的代表点就会变到 $\boldsymbol{r}_i+\mathrm{d}\boldsymbol{r}_i$ 和 $\boldsymbol{p}_i+\mathrm{d}\boldsymbol{p}_i$ 位置处，其几率密度 P 的变化率为

$$\frac{\mathrm{d}P}{\mathrm{d}t} = \frac{\partial P}{\partial t} + \sum_i \frac{\partial P}{\partial \boldsymbol{r}_i}\cdot \dot{\boldsymbol{r}}_i + \sum_i \frac{\partial P}{\partial \boldsymbol{p}_i}\cdot \dot{\boldsymbol{p}}_i \tag{3.4}$$

在所讨论的相空间内的代表点总数是不变的，因此由粒子数守恒可得出连续方程

$$\frac{\partial P}{\partial t} + \sum_i \frac{\partial}{\partial \boldsymbol{r}_i}\cdot (P\dot{\boldsymbol{r}}_i) + \sum_i \frac{\partial}{\partial \boldsymbol{p}_i}\cdot (P\dot{\boldsymbol{p}}_i) = 0 \tag{3.5}$$

把上式代入式 (3.4)，可得

$$\frac{\mathrm{d}P}{\mathrm{d}t} = -P\sum_i \left(\frac{\partial}{\partial \boldsymbol{r}_i}\cdot \dot{\boldsymbol{r}}_i + \frac{\partial}{\partial \boldsymbol{p}_i}\cdot \dot{\boldsymbol{p}}_i\right) \tag{3.6}$$

如果引用 Hamilton 函数，那么系统的运动规律是服从 Hamilton 正则方程的，即

$$\dot{\boldsymbol{r}}_i = \frac{\partial H_N}{\partial \boldsymbol{p}_i} \tag{3.7}$$

$$\dot{\boldsymbol{p}}_i = -\frac{\partial H_N}{\partial \boldsymbol{r}_i} \tag{3.8}$$

式中 Hamilton 函数为

$$H_N = \sum_{i=1}^N \frac{\boldsymbol{p}_i^2}{2m} + \sum_{1\leqslant i<j\leqslant N} U_{ij} \tag{3.9}$$

由于代表点的总数不变，就有

$$\frac{\mathrm{d}P}{\mathrm{d}t} = -P\sum_i \left(\frac{\partial}{\partial \boldsymbol{r}_i}\cdot \frac{\partial H_N}{\partial \boldsymbol{p}_i} - \frac{\partial}{\partial \boldsymbol{p}_i}\cdot \frac{\partial H_N}{\partial \boldsymbol{r}_i}\right) = 0 \tag{3.10}$$

上式就是 Liouville 定理的基本表达式。该式说明，代表点在相空间中流动时，其几率密度是不变的。

把式 (3.10) 代入式 (3.4) 可得

$$\frac{\partial P}{\partial t} = -\sum_i \left(\frac{\partial P}{\partial \boldsymbol{r}_i}\cdot \frac{\partial H_N}{\partial \boldsymbol{p}_i} - \frac{\partial P}{\partial \boldsymbol{p}_i}\cdot \frac{\partial H_N}{\partial \boldsymbol{r}_i}\right) = \sum_i \left(\frac{\partial H_N}{\partial \boldsymbol{r}_i}\cdot \frac{\partial P}{\partial \boldsymbol{p}_i} - \frac{\partial H_N}{\partial \boldsymbol{p}_i}\cdot \frac{\partial P}{\partial \boldsymbol{r}_i}\right) \tag{3.11}$$

将上式右边用 Poisson 符号 $\{H_N, P\}$ 表达，可得简化式

$$\frac{\partial P}{\partial t} = \{H_N, P\} \tag{3.12}$$

从某种意义上说，这个几率密度也就是粒子的分布函数。但是只从上式还无法直接求出几率密度。

Liouville 定理不论对平衡态或是非平衡态都是成立的。对于平衡态有 $\frac{\partial P}{\partial t} = 0$，在作了某些假设条件后，可以求出几率密度 P。在非平衡态条件下，只有在稀薄气体二元碰撞时才能求解。

3.2.3 BBGKY 方程

这是由 Bogoliubov 等数人在 20 世纪 50 年代各自独立提出的一组方程，但却无法求解。不过，在 BBGKY 方程的基础上，再作进一步简化，就可以导出 Boltzmann 方程。从其推导过程及其所作的简化假设，可以了解 Boltzmann 方程适用的条件及其物理意义。因此下面对此作一不十分严格的简要介绍，详细内容可参阅读文献 [14]。

假设有一个系统是由 N 个完全相同的粒子组成的，那么 N 粒子分布函数 $P_N(r_1, r_2, \cdots, r_N, p_1, p_2, \cdots, p_N, t)$ 应满足 Liouville 定理

$$\frac{\partial P_N}{\partial t} + \sum_i \left(\frac{\partial P}{\partial \boldsymbol{r}_i} \cdot \dot{\boldsymbol{r}}_i + \frac{\partial P}{\partial \boldsymbol{p}_i} \cdot \dot{\boldsymbol{p}}_i \right) = 0 \tag{3.13}$$

或

$$\frac{\partial P_N}{\partial t} = \{H_N, P\} \tag{3.14}$$

由于假设粒子是完全相同的，因此在分布函数 P_N 中，对粒子不需要作特定的标识，可以互换而不受影响。

因动量 $\boldsymbol{p}_i = m\boldsymbol{\xi}_i$，所以

$$\dot{\boldsymbol{p}}_i = \frac{\partial \boldsymbol{p}_i}{\partial t} = m\frac{\partial \boldsymbol{\xi}_i}{\partial t} = \boldsymbol{F}_i$$

是第 i 个粒子上所受的力，式中 m 是粒子的质量，对于单组分气体，m 是一个常数。而

$$\dot{\boldsymbol{r}}_i = \frac{\partial \boldsymbol{r}_i}{\partial t} = \boldsymbol{\xi}_i$$

是粒子的速度，因此式 (3.13) 可改写为

$$\frac{\partial P_N}{\partial t} + \sum_i \left(\boldsymbol{\xi}_i \cdot \frac{\partial P_N}{\partial \boldsymbol{r}_i} + \frac{\boldsymbol{F}_i}{m} \cdot \frac{\partial P_N}{\partial \boldsymbol{\xi}_i} \right) = 0 \tag{3.15}$$

假设没有外力场，而且分子之间只有二体作用，二体碰撞之前没有任何相互作用的行为，那么分子 i, j 之间的相互作用势应为 $U_{ij}, i \neq j$，就有

$$\boldsymbol{F}_i = -\sum_{j \neq i} \frac{\partial U_{ij}}{\partial \boldsymbol{r}_i} \tag{3.16}$$

由于粒子是完全相同的，所以任意交换两个分子的坐标和速度都不会改变物理量的宏观值。

S 个粒子的分布函数 (又称约化分布函数) 为

$$P_N^{(S)} = \int \cdots \int P_N \prod_{i=S+1}^{N} \mathrm{d}\boldsymbol{r}_i \mathrm{d}\boldsymbol{p}_i = \int \cdots \int P_N \prod_{i=S+1}^{N} \mathrm{d}\boldsymbol{x}_i, \quad 0 < S < N \tag{3.17}$$

例如，1 个粒子的分布函数为

$$P_N^{(1)} = P_1(\boldsymbol{x}_1, t) = \int \cdots \int P_N(\boldsymbol{x}_1, \boldsymbol{x}_2, \cdots, \boldsymbol{x}_N, t) \mathrm{d}\boldsymbol{x}_2 \cdots \mathrm{d}\boldsymbol{x}_N$$

2 个粒子的分布函数为

$$P_N^{(2)} = P_2(\boldsymbol{x}_1, \boldsymbol{x}_2, t) = \int \cdots \int P_N(\boldsymbol{x}_1, \boldsymbol{x}_2, \cdots, \boldsymbol{x}_N, t) \mathrm{d}\boldsymbol{x}_3 \cdots \mathrm{d}\boldsymbol{x}_N$$

因此分布函数 $P_N^{(S)}$ 表示 S 个粒子中的 1 粒子在 $\boldsymbol{x}_1$ 附近的 $\mathrm{d}\boldsymbol{x}_1$ 中，2 粒子在 $\boldsymbol{x}_2$ 附近的 $\mathrm{d}\boldsymbol{x}_2$ 中，$\cdots$，S 粒子在 $\boldsymbol{x}_S$ 附近的 $\mathrm{d}\boldsymbol{x}_S$ 中处于相空间位置的几率，而不考虑 $S+1, S+2, \cdots, N$ 粒子的状况。

把式 (3.16) 的 $\boldsymbol{F}_i$ 代入式 (3.15) 中，可得

$$\frac{\partial P_N}{\partial t} + \sum_{i=1}^{N} \left(\boldsymbol{\xi}_i \cdot \frac{\partial P_N}{\partial \boldsymbol{r}_i} + \frac{-\sum_{j \neq i} \frac{\partial U_{ij}}{\partial \boldsymbol{r}_i}}{m} \cdot \frac{\partial P_N}{\partial \boldsymbol{\xi}_i} \right) = 0$$

或

$$\frac{\partial P_N}{\partial t} + \sum_{i=1}^{N} \left[\boldsymbol{\xi}_i \cdot \frac{\partial P_N}{\partial \boldsymbol{r}_i} - \frac{\partial P_N}{\partial \boldsymbol{\xi}_i} \cdot \left(\frac{1}{m} \sum_{j \neq i} \frac{\partial U_{ij}}{\partial \boldsymbol{r}_i} \right) \right] = 0 \tag{3.18}$$

对于 1 个粒子的约化分布函数，可将上式对 $\prod_{i=2}^{N} \mathrm{d}\boldsymbol{r}_i \mathrm{d}\boldsymbol{p}_i$ 积分。由于 $\boldsymbol{r}_i \to \infty$ 或 $\boldsymbol{p}_i \to \infty$ 的几率几乎等于零，因此 $P_N = 0$。而在这个积分中，有很多项都会转换成在相空间中无限远处的面积分，因此所有面积分项都将等于零。这样，这个积分最后剩下的只有 $\frac{\partial}{\partial \boldsymbol{r}_1}$ 和 $\frac{\partial}{\partial \boldsymbol{p}_1}$ 项了。因此有

$$\int \cdots \int \frac{\partial P_N}{\partial t} \mathrm{d}\boldsymbol{r}_2 \mathrm{d}\boldsymbol{r}_3 \cdots \mathrm{d}\boldsymbol{r}_N \mathrm{d}\boldsymbol{p}_2 \mathrm{d}\boldsymbol{p}_3 \cdots \mathrm{d}\boldsymbol{p}_N = \frac{\partial P_N^{(1)}}{\partial t} \tag{3.19}$$

$$\int \cdots \int \sum_{i=1}^{N} \boldsymbol{\xi}_i \cdot \frac{\partial P_N}{\partial \boldsymbol{r}_i} \mathrm{d}\boldsymbol{r}_2 \mathrm{d}\boldsymbol{r}_3 \cdots \mathrm{d}\boldsymbol{r}_N \mathrm{d}\boldsymbol{p}_2 \mathrm{d}\boldsymbol{p}_3 \cdots \mathrm{d}\boldsymbol{p}_N$$

$$= \int \cdots \int \boldsymbol{\xi}_1 \cdot \frac{\partial P_N}{\partial \boldsymbol{r}_1} \mathrm{d}\boldsymbol{r}_2 \mathrm{d}\boldsymbol{r}_3 \cdots \mathrm{d}\boldsymbol{r}_N \mathrm{d}\boldsymbol{p}_2 \mathrm{d}\boldsymbol{p}_3 \cdots \mathrm{d}\boldsymbol{p}_N +$$

$$\int \cdots \int \boldsymbol{\xi}_2 \cdot \frac{\partial P_N}{\partial \boldsymbol{r}_2} \mathrm{d}\boldsymbol{r}_2 \mathrm{d}\boldsymbol{r}_3 \cdots \mathrm{d}\boldsymbol{r}_N \mathrm{d}\boldsymbol{p}_2 \mathrm{d}\boldsymbol{p}_3 \cdots \mathrm{d}\boldsymbol{p}_N + \cdots +$$

$$\int \cdots \int \boldsymbol{\xi}_N \cdot \frac{\partial P_N}{\partial \boldsymbol{r}_N} \mathrm{d}\boldsymbol{r}_2 \mathrm{d}\boldsymbol{r}_3 \cdots \mathrm{d}\boldsymbol{r}_N \mathrm{d}\boldsymbol{p}_1 \mathrm{d}\boldsymbol{p}_2 \cdots \mathrm{d}\boldsymbol{p}_N$$

由于等式右边除第一项外，其余都等于零，因此

$$\int \cdots \int \sum_{i=1}^{N} \boldsymbol{\xi}_i \cdot \frac{\partial P_N}{\partial \boldsymbol{r}_i} \mathrm{d}\boldsymbol{r}_2 \mathrm{d}\boldsymbol{r}_3 \cdots \mathrm{d}\boldsymbol{r}_N \mathrm{d}\boldsymbol{p}_2 \mathrm{d}\boldsymbol{p}_3 \cdots \mathrm{d}\boldsymbol{p}_N = \boldsymbol{\xi}_1 \cdot \frac{\partial P_N^{(1)}}{\partial \boldsymbol{r}_1} \quad (3.20)$$

$$\begin{aligned}
\sum_{i=1}^{N} \left[\frac{\partial P_N}{\partial \boldsymbol{\xi}_i} \cdot \frac{1}{m} \sum_{j \neq i} \frac{\partial U_{ij}}{\partial \boldsymbol{r}_i} \right] = \frac{1}{m} \Bigg[& \frac{\partial P_N}{\partial \boldsymbol{\xi}_1} \cdot \left(\frac{\partial U_{12}}{\partial \boldsymbol{r}_1} + \frac{\partial U_{13}}{\partial \boldsymbol{r}_1} + \frac{\partial U_{14}}{\partial \boldsymbol{r}_1} + \cdots + \frac{\partial U_{1N}}{\partial \boldsymbol{r}_1} \right) + \\
& \frac{\partial P_N}{\partial \boldsymbol{\xi}_2} \cdot \left(\frac{\partial U_{21}}{\partial \boldsymbol{r}_2} + \frac{\partial U_{23}}{\partial \boldsymbol{r}_2} + \cdots + \frac{\partial U_{2N}}{\partial \boldsymbol{r}_2} \right) + \\
& \frac{\partial P_N}{\partial \boldsymbol{\xi}_3} \cdot \left(\frac{\partial U_{31}}{\partial \boldsymbol{r}_3} + \frac{\partial U_{32}}{\partial \boldsymbol{r}_3} + \cdots + \frac{\partial U_{3N}}{\partial \boldsymbol{r}_3} \right) + \cdots + \\
& \frac{\partial P_N}{\partial \boldsymbol{\xi}_N} \cdot \left(\frac{\partial U_{N1}}{\partial \boldsymbol{r}_N} + \cdots + \frac{\partial U_{N(N-1)}}{\partial \boldsymbol{r}_N} \right) \Bigg] \quad (3.21)
\end{aligned}$$

由于粒子完全相同，$U_{12} = U_{13} = U_{14} = \cdots = U_{1N}$，所以

$$\frac{\partial U_{12}}{\partial \boldsymbol{r}_1} + \frac{\partial U_{13}}{\partial \boldsymbol{r}_1} + \cdots + \frac{\partial U_{1N}}{\partial \boldsymbol{r}_1} = (N-1)\frac{\partial U_{12}}{\partial \boldsymbol{r}_1}$$

同理有

$$\frac{\partial U_{21}}{\partial \boldsymbol{r}_2} + \frac{\partial U_{23}}{\partial \boldsymbol{r}_2} + \cdots + \frac{\partial U_{2N}}{\partial \boldsymbol{r}_2} = (N-1)\frac{\partial U_{12}}{\partial \boldsymbol{r}_2}$$

$$\frac{\partial U_{31}}{\partial \boldsymbol{r}_3} + \frac{\partial U_{32}}{\partial \boldsymbol{r}_3} + \cdots + \frac{\partial U_{3N}}{\partial \boldsymbol{r}_3} = (N-1)\frac{\partial U_{13}}{\partial \boldsymbol{r}_3}$$

$$\vdots$$

$$\frac{\partial U_{N1}}{\partial \boldsymbol{r}_N} + \frac{\partial U_{N2}}{\partial \boldsymbol{r}_N} + \cdots + \frac{\partial U_{N(N-1)}}{\partial \boldsymbol{r}_N} = (N-1)\frac{\partial U_{1N}}{\partial \boldsymbol{r}_N}$$

代入上式右边，可得

$$\sum_{i=1}^{N} \left[\frac{\partial P_N}{\partial \boldsymbol{\xi}_i} \cdot \frac{1}{m} \sum_{j \neq i} \frac{\partial U_{ij}}{\partial \boldsymbol{r}_i} \right]$$
$$= \frac{(N-1)}{m} \left[\frac{\partial P_N}{\partial \boldsymbol{\xi}_1} \cdot \frac{\partial U_{12}}{\partial \boldsymbol{r}_1} + \frac{\partial P_N}{\partial \boldsymbol{\xi}_2} \cdot \frac{\partial U_{12}}{\partial \boldsymbol{r}_2} + \frac{\partial P_N}{\partial \boldsymbol{\xi}_3} \cdot \frac{\partial U_{13}}{\partial \boldsymbol{r}_3} + \cdots + \frac{\partial P_N}{\partial \boldsymbol{\xi}_N} \cdot \frac{\partial U_{1N}}{\partial \boldsymbol{r}_N} \right]$$

积分可得

$$\int \cdots \int \sum_{i=1}^{N} \left[\frac{\partial P_N}{\partial \boldsymbol{\xi}_i} \cdot \frac{1}{m} \sum_{j \neq i} \frac{\partial U_{ij}}{\partial \boldsymbol{r}_i} \right] \mathrm{d}\boldsymbol{r}_2 \mathrm{d}\boldsymbol{r}_3 \cdots \mathrm{d}\boldsymbol{r}_N \mathrm{d}\boldsymbol{p}_2 \mathrm{d}\boldsymbol{p}_3 \cdots \mathrm{d}\boldsymbol{p}_N$$
$$= \frac{(N-1)}{m} \int \cdots \int \left(\frac{\partial P_N}{\partial \boldsymbol{\xi}_1} \cdot \frac{\partial U_{12}}{\partial \boldsymbol{r}_1} \mathrm{d}\boldsymbol{r}_2 \mathrm{d}\boldsymbol{p}_2 \right) \mathrm{d}\boldsymbol{r}_3 \mathrm{d}\boldsymbol{r}_4 \cdots \mathrm{d}\boldsymbol{r}_N \mathrm{d}\boldsymbol{p}_3 \mathrm{d}\boldsymbol{p}_4 \cdots \mathrm{d}\boldsymbol{p}_N +$$
$$\quad \frac{(N-1)}{m} \int \cdots \int \left(\frac{\partial P_N}{\partial \boldsymbol{\xi}_2} \cdot \frac{\partial U_{12}}{\partial \boldsymbol{r}_2} + \frac{\partial P_N}{\partial \boldsymbol{\xi}_3} \cdot \frac{\partial U_{13}}{\partial \boldsymbol{r}_3} + \cdots + \frac{\partial P_N}{\partial \boldsymbol{\xi}_N} \cdot \frac{\partial U_{1N}}{\partial \boldsymbol{r}_N} \right) \times$$
$$\quad \mathrm{d}\boldsymbol{r}_2 \mathrm{d}\boldsymbol{r}_3 \cdots \mathrm{d}\boldsymbol{r}_N \mathrm{d}\boldsymbol{p}_2 \mathrm{d}\boldsymbol{p}_3 \cdots \mathrm{d}\boldsymbol{p}_N$$

上式右边的第二项为零,第一项可用 2 个粒子的分布函数代入,因此有

$$\int\cdots\int\sum_{i=1}^{N}\left[\frac{\partial P_N}{\partial \bm{\xi}_i}\cdot\frac{1}{m}\sum_{j\neq i}\frac{\partial U_{ij}}{\partial \bm{r}_i}\right]\mathrm{d}\bm{r}_2\mathrm{d}\bm{r}_3\cdots\mathrm{d}\bm{r}_N\mathrm{d}\bm{p}_2\mathrm{d}\bm{p}_3\cdots\mathrm{d}\bm{p}_N$$

$$=\frac{(N-1)}{m}\iint\frac{\partial P_N^{(2)}}{\partial \bm{\xi}_1}\cdot\frac{\partial U_{12}}{\partial \bm{r}_1}\mathrm{d}\bm{r}_2\mathrm{d}\bm{p}_2=(N-1)\iint\frac{\partial P^{(2)}}{\partial \bm{\xi}_1}\cdot\frac{\partial U_{12}}{\partial \bm{r}_1}\mathrm{d}\bm{r}_2\mathrm{d}\bm{\xi}_2 \quad (3.22)$$

将式 (3.19)、式 (3.20)、式 (3.22) 代入式 (3.18) 在 $\prod_{i=2}^{N}\mathrm{d}\bm{r}_i\mathrm{d}\bm{p}_i$ 域内的积分中,可得

$$\frac{\partial P_N^{(1)}}{\partial t}+\bm{\xi}_1\cdot\frac{\partial P_N^{(1)}}{\partial \bm{r}_1}=(N-1)\iint\frac{\partial U_{12}}{\partial \bm{r}_1}\cdot\frac{\partial P_N^{(2)}}{\partial \bm{\xi}_1}\mathrm{d}\bm{r}_2\mathrm{d}\bm{\xi}_2 \quad (3.23)$$

对于 2 个粒子的约化分布函数,可将式 (3.19)、式 (3.20)、式 (3.22) 改写为

$$\int\cdots\int\frac{\partial P_N}{\partial t}\mathrm{d}\bm{r}_3\mathrm{d}\bm{r}_4\cdots\mathrm{d}\bm{r}_N\mathrm{d}\bm{p}_3\mathrm{d}\bm{p}_4\cdots\mathrm{d}\bm{p}_N=\frac{\partial P_N^{(2)}}{\partial t} \quad (3.24)$$

$$\int\cdots\int\sum_{i=1}^{N}\bm{\xi}_i\cdot\frac{\partial P_N}{\partial \bm{r}_i}\mathrm{d}\bm{r}_3\mathrm{d}\bm{r}_4\cdots\mathrm{d}\bm{r}_N\mathrm{d}\bm{p}_3\mathrm{d}\bm{p}_4\cdots\mathrm{d}\bm{p}_N$$

$$=\int\cdots\int\bm{\xi}_1\cdot\frac{\partial P_N}{\partial \bm{r}_1}\mathrm{d}\bm{r}_3\mathrm{d}\bm{r}_4\cdots\mathrm{d}\bm{r}_N\mathrm{d}\bm{p}_3\mathrm{d}\bm{p}_4\cdots\mathrm{d}\bm{p}_N+$$

$$\int\cdots\int\bm{\xi}_2\cdot\frac{\partial P_N}{\partial \bm{r}_2}\mathrm{d}\bm{r}_3\mathrm{d}\bm{r}_4\cdots\mathrm{d}\bm{r}_N\mathrm{d}\bm{p}_3\mathrm{d}\bm{p}_4\cdots\mathrm{d}\bm{p}_N+$$

$$\int\cdots\int\bm{\xi}_3\cdot\frac{\partial P_N}{\partial \bm{r}_3}\mathrm{d}\bm{r}_3\mathrm{d}\bm{r}_4\cdots\mathrm{d}\bm{r}_N\mathrm{d}\bm{p}_3\mathrm{d}\bm{p}_4\cdots\mathrm{d}\bm{p}_N+\cdots+$$

$$\int\cdots\int\bm{\xi}_N\cdot\frac{\partial P_N}{\partial \bm{r}_N}\mathrm{d}\bm{r}_3\mathrm{d}\bm{r}_4\cdots\mathrm{d}\bm{r}_N\mathrm{d}\bm{p}_3\mathrm{d}\bm{p}_4\cdots\mathrm{d}\bm{p}_N$$

上式右边第一项为 $\bm{\xi}_1\cdot\frac{\partial P_N^{(2)}}{\partial \bm{r}_1}$,第二项为 $\bm{\xi}_2\cdot\frac{\partial P_N^{(2)}}{\partial \bm{r}_2}$,其余各项全为零,因此

$$\int\cdots\int\sum_{i=1}^{N}\bm{\xi}_i\cdot\frac{\partial P_N}{\partial \bm{r}_i}\mathrm{d}\bm{r}_3\mathrm{d}\bm{r}_4\cdots\mathrm{d}\bm{r}_N\mathrm{d}\bm{p}_3\mathrm{d}\bm{p}_4\cdots\mathrm{d}\bm{p}_N=\bm{\xi}_1\cdot\frac{\partial P_N^{(2)}}{\partial \bm{r}_1}+\bm{\xi}_2\cdot\frac{\partial P_N^{(2)}}{\partial \bm{r}_2} \quad (3.25)$$

而

$$\sum_{i=1}^{N}\frac{\partial P_N}{\partial \bm{\xi}_i}\cdot\frac{1}{m}\sum_{j\neq i}\frac{\partial U_{ij}}{\partial \bm{r}_i}=\frac{1}{m}\left[\frac{\partial P_N}{\partial \bm{\xi}_1}\cdot\left(\frac{\partial U_{12}}{\partial \bm{r}_1}+\frac{\partial U_{13}}{\partial \bm{r}_1}+\cdots+\frac{\partial U_{1N}}{\partial \bm{r}_1}\right)+\right.$$

$$\frac{\partial P_N}{\partial \bm{\xi}_2}\cdot\left(\frac{\partial U_{21}}{\partial \bm{r}_2}+\frac{\partial U_{23}}{\partial \bm{r}_2}+\cdots+\frac{\partial U_{2N}}{\partial \bm{r}_2}\right)+\cdots+$$

$$\left.\frac{\partial P_N}{\partial \bm{\xi}_N}\cdot\left(\frac{\partial U_{N1}}{\partial \bm{r}_N}+\frac{\partial U_{N2}}{\partial \bm{r}_N}+\cdots+\frac{\partial U_{N(N-1)}}{\partial \bm{r}_N}\right)\right]$$

$$=\frac{1}{m}\left[\frac{\partial P_N}{\partial \bm{\xi}_1}\cdot\frac{\partial U_{12}}{\partial \bm{r}_1}+(N-2)\frac{\partial P_N}{\partial \bm{\xi}_1}\cdot\frac{\partial U_{12}}{\partial \bm{r}_1}+\frac{\partial P_N}{\partial \bm{\xi}_2}\cdot\frac{\partial U_{13}}{\partial \bm{r}_2}+\right.$$

$$\left.(N-2)\frac{\partial P_N}{\partial \bm{\xi}_2}\cdot\frac{\partial U_{13}}{\partial \bm{r}_2}+\cdots\right]$$

$$\int \cdots \int \frac{1}{m} \left[\frac{\partial P_N}{\partial \boldsymbol{\xi}_1} \cdot \frac{\partial U_{12}}{\partial \boldsymbol{r}_1} + \frac{\partial P_N}{\partial \boldsymbol{\xi}_2} \cdot \frac{\partial U_{13}}{\partial \boldsymbol{r}_2} \right] \mathrm{d}\boldsymbol{r}_3 \mathrm{d}\boldsymbol{r}_4 \cdots \mathrm{d}\boldsymbol{r}_N \mathrm{d}\boldsymbol{p}_3 \mathrm{d}\boldsymbol{p}_4 \cdots \mathrm{d}\boldsymbol{p}_N +$$

$$\int \cdots \int \frac{(N-2)}{m} \left[\frac{\partial P_N}{\partial \boldsymbol{\xi}_1} \cdot \frac{\partial U_{12}}{\partial \boldsymbol{r}_1} + \frac{\partial P_N}{\partial \boldsymbol{\xi}_2} \cdot \frac{\partial U_{13}}{\partial \boldsymbol{r}_2} \right] \mathrm{d}\boldsymbol{r}_3 \mathrm{d}\boldsymbol{r}_4 \cdots \mathrm{d}\boldsymbol{r}_N \mathrm{d}\boldsymbol{p}_3 \mathrm{d}\boldsymbol{p}_4 \cdots \mathrm{d}\boldsymbol{p}_N + \cdots$$

$$= \frac{1}{m} \left(\frac{\partial P_N^{(2)}}{\partial \boldsymbol{\xi}_1} \cdot \frac{\partial U_{12}}{\partial \boldsymbol{r}_1} + \frac{\partial P_N^{(2)}}{\partial \boldsymbol{\xi}_2} \cdot \frac{\partial U_{13}}{\partial \boldsymbol{r}_2} \right) +$$

$$\frac{(N-2)}{m} \iint \left(\frac{\partial P_N^{(3)}}{\partial \boldsymbol{\xi}_1} \cdot \frac{\partial U_{12}}{\partial \boldsymbol{r}_1} + \frac{\partial P_N^{(3)}}{\partial \boldsymbol{\xi}_2} \cdot \frac{\partial U_{13}}{\partial \boldsymbol{r}_2} \right) \mathrm{d}\boldsymbol{r}_3 \mathrm{d}\boldsymbol{p}_3 \tag{3.26}$$

把式 (3.24)、式 (3.25)、式 (3.26) 代入式 (3.18) 在 $\prod_{i=3}^{N} \partial \boldsymbol{r}_i \partial \boldsymbol{p}_i$ 域内的积分中,可得

$$\frac{\partial P_N^{(2)}}{\partial t} + \boldsymbol{\xi}_1 \cdot \frac{\partial P_N^{(2)}}{\partial \boldsymbol{r}_1} + \boldsymbol{\xi}_2 \cdot \frac{\partial P_N^{(2)}}{\partial \boldsymbol{r}_2} - \frac{1}{m} \left(\frac{\partial U_{12}}{\partial \boldsymbol{r}_1} \cdot \frac{\partial P_N^{(2)}}{\partial \boldsymbol{\xi}_1} + \frac{\partial U_{13}}{\partial \boldsymbol{r}_2} \cdot \frac{\partial P_N^{(2)}}{\partial \boldsymbol{\xi}_2} \right)$$

$$= \frac{(N-2)}{m} \iint \left[\frac{\partial P_N^{(3)}}{\partial \boldsymbol{\xi}_1} \cdot \frac{\partial U_{12}}{\partial \boldsymbol{r}_1} + \frac{\partial P_N^{(3)}}{\partial \boldsymbol{\xi}_2} \cdot \frac{\partial U_{13}}{\partial \boldsymbol{r}_2} \right] \mathrm{d}\boldsymbol{r}_3 \mathrm{d}\boldsymbol{p}_3$$

$$= (N-2) \iint \left[\frac{\partial P_N^{(3)}}{\partial \boldsymbol{\xi}_1} \cdot \frac{\partial U_{12}}{\partial \boldsymbol{r}_1} + \frac{\partial P_N^{(3)}}{\partial \boldsymbol{\xi}_2} \cdot \frac{\partial U_{13}}{\partial \boldsymbol{r}_2} \right] \mathrm{d}\boldsymbol{r}_3 \mathrm{d}\boldsymbol{\xi}_3 \tag{3.27}$$

按上述思路,还可以继续写出很多个粒子的约化分布函数的类似方程式。

由式 (3.23) 和式 (3.27) 可知,用 $P_N^{(2)}$ 可以表达出 $P_N^{(1)}$,用 $P_N^{(3)}$ 可以表达出 $P_N^{(2)}$,……。也就是说,可以用 $P_N^{(S+1)}$ 表达出 $P_N^{(S)}$,$S = 1, 2, \cdots, N-1$,就意味着可以用多一个粒子的约化分布函数,表达出少一个粒子的分布函数。

上述这些方程构成一个成链的方程组,这就是 BBGKY 方程组。方程组有 N 个方程,为了求解 BBGKY 方程组,需要求解 N 个方程,显然这是不可能的,是一组无法求解的方程组。为此,需要考虑如何截断这个方程链。

3.2.4 由 BBGKY 方程组求解 Boltzmann 方程

在稀薄气体中,气体分子之间相互作用力程 d 远小于分子间的自由平均行程 λ,即 $d/\lambda \ll 1$,而势能 $U_{ij}(\boldsymbol{r})$ 只能在力程 d 的范围之内才起作用。也就是说,只有在 $r = |\boldsymbol{r}_i - \boldsymbol{r}_j| \leqslant d$ 时,亦即在区域体积为 $O(d^3)$ 量级时,势能 $U_{ij}(\boldsymbol{r})$ 才不为零。因此 $U_{ij}(\boldsymbol{r})$ 的积分只有在 $O(d^3)$ 量级内才有值。另一方面,约化分布函数 $P_N^{(S)} = \int \cdots \int P_N \prod_{i=S+1}^{N} \mathrm{d}\boldsymbol{r}_i \mathrm{d}\boldsymbol{p}_i$ 是在 $\boldsymbol{r}_S$ 的整个体积 ∇ 中进行的。这个体积 ∇ 近似地可用 $N\lambda^3$ 表达。此外,由于 N 很大,认为 $N-2$ 可以近似地用 N 表达。这样式 (3.27) 中右边积分项近似地可用同数量级的下述等式表达:

$$(N-2) \iint \frac{\partial P_N^{(3)}}{\partial \boldsymbol{\xi}_1} \cdot \frac{\partial U_{12}}{\partial \boldsymbol{r}_1} \mathrm{d}\boldsymbol{r}_3 \mathrm{d}\boldsymbol{\xi}_3 \approx N \frac{\partial P_N^{(3)}}{\partial \boldsymbol{\xi}_1} \cdot \frac{\partial U_{12}}{\partial \boldsymbol{r}_1} \frac{d^3}{N\lambda^3} = \frac{\partial P_N^{(3)}}{\partial \boldsymbol{\xi}_1} \cdot \frac{\partial U_{12}}{\partial \boldsymbol{r}_1} \left(\frac{d}{\lambda} \right)^3$$

在稀薄气体中, 由于 $d/\lambda \ll 1$, 因此与等式 (3.27) 左边 $\partial U(r)/\partial r$ 项相比, 是可以忽略不计的。同理, 积分中 $(N-2)\iint \dfrac{\partial P_N^{(3)}}{\partial \boldsymbol{\xi}_2} \cdot \dfrac{\partial U_{13}}{\partial \boldsymbol{r}_2}\mathrm{d}\boldsymbol{r}_3 \mathrm{d}\boldsymbol{\xi}_3$ 项也可忽略不计。这样式 (3.27) 就可简化为

$$\frac{\partial P_N^{(2)}}{\partial t} + \boldsymbol{\xi}_1 \cdot \frac{\partial P_N^{(2)}}{\partial \boldsymbol{r}_1} + \boldsymbol{\xi}_2 \cdot \frac{\partial P_N^{(2)}}{\partial \boldsymbol{r}_2} - \frac{1}{m}\left(\frac{\partial U_{12}}{\partial \boldsymbol{r}_1}\cdot\frac{\partial P_N^{(2)}}{\partial \boldsymbol{\xi}_1} + \frac{\partial U_{13}}{\partial \boldsymbol{r}_2}\cdot\frac{\partial P_N^{(2)}}{\partial \boldsymbol{\xi}_2}\right) = 0 \quad (3.28)$$

由于

$$\boldsymbol{\xi}_1 = \frac{\partial \boldsymbol{r}_1}{\partial t}, \boldsymbol{\xi}_2 = \frac{\partial \boldsymbol{r}_2}{\partial t}, \frac{\partial \boldsymbol{\xi}_1}{\partial t} = \frac{\partial \boldsymbol{F}_1}{m} = -\frac{1}{m}\frac{\partial U_{12}}{\partial \boldsymbol{r}_1}, \frac{\partial \boldsymbol{\xi}_2}{\partial t} = -\frac{1}{m}\frac{\partial U_{13}}{\partial \boldsymbol{r}_2},$$

式 (3.28) 就可写成全微分

$$\frac{\mathrm{d}P_N^{(2)}}{\mathrm{d}t} = 0 \quad 或 \quad \frac{\mathrm{d}P_N^{(2)}(\boldsymbol{r}_1,\boldsymbol{r}_2,\boldsymbol{\xi}_1,\boldsymbol{\xi}_2,t)}{\mathrm{d}t} = 0 \quad (3.29)$$

这个全微分是沿着一条确定的相轨迹求导的, 变量 $\boldsymbol{r}_1, \boldsymbol{r}_2, \boldsymbol{\xi}_1, \boldsymbol{\xi}_2$ 随时间 t 的变化应满足 Hamilton 量的正则运动方程

$$H = \frac{p_1^2}{2m} + \frac{p_2^2}{2m} + U_{12} \quad (3.30)$$

由于假设两个粒子在相互碰撞之前是不相关的, 即所谓分子混沌性假设, 因此可以把 $P_N^{(2)}(\boldsymbol{r}_1,\boldsymbol{r}_2,\boldsymbol{\xi}_1,\boldsymbol{\xi}_2,t)$ 写成各自独立的 $P_N^{(1)}(\boldsymbol{r}_1,\boldsymbol{\xi}_1,t)$ 和 $P_N^{(1)}(\boldsymbol{r}_2,\boldsymbol{\xi}_2,t)$ 的乘积。设 t_0 为碰撞前的某一瞬时, 这时 1, 2 粒子分别处于 $\boldsymbol{r}_{10}$ 和 $\boldsymbol{r}_{20}$, 它们相距较远以致互不作用, 即 $|\boldsymbol{r}_{10} - \boldsymbol{r}_{20}| \geqslant d$, 则有

$$P_N^{(2)}(\boldsymbol{r}_{10},\boldsymbol{r}_{20},\boldsymbol{\xi}_{10},\boldsymbol{\xi}_{20},t_0) = P_N^{(1)}(\boldsymbol{r}_{10},\boldsymbol{\xi}_{10},t_0)P_N^{(1)}(\boldsymbol{r}_{20},\boldsymbol{\xi}_{20},t_0) \quad (3.31)$$

按式 (3.29) 的分析结果, 对 $P_N^{(2)}$ 的全导数等于零, 因此当时间从 t_0 变为 t 时, 前后的 $P_N^{(2)}$ 是相等的, 即

$$\begin{aligned}P_N^{(2)}(\boldsymbol{r}_{10},\boldsymbol{r}_{20},\boldsymbol{\xi}_{10},\boldsymbol{\xi}_{20},t_0) &= P_N^{(2)}(\boldsymbol{r}_1,\boldsymbol{r}_2,\boldsymbol{\xi}_1,\boldsymbol{\xi}_2,t) \\ &= P_N^{(1)}(\boldsymbol{r}_{10},\boldsymbol{\xi}_{10},t_0)P_N^{(1)}(\boldsymbol{r}_{20},\boldsymbol{\xi}_{20},t_0)\end{aligned} \quad (3.32)$$

上式结果说明, 可以把 2 个粒子的约化分布函数在混沌假设下转化为 1 个粒子的个别行为。

为了进一步简化分析, 下面先介绍一下速度分布函数 $f(\boldsymbol{r},\boldsymbol{\xi},t)$。速度分布函数的定义是让 $f(\boldsymbol{r},\boldsymbol{\xi},t)\mathrm{d}\boldsymbol{r}\mathrm{d}\boldsymbol{\xi}$ 表达为气体在 $\boldsymbol{r}$ 附近 $\mathrm{d}\boldsymbol{r}$ 的体积元中, 分子速度为 $\boldsymbol{\xi}$ 附近的 $\mathrm{d}\boldsymbol{\xi}$ 中可能具有的分子数。这里的体积元 $\mathrm{d}\boldsymbol{r}$ 比起宏观变化的空间要小得多, 但其中仍包含有大量的分子。对整个速度空间积分就可得到体积元 $\mathrm{d}\boldsymbol{r}$ 中的分子总数

$$n\mathrm{d}\boldsymbol{r} = \int f \mathrm{d}\boldsymbol{r}\mathrm{d}\boldsymbol{\xi} \quad (3.33)$$

式中，n 为 t 时 $\boldsymbol{r}$ 处的分子数密度，$n=n(\boldsymbol{r},t)$。因此

$$n = \int f(\boldsymbol{r},\boldsymbol{\xi},t)\mathrm{d}\boldsymbol{\xi} \tag{3.34}$$

另一方面，由前文所述可知，1 个粒子的约化分布函数 $P_N^{(1)}(\boldsymbol{r}_1,\boldsymbol{\xi}_1,t) = \int\cdots\int P_N(\boldsymbol{r}_1,\boldsymbol{\xi}_1,\cdots,\boldsymbol{r}_N,\boldsymbol{\xi}_N,t)\mathrm{d}\boldsymbol{r}_2\mathrm{d}\boldsymbol{p}_2\cdots\mathrm{d}\boldsymbol{r}_N\mathrm{d}\boldsymbol{p}_N$ 就是指 1 个粒子在位置 $\boldsymbol{r}_1$ 附近的 $\mathrm{d}\boldsymbol{r}_1$ 中，在速度 $\boldsymbol{\xi}_1$ 附近的 $\mathrm{d}\boldsymbol{\xi}_1$ 中的几率。由于每个粒子都是相同的，总共有 N 个粒子，因此在这个位置附近，在这个速度附近可能具有的几率应为

$$NP_N^{(1)}\mathrm{d}\boldsymbol{r}_1\mathrm{d}\boldsymbol{p}_1 = mNP_N^{(1)}\mathrm{d}\boldsymbol{r}_1\mathrm{d}\boldsymbol{\xi}_1$$

由此可得

$$f(\boldsymbol{r},\boldsymbol{\xi},t)\mathrm{d}\boldsymbol{\xi} = mNP_N^{(1)}(\boldsymbol{r},\boldsymbol{\xi},t)\mathrm{d}\boldsymbol{\xi}$$

或

$$f = mNP_N^{(1)} \tag{3.35}$$

把上式及式 (3.32) 代入式 (3.23)，可得

$$\frac{\partial f}{\partial t} + \boldsymbol{\xi}_1 \cdot \frac{\partial f}{\partial \boldsymbol{r}_1} = C(f) \tag{3.36}$$

式中

$$C(f) = \iint \frac{\partial U_{12}}{\partial \boldsymbol{r}_1} \cdot \frac{\partial}{\partial \boldsymbol{p}_1}[f(\boldsymbol{r}_{10},\boldsymbol{\xi}_{10},t_0)f(\boldsymbol{r}_{20},\boldsymbol{\xi}_{20},t_0)]\mathrm{d}\boldsymbol{r}_2\mathrm{d}\boldsymbol{\xi}_2 \tag{3.37}$$

这里同样忽略 N 与 $N-1$ 的差异。由于上述被积函数只有在 $|\boldsymbol{r}_2-\boldsymbol{r}_1|\leqslant d$ 的范围内不为零，因此可以认为这时空间坐标未变，也就是 f 是与坐标无关的。这样，$f(\boldsymbol{r}_{10},\boldsymbol{\xi}_{10},t_0)f(\boldsymbol{r}_{20},\boldsymbol{\xi}_{20},t_0)$ 近似地可改写为 $f(\boldsymbol{\xi}_{10},t_0)f(\boldsymbol{\xi}_{20},t_0)$，把它代入全导数公式可得

$$\begin{aligned}\frac{\mathrm{d}f}{\mathrm{d}t} &= \frac{\mathrm{d}}{\mathrm{d}t}[f(\boldsymbol{\xi}_{10},t_0)f(\boldsymbol{\xi}_{20},t_0)] \\ &= \left(\boldsymbol{\xi}_1\cdot\frac{\partial}{\partial \boldsymbol{r}_1} + \boldsymbol{\xi}_2\cdot\frac{\partial}{\partial \boldsymbol{r}_2} - \frac{\partial U_{12}}{\partial \boldsymbol{r}_1}\cdot\frac{\partial}{\partial \boldsymbol{\xi}_1} - \frac{\partial U_{12}}{\partial \boldsymbol{r}_2}\cdot\frac{\partial}{\partial \boldsymbol{\xi}_2}\right)[f(\boldsymbol{\xi}_{10},t_0)f(\boldsymbol{\xi}_{20},t_0)] \\ &= 0\end{aligned}$$

或

$$\left(\boldsymbol{\xi}_1\cdot\frac{\partial}{\partial \boldsymbol{r}_1} + \boldsymbol{\xi}_2\cdot\frac{\partial}{\partial \boldsymbol{r}_2} - m\frac{\partial U_{12}}{\partial \boldsymbol{r}_1}\cdot\frac{\partial}{\partial \boldsymbol{p}_1} - m\frac{\partial U_{12}}{\partial \boldsymbol{r}_2}\cdot\frac{\partial}{\partial \boldsymbol{p}_2}\right)[f(\boldsymbol{\xi}_{10},t_0)f(\boldsymbol{\xi}_{20},t_0)] = 0 \tag{3.38}$$

将上式乘以 $\mathrm{d}\boldsymbol{r}_2\mathrm{d}\boldsymbol{p}_2$ 并积分。由于当 $\boldsymbol{p}_1 \to \infty$ 时 $f=0$，使含有 $\dfrac{\partial}{\partial \boldsymbol{p}_2}$ 的项在对 $\boldsymbol{p}_2$ 积分后消失，因此有

$$\begin{aligned}&\iint\left(\boldsymbol{\xi}_1\cdot\frac{\partial}{\partial \boldsymbol{r}_1} + \boldsymbol{\xi}_2\cdot\frac{\partial}{\partial \boldsymbol{r}_2}\right)[f(\boldsymbol{\xi}_{10},t_0)f(\boldsymbol{\xi}_{20},t_0)]\mathrm{d}\boldsymbol{r}_2\mathrm{d}\boldsymbol{p}_2 \\ &= \iint\frac{\partial U_{12}}{\partial \boldsymbol{r}_1}\frac{\partial}{\partial \boldsymbol{p}_1}[f(\boldsymbol{\xi}_{10},t_0)f(\boldsymbol{\xi}_{20},t_0)]\mathrm{d}\boldsymbol{r}_2\mathrm{d}\boldsymbol{p}_2 = mC(f)\end{aligned} \tag{3.39}$$

由于 $r = r_2 - r_1, \partial r_1 = -\partial r, \partial r_2 = \partial r$，并令 $g = \xi_2 - \xi_1$，可得

$$\xi_1 \cdot \frac{\partial}{\partial r_1} + \xi_2 \cdot \frac{\partial}{\partial r_2} = -\xi_1 \cdot \frac{\partial}{\partial r} + \xi_2 \cdot \frac{\partial}{\partial r} = (\xi_2 - \xi_1) \cdot \frac{\partial}{\partial r} = g \cdot \frac{\partial}{\partial r} \tag{3.40}$$

将上式代入式 (3.39) 并消去 m，可得

$$C(f) = \iint g \cdot \frac{\partial}{\partial r} [f(\xi_{10}, t_0) f(\xi_{20}, t_0)] \mathrm{d}r \mathrm{d}\xi_2 \tag{3.41}$$

下面将 r 坐标转换成柱面坐标 (z, ρ, φ)，z 为轴向坐标，ρ 为径向坐标，φ 为圆周角，并取 g 的方向作为 z 轴的方向，则有

$$g \cdot \frac{\partial}{\partial r} = g \frac{\partial}{\partial z} \tag{3.42}$$

及

$$\mathrm{d}r = \rho \mathrm{d}\varphi \mathrm{d}\rho \mathrm{d}z \tag{3.43}$$

将上述两式代入式 (3.41)，可得

$$\begin{aligned} C(f) &= \iint g \frac{\partial}{\partial z} [f(\xi_{10}, t_0) f(\xi_{20}, t_0)] \rho \mathrm{d}\varphi \mathrm{d}\rho \mathrm{d}z \mathrm{d}\xi_2 \\ &= \int [f(\xi_{10}, t_0) f(\xi_{20}, t_0)]_{z=-\infty}^{z=\infty} g \rho \mathrm{d}\varphi \mathrm{d}\rho \mathrm{d}\xi_2 \end{aligned} \tag{3.44}$$

式中积分限 $z = -\infty$ 意味着到 t 时刻还未发生碰撞，这时的位置远大于分子之间的作用力程 d，但仍远小于分子平均自由行程 λ，因此 $\xi_{10} = \xi_1, \xi_{20} = \xi_2$；而积分限 $z = \infty$ 则意味着在 t 时刻已经发生过碰撞，这时的位置也是远大于分子间的作用力程 d，仍小于分子平均自由行程 λ，但是这时的分子速率 ξ_1, ξ_2 就不仅与碰撞前的速率 ξ_{10}, ξ_{20} 有关，而且还与碰撞时的碰撞半径有关，即

$$\xi_1 = \xi_1(\rho, \xi_{10}, \xi_{20}), \quad \xi_2 = \xi_2(\rho, \xi_{10}, \xi_{20})$$

反之，ξ_{10} 和 ξ_{20} 也是和 ρ 有关的，即

$$\xi_{10} = \xi_1'(\rho, \xi_1, \xi_2), \quad \xi_{20} = \xi_2'(\rho, \xi_1, \xi_2)$$

如果把 $\rho \mathrm{d}\varphi \mathrm{d}\rho$ 改写成 $\sigma \mathrm{d}\Omega$，其中 σ 为微分碰撞截面，$\mathrm{d}\Omega$ 为立体角元，那么可得碰撞项为

$$C(f) = \iint [f(\xi_1', t_0) f(\xi_2', t_0) - f(\xi_1, t_0) f(\xi_2, t_0)] g \sigma \mathrm{d}\Omega \mathrm{d}\xi_2 \tag{3.45}$$

由于 $\lambda \gg |r_2 - r_1| \gg d$，因此分子运动平均自由时间 $\lambda/\overline{v} \gg t - t_0$，其中 $\overline{v}$ 为分子运动平均速度，所以分布函数从 t_0 到 t 这段时间内的变化可以忽略不计，因此可以把上式中的 t_0 改为 t，最终可得

$$C(f) = \iint [f(\xi_1', t) f(\xi_2', t) - f(\xi_1, t) f(\xi_2, t)] g \sigma \mathrm{d}\Omega \mathrm{d}\xi_2 \tag{3.46}$$

将上式代入式 (3.36) 可得

$$\frac{\partial f}{\partial t} + \boldsymbol{\xi}_1 \cdot \frac{\partial f}{\partial \boldsymbol{r}_1} = \iint [f(\boldsymbol{\xi}_1',t)f(\boldsymbol{\xi}_2',t) - f(\boldsymbol{\xi}_1,t)f(\boldsymbol{\xi}_2,t)]g\sigma \mathrm{d}\boldsymbol{\Omega} \mathrm{d}\boldsymbol{\xi}_2 \tag{3.47}$$

如果考虑到外力场的存在，则在等式的左边应加上 $\boldsymbol{X} \cdot \frac{\partial f}{\partial \boldsymbol{\xi}}$ 项，其中 $\boldsymbol{X}$ 为单位质量上作用的外力，$\boldsymbol{\xi}$ 为分子运动速度。同时顾及 f 函数实质上是与 $\boldsymbol{r}$ 有关的，因此上式可改写为

$$\frac{\partial f}{\partial t} + \boldsymbol{\xi}_1 \cdot \frac{\partial f}{\partial \boldsymbol{r}_1} + \boldsymbol{X} \cdot \frac{\partial f}{\partial \boldsymbol{\xi}} = \iint [f(\boldsymbol{r},\boldsymbol{\xi}_1',t)f(\boldsymbol{r},\boldsymbol{\xi}_2',t) - f(\boldsymbol{r},\boldsymbol{\xi}_1,t)f(\boldsymbol{r},\boldsymbol{\xi}_2,t)]g\sigma \mathrm{d}\boldsymbol{\Omega} \mathrm{d}\boldsymbol{\xi}_2$$

或改写为

$$\frac{\partial f}{\partial t} + \boldsymbol{\xi} \cdot \frac{\partial f}{\partial \boldsymbol{r}_1} + \boldsymbol{X} \cdot \frac{\partial f}{\partial \boldsymbol{\xi}} = \iint [f(\boldsymbol{r},\boldsymbol{\xi}',t)f(\boldsymbol{r},\boldsymbol{\xi}_1',t) - f(\boldsymbol{r},\boldsymbol{\xi},t)f(\boldsymbol{r},\boldsymbol{\xi}_1,t)]g\sigma \mathrm{d}\boldsymbol{\Omega} \mathrm{d}\boldsymbol{\xi}_1$$

为了简化，令 $f = f(\boldsymbol{r},\boldsymbol{\xi},t), f_1 = f(\boldsymbol{r},\boldsymbol{\xi}_1,t), f' = f(\boldsymbol{r},\boldsymbol{\xi}',t), f_1' = f(\boldsymbol{r},\boldsymbol{\xi}_1',t)$，代入上式可得

$$\frac{\partial f}{\partial t} + \boldsymbol{\xi} \cdot \frac{\partial f}{\partial \boldsymbol{r}} + \boldsymbol{X} \cdot \frac{\partial f}{\partial \boldsymbol{\xi}} = \iint (f'f_1' - ff_1)g\sigma \mathrm{d}\boldsymbol{\Omega} \mathrm{d}\boldsymbol{\xi}_1 \tag{3.48}$$

或者记作

$$\mathscr{D}f = J(ff_1) \tag{3.49}$$

式中

$$\mathscr{D}f = \frac{\partial f}{\partial t} + \boldsymbol{\xi} \cdot \frac{\partial f}{\partial \boldsymbol{r}} + \boldsymbol{X} \cdot \frac{\partial f}{\partial \boldsymbol{\xi}} \tag{3.50}$$

称微分算子

$$J(ff_1) = \iint (f'f_1' - ff_1)g\sigma \mathrm{d}\boldsymbol{\Omega} \mathrm{d}\boldsymbol{\xi} \tag{3.51}$$

称积分算子

式 (3.49) 就是从 Liouville 方程出发先求得 BBGKY 方程组，然后再经简化而求得的玻尔兹曼 (Boltzmann) 方程。这是一个非线性的积分 - 微分方程。它可以由速度分布函数 f 来表达，f 的变化由两部分组成：一部分是由于在相空间中分子的运动所产生的变化，它们以 f 的微分形式出现；另一部分是由碰撞而引起的，以 f 的积分形式出现。

由上述 Boltzmann 方程的推导可知，我们采纳了以下几个假设：

(1) 分子混沌假设。认为在碰撞前粒子互相之间没有任何联系。

(2) 二体碰撞假设。只考虑两个粒子的碰撞，而忽略其他更多粒子的碰撞。

(3) 气体是稀薄的。因而存在 $L \gg \lambda \gg |\boldsymbol{r}_2 - \boldsymbol{r}_1| \gg d$，其中 L 为宏观量，λ 为分子平均自由行程，d 为分子之间相互作用的力程。由此可得碰撞时间 $\tau_c (\approx d/\boldsymbol{\xi}) \ll$ 分子平均自由行程时间 $\tau_\lambda (\approx \lambda/\boldsymbol{\xi}) \ll$ 宏观时间 $\tau_L (\approx L/\boldsymbol{\xi})$。

对 Boltzmann 方程的分析可知，只有在稀薄气体中，才可以由一个粒子的分布函数或速度分布函数来代表由许多相同粒子组成的系统。当气体密度过大或讨论液体时，Boltzmann 方程就无法使用，但是却可以从 BBGKY 方程组出发来求得其有关输运参数。

Boltzmann 方程也可以直接从碰撞理论导出，这里不再详述。

Boltzmann 方程的左边是偏微分，右边是两个 f 乘积的多重积分，积分中的微分碰撞截面 σ 又与分子模型有关，因此这是一个非线性微分 – 积分方程，求解十分困难，还需作进一步的简化。例如，利用平衡的条件，可以推导出 Maxwell 输运方程和 Maxwell 速度分布函数；利用偏离平衡状态不远的条件，可以求出线性化的 Boltzmann 方程；还可求得 H 定理 (即熵定理)，$\frac{\mathrm{d}H}{\mathrm{d}t} \leqslant 0, H = \int f \ln f \mathrm{d}\boldsymbol{\xi}$。下面介绍对微流动有影响的 Boltzmann 方程的求解方法。

3.2.5　用 Chapman–Enskog 方法求解 Boltzmann 方程[15]

这是在粘性流和分子流情况下，对 Boltzmann 方程的近似求解。Hilbert 首先提出可以用扰动法近似求解 Boltzmann 方程，提出在小 Kn 数情况下的求解方法。但是 Hilbert 展开式在一些特定区域中无效，如初始阶段，在边界附近和激波层内，而且不能由 Hilbert 展开而推出 Navier-Stokes 方程。为此，Enskog 作了改进。

Boltzmann 方程的左边项与右边碰撞项之比，在数量级上是处于 $Kn = \lambda/L$ 量级的。理论上 Kn 数的范围可以从 0 到 ∞。当 Kn 很大时，碰撞项 $J(ff_1)$ 可以忽略，分子间无碰撞，称为分子流。当 $Kn \to 0$ 时，分子间的碰撞占主体地位，这时可由流体力学或粘性流体力学方程来描绘。

按量纲分析，式 (3.48) 的左边 $\frac{\partial f}{\partial t}$ 项为 $\tau^{-1}f$，$\boldsymbol{\xi} \cdot \frac{\partial f}{\partial \boldsymbol{r}}$ 项为 $\boldsymbol{\xi}L^{-1}f$，而右边 $J(ff_1)$ 项为 $n\boldsymbol{\xi}d^2f$。分子平均自由行程 $\lambda = 1/\sqrt{2}n\pi d^2$，因此 $J(ff_1)$ 项也为 $\boldsymbol{\xi}\lambda^{-1}f$。改为量纲一的量后，$\frac{\partial f}{\partial t}$ 项为 $\frac{\tau^{-1}}{\boldsymbol{\xi}\lambda^{-1}} = \frac{\lambda}{L}\frac{L}{\boldsymbol{\xi}\tau} = KnSr$，其中 Sr 为 Strouhal 数，它近似等于 1。$\boldsymbol{\xi} \cdot \frac{\partial f}{\partial \boldsymbol{r}}$ 项为

$$\boldsymbol{\xi}L^{-1}/\boldsymbol{\xi}\lambda^{-1} = \lambda/L = Kn \tag{3.52}$$

当 Kn 很小时，可以用符号 ε 表示 Kn 数的大小，因此有

$$\mathscr{D}f = \frac{1}{\varepsilon}J(ff_1) \tag{3.53}$$

对于很小的 ε，可以用微扰动法 (奇异摄动法) 来逐步近似求解。这时，令

$$f = f^{(0)} + \varepsilon f^{(1)} + \varepsilon^2 f^{(2)} + \cdots = \sum_{r=0}^{\infty} \varepsilon^r f^{(r)} \tag{3.54}$$

式中上角标 (r) 表示导数的阶数。

将 f 展开式 (3.54) 代入 Boltzmann 方程 (3.53)，可得

$$(\mathscr{D}f)^{(0)} + \varepsilon(\mathscr{D}f)^{(1)} + \varepsilon^2(\mathscr{D}f)^{(2)} + \cdots$$
$$= \frac{1}{\varepsilon}\{J(f^{(0)}f_1^{(0)}) + \varepsilon[J(f^{(0)}f_1^{(1)}) + J(f^{(1)}f_1^{(0)})] +$$
$$\varepsilon^2[J(f^{(0)}f_1^{(2)}) + 2J(f^{(1)}f_1^{(1)}) + J(f^{(2)}f_1^{(0)})] + \cdots\} \quad (3.55)$$

或

$$\sum_{r=0}^{\infty} \varepsilon^r (\mathscr{D}f)^{(r)} = \frac{1}{\varepsilon} \sum_{r=0}^{\infty} \varepsilon^r [J(ff_1)]^{(r)} \quad (3.56)$$

式中

$$(\mathscr{D}f)^{(r)} = \left(\frac{\partial_r f^{(0)}}{\partial t} + \cdots + \frac{\partial_0 f^{(r)}}{\partial t}\right) + \boldsymbol{\xi} \cdot \frac{\partial f^{(r)}}{\partial \boldsymbol{r}} + \boldsymbol{X} \cdot \frac{\partial f^{(r)}}{\partial \boldsymbol{\xi}}, \quad r = 0, 1, 2 \cdots \quad (3.57)$$

$$[J(ff_1)]^{(r)} = J(f^{(0)}f_1^{(r)}) + J(f^{(1)}f_1^{(r-1)}) + \cdots +$$
$$J(f^{(r-1)}f_1^{(1)}) + J(f^{(r)}f_1^{(0)}), \quad r = 0, 1, 2, \cdots \quad (3.58)$$

这里利用了 $\dfrac{\partial}{\partial t} = \sum\limits_{r=0}^{\infty} \varepsilon^r \dfrac{\partial_r}{\partial t}$ 这个符号。

根据同幂次项应相等的原则，有

$$\begin{cases} J(f^{(0)}f_1^{(0)}) = 0 & (3.59) \\ [J(ff_1)]^{(r)} = (\mathscr{D}f)^{(r-1)}, r = 1, 2, \cdots & (3.60) \end{cases}$$

式 (3.60) 可写成

$$J(f^{(0)}f_1^{(r)}) + J(f^{(r)}f_1^{(0)})$$
$$= (\mathscr{D}f)^{(r-1)} - J(f^{(1)}f_1^{(r-1)}) - J(f^{(2)}f_1^{(r-2)}) - \cdots - J(f^{(r-2)}f_1^{(2)}) -$$
$$J(f^{(r-1)}f_1^{(1)}), \quad r = 1, 2, \cdots \quad (3.61)$$

由上式可知，只要已知 $r-1$ 以下各阶的 f, f_1 值，就可以求得 r 阶的 f, f_1 值。因此可以逐级近似求解 f。

对于零级近似，由式 (3.59) 可得

$$J(f^{(0)}f_1^{(0)}) = \iint (f'^{(0)}f_1'^{(0)} - f^{(0)}f_1^{(0)})\boldsymbol{g}\sigma \mathrm{d}\boldsymbol{\Omega}\mathrm{d}\boldsymbol{\xi}_1 = 0 \quad (3.62)$$

根据 H 定理，要满足 $\dfrac{\mathrm{d}H}{\mathrm{d}t} \leqslant 0$，必然使

$$f'^{(0)}f_1'^{(0)} = f^{(0)}f_1^{(0)} \quad (3.63)$$

成立。所以有

$$\ln f'^{(0)} + \ln f_1'^{(0)} = \ln f^{(0)} + \ln f_1^{(0)} \quad (3.64)$$

式 (3.64) 说明，碰撞前后，$\ln f + \ln f_1$ 是保持不变的，符合这个条件的称为总和不变量。在力学系统中，通常有 5 个总和不变量，分别为粒子质量 m（或数密度 n）、动量 $m\boldsymbol{\xi}$ 和能量 $\frac{1}{2}m\xi^2$，即 $\psi_1 = m, \psi_2 = m\xi_x, \psi_3 = m\xi_y, \psi_4 = m\xi_z, \psi_5 = \frac{1}{2}m\xi^2$。因此，$\ln f^{(0)}$ 可以是 5 个总和不变量 $\psi_i, i = 1, 2, \cdots, 5$ 的线性组合，有

$$\ln f^{(0)} = \alpha^{(1)} m + \boldsymbol{\alpha}^{(2)} \cdot m\boldsymbol{\xi} - \frac{1}{2}\alpha^{(3)} m\xi^2 \tag{3.65}$$

上式也可改写为

$$\begin{aligned}
\ln f^{(0)} &= \left(\alpha^{(1)} m + \frac{1}{2} m \frac{\boldsymbol{\alpha}^{(2)} \cdot \boldsymbol{\alpha}^{(2)}}{\alpha^{(3)}} \right) - \frac{1}{2} m \frac{\boldsymbol{\alpha}^{(2)} \cdot \boldsymbol{\alpha}^{(2)}}{\alpha^{(3)}} + \boldsymbol{\alpha}^{(2)} \cdot m\boldsymbol{\xi} - \frac{1}{2}\alpha^{(3)} m\xi^2 \\
&= \ln \alpha^{(0)} - \frac{\alpha^{(3)}}{2} m \left(\xi^2 - 2\boldsymbol{\xi} \cdot \frac{\boldsymbol{\alpha}^{(2)}}{\alpha^{(3)}} + \frac{\boldsymbol{\alpha}^{(2)} \cdot \boldsymbol{\alpha}^{(2)}}{\alpha^{(3)2}} \right) \\
&= \ln \alpha^{(0)} - \frac{1}{2} m \alpha^{(3)} \left(\boldsymbol{\xi} - \frac{\boldsymbol{\alpha}^{(2)}}{\alpha^{(3)}} \right)^2
\end{aligned}$$

可得

$$\ln f^{(0)} = \ln \alpha^{(0)} - \frac{1}{2} m \alpha^{(3)} \boldsymbol{C}'^2 \tag{3.66}$$

式中

$$\alpha^{(0)} = \exp\left(m\alpha^{(1)} + \frac{1}{2} m \frac{\boldsymbol{\alpha}^{(2)} \cdot \boldsymbol{\alpha}^{(2)}}{\alpha^{(3)}} \right) \tag{3.67}$$

$$\boldsymbol{C}' = \boldsymbol{\xi} - \frac{\boldsymbol{\alpha}^{(2)}}{\alpha^{(3)}} \tag{3.68}$$

最终得到

$$f^{(0)} = \alpha^{(0)} \exp\left(-\frac{1}{2} m \boldsymbol{C}'^2 \alpha^{(3)} \right) \tag{3.69}$$

上述 5 个待定系数可由 5 个总和不变量的条件求出

$$\begin{cases}
n = \int f^{(0)} \mathrm{d}\boldsymbol{\xi} \\
\boldsymbol{v} = \frac{1}{n} \int \boldsymbol{\xi} f^{(0)} \mathrm{d}\boldsymbol{\xi} \\
\frac{3}{2} kT = \frac{1}{n} \int \frac{1}{2} m \boldsymbol{C}^2 f^{(0)} \mathrm{d}\boldsymbol{\xi}
\end{cases} \tag{3.70}$$

式中，$\boldsymbol{\xi}$ 为分子运动速度；$\boldsymbol{v}$ 为宏观平均速度；$\boldsymbol{C}$ 为随机速度，$\boldsymbol{C} = \boldsymbol{\xi} - \boldsymbol{v} = \boldsymbol{C}'$。由此可以得出 5 个待定系数的关系

$$n = \alpha^{(0)} \left(\frac{2\pi}{m\alpha^{(3)}} \right)^{\frac{3}{2}} \tag{3.71}$$

$$\boldsymbol{v} = \frac{\boldsymbol{\alpha}^{(2)}}{\alpha^{(3)}} \tag{3.72}$$

$$\frac{3}{2} kT = \frac{3}{2} \frac{1}{\alpha^{(3)}} \tag{3.73}$$

因此可得

$$\alpha^{(3)} = \frac{1}{kT} \tag{3.74}$$

$$\boldsymbol{\alpha}^{(2)} = \boldsymbol{v}\alpha^{(3)} = \frac{\boldsymbol{v}}{kT} \tag{3.75}$$

$$\alpha^{(0)} = \frac{n}{\left(\frac{2\pi}{m\alpha^{(3)}}\right)^{\frac{3}{2}}} = \frac{n}{\left(\frac{2\pi}{\frac{m}{kT}}\right)^{\frac{3}{2}}} = \frac{n}{\left(\frac{2\pi kT}{m}\right)^{\frac{3}{2}}} = n\left(\frac{m}{2\pi kT}\right)^{\frac{3}{2}} \tag{3.76}$$

将上述 $\alpha^{(0)}, \alpha^{(3)}$ 代入式 (3.69) 中, 可得

$$f^{(0)} = n\left(\frac{m}{2\pi kT}\right)^{\frac{3}{2}} \exp\left(\frac{-\frac{1}{2}m\boldsymbol{C}'^2}{kT}\right) \tag{3.77}$$

上式右边就是 Maxwell 于 1860 年提出的在热力学平衡态时的速度分布函数。由此可知, 从 Boltzmann 方程的零级近似可以求出 Maxwell 速度分布函数。但是这里 $f^{(0)}$ 中的 $n, \boldsymbol{v}$ 可以是不均匀的, 因此 $f^{(0)}$ 也称为局域 Maxwell 速度分布函数。

对于其他各级近似, 可将式 (3.60) 改写为

$$J(f^{(0)}f_1^{(r)}) + J(f^{(r)}f_1^{(0)}) = (\mathscr{D}f)^{(r-1)} - J(f^{(1)}f_1^{(r-1)}) - J(f^{(2)}f_1^{(r-2)}) - \cdots - J(f^{(r-2)}f_1^{(2)}) - J(f^{(r-1)}f_1^{(1)}), \quad r = 1, 2, 3, \cdots \tag{3.78}$$

由此可知, 上述方程的右边各项中只包含有 $f^{(0)}, f^{(1)}, \cdots, f^{(r-1)}$, 并没有出现 $f^{(r)}$。这样就可以采用逐级近似的方法来求解 $f^{(r)}$, 因为 $f^{(r-1)}$ 及其以下各阶都是已知的。

为了求解 $f^{(r)}$, 可设 $f^{(r)} = f^{(0)}\phi^{(r)}$, 并代入式 (3.78) 的左边, 利用 $f'f_1' = ff_1$, 可得

$$\begin{aligned} & J(f^{(0)}f_1^{(r)}) + J(f^{(r)}f_1^{(0)}) \\ &= \iint [(f'^{(0)}f_1'^{(r)} - f^{(0)}f_1^{(r)}) + (f'^{(r)}f_1'^{(0)} - f^{(r)}f_1^{(0)})]\boldsymbol{g}\sigma \mathrm{d}\boldsymbol{\Omega}\mathrm{d}\boldsymbol{\xi}_1 \\ &= \iint [(f'^{(0)}f_1'^{(0)}\phi_1'^{(r)} - f^{(0)}f_1^{(0)}\phi_1^{(r)}) + (f'^{(0)}\phi'^{(r)}f_1'^{(0)} - f^{(0)}\phi^{(r)}f_1^{(0)})]\boldsymbol{g}\sigma \mathrm{d}\boldsymbol{\Omega}\mathrm{d}\boldsymbol{\xi}_1 \\ &= -\iint f^{(0)}f_1^{(0)}(\phi^{(r)} + \phi_1^{(r)} - \phi'^{(r)} - \phi_1'^{(r)})\boldsymbol{g}\sigma \mathrm{d}\boldsymbol{\Omega}\mathrm{d}\boldsymbol{\xi}_1 \end{aligned} \tag{3.79}$$

引用算符

$$I(F) = \frac{1}{n^2} \iint ff_1(F + F_1 - F' - F_1')\boldsymbol{g}\sigma \mathrm{d}\boldsymbol{\Omega}\mathrm{d}\boldsymbol{\xi}_1 \tag{3.80}$$

可得

$$J(f^{(0)}f_1^{(r)}) + J(f^{(r)}f_1^{(0)}) = -n^2 I(\phi^{(r)}) \tag{3.81}$$

因此由式 (3.78) 可得

$$-n^2 I(\phi^{(r)}) = (\mathscr{D}f)^{(r-1)} - J(f^{(1)}f_1^{(r-1)}) - J(f^{(2)}f_1^{(r-2)}) - \cdots - J(f^{(r-1)}f_1^{(1)}) \quad (3.82)$$

上述方程 $\phi^{(r)}$ 有解的充分必要条件为

$$\int \psi_i [(\mathscr{D}f)^{(r-1)} - J(f^{(1)}f_1^{(r-1)}) - \cdots - J(f^{(r-1)}f_1^{(1)})] \mathrm{d}\boldsymbol{\xi} = 0, \quad i = 1, 2, \cdots, 5 \quad (3.83)$$

式中 $\psi_i, i = 1, 2, \cdots, 5$ 为 $n^2 I(\phi^{(r)}) = 0$ 的解, 也就是 5 个总和不变量 $m, m\boldsymbol{\xi}$ 和 $\frac{1}{2}m\xi^2$。

对于二体碰撞前后 4 种不同状态下的 5 个总和不变量, 可以写出相似的公式, 即

$$\int \psi_i [J(f^{(p)}f_1^{(q)}) + J(f^{(q)}f_1^{(p)})] \mathrm{d}\boldsymbol{\xi} = \frac{1}{4} \iiint (\psi_i + \psi_{i1} - \psi_i' - \psi_{i1}')(f^{(p)}f_1^{(q)} + f^{(q)}f_1^{(p)} - f'^{(p)}f_1'^{(q)} - f'^{(q)}f_1'^{(p)}) g\sigma \mathrm{d}\boldsymbol{\Omega} \mathrm{d}\boldsymbol{\xi}_1 \mathrm{d}\boldsymbol{\xi} \quad (3.84)$$

由于 ψ_i 为总和不变量, 因此上式右边积分为零, 所以

$$\int \psi_i [J(f^{(p)}f_1^{(q)}) + J(f^{(q)}f_1^{(p)})] \mathrm{d}\boldsymbol{\xi} = 0 \quad (3.85)$$

同样可以证明

$$\int \psi_i J(f^{(p)}f_1^{(q)}) \mathrm{d}\boldsymbol{\xi} = 0 \quad (3.86)$$

代入式 (3.83) 可得

$$\int \psi_i (\mathscr{D}f)^{(r-1)} \mathrm{d}\boldsymbol{\xi} = 0, \boldsymbol{r} = 1, 2, \cdots \quad (3.87)$$

用式 (3.57) 取代上式中的 $(\mathscr{D}f)$, 可得

$$\int \psi_i \left\{ \left(\frac{\partial_{r-1} f^{(0)}}{\partial t} + \cdots + \frac{\partial_0 f^{(r-1)}}{\partial t} \right) + \boldsymbol{\xi} \cdot \frac{\partial f^{(r-1)}}{\partial \boldsymbol{r}} + \boldsymbol{X} \cdot \frac{\partial f^{(r-1)}}{\partial \boldsymbol{\xi}} \right\} \mathrm{d}\boldsymbol{\xi} = 0,$$
$$r = 1, 2, \cdots \quad (3.88)$$

利用宏观平均值的概念

$$\overline{\psi}^{(r)} = \frac{1}{n} \int \psi f^{(r)} \mathrm{d}\boldsymbol{\xi} \quad (3.89)$$

并认为 $\frac{\partial_r}{\partial t}$ 与 $\int$ 可以对换, 又因 ψ_i 不是 $t, \boldsymbol{r}$ 的函数, 因此 $\frac{\partial \psi_i}{\partial t} = 0, \frac{\partial \psi_i}{\partial \boldsymbol{r}} = 0$, 这样, 式 (3.88) 就可写成

$$\frac{\partial_{r-1}(n\overline{\psi_i^{(0)}})}{\partial t} + \cdots + \frac{\partial_0(n\overline{\psi_i^{(r-1)}})}{\partial t} + \frac{\partial}{\partial \boldsymbol{r}} n(\overline{\boldsymbol{\xi}\psi_i^{(r-1)}}) - n\boldsymbol{X} \cdot \overline{\left(\frac{\partial \psi_i}{\partial \boldsymbol{\xi}} \right)}^{(r-1)} = 0,$$
$$i = 1, 2, \cdots, 5, r = 1, 2, \cdots \quad (3.90)$$

同样，要满足 5 个总和不变量的条件

$$\begin{cases} n = \int f \mathrm{d}\boldsymbol{\xi} \\ \rho \boldsymbol{v} = \int m\boldsymbol{\xi} f \mathrm{d}\boldsymbol{\xi} \\ \dfrac{3}{2}nkT = \int \dfrac{1}{2}mC^2 f \mathrm{d}\boldsymbol{\xi} \end{cases} \tag{3.91}$$

可得

$$\int \psi_i f^{(r)} \mathrm{d}\boldsymbol{\xi} = 0, i = 1, 2, \cdots, 5 \tag{3.92}$$

考虑了这些条件后，由式 (3.91) 可得到下列各方程：

$$\begin{cases} \dfrac{\partial_0 \rho}{\partial t} + \dfrac{\partial}{\partial \boldsymbol{r}} \cdot (\rho \boldsymbol{v}) = 0 \\ \dfrac{\partial_r \rho}{\partial t} = 0, r > 0 \\ \dfrac{\partial_0 \boldsymbol{v}}{\partial t} + \left(\boldsymbol{v} \cdot \dfrac{\partial}{\partial \boldsymbol{r}}\right)\boldsymbol{v} + \dfrac{1}{\rho}\dfrac{\partial}{\partial \boldsymbol{r}} \cdot \boldsymbol{P}^{(0)} = \boldsymbol{X} \\ \dfrac{\partial_r \boldsymbol{v}}{\partial t} = -\dfrac{1}{\rho}\dfrac{\partial}{\partial \boldsymbol{r}} \cdot \boldsymbol{P}^{(1)}, r > 0 \\ \dfrac{\partial_0 T}{\partial t} = -\boldsymbol{v} \cdot \dfrac{\partial T}{\partial \boldsymbol{r}} - \dfrac{2}{3kn}\left\{\boldsymbol{P}^{(0)} : \dfrac{\partial \boldsymbol{v}}{\partial \boldsymbol{r}} + \dfrac{\partial}{\partial \boldsymbol{r}} \cdot \boldsymbol{q}^{(0)}\right\} \\ \dfrac{\partial_r T}{\partial t} = -\dfrac{2}{3kn}\left\{\boldsymbol{P}^{(r)} : \dfrac{\partial \boldsymbol{v}}{\partial \boldsymbol{r}} + \dfrac{\partial}{\partial \boldsymbol{r}} \cdot \boldsymbol{q}^{(r)}\right\}, r > 0 \end{cases} \tag{3.93}$$

上式说明了符号 $\dfrac{\partial_r}{\partial t}$ 的意义，其中

$$\boldsymbol{P}^{(r)} = \int m\boldsymbol{CC}f^{(r)}\mathrm{d}\boldsymbol{\xi} \tag{3.94}$$

$$\boldsymbol{q}^{(r)} = \int \dfrac{1}{2}mC^2\boldsymbol{C}f^{(r)}\mathrm{d}\boldsymbol{\xi} \tag{3.95}$$

利用 $\dfrac{\partial}{\partial t} = \sum\limits_{r=0}^{\infty}\varepsilon'\dfrac{\partial_r}{\partial t}$，把式 (3.93) 合并后可得

$$\begin{cases} \dfrac{\mathrm{d}\rho}{\mathrm{d}t} = -\rho\left(\dfrac{\partial}{\partial \boldsymbol{r}} \cdot \boldsymbol{v}\right) \tag{3.96} \\ \rho\dfrac{\mathrm{d}\boldsymbol{v}}{\mathrm{d}t} = \rho\boldsymbol{X} - \sum_{r=0}^{\infty}\varepsilon'\dfrac{\partial}{\partial \boldsymbol{r}} \cdot \boldsymbol{P}^{(r)} \tag{3.97} \\ \rho\dfrac{\mathrm{d}u}{\mathrm{d}t} = -\left(\sum_{r=0}^{\infty}\varepsilon'\dfrac{\partial}{\partial \boldsymbol{r}} \cdot \boldsymbol{q}^{(r)} + \sum_{r=0}^{\infty}\varepsilon'\boldsymbol{P}^{(r)} : \dfrac{\partial \boldsymbol{v}}{\partial \boldsymbol{r}}\right) \tag{3.98} \end{cases}$$

式中

$$\dfrac{\mathrm{d}}{\mathrm{d}t} = \dfrac{\partial}{\partial t} + \boldsymbol{v} \cdot \dfrac{\partial}{\partial \boldsymbol{r}} \tag{3.99}$$

$$u = \frac{3}{2}\frac{kT}{m} \tag{3.100}$$

如果只算及 ε^N 项,即 f 取 N 阶近似,则有

$$\begin{cases} \dfrac{\mathrm{d}\rho}{\mathrm{d}t} = -\rho \dfrac{\partial}{\partial \boldsymbol{r}} \cdot \boldsymbol{v} & (3.101) \\[2mm] \rho \dfrac{\mathrm{d}\boldsymbol{v}}{\mathrm{d}t} = \rho \boldsymbol{X} - \sum_{r=0}^{N} \varepsilon' \dfrac{\partial}{\partial \boldsymbol{r}} \cdot \boldsymbol{P}^{(r)} & (3.102) \\[2mm] \rho \dfrac{\mathrm{d}u}{\mathrm{d}t} = -\left(\sum_{r=0}^{N} \varepsilon' \dfrac{\partial}{\partial \boldsymbol{r}} \cdot \boldsymbol{q}^{(r)} + \sum_{r=0}^{N} \varepsilon' \boldsymbol{P}^{(r)} : \dfrac{\partial \boldsymbol{v}}{\partial \boldsymbol{r}} \right) & (3.103) \end{cases}$$

3.3 Boltzmann 方程的三种近似方程

3.3.1 Boltzmann 方程的零阶近似和一阶近似 —— Euler 方程和 Navier–Stokes 方程组

在讨论零阶近似时,有 $f = f^{(0)}$,它满足式 (3.59),其解可表达为式 (3.77),即

$$f^{(0)} = n\left(\frac{m}{2\pi kT}\right)^{\frac{3}{2}} \exp\left(-\frac{1}{2}\frac{m\boldsymbol{C}^2}{kT}\right) \tag{3.104}$$

式中,$\boldsymbol{C} = \boldsymbol{\xi} - \boldsymbol{v}$。

零阶近似时由式 (3.94) 可得

$$\boldsymbol{P}^{(0)} = \frac{1}{3}\rho \overline{\boldsymbol{C}^2}\boldsymbol{I} = p\boldsymbol{I} \tag{3.105}$$

零阶近似时由式 (3.95) 可得

$$\boldsymbol{q}^{(0)} = 0 \tag{3.106}$$

式 (3.105) 中

$$p = nkT \tag{3.107}$$

p 的宏观意义为静压强,因此上式就是气体状态方程。式 (3.105) 中 $\boldsymbol{I}$ 为单位张量。它与另一个张量 $\boldsymbol{W}$ 的标量积的关系为

$$\boldsymbol{I} : \boldsymbol{W} = W_{xx} + W_{yy} + W_{zz} \tag{3.108}$$

对式 (3.101)、式 (3.102)、式 (3.103) 取 $N = 0$,可得

$$\begin{cases} \dfrac{\mathrm{d}\rho}{\mathrm{d}t} = -\rho \dfrac{\partial}{\partial \boldsymbol{r}} \cdot \boldsymbol{v} & (3.109) \\[2mm] \rho \dfrac{\mathrm{d}\boldsymbol{v}}{\mathrm{d}t} = \rho \boldsymbol{X} - \dfrac{\partial p}{\partial \boldsymbol{r}} & (3.110) \\[2mm] \dfrac{\mathrm{d}}{\mathrm{d}t}(\rho T^{-\frac{1}{2}}) = 0 & (3.111) \end{cases}$$

上述方程组就是无粘性流体力学方程组，或称理想流体方程组，即 Euler 方程组。如果取 $f = f^{(0)} + f^{(1)}$，即可以求得 Boltzmann 方程的一阶近似解。

在上面用 Chapman–Enskog 方法分析 Boltzmann 方程时，曾引用了微小量 ε，把它作为相关数量级的关系代入到式 (3.54) 中。现在已经明确了这些量的关系，因此以后推导就不再把 ε 标出。对式 (3.60) 取 $r = 1$，可得

$$J(f^{(0)} f_1^{(1)}) + J(f^{(1)} f_1^{(0)}) = (\mathscr{D}f)^{(0)} \tag{3.112}$$

为了求解 $f^{(1)}$，设 $f^{(1)} = f^{(0)} \phi^{(1)}$，代入上式左边，并利用 $f' f_1 = f f_1$ 和算符式 (3.80)，可得

$$\begin{aligned}
& J(f^{(0)} f_1^{(1)}) + J(f^{(1)} f_1^{(0)}) \\
&= \iint [(f'^{(0)} f_1'^{(1)} - f^{(1)} f_1^{(0)}) + (f'^{(1)} f_1'^{(0)} - f^{(0)} f_1^{(1)})] g \sigma \mathrm{d}\boldsymbol{\Omega} \mathrm{d}\boldsymbol{\xi}_1 \\
&= \iint [(f'^{(0)} f_1'^{(0)} \phi_1'^{(1)} - f^{(0)} f_1^{(0)} \phi^{(1)}) + (f'^{(0)} \phi'^{(1)} f_1'^{(0)} - f^{(0)} f_1^{(0)} \phi_1^{(1)})] g \sigma \mathrm{d}\boldsymbol{\Omega} \mathrm{d}\boldsymbol{\xi}_1 \\
&= -\iint f^{(0)} f_1^{(0)} (\phi^{(1)} + \phi_1^{(1)} - \phi'^{(1)} - \phi_1'^{(1)}) g \sigma \mathrm{d}\boldsymbol{\Omega} \mathrm{d}\boldsymbol{\xi}_1 = -n^2 I(\phi^{(1)})
\end{aligned} \tag{3.113}$$

把上式代入式 (3.112) 可得

$$-n^2 I(\phi^{(1)}) = (\mathscr{D}f)^{(0)} \tag{3.114}$$

根据式 (3.50)，$(\mathscr{D}f)^{(0)}$ 可写成

$$(\mathscr{D}f)^{(0)} = \frac{\partial_0 f^{(0)}}{\partial t} + \boldsymbol{\xi} \cdot \frac{\partial f^{(0)}}{\partial \boldsymbol{r}} + \boldsymbol{X} \cdot \frac{\partial f^{(0)}}{\partial \boldsymbol{\xi}} \tag{3.115}$$

为了使用方便，这里把粒子运动速度 $\boldsymbol{\xi}$ 改为随机速度 $\boldsymbol{C}$，而 $\boldsymbol{C} = \boldsymbol{\xi} - \boldsymbol{v}$，其中 $\boldsymbol{v}$ 为宏观平均速度。这样，式 (3.115) 右边第一项 $\dfrac{\partial_0 f^{(0)}}{\partial t}$ 只对时间 t 求偏导，而对 $\boldsymbol{r}$ 和 $\boldsymbol{\xi}$ 是不变的。但是由 $\boldsymbol{\xi}$ 改为 $\boldsymbol{C}$ 后，$\boldsymbol{C}$ 是和时间有关的，因此要改为

$$\left. \frac{\partial f^{(0)}}{\partial t} \right|_{\boldsymbol{r}, \boldsymbol{\xi}} = \left. \frac{\partial f^{(0)}}{\partial t} \right|_{\boldsymbol{r}, \boldsymbol{C}} + \frac{\partial f}{\partial \boldsymbol{C}} \cdot \frac{\partial \boldsymbol{C}}{\partial t} = \left. \frac{\partial f^{(0)}}{\partial t} \right|_{\boldsymbol{r}, \boldsymbol{C}} - \frac{\partial f^{(0)}}{\partial \boldsymbol{C}} \cdot \frac{\partial \boldsymbol{v}}{\partial t} \tag{3.116}$$

式 (3.115) 右边第二项 $\dfrac{\partial f^{(0)}}{\partial \boldsymbol{r}}$ 和 $\boldsymbol{\xi}, t$ 无关，只对 $\boldsymbol{r}$ 求偏导，但 $\boldsymbol{r}$ 却与 $\boldsymbol{C}$ 有关，因此有

$$\left. \frac{\partial f^{(0)}}{\partial \boldsymbol{r}} \right|_{\boldsymbol{\xi}, t} = \left. \frac{\partial f^{(0)}}{\partial \boldsymbol{r}} \right|_{\boldsymbol{C}, t} + \frac{\partial f^{(0)}}{\partial \boldsymbol{C}} \cdot \frac{\partial \boldsymbol{C}}{\partial \boldsymbol{r}} = \left. \frac{\partial f^{(0)}}{\partial \boldsymbol{r}} \right|_{\boldsymbol{C}, t} - \frac{\partial f^{(0)}}{\partial \boldsymbol{C}} \cdot \frac{\partial \boldsymbol{C}}{\partial \boldsymbol{r}} \tag{3.117}$$

把式 (3.116)、式 (3.117) 有关值代入式 (3.115)，可得

$$(\mathscr{D}f)^{(0)} = \frac{\partial_0 f^{(0)}}{\partial t} + \boldsymbol{C} \cdot \frac{\partial f^{(0)}}{\partial \boldsymbol{r}} + \left(\boldsymbol{X} - \frac{\mathrm{d}_0 \boldsymbol{v}}{\mathrm{d}t} \right) \cdot \frac{\partial f^{(0)}}{\partial \boldsymbol{C}} - \frac{\partial f^{(0)}}{\partial \boldsymbol{C}} \boldsymbol{C} : \frac{\partial \boldsymbol{v}}{\partial \boldsymbol{r}} \tag{3.118}$$

式中

$$\frac{d_0}{dt} = \frac{\partial_0}{\partial t} + \boldsymbol{v} \cdot \frac{\partial}{\partial \boldsymbol{r}}$$

将式 (3.118) 乘以 $f^{(0)}$ 再除以 $f^{(0)}$, 并把分母上的 $f^{(0)}$ 与各项分子中的 $\partial f^{(0)}$ 合并, 改为 $\partial \ln f^{(0)}$, 可得

$$(\mathscr{D}f)^{(0)} = f^{(0)} \left\{ \frac{d_0 \ln f^{(0)}}{dt} + \boldsymbol{C} \cdot \frac{\partial \ln f^{(0)}}{\partial \boldsymbol{r}} + \left(\boldsymbol{X} - \frac{d_0 \boldsymbol{v}}{dt} \right) \cdot \frac{\partial \ln f^{(0)}}{\partial \boldsymbol{C}} - \frac{\partial \ln f^{(0)}}{\partial \boldsymbol{C}} \boldsymbol{C} : \frac{\partial \boldsymbol{v}}{\partial \boldsymbol{r}} \right\} \tag{3.119}$$

而 $\ln f^{(0)}$ 可从式 (3.77) 求出, 即

$$\ln f^{(0)} = \ln n + \frac{3}{2} \ln \left(\frac{m}{2\pi kT} \right) - \frac{1}{2} \frac{mC^2}{kT} = \ln n - \frac{3}{2} \ln T - \frac{mC^2}{2kT} + \text{const} \tag{3.120}$$

又由式 (3.93)

$$\begin{cases} \dfrac{d_0 \rho}{dt} = -\rho \left(\dfrac{\partial}{\partial \boldsymbol{r}} \cdot \boldsymbol{v} \right) \\ \dfrac{d_0 \boldsymbol{v}}{dt} = \boldsymbol{X} - \dfrac{1}{\rho} \dfrac{\partial p}{\partial \boldsymbol{r}} \\ \dfrac{d_0 T}{dt} = -\dfrac{2}{3} T \dfrac{\partial}{\partial \boldsymbol{r}} \cdot \boldsymbol{v} \end{cases} \tag{3.121}$$

由此, 式 (3.119) 中右边大括号内的第一项为

$$\frac{d_0 \ln f^{(0)}}{dt} = \frac{1}{n} \frac{d_0 n}{dt} - \frac{3}{2} \frac{1}{T} \frac{d_0 T}{dt} - \frac{mC^2}{2k} \left(-\frac{d_0 T}{T^2 dt} \right) = \frac{1}{n} \frac{d_0 n}{dt} + \left(\frac{mC^2}{2kT} - \frac{3}{2} \right) \frac{1}{T} \frac{d_0 T}{dt}$$

式中, n 是不随时间而变的, $\dfrac{dn}{dt} = 0$, 所以有

$$\frac{d_0 \ln f^{(0)}}{dt} = \left(\frac{mC^2}{2kT} - \frac{3}{2} \right) \frac{1}{T} \frac{d_0 T}{dt} = -\frac{mC^2}{3kT} \frac{\partial}{\partial \boldsymbol{r}} \cdot \boldsymbol{v} \tag{3.122}$$

同理可得右边大括号内第二项中

$$\frac{\partial \ln f^{(0)}}{\partial \boldsymbol{r}} = \frac{\partial \ln n}{\partial \boldsymbol{r}} + \left(\frac{mC^2}{2kT} - \frac{3}{2} \right) \frac{\partial \ln T}{\partial \boldsymbol{r}} \tag{3.123}$$

右边大括号内第三、四项中

$$\frac{\partial \ln f^{(0)}}{\partial \boldsymbol{C}} = -\frac{m}{kT} \boldsymbol{C} \tag{3.124}$$

代入式 (3.119) 可得

$$(\mathscr{D}f)^{(0)} = f^{(0)} \left\{ \left(\frac{mC^2}{2kT} - \frac{5}{2} \right) \boldsymbol{C} \cdot \frac{\partial \ln T}{\partial \boldsymbol{r}} + \frac{m}{kT} \boldsymbol{CC} : \frac{\partial \boldsymbol{v}}{\partial \boldsymbol{r}} - \frac{mC^2}{3kT} \frac{\partial}{\partial \boldsymbol{r}} \cdot \boldsymbol{v} \right\}$$

或

$$(\mathscr{D}f)^{(0)} = f^{(0)} \left\{ \left(\frac{mC^2}{2kT} - \frac{5}{2} \right) \boldsymbol{C} \cdot \frac{\partial \ln T}{\partial \boldsymbol{r}} + \frac{m}{kT} \left(\boldsymbol{CC} - \frac{1}{3} C^2 \boldsymbol{I} \right) : \frac{\partial \boldsymbol{v}}{\partial \boldsymbol{r}} \right\} \tag{3.125}$$

代入式 (3.114) 可得

$$n^2 I(\phi^{(1)}) = -f^{(0)} \left\{ \left(\frac{mC^2}{2kT} - \frac{5}{2} \right) \cdot \frac{\partial \ln T}{\partial \boldsymbol{r}} + \frac{m}{kT} \left(\boldsymbol{CC} - \frac{1}{3} C^2 \boldsymbol{I} \right) : \frac{\partial \boldsymbol{v}}{\partial \boldsymbol{r}} \right\} \qquad (3.126)$$

理论上，函数 $\phi^{(1)}$ 是可以由式 (3.126) 求得的，它是 $\phi^{(1)}$ 的非齐次线性积分方程，其解为非齐次方程的一个特解加上齐次方程 $n^2 I(\phi^{(1)}) = 0$ 的一般解。经过推导分析，可以得出 r 阶近似式 (3.96)~(3.98) 中在一阶近似时的 $\boldsymbol{P}^{(1)}$ 及 $\boldsymbol{q}^{(1)}$

$$\boldsymbol{P}^{(1)} = -2\mu \boldsymbol{S} \qquad (3.127)$$

$$\boldsymbol{q}^{(1)} = -\kappa \frac{\partial T}{\partial \boldsymbol{r}} \qquad (3.128)$$

因此有

$$\boldsymbol{P} = \boldsymbol{P}^{(0)} + \boldsymbol{P}^{(1)} = p\boldsymbol{I} - 2\mu \boldsymbol{S} \qquad (3.129)$$

$$\boldsymbol{q} = \boldsymbol{q}^{(0)} + \boldsymbol{q}^{(1)} = 0 - \kappa \frac{\partial T}{\partial \boldsymbol{r}} = -\kappa \frac{\partial T}{\partial \boldsymbol{r}} \qquad (3.130)$$

式中，张量 $\boldsymbol{S}$ 是 $\dfrac{\partial \boldsymbol{v}}{\partial \boldsymbol{r}}$ 的无迹对称部分，称切变率张量

$$\boldsymbol{S} = \frac{1}{2} \left[\frac{\partial \boldsymbol{v}}{\partial \boldsymbol{r}} + \left(\frac{\partial \boldsymbol{v}}{\partial \boldsymbol{r}} \right)^T \right] - \frac{1}{3} \left(\frac{\partial}{\partial \boldsymbol{r}} \cdot \boldsymbol{v} \right) \boldsymbol{I} \qquad (3.131)$$

式中，$\dfrac{1}{2} \left[\dfrac{\partial \boldsymbol{v}}{\partial \boldsymbol{r}} + \left(\dfrac{\partial \boldsymbol{v}}{\partial \boldsymbol{r}} \right)^T \right]$ 部分称为应变率张量。式 (3.127) 中 μ 为动力粘度，式 (3.128) 中 κ 为热导率，即

$$2\mu = \frac{4kT}{5}[\boldsymbol{B}, \boldsymbol{B}] \qquad (3.132)$$

$$\kappa = \frac{k}{3}[\boldsymbol{A}, \boldsymbol{A}] \qquad (3.133)$$

式 (3.129) 和式 (3.130) 分别是著名的牛顿 (Newton) 定律和傅里叶 (Fourier) 定律。上式中 $\boldsymbol{A}$ 为待定矢量，须满足

$$nI(\boldsymbol{A}) = f^{(0)} \left(\frac{mC^2}{2kT} - \frac{5}{2} \right) \boldsymbol{C} = f^{(0)} \left(\widehat{C}^2 - \frac{5}{2} \right) \boldsymbol{C} \qquad (3.134)$$

$\boldsymbol{B}$ 为待定无迹对称张量，须满足

$$nI(\boldsymbol{B}) = f^{(0)} \frac{m}{2kT} \left(\boldsymbol{CC} - \frac{1}{3} C^2 \boldsymbol{I} \right) = f^{(0)} \left(\widehat{\boldsymbol{C}}\widehat{\boldsymbol{C}} - \frac{1}{3} \widehat{C}^2 \boldsymbol{I} \right) \qquad (3.135)$$

式中，$\widehat{\boldsymbol{C}}$ 为量纲一随机速度，即

$$\widehat{\boldsymbol{C}} = \left(\frac{m}{2kT} \right)^{\frac{1}{2}} \boldsymbol{C} \qquad (3.136)$$

若设
$$\boldsymbol{A} = A(C)\boldsymbol{C}, \boldsymbol{B} = B(C)\left(\widehat{\boldsymbol{C}}\widehat{\boldsymbol{C}} - \frac{1}{3}\widehat{C}^2\boldsymbol{I}\right)$$

可求出
$$nI(\boldsymbol{A}) = f^{(0)}\left(\widehat{C}^2 - \frac{5}{2}\right)\boldsymbol{C} \tag{3.137}$$

$$nI(\boldsymbol{B}) = f^{(0)}\left(\widehat{\boldsymbol{C}}\widehat{\boldsymbol{C}} - \frac{1}{3}\widehat{C}^2\boldsymbol{I}\right) \tag{3.138}$$

式 (3.132)、式 (3.133) 中符号 [,] 的定义为

$$[\boldsymbol{A}, \boldsymbol{A}] = \int \boldsymbol{A} \cdot I(\boldsymbol{A})\mathrm{d}\boldsymbol{\xi} \tag{3.139}$$

$$[\boldsymbol{B}, \boldsymbol{B}] = \int \boldsymbol{B} : I(\boldsymbol{B})\mathrm{d}\boldsymbol{\xi} \tag{3.140}$$

把式 (3.129)、式 (3.130) 的 $\boldsymbol{P}^{(0)}$、$\boldsymbol{q}^{(0)}$、$\boldsymbol{P}^{(1)}$、$\boldsymbol{q}^{(1)}$ 代入式 (3.96) ~ (3.98) 中，可得

$$\begin{cases} \dfrac{\mathrm{d}\rho}{\mathrm{d}t} = -\rho\dfrac{\partial}{\partial \boldsymbol{r}} \cdot \boldsymbol{v} & (3.141) \\[2mm] \rho\dfrac{\mathrm{d}\boldsymbol{v}}{\mathrm{d}t} = \rho\boldsymbol{X} - \dfrac{\partial p}{\partial \boldsymbol{r}} + 2\mu\dfrac{\partial}{\partial \boldsymbol{r}} \cdot \boldsymbol{S} & (3.142) \\[2mm] \rho\dfrac{\mathrm{d}T}{\mathrm{d}t} = -\dfrac{2m}{3k}\left[-\dfrac{\partial}{\partial \boldsymbol{r}} \cdot \kappa\dfrac{\partial T}{\partial \boldsymbol{r}} + p\dfrac{\partial}{\partial \boldsymbol{r}} \cdot \boldsymbol{v} - 2\mu\boldsymbol{S}:\dfrac{\partial \boldsymbol{v}}{\partial \boldsymbol{r}}\right] & (3.143) \end{cases}$$

上述方程组就是流体力学中著名的 Navier-Stokes 方程组。通过上述分析，也得出了动力粘度 μ 和热导率 κ 的理论表达式。

3.3.2 Boltzmann 方程的二阶近似 —— Burnett 方程组[16]

在获取 Boltzmann 方程的二阶近似时，设

$$f = f^{(0)} + f^{(1)} + f^{(2)}$$

式中，$f^{(0)}$ 和 $f^{(1)}$ 已由上面的分析中求得。而 $f^{(2)}$ 则需满足下列方程：

$$J(f^{(2)}f_1^{(0)} + f^{(0)}f_1^{(2)}) = (\mathscr{D}f)^{(1)} - J(f^{(1)}f_1^{(1)}) \tag{3.144}$$

类似地，设 $f^{(2)} = f^{(0)}\phi^{(2)}$，可得

$$-n^2 I(\phi^{(2)}) = (\mathscr{D}f)^{(1)} - J(f^{(1)}f_1^{(1)}) \tag{3.145}$$

及

$$(\mathscr{D}f)^{(1)} - J(f^{(1)}f_1^{(1)}) = \frac{\partial_1 f^{(1)}}{\partial t} + \frac{\mathrm{d}_0 f^{(1)}}{\mathrm{d}t} + \boldsymbol{C} \cdot \frac{\partial f^{(1)}}{\partial \boldsymbol{r}} + \left(\boldsymbol{X} - \frac{\mathrm{d}_0 \boldsymbol{v}}{\mathrm{d}t}\right) \cdot \frac{\partial f^{(1)}}{\partial \boldsymbol{C}} -$$

$$\frac{\partial f^{(1)}}{\partial \boldsymbol{C}}\boldsymbol{C}:\frac{\partial \boldsymbol{v}}{\partial \boldsymbol{r}} - J(f^{(1)}f_1^{(1)}) \tag{3.146}$$

而 $f^{(0)}$ 及 $f^{(1)}$ 分别如下所示:

$$f^{(0)} = n\left(\frac{m}{2\pi kT}\right)^{\frac{3}{2}} \exp\left(-\frac{mC^2}{2kT}\right) = n\left(\frac{m}{2\pi kT}\right)^{\frac{3}{2}} \exp(-\widehat{C}^2) \qquad (3.147)$$

$$f^{(1)} = f^{(0)}\phi^{(1)} = -\frac{1}{n}f^{(0)}\left\{A(C)\boldsymbol{C}\cdot\frac{\partial \ln T}{\partial \boldsymbol{r}} + 2B(C)\cdot\left(\widehat{\boldsymbol{C}}\widehat{\boldsymbol{C}} - \frac{1}{3}\widehat{C}^2\boldsymbol{I}\right):\frac{\partial \boldsymbol{v}}{\partial \boldsymbol{r}}\right\} \qquad (3.148)$$

式中

$$A(C) = -\frac{3\mu}{2kT}\left(\frac{5}{2} - \widehat{C}^2\right) \qquad (3.149)$$

$$B(C) = \frac{\mu}{kT} \qquad (3.150)$$

利用求 $\boldsymbol{P}^{(1)}$ 和 $\boldsymbol{q}^{(1)}$ 相类似的方法, 可求出 $\boldsymbol{P}^{(2)}$ 和 $\boldsymbol{q}^{(2)}$

$$\boldsymbol{P}^{(2)} = \int m\boldsymbol{C}\boldsymbol{C}f^{(2)}\mathrm{d}\boldsymbol{\xi} \qquad (3.151)$$

或

$$\boldsymbol{P}^{(2)} = \int m\left(\boldsymbol{C}\boldsymbol{C} - \frac{1}{3}C^2\boldsymbol{I}\right)f^{(2)}\mathrm{d}\boldsymbol{\xi} \qquad (3.152)$$

$$\boldsymbol{P}^{(2)} = -\frac{2p}{n^2}\int \boldsymbol{B}\Delta_3\mathrm{d}\boldsymbol{\xi} \qquad (3.153)$$

$\boldsymbol{P}^{(2)}$ 是无迹对称张量, Δ_3 是 $\boldsymbol{C}$ 的一组偶函数, 考虑其所有的可能组成后, 有

$$\begin{aligned}\boldsymbol{P}^{(2)} = {} & \omega_1 \frac{\mu^2}{p}\left(\frac{\partial}{\partial \boldsymbol{r}}\cdot\boldsymbol{v}\right)\boldsymbol{S} + \\
& \omega_2 \frac{\mu^2}{p}\left\{\frac{\mathrm{d}_0}{\mathrm{d}t}\boldsymbol{S} - \frac{\partial \boldsymbol{v}}{\partial \boldsymbol{r}}\cdot\boldsymbol{S} - \left(\frac{\partial \boldsymbol{v}}{\partial \boldsymbol{r}}\cdot\boldsymbol{S}\right)^T + \frac{2}{3}\left[\left(\frac{\partial \boldsymbol{v}}{\partial \boldsymbol{r}}\cdot\boldsymbol{S}\right):\boldsymbol{I}\right]\boldsymbol{I}\right\} + \\
& \omega_3 \frac{\mu^2}{\rho T}\left[\frac{\partial}{\partial \boldsymbol{r}}\frac{\partial T}{\partial \boldsymbol{r}} - \frac{1}{3}\left(\frac{\partial}{\partial \boldsymbol{r}}\cdot\frac{\partial}{\partial \boldsymbol{r}}\right)T\boldsymbol{I}\right] + \\
& \omega_4 \frac{\mu^2}{\rho p T}\left[\frac{1}{2}\frac{\partial p}{\partial \boldsymbol{r}}\frac{\partial T}{\partial \boldsymbol{r}} + \frac{1}{2}\frac{\partial T}{\partial \boldsymbol{r}}\frac{\partial p}{\partial \boldsymbol{r}} - \frac{1}{3}\left(\frac{\partial p}{\partial \boldsymbol{r}}\cdot\frac{\partial T}{\partial \boldsymbol{r}}\right)\boldsymbol{I}\right] + \\
& \omega_5 \frac{\mu^2}{\rho T^2}\left(\frac{\partial T}{\partial \boldsymbol{r}}\frac{\partial T}{\partial \boldsymbol{r}} - \frac{1}{3}\left|\frac{\partial T}{\partial \boldsymbol{r}}\right|^2 \boldsymbol{I}\right) + \omega_6 \frac{\mu^2}{p}\left\{\boldsymbol{S}\cdot\boldsymbol{S} - \frac{1}{3}[(\boldsymbol{S}\cdot\boldsymbol{S}):\boldsymbol{I}]\boldsymbol{I}\right\}\end{aligned} \qquad (3.154)$$

式中, $\omega_i, i = 1, 2, \cdots, 6$ 是纯数, 其值为

$$\omega_1 = \frac{4}{3}\left(\frac{7}{2} - \frac{T}{\mu}\frac{\mathrm{d}\mu}{\mathrm{d}T}\right), \omega_2 = 0, \omega_3 = 0, \omega_4 = 0, \omega_5 = 3\frac{T}{\mu}\frac{\mathrm{d}\mu}{\mathrm{d}T}, \omega_6 = 8 \qquad (3.155)$$

类似地有

$$\boldsymbol{q}^{(2)} = -\frac{p}{n^2}\left(\frac{2kT}{m}\right)^{\frac{1}{2}}\int \boldsymbol{A}\Delta_2\mathrm{d}\boldsymbol{\xi} \qquad (3.156)$$

Δ_2 是 $\boldsymbol{C}$ 的一组奇函数, 考虑到其所有的可能组成后, 可得

$$\begin{aligned}\boldsymbol{q}^{(2)} = {} & \theta_1 \frac{\mu^2}{\rho T}\left(\frac{\partial}{\partial \boldsymbol{r}}\cdot\boldsymbol{v}\right)\frac{\partial T}{\partial \boldsymbol{r}} + \theta_2 \frac{\mu^2}{\rho T}\left\{\frac{\mathrm{d}_0}{\mathrm{d}t}\left(\frac{\partial T}{\partial t}\right) - \frac{\partial \boldsymbol{v}}{\partial \boldsymbol{r}}\cdot\frac{\partial T}{\partial \boldsymbol{r}}\right\} + \\
& \theta_3 \frac{\mu^2}{\rho p}\frac{\partial p}{\partial \boldsymbol{r}}\cdot\boldsymbol{S} + \theta_4 \frac{\mu^2}{\rho}\frac{\partial}{\partial \boldsymbol{r}}\cdot\boldsymbol{S} + \theta_5 \frac{\mu^2}{\rho T}\boldsymbol{S}\cdot\frac{\partial T}{\partial \boldsymbol{r}}\end{aligned} \qquad (3.157)$$

式中，$\theta_i, i=1,2,\cdots,5$ 也是纯数，其值为

$$\theta_1 = \frac{15}{4}\left(\frac{7}{2} - \frac{T}{\mu}\frac{\mathrm{d}\mu}{\mathrm{d}T}\right), \theta_2 = \frac{45}{8}, \theta_3 = -3, \theta_4 = 3, \theta_5 = 3\left(\frac{35}{4} + \frac{T}{\mu}\frac{\mathrm{d}\mu}{\mathrm{d}T}\right) \quad (3.158)$$

在二阶近似后，可得到

$$\boldsymbol{P} = p\boldsymbol{I} - 2\mu \boldsymbol{S} + \boldsymbol{P}^{(2)} \quad (3.159)$$

$$\boldsymbol{q} = -\kappa\frac{\partial T}{\partial \boldsymbol{r}} + \boldsymbol{q}^{(2)} \quad (3.160)$$

此时的流体力学方程组相应地为

$$\begin{cases} \dfrac{\mathrm{d}\rho}{\mathrm{d}t} = -\rho\left(\dfrac{\partial}{\partial \boldsymbol{r}}\cdot \boldsymbol{v}\right) & (3.161) \\[2mm] \rho\dfrac{\mathrm{d}\boldsymbol{v}}{\mathrm{d}t} = \rho\boldsymbol{X} - \dfrac{\partial}{\partial \boldsymbol{r}}\cdot \boldsymbol{P} & (3.162) \\[2mm] \rho\dfrac{\mathrm{d}u}{\mathrm{d}t} = -\dfrac{\partial}{\partial \boldsymbol{r}}\cdot \boldsymbol{q} + \boldsymbol{P}:\dfrac{\partial \boldsymbol{v}}{\partial \boldsymbol{r}} & (3.163) \end{cases}$$

上述方程组就是 Burnett 方程组。

3.3.3 Boltzmann 方程的三种近似方程的比较及其应用

Enskog 对 Boltzmann 方程的求解，不仅导出了理想气体状态方程、零阶近似理想流体运动方程、一阶近似粘性流体运动方程——Navier-Stokes 方程，而且还给出了输运系数的一般公式，如动力粘度 μ、热导率 κ，也提出了第二动力粘度的概念，利用 Enskog 解法，还进一步导出了二阶近似的 Burnett 方程和三阶近似。但是更高阶近似中与高阶导数相应的边界条件是什么？如何找到这些边界条件？一直是让学者感到困惑的问题。

长久以来，虽然 Euler 方程和 Navier-Stokes 方程得到了广泛的应用，但是 Burnett 方程不但没有得到广泛应用，而且对其方程组本质的了解也是不够清楚的。再加上高阶导数的求解需要更多尚不清楚的边界条件，因此它的发展曾处于停滞状态。1952 年王承书女士等首先考虑了 $f^{(2)}$ 和 $f^{(3)}$，并把它用到激波的传播和衰减的研究中[17]，得出的结论是，当 λ/L_2（λ——分子平均自由行程，L_2——激波的长度）足够小时，可使理论研究和实验结果比较相符，但当 λ/L_2 处于同一数量级或更大时，二者的差别就很大了。

微流动和空间技术的发展促进了对 Burnett 方程的进一步理解并得到了应用。X. L. Zong 在 1993 年发表了 Burnett 方程在超音速流动中的应用[18]。Ali Beskok 于 1996 年研究了 Burnett 方程在微尺寸流动中的应用[19-20]。Arkilic 应用 Burnett 方程对微槽流作了分析[21-22]。2000 年计洪苗 (H. M. Ji.) 应用 Burnett 方程对 Couette 流作了理论分析，并利用 DSMC 方法的计算结果与其作了比较，在 $Kn < 0.1$ 时有较好的吻合[23-25]。

可以预见，Burnett 方程及更高阶的 Boltzmann 方程将会揭示更多的科学奥秘。

3.4 分子作用力模型及碰撞项中各系数的确定

Burnett 方程中的碰撞项是与分子作用力模型有关的,而分子作用的实际过程是复杂的,不能用单一的数学模型来模拟。最简单的是单原子分子,这时电子的分布对原子核是各向同性的,无外界干扰时,分子处于自由状态。一旦有电场作用于原子时,对原子核和电子所产生的作用力正好相反,原子核将沿电场的方向移动,而电子则向相反的方向移动,因而在电场方向上产生一个等效电荷分离,使原子具有感应电偶极矩,原子被极化。被极化的原子的偶极矩将产生本身的电场,这一电场将对附近的另一个原子产生感应电场,于是这个原子也被极化,也产生偶极矩,这一偶极矩又产生感应电场而使前一个原子极化。最终这两个原子在相反方向上极化,同时产生相互吸引力。这种吸引力的位能和两原子间距离 r 的六次方成反比,因此随着距离的增大,吸引力将很快衰减。但是当两原子相当接近时,原子之间就将产生排斥力,排斥力随着距离的减小而迅速增大。作用力的位能 $\phi(r)$ 与距离 r 的关系如图 3.5 所示。图中横坐标为两原子之间的距离 r,纵坐标为位能 $\phi(r)$,向上为斥力。实际上分子作用力模型要复杂得多,在多原子分子中更是如此,因此出现了很多模拟各种分子作用的模型。这种模型不仅要符合实际分子作用力,而且要求便于分析计算。图 3.6 中介绍的就是几种主要的分子作用力基本模型[14]。

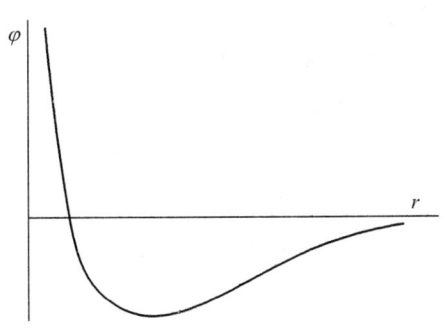

图 3.5 单原子分子的作用力

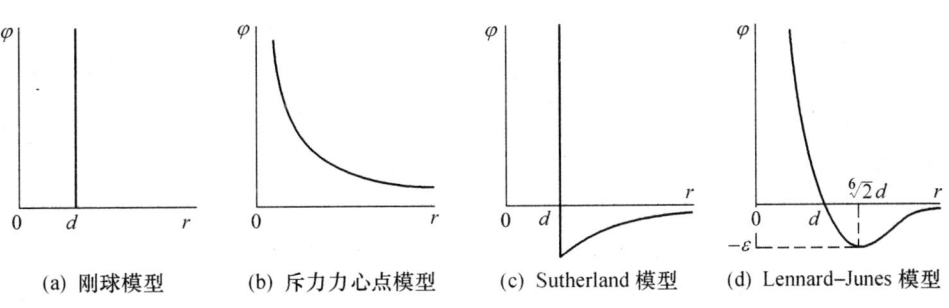

(a) 刚球模型　　(b) 斥力力心点模型　　(c) Sutherland 模型　　(d) Lennard-Junes 模型

图 3.6 四种分子作用力模型

图 3.6a 为刚球模型。这一模型认为分子是一个硬的刚性球体，分子之间的碰撞作用力只在瞬间存在。因此有

$$\phi(r) = \begin{cases} \infty, & r < d \\ 0, & r > d \end{cases} \tag{3.164}$$

这一模型的优点是比较直观，便于理论推算。其缺点是没有考虑吸引力的影响，与实际碰撞过程存在较大的差距，因此不够准确。

图 3.6b 是由王承书于 1952 年提出的斥力力心点模型。这一模型认为两个点之间只存在斥力，斥力与距离的关系为

$$\phi(r) = \left(\frac{d}{r}\right)^\nu \tag{3.165}$$

式中，ν 为排斥指数，对于硬分子 $\nu = 15$，软分子 $\nu = 9$，对于 Maxwell 分子模型 $\nu = 4$。这一模型的优点是可以通过对 d 和 ν 的调整来适应实际分子作用力的实验数据。它的缺点仍是没有考虑吸引力的影响。

图 3.6c 为 Sutherland 模型，其特点是把刚球模型与吸力力心点模型结合起来，因此有

$$\phi(r) = \begin{cases} \infty, & r < d \\ -\varepsilon \left(\dfrac{d}{r}\right)^\nu, & r > d \end{cases} \tag{3.166}$$

这一模型有了三个可供调整的参量，即 d、ν 和 ε，因此适应性更大，并考虑了吸引力的影响。其缺点是斥力太陡，与实际有差异。

图 3.6d 是 Lennard-Jones 于 1924 年提出的分子作用力模型。位能与距离的关系为

$$\phi(r) = k_1 r^{-\delta} + k_2 r^{-\nu}, \quad \delta > \nu \tag{3.167}$$

式中，$k_1 r^{-\delta}$ 为斥力；$k_2 r^{-\nu}$ 为吸力。一般 $\delta = 12, \nu = 6, k_1/d^{12} = -k_2/d^6 = 4\varepsilon$，因此有

$$\phi(r) = 4\varepsilon \left[\left(\frac{d}{r}\right)^{12} - \left(\frac{d}{r}\right)^6\right] \tag{3.168}$$

这一模型的适应性较强，而且斥力有所改进。但是在分析计算时会更复杂些。

在上述这些分子作用力模型中，刚球模型是最简单的，容易推导出在微流动计算中所需要的各个系数。斥力力心点模型虽然没有考虑到吸力的影响，但是当 $\nu = 4$ 时，却使计算变得容易进行。这种模型使 Sonine 多项式变成碰撞算子的本征函数，这种分子称为 Maxwell 分子。刚球模型和 Maxwell 分子模型将作为本书微流动计算中的基本模型。Lennard–Jones 模型虽然更符合实际，但是还不能由此模型求出用于流动计算的全部系数，所以没有被采用。

表 3.1 给出了按 Maxwell 分子模型、硬球分子模型和僵弹性球分子模型计算得到的系数 $\omega_i, i = 1, 2, \cdots, 8$ 和 $\theta_i, i = 1, 2, \cdots, 7$ 值。

表 3.1 不同分子模型碰撞时的系数值

系数名称	普遍值 ($\mu = T^\nu$)	Maxwell 模型 ($\nu = 1$)	硬球模型	僵弹性球模型
ω_1	$\dfrac{4}{3}\left(\dfrac{7}{2} - \dfrac{T}{\mu}\dfrac{\mathrm{d}\mu}{\mathrm{d}T}\right)$	$\dfrac{10}{3}$	4.056	3.38
ω_2	2	2	2.028	2.028
ω_3	3	3	2.418	2.418
ω_4	0	0	0.681	0.681
ω_5	$\dfrac{3T}{\mu}\dfrac{\mathrm{d}\mu}{\mathrm{d}T}$	3	0.219	-0.8135
ω_6	8	8	7.424	7.424
ω_7	$\dfrac{7}{9}$	$\dfrac{7}{9}$	—	—
ω_8	$\dfrac{5}{3}$	$\dfrac{5}{3}$	—	—
θ_1	$\dfrac{15}{4}\left(\dfrac{7}{2} - \dfrac{T}{\mu}\dfrac{\mathrm{d}\mu}{\mathrm{d}T}\right)$	$\dfrac{75}{8}$	11.644	9.7031
θ_2	$-\dfrac{45}{8}$	$-\dfrac{45}{8}$	-5.822	-5.822
θ_3	-3	-3	-3.090	-3.090
θ_4	3	3	2.418	2.418
θ_5	$3\left(\dfrac{35}{4} + \dfrac{T}{\mu}\dfrac{\mathrm{d}\mu}{\mathrm{d}T}\right)$	$\dfrac{117}{4}$	25.157	26.3655
θ_6	$-\dfrac{5}{8}$	$-\dfrac{5}{8}$	—	—
θ_7	$\dfrac{21}{16}$	$\dfrac{21}{16}$	—	—

第 4 章　Burnett 方程组的求解方法

4.1　Burnett 方程 —— 非线性偏微分方程求解方法简介

Burnett 方程组是一个非线性偏微分方程组,现在仍无法对它求得解析解,还需要针对一些具体条件对 Burnett 方程组作一定的简化。本节先对求解偏微分方程组的方法作一简要概括。

4.1.1　分析计算方法[26-27]

根据边界条件推导出便于直接计算的数学方程。推导过程严格,分析结果准确,但只有在个别比较简单的场合才能做到。

4.1.2　数值计算方法[28-29,32-33]

在求解微分方程中用得最多的数值计算方法是有限差分法。它的基本思路是用离散的、只含有限个未知数的差分方程去近似地替代连续变量的微分方程及初、边值条件,把求解微分方程问题变成求解差分形成的线性方程组问题,并将其解作为微分方程初、边值问题数值形式的近似解。

有限差分法已有了很大发展,出现了很多具体的计算方法,并对这些计算方法的收敛性及误差估计作了很多研究。这些方法归纳起来主要有以下几种:

(1) Euler 法 ($n=1$)。

$$W_{i+1} = W_i + hf(t_i, W_i)$$

(2) Taylar 法 (n 阶)。

$$W_{i+1} = W_i + hT^{(n)}(t_i, W_i)$$
$$T^{(n)}(t_i, W_i) = f(t_i, W_i) + \frac{1}{2}f'(t_i, W_i) + \cdots + \frac{h^{n-1}}{2}f^{(n-1)}(t_i, W_i)$$

(3) 中点法。

$$W_{i+1} = W_i + h\left\{f\left[\left(t_i + \frac{h}{2}\right), W_i + \frac{h}{2}f(t_i, W_i)\right]\right\}$$

(4) 模化 Euler 法。

$$W_{i+1} = W_i + \frac{h}{2}\{f(t_i, W_i) + f[t_{i+1}, W_i + hf(t_i, W_i)]\}$$

(5) Heun 法。

$$W_{i+1} = W_i + \frac{h}{4}\left\{f(t_i, W_i) + 3f\left[t_i + \frac{2}{3}h, W_i + \frac{2}{3}hf(t_i, W_i)\right]\right\}$$

(6) Runge–Kutte 法 (四阶)。

$$W_{i+1} = W_i + \frac{1}{6}(K_1 + 2K_2 + 2K_3 + K_4)$$

式中

$$K_1 = hf(t_i, W_i), \quad K_2 = hf\left(t_i + \frac{h}{2}, W_i + \frac{1}{2}K_1\right)$$
$$K_3 = hf\left(t_i + \frac{h}{2}, W_i + \frac{1}{2}K_2\right), \quad K_4 = hf(t_{i+1}, W_i + K_3)$$

介绍以上几种数值计算方法及其应用的书籍很多。此外还有一种 GDQ 方法 (通用微分累加法)，这是在微分累加法 (DQ 法) 基础上发展而来的一种新计算方法[8-9]。它在求解二维流体力学方程组时，把压力处理成速度与压力的耦合关系，这样就可以用两个变量 (ω, ψ) 来代替三个变量 (u, v, p)，从而减少计算量。压力场可以从收敛后的 ω, ψ 解中得出。为了把此方法推广到三维流动中，已有 SIMPLE (semi-implicit method for pressure linked, 压力耦合的半隐方法)、SIMPLER、SIMPLEC、PISO (pressure-implicit with splitting of operators) 等多种方法。其特点是用一个猜测的中间压力场求出中间速度场，用连续方程及动量方程求解的压力修正公式去解出中间速度场，用速度修正求得压力修正，反复迭代直至满足连续方程的要求[34]。

本书将重点应用这一新的 GDQ 数值计算法来求解 Burnett 方程，它具有网格少、计算工作量少以及保证足够精度的特点，因此在以后各章还将具体介绍 GDQ 方法及其在微流动计算中的应用。

除了有限差分法，有限元方法也是得到广泛应用的一种数值计算方法。它是在变分法基础上发展起来的，而最早的变分法是用来求微分方程边值问题的解析形式的近似方法，因此可以说，有限元法只是一种半离散化的方法。有关有限元法及其应用方面的书籍也有很多，这里就不再赘述。

4.1.3 蒙特卡罗直接模拟法 (DSMC)[10,30-31]

蒙特卡罗直接模拟法 (direct simulation Monte Carlo) 也叫随机模拟方法。Monte Carlo 是欧洲地中海沿岸摩纳哥的一个小城, 气候温和, 景色优美, 是世界著名的大赌场, 博弈论就得名于此。现在该城名被用作随机抽样技术或统计试验方法的代名词。由于电子计算机可以进行超大量运算的这一特点, 使 Monte Carlo 方法得以推广使用, 在气体分子运动规律的研究上更是大显身手, 出现了很多有用的方法, 如求解 Boltzmann 方程的 Monte Carlo 方法, 有试验统计法, 有分子动力学方法, 有直接模拟 Monte Carlo 方法等。这种方法对计算机性能的要求较高, 一般的个人电脑较难实现。经努力, 作者实现了使几台个人电脑同时运行的 Monto Carlo 直接模拟计算方法, 对 Burnett 方程应用于 Couette 流动作了具体的求解计算。后面会有专门章节介绍这一方法。

4.2 用分析法求解 Burnett 方程组

4.2.1 三维微流动中的 Burnett 方程

在第 3 章中介绍了用二阶近似求得的 Burnett 方程组, 即式 (3.161) ～ (3.163)

$$\begin{cases} \dfrac{\mathrm{d}\rho}{\mathrm{d}t} = -\rho \left(\dfrac{\partial}{\partial \boldsymbol{r}} \cdot \boldsymbol{v} \right) & (4.1) \\ \rho \dfrac{\mathrm{d}\boldsymbol{v}}{\mathrm{d}t} = \rho \boldsymbol{X} - \dfrac{\partial}{\partial \boldsymbol{r}} \cdot \boldsymbol{P} & (4.2) \\ \rho \dfrac{\mathrm{d}u}{\mathrm{d}t} = \dfrac{\partial}{\partial \boldsymbol{r}} \cdot \boldsymbol{q} + \boldsymbol{P} : \dfrac{\partial \boldsymbol{v}}{\partial \boldsymbol{r}} & (4.3) \end{cases}$$

式中

$$\boldsymbol{P} = p\boldsymbol{I} - 2\mu \boldsymbol{S} + \boldsymbol{P}^{(2)} \tag{4.4}$$

$$\boldsymbol{q} = -\kappa \frac{\partial T}{\partial \boldsymbol{r}} + \boldsymbol{q}^{(2)} \tag{4.5}$$

$$\begin{aligned} \boldsymbol{P}^{(2)} = & \omega_1 \frac{\mu^2}{p} \left(\frac{\partial}{\partial \boldsymbol{r}} \cdot \boldsymbol{v} \right) \boldsymbol{S} + \\ & \omega_2 \frac{\mu^2}{p} \left\{ \frac{\mathrm{d}_0}{\mathrm{d}t} \boldsymbol{S} - \frac{\partial \boldsymbol{v}}{\partial \boldsymbol{r}} \cdot \boldsymbol{S} - \left(\frac{\partial \boldsymbol{v}}{\partial \boldsymbol{r}} \cdot \boldsymbol{S} \right)^T + \frac{2}{3} \left[\left(\frac{\partial \boldsymbol{v}}{\partial \boldsymbol{r}} \cdot \boldsymbol{S} \right) : \boldsymbol{I} \right] \boldsymbol{I} \right\} + \\ & \omega_3 \frac{\mu^2}{\rho T} \left[\frac{\partial}{\partial \boldsymbol{r}} \frac{\partial T}{\partial \boldsymbol{r}} - \frac{1}{3} \left(\frac{\partial}{\partial \boldsymbol{r}} \cdot \frac{\partial}{\partial \boldsymbol{r}} \right) T \boldsymbol{I} \right] + \\ & \omega_4 \frac{\mu^2}{\rho p T} \left[\frac{1}{2} \frac{\partial p}{\partial \boldsymbol{r}} \frac{\partial T}{\partial \boldsymbol{r}} + \frac{1}{2} \frac{\partial T}{\partial \boldsymbol{r}} \frac{\partial p}{\partial \boldsymbol{r}} - \frac{1}{3} \left(\frac{\partial p}{\partial \boldsymbol{r}} \cdot \frac{\partial T}{\partial \boldsymbol{r}} \right) \boldsymbol{I} \right] + \\ & \omega_5 \frac{\mu^2}{\rho T^2} \left(\frac{\partial T}{\partial \boldsymbol{r}} \frac{\partial T}{\partial \boldsymbol{r}} - \frac{1}{3} \left| \frac{\partial T}{\partial \boldsymbol{r}} \right|^2 \boldsymbol{I} \right) + \omega_6 \frac{\mu^2}{p} \left\{ \boldsymbol{S} \cdot \boldsymbol{S} - \frac{1}{3} [(\boldsymbol{S} \cdot \boldsymbol{S}) : \boldsymbol{I}] \boldsymbol{I} \right\} \end{aligned} \tag{4.6}$$

$$q^{(2)} = \theta_1 \frac{\mu^2}{\rho T}\left(\frac{\partial}{\partial \boldsymbol{r}}\cdot\boldsymbol{v}\right)\frac{\partial T}{\partial \boldsymbol{r}} + \theta_2 \frac{\mu^2}{\rho T}\left\{\frac{\mathrm{d}_0}{\mathrm{d}t}\left(\frac{\partial T}{\partial \boldsymbol{r}}\right) - \frac{\partial \boldsymbol{v}}{\partial \boldsymbol{r}}\cdot\frac{\partial T}{\partial \boldsymbol{r}}\right\} +$$
$$\theta_3 \frac{\mu^2}{\rho p}\frac{\partial p}{\partial \boldsymbol{r}}\cdot\boldsymbol{S} + \theta_4 \frac{\mu^2}{\rho}\frac{\partial}{\partial \boldsymbol{r}}\cdot\boldsymbol{S} + \theta_5 \frac{\mu^2}{\rho T}\boldsymbol{S}\cdot\frac{\partial T}{\partial \boldsymbol{r}} \tag{4.7}$$

式中，系数 ω_i, θ_i 参见表 3.1。

$$\frac{\mathrm{d}_0}{\mathrm{d}t}\left(\frac{\partial T}{\partial \boldsymbol{r}}\right) = \left(\frac{\partial_0}{\partial t} + \boldsymbol{v}\cdot\frac{\partial}{\partial \boldsymbol{r}}\right)\left(\frac{\partial T}{\partial \boldsymbol{r}}\right) = \frac{\partial}{\partial \boldsymbol{r}}\left(\frac{\partial_0 T}{\partial t} + \boldsymbol{v}\cdot\frac{\partial T}{\partial \boldsymbol{r}}\right) - \frac{\partial \boldsymbol{v}}{\partial \boldsymbol{r}}\cdot\frac{\partial T}{\partial \boldsymbol{r}}$$
$$= \frac{\partial}{\partial \boldsymbol{r}}\left(\frac{\mathrm{d}_0 T}{\mathrm{d}t}\right) - \frac{\partial \boldsymbol{v}}{\partial \boldsymbol{r}}\cdot\frac{\partial T}{\partial \boldsymbol{r}} = \frac{\partial}{\partial \boldsymbol{r}}\left(-\frac{2}{3}T\frac{\partial}{\partial \boldsymbol{r}}\cdot\boldsymbol{v}\right) - \frac{\partial \boldsymbol{v}}{\partial \boldsymbol{r}}\cdot\frac{\partial T}{\partial \boldsymbol{r}} \tag{4.8}$$

$$\boldsymbol{S} = \frac{1}{2}\left[\frac{\partial \boldsymbol{v}}{\partial \boldsymbol{r}} + \left(\frac{\partial \boldsymbol{v}}{\partial \boldsymbol{r}}\right)^{\mathrm{T}}\right] - \frac{1}{3}\left(\frac{\partial}{\partial \boldsymbol{r}}\cdot\boldsymbol{v}\right)\boldsymbol{I} \tag{4.9}$$

当把上述方程用于三维流动时，有

$$\begin{cases} S_{xx} = \frac{1}{3}\left(2\frac{\partial v_x}{\partial x} - \frac{\partial v_y}{\partial y} - \frac{\partial v_z}{\partial z}\right), S_{xy} = \frac{1}{2}\left(\frac{\partial v_y}{\partial x} + \frac{\partial v_x}{\partial y}\right), S_{xz} = \frac{1}{2}\left(\frac{\partial v_z}{\partial x} + \frac{\partial v_x}{\partial z}\right) \\ S_{yx} = \frac{1}{2}\left(\frac{\partial v_x}{\partial y} + \frac{\partial v_y}{\partial x}\right), S_{yy} = \frac{1}{3}\left(2\frac{\partial v_y}{\partial y} - \frac{\partial v_x}{\partial x} - \frac{\partial v_z}{\partial z}\right), S_{yz} = \frac{1}{2}\left(\frac{\partial v_z}{\partial y} + \frac{\partial v_y}{\partial z}\right) \\ S_{zx} = \frac{1}{2}\left(\frac{\partial v_x}{\partial z} + \frac{\partial v_z}{\partial x}\right), S_{zy} = \frac{1}{2}\left(\frac{\partial v_y}{\partial z} + \frac{\partial v_z}{\partial y}\right), S_{zz} = \frac{1}{3}\left(2\frac{\partial v_z}{\partial z} - \frac{\partial v_x}{\partial x} - \frac{\partial v_y}{\partial y}\right) \end{cases}$$
$$\tag{4.10}$$

$$f^{(0)} = n\left(\frac{m}{2\pi kT}\right)^{\frac{3}{2}}\exp\left(-\frac{mC^2}{2kT}\right) \tag{4.11}$$

$$\boldsymbol{P}^{(0)} = \frac{1}{3}\rho\overline{C}^2\boldsymbol{I} = p\boldsymbol{I} \tag{4.12}$$

$$f^{(1)} = f^{(0)}\phi^{(1)} \tag{4.13}$$

$$\phi^{(1)} = -\frac{1}{n}A(C)\boldsymbol{C}\cdot\frac{\partial \ln T}{\partial \boldsymbol{r}} - \frac{2}{n}B(C)\cdot\left(\boldsymbol{CC} - \frac{1}{3}\widehat{C}^2\boldsymbol{I}\right):\frac{\partial \boldsymbol{v}}{\partial \boldsymbol{r}} \tag{4.14}$$

$$\boldsymbol{P}^{(1)} = -\frac{4}{5}kT\boldsymbol{B}:I(\boldsymbol{B})d\boldsymbol{\xi S} = -\frac{4}{5}kT[\boldsymbol{B},\boldsymbol{B}]\boldsymbol{S} = -2\mu\boldsymbol{S} \tag{4.15}$$

$$\boldsymbol{q}^{(0)} = 0 \tag{4.16}$$

$$\boldsymbol{q}^{(1)} = -\kappa\frac{\partial T}{\partial \boldsymbol{r}} \tag{4.17}$$

4.2.2 二维微流动中的 Burnett 方程

本节将进一步使 Burnett 方程具体化，在二维流动时求出更便于计算的表达形式。

4.2.2.1 流量连续方程

由式 (4.1) 及 $\frac{\partial}{\partial \boldsymbol{r}}\cdot\boldsymbol{v} = \frac{\partial u_1}{\partial x_1} + \frac{\partial u_2}{\partial x_2}$ 可得

$$\frac{\partial \rho}{\partial t} + u_1\frac{\partial \rho}{\partial x_1} + u_2\frac{\partial \rho}{\partial x_2} = -\rho\left(\frac{\partial u_1}{\partial x_1} + \frac{\partial u_2}{\partial x_2}\right) \tag{4.18}$$

移项可得
$$\frac{\partial \rho}{\partial t} + u_1\frac{\partial \rho}{\partial x_1} + \rho\frac{\partial u_1}{\partial x_1} + u_2\frac{\partial \rho}{\partial x_2} + \rho\frac{\partial u_2}{\partial x_2} = 0$$
合并后有
$$\frac{\partial \rho}{\partial t} + \frac{\partial (\rho u_1)}{\partial x_1} + \frac{\partial (\rho u_2)}{\partial x_2} = 0 \tag{4.19}$$
上式就是我们比较熟悉的二维流动时的流量连续方程。

4.2.2.2 二阶近似的动量方程

先不考虑外力 $\boldsymbol{X}$ 的影响, 则式 (4.2) 可以写成
$$\rho\frac{\mathrm{d}\boldsymbol{v}}{\mathrm{d}t} = -\frac{\partial}{\partial \boldsymbol{r}} \cdot \boldsymbol{P} \tag{4.20}$$
并令
$$\sigma_{ij} = \boldsymbol{P}^{(1)} + \boldsymbol{P}^{(2)} = -2\mu\boldsymbol{S} + \boldsymbol{P}^{(2)} \tag{4.21}$$
代入式 (4.4) 可得
$$\boldsymbol{P} = p\boldsymbol{I} + \sigma_{ij} = p\begin{bmatrix} 1 & 0 \\ 0 & 1 \end{bmatrix} + \begin{bmatrix} \sigma_{11} & \sigma_{12} \\ \sigma_{21} & \sigma_{22} \end{bmatrix} = \begin{bmatrix} p+\sigma_{11} & \sigma_{12} \\ \sigma_{21} & p+\sigma_{22} \end{bmatrix} \tag{4.22}$$
对上式求偏导, 可得
$$\begin{aligned} -\frac{\partial}{\partial \boldsymbol{r}} \cdot \boldsymbol{P} &= -\left(\boldsymbol{i}\frac{\partial}{\partial x_1} + \boldsymbol{j}\frac{\partial}{\partial x_2}\right) \cdot \begin{bmatrix} p+\sigma_{11} & \sigma_{12} \\ \sigma_{21} & p+\sigma_{22} \end{bmatrix} \\ &= -\boldsymbol{i}\frac{\partial}{\partial x_1}(p+\sigma_{11}) - \boldsymbol{j}\frac{\partial}{\partial x_2}\sigma_{21} - \boldsymbol{i}\frac{\partial}{\partial x_1}\sigma_{12} - \boldsymbol{j}\frac{\partial}{\partial x_2}(p+\sigma_{22}) \\ &= -\left(\boldsymbol{i}\frac{\partial p}{\partial x_1} + \boldsymbol{j}\frac{\partial p}{\partial x_2}\right) - \left[\boldsymbol{i}\left(\frac{\partial \sigma_{11}}{\partial x_1} + \frac{\partial \sigma_{21}}{\partial x_2}\right) + \boldsymbol{j}\left(\frac{\partial \sigma_{12}}{\partial x_1} + \frac{\partial \sigma_{22}}{\partial x_2}\right)\right] \end{aligned} \tag{4.23}$$
另一方面
$$\begin{aligned} \rho\frac{\mathrm{d}\boldsymbol{v}}{\mathrm{d}t} &= \boldsymbol{i}\rho\frac{\mathrm{d}u_1}{\mathrm{d}t} + \boldsymbol{j}\rho\frac{\mathrm{d}u_2}{\mathrm{d}t} = \boldsymbol{i}\left(\rho\frac{\partial u_1}{\partial t} + \rho u_1\frac{\partial u_1}{\partial x_1} + \rho u_2\frac{\partial u_1}{\partial x_2}\right) + \\ &\quad \boldsymbol{j}\left(\rho\frac{\partial u_2}{\partial t} + \rho u_1\frac{\partial u_2}{\partial x_1} + \rho u_2\frac{\partial u_2}{\partial x_2}\right) \end{aligned} \tag{4.24}$$
利用连续方程式 (4.19), 上式右边 $\boldsymbol{i}$ 方向可改写为
$$\begin{aligned} \rho\frac{\partial u_1}{\partial t} + \rho u_1\frac{\partial u_1}{\partial x_1} + \rho u_2\frac{\partial u_1}{\partial x_2} &= \frac{\partial(\rho u_1)}{\partial t} + u_1\frac{\partial(\rho u_1)}{\partial x_1} + u_1\frac{\partial(\rho u_2)}{\partial x_2} + \rho u_1\frac{\partial u_1}{\partial x_1} + \rho u_2\frac{\partial u_1}{\partial x_2} \\ &= \partial\frac{(\rho u_1)}{\partial t} + \frac{\partial(\rho u_1^2)}{\partial x_1} + \frac{\partial(\rho u_1 u_2)}{\partial x_2} \end{aligned} \tag{4.25}$$
同理可得 $\boldsymbol{j}$ 方向
$$\begin{aligned} \rho\frac{\partial u_2}{\partial t} + \rho u_1\frac{\partial u_2}{\partial x_1} + \rho u_2\frac{\partial u_2}{\partial x_2} &= \frac{\partial(\rho u_2)}{\partial t} + u_2\frac{\partial(\rho u_1)}{\partial x_1} + u_2\frac{\partial(\rho u_2)}{\partial x_2} + \rho u_1\frac{\partial u_2}{\partial x_1} + \rho u_2\frac{\partial u_2}{\partial x_2} \\ &= \frac{\partial(\rho u_2)}{\partial t} + \frac{\partial(\rho u_1 u_2)}{\partial x_1} + \frac{\partial(\rho u_2^2)}{\partial x_2} \end{aligned} \tag{4.26}$$

把式 (4.23) 和式 (4.24) 代入式 (4.20), 可得 i 方向

$$\frac{\partial(\rho u_1)}{\partial t} + \frac{\partial(\rho u_1^2)}{\partial x_1} + \frac{\partial(\rho u_1 u_2)}{\partial x_2} + \frac{\partial p}{\partial x_1} + \left(\frac{\partial \sigma_{11}}{\partial x_1} + \frac{\partial \sigma_{21}}{\partial x_2}\right) = 0 \tag{4.27}$$

j 方向

$$\frac{\partial(\rho u_2)}{\partial t} + \frac{\partial(\rho u_1 u_2)}{\partial x_1} + \frac{\partial(\rho u_2^2)}{\partial x_2} + \frac{\partial p}{\partial x_2} + \left(\frac{\partial \sigma_{12}}{\partial x_1} + \frac{\partial \sigma_{22}}{\partial x_2}\right) = 0 \tag{4.28}$$

最终可得

$$\begin{cases} \dfrac{\partial(\rho u_1)}{\partial t} + \dfrac{\partial}{\partial x_1}(\rho u_1^2 + p + \sigma_{11}) + \dfrac{\partial}{\partial x_2}[(\rho u_1 u_2) + \sigma_{21}] = 0 & (4.29) \\ \dfrac{\partial(\rho u_2)}{\partial t} + \dfrac{\partial}{\partial x_1}[(\rho u_1 u_2) + \sigma_{12}] + \dfrac{\partial}{\partial x_2}(\rho u_2^2 + p + \sigma_{22}) = 0 & (4.30) \end{cases}$$

上式就是二维流动时的动量方程。它向具体化前进了一步, 但是要完全求解还有困难。下面将对动量方程式 (4.29)、式 (4.30) 作进一步的分析。

在二维流动时有

$$\frac{\partial \boldsymbol{v}}{\partial \boldsymbol{r}} = \begin{bmatrix} \dfrac{\partial u_1}{\partial x_1} & \dfrac{\partial u_2}{\partial x_1} \\ \dfrac{\partial u_1}{\partial x_2} & \dfrac{\partial u_2}{\partial x_2} \end{bmatrix} \quad \text{及} \quad \frac{\partial}{\partial \boldsymbol{r}} \cdot \boldsymbol{v} = \frac{\partial u_1}{\partial x_1} + \frac{\partial u_2}{\partial x_2}$$

可得

$$\begin{aligned}
\boldsymbol{S} &= \frac{1}{2}\left(\begin{bmatrix} \dfrac{\partial u_1}{\partial x_1} & \dfrac{\partial u_2}{\partial x_1} \\ \dfrac{\partial u_1}{\partial x_2} & \dfrac{\partial u_2}{\partial x_2} \end{bmatrix} + \begin{bmatrix} \dfrac{\partial u_1}{\partial x_1} & \dfrac{\partial u_1}{\partial x_2} \\ \dfrac{\partial u_2}{\partial x_1} & \dfrac{\partial u_2}{\partial x_2} \end{bmatrix}\right) - \frac{1}{3}\left(\frac{\partial u_1}{\partial x_1} + \frac{\partial u_2}{\partial x_2}\right)\begin{bmatrix} 1 & 0 \\ 0 & 1 \end{bmatrix} \\
&= \frac{1}{2}\begin{bmatrix} 2\dfrac{\partial u_1}{\partial x_1} & \dfrac{\partial u_1}{\partial x_2} + \dfrac{\partial u_2}{\partial x_1} \\ \dfrac{\partial u_1}{\partial x_2} + \dfrac{\partial u_2}{\partial x_1} & 2\dfrac{\partial u_2}{\partial x_2} \end{bmatrix} - \frac{1}{3}\begin{bmatrix} \dfrac{\partial u_1}{\partial x_1} + \dfrac{\partial u_2}{\partial x_2} & 0 \\ 0 & \dfrac{\partial u_1}{\partial x_1} + \dfrac{\partial u_2}{\partial x_2} \end{bmatrix} \\
&= \begin{bmatrix} \dfrac{\partial u_1}{\partial x_1} - \dfrac{1}{3}\left(\dfrac{\partial u_1}{\partial x_1} + \dfrac{\partial u_2}{\partial x_2}\right) & \dfrac{1}{2}\left(\dfrac{\partial u_1}{\partial x_2} + \dfrac{\partial u_2}{\partial x_1}\right) \\ \dfrac{1}{2}\left(\dfrac{\partial u_1}{\partial x_2} + \dfrac{\partial u_2}{\partial x_1}\right) & \dfrac{\partial u_2}{\partial x_2} - \dfrac{1}{3}\left(\dfrac{\partial u_1}{\partial x_1} + \dfrac{\partial u_2}{\partial x_2}\right) \end{bmatrix} \\
&= \begin{bmatrix} \dfrac{1}{3}\left(2\dfrac{\partial u_1}{\partial x_1} - \dfrac{\partial u_2}{\partial x_2}\right) & \dfrac{1}{2}\left(\dfrac{\partial u_1}{\partial x_2} + \dfrac{\partial u_2}{\partial x_1}\right) \\ \dfrac{1}{2}\left(\dfrac{\partial u_1}{\partial x_2} + \dfrac{\partial u_2}{\partial x_1}\right) & \dfrac{1}{3}\left(2\dfrac{\partial u_2}{\partial x_2} - \dfrac{\partial u_1}{\partial x_1}\right) \end{bmatrix}
\end{aligned} \tag{4.31}$$

因此

$$\begin{aligned}
S_{11} &= \frac{1}{3}\left(2\frac{\partial u_1}{\partial x_1} - \frac{\partial u_2}{\partial x_2}\right) = \frac{2}{3}\frac{\partial u_1}{\partial x_1} - \frac{1}{3}\frac{\partial u_2}{\partial x_2}, \quad S_{12} = \frac{1}{2}\left(\frac{\partial u_1}{\partial x_2} + \frac{\partial u_2}{\partial x_1}\right) \\
S_{21} &= \frac{1}{2}\left(\frac{\partial u_1}{\partial x_2} + \frac{\partial u_2}{\partial x_1}\right), \quad S_{22} = \frac{1}{3}\left(2\frac{\partial u_2}{\partial x_2} - \frac{\partial u_1}{\partial x_1}\right) = \frac{2}{3}\frac{\partial u_2}{\partial x_2} - \frac{1}{3}\frac{\partial u_1}{\partial x_1}
\end{aligned} \tag{4.32}$$

这时，二阶近似的胁强张量 $\boldsymbol{P}^{(2)}$ 及热流矢量 $\boldsymbol{q}^{(2)}$ 将为

$$\boldsymbol{P}^{(2)} = \frac{\mu^2}{p}\left[\omega_1\overline{\frac{\partial u_k}{\partial x_k}\frac{\partial u_i}{\partial x_j}} + \omega_2\left(\frac{\mathrm{D}}{\mathrm{D}t}\overline{\frac{\partial u_i}{\partial x_j}} - 2\overline{\frac{\partial u_i}{\partial x_k}\frac{\partial u_k}{\partial x_j}}\right) + \omega_3 R\overline{\frac{\partial^2 T}{\partial x_i \partial x_j}} + \right.$$
$$\left. \omega_4\frac{1}{\rho T}\overline{\frac{\partial p}{\partial x_i}\frac{\partial T}{\partial x_j}} + \omega_5\frac{R}{T}\overline{\frac{\partial T}{\partial x_i}\frac{\partial T}{\partial x_j}} + \omega_6\overline{\frac{\partial u_i}{\partial x_k}\frac{\partial u_k}{\partial x_j}}\right] \tag{4.33}$$

$$\boldsymbol{q}^{(2)} = \frac{\mu^2}{\rho}\left\{\theta_1\frac{1}{T}\frac{\partial u_k}{\partial x_k}\frac{\partial T}{\partial x_i} + \theta_2\frac{1}{T}\left[\frac{2}{3}\frac{\partial}{\partial x_i}\left(T\frac{\partial u_k}{\partial x_k}\right) + 2\frac{\partial u_k}{\partial x_i}\frac{\partial T}{\partial x_k}\right] + \right.$$
$$\left. \theta_3\frac{1}{\rho}\frac{\partial p}{\partial x_k}\overline{\frac{\partial u_k}{\partial x_i}} + \theta_4\frac{\partial}{\partial x_k}\left(\overline{\frac{\partial u_k}{\partial x_i}}\right) + \theta_5\frac{1}{T}\frac{\partial T}{\partial x_k}\overline{\frac{\partial u_k}{\partial x_i}}\right\} \tag{4.34}$$

为了便于分析，可将 $\boldsymbol{P}^{(1)}$ 和 $\boldsymbol{P}^{(2)}$ 合在一起，并令

$$\sigma_{ij} = \boldsymbol{P}^{(1)} + \boldsymbol{P}^{(2)} \tag{4.35}$$

可得

$$\sigma_{ij} = -2\mu\overline{\frac{\partial u_i}{\partial x_j}} + \frac{\mu^2}{p}\left\{\omega_1\overline{\frac{\partial u_k}{\partial x_k}\frac{\partial u_i}{\partial x_j}} + \omega_2\left[-\overline{\frac{\partial}{\partial x_i}\left(\frac{1}{\rho}\frac{\partial p}{\partial x_j}\right)} - \overline{\frac{\partial u_k}{\partial x_i}\frac{\partial u_j}{\partial x_k}} - 2\overline{\frac{\partial u_i}{\partial x_k}\frac{\partial u_k}{\partial x_j}}\right] + \right.$$
$$\left. \omega_3 R\overline{\frac{\partial^2 T}{\partial x_i \partial x_j}} + \omega_4\frac{1}{\rho T}\overline{\frac{\partial p}{\partial x_i}\frac{\partial T}{\partial x_j}} + \omega_5\frac{R}{T}\overline{\frac{\partial T}{\partial x_i}\frac{\partial T}{\partial x_j}} + \omega_6\overline{\frac{\partial u_i}{\partial x_k}\frac{\partial u_k}{\partial x_j}}\right\} \tag{4.36}$$

对上式右边各个张量逐个展开成矩阵形式后，把矩阵中相应的项，也就是张量中各个相应的分量归纳在一起，可得上述张量的四个张量分量，即

$$\sigma_{11} = -2\mu\frac{1}{3}\left(2\frac{\partial u_1}{\partial x_1} - \frac{\partial u_2}{\partial x_2}\right) + \frac{\mu^2}{p}\left\{\omega_1\left(\frac{\partial u_1}{\partial x_1}S_{11} + \frac{\partial u_2}{\partial x_2}S_{11}\right) + \right.$$
$$\omega_2\left[-\frac{2}{3}\frac{\partial}{\partial x_1}\left(\frac{1}{\rho}\frac{\partial p}{\partial x_1}\right) + \frac{1}{3}\frac{\partial}{\partial x_2}\left(\frac{1}{\rho}\frac{\partial p}{\partial x_2}\right) - \frac{2}{3}\left(\frac{\partial u_1}{\partial x_1}\right)^2 + \frac{1}{3}\left(\frac{\partial u_2}{\partial x_2}\right)^2 - \right.$$
$$\frac{1}{3}\left(\frac{\partial u_1}{\partial x_2}\frac{\partial u_2}{\partial x_1}\right) - 2\left(S_{11}\frac{\partial u_1}{\partial x_1} + S_{12}\frac{\partial u_2}{\partial x_1}\right) - \frac{2}{3}\left(S_{11}\frac{\partial u_1}{\partial x_1} + S_{12}\frac{\partial u_2}{\partial x_1} + \right.$$
$$\left.\left. S_{21}\frac{\partial u_1}{\partial x_2} + S_{22}\frac{\partial u_2}{\partial x_2}\right)\right] + \omega_3 R\left(\frac{2}{3}\frac{\partial^2 T}{\partial x_1^2} - \frac{1}{3}\frac{\partial^2 T}{\partial x_2^2}\right) + \omega_4\frac{1}{\rho T}\left[\frac{\partial p}{\partial x_1}\frac{\partial T}{\partial x_1} - \right.$$
$$\left. \frac{1}{3}\left(\frac{\partial p}{\partial x_1}\frac{\partial T}{\partial x_1} + \frac{\partial p}{\partial x_2}\frac{\partial T}{\partial x_2}\right)\right] + \omega_5\frac{R}{T}\left[\frac{2}{3}\left(\frac{\partial T}{\partial x_1}\right)^2 - \frac{1}{3}\left(\frac{\partial T}{\partial x_2}\right)^2\right] + $$
$$\left. \omega_6\left[\frac{2}{3}(S_{11}^2 + S_{12}S_{21}) - \frac{1}{3}(S_{21}S_{12} + S_{22}^2)\right]\right\} \tag{4.37}$$

$$\sigma_{12} = -2\mu\frac{1}{2}\left(\frac{\partial u_1}{\partial x_2} + \frac{\partial u_2}{\partial x_1}\right) + \frac{\mu^2}{p}\left\{\omega_1\left(\frac{\partial u_1}{\partial x_1}S_{12} + \frac{\partial u_2}{\partial x_2}S_{12}\right) + \right.$$
$$\omega_2\left[-\frac{1}{2}\frac{\partial}{\partial x_1}\left(\frac{1}{\rho}\frac{\partial p}{\partial x_2}\right) - \frac{1}{2}\frac{\partial}{\partial x_2}\left(\frac{1}{\rho}\frac{\partial p}{\partial x_1}\right) - \right.$$
$$\frac{1}{2}\left(\frac{\partial u_1}{\partial x_1}\frac{\partial u_2}{\partial x_1} + \frac{\partial u_2}{\partial x_1}\frac{\partial u_2}{\partial x_2} + \frac{\partial u_1}{\partial x_2}\frac{\partial u_1}{\partial x_1} + \frac{\partial u_2}{\partial x_2}\frac{\partial u_1}{\partial x_2}\right) - $$
$$\left. 2\times\frac{1}{2}\left(S_{11}\frac{\partial u_1}{\partial x_2} + S_{12}\frac{\partial u_2}{\partial x_2} + S_{21}\frac{\partial u_1}{\partial x_1} + S_{22}\frac{\partial u_2}{\partial x_1}\right)\right] + $$

$$\begin{aligned}
&\omega_3 R \left(\frac{\partial^2 T}{\partial x_1 \partial x_2}\right) + \omega_4 \frac{1}{\rho T}\frac{1}{2}\left(\frac{\partial p}{\partial x_1}\frac{\partial T}{\partial x_2} + \frac{\partial p}{\partial x_2}\frac{\partial T}{\partial x_1}\right) + \\
&\omega_5 \frac{R}{T}\frac{\partial T}{\partial x_1}\frac{\partial T}{\partial x_2} + \omega_6(S_{11}S_{12} + S_{12}S_{22})\Big\}
\end{aligned} \tag{4.38}$$

$$\begin{aligned}
\sigma_{21} =& -2\mu\frac{1}{2}\left(\frac{\partial u_2}{\partial x_1} + \frac{\partial u_1}{\partial x_2}\right) + \frac{\mu^2}{p}\Big\{\omega_1\left(\frac{\partial u_1}{\partial x_1}S_{21} + \frac{\partial u_2}{\partial x_1}S_{21}\right) + \\
& \omega_2\Big[-\frac{1}{2}\frac{\partial}{\partial x_2}\left(\frac{1}{\rho}\frac{\partial p}{\partial x_1}\right) - \frac{1}{2}\frac{\partial}{\partial x_1}\left(\frac{1}{\rho}\frac{\partial p}{\partial x_2}\right) - \\
& \frac{1}{2}\left(\frac{\partial u_1}{\partial x_2}\frac{\partial u_1}{\partial x_1} + \frac{\partial u_2}{\partial x_2}\frac{\partial u_1}{\partial x_2} + \frac{\partial u_1}{\partial x_1}\frac{\partial u_2}{\partial x_1} + \frac{\partial u_2}{\partial x_1}\frac{\partial u_2}{\partial x_2}\right) - \\
& 2\times\frac{1}{2}\left(S_{21}\frac{\partial u_1}{\partial x_1} + S_{22}\frac{\partial u_2}{\partial x_1} + S_{11}\frac{\partial u_1}{\partial x_2} + S_{12}\frac{\partial u_2}{\partial x_2}\right)\Big] + \\
& \omega_3 R\left(\frac{\partial^2 T}{\partial x_1 \partial x_2}\right) + \omega_4 \frac{1}{\rho T}\frac{1}{2}\left(\frac{\partial p}{\partial x_2}\frac{\partial T}{\partial x_1} + \frac{\partial p}{\partial x_1}\frac{\partial T}{\partial x_2}\right) + \\
& \omega_5 \frac{R}{T}\frac{\partial T}{\partial x_1}\frac{\partial T}{\partial x_2} + \omega_6(S_{21}S_{11} + S_{22}S_{21})\Big\}
\end{aligned} \tag{4.39}$$

$$\begin{aligned}
\sigma_{22} =& -2\mu\frac{1}{3}\left(2\frac{\partial u_2}{\partial x_2} - \frac{\partial u_1}{\partial x_1}\right) + \frac{\mu^2}{p}\Big\{\omega_1\left(\frac{\partial u_1}{\partial x_1}S_{22} + \frac{\partial u_2}{\partial x_1}S_{22}\right) + \\
& \omega_2\Big[-\frac{2}{3}\frac{\partial}{\partial x_2}\left(\frac{1}{\rho}\frac{\partial p}{\partial x_2}\right) + \frac{1}{3}\frac{\partial}{\partial x_1}\left(\frac{1}{\rho}\frac{\partial p}{\partial x_1}\right) - \frac{2}{3}\left(\frac{\partial u_2}{\partial x_2}\right)^2 + \frac{1}{3}\left(\frac{\partial u_1}{\partial x_1}\right)^2 - \\
& \frac{1}{3}\left(\frac{\partial u_1}{\partial x_2}\frac{\partial u_2}{\partial x_1}\right) - 2\left(S_{21}\frac{\partial u_1}{\partial x_2} + S_{22}\frac{\partial u_2}{\partial x_2}\right) - \frac{2}{3}\Big(S_{11}\frac{\partial u_1}{\partial x_1} + S_{12}\frac{\partial u_2}{\partial x_1} + \\
& S_{21}\frac{\partial u_1}{\partial x_2} + S_{22}\frac{\partial u_2}{\partial x_2}\Big)\Big] + \omega_3 R\left(\frac{2}{3}\frac{\partial^2 T}{\partial x_2^2} - \frac{1}{3}\frac{\partial^2 T}{\partial x_1^2}\right) + \\
& \omega_4\frac{1}{\rho T}\Big[\frac{\partial p}{\partial x_2}\frac{\partial T}{\partial x_2} - \frac{1}{3}\left(\frac{\partial p}{\partial x_2}\frac{\partial T}{\partial x_2} + \frac{\partial p}{\partial x_1}\frac{\partial T}{\partial x_1}\right)\Big] + \\
& \omega_5 \frac{R}{T}\Big[\frac{2}{3}\left(\frac{\partial T}{\partial x_2}\right)^2 - \frac{1}{3}\left(\frac{\partial T}{\partial x_1}\right)^2\Big] + \\
& \omega_6\Big[\frac{2}{3}\left(S_{21}S_{12} + S_{22}^2\right) - \frac{1}{3}\left(S_{11}^2 + S_{12}S_{21}\right)\Big]\Big\}
\end{aligned} \tag{4.40}$$

对上述四个张量分量进行整理并同类项合并,可得

$$\begin{aligned}
\sigma_{11} =& -\frac{2}{3}\mu\left(2\frac{\partial u_1}{\partial x_1} - \frac{\partial u_2}{\partial x_2}\right) + \frac{\mu^2}{p}\Big\{\omega_1\Big[\frac{2}{3}\left(\frac{\partial u_1}{\partial x_1}\right)^2 - \frac{1}{3}\left(\frac{\partial u_1}{\partial x_1}\right)\left(\frac{\partial u_2}{\partial x_2}\right) + \\
& \frac{2}{3}\left(\frac{\partial u_2}{\partial x_2}\right)\left(\frac{\partial u_1}{\partial x_1}\right) - \frac{1}{3}\left(\frac{\partial u_2}{\partial x_2}\right)^2\Big] + \\
& \omega_2\Big[-\frac{2}{3}\left(\frac{\partial u_1}{\partial x_1}\right)^2 + \frac{1}{3}\left(\frac{\partial u_2}{\partial x_2}\right)^2 - \frac{1}{3}\left(\frac{\partial u_1}{\partial x_2}\right)\left(\frac{\partial u_2}{\partial x_1}\right)\Big] - \\
& \frac{4}{3}\omega_2\Big[\frac{2}{3}\left(\frac{\partial u_1}{\partial x_1}\right)^2 - \frac{1}{3}\left(\frac{\partial u_1}{\partial x_2}\right)\left(\frac{\partial u_2}{\partial x_1}\right)\Big] - \frac{4}{3}\omega_2 S_{12}\frac{\partial u_2}{\partial x_1} + \frac{2}{3}\omega_2 S_{21}\frac{\partial u_1}{\partial x_2} +
\end{aligned}$$

$$\frac{2}{3}\omega_2 S_{22}\frac{\partial u_2}{\partial x_2} + \frac{2}{3}\omega_6 S_{11}^2 + \frac{2}{3}\omega_6 S_{12}S_{21} - \frac{1}{3}\omega_6 S_{21}S_{12} - \frac{1}{3}\omega_6 S_{22}^2 \Big\} + \frac{\mu^2}{p}\{A_{11}\}$$
$$= -\frac{2}{3}\mu\left(2\frac{\partial u_1}{\partial x_1} - \frac{\partial u_2}{\partial x_2}\right) + \frac{\mu^2}{p}\Bigg\{\left[\left(\omega_1 - \frac{4}{3}\omega_2\right)\frac{2}{3} + \right.$$
$$\left.\frac{8}{27}\omega_6 - \frac{1}{27}\omega_6 - \frac{2}{3}\omega_2\right]\left(\frac{\partial u_1}{\partial x_1}\right)^2 +$$
$$\left[-(\omega_1 - \frac{4}{3}\omega_2)\frac{1}{3} + \frac{2}{3}\omega_1 - \frac{2}{9}\omega_2 - \frac{8}{27}\omega_6 + \frac{4}{27}\omega_6\right]\frac{\partial u_1}{\partial x_1}\frac{\partial u_2}{\partial x_2} +$$
$$\left(-\frac{\omega_1}{3} + \frac{4}{9}\omega_2 + \frac{2}{27}\omega_6 - \frac{4}{27}\omega_6 + \frac{1}{3}\omega_2\right)\left(\frac{\partial u_2}{\partial x_2}\right)^2 +$$
$$\left(-\frac{2}{3}\omega_2 + \frac{\omega_2}{3} + \frac{\omega_6}{6} - \frac{\omega_2}{3}\right)\frac{\partial u_1}{\partial x_2}\frac{\partial u_2}{\partial x_1} +$$
$$\left(-\frac{2}{3}\omega_2 + \frac{1}{12}\omega_6\right)\left(\frac{\partial u_2}{\partial x_1}\right)^2 + \left(\frac{\omega_2}{3} + \frac{\omega_6}{12}\right)\left(\frac{\partial u_1}{\partial x_2}\right)^2\Bigg\} + \frac{\mu^2}{p}\{A_{11}\} \tag{4.41}$$

式中，$\{A_{11}\}$ 为不包含 u_1, u_2 及其导数的其他各项总和。

令

$$\alpha_1 = \left(\omega_1 - \frac{4}{3}\omega_2\right)\frac{2}{3} + \frac{8}{27}\omega_6 - \frac{1}{27}\omega_6 - \frac{2}{3}\omega_2 = \frac{2}{3}\omega_1 - \frac{14}{9}\omega_2 + \frac{7}{27}\omega_6 \tag{4.42}$$

$$\alpha_2 = \frac{\omega_2}{3} + \frac{\omega_6}{12} \tag{4.43}$$

$$\alpha_5 = -\frac{\omega_1}{3} + \frac{7}{9}\omega_2 - \frac{2}{27}\omega_6 \tag{4.44}$$

$$\alpha_6 = -\frac{2}{3}\omega_2 + \frac{1}{12}\omega_6 \tag{4.45}$$

$$\alpha_9 = -\frac{2}{3}\omega_2 \tag{4.46}$$

$$\alpha_{11} = \frac{2}{3}\omega_2 \tag{4.47}$$

则式 (4.41) 可改写为

$$\sigma_{11} = -\frac{2}{3}\mu\left(2\frac{\partial u_1}{\partial x_1} - \frac{\partial u_2}{\partial x_2}\right) + \frac{\mu^2}{p}\Bigg[\alpha_1\left(\frac{\partial u_1}{\partial x_1}\right)^2 + \left(-\alpha_5 - \frac{8}{3}\alpha_6 + \frac{7}{6}\alpha_9\right)\frac{\partial u_1}{\partial x_1}\frac{\partial u_2}{\partial x_2} +$$
$$\alpha_5\left(\frac{\partial u_2}{\partial x_2}\right)^2 + (2\alpha_6 + \alpha_{11})\frac{\partial u_1}{\partial x_2}\frac{\partial u_2}{\partial x_1} + \alpha_6\left(\frac{\partial u_2}{\partial x_1}\right)^2 + \alpha_2\left(\frac{\partial u_1}{\partial x_2}\right)^2\Bigg] + \frac{\mu^2}{p}\{A_{11}\} \tag{4.48}$$

对上式求导可得 σ_{11} 的一阶导数

$$\frac{\partial \sigma_{11}}{\partial x_1} = -\frac{4}{3}\mu\frac{\partial^2 u_1}{\partial x_1^2} + \frac{2}{3}\mu\frac{\partial^2 u_2}{\partial x_1 \partial x_2} + \frac{\mu^2}{p}\Bigg[2\alpha_1\frac{\partial u_1}{\partial x_1}\frac{\partial^2 u_1}{\partial x_1^2} +$$
$$\left(-\alpha_5 - \frac{8}{3}\alpha_6 + \frac{7}{6}\alpha_9\right)\left(\frac{\partial^2 u_1}{\partial x_1^2}\frac{\partial u_2}{\partial x_2} + \frac{\partial u_1}{\partial x_1}\frac{\partial^2 u_2}{\partial x_1 \partial x_2}\right) +$$

$$2\alpha_5 \frac{\partial u_2}{\partial x_2}\frac{\partial^2 u_2}{\partial x_1 \partial x_2} + (2\alpha_6 + \alpha_{11})\left(\frac{\partial^2 u_1}{\partial x_1 \partial x_2}\frac{\partial u_2}{\partial x_1} + \frac{\partial u_1}{\partial x_2}\frac{\partial^2 u_2}{\partial x_1^2}\right) +$$

$$2\alpha_6 \frac{\partial u_2}{\partial x_1}\frac{\partial^2 u_2}{\partial x_1^2} + 2\alpha_2 \frac{\partial^2 u_1}{\partial x_1 \partial x_2}\frac{\partial u_1}{\partial x_2}\bigg] - \frac{\mu^2}{p^2}\{A_{11}\}\frac{\partial p}{\partial x_1} +$$

$$\frac{\mu^2}{p}\frac{\partial \{A_{11}\}}{\partial x_1} - \frac{\mu^2}{p^2}\{11\}\frac{\partial p}{\partial x_1} \tag{4.49}$$

上式中最后一项的 $\{11\}$ 代表式 (4.48) 右边第二项 [ ] 中的所有项。而

$$\{A_{11}\} = \omega_2\left[-\frac{2}{3}\frac{\partial}{\partial x_1}\left(\frac{1}{\rho}\frac{\partial p}{\partial x_1}\right) + \frac{1}{3}\frac{\partial}{\partial x_2}\left(\frac{1}{\rho}\frac{\partial p}{\partial x_2}\right)\right] + \omega_3 R\left(\frac{2}{3}\frac{\partial^2 T}{\partial x_1^2} - \frac{1}{3}\frac{\partial^2 T}{\partial x_2^2}\right) +$$

$$\frac{\omega_4}{\rho T}\left[\frac{\partial p}{\partial x_1}\frac{\partial T}{\partial x_1} - \frac{1}{3}\left(\frac{\partial p}{\partial x_1}\frac{\partial T}{\partial x_1} + \frac{\partial p}{\partial x_2}\frac{\partial T}{\partial x_2}\right)\right] + \omega_5 \frac{R}{T}\left[\frac{2}{3}\left(\frac{\partial T}{\partial x_1}\right)^2 - \frac{1}{3}\left(\frac{\partial T}{\partial x_2}\right)^2\right]$$

$$= \frac{2}{3}\left[-\omega_2 \frac{\partial}{\partial x_1}\left(\frac{1}{\rho}\frac{\partial p}{\partial x_1}\right) + \omega_3 R \frac{\partial^2 T}{\partial x_1^2} + \frac{\omega_4}{\rho T}\frac{\partial p}{\partial x_1}\frac{\partial T}{\partial x_1} + \omega_5 \frac{R}{T}\left(\frac{\partial T}{\partial x_1}\right)^2\right] -$$

$$\frac{1}{3}\left[-\omega_2 \frac{\partial}{\partial x_2}\left(\frac{1}{\rho}\frac{\partial p}{\partial x_2}\right) + \omega_3 R \frac{\partial^2 T}{\partial x_2^2} + \frac{\omega_4}{\rho T}\frac{\partial p}{\partial x_2}\frac{\partial T}{\partial x_2} - \omega_5 \frac{R}{T}\left(\frac{\partial T}{\partial x_2}\right)^2\right] \tag{4.50}$$

由状态方程

$$p = \rho RT \tag{4.51}$$

可得

$$\frac{\partial p}{\partial x_i} = \rho R \frac{\partial T}{\partial x_i} + RT \frac{\partial \rho}{\partial x_i}, i = 1, 2 \tag{4.52}$$

$$\frac{\partial^2 p}{\partial x_i^2} = \rho R \frac{\partial^2 T}{\partial x_i^2} + R \frac{\partial T}{\partial x_i}\frac{\partial \rho}{\partial x_i} + RT \frac{\partial^2 \rho}{\partial x_i^2} + R \frac{\partial \rho}{\partial x_i}\frac{\partial T}{\partial x_i}$$

$$= \rho R \frac{\partial^2 T}{\partial x_i^2} + RT \frac{\partial^2 \rho}{\partial x_i^2} + 2R \frac{\partial T}{\partial x_i}\frac{\partial \rho}{\partial x_i} \tag{4.53}$$

$$\frac{\partial}{\partial x_i}\left(\frac{1}{\rho}\frac{\partial p}{\partial x_i}\right) = \frac{1}{\rho}\frac{\partial^2 p}{\partial x_i^2} - \frac{1}{\rho^2}\frac{\partial \rho}{\partial x_i}\frac{\partial p}{\partial x_i} = R\frac{\partial^2 T}{\partial x_i^2} + \frac{RT}{\rho}\frac{\partial^2 \rho}{\partial x_i^2} +$$

$$\frac{2R}{\rho}\frac{\partial T}{\partial x_i}\frac{\partial \rho}{\partial x_i} - \frac{1}{\rho^2}\frac{\partial \rho}{\partial x_i}\left(\rho R \frac{\partial T}{\partial x_i} + RT \frac{\partial \rho}{\partial x_i}\right) \tag{4.54}$$

把上述对 p 的导数代入式 (4.50) 可得

$$\{A_{11}\} = \frac{2}{3}\left\{-\omega_2\left[R\frac{\partial^2 T}{\partial x_1^2} + \frac{RT}{\rho}\frac{\partial^2 \rho}{\partial x_1^2} + \frac{2R}{\rho}\frac{\partial T}{\partial x_1}\frac{\partial \rho}{\partial x_1} - \frac{R}{\rho}\frac{\partial \rho}{\partial x_1}\frac{\partial T}{\partial x_1} - \frac{RT}{\rho^2}\left(\frac{\partial \rho}{\partial x_1}\right)^2\right] + \right.$$

$$\left. \omega_3 R \frac{\partial^2 T}{\partial x_1^2} + \frac{\omega_4}{\rho T}\left[\rho R\left(\frac{\partial T}{\partial x_1}\right)^2 + RT\frac{\partial \rho}{\partial x_1}\frac{\partial T}{\partial x_1}\right] + \omega_5 \frac{R}{T}\left(\frac{\partial T}{\partial x_1}\right)^2\right\} -$$

$$\frac{1}{3}\left\{-\omega_2\left[R\frac{\partial^2 T}{\partial x_2^2} + \frac{RT}{\rho}\frac{\partial^2 \rho}{\partial x_2^2} + \frac{2R}{\rho}\frac{\partial T}{\partial x_2}\frac{\partial \rho}{\partial x_2} - \frac{R}{\rho}\frac{\partial \rho}{\partial x_2}\frac{\partial T}{\partial x_2} - \frac{RT}{\rho^2}\left(\frac{\partial \rho}{\partial x_2}\right)^2\right] + \right.$$

$$\left. \omega_3 R \frac{\partial^2 T}{\partial x_2^2} + \frac{\omega_4}{\rho T}\left[\rho R\left(\frac{\partial T}{\partial x_2}\right)^2 + RT\frac{\partial \rho}{\partial x_2}\frac{\partial T}{\partial x_2}\right] + \omega_5 \frac{R}{T}\left(\frac{\partial T}{\partial x_2}\right)^2\right\} \tag{4.55}$$

为了简化, 用上角标 $'$, $''$ 代表一阶、二级导数, 并把同类项合并, 可得

$$\{A_{11}\} = \frac{2}{3}\left[(-\omega_2+\omega_3)RT_1'' + (-\omega_2)\frac{RT}{\rho}\rho_1'' + \omega_2\frac{RT}{\rho^2}\rho_1'^2 + \right.$$
$$\left. (-\omega_2+\omega_4)\frac{R}{\rho}\rho_1'T_1' + (\omega_4+\omega_5)\frac{R}{T}T_1'^2\right]$$
$$-\frac{1}{3}\left[(-\omega_2+\omega_3)RT_2'' + (-\omega_2)\frac{RT}{\rho}\rho_2'' + \omega_2\frac{RT}{\rho^2}\rho_2'^2 + \right.$$
$$\left. (-\omega_2+\omega_4)\frac{R}{\rho}\rho_2'T_2' + (\omega_4+\omega_5)\frac{R}{T}T_1'^2\right] \quad (4.56)$$

命

$$\alpha_7 = (-\omega_2+\omega_3)\frac{2}{3} \quad (4.57)$$

$$\alpha_{12} = (-\omega_2+\omega_4)\frac{2}{3} \quad (4.58)$$

$$\alpha_{13} = (\omega_4+\omega_5)\frac{2}{3} \quad (4.59)$$

而 α_9, α_{11} 同式 (4.46)、式 (4.47), 代入式 (4.56) 可得

$$\{A_{11}\} = \left(\alpha_7 RT_1'' + \alpha_9\frac{RT}{\rho}\rho_1'' + \alpha_{11}\frac{RT}{\rho}\rho_1'^2 + \alpha_{12}\frac{R}{\rho}\rho_1'T_1' + \alpha_{13}\frac{R}{T}T_1'^2\right) -$$
$$\frac{1}{2}\left(\alpha_7 RT_2'' + \alpha_9\frac{RT}{\rho}\rho_2'' + \alpha_{11}\frac{RT}{\rho}\rho_2'^2 + \alpha_{12}\frac{R}{\rho}\rho_2'T_2' + \alpha_{13}\frac{R}{T}T_2'^2\right)$$
$$= \left\{A_1 - \frac{1}{2}A_2\right\} \quad (4.60)$$

式中

$$A_i = \alpha_7 RT_i'' + \alpha_9\frac{RT}{\rho}\rho_i'' + \alpha_{11}\frac{RT}{\rho}\rho_i'^2 + \alpha_{12}\frac{R}{\rho}\rho_i'T_i' + \alpha_{13}\frac{R}{T}T_i'^2, \quad i=1,2 \quad (4.61)$$

式中, $i=1$ 表示对 x_1 的求导; $i=2$ 表示对 x_2 的求导。

对于 Maxwell 分子模型, $\omega_1 = \frac{10}{3}, \omega_2 = 2, \omega_3 = 3, \omega_4 = 0, \omega_5 = 3, \omega_6 = 8$, 因此有 $\alpha_1 = \frac{32}{27}, \alpha_2 = \frac{4}{3}, \alpha_5 = -\frac{4}{27}, \alpha_6 = -\frac{2}{3}, \alpha_7 = \frac{2}{3}, \alpha_9 = -\frac{4}{3}, \alpha_{11} = \frac{4}{3}, \alpha_{12} = -\frac{4}{3}, \alpha_{13} = 2$, 代入式 (4.48) 可得

$$\sigma_{11}^{\text{Maxwell}} = -\frac{2}{3}\mu\left(2\frac{\partial u_1}{\partial x_1} - \frac{\partial u_2}{\partial x_2}\right) + \frac{\mu^2}{p}\left[\frac{32}{27}\left(\frac{\partial u_1}{\partial x_1}\right)^2 + \frac{10}{27}\frac{\partial u_1}{\partial x_1}\frac{\partial u_2}{\partial x_2} - \right.$$
$$\left.\frac{4}{27}\left(\frac{\partial u_2}{\partial x_2}\right)^2 + 0\cdot\frac{\partial u_2}{\partial x_1}\frac{\partial u_1}{\partial x_2} - \frac{2}{3}\left(\frac{\partial u_2}{\partial x_1}\right)^2 + \frac{4}{3}\left(\frac{\partial u_1}{\partial x_2}\right)^2\right] + \frac{\mu^2}{p}\{A_{11}\} \quad (4.62)$$

对于硬球模型, $\omega_1 = 4.056, \omega_2 = 2.028, \omega_3 = 2.418, \omega_4 = 0.681, \omega_5 = 0.219, \omega_6 = 7.424$, 因此有 $\alpha_1 = 1.4741, \alpha_2 = 1.2947, \alpha_5 = -0.3246, \alpha_6 = -0.7333, \alpha_7 = 0.26, \alpha_9 =$

$-1.352, \alpha_{11} = 1.352, \alpha_{12} = -0.898, \alpha_{13} = 0.6$，代入式 (4.48) 可得

$$\sigma_{11}^{硬球} = -\frac{2}{3}\mu\left(2\frac{\partial u_1}{\partial x_1} - \frac{\partial u_2}{\partial x_2}\right) + \frac{\mu^2}{p}\left[1.4741\left(\frac{\partial u_1}{\partial x_1}\right)^2 + 0.7028\frac{\partial u_1}{\partial x_1}\frac{\partial u_2}{\partial x_2} - \right.$$
$$0.3246\left(\frac{\partial u_2}{\partial x_2}\right)^2 - 0.1147\frac{\partial u_1}{\partial x_2}\frac{\partial u_2}{\partial x_1} - 0.7333\left(\frac{\partial u_2}{\partial x_1}\right)^2 +$$
$$\left. 1.2947\left(\frac{\partial u_1}{\partial x_2}\right)^2\right] + \frac{\mu^2}{p}\{A_{11}\} \tag{4.63}$$

对于 Maxwell 分子模型，式 (4.62) 中的 $\{A_{11}\} = \left\{A_1 - \frac{1}{2}A_2\right\}$ 为

$$A_i^{\text{Maxwell}} = \frac{2}{3}RT_i'' - \frac{4}{3}\frac{RT}{\rho}\rho_i'' + \frac{4}{3}\frac{RT}{\rho}\rho_i'^2 - \frac{4}{3}\frac{R}{\rho}\rho_i'T_i' + 2\frac{R}{T}T_i'^2, \quad i = 1,2 \tag{4.64}$$

对于硬球模型，式 (4.62) 中 $\{A_{11}\} = \left\{A_1 - \frac{1}{2}A_2\right\}$ 为

$$A_i^{硬球} = -3.276RT_i'' - 1.352\frac{RT}{\rho}\rho_i'' + 1.352\frac{RT}{\rho}\rho_i'^2 -$$
$$0.898\frac{R}{\rho}\rho_i'T_i' + 0.6\frac{R}{T}T_i'^2, \quad i = 1,2 \tag{4.65}$$

同样道理，可以得到

$$\sigma_{12} = \sigma_{21} = -2\mu\frac{1}{2}\left(\frac{\partial u_1}{\partial x_2} + \frac{\partial u_2}{\partial x_1}\right) + \frac{\mu^2}{p}\left[(\omega_1-\omega_2)\left(\frac{1}{2}\frac{\partial u_1}{\partial x_1}\frac{\partial u_1}{\partial x_2} + \frac{1}{2}\frac{\partial u_1}{\partial x_1}\frac{\partial u_2}{\partial x_1}\right) + \right.$$
$$(\omega_1-\omega_2)\left(\frac{1}{2}\frac{\partial u_2}{\partial x_2}\frac{\partial u_1}{\partial x_2} + \frac{1}{2}\frac{\partial u_2}{\partial x_2}\frac{\partial u_2}{\partial x_1}\right) -$$
$$\omega_2\left(\frac{2}{3}\frac{\partial u_2}{\partial x_1}\frac{\partial u_2}{\partial x_2} - \frac{1}{3}\frac{\partial u_2}{\partial x_1}\frac{\partial u_1}{\partial x_1}\right) - \omega_2\left(\frac{2}{3}\frac{\partial u_1}{\partial x_2}\frac{\partial u_1}{\partial x_1} - \frac{1}{3}\frac{\partial u_1}{\partial x_2}\frac{\partial u_2}{\partial x_2}\right) +$$
$$\omega_6\left(\frac{1}{3}\frac{\partial u_1}{\partial x_1}\frac{\partial u_1}{\partial x_2} + \frac{1}{3}\frac{\partial u_1}{\partial x_1}\frac{\partial u_2}{\partial x_1} - \frac{1}{6}\frac{\partial u_1}{\partial x_2}\frac{\partial u_2}{\partial x_2} - \frac{1}{6}\frac{\partial u_2}{\partial x_1}\frac{\partial u_2}{\partial x_2}\right) +$$
$$\omega_6\left(\frac{1}{3}\frac{\partial u_1}{\partial x_2}\frac{\partial u_2}{\partial x_2} - \frac{1}{6}\frac{\partial u_1}{\partial x_1}\frac{\partial u_1}{\partial x_2} + \frac{1}{3}\frac{\partial u_2}{\partial x_1}\frac{\partial u_2}{\partial x_2} - \frac{1}{6}\frac{\partial u_1}{\partial x_1}\frac{\partial u_2}{\partial x_1}\right) -$$
$$\left.\frac{\omega_2}{2}\left(\frac{\partial u_1}{\partial x_2}\frac{\partial u_1}{\partial x_1} + \frac{\partial u_2}{\partial x_2}\frac{\partial u_1}{\partial x_2} + \frac{\partial u_1}{\partial x_1}\frac{\partial u_2}{\partial x_1} + \frac{\partial u_2}{\partial x_1}\frac{\partial u_2}{\partial x_2}\right)\right] + \frac{\mu^2}{p}\{A_{12}\}$$
$$= -\mu\left(\frac{\partial u_1}{\partial x_2} + \frac{\partial u_2}{\partial x_1}\right) + \frac{\mu^2}{p}\left[\left(\frac{\omega_1}{2} - \frac{5}{3}\omega_2 + \frac{\omega_6}{6}\right)\frac{\partial u_1}{\partial x_1}\frac{\partial u_1}{\partial x_2} + \right.$$
$$\left(\frac{\omega_1}{2} - \frac{2}{3}\omega_2 + \frac{\omega_6}{6}\right)\frac{\partial u_1}{\partial x_1}\frac{\partial u_2}{\partial x_1} + \left(\frac{\omega_1}{2} - \frac{2}{3}\omega_2 + \frac{\omega_6}{6}\right)\frac{\partial u_2}{\partial x_2}\frac{\partial u_1}{\partial x_2} +$$
$$\left.\left(\frac{\omega_1}{2} - \frac{5}{3}\omega_2 + \frac{\omega_6}{6}\right)\frac{\partial u_2}{\partial x_2}\frac{\partial u_2}{\partial x_1}\right] + \frac{\mu^2}{p}\{A_{12}\}$$
$$= -\mu\left(\frac{\partial u_1}{\partial x_2} + \frac{\partial u_2}{\partial x_1}\right) + \frac{\mu^2}{p}\left(\alpha_3\frac{\partial u_1}{\partial x_1}\frac{\partial u_1}{\partial x_2} + \alpha_4\frac{\partial u_1}{\partial x_1}\frac{\partial u_2}{\partial x_1} + \right.$$
$$\left.\alpha_4\frac{\partial u_2}{\partial x_2}\frac{\partial u_1}{\partial x_2} + \alpha_3\frac{\partial u_2}{\partial x_2}\frac{\partial u_2}{\partial x_1}\right) + \frac{\mu^2}{p}\{A_{12}\} \tag{4.66}$$

式中

$$\alpha_3 = \frac{\omega_1}{2} - \frac{5}{3}\omega_2 + \frac{\omega_6}{6} \tag{4.67}$$

$$\alpha_4 = \frac{\omega_1}{2} - \frac{2}{3}\omega_2 + \frac{\omega_6}{6} \tag{4.68}$$

$\{A_{12}\}$ 为不包含 u_1, u_2 及其导数的其他各项总和。

对式 (4.66) 求导可得 σ_{12}, σ_{21} 的一阶导数

$$\begin{aligned}\frac{\partial \sigma_{12}}{\partial x_1} = &-\mu\left(\frac{\partial^2 u_1}{\partial x_1 \partial x_2} + \frac{\partial^2 u_2}{\partial x_1^2}\right) + \frac{\mu^2}{p}\left(\alpha_3 \frac{\partial^2 u_1}{\partial x_1^2}\frac{\partial u_1}{\partial x_2} + \alpha_3 \frac{\partial u_1}{\partial x_1}\frac{\partial^2 u_1}{\partial x_1 \partial x_2} + \right.\\
&\alpha_4 \frac{\partial^2 u_1}{\partial x_1^2}\frac{\partial u_2}{\partial x_1} + \alpha_4 \frac{\partial u_1}{\partial x_1}\frac{\partial^2 u_2}{\partial x_1 \partial x_2} + \alpha_4 \frac{\partial^2 u_2}{\partial x_1 \partial x_2}\frac{\partial u_1}{\partial x_2} + \alpha_4 \frac{\partial u_2}{\partial x_2}\frac{\partial^2 u_1}{\partial x_1 \partial x_2} + \\
&\left.\alpha_3 \frac{\partial^2 u_2}{\partial x_1 \partial x_2}\frac{\partial u_2}{\partial x_1} + \alpha_3 \frac{\partial u_2}{\partial x_2}\frac{\partial^2 u_2}{\partial x_1^2}\right) - \frac{\mu^2}{p^2}\{12\}\frac{\partial p}{\partial x_1} + \frac{\mu^2}{p}\frac{\partial\{A_{12}\}}{\partial x_1} - \\
&\frac{\mu^2}{p^2}\{A_{12}\}\frac{\partial p}{\partial x_1}\end{aligned} \tag{4.69}$$

$$\begin{aligned}\frac{\partial \sigma_{21}}{\partial x_2} = &-\mu\left(\frac{\partial^2 u_1}{\partial x_2^2} + \frac{\partial^2 u_2}{\partial x_1 \partial x_2}\right) + \frac{\mu^2}{p}\left(\alpha_3 \frac{\partial^2 u_1}{\partial x_1 \partial x_2}\frac{\partial u_1}{\partial x_2} + \alpha_3 \frac{\partial u_1}{\partial x_1}\frac{\partial^2 u_1}{\partial x_2^2} + \right.\\
&\alpha_4 \frac{\partial^2 u_1}{\partial x_1 \partial x_2}\frac{\partial u_2}{\partial x_1} + \alpha_4 \frac{\partial u_1}{\partial x_1}\frac{\partial^2 u_2}{\partial x_1 \partial x_2} + \alpha_4 \frac{\partial^2 u_2}{\partial x_2^2}\frac{\partial u_1}{\partial x_2} + \alpha_4 \frac{\partial u_2}{\partial x_2}\frac{\partial^2 u_1}{\partial x_2^2} + \\
&\left.\alpha_3 \frac{\partial^2 u_2}{\partial x_2^2}\frac{\partial u_2}{\partial x_1} + \alpha_3 \frac{\partial u_2}{\partial x_2}\frac{\partial^2 u_2}{\partial x_1 \partial x_2}\right) - \\
&\frac{\mu^2}{p^2}\{21\}\frac{\partial p}{\partial x_2} + \frac{\mu^2}{p}\frac{\partial\{A_{21}\}}{\partial x_2} - \frac{\mu^2}{p^2}\{A_{21}\}\frac{\partial p}{\partial x_2}\end{aligned} \tag{4.70}$$

上式中符号 $\{12\}$ 或 $\{21\}$ 代表式 (4.66) 右边第二项 [ ] 中的所有项, 而

$$\begin{aligned}\{A_{21}\} = &-\frac{\omega_2}{2}\left[\frac{\partial}{\partial x_2}\left(\frac{1}{\rho}\frac{\partial p}{\partial x_1}\right) + \frac{\partial}{\partial x_1}\left(\frac{1}{\rho}\frac{\partial p}{\partial x_2}\right)\right] + \omega_3 R\frac{\partial^2 T}{\partial x_1 \partial x_2} + \\
&\frac{\omega_4}{2}\frac{1}{\rho T}\left(\frac{\partial p}{\partial x_2}\frac{\partial T}{\partial x_1} + \frac{\partial p}{\partial x_1}\frac{\partial T}{\partial x_2}\right) + \omega_5 \frac{R}{T}\frac{\partial T}{\partial x_1}\frac{\partial T}{\partial x_2}\end{aligned}$$

由于

$$\begin{aligned}\frac{\partial}{\partial x_2}\left(\frac{1}{\rho}\frac{\partial p}{\partial x_1}\right) &= \frac{\partial}{\partial x_2}\left[\frac{1}{\rho}\frac{\partial}{\partial x_1}(R\rho T)\right] = \frac{\partial}{\partial x_2}\left[\frac{R}{\rho}(\rho'_1 T + \rho T'_1)\right] \\
&= \frac{-R\rho'_1\rho'_2 T}{\rho^2} + \frac{R}{\rho}\rho''_{12}T + \frac{R}{\rho}\rho'_1 T'_2 + RT''_{12}\end{aligned} \tag{4.71}$$

$$\begin{aligned}\frac{\partial}{\partial x_1}\left(\frac{1}{\rho}\frac{\partial p}{\partial x_2}\right) &= \frac{\partial}{\partial x_1}\left[\frac{1}{\rho}\frac{\partial}{\partial x_2}(R\rho T)\right] = \frac{\partial}{\partial x_1}\left[\frac{R}{\rho}(\rho'_2 T + \rho T'_2)\right] \\
&= \frac{-R\rho'_1\rho'_2 T}{\rho^2} + \frac{R}{\rho}\rho''_{12}T + \frac{R}{\rho}\rho'_2 T'_1 + RT''_{12}\end{aligned} \tag{4.72}$$

代入上式可得

$$\{A_{21}\} = -\frac{\omega_2}{2}\left(\frac{-2R\rho_1'\rho_2'T}{\rho^2} + \frac{2R}{\rho}\rho_{12}''T + 2RT_{12}'' + \frac{R}{\rho}\rho_1'T_2' + \frac{R}{\rho}\rho_2'T_1'\right) + \omega_3 RT_{12}'' +$$
$$\frac{\omega_4}{2\rho T}\left[(R\rho T_2' + RT\rho_2')T_1' + (R\rho_1'T + R\rho T_1')T_2'\right] + \omega_5 \frac{R}{T}T_1'T_2'$$
$$= (-\omega_2 + \omega_3)RT_{12}'' - \omega_2 \frac{R}{\rho}\rho_{12}''T + \omega_2 \frac{R\rho_1'\rho_2'T}{\rho^2} - \frac{\omega_2}{2}\frac{R}{\rho}\rho_1'T_2' + \frac{\omega_4}{2}\frac{R}{\rho}\rho_1'T_2' -$$
$$\frac{\omega_2}{2}\frac{R}{\rho}\rho_2'T_1' + \frac{\omega_4}{2}\frac{R}{\rho}\rho_2'T_1' + \omega_4 \frac{R}{T}T_1'T_2' + \omega_5 \frac{R}{T}T_1'T_2' \tag{4.73}$$

利用前式 (4.57)、式 (4.46)、式 (4.47)、式 (4.59) 中的 $\alpha_7, \alpha_9, \alpha_{11}, \alpha_{13}$, 并令

$$\alpha_8 = \alpha_{10} = -\frac{\omega_2}{2} + \frac{\omega_4}{2} \tag{4.74}$$

可得

$$\{A_{21}\} = \frac{3}{2}\left(\alpha_7 RT_{12}'' + \alpha_9 \frac{RT}{\rho}\rho_{12}'' + \alpha_{11}\frac{RT\rho_1'\rho_2'}{\rho^2} + \alpha_8 \frac{R}{\rho}\rho_1'T_2' +\right.$$
$$\left.\alpha_{10}\frac{R}{\rho}\rho_2'T_1' + \alpha_{13}\frac{R}{T}T_1'T_2'\right) \tag{4.75}$$

同理可得

$$\{A_{12}\} = \frac{3}{2}\left(\alpha_7 RT_{12}'' + \alpha_9 \frac{RT}{\rho}\rho_{12}'' + \alpha_{11}\frac{RT\rho_1'p_2'}{\rho^2} + \alpha_{10}\frac{R}{\rho}\rho_1'T_2' +\right.$$
$$\left.\alpha_8 \frac{R}{T}\rho_2'T_1' + \alpha_{13}\frac{R}{T}T_1'T_2'\right) \tag{4.76}$$

由于 $\alpha_8 = \alpha_{10}$, 因此 $\{A_{12}\} = \{A_{21}\}$。

对于 Maxwell 模型, $\alpha_8 = \alpha_{10} = -1$, 其余同前, 可得

$$\sigma_{12}^{\text{Maxwell}} = \sigma_{21}^{\text{Maxwell}} = -\mu\left(\frac{\partial u_1}{\partial x_2} + \frac{\partial u_2}{\partial x_1}\right) + \frac{\mu^2}{p}\left(-\frac{1}{3}\frac{\partial u_1}{\partial x_1}\frac{\partial u_1}{\partial x_2} + \frac{5}{3}\frac{\partial u_1}{\partial x_2}\frac{\partial u_2}{\partial x_1} +\right.$$
$$\left.\frac{5}{3}\frac{\partial u_2}{\partial x_2}\frac{\partial u_1}{\partial x_2} - \frac{1}{3}\frac{\partial u_2}{\partial x_2}\frac{\partial u_2}{\partial x_1}\right) + \frac{\mu^2}{p}\{A_{12}\} \tag{4.77}$$

$$\{A_{12}\} = \{A_{21}\} = \frac{3}{2}\left(\frac{2}{3}RT_{12}'' - \frac{4}{3}\frac{RT}{\rho}\rho_{12}'' + \frac{4}{3}\frac{RT\rho_1'\rho_2'}{\rho^2} -\right.$$
$$\left.\frac{R}{\rho}\rho_1'T_2' - \frac{R}{\rho}\rho_2'T_1' + 2\frac{R}{T}T_1'T_2'\right) \tag{4.78}$$

对于硬球模型 $\alpha_8 = \alpha_{10} = -0.6735$, 其余同前, 可得

$$\sigma_{12}^{\text{硬球}} = \sigma_{21}^{\text{硬球}} = -\mu\left(\frac{\partial u_1}{\partial x_2} + \frac{\partial u_2}{\partial x_1}\right) + \frac{\mu^2}{p}\left(-0.1147\frac{\partial u_1}{\partial x_1}\frac{\partial u_1}{\partial x_2} + 1.9133\frac{\partial u_1}{\partial x_2}\frac{\partial u_2}{\partial x_1} +\right.$$
$$\left.1.9133\frac{\partial u_2}{\partial x_2}\frac{\partial u_1}{\partial x_2} - 0.1147\frac{\partial u_2}{\partial x_2}\frac{\partial u_2}{\partial x_1}\right) + \frac{\mu^2}{p}\{A_{12}\} \tag{4.79}$$

$$\{A_{12}\} = \{A_{21}\} = \frac{3}{2}\left\{-3.276RT_{12}'' - 1.352\frac{RT}{\rho}\rho_{12}'' + 1.352\frac{RT\rho_1'\rho_2'}{\rho^2} -\right.$$
$$\left.0.6735\frac{R}{\rho}\rho_1'T_2' - 0.6735\rho_2'T_1' + 0.6T_1'T_2'\right\} \tag{4.80}$$

最后, 同理可得

$$\sigma_{22} = -2\mu\left(\frac{2}{3}\frac{\partial u_2}{\partial x_2} - \frac{1}{3}\frac{\partial u_1}{\partial x_1}\right) + \frac{\mu^2}{p}\left\{\omega_1\left[\frac{2}{3}\frac{\partial u_1}{\partial x_1}\frac{\partial u_2}{\partial x_2} - \frac{1}{3}\left(\frac{\partial u_1}{\partial x_1}\right)^2\right] + \right.$$
$$\left(\omega_1 - 2\omega_2 + \frac{2}{3}\omega_2\right)\left[\frac{2}{3}\left(\frac{\partial u_2}{\partial x_2}\right)^2 - \frac{1}{3}\frac{\partial u_1}{\partial x_1}\frac{\partial u_2}{\partial x_2}\right] + \left(-2\omega_2 + \frac{2}{3}\omega_2\right)\times$$
$$\left[\frac{1}{2}\left(\frac{\partial u_1}{\partial x_2}\right)^2 + \frac{1}{2}\frac{\partial u_1}{\partial x_2}\frac{\partial u_2}{\partial x_1}\right] + \frac{2}{3}\omega_2\left[\frac{2}{3}\left(\frac{\partial u_1}{\partial x_1}\right)^2 - \frac{1}{3}\frac{\partial u_1}{\partial x_1}\frac{\partial u_2}{\partial x_2}\right] +$$
$$\frac{2}{3}\omega_2\left[\frac{1}{2}\frac{\partial u_1}{\partial x_2}\frac{\partial u_2}{\partial x_1} + \frac{1}{2}\left(\frac{\partial u_2}{\partial x_1}\right)^2\right] + \frac{2}{3}\omega_6\frac{1}{4}\left[\left(\frac{\partial u_1}{\partial x_2}\right)^2 + 2\frac{\partial u_1}{\partial x_2}\frac{\partial u_2}{\partial x_1} + \right.$$
$$\left.\left(\frac{\partial u_2}{\partial x_1}\right)^2\right] + \frac{2}{3}\omega_6\left[\frac{4}{9}\left(\frac{\partial u_2}{\partial x_2}\right)^2 - \frac{4}{9}\frac{\partial u_1}{\partial x_1}\frac{\partial u_2}{\partial x_2} + \frac{1}{9}\left(\frac{\partial u_1}{\partial x_1}\right)^2\right] -$$
$$\frac{\omega_6}{3}\left[\frac{4}{9}\left(\frac{\partial u_1}{\partial x_1}\right)^2 - \frac{4}{9}\frac{\partial u_1}{\partial x_1}\frac{\partial u_2}{\partial x_2} + \frac{1}{9}\left(\frac{\partial u_2}{\partial x_2}\right)^2\right] -$$
$$\frac{\omega_6}{3}\frac{1}{4}\left[\left(\frac{\partial u_1}{\partial x_2}\right)^2 + 2\frac{\partial u_1}{\partial x_2}\frac{\partial u_2}{\partial x_1} + \left(\frac{\partial u_2}{\partial x_1}\right)^2\right] -$$
$$\left.\frac{2}{3}\omega_2\left(\frac{\partial u_2}{\partial x_2}\right)^2 + \frac{\omega_2}{3}\left(\frac{\partial u_1}{\partial x_1}\right)^2 - \frac{\omega_2}{3}\frac{\partial u_1}{\partial x_1}\frac{\partial u_2}{\partial x_2}\right\} + \frac{\mu^2}{p}\{A_{22}\}$$
$$= -\frac{2}{3}\mu\left(2\frac{\partial u_2}{\partial x_2} - \frac{\partial u_1}{\partial x_1}\right) + \frac{\mu^2}{p}\left[\left(\frac{1}{3}\omega_1 + \frac{2}{9}\omega_2 - \frac{4}{27}\omega_6\right)\frac{\partial u_1}{\partial x_1}\frac{\partial u_2}{\partial x_2} + \right.$$
$$\left(-\frac{\omega_1}{3} + \frac{7}{9}\omega_2 - \frac{2}{27}\omega_6\right)\left(\frac{\partial u_1}{\partial x_1}\right)^2 +$$
$$\left(\frac{2}{3}\omega_1 - \frac{14}{9}\omega_2 + \frac{7}{27}\omega_6\right)\left(\frac{\partial u_2}{\partial x_2}\right)^2 + \left(-\frac{2}{3}\omega_1 + \frac{\omega_6}{12}\right)\left(\frac{\partial u_1}{\partial x_2}\right)^2 +$$
$$\left.\left(-\frac{2}{3}\omega_2 + \frac{\omega_6}{6}\right)\frac{\partial u_1}{\partial x_2}\frac{\partial u_2}{\partial x_1} + \left(\frac{1}{3}\omega_2 + \frac{\omega_6}{12}\right)\left(\frac{\partial u_2}{\partial x_1}\right)^2\right] + \frac{\mu^2}{p}\{A_{22}\}$$
$$= -\frac{2}{3}\mu\left(2\frac{\partial u_2}{\partial x_2} - \frac{\partial u_1}{\partial x_1}\right) + \frac{\mu^2}{p}\left[\left(-\alpha_5 - \frac{8}{3}\alpha_6 + \frac{7}{6}\alpha_9\right)\frac{\partial u_1}{\partial x_1}\frac{\partial u_2}{\partial x_2} + \right.$$
$$\alpha_5\left(\frac{\partial u_1}{\partial x_1}\right)^2 + \alpha_1\left(\frac{\partial u_2}{\partial x_2}\right)^2 + \alpha_6\left(\frac{\partial u_1}{\partial x_2}\right)^2 +$$
$$\left.(2\alpha_6 + \alpha_{11})\frac{\partial u_1}{\partial x_2}\frac{\partial u_2}{\partial x_1} + \alpha_2\left(\frac{\partial u_2}{\partial x_1}\right)^2\right] + \frac{\mu^2}{p}\{A_{22}\} \tag{4.81}$$

对上式求导可得 σ_{22} 的一阶导数

$$\frac{\partial \sigma_{22}}{\partial x_2} = -\frac{4}{3}\mu\frac{\partial^2 u_2}{\partial x_2^2} + \frac{2}{3}\mu\frac{\partial^2 u_1}{\partial x_1 \partial x_2} +$$
$$\frac{\mu^2}{p}\left[\left(-\alpha_5 - \frac{8}{3}\alpha_6 + \frac{7}{6}\alpha_9\right)\left(\frac{\partial^2 u_1}{\partial x_1 \partial x_2}\frac{\partial u_2}{\partial x_2} + \frac{\partial u_1}{\partial x_1}\frac{\partial^2 u_2}{\partial x_2^2}\right) + \right.$$

$$2\alpha_5 \frac{\partial u_1}{\partial x_1}\frac{\partial^2 u_1}{\partial x_1 \partial x_2} + 2\alpha_1 \frac{\partial u_2}{\partial x_2}\frac{\partial^2 u_2}{\partial x_2^2} + 2\alpha_6 \frac{\partial u_1}{\partial x_2}\frac{\partial^2 u_1}{\partial x_2^2} +$$
$$(2\alpha_6 + \alpha_{11})\left(\frac{\partial u_1}{\partial x_2}\frac{\partial^2 u_2}{\partial x_1 \partial x_2} + \frac{\partial u_2}{\partial x_1}\frac{\partial^2 u_1}{\partial x_2^2}\right) + 2\alpha_2 \frac{\partial u_2}{\partial x_1}\frac{\partial^2 u_2}{\partial x_1 \partial x_2}\bigg] -$$
$$\frac{\mu^2}{p^2}\{A_{22}\}\frac{\partial p}{\partial x_2} + \frac{\mu^2}{p}\frac{\partial \{A_{22}\}}{\partial x_2} - \frac{\mu^2}{p^2}\{22\}\frac{\partial p}{\partial x_2} \tag{4.82}$$

上式中最后一项的 $\{22\}$ 代表式 (4.81) 右边第二项 [ ] 中的所有项。而

$$\{A_{22}\} = \omega_2\left[\frac{1}{3}\frac{\partial}{\partial x_1}\left(\frac{1}{\rho}\frac{\partial p}{\partial x_1}\right) - \frac{2}{3}\frac{\partial}{\partial x_2}\left(\frac{1}{\rho}\frac{\partial p}{\partial x_2}\right)\right] + \frac{1}{3}\omega_3 R\left(2\frac{\partial^2 T}{\partial x_2^2} - \frac{\partial^2 T}{\partial x_1^2}\right) +$$
$$\frac{\omega_4}{\rho T}\left[\frac{\partial p}{\partial x_2}\frac{\partial T}{\partial x_2} - \frac{1}{3}\left(\frac{\partial p}{\partial x_1}\frac{\partial T}{\partial x_1} + \frac{\partial p}{\partial x_2}\frac{\partial T}{\partial x_2}\right)\right] +$$
$$\omega_5 \frac{R}{T}\left[-\frac{1}{3}\left(\frac{\partial T}{\partial x_1}\right)^2 + \frac{2}{3}\left(\frac{\partial T}{\partial x_2}\right)^2\right] \tag{4.83}$$

同样，利用状态方程，用 T, ρ 取代 p，可得

$$\{A_{22}\} = -\frac{1}{2}\left(\alpha_7 RT_1'' + \alpha_9 \frac{RT}{\rho}\rho_1'' + \alpha_{11}\frac{RT}{\rho^2}\rho_1'^2 + \alpha_{12}\frac{R}{\rho}\rho_1' T_1' + \alpha_{13}\frac{R}{T}T_1'^2\right) +$$
$$\left(\alpha_7 RT_2'' + \alpha_9 \frac{RT}{\rho}\rho_2'' + \alpha_{11}\frac{RT}{\rho^2}\rho_2'^2 + \alpha_{12}\frac{R}{\rho}\rho_2' T_2' + \alpha_{13}\frac{R}{T}T_2'^2\right)$$
$$= \left\{-\frac{A_1}{2} + A_2\right\} \tag{4.84}$$

式中

$$A_i = \alpha_7 RT_i'' + \alpha_9 \frac{RT}{\rho}\rho_i'' + \alpha_{11}\frac{RT}{\rho^2}\rho_i'^2 + \alpha_{12}\frac{R}{\rho}\rho_i' T_i' + \alpha_{13}\frac{R}{T}T_i'^2, \quad i = 1, 2$$

其中，$i = 1, 2$ 的含义同前。

对于 Maxwell 模型，有

$$\sigma_{22}^{\text{Maxwell}} = -\frac{2}{3}\mu\left(2\frac{\partial u_2}{\partial x_2} - \frac{\partial u_1}{\partial x_1}\right) + \frac{\mu^2}{p}\left[\frac{10}{27}\left(\frac{\partial u_1}{\partial x_1}\right)\left(\frac{\partial u_2}{\partial x_2}\right) - \frac{4}{27}\left(\frac{\partial u_1}{\partial x_1}\right)^2 +$$
$$\frac{32}{27}\left(\frac{\partial u_2}{\partial x_2}\right)^2 - \frac{2}{3}\left(\frac{\partial u_1}{\partial x_2}\right)^2 + 0 \cdot \frac{\partial u_1}{\partial x_2}\frac{\partial u_2}{\partial x_1} + \frac{4}{3}\left(\frac{\partial u_2}{\partial x_1}\right)^2\right] +$$
$$\frac{\mu^2}{p}\{A_{22}\} \tag{4.85}$$

对于硬球模型，有

$$\sigma_{22}^{\text{硬球}} = -\frac{2}{3}\mu\left(2\frac{\partial u_2}{\partial x_2} - \frac{\partial u_1}{\partial x_1}\right) + \frac{\mu^2}{p}\bigg[0.7028\left(\frac{\partial u_1}{\partial x_1}\right)\left(\frac{\partial u_2}{\partial x_2}\right) - 0.3246\left(\frac{\partial u_1}{\partial x_1}\right)^2 +$$
$$1.4741\left(\frac{\partial u_2}{\partial x_2}\right)^2 - 0.7333\left(\frac{\partial u_1}{\partial x_2}\right)^2 - 0.1147\frac{\partial u_1}{\partial x_2}\frac{\partial u_2}{\partial x_1} + 1.2947\left(\frac{\partial u_2}{\partial x_1}\right)^2\bigg] +$$
$$\frac{\mu^2}{p}\{A_{22}\} \tag{4.86}$$

式中，$\{A_{22}\}$ 内的 A_1, A_2 与 $\{A_{11}\}$ 内的相同。

4.2.2.3 二阶近似的能量方程

在 4.2.1 节中有

$$\rho\frac{\mathrm{d}u}{\mathrm{d}t} = -\frac{\partial}{\partial \boldsymbol{r}}\cdot\boldsymbol{q} + \boldsymbol{P}:\frac{\partial \boldsymbol{v}}{\partial \boldsymbol{r}} \tag{4.87}$$

$$\boldsymbol{P} = p\boldsymbol{I} - 2\mu\boldsymbol{S} + \boldsymbol{P}^{(2)} \tag{4.88}$$

$$\boldsymbol{q} = -\kappa\frac{\partial T}{\partial \boldsymbol{r}} + \boldsymbol{q}^{(2)} \tag{4.89}$$

等式 (4.3) 左边的内能

$$u = \frac{e}{\rho} - \frac{u_1^2 + u_2^2}{2} \tag{4.90}$$

或

$$e = \rho u + \rho\frac{u_1^2 + u_2^2}{2} \tag{4.91}$$

对上式 e 求全导有

$$\frac{\mathrm{d}e}{\mathrm{d}t} = \frac{\partial e}{\partial t} + u_1\frac{\partial e}{\partial x_1} + u_2\frac{\partial e}{\partial x_2} = \frac{\partial e}{\partial t} + \frac{\partial(eu_1)}{\partial x_1} + \frac{\partial(eu_2)}{\partial x_2} - e\frac{\partial u_1}{\partial x_1} - e\frac{\partial u_2}{\partial x_2} \tag{4.92}$$

对式 (4.91) 求导有

$$\begin{aligned}\frac{\mathrm{d}e}{\mathrm{d}t} &= \rho\frac{\mathrm{d}u}{\mathrm{d}t} + u\frac{\mathrm{d}\rho}{\mathrm{d}t} + \frac{\rho}{2}\frac{\mathrm{d}(u_1^2+u_2^2)}{\mathrm{d}t} + \frac{u_1^2+u_2^2}{2}\frac{\mathrm{d}\rho}{\mathrm{d}t}\\ &= \rho\frac{\mathrm{d}u}{\mathrm{d}t} + u\frac{\mathrm{d}\rho}{\mathrm{d}t} + \frac{\rho}{2}\cdot 2u_1\frac{\mathrm{d}u_1}{\mathrm{d}t} + \frac{\rho}{2}\cdot 2u_2\frac{\mathrm{d}u_2}{\mathrm{d}t} + \frac{u_1^2+u_2^2}{2}\frac{\mathrm{d}\rho}{\mathrm{d}t}\end{aligned} \tag{4.93}$$

用式 (4.92) 取代上式 $\frac{\mathrm{d}e}{\mathrm{d}t}$，并移项后可得

$$\begin{aligned}\rho\frac{\mathrm{d}u}{\mathrm{d}t} &= -u\frac{\mathrm{d}\rho}{\mathrm{d}t} + \frac{\partial e}{\partial t} + \frac{\partial(eu_1)}{\partial x_1} + \frac{\partial(eu_2)}{\partial x_2} - e\frac{\partial u_1}{\partial x_1} - e\frac{\partial u_2}{\partial x_2} -\\ &\quad \rho u_1\frac{\mathrm{d}u_1}{\mathrm{d}t} - \rho u_2\frac{\mathrm{d}u_2}{\mathrm{d}t} - \frac{u_1^2+u_2^2}{2}\frac{\mathrm{d}\rho}{\mathrm{d}t}\\ &= -\left(u + \frac{u_1^2+u_2^2}{2}\right)\frac{\mathrm{d}\rho}{\mathrm{d}t} - \rho\frac{\mathrm{d}}{\mathrm{d}t}\left(\frac{u_1^2+u_2^2}{2}\right) + \frac{\partial e}{\partial t} +\\ &\quad \frac{\partial(eu_1)}{\partial x_1} + \frac{\partial(eu_2)}{\partial x_2} - e\frac{\partial u_1}{\partial x_1} - e\frac{\partial u_2}{\partial x_2}\end{aligned} \tag{4.94}$$

由式 (4.90) 得

$$u + \frac{u_1^2 + u_2^2}{2} = \frac{e}{\rho}$$

而

$$\frac{\mathrm{d}\rho}{\mathrm{d}t} = \frac{\partial \rho}{\partial t} + u_1\frac{\partial \rho}{\partial x_1} + u_2\frac{\partial \rho}{\partial x_2}$$

代入式 (4.94) 可得

$$\rho\frac{\mathrm{d}u}{\mathrm{d}t} = -\frac{e}{\rho}\left[\frac{\partial \rho}{\partial t} + \frac{\partial(\rho u_1)}{\partial x_1} + \frac{\partial(\rho u_2)}{\partial x_2}\right] - \rho\frac{\mathrm{d}}{\mathrm{d}t}\left(\frac{u_1^2+u_2^2}{2}\right) + \frac{\partial e}{\partial t} + \frac{\partial(eu_1)}{\partial x_1} + \frac{\partial(eu_2)}{\partial x_2}$$

利用连续方程式 (4.19)
$$\frac{\partial \rho}{\partial t} + \frac{\partial(\rho u_1)}{\partial x_1} + \frac{\partial(\rho u_2)}{\partial x_2} = 0$$

可得
$$\rho \frac{\mathrm{d}u}{\mathrm{d}t} = -\rho \frac{\mathrm{d}}{\mathrm{d}t}\left(\frac{u_1^2 + u_2^2}{2}\right) + \frac{\partial e}{\partial t} + \frac{\partial(eu_1)}{\partial x_1} + \frac{\partial(eu_2)}{\partial x_2} \tag{4.95}$$

式 (4.87) 中右边第二项的张量双点乘为

$$\boldsymbol{P} : \frac{\partial \boldsymbol{v}}{\partial \boldsymbol{r}} = \begin{bmatrix} P_{11} & P_{12} \\ P_{21} & P_{22} \end{bmatrix} : \begin{bmatrix} \dfrac{\partial u_1}{\partial x_1} & \dfrac{\partial u_2}{\partial x_1} \\ \dfrac{\partial u_1}{\partial x_2} & \dfrac{\partial u_2}{\partial x_2} \end{bmatrix}$$

$$= P_{11}\frac{\partial u_1}{\partial x_1} + P_{12}\frac{\partial u_1}{\partial x_2} + P_{21}\frac{\partial u_2}{\partial x_1} + P_{22}\frac{\partial u_2}{\partial x_2} \tag{4.96}$$

由动量方程式 (4.29)、式 (4.30) 知

$$\begin{cases} \dfrac{\partial(\rho u_1)}{\partial t} + \dfrac{\partial}{\partial x_1}(\rho u_1^2 + p + \sigma_{11}) + \dfrac{\partial}{\partial x_2}[(\rho u_1 u_2) + \sigma_{21}] = 0 & (4.97) \\ \dfrac{\partial(\rho u_2)}{\partial t} + \dfrac{\partial}{\partial x_2}[(\rho u_1 u_2) + \sigma_{12}] + \dfrac{\partial}{\partial x_2}(\rho u_2^2 + p + \sigma_{22}) = 0 & (4.98) \end{cases}$$

对式 (4.97)、式 (4.98) 分别乘以 u_1, u_2，并相加可得

$$u_1\left[\frac{\partial(\rho u_1)}{\partial t} + \frac{\partial}{\partial x_1}(\rho u_1^2) + \frac{\partial}{\partial x_2}(\rho u_1 u_2)\right] +$$
$$u_2\left[\frac{\partial(\rho u_2)}{\partial t} + \frac{\partial}{\partial x_1}(\rho u_1 u_2) + \frac{\partial}{\partial x_2}(\rho u_2^2)\right] +$$
$$u_1\frac{\partial P_{11}}{\partial x_1} + u_1\frac{\partial P_{21}}{\partial x_1} + u_2\frac{\partial P_{12}}{\partial x_2} + u_2\frac{\partial P_{22}}{\partial x_2} = 0 \tag{4.99}$$

式中，$P_{11} = p + \sigma_{11}; P_{21} = \sigma_{21}; P_{12} = \sigma_{12}; P_{22} = p + \sigma_{22}$ 为张量 $\boldsymbol{P}$ 的四个分量，见式 (4.22)。

将式 (4.99) 左边第一项和第二项中方括号内的求导展开，并利用连续方程式 (4.19)，可得

$$\left[u_1\left(\rho\frac{\mathrm{d}u_1}{\mathrm{d}t}\right) + u_2\left(\rho\frac{\mathrm{d}u_2}{\mathrm{d}t}\right)\right] + u_1\frac{\partial P_{11}}{\partial x_1} + u_1\frac{\partial P_{21}}{\partial x_1} + u_2\frac{\partial P_{12}}{\partial x_2} + u_2\frac{\partial P_{22}}{\partial x_2} = 0$$

或
$$\rho\frac{\mathrm{d}}{\mathrm{d}t}\left(\frac{u_1^2 + u_2^2}{2}\right) = -\left(u_1\frac{\partial P_{11}}{\partial x_1} + u_1\frac{\partial P_{21}}{\partial x_1} + u_2\frac{\partial P_{12}}{\partial x_2} + u_2\frac{\partial P_{22}}{\partial x_2}\right) \tag{4.100}$$

把上式代入式 (4.96) 可得

$$\boldsymbol{P}:\frac{\partial \boldsymbol{v}}{\partial \boldsymbol{r}} = \frac{\partial(P_{11}u_1)}{\partial x_1} + \frac{\partial(P_{12}u_1)}{\partial x_2} + \frac{\partial(P_{21}u_2)}{\partial x_1} + \frac{\partial(P_{22}u_2)}{\partial x_2} + \rho\frac{\mathrm{d}}{\mathrm{d}t}\left(\frac{u_1^2 + u_2^2}{2}\right) \tag{4.101}$$

再把式 (4.95)、式 (4.89)、式 (4.101) 代入式 (4.87)，可得

$$-\rho\frac{\mathrm{d}}{\mathrm{d}t}\left(\frac{u_1^2+u_2^2}{2}\right)+\frac{\partial e}{\partial t}+\frac{\partial(eu_1)}{\partial x_1}+\frac{\partial(eu_2)}{\partial x_2}$$

$$=-\frac{\partial}{\partial x_1}q_1-\frac{\partial}{\partial x_2}q_2+\frac{\partial(P_{11}u_1)}{\partial x_1}+\frac{\partial(P_{12}u_1)}{\partial x_2}+$$

$$\frac{\partial(P_{21}u_2)}{\partial x_1}+\frac{\partial(P_{22}u_2)}{\partial x_2}+\rho\frac{\mathrm{d}}{\mathrm{d}t}\left(\frac{u_1^2+u_2^2}{2}\right)$$

或

$$\frac{\partial e}{\partial t}+\frac{\partial}{\partial x_1}(eu_1+q_1+P_{11}u_1+P_{21}u_2)+\frac{\partial}{\partial x_2}(eu_2+q_2+P_{12}u_1+P_{22}u_2)=0$$

或写成

$$\frac{\partial e}{\partial t}+\frac{\partial}{\partial x_1}\left[(e+p+\sigma_{11})u_1+q_1+\sigma_{21}u_2\right]+\frac{\partial}{\partial x_2}\left[(e+p+\sigma_{22})u_2+q_2+\sigma_{12}u_1\right]=0 \tag{4.102}$$

这就是二阶近似的二维流动能量方程。

4.2.2.4 二维微流动中的二阶近似方程组

综合上述分析，最终可得二维流动时的连续方程、动量方程和能量方程如下：

$$\begin{cases}\dfrac{\partial\rho}{\partial t}+\dfrac{\partial(\rho u_1)}{\partial x_1}+\dfrac{\partial(\rho u_2)}{\partial x_2}=0 & (4.103)\\[2mm]
\dfrac{\partial(\rho u_1)}{\partial t}+\dfrac{\partial}{\partial x_1}(\rho u_1^2+p+\sigma_{11})+\dfrac{\partial}{\partial x_2}(\rho u_1u_2+\sigma_{21})=0 & (4.104)\\[2mm]
\dfrac{\partial(\rho u_2)}{\partial t}+\dfrac{\partial}{\partial x_1}(\rho u_1u_2+\sigma_{12})+\dfrac{\partial}{\partial x_2}(\rho u_2^2+p+\sigma_{22})=0 & (4.105)\\[2mm]
\dfrac{\partial e}{\partial t}+\dfrac{\partial}{\partial x_1}\left[(e+p+\sigma_{11})u_1+q_1+\sigma_{21}u_2\right]+\\[2mm]
\qquad\dfrac{\partial}{\partial x_2}\left[(e+p+\sigma_{22})u_2+q_2+\sigma_{12}u_1\right]=0 & (4.106)\end{cases}$$

上述方程组也就是二维流动中的 Burnett 方程。该方程组也可以表达为下述形式：

$$\frac{\partial}{\partial t}\begin{bmatrix}\rho\\\rho u_1\\\rho u_2\\e\end{bmatrix}+\frac{\partial}{\partial x_1}\begin{bmatrix}\rho u_1\\\rho u_1^2+p+\sigma_{11}\\\rho u_1u_2+\sigma_{12}\\(e+p+\sigma_{11})u_1+\sigma_{21}u_2+q_1\end{bmatrix}+\\\frac{\partial}{\partial x_2}\begin{bmatrix}\rho u_2\\\rho u_1u_2+\sigma_{21}\\\rho u_2^2+p+\sigma_{22}\\(e+p+\sigma_{22})u_2+\sigma_{12}u_1+q_2\end{bmatrix}=0 \tag{4.107}$$

4.2.3 不可压缩的一维微流动时的 Burnett 方程

求解上述方程组仍然十分困难，必须按具体条件作进一步的简化。本节将上述关系应用到不可压缩非定常一维流动中。

在不可压缩条件下，$\rho = $ 常数，$\dfrac{\partial \rho}{\partial x_1} = \dfrac{\partial \rho}{\partial x_2} = 0$。在一维流动条件下，$u_2 = 0$，$\dfrac{\partial u_2}{\partial x_1} = \dfrac{\partial u_2}{\partial x_2} = 0$，因此有连续方程和动量方程，即

$$\begin{cases} \dfrac{\partial \rho}{\partial t} + \rho \dfrac{\partial u_1}{\partial x_1} = 0 & (4.108) \\[2pt] \rho \dfrac{\partial u_1}{\partial t} + \rho \dfrac{\partial (u_1^2)}{\partial x_1} + \dfrac{\partial p}{\partial x_1} + \dfrac{\partial}{\partial x_1}\sigma_{11} + \dfrac{\partial}{\partial x_2}\sigma_{21} = 0 & (4.109) \\[2pt] \rho \dfrac{\partial u_1}{\partial t} + \dfrac{\partial p}{\partial x_2} + \dfrac{\partial}{\partial x_1}\sigma_{12} + \dfrac{\partial}{\partial x_2}\sigma_{22} = 0 & (4.110) \end{cases}$$

由式 (4.48) 可得

$$\sigma_{11} = -\dfrac{4}{3}\mu \dfrac{\partial u_1}{\partial x_1} + \dfrac{\mu^2}{p}\left[\alpha_1\left(\dfrac{\partial u_1}{\partial x_1}\right)^2 + \alpha_2\left(\dfrac{\partial u_1}{\partial x_2}\right)^2\right] + \dfrac{\mu^2}{p}\{A_{11}\} \tag{4.111}$$

由式 (4.60) 可得

$$\{A_{11}\} = (\alpha_7 RT_1'' + \alpha_{13}\dfrac{R}{T}T_1'^2) - \dfrac{1}{2}(\alpha_7 RT_2'' + \alpha_{13}\dfrac{R}{T}T_2'^2) \tag{4.112}$$

对于 Maxwell 模型，$\alpha_1 = \dfrac{32}{27}, \alpha_2 = \dfrac{4}{3}, \alpha_7 = \dfrac{2}{3}, \alpha_{13} = 2$，代入后可得

$$\begin{aligned} \sigma_{11} = & -\dfrac{4}{3}\mu \dfrac{\partial u_1}{\partial x_1} + \dfrac{\mu^2}{p}\left[\dfrac{32}{27}\left(\dfrac{\partial u_1}{\partial x_1}\right)^2 + \dfrac{4}{3}\left(\dfrac{\partial u_1}{\partial x_2}\right)^2\right] + \\ & \dfrac{\mu^2}{p}\left[\left(\dfrac{2}{3}RT_1'' + 2\dfrac{R}{T}T_1'^2\right) - \dfrac{1}{2}\left(\dfrac{2}{3}RT_2'' + 2\dfrac{R}{T}T_2'^2\right)\right] \end{aligned} \tag{4.113}$$

同理，由式 (4.66)、式 (4.81) 可得

$$\sigma_{12} = \sigma_{21} = -\mu \dfrac{\partial u_1}{\partial x_2} + \dfrac{\mu^2}{p}\left(\alpha_3 \dfrac{\partial u_1}{\partial x_1}\dfrac{\partial u_1}{\partial x_2}\right) + \dfrac{\mu^2}{p}\{A_{21}\} \tag{4.114}$$

$$\sigma_{22} = \dfrac{2}{3}\mu \dfrac{\partial u_1}{\partial x_1} + \dfrac{\mu^2}{p}\left[\alpha_5\left(\dfrac{\partial u_1}{\partial x_1}\right)^2 + \alpha_6\left(\dfrac{\partial u_1}{\partial x_2}\right)^2\right] + \dfrac{\mu^2}{p}\{A_{22}\} \tag{4.115}$$

由式 (4.75)、式 (4.76) 及式 (4.84) 可得

$$\{A_{12}\} = \{A_{21}\} = \dfrac{3}{2}\left(\alpha_7 RT_{12}'' + \alpha_{13}\dfrac{R}{T}T_1'T_2'\right) \tag{4.116}$$

$$\{A_{22}\} = -\dfrac{1}{2}\left(\alpha_7 RT_1'' + \alpha_{13}\dfrac{R}{T}T_1'^2\right) + \left(\alpha_7 RT_2'' + \alpha_{13}\dfrac{R}{T}T_2'^2\right) \tag{4.117}$$

对于 Maxwell 模型，$\alpha_3 = -\dfrac{1}{3}, \alpha_5 = -\dfrac{4}{27}, \alpha_6 = -\dfrac{2}{3}, \alpha_7 = \dfrac{2}{3}, \alpha_{13} = 2$，因此可得

$$\sigma_{12} = \sigma_{21} = -\mu\frac{\partial u_1}{\partial x_2} + \frac{\mu^2}{p}\left(-\frac{1}{3}\frac{\partial u_1}{\partial x_1}\frac{\partial u_1}{\partial x_2}\right) + \frac{\mu^2}{p}\left[\frac{3}{2}\left(\frac{2}{3}RT''_{12} + 2\frac{R}{T}T'_1 T'_2\right)\right] \quad (4.118)$$

$$\sigma_{22} = \frac{2}{3}\mu\frac{\partial u_1}{\partial x_1} + \frac{\mu^2}{p}\left[-\frac{4}{27}\left(\frac{\partial u_1}{\partial x_1}\right)^2 - \frac{2}{3}\left(\frac{\partial u_1}{\partial x_2}\right)^2\right] + $$
$$\frac{\mu^2}{p}\left[-\frac{1}{2}\left(\frac{2}{3}RT''_1 + 2\frac{R}{T}T'^2_1\right) + \left(\frac{2}{3}RT''_2 + 2\frac{R}{T}T'^2_2\right)\right] \quad (4.119)$$

利用气体状态方程，可以把式 (4.113)、式 (4.118)、式 (4.119) 改写为

$$\sigma_{11} = -\frac{4}{3}\mu\frac{\partial u_1}{\partial x_1} + \frac{\mu^2}{p}\left[\frac{32}{27}\left(\frac{\partial u_1}{\partial x_1}\right)^2 + \frac{4}{3}\left(\frac{\partial u_1}{\partial x_2}\right)^2\right] + $$
$$\frac{\mu^2}{p}\left[\left(\frac{2}{3}\frac{1}{\rho}p''_1 + \frac{2}{\rho p}p'^2_1\right) - \frac{1}{2}\left(\frac{2}{3}\frac{1}{\rho}p''_2 + \frac{2}{\rho p}p'^2_2\right)\right] \quad (4.120)$$

$$\sigma_{12} = \sigma_{21} = -\mu\frac{\partial u_1}{\partial x_2} + \frac{\mu^2}{p}\left(-\frac{1}{3}\frac{\partial u_1}{\partial x_1}\frac{\partial u_1}{\partial x_2}\right) + \frac{\mu^2}{p}\left[\frac{3}{2}\left(\frac{2}{3}\frac{1}{\rho}p''_{12} + \frac{2}{\rho p}p'_1 p'_2\right)\right] \quad (4.121)$$

$$\sigma_{22} = \frac{2}{3}\mu\frac{\partial u_1}{\partial x_1} + \frac{\mu^2}{p}\left[-\frac{4}{27}\left(\frac{\partial u_1}{\partial x_1}\right)^2 - \frac{2}{3}\left(\frac{\partial u_1}{\partial x_2}\right)^2\right] + $$
$$\frac{\mu^2}{p}\left[-\frac{1}{2}\left(\frac{2}{3}\frac{1}{\rho}p''_1 + \frac{2}{\rho p}p'^2_1\right) + \left(\frac{2}{3}\frac{1}{\rho}p''_2 + \frac{2}{\rho p}p'^2_2\right)\right] \quad (4.122)$$

对上述四个分量 $\sigma_{11}, \sigma_{12}, \sigma_{21}, \sigma_{22}$ 方程求 x_1, x_2 的偏导，可以得出下述各式，这时考虑了动力粘度 μ 的变化

$$\frac{\partial \sigma_{11}}{\partial x_1} = -\frac{4}{3}\left(\mu\frac{\partial^2 u_1}{\partial x_1^2} + \frac{\partial \mu}{\partial x_1}\frac{\partial u_1}{\partial x_2}\right) + \frac{\mu^2}{p}\left(\frac{32}{27}\times 2\frac{\partial u_1}{\partial x_1}\frac{\partial^2 u_1}{\partial x_1^2} + \frac{4}{3}\times 2\frac{\partial u_1}{\partial x_2}\frac{\partial^2 u_1}{\partial x_1 \partial x_2}\right) + $$
$$\left[\frac{32}{27}\left(\frac{\partial u_1}{\partial x_1}\right)^2 + \frac{4}{3}\left(\frac{\partial u_1}{\partial x_2}\right)^2\right]\frac{\partial}{\partial x_1}\left(\frac{\mu^2}{p}\right) + \frac{\mu^2}{p}\left(\frac{\partial A_1}{\partial x_1} - \frac{1}{2}\frac{\partial A_2}{\partial x_1}\right) + $$
$$\left\{A_1 - \frac{A_2}{2}\right\}\frac{\partial}{\partial x_1}\left(\frac{\mu^2}{p}\right) \quad (4.123)$$

$$\frac{\partial \sigma_{12}}{\partial x_1} = \frac{\partial \sigma_{21}}{\partial x_1} = -\left(\mu\frac{\partial^2 u_1}{\partial x_1 \partial x_2} + \frac{\partial \mu}{\partial x_1}\frac{\partial u_1}{\partial x_2}\right) + $$
$$\frac{\mu^2}{p}\left[\left(-\frac{1}{3}\frac{\partial^2 u_1}{\partial x_1^2}\frac{\partial u_1}{\partial x_2} - \frac{1}{3}\frac{\partial u_1}{\partial x_1}\frac{\partial^2 u_1}{\partial x_1 \partial x_2}\right) + \left(-\frac{1}{3}\frac{\partial u_1}{\partial x_1}\frac{\partial u_1}{\partial x_2}\right)\frac{\partial}{\partial x_1}\left(\frac{\mu^2}{p}\right)\right] + $$
$$\frac{\mu^2}{p}\frac{\partial}{\partial x_1}\{A_{12}\} + \{A_{12}\}\frac{\partial}{\partial x_1}\left(\frac{\mu^2}{p}\right) \quad (4.124)$$

$$\frac{\partial \sigma_{12}}{\partial x_2} = \frac{\partial \sigma_{21}}{\partial x_2} = -\left(\mu\frac{\partial^2 u_1}{\partial x_2^2} + \frac{\partial \mu}{\partial x_2}\frac{\partial u_1}{\partial x_2}\right) + $$
$$\frac{\mu^2}{p}\left[\left(-\frac{1}{3}\frac{\partial u_1}{\partial x_1}\frac{\partial^2 u_1}{\partial x_2^2} - \frac{1}{3}\frac{\partial^2 u_1}{\partial x_1 \partial x_2}\frac{\partial u_1}{\partial x_2}\right) + \left(-\frac{1}{3}\frac{\partial u_1}{\partial x_1}\frac{\partial u_1}{\partial x_2}\right)\frac{\partial}{\partial x_2}\left(\frac{\mu^2}{p}\right)\right] + $$
$$\frac{\mu^2}{p}\frac{\partial}{\partial x_2}\{A_{21}\} + \{A_{21}\}\frac{\partial}{\partial x_2}\left(\frac{\mu^2}{p}\right) \quad (4.125)$$

$$\begin{aligned}\frac{\partial \sigma_{22}}{\partial x_2} =& \frac{2}{3}\left(\mu\frac{\partial^2 u_1}{\partial x_1\partial x_2}+\frac{\partial u_1}{\partial x_1}\frac{\partial \mu}{\partial x_2}\right)+\\ &\frac{\mu^2}{p}\left(-\frac{4}{27}\times 2\frac{\partial u_1}{\partial x_1}\frac{\partial^2 u_1}{\partial x_1\partial x_2}-\frac{2}{3}\times 2\frac{\partial u_1}{\partial x_2}\frac{\partial^2 u_1}{\partial x_2^2}\right)+\\ &\left[-\frac{4}{27}\left(\frac{\partial u_1}{\partial x_1}\right)^2-\frac{2}{3}\left(\frac{\partial u_1}{\partial x_1}\right)^2-\frac{2}{3}\left(\frac{\partial u_1}{\partial x_2}\right)^2\right]\frac{\partial}{\partial x_2}\left(\frac{\mu^2}{p}\right)+\\ &\frac{\mu^2}{p}\left(-\frac{1}{2}\frac{\partial A_1}{\partial x_2}+\frac{\partial A_2}{\partial x_2}\right)+\left\{-\frac{A_1}{2}+A_2\right\}\frac{\partial}{\partial x_2}\left(\frac{\mu^2}{p}\right)\end{aligned} \quad (4.126)$$

把上述各有关公式代入到在一维流动时的 Burnett 方程中, 就可以采用适当方式求解。

为了便于分析计算, 有时把上述方程组改写为量纲一方程, 并引入以零点作为参考点的克努森数 Kn_0, 而

$$Kn_0 = \frac{\mu_0\sqrt{RT_0}}{\rho_0 RT_0 H} \quad (4.127)$$

采用量纲一的量

$$\overline{x}_1=\frac{x_1}{H},\quad \overline{x}_2=\frac{x_2}{H},\quad \overline{u}_1=\frac{u_1}{\sqrt{RT_0}},\quad \overline{T}=\frac{T}{T_0},$$
$$\overline{\rho}=\frac{\rho}{\rho_0},\quad \overline{p}=\frac{p}{p_0},\quad \overline{\mu}=\frac{\mu}{\mu_0},\quad \overline{\sigma}=\frac{\sigma}{\rho_0 RT_0}$$

因此可把式 (4.113) 改写为

$$\rho_0 RT_0\overline{\sigma}_{11}=-\frac{4}{3}\mu\overline{\mu}\frac{\sqrt{RT_0}}{H}\frac{\partial\overline{u}_1}{\partial\overline{x}_1}+\frac{\mu_0^2\overline{\mu}^2}{p_0\overline{p}}\left[\frac{32}{27}\left(\frac{\sqrt{RT_0}}{H}\frac{\partial\overline{u}_1}{\partial\overline{x}_1}\right)^2+\frac{4}{3}\left(\frac{\sqrt{RT_0}}{H}\frac{\partial\overline{u}_1}{\partial\overline{x}_2}\right)^2\right]+$$
$$\frac{\mu_0^2\overline{\mu}^2}{p_0\overline{p}}\left[\left(\frac{2}{3}R\frac{T_0}{H}\overline{T}_1''+2\frac{R}{T_0\overline{T}}\frac{T_0^2\overline{T}_1'^2}{H^2}\right)-\frac{1}{2}\left(\frac{2}{3}R\frac{T_0}{H}\overline{T}_2''+2\frac{R}{\overline{T}T_0}\frac{T_0^2\overline{T}_2'^2}{H^2}\right)\right]$$

可得

$$\begin{aligned}\overline{\sigma}_{11}=&-\frac{4}{3}\frac{\mu_0\sqrt{RT_0}}{\rho_0 RT_0 H}\overline{\mu}\frac{\partial\overline{u}_1}{\partial\overline{x}_1}+\frac{\mu_0^2}{\rho_0 RT_0}\frac{RT_0}{p_0H^2}\frac{\overline{\mu}^2}{\overline{p}}\left[\frac{32}{27}\left(\frac{\partial\overline{u}_1}{\partial\overline{x}_1}\right)^2+\frac{4}{3}\left(\frac{\partial\overline{u}_1}{\partial\overline{x}_2}\right)^2\right]+\\ &\frac{\mu_0^2}{\rho_0 RT_0 p_0}\frac{RT_0}{H}\frac{\overline{\mu}^2}{\overline{p}}\left[\left(\frac{2}{3}\overline{T}_1''+2\frac{\overline{T}_1'^2}{\overline{T}}\right)-\frac{1}{2}\left(\frac{2}{3}\overline{T}_2''+2\frac{\overline{T}_2'^2}{\overline{T}}\right)\right]\end{aligned}\quad(4.128)$$

把式 (4.127) 的 Kn_0 数代入上式, 最终可得

$$\begin{aligned}\overline{\sigma}_{11}=&-\frac{4}{3}Kn_0\overline{\mu}\frac{\partial\overline{u}_1}{\partial\overline{x}_1}+Kn_0^2\frac{\overline{\mu}^2}{\overline{p}}\left[\frac{32}{27}\left(\frac{\partial\overline{u}_1}{\partial\overline{x}_1}\right)^2+\frac{4}{3}\left(\frac{\partial\overline{u}_1}{\partial\overline{x}_2}\right)^2\right]+\\ &Kn_0^2\frac{\overline{\mu}^2}{\overline{p}}\left[\left(\frac{2}{3}\overline{T}_1''+2\frac{\overline{T}_1'^2}{\overline{T}}\right)-\frac{1}{2}\left(\frac{2}{3}\overline{T}_2''+2\frac{\overline{T}_2'^2}{\overline{T}}\right)\right]\end{aligned}\quad(4.129)$$

同理可得

$$\overline{\sigma}_{12} = \overline{\sigma}_{21} = -Kn_0\overline{\mu}\frac{\partial \overline{u}_1}{\partial \overline{x}_2} + Kn_0^2\frac{\overline{\mu}^2}{\overline{p}}\left(-\frac{1}{3}\frac{\partial \overline{u}_1}{\partial \overline{x}_1}\frac{\partial \overline{u}_1}{\partial \overline{x}_2}\right) +$$
$$Kn_0^2\frac{\overline{\mu}^2}{\overline{p}}\left[\frac{3}{2}\left(\frac{2}{3}\overline{T}''_{12} - 2\frac{\overline{T}'_1\overline{T}'_2}{\overline{T}}\right)\right] \quad (4.130)$$

$$\overline{\sigma}_{22} = \frac{2}{3}Kn_0\overline{\mu}\frac{\partial \overline{u}_1}{\partial \overline{x}_1} + Kn_0^2\frac{\overline{\mu}^2}{\overline{p}}\left[-\frac{4}{27}\left(\frac{\partial \overline{u}_1}{\partial \overline{x}_1}\right)^2 - \frac{2}{3}\left(\frac{\partial \overline{u}_1}{\partial \overline{x}_2}\right)^2\right] +$$
$$Kn_0^2\frac{\overline{\mu}^2}{\overline{p}}\left[-\frac{1}{2}\left(\frac{2}{3}\overline{T}''_1 + 2\frac{\overline{T}'^2_1}{\overline{T}}\right) + \left(\frac{2}{3}T''_2 + 2\frac{\overline{T}'^2_2}{\overline{T}}\right)\right] \quad (4.131)$$

利用气体状态方程 $p = \rho RT$, 可得 $\overline{p} = \overline{\rho}\overline{T}$, 当 $\overline{\rho}$ 为常数时

$$\overline{T}'_1 = \frac{1}{\overline{\rho}}\frac{\partial \overline{p}}{\partial \overline{x}_1}, \quad \overline{T}'_2 = \frac{1}{\overline{\rho}}\frac{\partial \overline{p}}{\partial \overline{x}_2}, \quad \overline{T}''_1 = \frac{1}{\overline{\rho}}\frac{\partial^2 \overline{p}}{\partial \overline{x}_1^2}, \quad \overline{T}''_2 = \frac{1}{\overline{\rho}}\frac{\partial^2 \overline{p}}{\partial \overline{x}_2^2}, \quad \overline{T}''_{12} = \frac{1}{\overline{\rho}}\frac{\partial^2 \overline{p}}{\partial \overline{x}_1 \partial \overline{x}_2}$$

代入上式可得

$$\overline{\sigma}_{11} = -\frac{4}{3}Kn_0\overline{\mu}\frac{\partial \overline{u}_1}{\partial \overline{x}_1} + Kn_0^2\frac{\overline{\mu}^2}{\overline{p}}\left[\frac{32}{27}\left(\frac{\partial \overline{u}_1}{\partial \overline{x}_1}\right)^2 + \frac{4}{3}\left(\frac{\partial \overline{u}_1}{\partial \overline{x}_2}\right)^2\right] +$$
$$Kn_0^2\frac{\overline{\mu}^2}{\overline{\rho}\,\overline{p}}\left\{\left[\frac{2}{3}\frac{\partial^2 \overline{p}}{\partial \overline{x}_1^2} + \frac{2}{\overline{p}}\left(\frac{\partial \overline{p}}{\partial \overline{x}_1}\right)^2\right] - \frac{1}{2}\left[\frac{2}{3}\frac{\partial^2 \overline{p}}{\partial \overline{x}_2^2} + \frac{2}{\overline{p}}\left(\frac{\partial \overline{p}}{\partial \overline{x}_2}\right)^2\right]\right\} \quad (4.132)$$

$$\overline{\sigma}_{12} = \overline{\sigma}_{21} = -Kn_0\overline{\mu}\frac{\partial \overline{u}_1}{\partial \overline{x}_2} + Kn_0^2\frac{\overline{\mu}^2}{\overline{p}}\left(-\frac{1}{3}\frac{\partial \overline{u}_1}{\partial \overline{x}_1}\frac{\partial \overline{u}_1}{\partial \overline{x}_2}\right) +$$
$$Kn_0^2\frac{\overline{\mu}^2}{\overline{\rho}\,\overline{p}}\left[\frac{3}{2}\left(\frac{2}{3}\frac{\partial^2 \overline{p}}{\partial \overline{x}_1 \partial \overline{x}_2} + \frac{2}{\overline{p}}\frac{\partial \overline{p}}{\partial \overline{x}_1}\frac{\partial \overline{p}}{\partial \overline{x}_2}\right)\right] \quad (4.133)$$

$$\overline{\sigma}_{22} = \frac{2}{3}Kn_0\overline{\mu}\frac{\partial \overline{u}_1}{\partial \overline{x}_1} + Kn_0^2\frac{\overline{\mu}^2}{\overline{p}}\left[-\frac{4}{27}\left(\frac{\partial \overline{u}_1}{\partial \overline{x}_1}\right)^2 - \frac{2}{3}\left(\frac{\partial \overline{u}_1}{\partial \overline{x}_2}\right)^2\right] +$$
$$Kn_0^2\frac{\overline{\mu}^2}{\overline{\rho}\,\overline{p}}\left\{-\frac{1}{2}\left[\frac{2}{3}\frac{\partial^2 \overline{p}}{\partial \overline{x}_1^2} + \frac{2}{\overline{p}}\left(\frac{\partial \overline{p}}{\partial \overline{x}_1}\right)^2\right] + \left[\frac{2}{3}\frac{\partial^2 \overline{p}}{\partial \overline{x}_2^2} + \frac{2}{\overline{p}}\left(\frac{\partial \overline{p}}{\partial \overline{x}_2}\right)^2\right]\right\} \quad (4.134)$$

由于是不可压缩流体, 可认为 $\overline{\rho} = 1$, 并认为动力粘度 μ 与温度 T 成正比, 则 $\overline{\mu} = \overline{T} = \overline{p}$, 并有 $\frac{\partial \overline{\mu}}{\partial \overline{x}} = \frac{\partial \overline{T}}{\partial \overline{x}} = \frac{\partial \overline{p}}{\partial \overline{x}}$。为了方便书写, 省略符号上面的横线, 上述方程组就可简化为

$$\sigma_{11} = -\frac{4}{3}Kn_0 p\frac{\partial u_1}{\partial x_1} + Kn_0^2 p\left[\frac{32}{27}\left(\frac{\partial u_1}{\partial x_1}\right)^2 + \frac{4}{3}\left(\frac{\partial u_1}{\partial x_2}\right)^2\right] +$$
$$Kn_0^2 p\left\{\left[\frac{2}{3}\frac{\partial^2 p}{\partial x_1^2} + \frac{2}{p}\left(\frac{\partial p}{\partial x_1}\right)^2\right] - \frac{1}{2}\left[\frac{2}{3}\frac{\partial^2 p}{\partial x_2^2} + \frac{2}{p}\left(\frac{\partial p}{\partial x^2}\right)^2\right]\right\} \quad (4.135)$$

$$\sigma_{12} = \sigma_{21} = -Kn_0 p\frac{\partial u_1}{\partial x_2} + Kn_0 p\left(-\frac{1}{3}\frac{\partial u_1}{\partial x_1}\frac{\partial u_1}{\partial x_2}\right) +$$
$$Kn_0^2 p\left[\frac{3}{2}\left(\frac{2}{3}\frac{\partial^2 p}{\partial x_1 \partial x_2} + \frac{2}{p}\frac{\partial p}{\partial x_1}\frac{\partial p}{\partial x_2}\right)\right] \quad (4.136)$$

$$\sigma_{22} = \frac{2}{3}Kn_0 p \frac{\partial u_1}{\partial x_1} + Kn_0^2 p \left[-\frac{4}{27}\left(\frac{\partial u_1}{\partial x_1}\right)^2 - \frac{2}{3}\left(\frac{\partial u_1}{\partial x_2}\right)^2 \right] +$$
$$Kn_0^2 p \left\{ -\frac{1}{2}\left[\frac{2}{3}\frac{\partial^2 p}{\partial x_1^2} + \frac{2}{p}\left(\frac{\partial p}{\partial x_1}\right)^2\right] + \left[\frac{2}{3}\frac{\partial^2 p}{\partial x_2^2} + \frac{2}{p}\left(\frac{\partial p}{\partial x_2}\right)^2\right] \right\} \quad (4.137)$$

对 $\sigma_{ij}, i=1,2, j=1,2$ 求 $x_i, i=1,2$ 的偏导，可得

$$\frac{\partial \sigma_{11}}{\partial x_1} = -\frac{4}{3}Kn_0 p \frac{\partial^2 u_1}{\partial x_1^2} - \frac{4}{3}Kn_0 \frac{\partial u_1}{\partial x_1}\frac{\partial p}{\partial x_1} + Kn_0^2 p \left(\frac{64}{27}\frac{\partial u_1}{\partial x_1}\frac{\partial^2 u_1}{\partial x_1^2} + \frac{8}{3}\frac{\partial u_1}{\partial x_2}\frac{\partial^2 u_1}{\partial x_1 \partial x_2} \right) -$$
$$Kn_0^2 \frac{\partial p}{\partial x_1}\left[\frac{32}{27}\left(\frac{\partial u_1}{\partial x_1}\right)^2 + \frac{4}{3}\left(\frac{\partial u_1}{\partial x_2}\right)^2 \right] + Kn_0^2 \left(\frac{2}{3}p\frac{\partial^3 p}{\partial x_1^3} + \frac{14}{3}\frac{\partial p}{\partial x_1}\frac{\partial^2 p}{\partial x_1^2} - \right.$$
$$\left. \frac{p}{3}\frac{\partial^3 p}{\partial x_1 \partial x_2^2} - 2\frac{\partial p}{\partial x_2}\frac{\partial^2 p}{\partial x_1 \partial x_2} - \frac{1}{3}\frac{\partial p}{\partial x_1}\frac{\partial^2 p}{\partial x_2^2} \right) \quad (4.138)$$

$$\frac{\partial \sigma_{12}}{\partial x_1} = -Kn_0 p \frac{\partial^2 u_1}{\partial x_1 \partial x_2} - Kn_0 \frac{\partial u_1}{\partial x_2}\frac{\partial p}{\partial x_1} + Kn_0^2 p \left(-\frac{1}{3}\frac{\partial^2 u_1}{\partial x_1^2}\frac{\partial u_1}{\partial x_2} - \frac{1}{3}\frac{\partial u_1}{\partial x_1}\frac{\partial^2 u_1}{\partial x_1 \partial x_2} \right) +$$
$$Kn_0^2 \frac{\partial p}{\partial x_1}\left(-\frac{1}{3}\frac{\partial u_1}{\partial x_1}\frac{\partial u_1}{\partial x_2} \right) + Kn_0^2 \left(p\frac{\partial^3 p}{\partial x_1^2 \partial x_2} + 4\frac{\partial p}{\partial x_1}\frac{\partial^2 p}{\partial x_1 \partial x_2} + 3\frac{\partial^2 p}{\partial x_1^2}\frac{\partial p}{\partial x_2} \right)$$
$$(4.139)$$

$$\frac{\partial \sigma_{21}}{\partial x_2} = -Kn_0 p \frac{\partial^2 u_1}{\partial x_2^2} - Kn_0 \frac{\partial u_1}{\partial x_2}\frac{\partial p}{\partial x_2} + Kn_0^2 p \left(-\frac{1}{3}\frac{\partial^2 u_1}{\partial x_1 \partial x_2}\frac{\partial u_1}{\partial x_2} - \frac{1}{3}\frac{\partial u_1}{\partial x_1}\frac{\partial^2 u_1}{\partial x_2^2} \right) +$$
$$Kn_0^2 \frac{\partial p}{\partial x_2}\left(-\frac{1}{3}\frac{\partial u_1}{\partial x_1}\frac{\partial u_1}{\partial x_2} \right) + Kn_0^2 \left(p\frac{\partial^3 p}{\partial x_1 \partial x_2^2} + 4\frac{\partial^2 p}{\partial x_1 \partial x_2}\frac{\partial p}{\partial x_2} + 3\frac{\partial p}{\partial x_1}\frac{\partial^2 p}{\partial x_2^2} \right)$$
$$(4.140)$$

$$\frac{\partial \sigma_{22}}{\partial x_2} = \frac{2}{3}Kn_0 p \frac{\partial^2 u_1}{\partial x_1 \partial x_2} + \frac{2}{3}Kn_0 \frac{\partial u_1}{\partial x_1}\frac{\partial p}{\partial x_2} + Kn_0^2 p \left(-\frac{8}{27}\frac{\partial u_1}{\partial x_1}\frac{\partial^2 u_1}{\partial x_1 \partial x_2} - \frac{4}{3}\frac{\partial u_1}{\partial x_2}\frac{\partial^2 u_1}{\partial x_2^2} \right) -$$
$$Kn_0^2 \frac{\partial p}{\partial x_2}\left[\frac{4}{27}\left(\frac{\partial u_1}{\partial x_1}\right)^2 - \frac{2}{3}\left(\frac{\partial u_1}{\partial x_2}\right)^2 \right] + Kn_0^2 \left(-\frac{p}{3}\frac{\partial^3 p}{\partial x_1^2 \partial x_2} - 2\frac{\partial p}{\partial x_1}\frac{\partial^2 p}{\partial x_1 \partial x_2} + \right.$$
$$\left. \frac{2}{3}p\frac{\partial^3 p}{\partial x_2^3} + \frac{14}{3}\frac{\partial p}{\partial x_2}\frac{\partial^2 p}{\partial x_2^2} - \frac{1}{3}\frac{\partial^2 p}{\partial x_1^2}\frac{\partial p}{\partial x_2} \right) \quad (4.141)$$

将式 (4.138) ~ (4.141) 代入动量方程式 (4.109)、式 (4.110)。由于量纲一化后 $\bar{\rho} = \rho = 1$，动量方程可简化为

$$\frac{\partial u_1}{\partial t} + \frac{\partial(u_1^2)}{\partial x_1} + \frac{\partial p}{\partial x_1} + \frac{\partial}{\partial x_1}\sigma_{11} + \frac{\partial}{\partial x_2}\sigma_{21} = 0 \quad (4.142)$$

$$\frac{\partial p}{\partial x_2} + \frac{\partial}{\partial x_1}\sigma_{12} + \frac{\partial}{\partial x_2}\sigma_{22} = 0 \quad (4.143)$$

由式 (4.142) 可得

$$\frac{\partial u_1}{\partial t} + 2u_1\frac{\partial u_1}{\partial x_1} + \frac{\partial p}{\partial x_1} - \frac{4}{3}Kn_0 p \frac{\partial^2 u_1}{\partial x_1^2} - \frac{4}{3}Kn_0 \frac{\partial u_1}{\partial x_1}\frac{\partial p}{\partial x_1} +$$
$$Kn_0^2 p \left(\frac{64}{27}\frac{\partial u_1}{\partial x_1}\frac{\partial^2 u_1}{\partial x_1^2} + \frac{8}{3}\frac{\partial u_1}{\partial x_2}\frac{\partial^2 u_1}{\partial x_1 \partial x_2} \right) + Kn_0^2 \frac{\partial p}{\partial x_1}\left[\frac{32}{27}\left(\frac{\partial u_1}{\partial x_1}\right)^2 + \frac{4}{3}\left(\frac{\partial u_1}{\partial x_2}\right)^2 \right] +$$

$$Kn_0^2\left(\frac{2}{3}p\frac{\partial^3 p}{\partial x_1^3}+\frac{14}{3}\frac{\partial p}{\partial x_1}\frac{\partial^2 p}{\partial x_1^2}-\frac{p}{3}\frac{\partial^3 p}{\partial x_1\partial x_2^2}-2\frac{\partial p}{\partial x_2}\frac{\partial^2 p}{\partial x_1\partial x_2}-\frac{1}{3}\frac{\partial p}{\partial x_1}\frac{\partial^2 p}{\partial x_2^2}\right)-$$

$$Kn_0 p\frac{\partial^2 u_1}{\partial x_2^2}-Kn_0\frac{\partial u_1}{\partial x_2}\frac{\partial p}{\partial x_2}+Kn_0^2 p\left(-\frac{1}{3}\frac{\partial^2 u_1}{\partial x_1\partial x_2}\frac{\partial u_1}{\partial x_2}-\frac{1}{3}\frac{\partial u_1}{\partial x_1}\frac{\partial^2 u_1}{\partial x_2^2}\right)+$$

$$Kn_0^2\frac{\partial p}{\partial x_2}\left(-\frac{1}{3}\frac{\partial u_1}{\partial x_1}\frac{\partial u_1}{\partial x_2}\right)+Kn_0^2\left(p\frac{\partial^3 p}{\partial x_1\partial x_2^2}+3\frac{\partial p}{\partial x_1}\frac{\partial^2 p}{\partial x_2^2}+4\frac{\partial^2 p}{\partial x_1\partial x_2}\frac{\partial p}{\partial x_2}\right)=0$$

经整理后上式可写成

$$\frac{\partial u_1}{\partial t}+2u_1\frac{\partial u_1}{\partial x_1}-Kn_0 p\left(\frac{4}{3}\frac{\partial^2 u_1}{\partial x_1^2}+\frac{\partial^2 u_1}{\partial x_2^2}\right)+\left(1-\frac{4}{3}Kn_0\frac{\partial u_1}{\partial x_1}\right)\frac{\partial p}{\partial x_1}-$$

$$Kn_0\frac{\partial u_1}{\partial x_2}\frac{\partial p}{\partial x_2}+Kn_0^2 p\left(\frac{64}{27}\frac{\partial u_1}{\partial x_1}\frac{\partial^2 u_1}{\partial x_1^2}+\frac{7}{3}\frac{\partial u_1}{\partial x_2}\frac{\partial^2 u_1}{\partial x_1\partial x_2}-\frac{1}{3}\frac{\partial u_1}{\partial x_2}\frac{\partial^2 u_1}{\partial x_2^2}\right)+$$

$$Kn_0^2\frac{\partial p}{\partial x_1}\left[\frac{32}{27}\left(\frac{\partial u_1}{\partial x_1}\right)^2+\frac{4}{3}\left(\frac{\partial u_1}{\partial x_2}\right)^2\right]+Kn_0^2\frac{\partial p}{\partial x_2}\left(-\frac{1}{3}\frac{\partial u_1}{\partial x_1}\frac{\partial u_1}{\partial x_2}\right)+$$

$$Kn_0^2\left\{\frac{2}{3}\frac{\partial}{\partial x_1}\left[p\left(\frac{\partial^2 p}{\partial x_1^2}+\frac{\partial^2 p}{\partial x_2^2}\right)\right]+2\frac{\partial}{\partial x_2}\left(\frac{\partial p}{\partial x_1}\frac{\partial p}{\partial x_2}\right)+4\frac{\partial p}{\partial x_1}\frac{\partial^2 p}{\partial x_1^2}\right\}=0 \quad (4.144)$$

由式 (4.143) 可得

$$\frac{\partial p}{\partial x_2}-Kn_0 p\frac{\partial^2 u_1}{\partial x_1\partial x_2}-Kn_0\frac{\partial u_1}{\partial x_2}\frac{\partial p}{\partial x_1}+Kn_0^2 p\left(-\frac{1}{3}\frac{\partial^2 u_1}{\partial x_1^2}\frac{\partial u_1}{\partial x_2}-\frac{1}{3}\frac{\partial u_1}{\partial x_1}\frac{\partial^2 u_1}{\partial x_1\partial x_2}\right)+$$

$$Kn_0^2\frac{\partial p}{\partial x_1}\left(-\frac{1}{3}\frac{\partial u_1}{\partial x_1}\frac{\partial u_1}{\partial x_2}\right)+Kn_0^2\left(p\frac{\partial^3 p}{\partial x_1^2\partial x_2}+3\frac{\partial^2 p}{\partial x_1^2}\frac{\partial p}{\partial x_2}+4\frac{\partial p}{\partial x_1}\frac{\partial^2 p}{\partial x_1\partial x_2}\right)+$$

$$\frac{2}{3}Kn_0 p\frac{\partial^2 u_1}{\partial x_1\partial x_2}+\frac{2}{3}Kn_0\frac{\partial u_1}{\partial x_2}\frac{\partial p}{\partial x_1}+Kn_0^2 p\left(-\frac{8}{27}\frac{\partial u_1}{\partial x_1}\frac{\partial^2 u_1}{\partial x_1\partial x_2}-\frac{4}{3}\frac{\partial u_1}{\partial x_2}\frac{\partial^2 u_1}{\partial x_2^2}\right)+$$

$$Kn_0^2\frac{\partial p}{\partial x_2}\left[-\frac{4}{27}\left(\frac{\partial u_1}{\partial x_1}\right)^2-\frac{2}{3}\left(\frac{\partial u_1}{\partial x_2}\right)^2\right]+$$

$$Kn_0^2\left(-\frac{p}{3}\frac{\partial^3 p}{\partial x_1^2\partial x_2}-2\frac{\partial p}{\partial x_1}\frac{\partial^2 p}{\partial x_1\partial x_2}+\frac{2}{3}p\frac{\partial^3 p}{\partial x_2^3}+\frac{14}{3}\frac{\partial p}{\partial x_2}\frac{\partial^2 p}{\partial x_2^2}-\frac{1}{3}\frac{\partial^2 p}{\partial x_1^2}\frac{\partial p}{\partial x_2}\right)=0$$

经整理后上式可写成

$$-\frac{1}{3}Kn_0\left(\frac{\partial^2 u_1}{\partial x_1\partial x_2}\right)p+Kn_0\frac{\partial u_1}{\partial x_2}\left(-1-\frac{Kn_0}{3}\frac{\partial u_1}{\partial x_1}\right)\frac{\partial p}{\partial x_1}+\left(1+\frac{2}{3}Kn_0\frac{\partial u_1}{\partial x_1}\right)\frac{\partial p}{\partial x_2}+$$

$$Kn_0^2 p\left(-\frac{1}{3}\frac{\partial^2 u_1}{\partial x_1^2}\frac{\partial u_1}{\partial x_2}-\frac{17}{27}\frac{\partial u_1}{\partial x_1}\frac{\partial^2 u_1}{\partial x_1\partial x_2}-\frac{4}{3}\frac{\partial u_1}{\partial x_2}\frac{\partial^2 u_1}{\partial x_2^2}\right)+$$

$$Kn_0^2\frac{\partial p}{\partial x_2}\left[-\frac{4}{27}\left(\frac{\partial u_1}{\partial x_1}\right)^2-\frac{2}{3}\left(\frac{\partial u_1}{\partial x_2}\right)^2\right]+Kn_0^2\left(\frac{2}{3}p\frac{\partial^3 p}{\partial x_1^2\partial x_2}+\frac{8}{3}\frac{\partial^2 p}{\partial x_1^2}\frac{\partial p}{\partial x_2}+\right.$$

$$\left.2\frac{\partial p}{\partial x_1}\frac{\partial^2 p}{\partial x_1\partial x_2}+\frac{2}{3}p\frac{\partial^3 p}{\partial x_2^3}+\frac{14}{3}\frac{\partial p}{\partial x_2}\frac{\partial^2 p}{\partial x_2^2}\right)=0 \quad (4.145)$$

上面推导得出的式 (4.144) 和式 (4.145) 就是可以求数值解的不可压缩一维微流动时的 Burnett 方程。在第 5 章中将介绍如何将此方程组离散化, 并用 GDQ 方法求其数值解。

4.2.4 可压缩一维定常微流动时的 Burnett 方程

在可压缩一维定常流动时，公式中的 $\dfrac{\partial}{\partial t}, \dfrac{\partial}{\partial x_1}, u_2$ 都等于零，因此二阶近似的 Burnett 方程式 (4.103) $\sim$ (4.106) 可简化为

$$\frac{\partial}{\partial x_2}\begin{bmatrix} \sigma_{21} \\ p+\sigma_{22} \\ \sigma_{21}u_1+q_2 \end{bmatrix}=0 \tag{4.146}$$

式中, 两个张量分量由式 (4.39) 和式 (4.40) 可得

$$\sigma_{21}=-\mu\frac{\partial u_1}{\partial x_2}=-\mu u'=\tau \tag{4.147}$$

$$\begin{aligned}\sigma_{22}=\frac{\mu^2}{p}\bigg\{&\omega_2\left[-\frac{2}{3}\frac{\partial}{\partial x_2}\left(\frac{1}{\rho}\frac{\partial p}{\partial x_2}\right)-2S_{21}\frac{\partial u_1}{\partial x_2}+\frac{2}{3}S_{21}\frac{\partial u_1}{\partial x_2}\right]+\omega_3 R\frac{2}{3}\frac{\partial^2 T}{\partial x_2^2}+\\ &\omega_4\frac{1}{\rho T}\left(\frac{\partial p}{\partial x_2}\frac{\partial T}{\partial x_2}-\frac{1}{3}\frac{\partial p}{\partial x_2}\frac{\partial T}{\partial x_2}\right)+\omega_5\frac{R}{T}\frac{2}{3}\left(\frac{\partial T}{\partial x_2}\right)^2+\\ &\omega_6\left[\frac{2}{3}(S_{21}S_{12}+S_{22}^2)-\frac{1}{3}(S_{11}^2+S_{12}S_{21})\right]\bigg\}\end{aligned} \tag{4.148}$$

式中

$$\begin{aligned}&\omega_2\left(-2S_{21}\frac{\partial u_1}{\partial x_2}+\frac{2}{3}S_{21}\frac{\partial u_1}{\partial x_2}\right)\\ =&\omega_2\left(-\frac{4}{3}S_{21}\frac{\partial u_1}{\partial x_2}\right)=-\frac{4}{3}\omega_2\cdot\frac{1}{2}\frac{\partial u_1}{\partial x_2}\frac{\partial u_1}{\partial x_2}=-\frac{2}{3}\omega_2\left(\frac{\partial u_1}{\partial x_2}\right)^2\\ &\omega_6\left[\frac{2}{3}(S_{21}S_{12}+S_{22}^2)-\frac{1}{3}(S_{11}^2+S_{12}S_{21})\right]\\ =&\omega_6\left(\frac{1}{3}S_{21}^2+\frac{2}{3}S_{22}^2-\frac{1}{3}S_{11}^2\right)=\frac{1}{3}\omega_6\left(\frac{1}{2}\frac{\partial u_1}{\partial x_2}\right)^2=\frac{1}{12}\omega_6\left(\frac{\partial u_1}{\partial x_2}\right)^2\end{aligned}$$

上述两式相加可得

$$-\frac{2}{3}\omega_2\left(\frac{\partial u_1}{\partial x_2}\right)^2+\frac{1}{12}\omega_6\left(\frac{\partial u_1}{\partial x_2}\right)^2=\left(-\frac{2}{3}\omega_2+\frac{1}{12}\omega_6\right)\left(\frac{\partial u_1}{\partial x_2}\right)^2=\alpha_6\left(\frac{\partial u_1}{\partial x_2}\right)^2$$

代入式 (4.148), 则有

$$\begin{aligned}\sigma_{22}=\frac{\mu^2}{p}\bigg\{&\alpha_6\left(\frac{\partial u_1}{\partial x_2}\right)^2+\frac{2}{3}\bigg[-\omega_2\frac{\partial}{\partial x_2}\left(\frac{1}{\rho}\frac{\partial p}{\partial x_2}\right)+\omega_3 R\frac{\partial^2 T}{\partial x_2^2}+\\ &\omega_4\frac{1}{\rho T}\frac{\partial p}{\partial x_2}\frac{\partial T}{\partial x_2}+\omega_5\frac{R}{T}\left(\frac{\partial T}{\partial x_2}\right)^2\bigg]\bigg\}\end{aligned} \tag{4.149}$$

利用气体状态方程 $p = \rho RT$ 及一阶导数 $\dfrac{\partial p}{\partial x_2} = \rho R \dfrac{\partial T}{\partial x_2} + RT \dfrac{\partial \rho}{\partial x_2}$, 可得

$$\begin{aligned}-\frac{\partial}{\partial x_2}\left(\frac{1}{\rho}\frac{\partial p}{\partial x_2}\right) &= \frac{1}{\rho^2}\frac{\partial \rho}{\partial x_2}\frac{\partial p}{\partial x_2} - \frac{1}{\rho}\frac{\partial^2 p}{\partial x_2^2}\\ &= \frac{1}{\rho^2}\frac{\partial \rho}{\partial x_2}\left(\rho R \frac{\partial T}{\partial x_2} + RT \frac{\partial \rho}{\partial x_2}\right) - \frac{1}{\rho}\frac{\partial}{\partial x_2}\left(\rho R \frac{\partial T}{\partial x_2} + RT \frac{\partial \rho}{\partial x_2}\right)\\ &= \frac{1}{\rho^2}RT\left(\frac{\partial \rho}{\partial x_2}\right)^2 - R\frac{\partial^2 T}{\partial x_2^2} - \frac{R}{\rho}\frac{\partial T}{\partial x_2}\frac{\partial \rho}{\partial x_2} - \frac{1}{\rho}RT\frac{\partial^2 \rho}{\partial x_2^2}\end{aligned} \quad (4.150)$$

把上式代入式 (4.149), 并用上角标 ′, ″ 代替一阶、二阶偏导, 则有

$$\begin{aligned}\sigma_{22} &= \frac{\mu^2}{p}\left\{\alpha_6 u'^2 + \frac{2}{3}\left[\omega_2\left(\frac{RT}{\rho^2}\rho'^2 - RT'' - \frac{R}{\rho}T'\rho' - \frac{RT}{\rho}\rho''\right) + \right.\right.\\ &\quad \left.\left. \omega_3 RT'' + \frac{\omega_4}{\rho T}T'(\rho RT' + RT\rho') + \omega_5 \frac{R}{T}T'^2\right]\right\}\\ &= \frac{\mu^2}{p}\left(\alpha_6 u'^2 + \alpha_7 RT'' + \alpha_9 \frac{RT}{\rho}\rho'' + \alpha_{11}\frac{RT}{\rho^2}\rho'^2 + \right.\\ &\quad \left. \alpha_{12}\frac{R}{\rho}T'\rho' + \alpha_{13}\frac{R}{T}T'^2\right)\end{aligned} \quad (4.151)$$

式中, $\alpha_6, \alpha_7, \alpha_9, \alpha_{11}, \alpha_{12}, \alpha_{13}$ 见式 (4.45)、式 (4.57)、式 (4.46)、式 (4.47)、式 (4.58)、式 (4.59)。

对于 Maxwell 分子模型, $\alpha_6 = -2/3, \alpha_7 = 2/3, \alpha_9 = -4/3, \alpha_{11} = 4/3, \alpha_{12} = -4/3, \alpha_{13} = 2$。对于硬球分子模型, $\alpha_6 = -0.7333, \alpha_7 = 0.26, \alpha_9 = -1.352, \alpha_{11} = 1.352, \alpha_{12} = -0.898, \alpha_{13} = 0.6$。

把式 (4.151) 中的压力 p 用 ρRT 取代, 可得

$$\sigma_{22} = \mu^2 \left(\alpha_6 \frac{u'^2}{\rho RT} + \alpha_7 \frac{1}{\rho T}T'' + \alpha_9 \frac{1}{\rho^2}\rho'' + \alpha_{11}\frac{1}{\rho^3}\rho'^2 + \alpha_{12}\frac{1}{\rho^2 T}T'\rho' + \alpha_{13}\frac{1}{\rho T^2}T'^2\right) \quad (4.152)$$

将式 (4.152) 对 x_2 求导, 并认为动力粘度 μ 与 x_2 无关, 则有

$$\begin{aligned}\frac{\partial \sigma_{22}}{\partial x_2} &= \mu^2 \left[\alpha_6 \left(\frac{2}{\rho RT}u'u'' - \frac{u'^2 T'}{\rho RT^2} - \frac{u'^2 \rho'}{\rho^2 RT}\right) + \alpha_7 \left(\frac{T'''}{\rho T} - \frac{T''\rho'}{\rho^2 T} - \frac{T''T'}{\rho T^2}\right) + \right.\\ &\quad \alpha_9 \left(\frac{\rho'''}{\rho^2} - \frac{2\rho''\rho'}{\rho^3}\right) + \alpha_{11}\left(\frac{2\rho'\rho''}{\rho^3} - \frac{3\rho'^2\rho'}{\rho^4}\right) + \\ &\quad \alpha_{12}\left(\frac{T'\rho''}{\rho^2 T} + \frac{T''\rho'}{\rho^2 T} - \frac{T'\rho'T'}{\rho^2 T^2} - \frac{2T'\rho'\rho'}{\rho^3 T}\right) + \\ &\quad \left. \alpha_{13}\left(\frac{2T'T''}{\rho T^2} - \frac{T'^2 \rho'}{\rho^2 T^2} - \frac{2T'^2 T'}{\rho T^3}\right)\right]\end{aligned}$$

$$
\begin{aligned}
=\mu^2 \Bigg[& \alpha_6 \left(\frac{2u'u''}{\rho RT} - \frac{u'^2 T'}{\rho RT^2} - \frac{u'^2 \rho'}{\rho^2 RT} \right) + \alpha_7 \frac{T'''}{\rho T} + (-\alpha_7 + \alpha_{12}) \frac{T'' \rho'}{\rho^2 T} + \\
& (-\alpha_7 + \alpha_{13}) \frac{T'T''}{\rho T^2} + \alpha_9 \frac{\rho'''}{\rho^2} + (-\alpha_9 + \alpha_{11}) \frac{2\rho'\rho''}{\rho^3} - \alpha_{11} \frac{3\rho'^3}{\rho^4} + \\
& \alpha_{12} \frac{T'\rho''}{\rho^2 T} - \alpha_{12} \frac{2T'\rho'^2}{\rho^3 T} - \alpha_{12} \frac{\rho'T'^2}{\rho^2 T^2} - \alpha_{13} \frac{T'^2 \rho'}{\rho^2 T^2} - \alpha_{13} \frac{2T'^3}{\rho T^3} \Bigg]
\end{aligned} \tag{4.153}
$$

如果用压力 p 取代密度 ρ, 则式 (4.149) 可改写为

$$
\begin{aligned}
\sigma_{22} &= \frac{\mu^2}{p} \left\{ \alpha_6 u'^2 + \frac{2}{3} \left[-\omega_2 \frac{p''}{p} + \omega_2 \frac{p'^2}{p^2} + (-\omega_2 + \omega_4) \frac{p'T'}{pT} + \omega_3 \frac{T''}{T} + \omega_5 \frac{T'^2}{T^2} \right] \right\} \\
&= \frac{\mu^2}{p} \Bigg[\alpha_6 u'^2 + \alpha_9 \frac{p''}{p} + \alpha_{11} \frac{p'^2}{p^2} + \alpha_{12} \frac{p'T'}{pT} + (\alpha_7 + \alpha_{11}) \frac{T''}{T} + \\
& \quad (\alpha_{13} - \alpha_{12} - \alpha_9) \frac{T'^2}{T^2} \Bigg]
\end{aligned} \tag{4.154}
$$

其一阶导数为

$$
\begin{aligned}
\frac{\partial \sigma_{22}}{\partial x_2} =\mu^2 \Bigg[& \alpha_6 \left(\frac{2u'u''}{p} - \frac{u'^2 p'}{p^2} \right) + \alpha_9 \left(\frac{p'''}{p^2} - \frac{2p'p''}{p^3} \right) + \\
& \alpha_{11} \left(\frac{2p'p''}{p^3} - \frac{3p'^3}{p^4} \right) + \alpha_{12} \left(\frac{p''T'}{p^2 T} + \frac{p'T''}{p^2 T} - \frac{2p'^2 T'}{p^3 T} - \frac{p'T'^2}{p^2 T^2} \right) + \\
& (\alpha_7 + \alpha_{11}) \left(\frac{T'''}{pT} - \frac{T''p'}{p^2 T} - \frac{T'T''}{pT^2} \right) + \\
& (\alpha_{13} - \alpha_{12} - \alpha_9) \left(\frac{2T'T''}{pT^2} - \frac{2T'^3}{pT^3} - \frac{T'^2 p'}{p^2 T^2} \right) \Bigg] \\
=\mu^2 \Bigg[& \alpha_6 \left(\frac{2u'u''}{p} - \frac{u'^2 p'}{p^2} \right) + \alpha_9 \frac{p'''}{p^2} + (-\alpha_9 + \alpha_{11}) \frac{2p'p''}{p^3} - 3\alpha_{11} \frac{p'^3}{p^4} + \\
& (\alpha_{12} - \alpha_7 - \alpha_{11}) \frac{p'T''}{p^2 T} + \alpha_{12} \frac{p''T'}{p^2 T} - \alpha_{12} \frac{2p'^2 T'}{p^3 T} + (-\alpha_{13} + \alpha_9) \frac{p'T'^2}{p^2 T^2} + \\
& (\alpha_{13} - \alpha_{12} - \alpha_9) \frac{2T'^3}{pT^3} + (-\alpha_7 - \alpha_{11} + 2\alpha_{13} - 2\alpha_{12} - 2\alpha_9) \frac{T'T''}{pT^2} \Bigg]
\end{aligned} \tag{4.155}
$$

将式 (4.152)、式 (4.153) 或式 (4.154)、式 (4.155) 代入式 (4.146) 就可求解动量方程。

4.2.5 可压缩等温一维非定常微流动时的 Burnett 方程

微流动中常常伴随着冷却过程, 采用硅材料作为流道时导热性能良好, 流动可能接近等温过程, 因此求出在等温一维非定常可压缩流体微流动时的 Burnett 方程是有意义的。

在等温一维流动时, $T = $ 常数, $\frac{\partial T}{\partial x_1} = \frac{\partial T}{\partial x_2} = 0$, $\frac{\partial p}{\partial x} = \rho R \frac{\partial T}{\partial x} + RT \frac{\partial \rho}{\partial x} = RT \frac{\partial \rho}{\partial x}$, $u_2 = 0$。因此, 由式 (4.48)可得

$$
\sigma_{11} = -\frac{4}{3}\mu \frac{\partial u_1}{\partial x_1} + \frac{\mu^2}{p}\left[\alpha_1 \left(\frac{\partial u_1}{\partial x_1} \right)^2 + \alpha_2 \left(\frac{\partial u_1}{\partial x_2} \right)^2 \right] + \frac{\mu^2}{p}\{A_{11}\} \tag{4.156}
$$

而
$$\{A_{11}\} = -\frac{2}{3}\omega_2 RT\left[\frac{1}{p}\frac{\partial^2 p}{\partial x_1^2} - \frac{1}{p^2}\left(\frac{\partial p}{\partial x_1}\right)^2\right] + \frac{1}{3}\omega_2 RT\left[\frac{1}{p}\frac{\partial^2 p}{\partial x_2^2} - \frac{1}{p^2}\left(\frac{\partial p}{\partial x_2}\right)^2\right] \quad (4.157)$$

$$\begin{aligned}\frac{\partial \sigma_{11}}{\partial x_1} =& -\frac{4}{3}\frac{\partial^2 u_1}{\partial x_1^2} + \frac{\mu^2}{p}\left(2\alpha_1\frac{\partial u_1}{\partial x_1}\frac{\partial^2 u_1}{\partial x_1^2} + 2\alpha_2\frac{\partial u_1}{\partial x_2}\frac{\partial^2 u_1}{\partial x_1 \partial x_2}\right) + \\
& \mu^2\left[\alpha_1\left(\frac{\partial u_1}{\partial x_1}\right)^2 + \alpha_2\left(\frac{\partial u_1}{\partial x_2}\right)^2\right]\frac{\partial}{\partial x_1}\left(\frac{1}{p}\right) + \\
& \frac{\mu^2}{p}\Bigg\{-\frac{2}{3}\omega_2 RT\left[\frac{1}{p}\frac{\partial^3 p}{\partial x^3} - \frac{3}{p^2}\frac{\partial p}{\partial x_1}\frac{\partial^2 p}{\partial x_1^2} + \frac{2}{p^3}\left(\frac{\partial p}{\partial x_1}\right)^3\right] + \\
& \frac{1}{3}\omega_2 RT\left[\frac{1}{p}\frac{\partial^3 p}{\partial x_1 \partial x_2} - \frac{1}{p^2}\frac{\partial p}{\partial x_1}\frac{\partial^2 p}{\partial x_2^2} - \frac{2}{p^2}\frac{\partial p}{\partial x_2}\frac{\partial^2 p}{\partial x_1 \partial x_2} + \frac{2}{p^3}\frac{\partial p}{\partial x_1}\left(\frac{\partial p}{\partial x_2}\right)^2\right]\Bigg\} + \\
& \mu^2\Bigg\{-\frac{2}{3}\omega_2 RT\left[\frac{1}{p}\frac{\partial^2 p}{\partial x_1^2} - \frac{1}{p^2}\left(\frac{\partial p}{\partial x_1}\right)^2\right] + \\
& \frac{1}{3}\omega_2 RT\left[\frac{1}{p}\frac{\partial^2 p}{\partial x_2^2} - \frac{1}{p^2}\left(\frac{\partial p}{\partial x_2}\right)^2\right]\Bigg\}\frac{\partial}{\partial x_1}\left(\frac{1}{p}\right)\end{aligned} \quad (4.158)$$

同理, 由式 (4.66) 可得

$$\sigma_{21} = \sigma_{12} = -\mu\frac{\partial u_1}{\partial x_2} + \frac{\mu^2}{p}\left(\alpha_3\frac{\partial u_1}{\partial x_1}\frac{\partial u_1}{\partial x_2}\right) + \frac{\mu^2}{p}\{A_{21}\} \quad (4.159)$$

而

$$\{A_{21}\} = -\frac{1}{2}\omega_2 RT\left(\frac{2}{p}\frac{\partial^2 p}{\partial x_1 \partial x_2} - \frac{2}{p^2}\frac{\partial p}{\partial x_1}\frac{\partial p}{\partial x_2}\right) = \{A_{12}\} \quad (4.160)$$

$$\begin{aligned}\frac{\partial \sigma_{21}}{\partial x_2} =& -\mu\frac{\partial^2 u_1}{\partial x_2^2} + \frac{\mu^2}{p}\left[\alpha_3\left(\frac{\partial^2 u_1}{\partial x_1 \partial x_2}\frac{\partial u_1}{\partial x_2} + \frac{\partial u_1}{\partial x_1}\frac{\partial^2 u_1}{\partial x_2^2}\right)\right] + \\
& \frac{\mu^2}{p}\Bigg\{-\frac{1}{2}\omega_2 RT\left[\frac{2}{p}\frac{\partial^3 p}{\partial x_1 \partial x_2^2} - \frac{2}{p^2}\frac{\partial p}{\partial x_2}\frac{\partial^2 p}{\partial x_1 \partial x_2} - \frac{2}{p^2}\frac{\partial^2 p}{\partial x_1 \partial x_2}\frac{\partial p}{\partial x_2} - \right.\\
& \left.\frac{2}{p^2}\frac{\partial p}{\partial x_1}\frac{\partial^2 p}{\partial x_2^2} + \frac{4}{p^3}\frac{\partial p}{\partial x_1}\left(\frac{\partial p}{\partial x_2}\right)^2\right]\Bigg\} + \mu^2\left[-\frac{1}{2}\omega_2 RT\times\right.\\
& \left.\left(\frac{2}{p}\frac{\partial^2 p}{\partial x_1 \partial x_2} - \frac{2}{p^2}\frac{\partial p}{\partial x_1}\frac{\partial p}{\partial x_2}\right)\right]\frac{\partial}{\partial x_2}\left(\frac{1}{p}\right)\end{aligned} \quad (4.161)$$

$$\begin{aligned}\frac{\partial \sigma_{12}}{\partial x_1} =& -\mu\frac{\partial^2 u_1}{\partial x_1 \partial x_2} + \frac{\mu^2}{p}\left[\alpha_3\left(\frac{\partial^2 u_1}{\partial x_1^2}\frac{\partial u_1}{\partial x_2} + \frac{\partial u_1}{\partial x_1}\frac{\partial^2 u_1}{\partial x_1 \partial x_2}\right)\right] + \\
& \frac{\mu^2}{p}\Bigg\{-\frac{1}{2}\omega_2 RT\left[\frac{2}{p}\frac{\partial^3 p}{\partial x_1^2 \partial x_2} - \frac{2}{p^2}\frac{\partial p}{\partial x_1}\frac{\partial^2 p}{\partial x_1 \partial x_2} - \frac{2}{p^2}\frac{\partial^2 p}{\partial x_1^2}\frac{\partial p}{\partial x_2} - \right.\\
& \left.\frac{2}{p^2}\frac{\partial p}{\partial x_1}\frac{\partial^2 p}{\partial x_1 \partial x_2} + \frac{4}{p^3}\left(\frac{\partial p}{\partial x_1}\right)^2\frac{\partial p}{\partial x_2}\right]\Bigg\} + \mu^2\left[-\frac{1}{2}\omega_2 RT\times\right.\\
& \left.\left(\frac{2}{p}\frac{\partial^2 p}{\partial x_1 \partial x_2} - \frac{2}{p^2}\frac{\partial p}{\partial x_1}\frac{\partial p}{\partial x_2}\right)\right]\frac{\partial}{\partial x_1}\left(\frac{1}{p}\right)\end{aligned} \quad (4.162)$$

由式 (4.81) 可得

$$\sigma_{22} = \frac{2}{3}\mu\frac{\partial u_1}{\partial x_1} + \frac{\mu^2}{p}\left[\alpha_5\left(\frac{\partial u_1}{\partial x_1}\right)^2 + \alpha_6\left(\frac{\partial u_1}{\partial x_2}\right)^2\right] + \frac{\mu^2}{p}\{A_{22}\} \tag{4.163}$$

而

$$\{A_{22}\} = \frac{\omega_2}{3}RT\left[\frac{1}{p}\frac{\partial^2 p}{\partial x_1^2} - \frac{1}{p^2}\left(\frac{\partial p}{\partial x_1}\right)^2\right] - \frac{2}{3}\omega_2 RT\left[\frac{1}{p}\frac{\partial^2 p}{\partial x_2^2} - \frac{1}{p^2}\left(\frac{\partial p}{\partial x_2}\right)^2\right] \tag{4.164}$$

$$\begin{aligned}
\frac{\partial \sigma_{22}}{\partial x_2} &= \frac{1}{3}\mu\frac{\partial^2 u_1}{\partial x_1 \partial x_2} + \frac{\mu^2}{p}\left(\alpha_5 \cdot 2\frac{\partial u_1}{\partial x_1}\frac{\partial^2 u_1}{\partial x_1 \partial x_2} + \alpha_6 \cdot 2\frac{\partial u_1}{\partial x_2}\frac{\partial^2 u_1}{\partial x_2^2}\right) + \\
&\quad \mu^2\left[\alpha_5\left(\frac{\partial u_1}{\partial x_1}\right)^2 + \alpha_6\left(\frac{\partial u_1}{\partial x_2}\right)^2\right]\frac{\partial}{\partial x_2}\left(\frac{1}{p}\right) + \\
&\quad \frac{\mu^2}{p}\left\{\frac{\omega_2}{3}RT\left[\frac{1}{p}\frac{\partial^3 p}{\partial x_1^2 \partial x_2} - \frac{1}{p^2}\frac{\partial p}{\partial x_2}\frac{\partial^2 p}{\partial x_1^2} - \frac{2}{p^2}\frac{\partial p}{\partial x_1}\frac{\partial^2 p}{\partial x_1 \partial x_2} + \frac{2}{p^3}\left(\frac{\partial p}{\partial x_1}\right)^2\frac{\partial p}{\partial x_2}\right] - \right.\\
&\quad \left. \frac{2}{3}\omega_2 RT\left[\frac{1}{p}\frac{\partial^3 p}{\partial x_2^3} - \frac{1}{p^2}\frac{\partial p}{\partial x_2}\frac{\partial^2 p}{\partial x_2^2} - \frac{2}{p^2}\frac{\partial p}{\partial x_2}\frac{\partial^2 p}{\partial x_2^2} + \frac{2}{p^3}\left(\frac{\partial p}{\partial x_2}\right)^3\right]\right\} + \\
&\quad \mu^2\left\{\frac{\omega_2}{3}RT\left[\frac{1}{p}\frac{\partial^2 p}{\partial x_1^2} - \frac{1}{p^2}\left(\frac{\partial p}{\partial x_1}\right)^2\right] - \right.\\
&\quad \left. \frac{2}{3}\omega_2 RT\left[\frac{1}{p}\frac{\partial^2 p}{\partial x_2^2} - \frac{1}{p^2}\left(\frac{\partial p}{\partial x_2}\right)^2\right]\right\}\frac{\partial}{\partial x_2}\left(\frac{1}{p}\right)
\end{aligned} \tag{4.165}$$

同样，采用量纲一的量 $\overline{x}_1 = \frac{x_1}{H}, \overline{x}_2 = \frac{x_2}{H}, \overline{u}_1 = \frac{u_1}{\sqrt{RT_0}}, \overline{p} = \frac{p}{p_0}, \overline{T} = \frac{T}{T_0}, \overline{\mu} = \frac{\mu}{\mu_0}, \overline{\sigma} = \frac{\sigma}{\rho_0 RT_0}$，并认为动力粘度 μ 只与温度 T 有关，在等温过程中，$\overline{T} = \overline{\mu} = 1$。因此由式 (4.156)、式 (4.159)、式 (4.163) 可得

$$\begin{aligned}
\overline{\sigma}_{11} &= -\frac{4}{3}\frac{\mu_0\sqrt{RT_0}}{\rho_0 RT_0 H}\frac{\partial \overline{u}_1}{\partial \overline{x}_1} + \frac{\mu_0^2 RT_0}{\rho_0 RT_0 p_0 H^2}\frac{\overline{\mu}^2}{\overline{p}}\left[\alpha_1\left(\frac{\partial \overline{u}_1}{\partial \overline{x}_1}\right)^2 + \alpha_2\left(\frac{\partial \overline{u}_1}{\partial \overline{x}_2}\right)^2\right] + \\
&\quad \frac{\mu_0^2 RT_0}{\rho_0 RT_0 p_0^2}\frac{p_0}{H}\frac{\overline{\mu}^2}{\overline{p}}\frac{\overline{T}}{\overline{p}}\left[-\frac{2\omega_2}{3}\frac{\partial^2 \overline{p}}{\partial \overline{x}_1^2} + \frac{2\omega_2}{3}\frac{1}{\overline{p}}\left(\frac{\partial \overline{p}}{\partial \overline{x}_1}\right)^2 + \right.\\
&\quad \left. \frac{\omega_2}{3}\frac{\partial^2 \overline{p}}{\partial \overline{x}_2^2} - \frac{\omega_2}{3}\frac{1}{\overline{p}}\left(\frac{\partial \overline{p}}{\partial \overline{x}_2}\right)^2\right] \\
&= -\frac{4}{3}Kn_0\overline{\mu}\frac{\partial \overline{u}_1}{\partial \overline{x}_1} + Kn_0^2\frac{\overline{\mu}^2}{\overline{p}}\left[\alpha_1\left(\frac{\partial \overline{u}_1}{\partial \overline{x}_1}\right)^2 + \alpha_2\left(\frac{\partial \overline{u}_1}{\partial \overline{x}_2}\right)^2\right] + \\
&\quad Kn_0^2\frac{\overline{\mu}^2}{\overline{p}}\frac{\overline{T}}{\overline{p}}\left[-\frac{2\omega_2}{3}\frac{\partial^2 \overline{p}}{\partial \overline{x}_1^2} + \frac{2\omega_2}{3}\frac{1}{\overline{p}}\left(\frac{\partial \overline{p}}{\partial \overline{x}_1}\right)^2 + \right.\\
&\quad \left. \frac{\omega_2}{3}\frac{\partial^2 \overline{p}}{\partial \overline{x}_2^2} - \frac{\omega_2}{3}\frac{1}{\overline{p}}\left(\frac{\partial \overline{p}}{\partial \overline{x}_2}\right)^2\right]
\end{aligned} \tag{4.166}$$

$$\overline{\sigma}_{21} = \overline{\sigma}_{12} = -Kn_0\overline{\mu}\frac{\partial \overline{u}_1}{\partial \overline{x}_2} + Kn_0^2\frac{\overline{\mu}^2}{\overline{p}}\left(\alpha_3\frac{\partial \overline{u}_1}{\partial \overline{x}_1}\frac{\partial \overline{u}_1}{\partial \overline{x}_2}\right) +$$
$$Kn_0^2\frac{\overline{\mu}^2}{\overline{p}}\frac{\overline{T}}{\overline{p}}\left(-2\frac{\partial^2 \overline{p}}{\partial \overline{x}_1 \partial \overline{x}_2} + \frac{2}{\overline{p}}\frac{\partial \overline{p}}{\partial \overline{x}_1}\frac{\partial \overline{p}}{\partial \overline{x}_2}\right) \quad (4.167)$$
$$\overline{\sigma}_{22} = \frac{2}{3}Kn_0\overline{\mu}\frac{\partial \overline{u}_1}{\partial \overline{x}_1} + Kn_0^2\frac{\overline{\mu}^2}{\overline{p}}\left[\alpha_5\left(\frac{\partial \overline{u}_1}{\partial \overline{x}_1}\right)^2 + \alpha_6\left(\frac{\partial \overline{u}_1}{\partial \overline{x}_2}\right)^2\right] +$$
$$Kn_0^2\frac{\overline{\mu}^2}{\overline{p}}\frac{\overline{T}}{\overline{p}}\left[\frac{2}{3}\frac{\partial^2 \overline{p}}{\partial \overline{x}_2^2} - \frac{2}{3}\frac{1}{\overline{p}}\left(\frac{\partial \overline{p}}{\partial \overline{x}_1}\right)^2 - \frac{4}{3}\frac{\partial^2 \overline{p}}{\partial \overline{x}_2^2} + \frac{4}{3}\frac{1}{\overline{p}}\left(\frac{\partial \overline{p}}{\partial \overline{x}_2}\right)^2\right] \quad (4.168)$$

对 $\overline{\sigma}_{11}, \overline{\sigma}_{21}, \overline{\sigma}_{12}, \overline{\sigma}_{22}$ 求导, 可得

$$\frac{\partial \overline{\sigma}_{11}}{\partial \overline{x}_1} = -\frac{4}{3}Kn_0\frac{\partial^2 \overline{u}_1}{\partial \overline{x}_1^2} + \frac{Kn_0^2}{\overline{p}}\left(2\alpha_1\frac{\partial \overline{u}_1}{\partial \overline{x}_1}\frac{\partial^2 \overline{u}_1}{\partial \overline{x}_1^2} + 2\alpha_2\frac{\partial \overline{u}_1}{\partial \overline{x}_2}\frac{\partial^2 \overline{u}_1}{\partial \overline{x}_1 \partial \overline{x}_2}\right) +$$
$$Kn_0^2\left[\alpha_1\left(\frac{\partial \overline{u}_1}{\partial \overline{x}_1}\right)^2 + \alpha_2\left(\frac{\partial \overline{u}_1}{\partial \overline{x}_2}\right)^2\right]\left(-\frac{1}{\overline{p}^2}\frac{\partial \overline{p}}{\partial \overline{x}_1}\right) +$$
$$Kn_0^2\frac{1}{\overline{p}^2}\left[-\frac{2\omega_2}{3}\frac{\partial^3 \overline{p}}{\partial \overline{x}_1^3} + \frac{4\omega_2}{3}\frac{1}{\overline{p}}\frac{\partial \overline{p}}{\partial \overline{x}_1}\frac{\partial^2 \overline{p}}{\partial \overline{x}_1^2} - \frac{2\omega_2}{3}\frac{1}{\overline{p}^2}\left(\frac{\partial \overline{p}}{\partial \overline{x}_1}\right)^3 + \frac{\omega_2}{3}\frac{\partial^3 \overline{p}}{\partial \overline{x}_1 \partial \overline{x}_2^2} - \right.$$
$$\left.\frac{\omega_2}{3}\frac{2}{\overline{p}}\frac{\partial \overline{p}}{\partial \overline{x}_2}\frac{\partial^2 \overline{p}}{\partial \overline{x}_1 \partial \overline{x}_2} + \frac{\omega_2}{3}\frac{1}{\overline{p}^2}\frac{\partial \overline{p}}{\partial \overline{x}_1}\left(\frac{\partial \overline{p}}{\partial \overline{x}_2}\right)^2\right] -$$
$$\frac{2Kn_0^2}{\overline{p}^3}\frac{\partial \overline{p}}{\partial \overline{x}_1}\left[-\frac{2\omega_2}{3}\frac{\partial^2 \overline{p}}{\partial \overline{x}_1^2} + \frac{2\omega_2}{3\overline{p}}\left(\frac{\partial \overline{p}}{\partial \overline{x}_1}\right)^2 + \frac{\omega_2}{3}\frac{\partial^2 \overline{p}}{\partial \overline{x}_2^2} - \frac{\omega_2}{3\overline{p}}\left(\frac{\partial \overline{p}}{\partial \overline{x}_2}\right)^2\right]$$
$$= -\frac{4}{3}Kn_0\frac{\partial^2 \overline{u}_1}{\partial \overline{x}_1^2} + \frac{Kn_0^2}{\overline{p}}\left(2\alpha_1\frac{\partial \overline{u}_1}{\partial \overline{x}_1}\frac{\partial^2 \overline{u}_1}{\partial \overline{x}_1^2} + 2\alpha_2\frac{\partial \overline{u}_1}{\partial \overline{x}_2}\frac{\partial^2 \overline{u}_1}{\partial \overline{x}_1 \partial \overline{x}_2}\right) +$$
$$Kn_0^2\left[\alpha_1\left(\frac{\partial \overline{u}_1}{\partial \overline{x}_1}\right)^2 + \alpha_2\left(\frac{\partial \overline{u}_1}{\partial \overline{x}_2}\right)^2\right]\left(-\frac{1}{\overline{p}^2}\frac{\partial \overline{p}}{\partial \overline{x}_1}\right) +$$
$$\frac{Kn_0^2}{\overline{p}^2}\left[-\frac{2\omega_2}{3}\frac{\partial^3 \overline{p}}{\partial \overline{x}_1^3} + \frac{8\omega_2}{3}\frac{1}{\overline{p}}\frac{\partial \overline{p}}{\partial \overline{x}_1}\frac{\partial^2 \overline{p}}{\partial \overline{x}_1^2} - \frac{6\omega_2}{3\overline{p}^2}\left(\frac{\partial \overline{p}}{\partial \overline{x}_1}\right)^3 + \frac{\omega_2}{3}\frac{\partial^3 \overline{p}}{\partial \overline{x}_1 \partial \overline{x}_2^2} - \right.$$
$$\left.\frac{2\omega_2}{3\overline{p}}\frac{\partial \overline{p}}{\partial \overline{x}_2}\frac{\partial^2 \overline{p}}{\partial \overline{x}_1 \partial \overline{x}_2} + \frac{\omega_2}{\overline{p}^2}\frac{\partial \overline{p}}{\partial \overline{x}_1}\left(\frac{\partial \overline{p}}{\partial \overline{x}_2}\right)^2 - \frac{2\omega_2}{3\overline{p}}\frac{\partial \overline{p}}{\partial \overline{x}_1}\frac{\partial^2 \overline{p}}{\partial \overline{x}_2^2}\right] \quad (4.169)$$
$$\frac{\partial \overline{\sigma}_{12}}{\partial \overline{x}_1} = -Kn_0\frac{\partial^2 \overline{u}_1}{\partial \overline{x}_1 \partial \overline{x}_2} + \frac{Kn_0^2}{\overline{p}}\left(\alpha_3\frac{\partial^2 \overline{u}_1}{\partial \overline{x}_1^2}\frac{\partial \overline{u}_1}{\partial \overline{x}_2} + \alpha_3\frac{\partial \overline{u}_1}{\partial \overline{x}_1}\frac{\partial^2 \overline{u}_1}{\partial \overline{x}_1 \partial \overline{x}_2}\right) +$$
$$Kn_0^2\left(\alpha_3\frac{\partial \overline{u}_1}{\partial \overline{x}_1}\frac{\partial \overline{u}_1}{\partial \overline{x}_2}\right)\left(-\frac{1}{\overline{p}^2}\frac{\partial \overline{p}}{\partial \overline{x}_1}\right) +$$
$$\frac{Kn_0^2}{\overline{p}^2}\left[-2\frac{\partial^3 \overline{p}}{\partial \overline{x}_1^2 \partial \overline{x}_2} + \frac{2}{\overline{p}}\frac{\partial^2 \overline{p}}{\partial \overline{x}_1^2}\frac{\partial \overline{p}}{\partial \overline{x}_2} + \frac{2}{\overline{p}}\frac{\partial \overline{p}}{\partial \overline{x}_1}\frac{\partial^2 \overline{p}}{\partial \overline{x}_1 \partial \overline{x}_2} - \frac{2}{\overline{p}^2}\left(\frac{\partial \overline{p}}{\partial \overline{x}_1}\right)^2\frac{\partial \overline{p}}{\partial \overline{x}_2}\right] +$$
$$\left(-\frac{2Kn_0^2}{\overline{p}^3}\frac{\partial \overline{p}}{\partial \overline{x}_1}\right)\left(-2\frac{\partial^2 \overline{p}}{\partial \overline{x}_1 \partial \overline{x}_2} + \frac{2}{\overline{p}}\frac{\partial \overline{p}}{\partial \overline{x}_1}\frac{\partial \overline{p}}{\partial \overline{x}_2}\right)$$
$$= -Kn_0\frac{\partial^2 \overline{u}_1}{\partial \overline{x}_1 \partial \overline{x}_2} + \frac{Kn_0^2}{\overline{p}}\left(\alpha_3\frac{\partial^2 \overline{u}_1}{\partial \overline{x}_1^2}\frac{\partial \overline{u}_1}{\partial \overline{x}_2} + \alpha_3\frac{\partial \overline{u}_1}{\partial \overline{x}_1}\frac{\partial^2 \overline{u}_1}{\partial \overline{x}_1 \partial \overline{x}_2}\right) +$$

$$\left(\alpha_3 \frac{\partial \overline{u}_1}{\partial \overline{x}_1} \frac{\partial \overline{u}_1}{\partial \overline{x}_2}\right)\left(-\frac{Kn_0}{\overline{p}^2} \frac{\partial \overline{p}}{\partial \overline{x}_1}\right) + \frac{Kn_0^2}{\overline{p}^2}\left[-2\frac{\partial^3 \overline{p}}{\partial \overline{x}_1^2 \partial \overline{x}_2} + \right.$$

$$\left. \frac{2}{\overline{p}} \frac{\partial^2 \overline{p}}{\partial \overline{x}_1^2} \frac{\partial \overline{p}}{\partial \overline{x}_2} + \frac{6}{\overline{p}} \frac{\partial \overline{p}}{\partial \overline{x}_1} \frac{\partial^2 \overline{p}}{\partial \overline{x}_1 \partial \overline{x}_2} - \frac{6}{\overline{p}^2}\left(\frac{\partial \overline{p}}{\partial \overline{x}_1}\right)^2 \left(\frac{\partial \overline{p}}{\partial \overline{x}_2}\right)\right] \tag{4.170}$$

$$\frac{\partial \overline{\sigma}_{21}}{\partial \overline{x}_2} = -Kn_0 \frac{\partial^2 \overline{u}_1}{\partial \overline{x}_2^2} + \frac{Kn_0^2}{\overline{p}}\left(\alpha_3 \frac{\partial^2 \overline{u}_1}{\partial \overline{x}_1 \partial \overline{x}_2} \frac{\partial \overline{u}_1}{\partial \overline{x}_2} + \alpha_3 \frac{\partial \overline{u}_1}{\partial \overline{x}_1} \frac{\partial^2 \overline{u}_1}{\partial \overline{x}_2^2}\right) +$$

$$\left(\alpha_3 \frac{\partial \overline{u}_1}{\partial \overline{x}_1} \frac{\partial \overline{u}_1}{\partial \overline{x}_2}\right)\left(-\frac{Kn_0^2}{\overline{p}^2} \frac{\partial \overline{p}}{\partial \overline{x}_2}\right) +$$

$$\frac{Kn_0^2}{\overline{p}^2}\left[-2\frac{\partial^3 \overline{p}}{\partial \overline{x}_1 \partial \overline{x}_2^2} + \frac{2}{\overline{p}} \frac{\partial^2 p}{\partial \overline{x}_1^2} \frac{\partial \overline{p}}{\partial \overline{x}_2} + \frac{2}{\overline{p}} \frac{\partial \overline{p}}{\partial \overline{x}_1} \frac{\partial^2 \overline{p}}{\partial \overline{x}_1 \partial \overline{x}_2} - \frac{2}{\overline{p}^2}\left(\frac{\partial \overline{p}}{\partial \overline{x}_1}\right)^2 \frac{\partial \overline{p}}{\partial \overline{x}_2}\right] +$$

$$\left(-\frac{2Kn_0^2}{\overline{p}^3} \frac{\partial \overline{p}}{\partial \overline{x}_1}\right)\left(-2\frac{\partial^2 \overline{p}}{\partial \overline{x}_1 \partial \overline{x}_2} + \frac{2}{\overline{p}} \frac{\partial \overline{p}}{\partial \overline{x}_1} \frac{\partial \overline{p}}{\partial \overline{x}_2}\right)$$

$$= -Kn_0 \frac{\partial^2 \overline{u}_1}{\partial \overline{x}_2} + \frac{Kn_0^2}{\overline{p}}\left(\alpha_3 \frac{\partial^2 \overline{u}_1}{\partial \overline{x}_1 \partial \overline{x}_2} \frac{\partial \overline{u}_1}{\partial \overline{x}_2} + \alpha_3 \frac{\partial \overline{u}_1}{\partial \overline{x}_1} \frac{\partial^2 \overline{u}_1}{\partial \overline{x}_2^2}\right) +$$

$$\left(\alpha_3 \frac{\partial \overline{u}_1}{\partial \overline{x}_1} \frac{\partial \overline{u}_1}{\partial \overline{x}_2}\right)\left(-\frac{Kn_0^2}{\overline{p}^2} \frac{\partial \overline{p}}{\partial \overline{x}_2}\right) + \frac{Kn_0^2}{\overline{p}^2}\left[-2\frac{\partial^3 \overline{p}}{\partial \overline{x}_1 \partial \overline{x}_2^2} + \right.$$

$$\left. \frac{6}{\overline{p}} \frac{\partial^2 \overline{p}}{\partial \overline{x}_1 \partial \overline{x}_2} \frac{\partial \overline{p}}{\partial \overline{x}_2} + \frac{2}{\overline{p}} \frac{\partial \overline{p}}{\partial \overline{x}_1} \frac{\partial^2 \overline{p}}{\partial \overline{x}_2^2} - \frac{6}{\overline{p}^2} \frac{\partial \overline{p}}{\partial \overline{x}_1}\left(\frac{\partial \overline{p}}{\partial \overline{x}_2}\right)^2\right] \tag{4.171}$$

$$\frac{\partial \overline{\sigma}_{22}}{\partial \overline{x}_2} = \frac{2}{3} Kn_0 \frac{\partial^2 \overline{u}_1}{\partial \overline{x}_1 \partial \overline{x}_2} + \frac{Kn_0^2}{\overline{p}}\left(\alpha_5 \cdot 2 \frac{\partial \overline{u}_1}{\partial \overline{x}_1} \frac{\partial^2 \overline{u}_1}{\partial \overline{x}_1 \partial \overline{x}_2} + \alpha_6 \cdot 2 \frac{\partial \overline{u}_1}{\partial \overline{x}_2} \frac{\partial^2 \overline{u}_1}{\partial \overline{x}_2^2}\right) +$$

$$\left[\alpha_5\left(\frac{\partial \overline{u}_1}{\partial \overline{x}_1}\right)^2 + \alpha_6\left(\frac{\partial \overline{u}_1}{\partial \overline{x}_2}\right)^2\right]\left(-\frac{Kn_0^2}{\overline{p}^2} \frac{\partial \overline{p}}{\partial \overline{x}_2}\right) +$$

$$\frac{Kn_0^2}{\overline{p}^2}\left[\frac{2}{3} \frac{\partial^3 \overline{p}}{\partial \overline{x}_1^2 \partial \overline{x}_2} - \frac{2}{3} \frac{1}{\overline{p}} \cdot 2 \frac{\partial \overline{p}}{\partial \overline{x}_1} \frac{\partial^2 \overline{p}}{\partial \overline{x}_1 \partial \overline{x}_2} + \frac{2}{3} \frac{1}{\overline{p}^2} \frac{\partial \overline{p}}{\partial \overline{x}_2}\left(\frac{\partial \overline{p}}{\partial \overline{x}_1}\right)^2 - \frac{4}{3} \frac{\partial^3 \overline{p}}{\partial \overline{x}_2^3} + \right.$$

$$\left. \frac{4}{3} \frac{1}{\overline{p}} \cdot 2 \frac{\partial \overline{p}}{\partial \overline{x}_2} \frac{\partial^2 \overline{p}}{\partial \overline{x}_2^2} - \frac{4}{3} \frac{1}{\overline{p}^2}\left(\frac{\partial \overline{p}}{\partial \overline{x}_1}\right)^2 \left(\frac{\partial \overline{p}}{\partial \overline{x}_2}\right)\right] +$$

$$\left(-\frac{2Kn_0^2}{\overline{p}^3} \frac{\partial \overline{p}}{\partial \overline{x}_2}\right)\left[\frac{2}{3} \frac{\partial^2 \overline{p}}{\partial \overline{x}_1^2} - \frac{2}{3} \frac{1}{\overline{p}}\left(\frac{\partial \overline{p}}{\partial \overline{x}_1}\right)^2 - \frac{4}{3} \frac{\partial^2 \overline{p}}{\partial \overline{x}_2^2} + \frac{4}{3} \frac{1}{\overline{p}}\left(\frac{\partial \overline{p}}{\partial \overline{x}_2}\right)^2\right]$$

$$= \frac{2}{3} Kn_0 \frac{\partial^2 \overline{u}_1}{\partial \overline{x}_1 \partial \overline{x}_2} + \frac{Kn_0^2}{\overline{p}}\left(2\alpha_5 \frac{\partial \overline{u}_1}{\partial \overline{x}_1} \frac{\partial^2 \overline{u}_1}{\partial \overline{x}_1 \partial \overline{x}_2} + 2\alpha_6 \frac{\partial \overline{u}_1}{\partial \overline{x}_2} \frac{\partial^2 \overline{u}_1}{\partial \overline{x}_2^2}\right) +$$

$$\left[\alpha_5\left(\frac{\partial \overline{u}_1}{\partial \overline{x}_1}\right)^2 + \alpha_6\left(\frac{\partial \overline{u}_1}{\partial \overline{x}_2}\right)^2\right]\left(-\frac{Kn_0^2}{\overline{p}^2} \frac{\partial \overline{p}}{\partial \overline{x}_2}\right) +$$

$$\frac{Kn_0^2}{\overline{p}^2}\left[\frac{2}{3} \frac{\partial^3 \overline{p}}{\partial \overline{x}_1^2 \partial \overline{x}_2} - \frac{4}{3} \frac{1}{\overline{p}} \frac{\partial \overline{p}}{\partial \overline{x}_1} \frac{\partial^2 \overline{p}}{\partial \overline{x}_1 \partial \overline{x}_2} + \frac{2}{\overline{p}^2} \frac{\partial \overline{p}}{\partial \overline{x}_2}\left(\frac{\partial \overline{p}}{\partial \overline{x}_1}\right)^2 - \frac{4}{3} \frac{\partial^3 \overline{p}}{\partial \overline{x}_2^3} + \right.$$

$$\left. \frac{16}{3} \frac{1}{\overline{p}} \frac{\partial \overline{p}}{\partial \overline{x}_2} \frac{\partial^2 \overline{p}}{\partial \overline{x}_2^2} - \frac{4}{\overline{p}^2}\left(\frac{\partial p}{\partial x_2}\right)^3 - \frac{4}{3\overline{p}} \frac{\partial^2 \overline{p}}{\partial \overline{x}_1^2} \frac{\partial \overline{p}}{\partial \overline{x}_2}\right] \tag{4.172}$$

将式 (4.169) ~ (4.172) 代入动量方程和连续方程式 (4.103) ~ (4.105), 并考虑到 $u_2 = 0$, 这时

$$\begin{cases} \dfrac{\partial \rho}{\partial t} + \dfrac{\partial (\rho u_1)}{\partial x_1} = 0 & (4.173) \\ \dfrac{\partial (\rho u_1)}{\partial t} + \dfrac{\partial (\rho u_1^2)}{\partial x_1} + \dfrac{\partial p}{\partial x_1} + \dfrac{\partial \sigma_{11}}{\partial x_1} + \dfrac{\partial \sigma_{21}}{\partial x_2} = 0 & (4.174) \\ \dfrac{\partial \sigma_{12}}{\partial x_1} + \dfrac{\partial p}{\partial x_2} + \dfrac{\partial \sigma_{22}}{\partial x_2} = 0 & (4.175) \end{cases}$$

由式 (4.174) 得

$$\rho \frac{\partial u_1}{\partial t} + u_1 \frac{\partial \rho}{\partial t} + u_1 \frac{\partial (\rho u_1)}{\partial x_1} + \rho u_1 \frac{\partial u_1}{\partial x_1} + \frac{\partial p}{\partial x_1} + \frac{\partial \sigma_{11}}{\partial x_1} + \frac{\partial \sigma_{21}}{\partial x_2} = 0$$

把连续方程式 (4.173) 代入, 可得

$$\rho \frac{\partial u_1}{\partial t} + \rho u_1 \frac{\partial u_1}{\partial x_1} + \frac{\partial p}{\partial x_1} + \frac{\partial \sigma_{11}}{\partial x_1} + \frac{\partial \sigma_{21}}{\partial x_2} = 0 \quad (4.176)$$

再将式 (4.169)、式 (4.171) 代入式 (4.176), 使其量纲一化, 且 $\bar{\rho} = \dfrac{\bar{p}}{\bar{T}}$, 可得下式 (为了简化, 省略符号上面的横线):

$$\begin{aligned}
&\frac{p}{T}\frac{\partial u_1}{\partial t} + \frac{p}{T}u_1\frac{\partial u_1}{\partial x_1} + \frac{\partial p}{\partial x_1} - \frac{4}{3}Kn_0\frac{\partial^2 u_1}{\partial x_1^2} + \\
&\frac{Kn_0^2}{p}\left(2\alpha_1\frac{\partial u_1}{\partial x_1}\frac{\partial^2 u_1}{\partial x_1^2} + 2\alpha_2\frac{\partial u_1}{\partial x_2}\frac{\partial^2 u_1}{\partial x_1\partial x_2}\right) + \\
&\left[\alpha_1\left(\frac{\partial u_1}{\partial x_1}\right)^2 + \alpha_2\left(\frac{\partial u_1}{\partial x_2}\right)^2\right]\left(-\frac{Kn_0^2}{p^2}\frac{\partial p}{\partial x_1}\right) + \\
&\frac{Kn_0^2}{p^2}\left[-\frac{4}{3}\frac{\partial^3 p}{\partial x_1^3} + \frac{16}{3p}\frac{\partial p}{\partial x_1}\frac{\partial^2 p}{\partial x_1^2} - \frac{4}{p^2}\left(\frac{\partial p}{\partial x_1}\right)^3 + \frac{2}{3}\frac{\partial^3 p}{\partial x_1\partial x_2^2} - \right. \\
&\left.\frac{4}{3p}\frac{\partial p}{\partial x_2}\frac{\partial^2 p}{\partial x_1\partial x_2} + \frac{2}{p^2}\frac{\partial p}{\partial x_1}\left(\frac{\partial p}{\partial x_2}\right)^2 - \frac{4}{3p}\frac{\partial p}{\partial x_1}\frac{\partial^2 p}{\partial x_2^2}\right] - Kn_0\frac{\partial^2 u_1}{\partial x_2^2} + \\
&\frac{Kn_0^2}{p}\left(\alpha_3\frac{\partial^2 u_1}{\partial x_1\partial x_2}\frac{\partial u_1}{\partial x_2} + \alpha_3\frac{\partial u_1}{\partial x_1}\frac{\partial^2 u_1}{\partial x_2^2}\right) + \left(\alpha_3\frac{\partial u_1}{\partial x_1}\frac{\partial u_1}{\partial x_2}\right)\left(-\frac{Kn_0^2}{p^2}\frac{\partial p}{\partial x_2}\right) + \\
&\frac{Kn_0^2}{p^2}\left[-2\frac{\partial^3 p}{\partial x_1\partial x_2^2} + \frac{6}{p}\frac{\partial^2 p}{\partial x_1\partial x_2}\frac{\partial p}{\partial x_2} + \frac{2}{p}\frac{\partial p}{\partial x_1}\frac{\partial^2 p}{\partial x_2^2} - \frac{6}{p^2}\frac{\partial p}{\partial x_1}\left(\frac{\partial p}{\partial x_2}\right)^2\right] = 0 \quad (4.177)
\end{aligned}$$

对上式进行整理, 合并同类项后可得

$$\begin{aligned}
&\frac{p}{T}\frac{\partial u_1}{\partial t} + \frac{p}{T}u_1\frac{\partial u_1}{\partial x_1} + \frac{\partial p}{\partial x_1} - Kn_0\left(\frac{4}{3}\frac{\partial^2 u_1}{\partial x_1^2} + \frac{\partial^2 u_1}{\partial x_2^2}\right) + \\
&\frac{Kn_0^2}{p}\left[2\alpha_1\frac{\partial u_1}{\partial x_1}\frac{\partial^2 u_1}{\partial x_1^2} + (2\alpha_2 + \alpha_3)\frac{\partial^2 u_1}{\partial x_1\partial x_2}\frac{\partial u_1}{\partial x_2} + \alpha_3\frac{\partial u_1}{\partial x_1}\frac{\partial^2 u_1}{\partial x_2^2}\right] - \\
&\frac{Kn_0^2}{p^2}\frac{\partial p}{\partial x_1}\left[\alpha_1\left(\frac{\partial u_1}{\partial x_1}\right)^2 + \alpha_2\left(\frac{\partial u_1}{\partial x_2}\right)^2\right] - \frac{Kn_0^2}{p^2}\frac{\partial p}{\partial x_2}\left(\alpha_3\frac{\partial u_1}{\partial x_1}\frac{\partial u_1}{\partial x_2}\right) +
\end{aligned}$$

$$\frac{Kn_0^2}{p^2}\left[-\frac{4}{3}\frac{\partial^3 p}{\partial x_1^3}+\frac{16}{3p}\frac{\partial p}{\partial x_1}\frac{\partial^2 p}{\partial x_1^2}+\frac{2}{3p}\frac{\partial p}{\partial x_1}\frac{\partial^2 p}{\partial x_2^2}-\frac{4}{p^2}\left(\frac{\partial p}{\partial x_1}\right)^3-\frac{4}{3}\frac{\partial^3 p}{\partial x_1\partial x_2^2}+\right.$$

$$\left.\frac{14}{3p}\frac{\partial^2 p}{\partial x_1\partial x_2}\frac{\partial p}{\partial x_2}-\frac{4}{p^2}\frac{\partial p}{\partial x_1}\left(\frac{\partial p}{\partial x_2}\right)^2\right]=0$$

或改写为

$$\frac{p}{T}\frac{\partial u_1}{\partial t}=\left\{-\frac{\partial p}{\partial x_1}\left\{1-\frac{Kn_0^2}{p^2}\left[\alpha_1\left(\frac{\partial u_1}{\partial x_1}\right)^2+\alpha_2\left(\frac{\partial u_1}{\partial x_2}\right)^2+\frac{16}{3p}\frac{\partial^2 p}{\partial x_1^2}+\frac{2}{3p}\frac{\partial^2 p}{\partial x_2^2}-\right.\right.\right.$$
$$\left.\left.\frac{4}{p^2}\left(\frac{\partial p}{\partial x_1}\right)^2-\frac{4}{p^2}\left(\frac{\partial p}{\partial x_2}\right)^2\right]\right\}+\frac{Kn_0^2}{p^2}\frac{\partial p}{\partial x_2}\left(\alpha_3\frac{\partial u_1}{\partial x_1}\frac{\partial u_1}{\partial x_2}+\frac{14}{3p}\frac{\partial^2 p}{\partial x_1\partial x_2}\right)-$$
$$\left.\frac{Kn_0^2}{p^2}\left(-\frac{4}{3}\frac{\partial^3 p}{\partial x_1^3}-\frac{4}{3}\frac{\partial^3 p}{\partial x_1\partial x_2^2}\right)\right\}-\left\{\frac{p}{T}u_1\frac{\partial u_1}{\partial x_1}-Kn_0\left(\frac{4}{3}\frac{\partial^2 u_1}{\partial x_1^2}+\frac{\partial^2 u_1}{\partial x_2^2}\right)+\right.$$
$$\left.\frac{Kn_0^2}{p}\left[2\alpha_1\frac{\partial u_1}{\partial x_1}\frac{\partial^2 u_1}{\partial x_1^2}+(2\alpha_2+\alpha_3)\frac{\partial^2 u_1}{\partial x_1\partial x_2}\frac{\partial u_1}{\partial x_2}+\alpha_3\frac{\partial u_1}{\partial x_1}\frac{\partial^2 u_1}{\partial x_2^2}\right]\right\} \quad (4.178)$$

令上式右边第一个外花括号内的各项为 A_1,第二个花括号内的各项为 B_1,则上式可写成

$$\frac{p}{T}\frac{\partial u_1}{\partial t}=A_1-B_1 \quad (4.179)$$

或

$$\frac{\partial u_1}{\partial t}=(A_1-B_1)\frac{T}{p} \quad (4.180)$$

在等温过程中相对温度 $\overline{T}=T/T_0=T=1$,因此

$$\frac{\partial u_1}{\partial t}=(A_1-B_1)\frac{1}{p} \quad (4.181)$$

上式可以利用数值方法求解。

同理,将式 (4.170)、式 (4.172) 代入动量方程式 (4.175) 可得

$$-Kn_0\frac{\partial^2 u_1}{\partial x_1\partial x_2}+\frac{Kn_0^2}{p}\left(\alpha_3\frac{\partial^2 u_1}{\partial x_1^2}\frac{\partial u_1}{\partial x_2}+\alpha_3\frac{\partial u_1}{\partial x_1}\frac{\partial^2 u_1}{\partial x_1\partial x_2}\right)+$$
$$\left(-\frac{Kn_0^2}{p^2}\frac{\partial p}{\partial x_1}\right)\left(\alpha_3\frac{\partial u_1}{\partial x_1}\frac{\partial u_1}{\partial x_2}\right)+\frac{Kn_0^2}{p^2}\left[-2\frac{\partial^3 p}{\partial x_1^2\partial x_2}+\frac{2}{p}\frac{\partial^2 p}{\partial x_1^2}\frac{\partial p}{\partial x_2}+\frac{6}{p}\frac{\partial p}{\partial x_1}\frac{\partial^2 p}{\partial x_1\partial x_2}-\right.$$
$$\left.\frac{6}{p^2}\left(\frac{\partial p}{\partial x_1}\right)^2\left(\frac{\partial p}{\partial x_2}\right)\right]+\frac{\partial p}{\partial x_2}+\frac{2}{3}Kn_0\frac{\partial^2 u_1}{\partial x_1\partial x_2}+\frac{Kn_0^2}{p}\left(2\alpha_5\frac{\partial u_1}{\partial x_1}\frac{\partial^2 u_1}{\partial x_1\partial x_2}+\right.$$
$$\left.2\alpha_6\frac{\partial u_1}{\partial x_2}\frac{\partial^2 u_1}{\partial x_2^2}\right)-\alpha_5\frac{Kn_0^2}{p^2}\frac{\partial p}{\partial x_2}\left(\frac{\partial u_1}{\partial x_1}\right)^2-\alpha_6\frac{Kn_0^2}{p^2}\frac{\partial p}{\partial x_2}\left(\frac{\partial u_1}{\partial x_2}\right)^2+$$
$$\frac{Kn_0^2}{p^2}\left[\frac{2}{3}\frac{\partial^3 p}{\partial x_1^2\partial x_2}-\frac{4}{3}\frac{1}{p}\frac{\partial p}{\partial x_1}\frac{\partial^2 p}{\partial x_1\partial x_2}+\frac{2}{p^2}\frac{\partial p}{\partial x_2}\left(\frac{\partial p}{\partial x_1}\right)^2-\frac{4}{3}\frac{\partial^3 p}{\partial x_2^3}+\right.$$
$$\left.\frac{16}{3}\frac{1}{p}\frac{\partial p}{\partial x_2}\frac{\partial^2 p}{\partial x_2^2}-\frac{4}{p^2}\left(\frac{\partial p}{\partial x_2}\right)^3-\frac{4}{3p}\frac{\partial^2 p}{\partial x_1^2}\frac{\partial p}{\partial x_2}\right]=0 \quad (4.182)$$

或

$$\frac{\partial p}{\partial x_1}\frac{Kn_0^2}{p^2}\left(-\alpha_3\frac{\partial u_1}{\partial x_1}\frac{\partial u_1}{\partial x_2}+\frac{6}{p}\frac{\partial^2 p}{\partial x_1 \partial x_2}-\frac{6}{p^2}\frac{\partial p}{\partial x_1}\frac{\partial p}{\partial x_2}-\frac{4}{3p}\frac{\partial^2 p}{\partial x_1 \partial x_2}+\frac{2}{p^2}\frac{\partial p}{\partial x_1}\frac{\partial p}{\partial x_2}\right)+$$
$$\frac{\partial p}{\partial x_2}\left\{\frac{Kn_0^2}{p^2}\left[\frac{2}{p}\frac{\partial^2 p}{\partial x_1^2}-\alpha_5\left(\frac{\partial u_1}{\partial x_1}\right)^2-\alpha_6\left(\frac{\partial u_1}{\partial x_2}\right)^2+\frac{16}{3p}\frac{\partial^2 p}{\partial x_2^2}-\frac{4}{p^2}\left(\frac{\partial p}{\partial x_2}\right)^2-\right.\right.$$
$$\left.\left.\frac{4}{3p}\frac{\partial^2 p}{\partial x_1^2}\right]+1\right\}+\frac{Kn_0^2}{p^2}\left(-2\frac{\partial^3 p}{\partial x_1^2 \partial x_2}+\frac{2}{3}\frac{\partial^3 p}{\partial x_1^2 \partial x_2}-\frac{4}{3}\frac{\partial^3 p}{\partial x_2^3}\right)+$$
$$\left[-Kn_0\frac{\partial^2 u_1}{\partial x_1 \partial x_2}+\frac{Kn_0^2}{p}\left(\alpha_3\frac{\partial^2 u_1}{\partial x_1^2}\frac{\partial u_1}{\partial x_2}+\alpha_3\frac{\partial u_1}{\partial x_1}\frac{\partial^2 u_1}{\partial x_1 \partial x_2}\right)+\right.$$
$$\left.\frac{2}{3}Kn_0\frac{\partial^2 u_1}{\partial x_1 \partial x_2}+\frac{Kn_0^2}{p}\left(2\alpha_5\frac{\partial u_1}{\partial x_1}\frac{\partial^2 u_1}{\partial x_1 \partial x_2}+2\alpha_6\frac{\partial u_1}{\partial x_2}\frac{\partial^2 u_1}{\partial x_2^2}\right)\right]=0$$

上式可改写为

$$\left\{\frac{\partial p}{\partial x_1}\frac{Kn_0^2}{p^2}\left(-\alpha_3\frac{\partial u_1}{\partial x_1}\frac{\partial u_1}{\partial x_2}+\frac{14}{3p}\frac{\partial^2 p}{\partial x_1 \partial x_2}-\frac{4}{p^2}\frac{\partial p}{\partial x_1}\frac{\partial p}{\partial x_2}\right)+\frac{\partial p}{\partial x_2}\left\{\frac{Kn_0^2}{p^2}\left[\frac{2}{3p}\frac{\partial^2 p}{\partial x_1^2}-\right.\right.\right.$$
$$\left.\left.\alpha_5\left(\frac{\partial u_1}{\partial x_1}\right)^2-\alpha_6\left(\frac{\partial u_1}{\partial x_2}\right)^2+\frac{16}{3p}\frac{\partial^2 p}{\partial x_2^2}-\frac{4}{p^2}\left(\frac{\partial p}{\partial x_2}\right)^2\right]+1\right\}+$$
$$\left.\frac{Kn_0^2}{p^2}\left(-\frac{4}{3}\frac{\partial^3 p}{\partial x_1^2 \partial x_2}-\frac{4}{3}\frac{\partial^3 p}{\partial x_2^3}\right)\right\}+\left\{-\frac{Kn_0}{3}\frac{\partial^2 u_1}{\partial x_1 \partial x_2}+\right.$$
$$\left.\frac{Kn_0^2}{p}\left[\alpha_3\frac{\partial^2 u_1}{\partial x_1^2}\frac{\partial u_1}{\partial x_2}+(\alpha_3+2\alpha_5)\frac{\partial u_1}{\partial x_1}\frac{\partial^2 u_1}{\partial x_1 \partial x_2}+2\alpha_6\frac{\partial u_1}{\partial x_2}\frac{\partial^2 u_1}{\partial x_2^2}\right]\right\}=0 \quad (4.183)$$

令上式左边第一个外花括号内的各项为 A_2，第二个花括号内的各项为 B_2，则上式可写成

$$A_2+B_2=0 \quad (4.184)$$

利用式 (4.181) 和式 (4.184) 就可以求解可压缩等温一维非定常微流动方程。

4.2.6 细长微流道中等温一维定常流动时的 Burnett 方程

这种流动模式在微流动中经常出现，由于芯片硅材料传热良好、流道细长，流动十分接近等温一维定常流。

在细长的微流道中，流道的长宽比 H/L 很小，因此在分析计算中可以做如下简化：

微流道沿流动方向的相对尺度 $\overline{x}_1=x_1/H$ 可改写为

$$\overline{x}_1=\frac{x_1}{L}\frac{L}{H}=\widetilde{x}_1\frac{1}{\varepsilon} \quad (4.185)$$

因此

$$\widetilde{x}_1=\varepsilon\overline{x}_1 \quad (4.186)$$

式中，$\widetilde{x}_1 = x_1/L$ 是以流道长度 L 作为比较标准的相对长度；$\varepsilon = H/L$ 为长宽比。将式 (4.186) 代入一维等温流动方程式 (4.178) 中，由于 ε 很小，可以忽略 ε^2 项及高次项，并忽略 $\partial p/\partial x_2$ 项，而 $T=1$，则式 (4.178) 可简化为

$$p\frac{\partial u_1}{\partial t} = -\varepsilon\frac{\partial p}{\partial \widetilde{x}_1} + \alpha_2\varepsilon\frac{\partial p}{\partial \widetilde{x}_1}\frac{Kn_0^2}{p^2}\left(\frac{\partial u_1}{\partial x_2}\right)^2 - \varepsilon pu_1\frac{\partial u_1}{\partial \widetilde{x}_1} + Kn_0\frac{\partial^2 u_1}{\partial x_2^2} -$$
$$(2\alpha_2 + \alpha_3)\varepsilon\frac{\partial^2 u_1}{\partial \widetilde{x}_1 \partial x_2}\frac{\partial u_1}{\partial x_2}\frac{Kn_0^2}{p} - \alpha_3\varepsilon\frac{Kn_0^2}{p}\frac{\partial u_1}{\partial \widetilde{x}_1}\frac{\partial^2 u_1}{\partial x_2^2} \quad (4.187)$$

而式 (4.183) 可简化为

$$-\frac{\varepsilon Kn_0}{3}\frac{\partial^2 u_1}{\partial \widetilde{x}_1 \partial x_2} + 2\alpha_6\frac{\partial u_1}{\partial x_2}\frac{\partial^2 u_1}{\partial x_2^2}\frac{Kn_0^2}{p} = 0 \quad (4.188)$$

连续方程式 (4.173) 可改写为

$$\frac{\partial p}{\partial t} + p\varepsilon\frac{\partial u_1}{\partial \widetilde{x}_1} + \varepsilon u_1\frac{\partial p}{\partial \widetilde{x}_1} = 0 \quad (4.189)$$

将式 (4.188)、式 (4.189) 进行移项后可改写为

$$\frac{\varepsilon Kn_0}{3}\frac{\partial^2 u_1}{\partial \widetilde{x}_1 \partial x_2} = 2\alpha_6\frac{\partial u_1}{\partial x_2}\frac{\partial^2 u_1}{\partial x_2^2}\frac{Kn_0^2}{p} \quad (4.190)$$

$$p\varepsilon\frac{\partial u_1}{\partial \widetilde{x}_1} = -\varepsilon u_1\frac{\partial p}{\partial \widetilde{x}_1} - \frac{\partial p}{\partial t} \quad (4.191)$$

把式 (4.190)、式 (4.191) 代入式 (4.187) 中，并认为 $\frac{\partial u_1}{\partial t} = 0, \frac{\partial p}{\partial t} = 0$，则

$$-\varepsilon\frac{\partial p}{\partial \widetilde{x}_1}\left[1 - \alpha_2\frac{Kn_0^2}{p^2}\left(\frac{\partial u_1}{\partial x_2}\right)^2 - u_1^2\right] + Kn_0\frac{\partial^2 u_1}{\partial x_2^2}\left(1 - \alpha_3\varepsilon\frac{Kn_0}{p}\frac{\partial u_1}{\partial \widetilde{x}_1}\right) -$$
$$(2\alpha_2 + \alpha_3)\cdot 6\alpha_6\frac{Kn_0^3}{p^2}\left(\frac{\partial u_1}{\partial x_2}\right)^2\frac{\partial^2 u_1}{\partial x_2^2} = 0$$

由此可得

$$\varepsilon\frac{\partial p}{\partial \widetilde{x}_1} = Kn_0\frac{\partial^2 u_1}{\partial x_2^2}\left[\frac{1 - \alpha_3\varepsilon\dfrac{Kn_0}{p}\dfrac{\partial u_1}{\partial \widetilde{x}_1} - 6\alpha_6(2\alpha_2 + \alpha_3)\dfrac{Kn_0^2}{p^2}\left(\dfrac{\partial u_1}{\partial x_2}\right)^2}{1 - \alpha_2\dfrac{Kn_0^2}{p^2}\left(\dfrac{\partial u_1}{\partial x_2}\right)^2 - u_1^2}\right] \quad (4.192)$$

上式即为细长微流道中等温一维定常流动时的 Burnett 方程，与 Navier–Stokes 方程相比，其差别在于等式右边方括号内这一项。由 Navier–Stokes 方程可得

$$\rho\frac{\mathrm{d}u_1}{\mathrm{d}t} + \frac{\partial p}{\partial x_1} = \mu\frac{\partial^2 u_1}{\partial x_2^2}$$

而

$$\rho\frac{\mathrm{d}u_1}{\mathrm{d}t} = \rho\frac{\partial u_1}{\partial t} + \rho u_1\frac{\partial u_1}{\partial x_1} + \rho u_2\frac{\partial u_2}{\partial x_2}$$

又由连续方程
$$\frac{\partial \rho}{\partial t} + \frac{\partial (\rho u_1)}{\partial x_1} + \frac{\partial (\rho u_2)}{\partial x_2} = 0$$

可得
$$\frac{\partial \rho}{\partial t} + \rho \frac{\partial u_1}{\partial x_1} + u_1 \frac{\partial \rho}{\partial x_1} + \rho \frac{\partial u_2}{\partial x_2} + u_2 \frac{\partial \rho}{\partial x_2} = 0$$

对于定常流有 $\dfrac{\partial \rho}{\partial t} = 0$, 对于一维流动有 $u_2 = 0$, 因此
$$\rho \frac{\partial u_1}{\partial x_1} + u_1 \frac{\partial \rho}{\partial x_1} = 0$$

或
$$\rho \frac{\partial u_1}{\partial x_1} = -u_1 \frac{\partial \rho}{\partial x_1}$$

因此
$$\rho \frac{\mathrm{d} u_1}{\mathrm{d} t} = \rho \frac{\partial x_1}{\partial t} \frac{\partial u_1}{\partial x_1} = \rho \frac{\partial u_1}{\partial x_1} u_1 = -u_1^2 \frac{\partial \rho}{\partial x_1}$$

在等温流动时, $\overline{T} = 1$, 可得 $\overline{\rho} = \overline{p}$, 以量纲一的量代入 N–S 方程 (省略符号上面的横线), 可得
$$-\varepsilon u_1^2 \frac{RT_0 \rho_0}{H} \frac{\partial p}{\partial x_1} + \varepsilon \frac{p_0}{H} \frac{\partial p}{\partial x_1} = \frac{\mu_0 \mu \sqrt{RT_0}}{H^2} \frac{\partial^2 u_1}{\partial x_2^2}$$

或
$$(1 - u_1^2)\varepsilon \frac{\partial p}{\partial x_1} = \frac{\mu_0 \mu \sqrt{RT_0}}{H^2} \frac{H}{RT_0 \rho_0} \frac{\partial^2 u_1}{\partial x_2^2} = \frac{\mu_0}{\sqrt{RT_0 \rho_0} H} \overline{\mu} \frac{\partial^2 u_1}{\partial x_2^2} = Kn_0 \overline{\mu} \frac{\partial^2 u_1}{\partial x_2^2}$$

因此利用 N–S 方程可写成
$$\varepsilon \frac{\partial p}{\partial x_1} = Kn_0 \overline{\mu} \frac{\partial^2 u_1}{\partial x_2^2} \left(\frac{1}{1 - u_1^2} \right)$$

在等温过程中相对温度 $\overline{T} = 1, \overline{\mu} = 1$, 因此有
$$\varepsilon \frac{\partial p}{\partial x_1} = Kn_0 \frac{\partial^2 u_1}{\partial x_2^2} \left(\frac{1}{1 - u_1^2} \right) \tag{4.193}$$

比较式 (4.192) 和式 (4.193) 可以看出, Burnett 方程考虑了由于速度 u_1 在 x_1, x_2 方向的变化而引起的影响, 多了一阶导数各项。但是如果 $Kn_0 \ll 1$, 则 Burnett 方程就趋近于 N–S 方程。因此 N–S 方程只适用于 $Kn \ll 1$ 的场合。

4.2.7 微流道中的等温二维非定常流动时的 Burnett 方程

在微流道中, 由于边界效应的影响, 常常会存在二维流动的情况, 这时应考虑垂直于主流方向的速度 u_2 的变化。

在 4.2.2.4 节，已经给出了二维流动时的连续方程和动量方程式 (4.103)、式 (4.104)、式 (4.105)，即

$$\begin{cases} \dfrac{\partial \rho}{\partial t} + \dfrac{\partial (\rho u_1)}{\partial x_1} + \dfrac{\partial (\rho u_2)}{\partial x_2} = 0 & (4.194) \\[6pt] \dfrac{\partial (\rho u_1)}{\partial t} + \dfrac{\partial}{\partial x_1}(\rho u_1^2 + p + \sigma_{11}) + \dfrac{\partial}{\partial x_2}(\rho u_1 u_2 + \sigma_{21}) = 0 & (4.195) \\[6pt] \dfrac{\partial (\rho u_2)}{\partial t} + \dfrac{\partial}{\partial x_1}(\rho u_1 u_2 + \sigma_{12}) + \dfrac{\partial}{\partial x_2}(\rho u_2^2 + p + \sigma_{22}) = 0 & (4.196) \end{cases}$$

展开式 (4.195)，有

$$u_1 \frac{\partial \rho}{\partial t} + \rho \frac{\partial u_1}{\partial t} + \rho u_1 \frac{\partial u_1}{\partial x_1} + u_1 \frac{\partial (\rho u_1)}{\partial x_1} + \frac{\partial p}{\partial x_1} + \frac{\partial \sigma_{11}}{\partial x_1} +$$
$$\rho u_2 \frac{\partial u_1}{\partial x_2} + u_1 \frac{\partial (\rho u_2)}{\partial x_2} + \frac{\partial \sigma_{21}}{\partial x_2} = 0 \quad (4.197)$$

利用连续方程式 (4.194) 可把上式改为

$$\rho \frac{\mathrm{d} u_1}{\mathrm{d} t} + \frac{\partial p}{\partial x_1} + \frac{\partial \sigma_{11}}{\partial x_1} + \frac{\partial \sigma_{21}}{\partial x_2} = 0 \quad (4.198)$$

再展开式 (4.196)，有

$$u_2 \frac{\partial \rho}{\partial t} + \rho \frac{\partial u_2}{\partial t} + \rho u_1 \frac{\partial u_2}{\partial x_1} + u_2 \frac{\partial (\rho u_1)}{\partial x_1} + \frac{\partial \sigma_{12}}{\partial x_1} + \rho u_2 \frac{\partial u_2}{\partial x_2} +$$
$$u_2 \frac{\partial (\rho u_2)}{\partial x_2} + \frac{\partial p}{\partial x_2} + \frac{\partial \sigma_{22}}{\partial x_2} = 0 \quad (4.199)$$

同样利用连续方程可把上式改为

$$\rho \frac{\mathrm{d} u_2}{\mathrm{d} t} + \frac{\partial p}{\partial x_2} + \frac{\partial \sigma_{12}}{\partial x_1} + \frac{\partial \sigma_{22}}{\partial x_2} = 0 \quad (4.200)$$

把式 (4.49)、式 (4.70) 的 $\dfrac{\partial \sigma_{11}}{\partial x_1}, \dfrac{\partial \sigma_{21}}{\partial x_2}$ 代入式 (4.198)，可得

$$\rho \frac{\mathrm{d} u_1}{\mathrm{d} t} + \frac{\partial p}{\partial x_1} - \frac{4}{3}\mu \frac{\partial^2 u_1}{\partial x_1^2} + \frac{2}{3}\mu \frac{\partial^2 u_2}{\partial x_1 \partial x_2} + \frac{\mu^2}{p}\left[2\alpha_1 \frac{\partial u_1}{\partial x_1}\frac{\partial^2 u_1}{\partial x_1^2} + \right.$$
$$\left(-\alpha_5 - \frac{8}{3}\alpha_6 + \frac{7}{6}\alpha_9\right)\left(\frac{\partial^2 u_1}{\partial x_1^2}\frac{\partial u_2}{\partial x_2} + \frac{\partial u_1}{\partial x_1}\frac{\partial^2 u_2}{\partial x_1 \partial x_2}\right) + 2\alpha_5 \frac{\partial u_2}{\partial x_2}\frac{\partial^2 u_2}{\partial x_1 \partial x_2} +$$
$$(2\alpha_6 + \alpha_{11})\left(\frac{\partial^2 u_1}{\partial x_1 \partial x_2}\frac{\partial u_2}{\partial x_1} + \frac{\partial u_1}{\partial x_2}\frac{\partial^2 u_2}{\partial x_1^2}\right) + 2\alpha_6 \frac{\partial u_2}{\partial x_1}\frac{\partial^2 u_2}{\partial x_1^2} +$$
$$\left. 2\alpha_2 \frac{\partial^2 u_1}{\partial x_1 \partial x_2}\frac{\partial u_1}{\partial x_2}\right] - \frac{\mu^2}{p^2}\{A_{11}\}\frac{\partial p}{\partial x_1} + \frac{\mu^2}{p}\frac{\partial \{A_{11}\}}{\partial x_1} - \frac{\mu^2}{p^2}\{11\}\frac{\partial p}{\partial x_1} -$$
$$\mu\left(\frac{\partial^2 u_1}{\partial x_2^2} + \frac{\partial^2 u_2}{\partial x_1 \partial x_2}\right) + \frac{\mu^2}{p}\left(\alpha_3 \frac{\partial^2 u_1}{\partial x_2 \partial x_2}\frac{\partial u_1}{\partial x_2} + \alpha_3 \frac{\partial u_1}{\partial x_1}\frac{\partial^2 u_1}{\partial x_2^2} + \right.$$
$$\alpha_4 \frac{\partial^2 u_1}{\partial x_1 \partial x_2}\frac{\partial u_2}{\partial x_1} + \alpha_4 \frac{\partial u_1}{\partial x_1}\frac{\partial^2 u_2}{\partial x_1 \partial x_2} + \alpha_4 \frac{\partial^2 u_2}{\partial x_2^2}\frac{\partial u_1}{\partial x_2} +$$
$$\left. \alpha_4 \frac{\partial u_2}{\partial x_2}\frac{\partial^2 u_1}{\partial x_2^2} + \alpha_3 \frac{\partial^2 u_2}{\partial x_2^2}\frac{\partial u_2}{\partial x_1} + \alpha_3 \frac{\partial u_2}{\partial x_2}\frac{\partial^2 u_2}{\partial x_1 \partial x_2}\right) -$$
$$\frac{\mu^2}{p^2}\{21\}\frac{\partial p}{\partial x_2} + \frac{\mu^2}{p}\frac{\partial \{A_{21}\}}{\partial x_2} - \frac{\mu^2}{p^2}\{A_{21}\}\frac{\partial p}{\partial x_2} = 0 \quad (4.201)$$

式中

$$\{11\} = \alpha_1 \left(\frac{\partial u_1}{\partial x_1}\right)^2 + \left(-\alpha_5 - \frac{8}{3}\alpha_6 + \frac{7}{6}\alpha_9\right)\frac{\partial u_1}{\partial x_1}\frac{\partial u_2}{\partial x_2} + \alpha_5 \left(\frac{\partial u_2}{\partial x_2}\right)^2 +$$
$$(2\alpha_6 + \alpha_{11})\frac{\partial u_1}{\partial x_2}\frac{\partial u_2}{\partial x_1} + \alpha_6 \left(\frac{\partial u_2}{\partial x_1}\right)^2 + \alpha_2 \left(\frac{\partial u_1}{\partial x_2}\right)^2 \tag{4.202}$$

$$\{21\} = \alpha_3 \frac{\partial u_1}{\partial x_1}\frac{\partial u_1}{\partial x_2} + \alpha_4 \frac{\partial u_1}{\partial x_2}\frac{\partial u_2}{\partial x_1} + \alpha_4 \frac{\partial u_2}{\partial x_2}\frac{\partial u_1}{\partial x_2} + \alpha_3 \frac{\partial u_2}{\partial x_2}\frac{\partial u_2}{\partial x_1} \tag{4.203}$$

$$\{A_{11}\} = \left[\alpha_9 \frac{RT}{p}\frac{\partial^2 p}{\partial x_1^2} + \alpha_{11}\frac{RT}{p^2}\left(\frac{\partial p}{\partial x_1}\right)^2\right] -$$
$$\frac{1}{2}\left[\alpha_9 \frac{RT}{p}\frac{\partial^2 p}{\partial x_2^2} + \alpha_{11}\frac{RT}{p}\left(\frac{\partial p}{\partial x_2}\right)^2\right] \tag{4.204}$$

$$\{A_{21}\} = \frac{3}{2}\left(\alpha_9 \frac{RT}{p}\frac{\partial^2 p}{\partial x_1 \partial x_2} + \alpha_{11}\frac{RT}{p^2}\frac{\partial p}{\partial x_1}\frac{\partial p}{\partial x_2}\right) \tag{4.205}$$

把式 (4.200)、式 (4.203)、式 (4.204)、式 (4.205) 代入式 (4.201), 经整理后可得

$$\rho\frac{du_1}{dt} + \left\{1 - \frac{\mu^2}{p^2}\left[\alpha_1\left(\frac{\partial u_1}{\partial x_1}\right)^2 + \left(-\alpha_5 - \frac{8}{3}\alpha_6 + \frac{7}{6}\alpha_9\right)\frac{\partial u_1}{\partial x_1}\frac{\partial u_2}{\partial x_2} + \alpha_5\left(\frac{\partial u_2}{\partial x_2}\right)^2 + \right.\right.$$
$$\left.\left.(2\alpha_6 + \alpha_{11})\frac{\partial u_1}{\partial x_2}\frac{\partial u_2}{\partial x_1} + \alpha_6\left(\frac{\partial u_2}{\partial x_1}\right)^2 + \alpha_2\left(\frac{\partial u_1}{\partial x_2}\right)^2\right]\right\}\frac{\partial p}{\partial x_1} -$$
$$\frac{\mu^2}{p^2}\left(\alpha_3\frac{\partial u_1}{\partial x_1}\frac{\partial u_1}{\partial x_2} + \alpha_4\frac{\partial u_1}{\partial x_2}\frac{\partial u_2}{\partial x_1} + \alpha_4\frac{\partial u_2}{\partial x_2}\frac{\partial u_1}{\partial x_2} + \alpha_3\frac{\partial u_2}{\partial x_2}\frac{\partial u_2}{\partial x_1}\right)\frac{\partial p}{\partial x_2} +$$
$$\left(-\frac{4}{3}\mu\frac{\partial^2 u_1}{\partial x_1^2} - \mu\frac{\partial^2 u_1}{\partial x_2^2} - \frac{1}{3}\mu\frac{\partial^2 u_2}{\partial x_1 \partial x_2}\right) + \frac{\mu^2}{p}\left[2\alpha_1\frac{\partial u_1}{\partial x_1}\frac{\partial^2 u_1}{\partial x_1^2} + \right.$$
$$\left(-\alpha_5 - \frac{8}{3}\alpha_6 + \frac{7}{6}\alpha_9\right)\left(\frac{\partial^2 u_1}{\partial x_1^2}\frac{\partial u_2}{\partial x_2} + \frac{\partial u_1}{\partial x_1}\frac{\partial^2 u_2}{\partial x_1 \partial x_2}\right) +$$
$$(\alpha_3 + 2\alpha_5)\frac{\partial u_2}{\partial x_2}\frac{\partial^2 u_2}{\partial x_1 \partial x_2} + 2\alpha_6\frac{\partial u_2}{\partial x_1}\frac{\partial^2 u_2}{\partial x_1^2} + (2\alpha_2 + \alpha_3)\frac{\partial u_1}{\partial x_2}\frac{\partial^2 u_1}{\partial x_1 \partial x_2} +$$
$$\alpha_3\frac{\partial u_1}{\partial x_1}\frac{\partial^2 u_1}{\partial x_2^2} + \alpha_4\frac{\partial^2 u_1}{\partial x_1 \partial x_2}\frac{\partial u_2}{\partial x_1} + \alpha_4\frac{\partial u_1}{\partial x_2}\frac{\partial^2 u_2}{\partial x_1 \partial x_2} + \alpha_3\frac{\partial u_2}{\partial x_1}\frac{\partial^2 u_2}{\partial x_2^2} +$$
$$\left.\alpha_4\frac{\partial^2 u_2}{\partial x_2^2}\frac{\partial u_1}{\partial x_2} + \alpha_4\frac{\partial u_2}{\partial x_2}\frac{\partial^2 u_1}{\partial x_2^2}\right] + \frac{\mu^2 RT}{p^2}\left[\alpha_9\frac{\partial^3 p}{\partial x_1^3} + 2(-\alpha_9 + \alpha_{11})\frac{1}{p}\frac{\partial p}{\partial x_1}\frac{\partial^2 p}{\partial x_1^2} - \right.$$
$$3\alpha_{11}\frac{1}{p^2}\left(\frac{\partial p}{\partial x_1}\right)^3 + \left(\alpha_9 + \frac{3}{2}\alpha_{11}\right)\frac{1}{p}\frac{\partial p}{\partial x_1}\frac{\partial^2 p}{\partial x_2^2} - 3\alpha_{11}\frac{\partial p}{\partial x_1}\left(\frac{\partial p}{\partial x_2}\right)^2 +$$
$$\left.\alpha_9\frac{\partial^3 p}{\partial x_1 \partial x_2^2} + \left(-3\alpha_9 + \frac{1}{2}\alpha_{11}\right)\frac{\partial p}{\partial x_2}\frac{\partial^2 p}{\partial x_1 \partial x_2}\right] = 0 \tag{4.206}$$

利用量纲一的量 $\bar{u} = \dfrac{u}{\sqrt{RT_0}}, \bar{p} = \dfrac{p}{p_0} = \dfrac{p}{\rho_0 RT_0}, \bar{x}_1 = \dfrac{x_1}{H} = \dfrac{x_1}{L}\dfrac{L}{H} = \tilde{x}_1\dfrac{1}{\varepsilon}, \bar{x}_2 =$

$\frac{x_2}{H}, \bar{t} = \frac{t}{u/H}, \frac{H}{L} = \varepsilon, \frac{\mu_0}{\rho_0\sqrt{RT_0}H} = Kn_0$,并省略符号上面的横线,可得

$$\frac{\rho_0 RT_0}{H}\rho\frac{\mathrm{d}u_1}{\mathrm{d}t} + \frac{\varepsilon p_0}{H}\frac{\partial p}{\partial x_1} - \frac{Kn_0^2}{p^2}\mu^2\left[\alpha_1\varepsilon^2\left(\frac{\partial u_1}{\partial x_1}\right)^2 + \right.$$

$$\varepsilon\left(-\alpha_5 - \frac{8}{3}\alpha_6 + \frac{7}{6}\alpha_9\right)\frac{\partial u_1}{\partial x_1}\frac{\partial u_2}{\partial x_2} + \alpha_5\left(\frac{\partial u_2}{\partial x_2}\right)^2 +$$

$$(2\alpha_6 + \alpha_{11})\varepsilon\frac{\partial u_1}{\partial x_2}\frac{\partial u_2}{\partial x_1} + \alpha_6\varepsilon^2\left(\frac{\partial u_2}{\partial x_1}\right)^2 + \alpha_2\left(\frac{\partial u_1}{\partial x_2}\right)^2\left.\right]\frac{p_0}{H}\varepsilon\frac{\partial p}{\partial x_1} -$$

$$\frac{Kn_0^2}{p^2}\mu^2\left(\alpha_3\varepsilon\frac{\partial u_1}{\partial x_1}\frac{\partial u_1}{\partial x_2} + \alpha_4\varepsilon^2\frac{\partial u_1}{\partial x_2}\frac{\partial u_2}{\partial x_1} + \alpha_3\varepsilon\frac{\partial u_2}{\partial x_1}\frac{\partial u_2}{\partial x_2} + \alpha_4\frac{\partial u_1}{\partial x_2}\frac{\partial u_2}{\partial x_2}\right)\frac{p_0}{H}\frac{\partial p}{\partial x_2} -$$

$$\frac{4}{3}\frac{\mu_0\sqrt{RT_0}}{H^2}\varepsilon^2\mu\frac{\partial^2 u_1}{\partial x_1^2} - \frac{\mu_0\sqrt{RT_0}}{H^2}\mu\frac{\partial^2 u_1}{\partial x_2^2} - \frac{\mu_0\sqrt{RT_0}\varepsilon}{3H^2}\mu\frac{\partial^2 u_2}{\partial x_1\partial x_2} + \frac{\mu_0^2}{\rho_0 H^3}\frac{\mu^2}{p}\times$$

$$\left[2\alpha_1\varepsilon^3\frac{\partial u_1}{\partial x_1}\frac{\partial^2 u_1}{\partial x_1^2} + \left(-\alpha_5 - \frac{8}{3}\alpha_6 + \frac{7}{6}\alpha_9\right)\varepsilon^2\left(\frac{\partial^2 u_1}{\partial x_1^2}\frac{\partial u_2}{\partial x_2} + \frac{\partial u_1}{\partial x_1}\frac{\partial^2 u_2}{\partial x_1\partial x_2}\right) + \right.$$

$$(\alpha_3 + 2\alpha_5)\varepsilon\frac{\partial u_2}{\partial x_2}\frac{\partial^2 u_2}{\partial x_1\partial x_2} + 2\alpha_6\varepsilon^3\frac{\partial u_2}{\partial x_1}\frac{\partial^2 u_2}{\partial x_1^2} + (2\alpha_2 + \alpha_3)\varepsilon\left(\frac{\partial u_1}{\partial x_2}\frac{\partial^2 u_1}{\partial x_1\partial x_2}\right) +$$

$$\alpha_3\varepsilon\frac{\partial u_1}{\partial x_1}\frac{\partial^2 u_1}{\partial x_2^2} + \alpha_4\varepsilon^2\frac{\partial^2 u_1}{\partial x_1\partial x_2}\frac{\partial u_2}{\partial x_1} + \alpha_4\varepsilon^2\frac{\partial u_1}{\partial x_1}\frac{\partial^2 u_2}{\partial x_1\partial x_2} + \alpha_3\varepsilon\frac{\partial u_2}{\partial x_1}\frac{\partial^2 u_2}{\partial x_2^2} +$$

$$\alpha_4\frac{\partial^2 u_1}{\partial x_2^2}\frac{\partial u_2}{\partial x_2} + \alpha_4\frac{\partial u_1}{\partial x_2}\frac{\partial^2 u_2}{\partial x_2^2}\left.\right] + \frac{\mu_0^2}{\rho_0 H^3}\frac{\mu^2 T}{p^2}\left[\alpha_9\varepsilon^3\frac{\partial^3 p}{\partial x_1^3} + 2(-\alpha_9 + \alpha_{11})\varepsilon^3\frac{1}{p}\frac{\partial p}{\partial x_1}\frac{\partial^2 p}{\partial x_1^2} - \right.$$

$$3\alpha_{11}\varepsilon^3\frac{1}{p^2}\left(\frac{\partial p}{\partial x_1}\right)^3 + \left(\alpha_9 + \frac{3}{2}\alpha_{11}\right)\varepsilon\frac{1}{p}\frac{\partial p}{\partial x_1}\frac{\partial^2 p}{\partial x_2^2} - 3\alpha_{11}\varepsilon\frac{\partial p}{\partial x_1}\left(\frac{\partial p}{\partial x_2}\right)^2 +$$

$$\alpha_9\varepsilon\frac{\partial^3 p}{\partial x_1\partial x_2^2} + \left(-3\alpha_9 + \frac{1}{2}\alpha_{11}\right)\varepsilon^2\frac{\partial p}{\partial x_1}\frac{\partial^2 p}{\partial x_1\partial x_2}\left.\right] = 0 \quad (4.207)$$

忽略 ε^2 及以上高次项,且 $\overline{T} = \overline{\mu} = 1, \partial\overline{p}/\partial\overline{x}_2 = 0$,并对各项除以 $\rho_0 RT_0/H$,最终可得

$$\rho\frac{\mathrm{d}u_1}{\mathrm{d}t} + \varepsilon\frac{\partial p}{\partial x_1} - \frac{Kn_0^2}{p^2}\left[\alpha_5\left(\frac{\partial u_2}{\partial x_2}\right)^2 + \alpha_2\left(\frac{\partial u_1}{\partial x_2}\right)^2\right]\varepsilon\frac{\partial p}{\partial x_1} -$$

$$Kn_0\left(\frac{\partial^2 u_1}{\partial x_2^2} + \frac{\varepsilon}{3}\frac{\partial^2 u_2}{\partial x_1\partial x_2}\right) + \frac{Kn_0^2}{p}\left[(\alpha_3 + 2\alpha_5)\varepsilon\frac{\partial u_2}{\partial x_2}\frac{\partial^2 u_2}{\partial x_1\partial x_2} + \right.$$

$$(2\alpha_2 + \alpha_3)\varepsilon\frac{\partial u_1}{\partial x_2}\frac{\partial^2 u_1}{\partial x_1\partial x_2} + \alpha_3\varepsilon\frac{\partial u_1}{\partial x_1}\frac{\partial^2 u_1}{\partial x_2^2} + \alpha_3\varepsilon\frac{\partial u_2}{\partial x_1}\frac{\partial^2 u_2}{\partial x_2^2} +$$

$$\alpha_4\frac{\partial^2 u_1}{\partial x_2^2}\frac{\partial u_2}{\partial x_2} + \alpha_4\frac{\partial u_1}{\partial x_2}\frac{\partial^2 u_2}{\partial x_2}\left.\right] = 0 \quad (4.208)$$

把式 (4.69)、式 (4.82) 的 $\frac{\partial\sigma_{12}}{\partial x_1}, \frac{\partial\sigma_{22}}{\partial x_2}$ 代入式 (4.200),可得

$$\rho\frac{\mathrm{d}u_2}{\mathrm{d}t} + \frac{\partial p}{\partial x_2} - \mu\frac{\partial^2 u_2}{\partial x_1^2} - \mu\frac{\partial^2 u_1}{\partial x_1\partial x_2} + \frac{\mu^2}{p}\left(\alpha_3\frac{\partial^2 u_1}{\partial x_1^2}\frac{\partial u_1}{\partial x_2} + \alpha_3\frac{\partial u_1}{\partial x_1}\frac{\partial^2 u_1}{\partial x_1\partial x_2} + \right.$$

$$\alpha_4\frac{\partial^2 u_1}{\partial x_1^2}\frac{\partial u_2}{\partial x_1} + \alpha_4\frac{\partial u_1}{\partial x_1}\frac{\partial^2 u_1}{\partial x_1\partial x_2} + \alpha_4\frac{\partial u_1}{\partial x_2}\frac{\partial^2 u_2}{\partial x_1\partial x_2} +$$

$$\alpha_4 \frac{\partial u_2}{\partial x_2}\frac{\partial^2 u_1}{\partial x_1 \partial x_2} + \alpha_3 \frac{\partial u_2}{\partial x_1}\frac{\partial^2 u_2}{\partial x_1 \partial x_2} + \alpha_3 \frac{\partial u_2}{\partial x_2}\frac{\partial^2 u_2}{\partial x_1^2}\bigg) -$$

$$\frac{\mu^2}{p^2}\{12\}\frac{\partial p}{\partial x_1} + \frac{\mu^2}{p}\frac{\partial \{A_{12}\}}{\partial x_1} - \frac{\mu^2}{p^2}\{A_{12}\}\frac{\partial p}{\partial x_1} - \frac{4}{3}\mu\frac{\partial^2 u_2}{\partial x_2^2} + \frac{2}{3}\mu\frac{\partial^2 u_1}{\partial x_1 \partial x_2} +$$

$$\frac{\mu^2}{p}\left[\left(-\alpha_5 - \frac{8}{3}\alpha_6 + \frac{7}{6}\alpha_9\right)\left(\frac{\partial^2 u_1}{\partial x_1 \partial x_2}\frac{\partial u_2}{\partial x_2} + \frac{\partial u_1}{\partial x_1}\frac{\partial^2 u_2}{\partial x_2^2}\right) +\right.$$

$$2\alpha_5 \frac{\partial u_1}{\partial x_1}\frac{\partial^2 u_1}{\partial x_1 \partial x_2} + 2\alpha_1 \frac{\partial u_2}{\partial x_2}\frac{\partial^2 u_2}{\partial x_2^2} + 2\alpha_6 \frac{\partial u_1}{\partial x_2}\frac{\partial^2 u_1}{\partial x_2^2} +$$

$$(2\alpha_6 + \alpha_{11})\left(\frac{\partial u_1}{\partial x_2}\frac{\partial^2 u_2}{\partial x_1 \partial x_2} + \frac{\partial u_2}{\partial x_1}\frac{\partial^2 u_1}{\partial x_2^2}\right) + 2\alpha_2 \frac{\partial u_2}{\partial x_1}\frac{\partial^2 u_2}{\partial x_1 \partial x_2}\bigg] -$$

$$\frac{\mu^2}{p^2}\{A_{22}\}\frac{\partial p}{\partial x_2} + \frac{\mu^2}{p}\frac{\partial \{A_{22}\}}{\partial x_2} - \frac{\mu^2}{p^2}\{22\}\frac{\partial p}{\partial x_2} = 0 \tag{4.209}$$

式中

$$\{12\} = \alpha_3 \frac{\partial u_1}{\partial x_1}\frac{\partial u_1}{\partial x_2} + \alpha_4 \frac{\partial u_1}{\partial x_2}\frac{\partial u_2}{\partial x_1} + \alpha_4 \frac{\partial u_2}{\partial x_2}\frac{\partial u_1}{\partial x_2} + \alpha_3 \frac{\partial u_2}{\partial x_2}\frac{\partial u_2}{\partial x_1} \tag{4.210}$$

$$\{22\} = \left(-\alpha_5 - \frac{72}{27}\alpha_6 + \frac{7}{6}\alpha_9\right)\frac{\partial u_1}{\partial x_1}\frac{\partial u_2}{\partial x_2} + \alpha_5\left(\frac{\partial u_1}{\partial x_1}\right)^2 + \alpha_1\left(\frac{\partial u_2}{\partial x_2}\right)^2 +$$

$$\alpha_6\left(\frac{\partial u_1}{\partial x_2}\right)^2 + (2\alpha_6 + \alpha_{11})\frac{\partial u_1}{\partial x_2}\frac{\partial u_2}{\partial x_1} + \alpha_2\left(\frac{\partial u_2}{\partial x_1}\right)^2 \tag{4.211}$$

$$\{A_{12}\} = \frac{3}{2}\left(\alpha_9 \frac{RT}{p}\frac{\partial^2 p}{\partial x_1 \partial x_2} + \alpha_{11}\frac{RT}{p^2}\frac{\partial p}{\partial x_1}\frac{\partial p}{\partial x_2}\right) \tag{4.212}$$

$$\{A_{22}\} = -\frac{1}{2}\left[\alpha_9 \frac{RT}{p}\frac{\partial^2 p}{\partial x_1^2} + \alpha_{11}\frac{RT}{p^2}\left(\frac{\partial p}{\partial x_1}\right)^2\right] +$$

$$\left[\alpha_9 \frac{RT}{p}\frac{\partial^2 p}{\partial x_2^2} + \alpha_{11}\frac{RT}{p^2}\left(\frac{\partial p}{\partial x_2}\right)^2\right] \tag{4.213}$$

把式 (4.210)、式 (4.211)、式 (4.212)、式 (4.213) 代入式 (4.209)，整理后可得

$$\rho\frac{\mathrm{d}u_2}{\mathrm{d}t} + \left\{1 - \frac{\mu^2}{p^2}\left[\left(-\alpha_5 - \frac{8}{3}\alpha_6 + \frac{7}{6}\alpha_9\right)\frac{\partial u_1}{\partial x_1}\frac{\partial u_2}{\partial x_2} + \alpha_5\left(\frac{\partial u_1}{\partial x_1}\right)^2 + \alpha_1\left(\frac{\partial u_2}{\partial x_2}\right)^2 +\right.\right.$$

$$\left.\left.\alpha_6\left(\frac{\partial u_1}{\partial x_2}\right)^2 + (2\alpha_6 + \alpha_{11})\frac{\partial u_1}{\partial x_2}\frac{\partial u_2}{\partial x_1} + \alpha_2\left(\frac{\partial u_2}{\partial x_1}\right)^2\right]\right\}\frac{\partial p}{\partial x_2} -$$

$$\frac{\mu^2}{p^2}\left[\alpha_3 \frac{\partial u_1}{\partial x_1}\frac{\partial u_1}{\partial x_2} + \alpha_4 \frac{\partial u_1}{\partial x_2}\frac{\partial u_2}{\partial x_1} + \alpha_4 \frac{\partial u_2}{\partial x_2}\frac{\partial u_1}{\partial x_2} + \alpha_3 \frac{\partial u_2}{\partial x_2}\frac{\partial u_2}{\partial x_1}\right]\frac{\partial p}{\partial x_1} -$$

$$\frac{4}{3}\mu\frac{\partial^2 u_2}{\partial x_2^2} - \mu\frac{\partial^2 u_2}{\partial x_1^2} - \frac{1}{3}\mu\frac{\partial^2 u_1}{\partial x_1 \partial x_2} +$$

$$\frac{\mu^2}{p}\left[\alpha_3 \frac{\partial^2 u_1}{\partial x_1^2}\frac{\partial u_1}{\partial x_2} + \alpha_3 \frac{\partial u_1}{\partial x_1}\frac{\partial^2 u_1}{\partial x_1 \partial x_2} + \alpha_4 \frac{\partial^2 u_1}{\partial x_1^2}\frac{\partial u_2}{\partial x_1} + \alpha_4 \frac{\partial u_1}{\partial x_1}\frac{\partial^2 u_1}{\partial x_1 \partial x_2} +\right.$$

$$\alpha_4 \frac{\partial u_1}{\partial x_2}\frac{\partial^2 u_2}{\partial x_1 \partial x_2} + \alpha_4 \frac{\partial u_2}{\partial x_2}\frac{\partial^2 u_1}{\partial x_1 \partial x_2} + \alpha_3 \frac{\partial u_2}{\partial x_1}\frac{\partial^2 u_2}{\partial x_1 \partial x_2} + \alpha_3 \frac{\partial u_2}{\partial x_2}\frac{\partial^2 u_2}{\partial x_1^2} +$$

$$\left(-\alpha_5 - \frac{8}{3}\alpha_6 + \frac{7}{6}\alpha_9\right)\left(\frac{\partial^2 u_1}{\partial x_1 \partial x_2}\frac{\partial u_2}{\partial x_2} + \frac{\partial u_1}{\partial x_1}\frac{\partial^2 u_2}{\partial x_2^2}\right) +$$

$$2\alpha_5 \frac{\partial u_1}{\partial x_1}\frac{\partial^2 u_1}{\partial x_1 \partial x_2} + 2\alpha_1 \frac{\partial u_2}{\partial x_2}\frac{\partial^2 u_2}{\partial x_2^2} + 2\alpha_6 \frac{\partial u_1}{\partial x_2}\frac{\partial^2 u_1}{\partial x_2^2} + (2\alpha_6 + \alpha_{11}) \times$$

$$\left(\frac{\partial u_1}{\partial x_2}\frac{\partial^2 u_2}{\partial x_1 \partial x_2} + \frac{\partial u_2}{\partial x_1}\frac{\partial^2 u_1}{\partial x_2^2}\right) + 2\alpha_2 \frac{\partial u_2}{\partial x_1}\frac{\partial^2 u_2}{\partial x_1 \partial x_2}\Bigg] +$$

$$\frac{\mu^2}{p^2}RT\left[2(-\alpha_9 + \alpha_{11})\frac{\partial p}{\partial x_2}\frac{\partial^2 p}{\partial x_2^2} - 3\alpha_{11}\left(\frac{\partial p}{\partial x_2}\right)^3 + \frac{1}{2}(2\alpha_9 + 3\alpha_{11})\frac{\partial^2 p}{\partial x_1^2}\frac{\partial p}{\partial x_2} - \right.$$

$$3\alpha_{11}\left(\frac{\partial p}{\partial x_1}\right)^2\frac{\partial p}{\partial x_2} + \left(-3\alpha_9 + \frac{1}{2}\alpha_{11}\right)\frac{\partial p}{\partial x_1}\frac{\partial^2 p}{\partial x_1 \partial x_2} +$$

$$\left.\alpha_9 \frac{\partial^3 p}{\partial x_1^2 \partial x_2} + \alpha_9 \frac{\partial^3 p}{\partial x_2^3}\right] = 0 \tag{4.214}$$

同理，利用量纲一的量 $\bar{u} = \frac{u}{\sqrt{RT_0}}, \bar{p} = \frac{p}{p_0} = \frac{p}{\rho_0 RT_0}, \bar{x}_1 = \frac{x_1}{H} = \frac{x_1}{L}\frac{L}{H} = \tilde{x}_1\frac{1}{\varepsilon}, \bar{x}_2 = \frac{x_2}{H}, \bar{t} = \frac{t}{u/H}, \frac{H}{L} = \varepsilon, \frac{\mu_0}{\rho_0\sqrt{RT_0}H} = Kn_0$，并省略符号上面的横线，可得

$$\frac{\rho_0 RT_0}{H}\rho\frac{\mathrm{d}u_2}{\mathrm{d}t} + \frac{p_0}{H}\frac{\partial p}{\partial x_2} - \frac{Kn_0^2}{p}\mu^2\left[\left(-\alpha_5 - \frac{8}{3}\alpha_6 + \frac{7}{6}\alpha_9\right)\varepsilon\frac{\partial u_1}{\partial x_1}\frac{\partial u_2}{\partial x_2} + \right.$$

$$\alpha_5\varepsilon^2\left(\frac{\partial u_1}{\partial x_1}\right)^2 + \alpha_1\left(\frac{\partial u_2}{\partial x_2}\right)^2 + \alpha_6\left(\frac{\partial u_2}{\partial x_1}\right)^2 + \alpha_6\left(\frac{\partial u_1}{\partial x_2}\right)^2 +$$

$$\left.(2\alpha_6 + \alpha_{11})\varepsilon\frac{\partial u_2}{\partial x_2}\frac{\partial u_2}{\partial x_1} + \alpha_2\varepsilon^2\left(\frac{\partial u_2}{\partial x_1}\right)^2\right]\frac{p_0}{H}\frac{\partial p}{\partial x_2} -$$

$$\frac{Kn_0^2}{p^2}\mu^2\left(\alpha_3\varepsilon\frac{\partial u_1}{\partial x_1}\frac{\partial u_1}{\partial x_2} + \alpha_4\varepsilon^2\frac{\partial u_1}{\partial x_1}\frac{\partial u_2}{\partial x_1} + \alpha_4\frac{\partial u_2}{\partial x_2}\frac{\partial u_1}{\partial x_2} + \alpha_3\varepsilon\frac{\partial u_1}{\partial x_2}\frac{\partial u_2}{\partial x_1}\right)\frac{p_0\varepsilon}{H}\frac{\partial p}{\partial x_1} -$$

$$\frac{4}{3}\frac{\mu_0\sqrt{RT_0}}{H^2}\mu\frac{\partial^2 u_2}{\partial x_2^2} - \frac{\mu_0\sqrt{RT_0}}{H^2}\varepsilon^2\frac{\partial^2 u_2}{\partial x_1^2} - \frac{1}{3}\frac{\mu_0\sqrt{RT_0}}{H^2}\varepsilon\frac{\partial^2 u_1}{\partial x_1 \partial x_2} +$$

$$\frac{\mu_0^2}{\rho_0 H^3}\frac{\mu^2}{p}\left[\alpha_3\varepsilon^2\frac{\partial^2 u_1}{\partial x_1^2}\frac{\partial u_1}{\partial x_2} + \alpha_3\varepsilon^2\frac{\partial u_1}{\partial x_1}\frac{\partial^2 u_1}{\partial x_1 \partial x_2} + \alpha_4\varepsilon^3\frac{\partial^2 u_1}{\partial x_1^2}\frac{\partial u_2}{\partial x_1} + \right.$$

$$\alpha_4\varepsilon^2\frac{\partial u_1}{\partial x_1}\frac{\partial^2 u_1}{\partial x_1 \partial x_2} + \alpha_4\varepsilon\frac{\partial u_1}{\partial x_2}\frac{\partial^2 u_2}{\partial x_1 \partial x_2} + \alpha_4\varepsilon\frac{\partial u_2}{\partial x_2}\frac{\partial^2 u_1}{\partial x_1 \partial x_2} +$$

$$\alpha_3\varepsilon^2\frac{\partial u_2}{\partial x_1}\frac{\partial^2 u_2}{\partial x_1 \partial x_2} + \alpha_3\varepsilon^2\frac{\partial u_2}{\partial x_2}\frac{\partial^2 u_2}{\partial x_1^2} + \left(-\alpha_5 - \frac{8}{3}\alpha_6 + \frac{7}{6}\alpha_9\right) \times$$

$$\left(\frac{\partial^2 u_1}{\partial x_1 \partial x_2}\frac{\partial u_2}{\partial x_2} + \frac{\partial u_1}{\partial x_1}\frac{\partial^2 u_2}{\partial x_2^2}\right)\varepsilon + 2\alpha_5\varepsilon^2\frac{\partial u_1}{\partial x_1}\frac{\partial^2 u_1}{\partial x_1 \partial x_2} + 2\alpha_1\frac{\partial u_2}{\partial x_2}\frac{\partial^2 u_2}{\partial x_2^2} + 2\alpha_6\frac{\partial u_1}{\partial x_2}\frac{\partial^2 u_1}{\partial x_2^2} +$$

$$\left.(2\alpha_6 + \alpha_{11})\varepsilon\left(\frac{\partial u_1}{\partial x_2}\frac{\partial^2 u_2}{\partial x_1 \partial x_2} + \frac{\partial u_2}{\partial x_1}\frac{\partial^2 u_1}{\partial x_2^2}\right) + 2\alpha_2\varepsilon^2\frac{\partial u_2}{\partial x_1}\frac{\partial^2 u_2}{\partial x_1 \partial x_2}\right] +$$

$$\frac{\mu_0^2}{\rho_0 H^3}\frac{\mu^2 T}{p^2}\left[2(-\alpha_9 + \alpha_{11})\frac{\partial p}{\partial x_2}\frac{\partial^2 p}{\partial x_2^2} - 3\alpha_{11}\left(\frac{\partial p}{\partial x_2}\right)^3 + \frac{1}{2}(2\alpha_9 + 3\alpha_{11}) \times \right.$$

$$\varepsilon^2\frac{\partial^2 p}{\partial x_1^2}\frac{\partial p}{\partial x_2} - 3\alpha_{11}\varepsilon^2\left(\frac{\partial p}{\partial x_1}\right)^2\frac{\partial p}{\partial x_2} + \left(-3\alpha_9 + \frac{1}{2}\alpha_{11}\right)\varepsilon^2\frac{\partial p}{\partial x_1}\frac{\partial^2 p}{\partial x_1 \partial x_2} +$$

$$\left.\alpha_9\varepsilon^2\frac{\partial^3 p}{\partial x_1^2 \partial x_2} + \alpha_9\frac{\partial^3 p}{\partial x_2^3}\right] = 0 \tag{4.215}$$

忽略 ε^2 及以上高次项, 且 $\overline{T} = \overline{\mu} = 1, \partial \overline{p}/\partial \overline{x}_2 = 0$, 并对各项除以 $\rho_0 RT_0/H$, 最终可得

$$\rho \frac{\mathrm{d} u_2}{\mathrm{d} t} - \frac{Kn_0^2}{p^2} \alpha_4 \varepsilon \frac{\partial u_1}{\partial x_2} \frac{\partial u_2}{\partial x_2} \frac{\partial p}{\partial x_1} - \frac{4}{3} Kn_0 \frac{\partial^2 u_2}{\partial x_2^2} - \frac{1}{3} Kn_0 \varepsilon \frac{\partial^2 u_1}{\partial x_1 \partial x_2} +$$
$$\frac{Kn_0^2}{p} \left[\varepsilon \left(\alpha_4 + 2\alpha_6 + \alpha_{11} \right) \frac{\partial u_1}{\partial x_2} \frac{\partial^2 u_2}{\partial x_1 \partial x_2} + \right.$$
$$\varepsilon \left(\alpha_4 - \alpha_5 - \frac{8}{3}\alpha_6 + \frac{7}{6}\alpha_9 \right) \frac{\partial^2 u_1}{\partial x_1 \partial x_2} \frac{\partial u_2}{\partial x_2} + \left(-\alpha_5 - \frac{8}{3}\alpha_6 + \frac{7}{6}\alpha_9 \right) \times$$
$$\left. \varepsilon \frac{\partial u_1}{\partial x_1} \frac{\partial^2 u_2}{\partial x_2^2} + 2\alpha_1 \frac{\partial u_2}{\partial x_2} \frac{\partial^2 u_2}{\partial x_2^2} + 2\alpha_6 \frac{\partial u_1}{\partial x_2} \frac{\partial^2 u_1}{\partial x_2^2} \right] = 0 \quad (4.216)$$

上述式 (4.208) 及式 (4.216) 就是在微流道中求解等温二维非定常流动的 Burnett 方程。

如果忽略 Kn_0^2 项, 则式 (4.207) 和式 (4.215) 就可简化为 Navier–Stokes 方程, 即

$$\begin{cases} \rho \left(\dfrac{\partial u_1}{\partial t} + \varepsilon u_1 \dfrac{\partial u_1}{\partial x_1} + u_2 \dfrac{\partial u_1}{\partial x_2} \right) \\ \quad = -\varepsilon \dfrac{\partial p}{\partial x_1} + \left[\varepsilon^2 \dfrac{\partial^2 u_1}{\partial x_1^2} + \dfrac{\partial^2 u_1}{\partial x_2^2} + \dfrac{1}{3} \left(\varepsilon^2 \dfrac{\partial^2 u_1}{\partial x_1^2} + \varepsilon \dfrac{\partial^2 u_2}{\partial x_1 \partial x_2} \right) \right] Kn_0 & (4.217) \\ \rho \left(\dfrac{\partial u_2}{\partial t} + \varepsilon u_1 \dfrac{\partial u_2}{\partial x_1} + u_2 \dfrac{\partial u_2}{\partial x_2} \right) \\ \quad = -\dfrac{\partial p}{\partial x_2} + \left[\varepsilon^2 \dfrac{\partial^2 u_2}{\partial x_1^2} + \dfrac{\partial^2 u_2}{\partial x_2^2} + \dfrac{1}{3} \left(\dfrac{\partial^2 u_2}{\partial x_2^2} + \varepsilon \dfrac{\partial^2 u_1}{\partial x_1 \partial x_2} \right) \right] Kn_0 & (4.218) \end{cases}$$

为了和一维流动及 Navier–Stokes 方程比较, 下面对式 (4.208) 和式 (4.216) 作进一步的分析。这里以定常流为基准, 因此对时间偏导数为零。由连续方程式 (4.19) 有

$$\frac{\partial \rho}{\partial t} + \frac{\partial (\rho u_1)}{\partial x_1} + \frac{\partial (\rho u_2)}{\partial x_2} = 0$$

用于二维等温流动时, 有

$$\frac{\partial p}{\partial t} + u_1 \frac{\partial p}{\partial x_1} + p \frac{\partial u_1}{\partial x_1} + u_2 \frac{\partial p}{\partial x_2} + p \frac{\partial u_2}{\partial x_2} = 0 \quad (4.219)$$

在定常流时 $\dfrac{\partial p}{\partial t} = 0$, 并认为 $\dfrac{\partial p}{\partial x_2} = 0$, 则有

$$u_1 \frac{\partial p}{\partial x_1} + p \frac{\partial u_1}{\partial x_1} + p \frac{\partial u_2}{\partial x_2} = 0 \quad (4.220)$$

用于微流道时, $\overline{x}_1 = \dfrac{x_1}{H} = \dfrac{x_1}{L}\dfrac{L}{H} = \widetilde{x}_1 \dfrac{1}{\varepsilon}, \overline{x}_2 = \dfrac{x_2}{H}$, 采用量纲一的量, 且省略符号上面的横线, 则有

$$u_1 \varepsilon \frac{\partial p}{\partial x_1} + p \varepsilon \frac{\partial u_1}{\partial x_1} + p \frac{\partial u_2}{\partial x_2} = 0$$

因此

$$p \varepsilon \frac{\partial u_1}{\partial x_1} = -u_1 \varepsilon \frac{\partial p}{\partial x_1} - p \frac{\partial u_2}{\partial x_2} \quad (4.221)$$

由于 u_2 和 u_1 相比相差很大,因此可以用下述多项式展开,即

$$u_1 = u_{10} + \varepsilon u_{11} + \varepsilon^2 u_{12} + \cdots$$

$$u_2 = \varepsilon u_{20} + \varepsilon^2 u_{21} + \cdots$$

$$p = p_0 + \varepsilon p_1 + \varepsilon^2 p_2 + \cdots$$

并代入式 (4.208)、式 (4.216),忽略 ε^2 高次项,可得

$$\varepsilon u_1 p \frac{\partial u_1}{\partial x_1} + \varepsilon u_2 p \frac{\partial u_1}{\partial x_2} + \varepsilon \frac{\partial p}{\partial x_1} - \frac{Kn_0^2}{p^2}\left[\alpha_2 \left(\frac{\partial u_1}{\partial x_1}\right)^2\right]\varepsilon\frac{\partial p}{\partial x_1} - Kn_0 \frac{\partial^2 u_1}{\partial x_2^2} +$$

$$\frac{Kn_0^2}{p}\left[(2\alpha_2 + \alpha_3)\varepsilon\frac{\partial u_1}{\partial x_2}\frac{\partial^2 u_1}{\partial x_1 \partial x_2} + \alpha_3\varepsilon\frac{\partial u_1}{\partial x_1}\frac{\partial^2 u_1}{\partial x_2^2} + \right.$$

$$\left. \alpha_4\varepsilon\frac{\partial^2 u_1}{\partial x_2^2}\frac{\partial u_2}{\partial x_2} + \alpha_4\varepsilon\frac{\partial u_1}{\partial x_2}\frac{\partial^2 u_2}{\partial x_2^2}\right] = 0 \quad (4.222)$$

$$-\frac{Kn_0}{3}\left(4\varepsilon\frac{\partial^2 u_2}{\partial x_2^2} + \varepsilon\frac{\partial^2 u_1}{\partial x_1 \partial x_2}\right) + \frac{Kn_0^2}{p}\left(-\frac{4}{3}\frac{\partial u_1}{\partial x_2}\frac{\partial^2 u_1}{\partial x_2^2}\right) = 0 \quad (4.223)$$

由式 (4.223) 可得

$$\varepsilon\frac{\partial^2 u_1}{\partial x_1 \partial x_2} = -4\varepsilon\frac{\partial^2 u_2}{\partial x_2^2} - 4Kn_0\frac{1}{p}\frac{\partial u_1}{\partial x_2}\frac{\partial^2 u_1}{\partial x_2^2} \quad (4.224)$$

把式 (4.221)、式 (4.224) 代入式 (4.222) 可得

$$-u_1^2\varepsilon\frac{\partial p}{\partial x_1} - u_1 p\frac{\partial u_2}{\partial x_2} + \varepsilon u_2 p\frac{\partial u_1}{\partial x_2} + \varepsilon\frac{\partial p}{\partial x_1} - \frac{Kn_0^2}{p^2}\left[\alpha_2\left(\frac{\partial u_1}{\partial x_1}\right)^2\right]\varepsilon\frac{\partial p}{\partial x_1} -$$

$$Kn_0\frac{\partial^2 u_1}{\partial x_2^2} + \frac{Kn_0^2}{p}\left[(2\alpha_2 + \alpha_3)\frac{\partial u_1}{\partial x_2}\left(-4\varepsilon\frac{\partial^2 u_2}{\partial x_2^2} - 4\frac{Kn_0}{p}\frac{\partial u_1}{\partial x_2}\frac{\partial^2 u_1}{\partial x_2^2}\right) + \right.$$

$$\left. \alpha_3\varepsilon\frac{\partial u_1}{\partial x_1}\frac{\partial^2 u_1}{\partial x_2^2} + \alpha_4\varepsilon\frac{\partial^2 u_1}{\partial x_2^2}\frac{\partial u_2}{\partial x_2} + \alpha_4\varepsilon\frac{\partial u_1}{\partial x_2}\frac{\partial^2 u_2}{\partial x_2^2}\right] = 0 \quad (4.225)$$

移项整理后有

$$\left[1 - u_1^2 - \alpha_2\frac{Kn_0^2}{p^2}\left(\frac{\partial u_1}{\partial x_2}\right)^2\right]\varepsilon\frac{\partial p}{\partial x_1}$$

$$= Kn_0\frac{\partial^2 u_1}{\partial x_2^2}\left[1 - \alpha_3\varepsilon\frac{Kn_0}{p}\frac{\partial u_1}{\partial x_1} + 4(2\alpha_2 + \alpha_3)\frac{Kn_0^2}{p^2}\left(\frac{\partial u_1}{\partial x_2}\right)^2\right] +$$

$$\varepsilon p\left(\frac{u_1}{\varepsilon}\frac{\partial u_2}{\partial x_2} - u_2\frac{\partial u_1}{\partial x_2}\right) + \varepsilon\frac{Kn_0^2}{p}\left[4(2\alpha_2 + \alpha_3)\frac{\partial u_1}{\partial x_2}\frac{\partial^2 u_2}{\partial x_2^2} + \right.$$

$$\left. \alpha_4\frac{\partial^2 u_1}{\partial x_2^2}\frac{\partial u_2}{\partial x_2} + \alpha_4\frac{\partial u_1}{\partial x_2}\frac{\partial^2 u_2}{\partial x_2^2}\right]$$

或

$$\varepsilon \frac{\partial p}{\partial x_1} = \left\{ Kn_0 \frac{\partial^2 u_1}{\partial x_2^2} \left[1 - \alpha_3 \varepsilon \frac{Kn_0}{p} \frac{\partial u_1}{\partial x_1} + 4(2\alpha_2 + \alpha_3) \frac{Kn_0^2}{p^2} \left(\frac{\partial u_1}{\partial x_2} \right)^2 \right] + \right.$$
$$\varepsilon p \left(\frac{u_1}{\varepsilon} \frac{\partial u_2}{\partial x_2} - u_2 \frac{\partial u_1}{\partial x_2} \right) + \varepsilon \frac{Kn_0^2}{p} \left[4(2\alpha_2 + \alpha_3) \frac{\partial u_1}{\partial x_2} \frac{\partial^2 u_2}{\partial x_2^2} + \alpha_4 \frac{\partial^2 u_1}{\partial x_2^2} \frac{\partial u_2}{\partial x_2} + \right.$$
$$\left. \left. \alpha_4 \frac{\partial u_1}{\partial x_2} \frac{\partial^2 u_2}{\partial x_2^2} \right] \right\} \bigg/ \left[1 - u_1^2 - \alpha_2 \frac{Kn_0^2}{p^2} \left(\frac{\partial u_1}{\partial x_2} \right)^2 \right] \quad (4.226)$$

比较式 (4.226) 和式 (4.192)、式 (4.193) 可以看出，与等温流动的一维定常流相比，式 (4.226) 在分子中考虑了 u_2 变化的影响；而与 Navier-Stokes 方程相比，则考虑到 Kn_0^2 项的影响，因此式 (4.226) 更具广泛性，是计算微流道中等温二维定常流动的基本方程。

4.3 Couette 微流动的 Burnett 方程理论解

用解析方法求解 Burnett 方程是十分困难的，只有在作了很多简化的少数几种情况下，才有可能求得理论解。本节要介绍的就是在 Couette 微流动时，求取 Burnett 方程理论解的方法。Couette 流是 M. Couette 于 1890 年首先提出来的。

4.3.1 通用式推导

Couette 流是一种剪切驱动流，如图 4.1 所示。在两个无限长平行平板之间的流体，由于其中一块平板的移动而被带动着产生运动。设与平板平行的方向为 x 轴，与平板垂直的方向为 y 轴，则在定常流时，可以认为在 x 方向的流动是相似的。因此对所有有关 x 方向的一阶偏导 $\partial/\partial x_1$ 都可以不予考虑。同时，如果只考虑一维流动，则 $u_2 = 0$。这样，由式 (4.104)、式 (4.105)、式 (4.106) 可得

$$\frac{\mathrm{d}}{\mathrm{d}y} \begin{pmatrix} \sigma_{21} \\ p + \sigma_{22} \\ q_2 + \sigma_{12} u_1 \end{pmatrix} = 0 \quad (4.227)$$

由式 (4.66) 及式 (4.81) 可得

$$\sigma_{12} = \sigma_{21} = -\mu \frac{\mathrm{d}u}{\mathrm{d}y} \quad (4.228)$$

$$\sigma_{22} = \frac{\mu^2}{p} \left[\left(-\frac{2\omega_2}{3} + \frac{\omega_6}{12} \right) \left(\frac{\mathrm{d}u}{\mathrm{d}y} \right)^2 - \frac{2}{3} \omega_2 \frac{\mathrm{d}}{\mathrm{d}y} \left(\frac{1}{\rho} \frac{\mathrm{d}p}{\mathrm{d}y} \right) + \frac{2}{3} \omega_3 R \frac{\mathrm{d}^2 T}{\mathrm{d}y^2} + \right.$$
$$\left. \frac{2}{3} \frac{\omega_4}{\rho T} \frac{\mathrm{d}p}{\mathrm{d}y} \frac{\mathrm{d}T}{\mathrm{d}y} + \frac{2}{3} \omega_5 \frac{R}{T} \left(\frac{\mathrm{d}T}{\mathrm{d}y} \right)^2 \right]$$

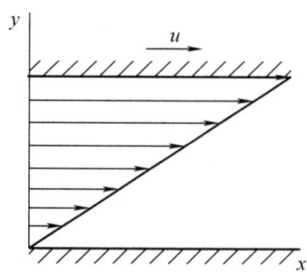

图 4.1 Couette 流

$$\begin{aligned}
&= \frac{\mu^2}{p}\left\{\left(-\frac{2\omega_2}{3}+\frac{\omega_6}{12}\right)\left(\frac{\mathrm{d}u}{\mathrm{d}y}\right)^2 - \frac{2}{3}\omega_2\left[\frac{RT}{p}\frac{\mathrm{d}^2p}{\mathrm{d}y^2}-\frac{RT}{p^2}\left(\frac{\mathrm{d}p}{\mathrm{d}y}\right)^2\right]+ \right.\\
&\quad\left. \left(-\frac{2}{3}\omega_2+\frac{2}{3}\omega_4\right)\frac{R}{p}\frac{\mathrm{d}p}{\mathrm{d}y}\frac{\mathrm{d}T}{\mathrm{d}y}+\frac{2}{3}\omega_5\frac{R}{T}\left(\frac{\mathrm{d}T}{\mathrm{d}y}\right)^2+\frac{2}{3}\omega_3 R\frac{\mathrm{d}^2T}{\mathrm{d}y^2}\right\}\\
&= \frac{\mu^2}{p}\left\{\alpha_6\left(\frac{\mathrm{d}u}{\mathrm{d}y}\right)^2+\alpha_9\frac{RT}{p}\left[\frac{\mathrm{d}^2p}{\mathrm{d}y^2}-\frac{1}{p}\left(\frac{\mathrm{d}p}{\mathrm{d}y}\right)^2\right]+\frac{4}{3}\alpha_8\frac{R}{p}\frac{\mathrm{d}p}{\mathrm{d}y}\frac{\mathrm{d}T}{\mathrm{d}y}+\right.\\
&\quad\left. (2\alpha_9+\alpha_{11}-\alpha_{12}+\alpha_{13})\frac{R}{T}\left(\frac{\mathrm{d}T}{\mathrm{d}y}\right)^2+(\alpha_7-\alpha_9)R\frac{\mathrm{d}^2T}{\mathrm{d}y^2}\right\} \quad (4.229)
\end{aligned}$$

而由式 (4.5) 的能量方程

$$q_2 = -\kappa\frac{\mathrm{d}T}{\mathrm{d}y} \quad (4.230)$$

设

$$\begin{aligned}
P_0 &= p+\sigma_{22}\\
&= p+\frac{\mu^2}{p}\left\{\alpha_6\left(\frac{\mathrm{d}u}{\mathrm{d}y}\right)^2+\alpha_9\frac{RT}{p}\left[\frac{\mathrm{d}^2p}{\mathrm{d}y^2}-\frac{1}{p}\left(\frac{\mathrm{d}p}{\mathrm{d}y}\right)^2\right]+\frac{4}{3}\alpha_8\frac{R}{p}\frac{\mathrm{d}p}{\mathrm{d}y}\frac{\mathrm{d}T}{\mathrm{d}y}+\right.\\
&\quad\left. (2\alpha_9+\alpha_{11}-\alpha_{12}+\alpha_{13})\frac{R}{T}\left(\frac{\mathrm{d}T}{\mathrm{d}y}\right)^2+(\alpha_7-\alpha_9)R\frac{\mathrm{d}^2T}{\mathrm{d}y^2}\right\} \quad (4.231)
\end{aligned}$$

则有

$$\begin{cases}
\dfrac{\mathrm{d}}{\mathrm{d}y}\left(-\mu\dfrac{\mathrm{d}u}{\mathrm{d}y}\right)=0 & (4.232)\\[6pt]
\dfrac{\mathrm{d}}{\mathrm{d}y}\left(-\kappa\dfrac{\mathrm{d}T}{\mathrm{d}y}-u\mu\dfrac{\mathrm{d}u}{\mathrm{d}y}\right)=0 & (4.233)\\[6pt]
\dfrac{\mathrm{d}P_0}{\mathrm{d}y}=0 & (4.234)
\end{cases}$$

下面把式 (4.231) ∼ (4.234) 改写为量纲一的量,令 $\overline{T}=\dfrac{T}{T_0}, \overline{y}=\dfrac{y}{H}, \overline{\mu}=\dfrac{\mu}{\mu_0}, k=\dfrac{C_p}{C_v}, R=C_p-C_v, \overline{q}=\dfrac{q}{\rho_0(RT_0)^{\frac{3}{2}}}, Kn_0=\dfrac{\mu_0}{\rho_0\sqrt{RT_0}H}, \overline{P}_0=\dfrac{P_0}{p_0}$,并引入普朗特数

$Pr = \dfrac{\mu C_p}{\kappa}$, 就有

$$\overline{q} = \frac{q}{\rho_0(RT_0)^{\frac{3}{2}}} = \frac{-\kappa \dfrac{\mathrm{d}T}{\mathrm{d}y}}{\rho_0(RT_0)^{\frac{3}{2}}} = -\frac{Kn_0}{Pr}\frac{k}{k-1}\overline{\mu}\frac{\mathrm{d}\overline{T}}{\mathrm{d}\overline{y}} \tag{4.235}$$

$$\sigma_{21} = -\mu\frac{\mathrm{d}u}{\mathrm{d}y} = -\mu_0\overline{\mu}\frac{u_0}{H}\frac{\mathrm{d}\overline{u}}{\mathrm{d}\overline{y}} = -Kn_0 p_0 \overline{\mu}\frac{\mathrm{d}\overline{u}}{\mathrm{d}\overline{y}} \tag{4.236}$$

$$-\mu u\frac{\mathrm{d}u}{\mathrm{d}y} = -\mu_0\overline{\mu}(\sqrt{RT_0})^2\frac{\overline{u}}{H}\frac{\mathrm{d}\overline{u}}{\mathrm{d}\overline{y}} = -Kn_0\rho_0(RT_0)^{\frac{3}{2}}\overline{\mu}\,\overline{u}\frac{\mathrm{d}\overline{u}}{\mathrm{d}\overline{y}} \tag{4.237}$$

把式 (4.235) ~ (4.237) 代入式 (4.231) ~ (4.234), 可得

$$\frac{\mathrm{d}}{\mathrm{d}\overline{y}}\left(-Kn_0\overline{\mu}\frac{\mathrm{d}\overline{u}}{\mathrm{d}\overline{y}}\right) = 0 \tag{4.238}$$

$$\frac{\mathrm{d}}{\mathrm{d}\overline{y}}\left(-Kn_0\overline{\mu}\,\overline{u}\frac{\mathrm{d}\overline{u}}{\mathrm{d}\overline{y}} - \frac{Kn_0}{Pr}\frac{k}{k-1}\overline{\mu}\frac{\mathrm{d}\overline{T}}{\mathrm{d}\overline{y}}\right) = 0 \tag{4.239}$$

$$\frac{\mathrm{d}\overline{P}_0}{\mathrm{d}\overline{y}} = 0 \tag{4.240}$$

而

$$\overline{P}_0 = \overline{p} + Kn_0^2\frac{\overline{\mu}^2}{\overline{p}}\left\{\alpha_9\frac{\overline{T}}{\overline{p}}\left[\frac{\mathrm{d}^2\overline{p}}{\mathrm{d}\overline{y}^2} - \frac{1}{\overline{p}}\left(\frac{\mathrm{d}\overline{p}}{\mathrm{d}\overline{y}}\right)^2\right] + \frac{4}{3}\alpha_8\frac{1}{\overline{p}}\frac{\mathrm{d}\overline{p}}{\mathrm{d}\overline{y}}\frac{\mathrm{d}\overline{T}}{\mathrm{d}\overline{y}} + \right.$$
$$(2\alpha_9 + \alpha_{11} - \alpha_{12} + \alpha_{13})\frac{1}{\overline{T}}\left(\frac{\mathrm{d}\overline{T}}{\mathrm{d}\overline{y}}\right)^2 +$$
$$\left.(\alpha_7 - \alpha_9)\frac{\mathrm{d}^2\overline{T}}{\mathrm{d}\overline{y}^2} + \alpha_6\left(\frac{\mathrm{d}\overline{u}}{\mathrm{d}\overline{y}}\right)^2\right\} \tag{4.241}$$

下面针对 Maxwell 分子模型求解 Couette 流时 Burnett 方程组的理论解。求解时取普朗特数 $Pr = 2/3$, 比热比 $k = 5/3$, 动力粘度 $\mu = T^\omega, \omega = 1$, 并取 $\overline{P}_0 = 1$。下壁面用符号1表示, 上壁面用符号2表示。由于采用了量纲一的量, 其边界条件为: 当 $\overline{y} = 0$ 时, $\overline{u} = 1, \overline{T} = 1$; 当 $\overline{y} = 1$ 时, $\overline{u} = -1, \overline{T} = 1$。这样, 由式 (4.238) 可得

$$\frac{\mathrm{d}}{\mathrm{d}\overline{y}}\left(-\overline{\mu}\frac{\mathrm{d}\overline{u}}{\mathrm{d}\overline{y}}\right) = \frac{\mathrm{d}}{\mathrm{d}\overline{y}}(-\overline{T}\frac{\mathrm{d}\overline{u}}{\mathrm{d}\overline{y}}) = 0 \tag{4.242}$$

积分一次有

$$\overline{T}\frac{\mathrm{d}\overline{u}}{\mathrm{d}\overline{y}} = A \tag{4.243}$$

式中, A 为积分常数。

对式 (4.242) 的二阶导数展开, 有

$$\frac{\mathrm{d}}{\mathrm{d}\overline{y}}\left(-\overline{\mu}\frac{\mathrm{d}\overline{u}}{\mathrm{d}\overline{y}}\right) = \frac{\mathrm{d}}{\mathrm{d}\overline{y}}\left(-\overline{T}\frac{\mathrm{d}\overline{u}}{\mathrm{d}\overline{y}}\right) = -\frac{\mathrm{d}\overline{T}}{\mathrm{d}\overline{y}}\frac{\mathrm{d}\overline{u}}{\mathrm{d}\overline{y}} - \overline{T}\frac{\mathrm{d}^2\overline{u}}{\mathrm{d}\overline{y}^2} = 0 \tag{4.244}$$

又由式 (4.239) 可得

$$\frac{\mathrm{d}}{\mathrm{d}\overline{y}}\left(\overline{\mu}\,\overline{u}\frac{\mathrm{d}\overline{u}}{\mathrm{d}\overline{y}} + \frac{1}{Pr}\frac{k}{k-1}\overline{\mu}\frac{\mathrm{d}\overline{T}}{\mathrm{d}\overline{y}}\right) = \frac{\mathrm{d}}{\mathrm{d}\overline{y}}\left(\overline{T}\,\overline{u}\frac{\mathrm{d}\overline{u}}{\mathrm{d}\overline{y}} + \frac{1}{Pr}\frac{k}{k-1}\overline{T}\frac{\mathrm{d}\overline{T}}{\mathrm{d}\overline{y}}\right) = 0 \tag{4.245}$$

展开上式有

$$\overline{T}\left(\frac{\mathrm{d}\overline{u}}{\mathrm{d}\overline{y}}\right)^2 + \overline{T}\,\overline{u}\frac{\mathrm{d}^2\overline{u}}{\mathrm{d}\overline{y}^2} + \overline{u}\frac{\mathrm{d}\overline{u}}{\mathrm{d}\overline{y}}\frac{\mathrm{d}\overline{T}}{\mathrm{d}\overline{y}} + \frac{1}{Pr}\frac{k}{k-1}\frac{\mathrm{d}}{\mathrm{d}\overline{y}}\left(\overline{T}\frac{\mathrm{d}\overline{T}}{\mathrm{d}\overline{y}}\right) = 0$$

把式 (4.244) 代入上式可得

$$\overline{T}\left(\frac{\mathrm{d}\overline{u}}{\mathrm{d}\overline{y}}\right)^2 = -\frac{1}{2Pr}\frac{k}{k-1}\frac{\mathrm{d}^2(\overline{T}^2)}{\mathrm{d}\overline{y}^2} \tag{4.246}$$

如果把 Pr, k 的数值代入, 就有

$$\left(\frac{\mathrm{d}\overline{u}}{\mathrm{d}y}\right)^2 = -\frac{15}{8}\frac{1}{\overline{T}}\frac{\mathrm{d}^2(\overline{T}^2)}{\mathrm{d}\overline{y}^2} \tag{4.247}$$

又由式 (4.241) 可得

$$\overline{P}_0 = \overline{p} + Kn_0^2 \frac{\overline{T}^2}{\overline{p}}\frac{\overline{T}}{\overline{p}}\left\{\alpha_9\frac{\mathrm{d}^2\overline{p}}{\mathrm{d}\overline{y}^2} - \alpha_9\frac{1}{\overline{p}}\left(\frac{\mathrm{d}\overline{p}}{\mathrm{d}\overline{y}}\right)^2 + \frac{4}{3}\alpha_8\frac{1}{\overline{T}}\frac{\mathrm{d}\overline{p}}{\mathrm{d}\overline{y}}\frac{\mathrm{d}\overline{T}}{\mathrm{d}\overline{y}} + \right.$$

$$(2\alpha_9 + \alpha_{11} - \alpha_{12} + \alpha_{13})\frac{\overline{p}}{\overline{T}^2}\left(\frac{\mathrm{d}\overline{T}}{\mathrm{d}\overline{y}}\right)^2 +$$

$$\left.(\alpha_7 - \alpha_9)\frac{\overline{p}}{\overline{T}}\frac{\mathrm{d}^2\overline{T}}{\mathrm{d}\overline{y}^2} + \alpha_6\frac{\overline{p}}{\overline{T}}\left[-\frac{15}{8}\frac{1}{\overline{T}}\frac{\mathrm{d}^2(\overline{T}^2)}{\mathrm{d}\overline{y}^2}\right]\right\} = 1$$

或

$$\alpha_9\frac{\mathrm{d}^2\overline{p}}{\mathrm{d}\overline{y}^2} - \alpha_9\frac{1}{\overline{p}}\left(\frac{\mathrm{d}\overline{p}}{\mathrm{d}\overline{y}}\right)^2 + \frac{4}{3}\alpha_8\frac{1}{\overline{T}}\frac{\mathrm{d}\overline{p}}{\mathrm{d}\overline{y}}\frac{\mathrm{d}\overline{T}}{\mathrm{d}\overline{y}} + (2\alpha_9 + \alpha_{11} - \alpha_{12} + \alpha_{13})\frac{\overline{p}}{\overline{T}^2}\left(\frac{\mathrm{d}\overline{T}}{\mathrm{d}\overline{y}}\right)^2 +$$

$$(\alpha_7 - \alpha_9)\frac{\overline{p}}{\overline{T}} + \frac{\mathrm{d}^2\overline{T}}{\mathrm{d}\overline{y}^2} + \alpha_6\frac{\overline{p}}{\overline{T}}\left[-\frac{15}{8}\frac{1}{\overline{T}}\frac{\mathrm{d}^2(\overline{T}^2)}{\mathrm{d}\overline{y}^2}\right] = \frac{(1-\overline{p})\overline{p}^2}{Kn_0^2\overline{T}^3} \tag{4.248}$$

对于 Maxwell 模型有

$$-\frac{4}{3}\frac{\mathrm{d}^2\overline{p}}{\mathrm{d}\overline{y}^2} + \frac{4}{3}\frac{1}{\overline{p}}\left(\frac{\mathrm{d}\overline{p}}{\mathrm{d}\overline{y}}\right)^2 - \frac{4}{3}\frac{1}{\overline{T}}\frac{\mathrm{d}\overline{p}}{\mathrm{d}\overline{y}}\frac{\mathrm{d}\overline{T}}{\mathrm{d}\overline{y}} + 2\frac{\overline{p}}{\overline{T}^2}\left(\frac{\mathrm{d}\overline{T}}{\mathrm{d}\overline{y}}\right)^2 +$$

$$2\frac{\overline{p}}{\overline{T}}\frac{\mathrm{d}^2\overline{T}}{\mathrm{d}\overline{y}^2} + \frac{2}{3}\frac{\overline{p}}{\overline{T}}\left[\frac{15}{8}\frac{1}{\overline{T}}\frac{\mathrm{d}^2(\overline{T}^2)}{\mathrm{d}\overline{y}^2}\right] = \frac{(1-\overline{p})\overline{p}^2}{Kn_0^2\overline{T}^3} \tag{4.249}$$

式 (4.243)、式 (4.247) 和 (4.248) 是求解 Couette 微流动理论解的基本公式, 下面将利用这些公式求剪切驱动流中温度、压力与速度的分布。

4.3.2 $y-T$ 函数

本节介绍 Couette 流中垂直于流动方向的温度变化。

对式 (4.243) 两边进行平方运算,并代入式 (4.247) 可得

$$A^2 = \overline{T}^2 \left(\frac{\mathrm{d}\overline{u}}{\mathrm{d}\overline{y}}\right)^2 = -\frac{15}{8}\overline{T}\frac{\mathrm{d}^2(\overline{T}^2)}{\mathrm{d}\overline{y}^2}$$

令 $A_1 = -\dfrac{8}{15}A^2$,可得

$$\overline{T}\frac{\mathrm{d}^2(\overline{T}^2)}{\mathrm{d}\overline{y}^2} = A_1 \tag{4.250}$$

对上式两边各乘以 $\dfrac{\mathrm{d}\overline{T}}{\mathrm{d}\overline{y}}$,等式左边为

$$\overline{T}\frac{\mathrm{d}^2(\overline{T}^2)}{\mathrm{d}\overline{y}^2}\frac{\mathrm{d}\overline{T}}{\mathrm{d}\overline{y}} = \frac{1}{2}\frac{\mathrm{d}(\overline{T}^2)}{\mathrm{d}\overline{y}}\frac{\mathrm{d}^2(\overline{T}^2)}{\mathrm{d}\overline{y}^2} = \frac{1}{4}\frac{\mathrm{d}}{\mathrm{d}\overline{y}}\left[\frac{\mathrm{d}(\overline{T}^2)}{\mathrm{d}\overline{y}}\right]^2$$

因此有

$$\frac{1}{4}\frac{\mathrm{d}}{\mathrm{d}\overline{y}}\left[\frac{\mathrm{d}(\overline{T}^2)}{\mathrm{d}\overline{y}}\right]^2 = A_1\frac{\mathrm{d}\overline{T}}{\mathrm{d}\overline{y}} \tag{4.251}$$

对上式积分一次有

$$\frac{1}{4}\left[\frac{\mathrm{d}(\overline{T}^2)}{\mathrm{d}\overline{y}}\right]^2 = A_1\overline{T} + C_1$$

开方后可得

$$\frac{1}{2}\frac{\mathrm{d}(\overline{T}^2)}{\mathrm{d}\overline{y}} = \overline{T}\frac{\mathrm{d}\overline{T}}{\mathrm{d}\overline{y}} = \pm\sqrt{A_1\overline{T} + C_1} \tag{4.252}$$

或

$$\mathrm{d}\overline{y} = \pm\frac{\overline{T}}{\sqrt{A_1\overline{T} + C_1}}\mathrm{d}\overline{T}$$

对上式两边各乘以 A_1^2,并积分可得

$$\begin{aligned}
A_1^2\overline{y} &= \pm\left[(A_1\overline{T} + C_1)^{\frac{1}{2}}\left(\frac{2}{3}A_1\overline{T} - \frac{4}{3}C_1\right)\right] + C_2 \\
&= \pm(A_1\overline{T} + C_1)^{\frac{1}{2}}\left[\frac{2}{3}(A_1\overline{T} + C_1) - 2C_1\right] + C_2 \\
&= \pm\left[\frac{2}{3}(A_1\overline{T} + C_1)^{\frac{3}{2}} - 2C_1(A_1\overline{T} + C_1)^{\frac{1}{2}}\right] + C_2
\end{aligned} \tag{4.253}$$

最后可得

$$\overline{y} = \frac{\pm\left[\dfrac{2}{3}(A_1\overline{T} + C_1)^{\frac{3}{2}} - 2C_1(A_1\overline{T} + C_1)^{\frac{1}{2}}\right] + C_2}{A_1^2} \tag{4.254}$$

上式是 Couette 流中通过直接分析 Burnett 方程求得的理论解,这是一个反映 $y-T$ 关系的函数。两个积分常数 C_1 和 C_2 可由下列两个边界条件给出:

当 $\bar{y}=0.5$ 时,$\mathrm{d}\bar{T}/\mathrm{d}\bar{y}=0$,这时由式 (4.252) 可得

$$A_1\bar{T} + C_1 = 0$$

代入式 (4.254) 可求得积分常数

$$C_2 = \pm 0.5 A_1^2 \tag{4.255}$$

又当 $\bar{y} = 0$ 时,在两侧壁面上 $\bar{T} = 1$,代入式 (4.254) 有

$$\pm \frac{\left[\frac{2}{3}(A_1+C_1)^{\frac{3}{2}} - 2(A_1+C_1)^{\frac{1}{2}}C_1 \pm 0.5A_1^2\right]}{A_1^2} = 0$$

或

$$\frac{2}{3}(A_1+C_1)^{\frac{1}{2}}(A_1 - 2C_1) = 0.5A_1^2$$

对上式两边平方,并整理后可得

$$\frac{4}{9}(4C_1^3 - 3A_1^2C_1 + A_1^3) - 0.25A_1^4 = 0 \tag{4.256}$$

由式 (4.255) 和式 (4.256) 可以看出,积分常数 C_1, C_2 是和另一积分常数 A_1 有关的。如果 $A = 1$,则 $A_1 = -\frac{8}{15}A^2 = -0.5333$,代入上式可得

$$1.777\,778 C_1^3 - 0.379\,259 C_1 - 0.087\,650\,9 = 0$$

可解出 $C_1 = 0.550\,377$。流道中面上 $\bar{y} = 0.5, A_1\bar{T} + C_1 = 0$,可求出中面上最大温度

$$\bar{T}_{\max} = -\frac{C_1}{A_1} = -\frac{0.550\,377}{-\frac{8}{15} \times 1} = 1.031\,957$$

这时

$$C_2 = \pm 0.5 A_1^2 = \pm 0.5 \times (-0.5333)^2 = \pm 0.142\,222$$

如果 $A = -2$,则 $A_1 = -\frac{8}{15}A^2 = -\frac{8}{15} \times 4 = -2.133\,333$,这时有

$$1.777\,778 C_1^3 - 6.068\,147 C_1 - 9.493\,276 = 0$$

可解出 $C_1 = 2.378\,705$,而

$$C_2 = \pm 0.5 A_1^2 = \pm 0.5 \times (-2.133\,333)^2 = \pm 2.275\,556$$

这时

$$\bar{T}_{\max} = -\frac{C_1}{A_1} = -\frac{2.378\,705}{-2.133\,333} = 1.115\,018$$

把式 (4.254) 的分母 A_1^2 放入分子的括号内, 并代入 C_1, C_2, A_1, 可得到 $y-T$ 函数如下:

$$\bar{y} = \pm \left[\frac{2}{3} \frac{1}{-\left(\frac{32}{15}\right)^2} \left(2.378\,705 - \frac{32}{15}\bar{T}\right)^{\frac{3}{2}} - \frac{2 \times 2.378\,705}{-\left(\frac{32}{15}\right)^2} \left(2.378\,705 - \frac{32}{15}\bar{T}\right)^{\frac{1}{2}} \right] + 0.5 \tag{4.257}$$

这里根据取值范围, C_2 取正号。根据上式可以作出如图 4.2 所示的线图。

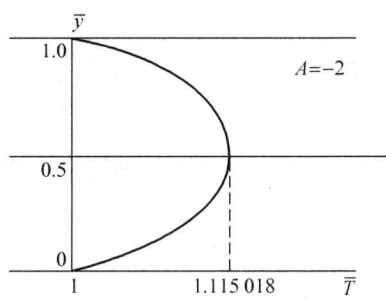

图 4.2 Couette 流的 $y-T$ 图

上述积分常数 A 是与速度的边界条件相关的, 将在 $y-u$ 函数这一节中介绍。

4.3.3 $y-p$ 函数

本节介绍 Couette 流中垂直于流动方向的压力变化。

式 (4.249) 可改写为

$$\frac{4}{3}\left[-\frac{\mathrm{d}^2\bar{p}}{\mathrm{d}\bar{y}^2} + \frac{1}{\bar{p}}\left(\frac{\mathrm{d}\bar{p}}{\mathrm{d}\bar{y}}\right)^2 - \frac{1}{\bar{T}}\frac{\mathrm{d}\bar{p}}{\mathrm{d}\bar{y}}\frac{\mathrm{d}\bar{T}}{\mathrm{d}\bar{y}} \right] + \frac{9}{4}\frac{\bar{p}}{\bar{T}^2}\frac{\mathrm{d}^2(\bar{T}^2)}{\mathrm{d}\bar{y}^2} = \frac{(1-\bar{p})\bar{p}^2}{Kn_0^2\bar{T}^3} \tag{4.258}$$

把式 (4.250)、式 (4.252) 代入式 (4.258), 可得

$$\frac{4}{3}\left[-\frac{\mathrm{d}^2\bar{p}}{\mathrm{d}\bar{y}^2} + \frac{1}{\bar{p}}\left(\frac{\mathrm{d}\bar{p}}{\mathrm{d}\bar{y}}\right)^2 \mp \frac{\sqrt{A_1\bar{T}+C_1}}{\bar{T}^2}\frac{\mathrm{d}\bar{p}}{\mathrm{d}\bar{y}} \right] + \frac{9}{4}\frac{\bar{p}}{\bar{T}^3}A_1 = \frac{(1-\bar{p})\bar{p}^2}{Kn_0^2\bar{T}^3} \tag{4.259}$$

最终可得

$$-\frac{\mathrm{d}^2\bar{p}}{\mathrm{d}\bar{y}^2} + \frac{1}{\bar{p}}\left(\frac{\mathrm{d}\bar{p}}{\mathrm{d}\bar{y}}\right)^2 \mp \frac{\sqrt{A_1\bar{T}+C_1}}{\bar{T}^2}\frac{\mathrm{d}\bar{p}}{\mathrm{d}\bar{y}} = \frac{3}{4}\frac{(1-\bar{p})\bar{p}^2}{Kn_0^2\bar{T}^3} - \frac{27}{16}\frac{\bar{p}}{\bar{T}^3}A_1$$

$$= \frac{3}{4}\frac{(1-\bar{p})\bar{p}^2 - \frac{9}{4}A_1 Kn_0^2\bar{p}}{Kn_0^2\bar{T}^3} \tag{4.260}$$

当 $A = 1$ 时,取 $Kn_0 = 0.1$,则 $A_1 = -\dfrac{8}{15}A^2 = -\dfrac{8}{15}$,$C_1 = 0.550\,377$,代入式 (4.260) 可得

$$-\frac{\mathrm{d}^2\bar{p}}{\mathrm{d}\bar{y}^2} + \frac{1}{p}\left(\frac{\mathrm{d}\bar{p}}{\mathrm{d}\bar{y}}\right)^2 \pm \frac{\sqrt{-\dfrac{8}{15}\overline{T} + 0.550\,377}}{\overline{T}^2}\frac{\mathrm{d}\bar{p}}{\mathrm{d}\bar{y}} = \frac{-300\bar{p}}{4\overline{T}^3}(\bar{p}^2 - \bar{p} - 0.012) \quad (4.261)$$

当 $A = -2$ 时,仍取 $Kn_0 = 0.1$,则 $A_1 = -\dfrac{8}{15}(-2)^2 = -\dfrac{32}{15}$,$C_1 = 2.378\,705$,代入式 (4.260) 可得

$$-\frac{\mathrm{d}^2\bar{p}}{\mathrm{d}\bar{y}^2} + \frac{1}{p}\left(\frac{\mathrm{d}\bar{p}}{\mathrm{d}\bar{y}}\right)^2 \pm \frac{\sqrt{-\dfrac{32}{15}\overline{T} + 2.378\,705}}{\overline{T}^2}\frac{\mathrm{d}\bar{p}}{\mathrm{d}\bar{y}} = \frac{-300\bar{p}}{4\overline{T}^3}(\bar{p}^2 - \bar{p} - 0.048) \quad (4.262)$$

如果近似地认为在 $\dfrac{\mathrm{d}\bar{p}}{\mathrm{d}\bar{y}} = 0$ 时,$\dfrac{\mathrm{d}^2\bar{p}}{\mathrm{d}\bar{y}^2} = 0$,则可求出当 $\bar{y} = 0.5$ 时的压力最大值 $\bar{p}_{\max}$。

当 $A = 1, Kn_0 = 0.1$ 时,有

$$\bar{p}^2 - \bar{p} - 0.012 = 0$$

解之可得

$$\bar{p}_{\max} = \frac{1 \pm \sqrt{1 + 0.048}}{2} = 1.011\,86 \text{ 或 } -0.011\,86$$

当 $A = -2, Kn_0 = 0.1$ 时,有

$$\bar{p}^2 - \bar{p} - 0.048 = 0$$

解之可得

$$\bar{p}_{\max} = \frac{1 \pm \sqrt{1 + 0.192}}{2} = 1.045\,89 \text{ 或 } -0.045\,89$$

由式 (4.261) 或式 (4.262) 可求解 $y - p$ 的函数关系,其结果可利用 Maple 软件求解得到[44],如图 4.3 所示。

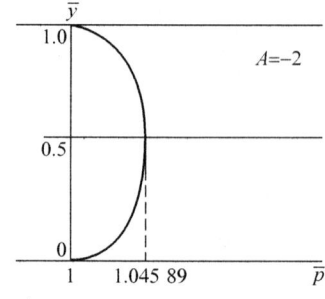

图 4.3 Couette 流的 $y - p$ 图

4.3.4 $y-u$ 函数

本节介绍 Couette 流中垂直于流动方向的速度变化。

由式 (4.243)

$$\overline{T}\frac{\mathrm{d}\overline{u}}{\mathrm{d}\overline{y}} = A$$

可得

$$\frac{\mathrm{d}\overline{T}}{\mathrm{d}\overline{y}}\frac{\mathrm{d}\overline{u}}{\mathrm{d}\overline{y}} + \overline{T}\frac{\mathrm{d}^2\overline{u}}{\mathrm{d}\overline{y}^2} = 0$$

或

$$\overline{T}\frac{\mathrm{d}\overline{T}}{\mathrm{d}\overline{y}} = -\overline{T}^2\frac{\dfrac{\mathrm{d}^2\overline{u}}{\mathrm{d}\overline{y}^2}}{\dfrac{\mathrm{d}\overline{u}}{\mathrm{d}\overline{y}}} \tag{4.263}$$

又由式 (4.247) 可得

$$\left(\frac{\mathrm{d}\overline{u}}{\mathrm{d}\overline{y}}\right)^2 = -\frac{15}{8}\frac{1}{\overline{T}}\frac{\mathrm{d}^2(\overline{T}^2)}{\mathrm{d}\overline{y}^2} = -\frac{15}{4}\frac{1}{\overline{T}}\frac{\mathrm{d}}{\mathrm{d}\overline{y}}\left(\overline{T}\frac{\mathrm{d}\overline{T}}{\mathrm{d}\overline{y}}\right) = -\frac{15}{4}\frac{1}{\overline{T}}\frac{\mathrm{d}}{\mathrm{d}\overline{y}}\left(-\overline{T}^2\frac{\dfrac{\mathrm{d}^2\overline{u}}{\mathrm{d}\overline{y}^2}}{\dfrac{\mathrm{d}\overline{u}}{\mathrm{d}\overline{y}}}\right)$$

$$= \frac{15}{4}\frac{\dfrac{\mathrm{d}\overline{u}}{\mathrm{d}\overline{y}}}{A}\frac{\mathrm{d}}{\mathrm{d}\overline{y}}\left[\frac{\dfrac{A^2}{\left(\dfrac{\mathrm{d}\overline{u}}{\mathrm{d}\overline{y}}\right)^2}\dfrac{\mathrm{d}^2\overline{u}}{\mathrm{d}\overline{y}^2}}{\dfrac{\mathrm{d}\overline{u}}{\mathrm{d}\overline{y}}}\right] = \frac{15}{4}A\frac{\mathrm{d}\overline{u}}{\mathrm{d}\overline{y}}\frac{\mathrm{d}}{\mathrm{d}\overline{y}}\left[\frac{\dfrac{\mathrm{d}^2\overline{u}}{\mathrm{d}\overline{y}^2}}{\left(\dfrac{\mathrm{d}\overline{u}}{\mathrm{d}\overline{y}}\right)^3}\right] \tag{4.264}$$

由于

$$\mathrm{d}\left(\frac{U}{V}\right) = \mathrm{d}(UV^{-1}) = \frac{\mathrm{d}U}{V} - \frac{U\mathrm{d}V}{V^2} = \frac{V\mathrm{d}U - U\mathrm{d}V}{V^2}$$

因此有

$$\frac{\mathrm{d}}{\mathrm{d}\overline{y}}\left[\frac{\dfrac{\mathrm{d}^2\overline{u}}{\mathrm{d}\overline{y}^2}}{\left(\dfrac{\mathrm{d}\overline{u}}{\mathrm{d}\overline{y}}\right)^3}\right] = \frac{\left(\dfrac{\mathrm{d}\overline{u}}{\mathrm{d}\overline{y}}\right)^3\dfrac{\mathrm{d}^3\overline{u}}{\mathrm{d}\overline{y}^3} - \dfrac{\mathrm{d}^2\overline{u}}{\mathrm{d}\overline{y}^2}\cdot 3\left(\dfrac{\mathrm{d}\overline{u}}{\mathrm{d}\overline{y}}\right)^2\dfrac{\mathrm{d}^2\overline{u}}{\mathrm{d}\overline{y}^2}}{\left(\dfrac{\mathrm{d}\overline{u}}{\mathrm{d}\overline{y}}\right)^6} \tag{4.265}$$

将式 (4.265) 代入式 (4.264) 可得

$$\left(\frac{\mathrm{d}\overline{u}}{\mathrm{d}\overline{y}}\right)^2 = \frac{15}{4}A\left[\frac{\left(\dfrac{\mathrm{d}\overline{u}}{\mathrm{d}\overline{y}}\right)^3\dfrac{\mathrm{d}^3\overline{u}}{\mathrm{d}\overline{y}^3} - 3\left(\dfrac{\mathrm{d}\overline{u}}{\mathrm{d}\overline{y}}\right)^2\left(\dfrac{\mathrm{d}^2\overline{u}}{\mathrm{d}\overline{y}^2}\right)^2}{\left(\dfrac{\mathrm{d}\overline{u}}{\mathrm{d}\overline{y}}\right)^5}\right]$$

$$= \frac{15}{4}A\left[\frac{\left(\dfrac{\mathrm{d}\overline{u}}{\mathrm{d}\overline{y}}\right)\left(\dfrac{\mathrm{d}^3\overline{u}}{\mathrm{d}\overline{y}^3}\right) - 3\left(\dfrac{\mathrm{d}^2\overline{u}}{\mathrm{d}\overline{y}^2}\right)^2}{\left(\dfrac{\mathrm{d}\overline{u}}{\mathrm{d}\overline{y}}\right)^3}\right]$$

移项可得

$$\left(\frac{\mathrm{d}\overline{u}}{\mathrm{d}\overline{y}}\right)^5 = \frac{15}{4}A\left[\frac{\mathrm{d}\overline{u}}{\mathrm{d}\overline{y}}\frac{\mathrm{d}^3\overline{u}}{\mathrm{d}\overline{y}^3} - 3\left(\frac{\mathrm{d}^2\overline{u}}{\mathrm{d}\overline{y}^2}\right)^2\right] = \frac{15}{4}A\frac{\mathrm{d}\overline{u}}{\mathrm{d}\overline{y}}\frac{\mathrm{d}^3\overline{u}}{\mathrm{d}\overline{y}^3} - \frac{45}{4}A\left(\frac{\mathrm{d}^2\overline{u}}{\mathrm{d}\overline{y}^2}\right)^2$$

或

$$\left(\frac{\mathrm{d}\overline{u}}{\mathrm{d}\overline{y}}\right)^5 - \frac{15}{4}A\frac{\mathrm{d}\overline{u}}{\mathrm{d}\overline{y}}\frac{\mathrm{d}^3\overline{u}}{\mathrm{d}\overline{y}^3} + \frac{45}{4}A\left(\frac{\mathrm{d}^2\overline{u}}{\mathrm{d}\overline{y}^2}\right)^2 = 0 \tag{4.266}$$

利用 Maple 软件求解可求得[44]

$$\overline{y} = \frac{1}{120}\frac{225A^2C_1\overline{u} - \frac{16}{3}\overline{u}^3 - 16\overline{u}^2 C_2 - 16C_2^2\overline{u}}{A} - C_3 \tag{4.267}$$

式中有三个积分常数 C_1, C_2, C_3，可按下述三个边界条件求出。

由于速度分布的对称性，当 $\overline{y} = 0.5$ 时，取 $\overline{u} = 0$，可得 $C_3 = -0.5$。当 $\overline{y} = 0$ 时，取 $\overline{u} = 1$，代入式 (4.267)，有

$$\frac{1}{120}\frac{225A^2C_1 - \frac{16}{3} - 16C_2 - 16C_2^2}{A} + 0.5 = 0$$

当 $\overline{y} = 1$ 时，取 $\overline{u} = -1$，代入式 (4.267)，有

$$\frac{1}{120}\frac{-225A^2C_1 + \frac{16}{3} - 16C_2 + 16C_2^2}{A} + 0.5 = 1$$

两式相加，可求出 $C_2 = 0$。把 C_2, C_3 代入式 (4.267)，并令 $\overline{y} = 1$，这时 $\overline{u} = -1$，因此有

$$\frac{1}{120}\frac{-225A^2C_1 - \frac{16}{3}(-1)^3}{A} + 0.5 = 1$$

可解

$$C_1 = \frac{-60A + \frac{16}{3}}{225A^2}$$

当 $A = 1$ 时，$C_1 = -0.24296$，有

$$\overline{y} = -0.455556\overline{u} - 0.044444\overline{u}^3 + 0.5 \tag{4.268}$$

当 $A = -2$ 时，$C_1 = 0.13925926$，有

$$\overline{y} = -0.522222\overline{u} + 0.022222\overline{u}^3 + 0.5 \tag{4.269}$$

图 4.4 给出了按式 (4.268) 计算的结果，图 4.4a 为处于 Couette 流取值范围 $0 \leqslant \overline{y} \leqslant 1$ 内的速度分布；图 4.4b 为扩大 $\overline{y}$ 的范围到 $-3 \sim 3$ 之间时的曲线。可以看出，按 Burnett 方程计算的结果，在 Couette 流中速度已经不是线性分布，而是三次曲线中的一段。

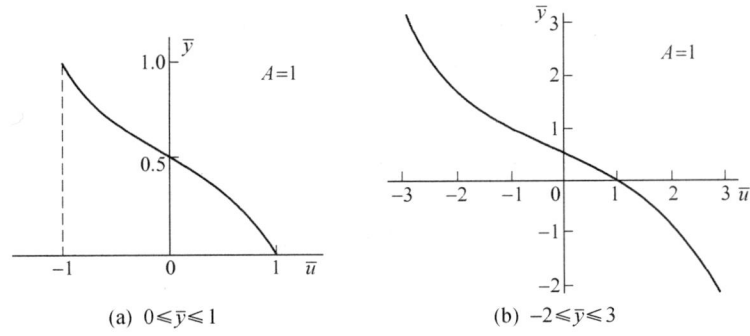

(a) $0 \leqslant \bar{y} \leqslant 1$ (b) $-2 \leqslant \bar{y} \leqslant 3$

图 4.4 Couette 流的 $y-u$ 图

从上述分析可以看出，积分常数 A 不仅影响 Couette 流的速度分布，也影响温度分布和压力分布。

从本质上看，常数 A 反映了流体动力粘度 μ 的影响，但是如果动力粘度只和温度有关，则也反映了温度的影响。当动力粘度是一个不变量时，从式 (4.243) 可以看出，在取值范围为 $\bar{y}=(0,1)$ 及 $\bar{u}=(1,-1)$ 时，$A=-2$。这时的速度将是线性分布的。

4.4 与 Poiseuille 流相结合的 Couette 流[27]

Couette 流是由壁面运动的剪切力来驱动的，而 Poiseuille 流则是由压力差来驱动的，如长槽流或管流。在实际应用中，有时会同时存在两种驱动方式，如静压气体轴承间隙中的流动就属这种类型。下面将分析这类流动的特点。

为了便于分析，作以下假设：$u_2=0, T=$ 常数，$\partial u_1/\partial x_1=0, \mu=$ 常数，$\partial p/\partial x_2=0$，因此由式 (4.104) 可得

$$\mu \frac{\mathrm{d}^2 u}{\mathrm{d} y^2} = \frac{\mathrm{d} p}{\mathrm{d} x} \tag{4.270}$$

如果认为 $\dfrac{\mathrm{d} p}{\mathrm{d} x_1} =$ 常数，则有

$$\frac{\mathrm{d} u}{\mathrm{d} y} = \frac{1}{\mu} \frac{\mathrm{d} p}{\mathrm{d} x} y + C_1 \tag{4.271}$$

$$u = \frac{1}{2\mu} \frac{\mathrm{d} p}{\mathrm{d} x} y^2 + C_1 y + C_2 \tag{4.272}$$

利用边界条件 $y=-h$ 时，$u=0$；$y=h$ 时，$u=U$，可求出积分常数

$$C_1 = \frac{U}{2h}$$

$$C_2 = \frac{U}{2} - \frac{1}{2\mu} \frac{\mathrm{d} p}{\mathrm{d} x} h^2$$

代入式 (4.272) 可得到无滑移流时, 利用压力差和剪切力同时驱动的 Poiseuille 流和 Couette 流相结合的混合流的速度分布, 即

$$u = \frac{1}{2\mu}\frac{\mathrm{d}p}{\mathrm{d}x}y^2 + \frac{U}{2h}y + \frac{U}{2} - \frac{h^2}{2\mu}\frac{\mathrm{d}p}{\mathrm{d}x}$$
$$= \frac{U}{2}\left(1 + \frac{y}{h}\right) + \left(-\frac{\mathrm{d}p}{\mathrm{d}x}\right)\frac{h^2}{2\mu}\left(1 - \frac{y^2}{h^2}\right)$$

或

$$\frac{u}{U} = \frac{1}{2}\left(1 + \frac{y}{h}\right) + \left(-\frac{\mathrm{d}p}{\mathrm{d}x}\right)\frac{h^2}{2\mu U}\left(1 - \frac{y^2}{h^2}\right) = \frac{1}{2}\left(1 + \frac{y}{h}\right) + P\left(1 - \frac{y^2}{h^2}\right) \tag{4.273}$$

上式表明速度分布是与系数 $P = -\frac{\mathrm{d}p}{\mathrm{d}x}\frac{h^2}{2\mu U}$ 有关的。当 $P = 0$ 时, $\frac{\mathrm{d}p}{\mathrm{d}x} = 0$, 速度为线性分布, 就是单纯的 Couette 流。但当 $P \neq 0$ 时, 速度分布则呈现多样性, 如图 4.5 所示。下面分析这一多样性的意义。

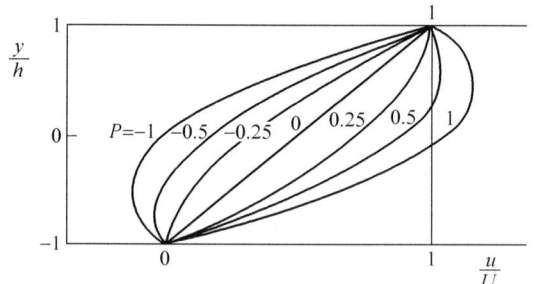

图 4.5 Couette 流与 Poiseuille 流相结合时的速度分布

对式 (4.273) 求导可得

$$\frac{\mathrm{d}\left(\frac{u}{U}\right)}{\mathrm{d}\left(\frac{y}{h}\right)} = \frac{1}{2} - 2P\frac{y}{h} \tag{4.274}$$

为了获取速度的最大值, 让上述导数等于零, 系数 P 与 y/h 的取值关系如表 4.1 所示。

表 4.1 C–P 混合流速度分布中取极值的位置

P	$-\infty$	-1	-0.5	-0.25	0	0.25	0.5	1	∞
$\frac{y}{h}$	0	-0.25	-0.5	-1	无极值	1	0.5	0.25	0

由表 4.1 可以看出, 当 $P = 0$ 时, 就是 Couette 流, 这时无速度的极值。当 $P = 0.25$ 时, $y/h = 1$, 也就是在移动壁面上出现速度的极值。当 $P = 0.5$ 时, 速度的极值出现在通道中 $y/h = 0.5$ 处。随着 P 值的增加, 速度出现极值的位置越来越接近于流道中心。当移动壁面速度 $U = 0$ 时, $P \to \infty$, 这时速度的极值出现在流道的中心, 也就是单纯的 Poiseuille 流。当 P 值取负值时, 速度的极值将出现在靠近下壁面处。

由此可见，在减压流动中，当 $P > 0.25$ 时，移动的上壁面附近将出现减速流动，这时有可能形成流动的分离。因此，为了保证不出现分离现象，要求压力梯度不能太大。同样，在增压流动时，也会存在类似的分离现象。

为了反映在微流动时 Kn 数的影响，这里用量纲一的量对式 (4.273) 作一些改变，使 $\overline{p} = \dfrac{p}{p_0}, \overline{x} = \dfrac{x}{h}, \overline{\mu} = \dfrac{\mu}{\mu_0}, \overline{U} = \dfrac{U}{\sqrt{RT_0}}, \overline{u} = \dfrac{u}{\sqrt{RT_0}}, \overline{y} = \dfrac{y}{h}, Kn_0 = \dfrac{\mu_0}{\rho_0\sqrt{RT_0}h}$，因此有

$$P = \left(-\frac{\mathrm{d}p}{\mathrm{d}x}\right)\frac{h^2}{2\mu U} = \left(-\frac{p_0}{h}\frac{\mathrm{d}\overline{p}}{\mathrm{d}\overline{x}}\right)\frac{h^2}{2\mu_0\overline{\mu}\sqrt{RT_0}\,\overline{U}}$$

$$= -\frac{\rho_0 RT_0 h}{\mu_0\sqrt{RT_0}}\frac{1}{2\overline{\mu}\,\overline{U}}\frac{\mathrm{d}\overline{p}}{\mathrm{d}\overline{x}} = -\frac{1}{Kn_0}\frac{1}{2\overline{\mu}\,\overline{U}}\frac{\mathrm{d}\overline{p}}{\mathrm{d}\overline{x}} \tag{4.275}$$

$$\frac{\mathrm{d}\overline{u}}{\mathrm{d}\overline{y}} = \frac{\overline{U}}{2} - 2\overline{U}P\overline{y} \tag{4.276}$$

由式 (4.275) 可知，在一定的 P 值下，随着 Kn_0 的增大，允许 $\mathrm{d}\overline{p}/\mathrm{d}\overline{x}$ 有较大值。也就是说，为了保证不出现流动的分离，在 Kn 值较大时，可以有较大的压力梯度。这一结果对微流动是有利的。

4.5 能量方程与传热

前面较多地讨论了 Burnett 方程中的动量方程，而对于能量方程则介绍不多。如果在流动中还要考虑温度变化及传热的影响，那就要用到能量方程及流动中温度场的变化了。在微流动中，这种变化有时会起到重要的作用，例如热虹吸和热毛细现象就是一个突出的例子。因此，在动量方程的基础上还应对能量方程及温度场的变化作一分析。

传热的引入一般都是在等压过程中实现的，因此下面将以等压过程为基础进行分析。也就是说，这时 $\partial p/\partial x = 0$。同时，这里只考虑最简单的 Couette 流动。

在 4.2.2 节中已经求得了在二维流动中的 Burnett 方程组式 (4.107)。对于稳定的 Couette 流，$\partial/\partial t = 0, \partial/\partial x_1 = 0$，设 $u_2 = 0$，则由式 (4.227) 有

$$\frac{\mathrm{d}}{\mathrm{d}y}\begin{bmatrix}\sigma_{21} \\ p + \sigma_{22} \\ q_2 + \sigma_{12}u_1\end{bmatrix} = 0 \tag{4.277}$$

把相应的 $\sigma_{21}, \sigma_{22}, \sigma_{12}$ 代入上式，就有式 (4.231) ~ (4.234)

$$\frac{\mathrm{d}}{\mathrm{d}y}\left(-\mu\frac{\mathrm{d}u}{\mathrm{d}y}\right) = 0 \tag{4.278}$$

$$\frac{\mathrm{d}}{\mathrm{d}y}\left(-\kappa\frac{\mathrm{d}T}{\mathrm{d}y} - u\mu\frac{\mathrm{d}u}{\mathrm{d}y}\right) = 0 \tag{4.279}$$

$$\frac{\mathrm{d}P_0}{\mathrm{d}y} = 0 \tag{4.280}$$

$$P_0 = p + \frac{\mu^2}{p}\left\{\alpha_6\left(\frac{\mathrm{d}u}{\mathrm{d}y}\right)^2 + \alpha_9\frac{RT}{p}\left[\frac{\mathrm{d}^2p}{\mathrm{d}y^2} - \frac{1}{p}\left(\frac{\mathrm{d}p}{\mathrm{d}y}\right)^2\right] + \frac{4}{3}\alpha_8\frac{\mathrm{d}p}{\mathrm{d}y}\frac{\mathrm{d}T}{\mathrm{d}y} + \right.$$
$$\left. (2\alpha_9 + \alpha_{11} - \alpha_{12} + \alpha_{13})\frac{R}{T}\left(\frac{\mathrm{d}T}{\mathrm{d}y}\right)^2 + (\alpha_7 - \alpha_9)R\frac{\mathrm{d}^2T}{\mathrm{d}y^2}\right\} \tag{4.281}$$

当 $\mu =$ 常数时，由式 (4.278) 可得

$$\frac{\mathrm{d}^2 u}{\mathrm{d}y^2} = 0 \tag{4.282}$$

代入式 (4.279)，可得

$$\frac{\mathrm{d}^2 T}{\mathrm{d}y^2} = -\frac{\mu}{\kappa}\left(\frac{\mathrm{d}u}{\mathrm{d}y}\right)^2 \tag{4.283}$$

可以看出，由于假设 $u_2 = 0$，得出了与 Navier–Stokes 方程相同的式 (4.279) 和式 (4.282)。但是动量方程式 (4.280)、式 (4.281) 是不同的，从量纲一方程式 (4.241) 可以看出，只有在 $Kn_0 = 0$ 时，才有可能与 Navier–Stokes 方程相同。因此利用 Burnett 方程可以对 Couette 流进行更详细的分析。

下面先分析利用 Navier–Stokes 方程的传热计算。

在式 (4.273) 中已经得出了纯 Couette 流时的速度分布

$$u = \frac{U}{2}\left(1 + \frac{y}{h}\right) \tag{4.284}$$

因此有

$$\frac{\mathrm{d}u}{\mathrm{d}y} = \frac{U}{2h} \tag{4.285}$$

把式 (4.285) 代入式 (4.283) 中，可得

$$\frac{\mathrm{d}^2 T}{\mathrm{d}y^2} = -\frac{\mu}{\kappa}\left(\frac{\mathrm{d}u}{\mathrm{d}y}\right)^2 = -\frac{\mu}{\kappa}\left(\frac{U}{2h}\right)^2 \tag{4.286}$$

对上式积分一次有

$$\frac{\mathrm{d}T}{\mathrm{d}y} = -\frac{\mu}{\kappa}\left(\frac{U}{2h}\right)^2 y + C_1 \tag{4.287}$$

再积分一次有

$$T = -\frac{\mu}{2\kappa}\left(\frac{U}{2h}\right)^2 y^2 + C_1 y + C_2 \tag{4.288}$$

式中积分常数可由下述边界条件求出。

当 $y = -h$ 时，下壁面的温度 $T = T_0$；当 $y = h$ 时，上壁面的温度 $T = T_1$。可解出

$$C_1 = \frac{T_1 - T_0}{2h}$$
$$C_2 = \frac{T_1 + T_0}{2} + \frac{\mu}{\kappa}\frac{U^2}{8}$$

代入式 (4.288) 可得无温度突跳时 Couette 流的温度分布, 即

$$T = \left(\frac{T_1 + T_0}{2} + \frac{T_1 - T_0}{2}\frac{y}{h}\right) + \frac{\mu U^2}{8\kappa}\left(1 - \frac{y^2}{h^2}\right)$$

或

$$\frac{T - T_0}{T_1 - T_0} = \frac{1}{2}\left(1 + \frac{y}{h}\right) + \frac{\mu U^2}{8\kappa(T_1 - T_0)}\left(1 - \frac{y^2}{h^2}\right) \quad (4.289)$$

引入普朗特数 $Pr = \dfrac{\mu C_p}{\kappa}$ 和埃克特数 (Ekert number) $Et = \dfrac{U^2}{C_p(T_1 - T_0)}$, 上式可写成

$$\frac{T - T_0}{T_1 - T_0} = \frac{1}{2}\left(1 + \frac{y}{h}\right) + \frac{1}{8}PrEt\left(1 - \frac{y^2}{h^2}\right) \quad (4.290)$$

式中, 普朗特数 Pr 反映分子动量扩散与热扩散的关系; 埃克特数则反映粘性耗散与热容量的关系。它们的乘积为

$$PrEt = \frac{\mu C_p}{\kappa}\frac{U^2}{C_p(T_1 - T_0)} = \frac{\mu U^2}{\kappa(T_1 - T_0)} = Br \quad (4.291)$$

式中, Br 为勃伦克曼数 (Brinkman number), 它反映了由于粘性耗散所引起的温度变化。因此式 (4.290) 右边第一项是由流体中单纯的热传导引起的温度变化, 而第二项则是由于粘性耗散引起的温度变化。式 (4.290) 也可写成

$$\frac{T - T_0}{T_1 - T_0} = \frac{1}{2}\left(1 + \frac{y}{h}\right) + \frac{1}{8}Br\left(1 - \frac{y^2}{h^2}\right) \quad (4.292)$$

比较式 (4.292) 和式 (4.273) 可以看出, 两者具有几乎相同的形式。图 4.6 给出了在不同 Br 数时的温度分布[40]。

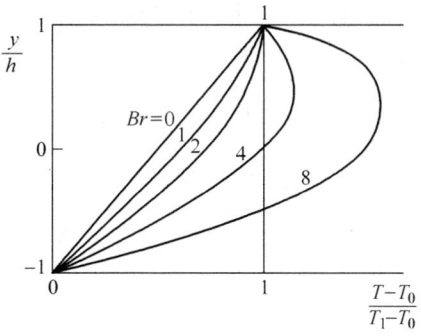

图 4.6 Couette 流的温度分布

当动力粘度 μ 或壁面速度 U 很大时, 由于粘性耗散而引起的温度升高很快, 来不及把热量传向低温的下壁面, 因而造成两板之间流体温度升高, 甚至高于高温上壁面的温度。

对式 (4.292) 求导, 可得

$$\frac{\mathrm{d}\left(\frac{T-T_0}{T_1-T_0}\right)}{\mathrm{d}\left(\frac{y}{h}\right)} = \frac{1}{2} - \frac{1}{4}Br\frac{y}{h} \quad (4.293)$$

分析上式可知,当温度分布在上壁面达到极值时, $y/h = 1$,因此 $Br = 2$。当 $Br < 2$ 时,整个流场中温度都处于高温上壁面和低温下壁面的温度之间,因此整个传热过程中热传导占据主要部分。当 $Br = 0$ 时,就是单纯的导热。但是当 $Br > 2$ 时,温度梯度 $\mathrm{d}\left(\frac{T-T_0}{T_1-T_0}\right)/\mathrm{d}\left(\frac{y}{h}\right) < 0$,这时在上壁面附近的温差 $T - T_1$ 是负的。也就是说,流体的温度高于上壁面温度。从常规观点看,上壁面温度大于下壁面,热量是可以从上壁面传到下壁面的,只要冷却下壁面使其温度保持在 T_0 就可以了。但是当 $Br > 2$ 时,流动产生的热量就会传递到上、下两个壁面。因此必须同时冷却上、下两个壁面才能带走由于粘性耗散而产生的热量。这一点在实际应用中非常重要,例如在轴承间隙中,如果达到了 $Br > 2$,那么轴承套和轴颈的表面必须同时冷却,否则间隙内温度会不断地升高。

通过壁面传递的热量可以利用能量方程式 (4.230),有

$$q_2 = -\kappa\frac{\mathrm{d}T}{\mathrm{d}y} = \frac{T_1 - T_0}{2h}\left(1 - \frac{Br}{2}\frac{y}{h}\right) \quad (4.294)$$

当 $y = h$ 时

$$q_2|_{y=h} = -\kappa\frac{T_1 - T_0}{2h}\left(1 - \frac{Br}{2}\right) \quad (4.295)$$

上式可以反映出热流的方向,当 $Br < 2$ 时,等式右边是负值,说明这时热流方向与 y 的方向相反,也就是热量从上壁面流向流体。当 $Br > 2$ 时,正好相反,这时热量从流体传向上壁面,即使上壁面的温度高于下壁面,热量仍可以传向上壁面。当 $Br = 2$ 时,上式右边等于零,因此传向上壁面的热量为零。

当 $Br > 2$ 时,流体的最高温度将出现在流道内。令式 (4.293) 等于零,则在 $T = T_{\max}$ 时, $y/h = 2/Br$,代入式 (4.291) 可得

$$T_{\max} = \frac{1}{8Br}(Br+2)^2(T_1 - T_0) + T_0 \quad (4.296)$$

当 $Br = 2$ 时, $T_{\max} = T_1$,在上壁面处温度达到最大值。当 $Br = 4$ 时, $T_{\max} = \frac{9}{8}T_1 - \frac{1}{8}T_0$。

例 在空气轴承中, $U = 80$ m/s,空气的动力粘度 $\mu = 19 \times 10^{-6}$ Pa·s,热导率 $\kappa = 0.0372$ W/(m·K),假定轴承套和轴颈温度相等,求轴承间隙中最大温升。

解:把 Br 的定义式 (4.291) 代入式 (4.296) 中,并认为 $T_1 = T_0$,可得

$$\Delta T = T_{\max} - T_0 = \frac{\mu U^2}{8\kappa} = \frac{19 \times 10^{-6} \times 80^2}{8 \times 0.0372} = 0.41 \text{ °C}$$

如果采用油轴承,线速度仍为 $U = 80 \text{ m/s}$,润滑油的动力粘度 $\mu = 0.018 \text{ Pa} \cdot \text{s}$,热导率 $\kappa = 0.125 \text{ W/(m} \cdot \text{K)}$,因此

$$\Delta T = \frac{\mu U^2}{8\kappa} = \frac{0.018 \times 80^2}{8 \times 0.125} = 115.2 \text{ °C}$$

如果 $u_2 \neq 0$,那么就应该计入 u_2 及 $\partial u_2/\partial x_2$ 各项,因此由式 (4.103) ~ (4.106) 可得

$$\begin{cases} \dfrac{\partial}{\partial x_2}(\rho u_2) = 0 \\ \dfrac{\partial}{\partial x_2}(\rho u_1 u_2 + \sigma_{21}) = 0 \\ \dfrac{\partial}{\partial x_2}(\rho u_2^2 + p + \sigma_{22}) = 0 \\ \dfrac{\partial}{\partial x_2}[(e + p + \sigma_{22})u_2 + \sigma_{12}u_1 + q_2] = 0 \end{cases} \tag{4.297}$$

把 $\sigma_{21}, \sigma_{22}, \sigma_{12}$ 代入式 (4.297),可得

$$\rho u_2 \frac{\partial u_1}{\partial x_2} - \mu \frac{\partial^2 u_1}{\partial x_2^2} + \frac{\mu^2}{p}\left(\alpha_4 \frac{\partial^2 u_2}{\partial x_2^2}\frac{\partial u_1}{\partial x_2} + \alpha_4 \frac{\partial u_2}{\partial x_2}\frac{\partial^2 u_1}{\partial x_2^2}\right) = 0 \tag{4.298}$$

$$\rho u_2 \frac{\partial u_2}{\partial x_2} - \frac{4}{3}\mu \frac{\partial^2 u_2}{\partial x_2^2} + \frac{\mu^2}{p}\left(2\alpha_6 \frac{\partial u_1}{\partial x_2}\frac{\partial^2 u_1}{\partial x_2^2} + 2\alpha_1 \frac{\partial u_2}{\partial x_2}\frac{\partial^2 u_2}{\partial x_2^2}\right) = 0 \tag{4.299}$$

$$\left[-\frac{4}{3}\mu \frac{\partial^2 u_2}{\partial x_2^2} + \frac{\mu^2}{p}\left(2\alpha_6 \frac{\partial u_1}{\partial x_2}\frac{\partial^2 u_1}{\partial x_1^2} + 2\alpha_1 \frac{\partial u_2}{\partial x_1}\frac{\partial^2 u_2}{\partial x_2^2}\right)\right] u_2 +$$

$$\left\{-\frac{4}{3}\mu \frac{\partial u_2}{\partial x_2} + \frac{\mu^2}{p}\left[\alpha_6 \left(\frac{\partial u_1}{\partial x_2}\right)^2 + \alpha_1 \left(\frac{\partial u_2}{\partial x_2}\right)^2\right]\right\}\frac{\partial u_2}{\partial x_2} -$$

$$\mu \frac{\partial^2 u_1}{\partial x_2^2} + \frac{\mu^2}{p}\left(\alpha_4 \frac{\partial^2 u_2}{\partial x_2^2}\frac{\partial u_1}{\partial x_2} + \alpha_4 \frac{\partial u_2}{\partial x_2}\frac{\partial^2 u_1}{\partial x_2^2}\right) u_1 +$$

$$\left[-\mu \frac{\partial u_1}{\partial x_2} + \frac{\mu_2}{p}\left(\alpha_4 \frac{\partial u_2}{\partial x_2}\frac{\partial u_1}{\partial x_2}\right)\right]\frac{\partial u_1}{\partial x_2} - \kappa \frac{\text{d}^2 T}{\text{d}x_2^2} = 0 \tag{4.300}$$

原则上,由式 (4.298)、式 (4.299) 可以解出速度分布,由式 (4.300) 可以求出温度分布。

第 5 章 GDQ 方法求解 Burnett 方程组

5.1 GDQ 方法简介

5.1.1 GDQ 方法的提出

GDQ 方法的全称为通用微分累加法 (generalized differential quadrature), 是在微分累加法 DQ(differential quadrature) 基础上发展而来的数值计算方法。自从 Bellman 于 1972 年提出了 DQ 方法, 偏微分方程的数值计算就出现了两大分支。其中一个分支在微小区域内以满足求解条件为主的思想方法, 属于局部近似法, 例如有限差分法、有限元法、有限容积法等, 目前该分支在数值计算中占有极其重要的地位; 另一分支则以积分形式发展, 是从整体上满足求解条件的思想方法, 属于整体近似。由于 DQ 方法出现较晚, 因此它在数值计算理论方面还不是很成熟, 但已经显示出它潜在的实用价值。近年来有不少这方面的研究, 这里介绍的 GDQ 方法就是其中之一。本书中采用这种方法对一些偏微分方程进行求解, 具有较好的效果。

GDQ 方法是舒畅于 1991 年提出来的 [7-9]。它的主要优点是可以利用较稀少的网格点, 获得满意的计算结果, 从而大大减少了计算工作量。

GDQ 方法是基于线性矢量空间和高阶多项式的近似分析。假定函数是光滑的, 则在任何一个网格点上的导数可以用所有网格点上函数值的加权线性累加来表达。

如图 5.1 所示, 任何一个函数的求积都可以写成下式

$$\int_a^b f(x)\mathrm{d}x = \sum_{i=1}^N W_i \cdot f(x) \tag{5.1}$$

式中, W_i 可以理解为加权系数。按照这一观点, Bellman 认为一个光滑函数在任何一个网格点上的一阶导数, 也可以由所有网格点上函数值的加权线性累加来近似表

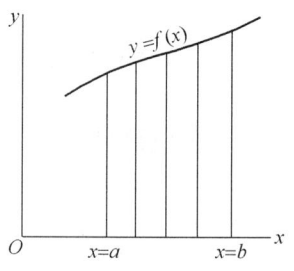

图 5.1 求积示意图

达, 即

$$\left.\frac{\mathrm{d}f}{\mathrm{d}x}\right|_{x_i} = \sum_{j=1}^{N} a_{ij} f(x_j) \tag{5.2}$$

这样, 问题就归结为如何确定加权系数 a_{ij}。Bellman 提出了两种计算加权系数 a_{ij} 的方法。

第一种确定 a_{ij} 的方法是选择 N 个试验函数

$$g_k(x) = x^k, \quad k = 0, 1, 2, \cdots, N-1 \tag{5.3}$$

并将其代入式 (5.2), 使这 N 个方程在 N 个网格点上独立地得到满足。由此可以得到下述代数方程, 即

$$\sum_{j=1}^{N} a_{ij} x_j^k = k x_i^{k-1}, \quad k = 0, 1, 2, \cdots, N-1, i = 1, 2, \cdots, N \tag{5.4}$$

式中, N 是网格点的总数; x_i 是任意一个网格点的坐标。这样, 在这个网格点上就有以下 N 个线性方程组 (当 $i = 1$ 时):

$$\left.\begin{aligned}
& k = 0 \text{ 时}, f(x) = x^0 = 1, f'(x) = 0, \text{ 则 } a_{11} + a_{12} + a_{13} + \cdots + a_{1N} = 0 \\
& k = 1 \text{ 时}, f(x) = x^1 = x, f'(x) = 1, \text{ 则 } a_{11}x_1 + a_{12}x_2 + a_{13}x_3 + \cdots + a_{1N}x_N = 1 \\
& k = 2 \text{ 时}, f(x) = x^2, f'(x) = 2x, \quad \text{则 } a_{11}x_1^2 + a_{12}x_2^2 + a_{13}x_3^2 + \cdots + a_{1N}x_N^2 = 2x_1 \\
& k = 3 \text{ 时}, f(x) = x^3, f'(x) = 3x^2, \quad \text{则 } a_{11}x_1^3 + a_{12}x_2^3 + a_{13}x_3^3 + \cdots + a_{1N}x_N^3 = 3x_1^2 \\
& \cdots \cdots \\
& k = N-1 \text{ 时}, f(x) = x^{N-1}, \quad \text{则 } a_{11}x_1^{N-1} + a_{12}x_2^{N-1} + a_{13}x_3^{N-1} + \cdots + \\
& \quad f'(x) = (N-1)x^{N-2}, \quad a_{1N}x_N^{N-1} = (N-1)x_1^{N-2}
\end{aligned}\right\} \tag{5.5}$$

由于上述方程组构成的矩阵是范德蒙 (Vandermonde) 型的, 因此式 (5.4) 有一个通解。当 $x_1, x_2, \cdots, x_N$ 给定时, 就有 N 个未知数 $a_{11}, a_{12}, a_{13}, \cdots, a_{1N}$, 同时也有 N 个方程, 因此可以求解。但是该方法中当网格点数 N 过大时, 矩阵的运算将十分困难。

第二种确定 a_{ij} 的方法是采用 N 个试验函数

$$g_k(x) = \frac{L_N(x)}{(x - x_k) L_N^{(1)}(x_k)}, \quad k = 0, 1, 2, \cdots, N-1 \tag{5.6}$$

式中, $L_N(x)$ 为 N 阶勒让德 (Legendre) 多项式

$$L_N(x) = \frac{1}{2^n n!} \frac{\mathrm{d}^n}{\mathrm{d}x^n}(x^2-1)^n, \quad n = 0, 1, 2, \cdots, N-1 \tag{5.7}$$

$L_N^{(1)}(x)$ 是 $L_N(x)$ 的一阶导数。而 x_k 则用勒让德多项式的根来代替。由此可以得到

$$a_{ij} = \frac{L_N^{(1)}(x_i)}{(x_i - x_j)L_N^{(1)}(x_j)}, \quad i = 1, 2, \cdots, N, \quad j \neq i, j = 1, 2, \cdots, N \tag{5.8}$$

$$a_{ii} = \frac{1 - 2x_i}{2x_i(x_i - 1)}, \quad j = i \tag{5.9}$$

勒让德多项式 (5.7) 的几个低阶项及其一阶导数分别为

$$\begin{cases} L_0(x) = 1 \\ L_1(x) = x \\ L_2(x) = \frac{1}{2}(3x^2 - 1) \\ L_3(x) = \frac{1}{2}(5x^3 - 3x) \\ L_4(x) = \frac{1}{8}(35x^4 - 30x^2 + 3) \\ \cdots \end{cases} \tag{5.10}$$

及

$$\begin{cases} L_0^{(1)}(x) = 0 \\ L_1^{(1)}(x) = 1 \\ L_2^{(1)}(x) = 3x \\ L_3^{(1)}(x) = \frac{1}{2}(15x^2 - 3) \\ L_4^{(1)}(x) = \frac{1}{2}(35x^3 - 15x) \\ \cdots \end{cases} \tag{5.11}$$

但是, 这一方法的缺点是网格点的坐标只能选择在勒让德多项根的位置上, 因此给计算带来困难。

5.1.2 网格的划分

为了避免网格点坐标不能随意选择的缺陷, 舒畅提出了一种坐标可以自由选择的加权系数确定方法, 由此称为通用微分累加法, 即 GDQ 方法。GDQ 方法所选用的多项式为拉格朗日 (Lagrange) 插值多项式

$$r_k(x) = \frac{M(x)}{(x - x_k)M^{(1)}(x_k)} \tag{5.12}$$

式中

$$M(x) = (x-x_1)(x-x_2)\cdots(x-x_N) = \prod_{j=1}^{N}(x-x_j) \tag{5.13}$$

$$M^{(1)}(x_k) = \prod_{j=1,j\neq k}^{N}(x_k-x_j) \tag{5.14}$$

式中, $x_1, x_2, \cdots, x_N$ 是网格点的坐标。

如果令

$$N(x_i, x_j) = M^{(1)}(x_i) \cdot \delta_{ij} \tag{5.15}$$

式中, δ_{ij} 为 Kronecker 算子, 当 $i=j$ 时, $\delta_{ij}=1$; $i\neq j$ 时, $\delta_{ij}=0$, 因此 $M(k)$ 可简化为

$$M(x) = N(x, x_k)(x-x_k), \quad k=1,2,\cdots,N \tag{5.16}$$

对上式求 k 阶导数, 可得

$$M^{(k)}(x) = N^{(k)}(x, x_j)(x-x_j) + kN^{(k-1)}(x, x_j), \quad k=1,2,\cdots,N \tag{5.17}$$

由此可得

$$N^{(1)}(x_i, x_j) = \frac{M^{(1)}(x_i)}{(x_i-x_j)}, \quad i\neq j \tag{5.18}$$

把式 (5.12) 代入式 (5.2), 并引用 $N(x_i, x_j)$, 可得

$$a_{ij} = \frac{N^{(1)}(x_i, x_j)}{M^{(1)}(x_j)} = \frac{M^{(1)}(x_i)}{(x_i-x_j)M^{(1)}(x_j)}, \quad i\neq j \tag{5.19}$$

当 $i=j$ 时, 由式 (5.17) 二阶导数 ($k=2$ 时) 可得

$$M^{(2)}(x) = N^{(2)}(x, x_j)(x-x_j) + 2N^{(1)}(x, x_j) \tag{5.20}$$

$$M^{(2)}(x_i) = 2N^{(1)}(x_i, x_i) \tag{5.21}$$

于是可得

$$N^{(1)}(x_i, x_i) = \frac{M^{(2)}(x_i)}{2} \tag{5.22}$$

但是并不知道二阶导数 $M^{(2)}(x_i)$。为此, GDQ 方法引入了第二个多项式, 用来计算 a_{ii}。根据矢量空间理论, 在一个线性矢量空间中, 如果有一组多项式能满足一个线性方程, 那么其他的多项式也可以满足。为此 GDQ 方法选择了 DQ 方法中的第一种试验函数 $x^k, k=0,1,2,\cdots,N-1$。当 $k=0$ 时, x^k 的一阶导数 $kx^{k-1}=0$。因此由式 (5.5) 中的第一组方程有

$$\sum_{j=1}^{N} a_{ij} = 0 \tag{5.23}$$

由此可求得

$$a_{ii} = -\sum_{j=1,j\neq i}^{N} a_{ij} \tag{5.24}$$

5.1.3 二阶及高阶加权系数的求取

上面介绍的 GDQ 方法还可以推广到高阶导数的计算。

对于二阶导数有

$$\frac{\mathrm{d}^2 f(x_i)}{\mathrm{d}x^2} = \sum_{j=1}^{N} b_{ij} \cdot f(x_j) \tag{5.25}$$

仍采用拉格朗日插值多项式, 将式 (5.16) 代入式 (5.12) 再代入式 (5.25), 可得

$$b_{ij} = \frac{N^{(2)}(x_i, x_j)}{M^{(1)}(x_j)} \tag{5.26}$$

利用式 (5.17)

$$N^{(2)}(x_i, x_j) = \frac{M^{(2)}(x_i) - 2N^{(1)}(x_i, x_j)}{(x_i - x_j)}, \quad i \neq j \tag{5.27}$$

$$N^{(2)}(x_i, x_i) = \frac{M^{(3)}(x_i)}{3} \tag{5.28}$$

将式 (5.27)、式 (5.28) 代入式 (5.26) 可得

$$b_{ij} = 2a_{ij}\left(a_{ij} - \frac{1}{x_i - x_j}\right), \quad i \neq j \tag{5.29}$$

$$b_{ii} = \frac{M^{(3)}(x_i)}{3M^{(1)}(x_i)} \tag{5.30}$$

同理, 由另一组多项式 $x^k, k = 0, 1, 2, \cdots, N-1$, 可得

$$\sum_{j=1}^{N} b_{ij} = 0 \tag{5.31}$$

由此可得

$$b_{ii} = -\sum_{j=1, j \neq i}^{N} b_{ij} \tag{5.32}$$

对于高阶导数, 同样可线性化为

$$\frac{\mathrm{d}^{(m-1)} f(x_i)}{\mathrm{d}x^{(m-1)}} = \sum_{j=1}^{N} W_{ij}^{(m-1)} f(x_j), \quad i, j = 1, 2, \cdots, N, \quad m = 2, 3, \cdots, N-1 \tag{5.33}$$

$$\frac{\mathrm{d}^{(m)} f(x_i)}{\mathrm{d}x^m} = \sum_{j=1}^{N} W_{ij}^{(m)} f(x_j) \tag{5.34}$$

式中, $W_{ij}^{(m-1)}, W_{ij}^{(m)}$ 是 $m-1$ 阶和 m 阶导数的加权系数, 它具有与公式 (5.2) 和式 (5.25) 中的一阶、二阶导数的加权系数 a_{ij} 和 b_{ij} 相同的形式。同样, 采用第一组拉格朗日内插多项式, 可得

$$W_{ij}^{(m)} = m\left(a_{ij}W_{ii}^{(m-1)} - \frac{W_{ij}^{(m-1)}}{x_i - x_j}\right), \quad i \neq j \tag{5.35}$$

用第二组多项式 x^k 得

$$\sum_{j=1}^{N} W_{ij}^{(m)} = 0 \tag{5.36}$$

$$W_{ii}^{(m)} = -\sum_{j=1, j\neq i}^{N} W_{ij}^{(m)} \tag{5.37}$$

5.1.4 多维空间中的 GDQ 方法

GDQ 方法还可推广到多维空间。舒畅通过对 N 维矢量空间的分析, 以及多项式的近似, 得出了在多维空间中仍可以采用类似于一维空间的计算方法的结论, 即把每一个方向都看成一维状况, 然后只考虑在一维情况下各阶导数的加权系数。

对于二维状况有

$$f_x^{(n)}(x_i, y_j) = \sum_{k=1}^{N} W_{ik}^{x(n)} f(x_k, y_j) \tag{5.38}$$

$$f_y^{(m)}(x_i, y_j) = \sum_{k=1}^{M} W_{jk}^{y(m)} f(x_i, y_k) \tag{5.39}$$

式中, W_{ik}^x, W_{jk}^y 分别为函数 $f(x,y)$ 在 x 方向和 y 方向的 n 阶和 m 阶的加权系数。其中, 一阶导数的加权系数为

$$a_{ij}^x = \frac{M^{(1)}(x_i)}{(x_i - x_j)M^{(1)}(x_j)}, \quad i \neq j \tag{5.40}$$

$$a_{ii}^x = -\sum_{j=1, j\neq i}^{N} a_{ij}^x, \quad i,j = 1,2,\cdots,N \tag{5.41}$$

$$a_{ij}^y = \frac{P^{(1)}(y_i)}{(y_i - y_j)P^{(1)}(y_j)}, \quad i \neq j \tag{5.42}$$

$$a_{ii}^y = -\sum_{j=1, j\neq i}^{M} a_{ij}^y, \quad i,j = 1,2,\cdots,M \tag{5.43}$$

二阶导数的加权系数为

$$b_{ij}^x = 2a_{ij}^x \left(a_{ii}^x - \frac{1}{x_i - x_j}\right), \quad i \neq j \tag{5.44}$$

$$b_{ii}^x = -\sum_{j=1, j\neq i}^{N} b_{ij}^x, \quad i,j = 1,2,\cdots,N \tag{5.45}$$

$$b_{ij}^y = 2a_{ij}^y \left(a_{ii}^y - \frac{1}{x_i - x_j}\right), \quad i \neq j \tag{5.46}$$

$$b_{ii}^y = -\sum_{j=1, j\neq i}^{M} b_{ij}^y, \quad i,j = 1,2,\cdots,M \tag{5.47}$$

更高阶导数的加权系数为

$$W_{ij}^{x(n)} = n\left(a_{ij}^x W_{ii}^{x(n-1)} - \frac{W_{ij}^{x(n-1)}}{x_i - x_j}\right), \quad i \neq j \tag{5.48}$$

$$W_{ii}^{x(n)} = -\sum_{j=1,j\neq i}^{N} W_{ij}^{x(n)}, \quad i,j = 1,2,\cdots,N, \quad n = 2,3,\cdots,N-1 \tag{5.49}$$

$$W_{ij}^{y(m)} = m\left(a_{ij}^y W_{ii}^{y(m-1)} - \frac{W_{ij}^{y(m-1)}}{y_i - y_j}\right), \quad i \neq j \tag{5.50}$$

$$W_{ii}^{y(m)} = -\sum_{j=1,j\neq i}^{M} W_{ij}^{y(m)}, \quad i,j = 1,2,\cdots,M, \quad m = 2,3,\cdots,M-1 \tag{5.51}$$

为形象地说明,以二维为例,可以参看图 5.2 中的矩形区域。这里 $0 \leqslant x \leqslant 1, 0 \leqslant y \leqslant 1$。认为沿 $y = b$ 线的函数值 $f(x,b)$ 可以用一个 $N-1$ 阶多项式 $P_N(x)$ 来近似,它包含一个有 N 个基本多项式的 N 维矢量空间 $\boldsymbol{r}_i(x), i = 1, 2, \cdots, N$。而沿 $x = a$ 线的函数值 $f(a,y)$ 可以用一个 $M-1$ 阶多项式 $P_M(y)$ 来近似,它包含一个有 M 个基本多项式的 M 维矢量空间 $\boldsymbol{S}_j(y), j = 1, 2, \cdots, M$。在任一点, $f(x,y)$ 的函数值可以用一个多项式 $Q_{N\times M}(x,y)$ 来近似,即

$$Q_{N\times M}(x,y) = \sum_{i=1}^{N}\sum_{j=1}^{M} \overline{C_{ij}} x^{i-1} y^{j-1} \tag{5.52}$$

式中, $\overline{C_{ij}}$ 是一个系数。

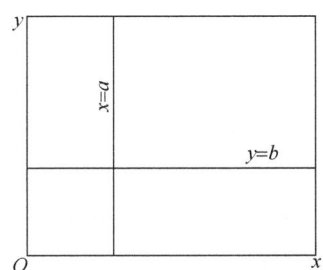

图 5.2　二维 GDQ 方法的应用

5.2 应用 GDQ 方法时的技巧

5.2.1 网格的选用

GDQ 方法虽然有一些优点, 但是在具体应用时, 还牵涉很多技术问题, 以及遇到诸如不收敛或满足不了边界条件等问题。首先遇到的一个问题就是网格的选择。上面曾指出 GDQ 方法的一大优点是可以任意选择网格点, 但是究竟应该怎样选才

最符合现实情况并最省时，这是首先要解决的。通常采用的是具有相同步长的网格，称为通用网格。这时

$$\Delta x = x_2 - x_1 = x_i - x_{i-1} = x_N - x_{N-1} = \cdots$$

因此有

$$x_j - x_1 = (j-1)\Delta x \tag{5.53}$$

这样，式 (5.14) 成为

$$M^{(1)}(x_i) = (-1)^{N-i}(\Delta x)^{N-1}(i-1)!(N-i)!, \quad i = 1, 2, \cdots, N \tag{5.54}$$

而式 (5.19) 成为

$$a_{ij} = (-1)^{i+j} \frac{(i-1)!(N-i)!}{\Delta x(i-j)(j-1)!(N-j)!}, \quad i \neq j \tag{5.55}$$

式 (5.24) 不变，即

$$a_{ii} = -\sum_{j=1, j\neq i}^{N} a_{ij}, \quad i,j = 1, 2, \cdots, N \tag{5.56}$$

但是在槽内流动的计算中，采用不等距的网格点更为有效。这种不等距的网格点采用多项式 $|T_N(x)| - 1$ 的根。而 $T_N(x)$ 就是 N 阶切比雪夫 (Chebyshev) 多项式[56]，即

$$T_N(x) = \cos N\theta, \quad x = \cos\theta, \quad -1 \leqslant x \leqslant 1 \tag{5.57}$$

设 $|T_N(x)|=1$，则有

$$N\theta = jx, \quad j = 0, 1, \cdots, N$$

即

$$x_j = \cos\frac{j\pi}{N}, \quad j = 0, 1, 2, \cdots, N \tag{5.58}$$

这时拉格朗日内插多项式可写成

$$r_k(x) = \frac{(-1)^{k+1}(1-x^2)T_N^{(1)}(x)}{\overline{C}_k N^2(x - x_k)}, \quad k = 0, 1, 2, \cdots, N \tag{5.59}$$

式中，$T_N^{(1)}(x)$ 为 $T_N(x)$ 的一阶导数；$\overline{C}_k = \begin{cases} 2, & k = 0, N \\ 1, & k \neq 0, N \end{cases}$。因此式 (5.19) 可简化为

$$a_{ij} = \frac{(-1)^{i+j}\overline{C}_i}{\overline{C}_j(x_i - x_j)}, \quad i,j = 0, 1, 2, \cdots, N, \quad i \neq j \tag{5.60}$$

而 a_{ii} 仍可采用多项式 $x^k, k = 0, 1, \cdots, N$ 来确定，因此有

$$a_{ii} = -\sum_{j=1, j\neq i}^{N} a_{ij}, \quad i = 1, 2, \cdots, N \tag{5.61}$$

实际上, 网格点常采用

$$x_i = \cos\frac{(2i-1)\pi}{2n}, \quad i = 1, 2, \cdots, n \tag{5.62}$$

这时有

$$a_{ij} = \frac{(-1)^{i+j}(1-x_j^2)^{\frac{1}{2}}}{(x_i-x_j)(1-x_i^2)^{\frac{1}{2}}}, \quad j \neq i \tag{5.63}$$

为了让坐标处于 (0, 1) 区间, 还可把网格点坐标改为

$$x_i = 0.5\left[1 - \cos\frac{(2i-1)\pi}{2n}\right] \tag{5.64}$$

并在 (0, 1) 区间内取整

$$x_i = \frac{x_i - x_1}{x_n - x_1}, \quad i = 1, 2, \cdots, n \tag{5.65}$$

因此在 y 坐标方向有

$$y_i = 0.5\left[1 - \cos\frac{(2j-1)\pi}{2m}\right] \tag{5.66}$$

$$y_i = \frac{y_i - y_1}{y_m - y_1}, \quad i = 1, 2, \cdots, m \tag{5.67}$$

5.2.2 初值的选取

在进行数值计算时, 如何选择初值也是一个关键, 初值选择得合适, 可以加快收敛过程。在流体力学方程的计算方法中, 一部分以给定压力作为数值计算迭代过程的初始值, 例如 SIMPLE 代数法 (semi-implicit method for pressure linked equations, 求解压力耦合方程的半隐方法)、SIMPLER 代数法、PISO 代数法等。求解时, 它们都是先给定一个压力场, 但 SIMPLE 确定的是压力修正量, SIMPLER 确定的是中间压力场, 而 PISO 则是对 SIMPLE 的进一步修正。

在 5.2.5 节中将更详细地介绍 SIMPLE 方法。

5.2.3 边界条件的确定

一般而论, 偏微分方程的边界条件有三种类型: ① Dirichlet 条件, 这时边界上 $u = 0$; ② Neumann 条件, 这时边界再加上 $\partial u/\partial n = 0$; ③ Cauchy 条件, 这时边界上 u 及 $\partial u/\partial n$ 都有值。对于典型的椭圆型、双曲型及抛物型偏微分方程的边界条件已经有了较多的研究, 对其解的存在性、解的唯一性以及解的稳定性有了明确的结论。但是对于非典型的偏微分方程, 不同边界条件时其解的性质仍有待进一步的研究。本书只是针对具体对象进行一些具体计算, 不涉及数学上的理论研究。

图 5.3 所示为一种比较典型流动的边界条件。这种流动在左、右、下三侧都是固定的剪切驱动流, 由上侧面移动产生剪切力。因此, 这种流动的边界条件在左、右、

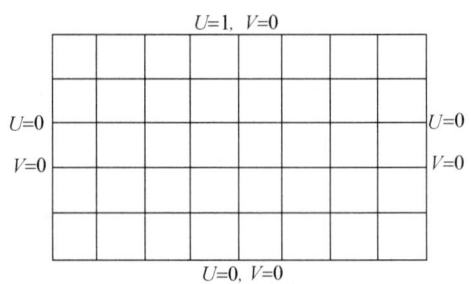

图 5.3 边界驱动流的边界条件

下三侧都是 $U=0, V=0$，而上侧则为 $U=1, V=0$。对于这种流动，将在以后作具体的介绍。如果稍微改变一下边界条件，将会衍生出很多不同的流动状态。

5.2.4 流动方程组的离散化

在第 4 章中已经对一些流动过程作了具体分析，并得到了用一阶、二阶甚至更高阶导数表达的偏微分方程。再利用本章中介绍的 GDQ 方法，就可以把那些不典型的偏微分方程改写为各种不同形式的代数方程，这就是离散化的过程。

例如，速度的一阶导数 $\partial U/\partial x$ 就可改写为 $\sum_{k=1}^{N} a_{ik}^x U_{kj}$，二阶导数 $\partial^2 U/\partial x^2$ 就可改写为 $\sum_{k=1}^{N} b_{ik}^x U_{kj}$，压力的一阶导数 $\partial p/\partial x$ 可改写为 $\sum_{k=1}^{N} a_{ik}^x p_{kj}, \cdots\cdots$。再按照 GDQ 方法首先确定多项式 $M(x)$，即由式 (5.13) 及式 (5.14) 求出 $M(x)$ 及其一阶导数 $M^{(1)}(x)$。然后由式 (5.19) 及式 (5.24) 确定 a_{ij}, a_{ii}，由式 (5.29) 及式 (5.30) 确定 b_{ij}, b_{ii}。最后就可以利用数值计算方法进行求解。

5.2.5 压力修正量的确定 —— SIMPLE 方法[34]

在第 4 章求得的各种流动方程组中，动量方程反映了流动过程压力与速度的关系。因此如何找到一种在迭代过程中经过不断修正而趋向收敛的方法，是十分必要的。SIMPLE 代数法就是采用压力修正量来达到这一目的的。

该方法的思路是在设定的网格点上预估一个压力场，由此求解离散化后的动量方程，这是一组速度的代数方程，可以求得一组网格点上的速度，并将此代入连续方程，得出压力修正值，再将修正后的压力及由此求得的速度，代入连续方程，进行下一轮的迭代，直至收敛。

从二维 Navier-Stokes 方程式 (4.217) 和式 (4.218) 可以看出，修正后得出的速度是由两部分组成的：一部分是压力修正量的直接影响；另一部分则是压力修正量的间接影响。如果略去间接影响这部分修正量，那么这种方法就称为"半隐"。利用压力修正量来联系流动中速度场与其他参数，则称为压力耦合。这就是 SIMPLE 方法的基础。

具体的计算步骤如下:

(1) 选定一个网格, 在网格点上假定一个初始的预估的速度场, 计算离散后动量方程中的系数。

(2) 假定一个压力场作为预估值。

(3) 在内网格点上求解离散后的动量方程, 求得新的速度场。

(4) 按照新的速度场求解所有内网格点上的压力值。

(5) 按新的压力值改进速度值。

(6) 利用改进后的速度场, 重新计算离散后动量方程的各个系数, 并用改进后新的压力场作为下一次迭代的初值, 直至收敛。

关于 SIMPLE 方法的具体使用, 将在 5.3 节中详细介绍。

5.2.6 迭代方法的选用 —— Gauss–Seidel 方法[55-56]

求解线性代数方程组的迭代方法很多, 本书采用了高斯 – 塞德尔迭代 (Gauss-Seidel)。它是在简单迭代的基础上提出来的。

一个线性方程组 (以三阶为例)

$$\begin{cases} a_{11}x_1 + a_{12}x_2 + a_{13}x_3 = b_1 \\ a_{21}x_1 + a_{22}x_2 + a_{23}x_3 = b_2 \\ a_{31}x_1 + a_{32}x_2 + a_{33}x_3 = b_3 \end{cases} \tag{5.68}$$

可以改写成

$$\begin{cases} a_{11}x_1 = \phantom{-a_{21}x_1} -a_{12}x_2 -a_{13}x_3 +b_1 \\ a_{22}x_2 = -a_{21}x_1 \phantom{-a_{12}x_2} -a_{23}x_3 +b_2 \\ a_{33}x_3 = -a_{31}x_1 -a_{32}x_2 \phantom{-a_{13}x_3} +b_3 \end{cases} \tag{5.69}$$

迭代开始后, 以任一矢量 $\boldsymbol{x}^{(0)} = [x_1^{(0)}, x_2^{(0)}, x_3^{(0)}]^\mathrm{T}$ 作为初始值, 把它代入式 (5.69) 的右边, 然后计算出一个新的矢量 $\boldsymbol{x}^{(1)} = [x_1^{(1)}, x_2^{(1)}, x_3^{(1)}]^\mathrm{T}$。再把新得到的 $\boldsymbol{x}^{(1)}$ 代入式 (5.69) 的右边, 又算出一个新的矢量 $\boldsymbol{x}^{(2)} = [x_1^{(2)}, x_2^{(2)}, x_3^{(2)}]^\mathrm{T}$。继续上述迭代直至收敛。由此可见, 这种方法是利用前面第 m 次迭代得到的矢量 $\boldsymbol{x}^{(m)}$ 算出第 $m+1$ 次的迭代结果, 即

$$\begin{cases} a_{11}x_1^{(m+1)} = \phantom{-a_{21}x_1^{(m)}} -a_{12}x_2^{(m)} -a_{13}x_3^{(m)} +b_1 \\ a_{22}x_2^{(m+1)} = -a_{21}x_1^{(m)} \phantom{-a_{12}x_2^{(m)}} -a_{23}x_3^{(m)} +b_2 \\ a_{33}x_3^{(m+1)} = -a_{31}x_1^{(m)} -a_{32}x_2^{(m)} \phantom{-a_{13}x_3^{(m)}} +b_3 \end{cases} \tag{5.70}$$

上述方程组的右边全部使用了上一次迭代的结果 $\boldsymbol{x}^{(m)}$, 称为雅可比 (Jacobi) 迭代或简单迭代, 这种迭代属于整体同时代换。如果不是整体同时代换, 而是在前一次每算

出一个矢量分量值，就用到后一次的计算中，也就是按迭代矢量的序列，用前面每一项矢量分量结果去推算后一项矢量分量，那就变成了逐个代换，又称高斯－塞德尔迭代。下式清楚地反映出它与简单迭代的不同

$$\begin{cases} a_{11}x_1^{(m+1)} = & -a_{12}x_2^{(m)} & -a_{13}x_3^{(m)} + b_1 \\ a_{22}x_2^{(m+1)} = -a_{21}x_1^{(m+1)} & & -a_{23}x_3^{(m)} + b_2 \\ a_{33}x_3^{(m+1)} = -a_{31}x_1^{(m+1)} & -a_{32}x_2^{(m+1)} & + b_3 \end{cases} \tag{5.71}$$

经过 m 次迭代后，如果 $m+1$ 次的矢量分量 $\boldsymbol{x}=[x_1,x_2,\cdots,x_n]^{\mathrm{T}}$ 还不是方程组的正确值，那么就存在一个残余量矢量

$$\boldsymbol{R}_j = b_j - (a_{j1}x_1 + a_{j2}x_2 + \cdots + a_{jn}x_n), j=1,2,\cdots,n \tag{5.72}$$

而 $\boldsymbol{R}_j \neq 0$。

为此，把可以使残余矢量 $\boldsymbol{R}_j$ 更小的、新的一组近似解 $\boldsymbol{x}'$ 中第 i 个分量 ξ 代入，使其中第 i 个方程的残余量 $\boldsymbol{R}_i = 0$，即

$$0 = b_i - (a_{i1}x_1 + \cdots + a_{i,i-1}x_{i-1} + a_{i,i}\xi + a_{i,i+1}x_{i+1} + \cdots + a_{in}x_n) \tag{5.73}$$

也就是让方程

$$\boldsymbol{R}_i^{(m)} = b_i - (a_{i1}x_1^{(m)} + \cdots + a_{i,i-1}x_{i-1}^{(m)} + a_{ii}x_i^{(m)} + a_{i,i+1}x_{i+1}^{(m)} + \cdots + a_{in}x_n^{(m)})$$

变为

$$0 = b_i - (a_{i1}x_1^{(m)} + \cdots + a_{i,i-1}x_{i-1}^{(m)} + a_{ii}x_i^{(m+1)} + a_{i,i+1}x_{i+1}^{(m)} + \cdots + a_{in}x_n^{(m)}) \tag{5.74}$$

上述过程也可以看作对 $x_i^{(m)}$ 值的修正，即

$$\boldsymbol{x}^{(m+1)} = \boldsymbol{x}^{(m)} + \text{修正矢量}$$

或

$$x_i^{(m+1)} = x_i^{(m)} + \frac{1}{a_{ii}}\boldsymbol{R}_i^{(m)}, 1 \leqslant i \leqslant n \tag{5.75}$$

通常，在选用新的近似值时，可以在修正矢量上乘以一个松弛因子 ω 来反映修正的程度，即

$$x_i^{(m+1)} = x_i^{(m)} + \omega \frac{1}{a_{ii}}\boldsymbol{R}_i^{(m)}, 1 \leqslant i \leqslant n \tag{5.76}$$

把上述思路用于逐个代换中就有

$$x_i^{(m+1)} = x_i^{(m)} + \omega \frac{1}{a_{ii}}(b_i - a_{i1}x_1^{(m+1)} - \cdots - a_{i,i-1}x_{i-1}^{(m+1)} - a_{ii}x_i^{(m)} - \cdots - a_{in}x_n^{(m)}) \tag{5.77}$$

这就是带有松弛因子 ω 的逐个代换法，它具有快速收敛的优点。

下面一节将介绍这一方法的具体应用。

5.3 GDQ 方法在求解不可压缩二维流动的 Navier–Stokes 方程中的应用

本节将比较系统地介绍 GDQ 方法、SIMPLE 方法及 Gauss-Seidel 方法在求解不可压缩二维流动的 Navier–Stokes 方程中的应用。

5.3.1 不可压缩二维流动的 Navier–Stokes 方程

利用二维流动中的二阶近似方程组式 (4.103)~(4.105),可得到二维不可压缩流动的 Navier–Stokes 方程

$$\begin{cases} \dfrac{\partial U}{\partial x} + \dfrac{\partial V}{\partial y} = 0 \\ \dfrac{\partial U}{\partial t} + U\dfrac{\partial U}{\partial x} + V\dfrac{\partial U}{\partial y} = -\dfrac{1}{\rho}\dfrac{\partial p}{\partial x} + \nu\left(\dfrac{\partial^2 U}{\partial x^2} + \dfrac{\partial^2 U}{\partial y^2}\right) \\ \dfrac{\partial V}{\partial t} + U\dfrac{\partial V}{\partial x} + V\dfrac{\partial V}{\partial y} = -\dfrac{1}{\rho}\dfrac{\partial p}{\partial y} + \nu\left(\dfrac{\partial^2 V}{\partial x^2} + \dfrac{\partial^2 V}{\partial y^2}\right) \end{cases} \quad (5.78)$$

为了便于分析,把上述方程改写为量纲为一的方程,并引入雷诺数 $Re_0 = \dfrac{HU_0}{\nu}$, $U_0 = \sqrt{RT_0}, \bar{x} = \dfrac{x}{H}, \bar{y} = \dfrac{y}{H}, \overline{U} = \dfrac{U}{\sqrt{RT_0}} = \dfrac{U}{U_0}, \overline{V} = \dfrac{V}{\sqrt{RT_0}} = \dfrac{V}{U_0}, \bar{p} = \dfrac{p}{p_0} = \dfrac{p}{\rho_0 RT_0}, \bar{t} = \dfrac{t}{H/U_0}, \bar{\rho} = \dfrac{\rho}{\rho_0} = 1$,代入上式有

$$\begin{cases} \dfrac{\partial \overline{U}}{\partial \bar{x}} + \dfrac{\partial \overline{V}}{\partial \bar{y}} = 0 \\ \dfrac{\partial \overline{U}}{\partial \bar{t}} + \overline{U}\dfrac{\partial \overline{U}}{\partial \bar{x}} + \overline{V}\dfrac{\partial \overline{U}}{\partial \bar{y}} = -\dfrac{\partial \bar{p}}{\partial \bar{x}} + \dfrac{1}{Re}\left(\dfrac{\partial^2 \overline{U}}{\partial \bar{x}^2} + \dfrac{\partial^2 \overline{U}}{\partial \bar{y}^2}\right) \\ \dfrac{\partial \overline{V}}{\partial \bar{t}} + \overline{U}\dfrac{\partial \overline{V}}{\partial \bar{x}} + \overline{V}\dfrac{\partial \overline{V}}{\partial \bar{y}} = -\dfrac{\partial \bar{p}}{\partial \bar{y}} + \dfrac{1}{Re}\left(\dfrac{\partial^2 \overline{V}}{\partial \bar{x}^2} + \dfrac{\partial^2 \overline{V}}{\partial \bar{y}^2}\right) \end{cases} \quad (5.79)$$

为了便于书写,常把符号上边的横线省去,因此有

$$\begin{cases} \dfrac{\partial U}{\partial x} + \dfrac{\partial V}{\partial y} = 0 \quad (5.80) \\ \dfrac{\partial U}{\partial t} + U\dfrac{\partial U}{\partial x} + V\dfrac{\partial U}{\partial y} = -\dfrac{\partial p}{\partial x} + \dfrac{1}{Re}\left(\dfrac{\partial^2 U}{\partial x^2} + \dfrac{\partial^2 U}{\partial y^2}\right) \quad (5.81) \\ \dfrac{\partial V}{\partial t} + U\dfrac{\partial V}{\partial x} + V\dfrac{\partial V}{\partial y} = -\dfrac{\partial p}{\partial y} + \dfrac{1}{Re}\left(\dfrac{\partial^2 V}{\partial x^2} + \dfrac{\partial^2 V}{\partial y^2}\right) \quad (5.82) \end{cases}$$

5.3.2 基本方程的离散化

按照 GDQ 方法,这里对式 (5.80)~(5.82) 作离散化。连续方程式 (5.80) 经离散后成为

$$\sum_{k=1}^{N} a_{ik}^x U_{kj} + \sum_{k=1}^{M} a_{jk}^y V_{ik} = 0 \quad (5.83)$$

动量方程式 (5.81)、式 (5.82) 经离散后成为

$$\frac{\mathrm{d}U_{ij}}{\mathrm{d}t} = -\sum_{k=1}^{N} a_{ik}^{x} p_{kj} + \frac{1}{Re}\left(\sum_{k=1}^{N} b_{ik}^{x} U_{kj} + \sum_{k=1}^{M} b_{jk}^{y} U_{ik}\right) - \\ \left(U_{ij} \sum_{k=1}^{N} a_{ik}^{x} U_{kj} + V_{ij} \sum_{k=1}^{M} a_{jk}^{y} U_{ik}\right) \tag{5.84}$$

$$\frac{\mathrm{d}V_{ij}}{\mathrm{d}t} = -\sum_{k=1}^{M} a_{jk}^{y} p_{ik} + \frac{1}{Re}\left(\sum_{k=1}^{N} b_{ik}^{x} V_{kj} + \sum_{k=1}^{M} b_{jk}^{y} V_{ik}\right) - \\ \left(U_{ij} \sum_{k=1}^{N} a_{ik} V_{kj} + V_{ij} \sum_{k=1}^{M} a_{jk}^{y} V_{ik}\right) \tag{5.85}$$

然后要确定多项式 $M(x)$。由式 (5.13) 及式 (5.14) 可得 $M(x)$ 及其一阶导数 $M^{(1)}(x)$，即

$$M(x) = (x-x_1)(x-x_2)\cdots(x-x_N) = \prod_{j=1}^{N}(x-x_j) \tag{5.86}$$

$$M^{(1)}(x) = \prod_{j=1, j\neq k}^{N}(x_k - x_j) \tag{5.87}$$

再由式 (5.19) 确定 a_{ij}，由式 (5.24) 确定 a_{ii}，由式 (5.29) 确定 b_{ij}，式 (5.32) 确定 b_{ii}，即

$$a_{ij} = \frac{M^{(1)}(x_i)}{(x_i - x_j)M^{(1)}(x_j)}, \quad j \neq i \tag{5.88}$$

$$a_{ii} = -\sum_{j=1, j\neq i}^{N} a_{ij} \tag{5.89}$$

$$b_{ij} = 2a_{ij}\left(a_{ii} - \frac{1}{x_i - x_j}\right), \quad j \neq i \tag{5.90}$$

$$b_{ii} = -\sum_{j=1, j\neq i}^{N} b_{ij} \tag{5.91}$$

为了迭代的需要，令

$$A = \frac{1}{Re}\left(\frac{\partial^2 U}{\partial x^2} + \frac{\partial^2 U}{\partial y^2}\right) - \left(U\frac{\partial U}{\partial x} + V\frac{\partial U}{\partial y}\right) \tag{5.92}$$

$$B = \frac{1}{Re}\left(\frac{\partial^2 V}{\partial x^2} + \frac{\partial^2 V}{\partial y^2}\right) - \left(U\frac{\partial V}{\partial x} + V\frac{\partial V}{\partial y}\right) \tag{5.93}$$

代入动量方程式 (5.81)、式 (5.82) 可得

$$\frac{\partial U}{\partial t} = A - \frac{\partial p}{\partial x} \tag{5.94}$$

$$\frac{\partial V}{\partial t} = B - \frac{\partial p}{\partial y} \tag{5.95}$$

经离散后可得

$$\frac{\partial p}{\partial x} = \sum_{k=1}^{N} a_{ik} p_{kj} \tag{5.96}$$

$$\frac{\partial p}{\partial y} = \sum_{k=1}^{M} a_{jk} p_{ik} \tag{5.97}$$

$$A_{ij} = \frac{1}{Re}\left(\sum_{k=1}^{N} b_{ik}U_{kj} + \sum_{k=1}^{M} b_{jk}U_{ik}\right) - \left(U_{ij}\sum_{k=1}^{N} a_{ik}U_{kj} + V_{ij}\sum_{k=1}^{M} a_{jk}U_{ik}\right) \tag{5.98}$$

$$B_{ij} = \frac{1}{Re}\left(\sum_{k=1}^{N} b_{ik}V_{kj} + \sum_{k=1}^{M} b_{jk}V_{ik}\right) - \left(U_{ij}\sum_{k=1}^{N} a_{ik}V_{kj} + V_{ij}\sum_{k=1}^{M} a_{jk}V_{ik}\right) \tag{5.99}$$

把式 (5.96)~(5.99) 代入动量方程式 (5.94)、式 (5.95),就可以在给定时间步长的情况下,计算速度的增量,因为这是一个简单的线性代数方程。不过如何给定初值、如何加快迭代的收敛,仍是需要进一步分析的。这一问题将在 5.3.3 节中介绍。

5.3.3 迭代方法及收敛条件

首先给定一个初始的压力场 p^n,代入式 (5.96)、式 (5.97) 求出 $\partial p^*/\partial x, \partial p^*/\partial y$。再根据初始的速度场 U^n, V^n,代入式 (5.98)、式 (5.99) 求出 A_{ij}^n, B_{ij}^n。把 $\partial p^*/\partial x$, $\partial p^*/\partial y, A_{ij}^n, B_{ij}^n$ 代入式 (5.94)、式 (5.95),就可以在一定的时间步长下求出新的速度场 U^*, V^*,即

$$U^* = U^n + \Delta t \left(A^n - \frac{\partial p^*}{\partial x}\right) \tag{5.100}$$

$$V^* = V^n + \Delta t \left(B^n - \frac{\partial p^*}{\partial y}\right) \tag{5.101}$$

但是 U^*, V^* 不可能马上满足连续方程的要求,需要修正。如果修正量用上角标带有 "'" 的量表示,则有

$$U^{n+1} = U^* + U' \tag{5.102}$$

$$V^{n+1} = V^* + V' \tag{5.103}$$

$$p^{n+1} = p^* + p' \tag{5.104}$$

如果修正后的 U, V, p 可以满足动量方程和连续方程的要求,那么就有

$$U^{n+1} = U^n + \Delta t \left(A^n - \frac{\partial p^{n+1}}{\partial x}\right) \tag{5.105}$$

$$V^{n+1} = V^n + \Delta t \left(B^n - \frac{\partial p^{n+1}}{\partial y}\right) \tag{5.106}$$

$$\frac{\partial U^{n+1}}{\partial x} + \frac{\partial V^{n+1}}{\partial y} = 0 \tag{5.107}$$

用式 (5.105)、式 (5.106) 减去式 (5.100)、式 (5.101),可得

$$U^{n+1} - U^* = -\Delta t \frac{\partial (p^{n+1} - p^*)}{\partial x} \tag{5.108}$$

$$V^{n+1} - V^* = -\Delta t \frac{\partial (p^{n+1} - p^*)}{\partial y} \tag{5.109}$$

或

$$U' = -\Delta t \frac{\partial p'}{\partial x} \tag{5.110}$$

$$V' = -\Delta t \frac{\partial p'}{\partial y} \tag{5.111}$$

再由连续方程式 (5.107)

$$\frac{\partial}{\partial x}(U^* + U') + \frac{\partial}{\partial y}(V^* + V') = 0 \tag{5.112}$$

可得

$$\frac{\partial U'}{\partial x} + \frac{\partial V'}{\partial y} = -\frac{\partial U^*}{\partial x} - \frac{\partial V^*}{\partial y} \tag{5.113}$$

把式 (5.110)、式 (5.111) 代入式 (5.113),就可求得压力修正方程

$$\frac{\partial^2 p'}{\partial x^2} + \frac{\partial^2 p'}{\partial y^2} = \frac{1}{\Delta t}\left(\frac{\partial U^*}{\partial x} + \frac{\partial V^*}{\partial y}\right) \tag{5.114}$$

把偏微分方程式 (5.100)、式 (5.101)、式 (5.110)、式 (5.111) 用 GDQ 方法离散后近似表达为

$$U_{ij}^* = U_{ij}^n + \Delta t \left(A_{ij}^n - \sum_{k=1}^{N} a_{ik}^x p_{kj}^*\right) \tag{5.115}$$

$$V_{ij}^* = V_{ij}^n + \Delta t \left(B_{ij}^n - \sum_{k=1}^{M} a_{jk}^y p_{ik}^*\right) \tag{5.116}$$

$$U_{ij}' = -\Delta t \sum_{k=1}^{N} a_{ik}^x p_{kj}' \tag{5.117}$$

$$V_{ij}' = -\Delta t \sum_{k=1}^{M} a_{jk}^y p_{ik}' \tag{5.118}$$

式 (5.114) 可离散为

$$\sum_{k=1}^{N} b_{ik}^x p_{kj}' + \sum_{k=1}^{M} b_{jk}^y p_{ik}' = \frac{1}{\Delta t}\left(\sum_{k=1}^{N} a_{ik}^x U_{kj}^* + \sum_{k=1}^{M} a_{jk}^y V_{ik}^*\right),$$
$$i = 1, 2, \cdots, N, \quad j = 1, 2, \cdots, M \tag{5.119}$$

经过上述步骤将动量方程离散化后,简单的线性代数方程就可以用最新的计算结果代入,使其逐步收敛。由式 (5.115)、式 (5.116),并代入式 (5.98)、式 (5.99) 的

A_{ij}, B_{ij}, 可得

$$U_{ij}^* = U_{ij}^n + \frac{\Delta t}{Re}\left(\sum_{k=1}^{i-1}b_{ik}^x U_{kj}^* + \sum_{k=i}^{N}b_{ik}^x U_{kj}^n + \sum_{k=1}^{j-1}b_{jk}^y U_{ik}^* + \sum_{k=j}^{M}b_{jk}^y U_{ik}^n\right) - \Delta t U_{ij}^n \times$$
$$\left(\sum_{k=1}^{i-1}a_{ik}^x U_{kj}^* + \sum_{k=i}^{N}a_{ik}^x U_{kj}^n\right) - \Delta t V_{ij}^n\left(\sum_{k=1}^{j-1}a_{jk}^y U_{ik}^* + \sum_{k=j}^{M}a_{jk}^y U_{ik}^n\right) -$$
$$\Delta t \sum_{k=1}^{N} a_{ik}^x p_{kj}^* \tag{5.120}$$

$$V_{ij}^* = V_{ij}^n + \frac{\Delta t}{Re}\left(\sum_{k=1}^{i-1}b_{ik}^x V_{kj}^* + \sum_{k=i}^{N}b_{ik}^x V_{kj}^n + \sum_{k=1}^{j-1}b_{jk}^y V_{ik}^* + \sum_{k=j}^{M}b_{jk}^y V_{ik}^n\right) - \Delta t U_{ij}^n \times$$
$$\left(\sum_{k=1}^{i-1}a_{ik}^x V_{kj}^* + \sum_{k=i}^{N}a_{ik}^x V_{kj}^n\right) - \Delta t V_{ij}^n\left(\sum_{k=1}^{j-1}a_{jk}^y V_{ik}^* + \sum_{k=j}^{M}a_{jk}^y V_{ik}^n\right) -$$
$$\Delta t \sum_{k=1}^{M} a_{jk}^y p_{ik}^* \tag{5.121}$$

设 C_{ij} 和 D_{ij} 分别为式 (5.120) 和式 (5.121) 右边除第一项之外的所有各项之和, 则有

$$U_{ij}^* = U_{ij}^n + \alpha_1 C_{ij} \tag{5.122}$$
$$V_{ij}^* = V_{ij}^n + \alpha_2 D_{ij} \tag{5.123}$$

式中, α_1, α_2 为松弛因子, 是为了加速迭代而设置的。

离散化后的压力修正方程式 (5.119) 为线性代数方程组, 可用高斯 – 塞德尔方法求解。

令

$$Q_{1ij}^* = \frac{1}{\Delta t}\left(\sum_{k=1}^{N}a_{ik}^x U_{kj}^* + \sum_{k=1}^{M}a_{jk}^y V_{ik}^*\right) \tag{5.124}$$

代入式 (5.119) 并展开, 有

$$(b_{ii}^x + b_{jj}^y)p_{ij}^{\prime(n+1)} = Q_{1ij}^* - \left(\sum_{k=1}^{i-1}b_{ik}^x p_{kj}^{\prime(n+1)} + \sum_{k=i+1}^{N}b_{ik}^x p_{kj}^{\prime(n)}\right) -$$
$$\left(\sum_{k=1}^{j-1}b_{jk}^y p_{ik}^{\prime(n+1)} + \sum_{k=j+1}^{M}b_{jk}^y p_{ik}^{\prime(n)}\right) \tag{5.125}$$

或

$$\left(b_{ii}^x + b_{jj}^y\right) p_{ij}^{\prime(n+1)} = Q_{1ij}^* + \left(b_{ii}^x + b_{jj}^y\right) p_{ij}^{\prime(n)} - \left(\sum_{k=1}^{i-1} b_{ik}^x p_{kj}^{\prime(n+1)} + \sum_{k=i}^{N} b_{ik}^x p_{kj}^{\prime(n)}\right) -$$
$$\left(\sum_{k=1}^{j-1} b_{jk}^y p_{ik}^{\prime(n+1)} + \sum_{k=j}^{M} b_{jk}^y p_{ik}^{\prime(n)}\right) \quad (5.126)$$

从上式可得残余量

$$S_{1ij} = Q_{1ij}^* - \left(\sum_{k=1}^{i-1} b_{ik}^x p_{kj}^{\prime(n+1)} + \sum_{k=i}^{N} b_{ik}^x p_{kj}^{\prime(n)}\right) - \left(\sum_{k=1}^{j-1} b_{jk}^y p_{ik}^{\prime(n+1)} + \sum_{k=j}^{M} b_{jk}^y p_{ik}^{\prime(n)}\right) \quad (5.127)$$

设

$$\Delta p_{ij}^{\prime(n+1)} = p_{ij}^{\prime(n+1)} - p_{ij}^{\prime(n)} \quad (5.128)$$

可得压力修正量

$$\Delta p_{ij}^{\prime(n+1)} = \frac{S_{1ij}}{b_{ii}^x + b_{jj}^y} \quad (5.129)$$

有了压力修正量就可以求得新的压力修正, 即

$$p_{ij}^{\prime(n+1)} = p_{ij}^{\prime(n)} + \beta_1 \Delta p_{ij}^{\prime(n+1)} \quad (5.130)$$

式中, β_1 是松弛因子。这样, 速度场和压力场式 (5.102)~(5.104) 就可修正为

$$U^{n+1} = U^* + \gamma_1 U' \quad (5.131)$$

$$V^{n+1} = V^* + \gamma_2 V' \quad (5.132)$$

$$p^{n+1} = p^* + \phi_1 p' \quad (5.133)$$

式中, $\gamma_1, \gamma_2, \phi_1$ 都是松弛因子。

至此, 对 GDQ 方法及 SIMPLE 压力修正量和 Gauss–Seidel 迭代方法的介绍已基本完成, 还剩下一个如何满足边界条件的问题。

5.3.4 边界条件的确定

图 5.3 所示为一种比较典型流动的边界条件, 即左、右、下三侧都是 $U = 0, V = 0$, 而上侧为 $U = 1, V = 0$。下面将以此作为分析的基础。

因 $V = 0$, 所以 $\partial V/\partial y = 0$, 代入连续方程 (5.80), 可得

$$\frac{\partial U}{\partial x} = 0 \quad (5.134)$$

而 $U = U^* + U'$, 代入上式有

$$\frac{\partial U^*}{\partial x} + \frac{\partial U'}{\partial x} = 0 \quad \text{或} \quad \frac{\partial U'}{\partial x} = -\frac{\partial U^*}{\partial x} \tag{5.135}$$

用 GDQ 方法展开上式, 可在 x_1 点上求出

$$a_{11}U'_{11} + \sum_{k=2}^{N-1} a_{1k}U'_{k1} + a_{1N}U'_{N1} = -\left.\frac{\partial U^*}{\partial x}\right|_{x_1} \tag{5.136}$$

在边界上 $U'_{11} = 0, U'_{N1} = 0$, 所以有

$$\sum_{k=2}^{N-1} a_{1k}U'_{k1} = -\left.\frac{\partial U^*}{\partial x}\right|_{x_1} = -\sum_{k=1}^{N} a_{1k}U^*_{k1} \tag{5.137}$$

令

$$A = \frac{1}{Re}\left(\frac{\partial^2 U}{\partial x^2} + \frac{\partial^2 U}{\partial y^2}\right) - \left(U\frac{\partial U}{\partial x} + V\frac{\partial U}{\partial y}\right) \tag{5.138}$$

则动量方程式 (5.81) 可改写为

$$\frac{\partial U}{\partial t} = -\frac{\partial p}{\partial x} + A \tag{5.139}$$

或

$$\frac{U^* - U^n}{\Delta t} = A^n - \frac{\partial p^*}{\partial x} \tag{5.140}$$

$$U^* = U^n + \Delta t\left(A^n - \frac{\partial p^*}{\partial x}\right) \tag{5.141}$$

同理可得

$$U^{n+1} = U^n + \Delta t\left(A^n - \frac{\partial p^{(n+1)}}{\partial x}\right) \tag{5.142}$$

两式相减, 可得

$$U' = U^{n+1} - U^* = -\Delta t\frac{\partial p'}{\partial x} = -\Delta t\sum_{l=1}^{N} a_{kl}p'_l \tag{5.143}$$

将式 (5.143) 代入式 (5.137) 可得

$$\sum_{k=2}^{N-1} a_{1k}\left(-\Delta t\sum_{l=1}^{N} a_{kl}p'_l\right) = -\Delta t\sum_{l=1}^{N}\left(\sum_{k=2}^{N-1} a_{1k}a_{kl}\right)p'_l = -\Delta t\sum_{l=1}^{N}(C_{1l}p'_l)$$

$$= -\Delta t(C_{11}p'_1 + \sum_{k=2}^{N-1} C_{1k}p'_k + C_{1N}p'_N) = -\sum_{k=1}^{N} a_{1k}U^*_{k1}$$

或

$$C_{11}p'_1 + C_{1N}p'_N = -\sum_{k=2}^{N-1} C_{1k}p'_k + \frac{\sum_{k=1}^{N} a_{1k}U^*_{k1}}{\Delta t} \tag{5.144}$$

同理可得

$$C_{N1}p'_1 + C_{NN}p'_N = -\sum_{k=2}^{N-1} C_{Nk}p'_k + \frac{\sum_{k=1}^{N} a_{Nk}U^*_{kN}}{\Delta t} \tag{5.145}$$

由上面两式可求出

$$p'_1 = \begin{vmatrix} -\sum_{k=2}^{N-1} C_{1k}p'_k + \dfrac{\sum_{k=1}^{N} a_{1k}U^*_{k1}}{\Delta t} & C_{1N} \\ -\sum_{k=2}^{N-1} C_{Nk}p'_k + \dfrac{\sum_{k=1}^{N} a_{Nk}U^*_{kN}}{\Delta t} & C_{NN} \end{vmatrix} \Bigg/ \begin{vmatrix} C_{11} & C_{1N} \\ C_{N1} & C_{NN} \end{vmatrix} \tag{5.146}$$

$$p'_N = \begin{vmatrix} C_{11} & -\sum_{k=2}^{N-1} C_{1k}p'_k + \dfrac{\sum_{k=1}^{N} a_{1k}U^*_{k1}}{\Delta t} \\ C_{N1} & -\sum_{k=2}^{N-1} C_{NN}p'_N + \dfrac{\sum_{k=1}^{N} a_{Nk}U^*_{kN}}{\Delta t} \end{vmatrix} \Bigg/ \begin{vmatrix} C_{11} & C_{1N} \\ C_{N1} & C_{NN} \end{vmatrix} \tag{5.147}$$

到这里为止，已经完整地介绍了利用 GDQ 方法及 SIMPLE 压力修正量、Gauss–Seidel 迭代法求解不可压缩二维流动的 Navier–Stokes 方程的方法，接下去就可以编写数值计算程序。

5.3.5 迭代步骤、程序框图及计算结果

根据前面的介绍，可将迭代步骤归纳如下：

(1) 划分网格。

(2) 求得加权系数 $a^x_{ij}, a^y_{ij}, b^x_{ij}, b^y_{ij}$。

(3) 给定初值 U, V, p，计算 $\mathrm{d}U, \mathrm{d}V, p'$。

(4) 求取在一定时间步长后的速度场 (除边界外)。

(5) 按速度场求得压力修正量 $\Delta p'^{(n+1)}_{ij}$ 及 $p'^{(n+1)}_{ij}$。

(6) 按边界条件求边界上的 $p'_{1j}, p'_{nj}, p'_{i1}, p'_{im}$。

(7) 按新的 p' 值求取新的速度场 U, V。

(8) 把新速度场 U, V 代入流量连续方程校核。

(9) 满足收敛条件后迭代结束。

图 5.4 中给出了程序计算框图。

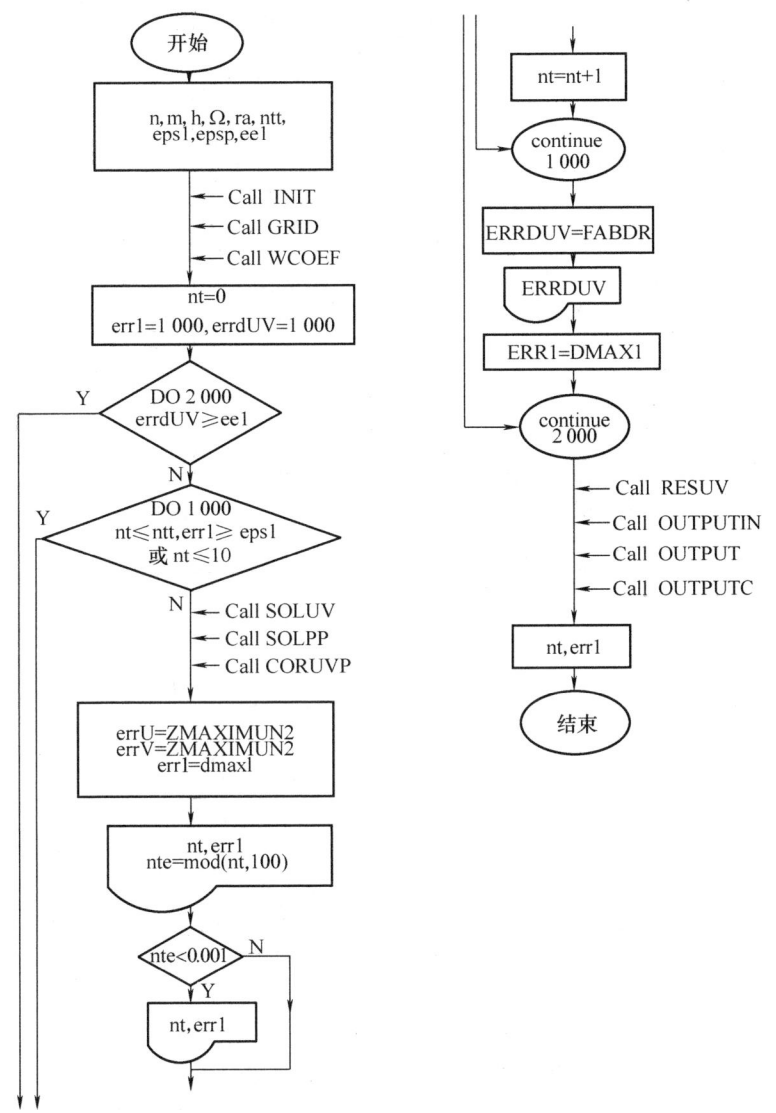

图 5.4 GDQ 方法计算不可压缩二维流动框图

图 5.5 给出了在图 5.3 所示的边界条件下,当 $Re = 200$ 时所计算得出的结果。如果适当改变边界条件,该程序还可应用于其他一些流动状态,如管流、剪切流、半截进口槽流等。图 5.6、图 5.7、图 5.8 相应地给出了它们的计算结果。

图 5.4 中各子程序的意义如下:

INIT —— 输入初值;

GRID —— 划分网格;

WCOEF —— 计算加权系数;

SOLUV —— 求解新的速度场;

SOLPP —— 求解压力修正量;

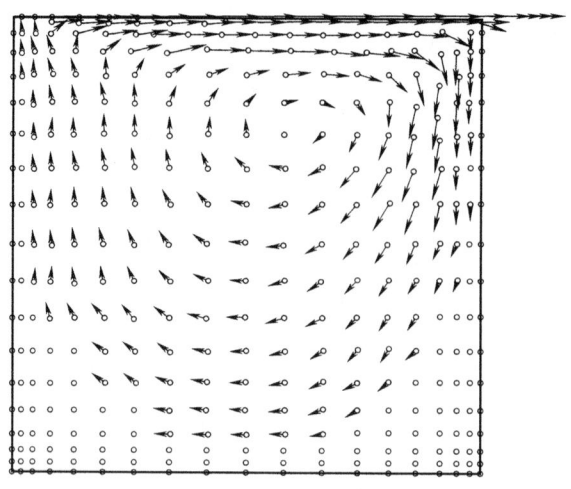

图 5.5 边界驱动流的计算结果 (参见彩图 1)

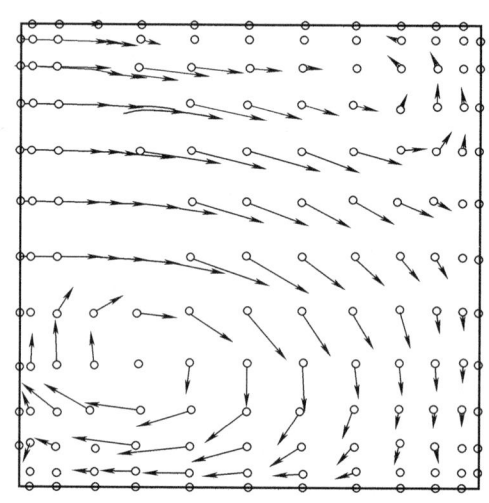

图 5.6 半截进口槽流计算结果

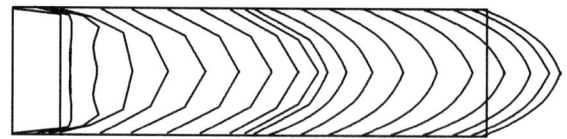

图 5.7 管流的计算结果 (参见彩图 3)

CORUVP —— 计算修正后的速度场和压力场;

RESUV —— 用连续方程校核速度场;

OUTPUTIN —— 原始数据输出;

OUTPUT —— 计算数据输出;

OUTPUTC —— 绘图数据输出。

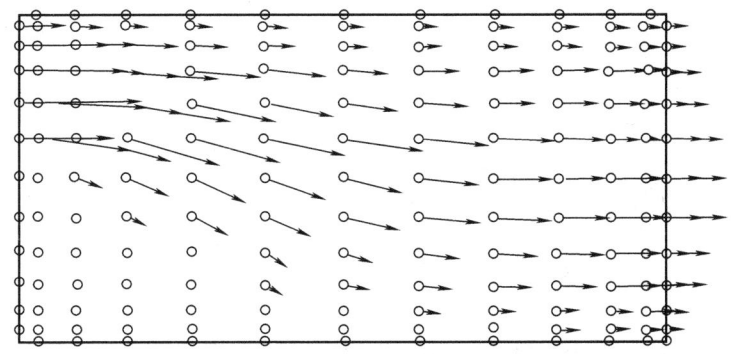

图 5.8 半截进口管流计算结果 (参见彩图 4)

5.4 GDQ 方法在求解 Burnett 方程组中的应用

5.4.1 不可压缩一维微流动时的 Burnett 方程

5.4.1.1 不可压缩一维流动时 Burnett 方程组的离散化

上一章给出了不可压缩一维流动时的 Burnett 方程式 (4.144) 和式 (4.145), 即

$$\frac{\partial u_1}{\partial t} + 2u_1\frac{\partial u_1}{\partial x_1} - Kn_0 p\left(\frac{4}{3}\frac{\partial^2 u_1}{\partial x_1^2} + \frac{\partial^2 u_1}{\partial x_2^2}\right) + \left(1 - \frac{4}{3}Kn_0\frac{\partial u_1}{\partial x_1}\right)\frac{\partial p}{\partial x_1} -$$
$$Kn_0\frac{\partial u_1}{\partial x_2}\frac{\partial p}{\partial x_2} + Kn_0^2 p\left(\frac{64}{27}\frac{\partial u_1}{\partial x_1}\frac{\partial^2 u_1}{\partial x_1^2} + \frac{7}{3}\frac{\partial u_1}{\partial x_2}\frac{\partial^2 u_1}{\partial x_1 \partial x_2} - \frac{1}{3}\frac{\partial u_1}{\partial x_1}\frac{\partial^2 u_1}{\partial x_2^2}\right) +$$
$$Kn_0^2\frac{\partial p}{\partial x_1}\left[\frac{32}{27}\left(\frac{\partial u_1}{\partial x_1}\right)^2 + \frac{4}{3}\left(\frac{\partial u_1}{\partial x_2}\right)^2\right] + Kn_0^2\frac{\partial p}{\partial x_2}\left(-\frac{1}{3}\frac{\partial u_1}{\partial x_1}\frac{\partial u_1}{\partial x_2}\right) +$$
$$Kn_0^2\left\{\frac{2}{3}\frac{\partial}{\partial x_1}\left[p\left(\frac{\partial^2 p}{\partial x_1^2} + \frac{\partial^2 p}{\partial x_2^2}\right)\right] + 2\frac{\partial}{\partial x_2}\left(\frac{\partial p}{\partial x_1}\frac{\partial p}{\partial x_2}\right) + 4\frac{\partial p}{\partial x_1}\frac{\partial^2 p}{\partial x_1^2}\right\} = 0 \quad (5.148)$$

$$-\frac{1}{3}Kn_0\left(\frac{\partial^2 u_1}{\partial x_1 \partial x_2}\right)p + Kn_0\frac{\partial u_1}{\partial x_2}\left(-1 - \frac{Kn_0}{3}\frac{\partial u_1}{\partial x_1}\right)\frac{\partial p}{\partial x_1} + \left(1 + \frac{2}{3}Kn_0\frac{\partial u_1}{\partial x_1}\right)\frac{\partial p}{\partial x_2} +$$
$$Kn_0^2 p\left(-\frac{1}{3}\frac{\partial^2 u_1}{\partial x_1^2}\frac{\partial u_1}{\partial x_2} - \frac{17}{27}\frac{\partial u_1}{\partial x_1}\frac{\partial^2 u_1}{\partial x_1 \partial x_2} - \frac{4}{3}\frac{\partial u_1}{\partial x_2}\frac{\partial^2 u_1}{\partial x_2^2}\right) +$$
$$Kn_0^2\frac{\partial p}{\partial x_2}\left[-\frac{4}{27}\left(\frac{\partial u_1}{\partial x_1}\right)^2 - \frac{2}{3}\left(\frac{\partial u_1}{\partial x_2}\right)^2\right] + Kn_0^2\left(\frac{2}{3}p\frac{\partial^3 p}{\partial x_1^2 \partial x_2} + \right.$$
$$\left. \frac{3}{8}\frac{\partial^2 p}{\partial x_1^2}\frac{\partial p}{\partial x_2} + 2\frac{\partial p}{\partial x_1}\frac{\partial^2 p}{\partial x_1 \partial x_2} + \frac{2}{3}p\frac{\partial^3 p}{\partial x_2^3} + \frac{14}{3}\frac{\partial p}{\partial x_2}\frac{\partial^2 p}{\partial x_2^2}\right) = 0 \quad (5.149)$$

式 (5.148) 可改写为

$$\frac{\partial u_1}{\partial t} = \left\{-\frac{\partial p}{\partial x_1}\left\{1 - \frac{4}{3}Kn_0\frac{\partial u_1}{\partial x_1} + Kn_0^2\left[\frac{32}{27}\left(\frac{\partial u_1}{\partial x_1}\right)^2 + \frac{4}{3}\left(\frac{\partial u_1}{\partial x_2}\right)^2 + \right.\right.\right.$$
$$\left.\left.\left. \frac{14}{3}\frac{\partial^2 p}{\partial x_1^2} + \frac{8}{3}\frac{\partial^2 p}{\partial x_2^2}\right]\right\} - \frac{\partial p}{\partial x_2}\left[-Kn_0\frac{\partial u_1}{\partial x_2} + Kn_0^2\left(-\frac{1}{3}\frac{\partial u_1}{\partial x_1}\frac{\partial u_1}{\partial x_2} + 2\frac{\partial^2 p}{\partial x_1 \partial x_2}\right)\right] -$$

$$\left.Kn_0^2\left(\frac{2}{3}p\frac{\partial^3 p}{\partial x_1^3}+\frac{2}{3}p\frac{\partial^3 p}{\partial x_1\partial x_2^2}\right)\right\}-\left\{2u_1\frac{\partial u_1}{\partial x_1}-Kn_0p\left(\frac{4}{3}\frac{\partial^2 u_1}{\partial x_1^2}+\frac{\partial^2 u_1}{\partial x_2^2}\right)+\right.$$

$$\left.\left.Kn_0^2 p\left(\frac{64}{27}\frac{\partial u_1}{\partial x_1}\frac{\partial^2 u_1}{\partial x_1^2}+\frac{7}{3}\frac{\partial u_1}{\partial x_2}\frac{\partial^2 u_1}{\partial x_1\partial x_2}-\frac{1}{3}\frac{\partial u_1}{\partial x_1}\frac{\partial^2 u_1}{\partial x_2^2}\right)\right\}\right. \tag{5.150}$$

令上式右边第一个外花括号内为 A_1，第二个花括号内为 B_1，则有

$$\frac{\partial u_1}{\partial t}=A_1-B_1 \tag{5.151}$$

对上式 A_1 和 B_1 分别进行离散化，可得

$$A_1=-\sum_{k=1}^N a_{ik}^x p_{kj}\left\{1-\frac{4}{3}Kn_0\sum_{k=1}^N a_{ik}^x U_{kj}+Kn_0^2\left[\frac{32}{27}\left(\sum_{k=1}^N a_{ik}^x U_{kj}\right)^2+\right.\right.$$

$$\left.\left.\frac{4}{3}\left(\sum_{k=1}^N a_{jk}^y U_{ik}\right)^2+\frac{14}{3}\sum_{k=1}^N b_{ik}^x p_{kj}+\frac{8}{3}\sum_{k=1}^N b_{jk}^y p_{ik}\right]\right\}-$$

$$\sum_{k=1}^N a_{jk}^y p_{ik}\left\{-Kn_0\sum_{k=1}^N a_{jk}^y U_{ik}+\right.$$

$$Kn_0^2\left[-\frac{1}{3}\sum_{k=1}^N a_{ik}^x U_{kj}\sum_{k=1}^N a_{jk}^y U_{ik}+2\sum_{k=1}^N a_{ik}^x\left(\sum_{l=1}^N a_{jl}^y p_{kl}\right)\right]-$$

$$\left.Kn_0^2\left[\frac{2}{3}p_{ij}\sum_{k=1}^N C_{ik}^x p_{kj}+\frac{2}{3}p_{ij}\sum_{k=1}^N a_{ik}^x\left(\sum_{l=1}^N b_{jl}^y p_{kl}\right)\right]\right\} \tag{5.152}$$

$$B_1=2U_{ij}\sum_{k=1}^N a_{ik}^x U_{kj}-Kn_0 p_{ij}\left(\frac{4}{3}\sum_{k=1}^N b_{ik}^x U_{kj}+\sum_{k=1}^N b_{jk}^y U_{ik}\right)+$$

$$Kn_0^2 p_{ij}\left[\frac{64}{27}\sum_{k=1}^N a_{ik}^x U_{kj}\sum_{k=1}^N b_{ik}^x U_{kj}+\right.$$

$$\left.\frac{7}{3}\sum_{k=1}^N a_{jk}^y U_{ik}\sum_{k=1}^N a_{ik}^x\left(\sum_{l=1}^N a_{jl}^y U_{kl}\right)-\frac{1}{3}\sum_{k=1}^N a_{ik}^x\sum_{k=1}^N b_{jk}^y U_{ik}\right] \tag{5.153}$$

因此有

$$U_{ij}^{n+1}-U_{ij}^n=\Delta t(A_{1ij}-B_{1ij}) \tag{5.154}$$

5.4.1.2 不可压缩一维微流动迭代计算时压力修正值的确定

由式 (5.149) 可得

$$\left\{Kn_0\frac{\partial u_1}{\partial x_2}\left(-1-\frac{Kn_0}{3}\frac{\partial u_1}{\partial x_1}\right)\frac{\partial p}{\partial x_1}+\left(1+\frac{2}{3}Kn_0\frac{\partial u_1}{\partial x_1}\right)\frac{\partial p}{\partial x_2}+\right.$$

$$Kn_0^2\left[-\frac{4}{27}\left(\frac{\partial u_1}{\partial x_1}\right)^2-\frac{2}{3}\left(\frac{\partial u_1}{\partial x_2}\right)^2\right]\frac{\partial p}{\partial x_2}+$$

$$Kn_0^2 \left(\frac{2}{3} p \frac{\partial^3 p}{\partial x_1^2 \partial x_2} + \frac{8}{3} \frac{\partial^2 p}{\partial x_1^2} \frac{\partial p}{\partial x_2} + 2 \frac{\partial p}{\partial x_1} \frac{\partial^2 p}{\partial x_1 \partial x_2} + \frac{2}{3} p \frac{\partial^3 p}{\partial x_2^3} + \frac{14}{3} \frac{\partial p}{\partial x_2} \frac{\partial^2 p}{\partial x_2^2} \right) \right\} +$$

$$\left\{ -\frac{1}{3} Kn_0 \left(\frac{\partial^2 u}{\partial x_1 \partial x_2} \right) p + \right.$$

$$\left. Kn_0^2 p \left(-\frac{1}{3} \frac{\partial^2 u_1}{\partial x_1^2} \frac{\partial u_1}{\partial x_2} - \frac{17}{27} \frac{\partial u_1}{\partial x_1} \frac{\partial^2 u_1}{\partial x_1 \partial x_2} - \frac{4}{3} \frac{\partial u_1}{\partial x_2} \frac{\partial^2 u_1}{\partial x_2^2} \right) \right\} = 0 \qquad (5.155)$$

令上式左边第一个花括号内为 A_2，第二个花括号内为 B_2，则有

$$A_2 + B_2 = 0 \qquad (5.156)$$

对上式 A_2 和 B_2 分别进行离散化，可得

$$A_2 = Kn_0 \sum_{k=1}^{N} a_{jk}^y U_{ik} \left(-1 - \frac{Kn_0}{3} \sum_{k=1}^{N} a_{ik} U_{kj} \right) \sum_{k=1}^{N} a_{ik}^x p_{kj} +$$

$$\left(1 + \frac{2}{3} Kn_0 \sum_{k=1}^{N} a_{ik}^x U_{kj} \right) \sum_{k=1}^{N} a_{jk}^y p_{ik} + Kn_0^2 \times$$

$$\left[-\frac{4}{27} \left(\sum_{k=1}^{N} a_{ik}^x U_{kj} \right)^2 - \frac{2}{3} \left(\sum_{k=1}^{N} a_{jk}^y U_{ik} \right)^2 \right] \sum_{k=1}^{N} a_{jk}^y p_{ik} + Kn_0^2 \left[\frac{2}{3} p_{ij} \sum_{k=1}^{N} a_{jk}^y \times \right.$$

$$\left(\sum_{l=1}^{N} b_{il}^x p_{lk} \right) + \frac{8}{3} \sum_{k=1}^{N} b_{ik}^x p_{kj} \sum_{k=1}^{N} a_{jk}^y p_{ik} + 2 \sum_{k=1}^{N} a_{ik}^x p_{kj} \sum_{k=1}^{N} a_{ik}^x \left(\sum_{l=1}^{N} a_{jl}^y p_{kl} \right) +$$

$$\left. \frac{2}{3} p_{ij} \sum_{k=1}^{N} C_{jk}^y p_{ik} + \frac{14}{3} \sum_{k=1}^{N} a_{jk}^y p_{ik} \sum_{k=1}^{N} b_{jk}^y p_{ik} \right] \qquad (5.157)$$

$$B_2 = -\frac{1}{3} Kn_0 p_{ij} \sum_{k=1}^{N} a_{ik}^x \left(\sum_{l=1}^{N} a_{jl}^y U_{kl} \right) +$$

$$Kn_0^2 p_{ij} \left[-\frac{1}{3} \sum_{k=1}^{N} b_{ik}^x U_{kj} \sum_{k=1}^{N} a_{jk}^y U_{ik} - \frac{17}{27} \sum_{k=1}^{N} a_{ik}^x U_{kj} \times \right.$$

$$\left. \sum_{k=1}^{N} a_{ik}^x \left(\sum_{l=1}^{N} a_{jl}^y U_{kl} \right) - \frac{4}{3} \sum_{k=1}^{N} a_{jk}^y U_{ik} \sum_{k=1}^{N} b_{jk}^y U_{ik} \right] \qquad (5.158)$$

当迭代至 n 次时尚有残余量 R_p，即

$$A_2^{(n)} + B_2^{(n)} = R_p \qquad (5.159)$$

新一次迭代的 $A_2^{(n+1)}$ 为

$$A_2^{(n+1)} = Kn_0 \sum_{k=1}^{N} a_{jk}^y U_{ik} \left(-1 - \frac{Kn_0}{3} \sum_{k=1}^{N} a_{ik}^x U_{kj} \right) \left(\sum_{k=1}^{N} a_{ik}^x p_{kj} + a_{ii}^x \Delta p_{ij} \right) +$$

$$\left(1+\frac{2}{3}Kn_0\sum_{k=1}^{N}a_{ik}^{x}U_{kj}\right)\left(\sum_{k=1}^{N}a_{jk}^{y}p_{ik}+a_{jj}^{y}\Delta p_{ij}\right)+$$

$$Kn_0^2\left[-\frac{4}{27}\left(\sum_{k=1}^{N}a_{ik}^{x}U_{kj}\right)^2-\frac{2}{3}\left(\sum_{k=1}^{N}a_{jk}^{y}U_{ik}\right)^2\right]\times$$

$$\left(\sum_{k=1}^{N}a_{jk}^{y}p_{ik}+a_{jj}^{y}\Delta p_{ij}\right)+Kn_0^2\left\{\frac{2}{3}p_{ij}\left[\sum_{k=1}^{N}a_{jk}^{y}\left(\sum_{l=1}^{N}b_{il}^{x}p_{lk}\right)+a_{jj}^{y}b_{ii}^{x}\Delta p_{ij}\right]+\right.$$

$$\frac{8}{3}\left(\sum_{k=1}^{N}b_{ik}^{x}p_{kj}+b_{ii}^{x}\Delta p_{ij}\right)\left(\sum_{k=1}^{N}a_{jk}^{y}p_{ik}+a_{jj}^{y}\Delta p_{ij}\right)+2\left(\sum_{k=1}^{N}a_{ik}^{x}p_{kj}+a_{ii}^{x}\Delta p_{ij}\right)\times$$

$$\left[\sum_{k=1}^{N}a_{ik}^{x}\left(\sum_{l=1}^{N}a_{jl}^{y}p_{kl}\right)+a_{ii}^{x}a_{jj}^{y}\Delta p_{ij}\right]+\frac{2}{3}p_{ij}\left(\sum_{k=1}^{N}C_{jk}^{y}p_{ik}+C_{jj}^{y}\Delta p_{ij}\right)+$$

$$\left.\frac{14}{3}\left(\sum_{k=1}^{N}a_{jk}^{y}p_{ik}+a_{jj}^{y}\Delta p_{ij}\right)\left(\sum_{k=1}^{N}b_{jk}^{y}p_{ik}+b_{jj}^{y}\Delta p_{ij}\right)\right\} \tag{5.160}$$

式 (5.160) 减去式 (5.157) 可得

$$A_2^{(n+1)}=A_2^{(n)}+\left\{Kn_0\sum_{k=1}^{N}a_{jk}^{y}U_{ik}\left(-1-\frac{Kn_0}{3}\sum_{k=1}^{N}a_{ik}U_{kj}\right)a_{ii}^{x}+\right.$$

$$\left(1+\frac{2}{3}Kn_0\sum_{k=1}^{N}a_{ik}^{x}U_{kj}\right)a_{jj}^{y}+$$

$$Kn_0^2\left[-\frac{4}{27}\left(\sum_{k=1}^{N}a_{ik}^{x}U_{kj}\right)^2-\frac{2}{3}\left(\sum_{k=1}^{N}a_{jk}^{y}U_{ik}\right)^2\right]a_{jj}^{y}+$$

$$Kn_0^2\left\{\frac{2}{3}p_{ij}a_{jj}^{y}a_{ii}^{x}+\frac{8}{3}\left[\left(\sum_{k=1}^{N}a_{jk}^{y}p_{ik}\right)b_{ii}^{x}+\left(\sum_{k=1}^{N}b_{ik}^{x}p_{kj}\right)a_{jj}^{y}\right]+\right.$$

$$2\left[\sum_{l=1}^{N}a_{ik}^{x}\left(\sum_{l=1}^{N}a_{jl}^{y}p_{kl}\right)a_{ii}^{x}+\left(\sum_{k=1}^{N}a_{ik}^{x}p_{kj}\right)a_{ii}^{x}a_{jj}^{y}\right]+\frac{2}{3}p_{ij}C_{jj}^{y}+$$

$$\left.\left.\frac{14}{3}\left[\left(\sum_{k=1}^{N}b_{jk}^{y}p_{ik}\right)a_{jj}^{y}+\left(\sum_{k=1}^{N}a_{jk}^{y}p_{ik}\right)b_{jj}^{y}\right]\right\}\right\}\Delta p_{ij} \tag{5.161}$$

令上式右边第一个花括号内为 α, 则上式可简写为

$$A_2^{(n+1)}=A_2^{(n)}+\alpha\Delta p_{ij}$$

由

$$A_2^{(n)}+B_2^{(n)}=R_p,\quad A_2^{(n+1)}+B_2^{(n)}=0$$

可得

$$A_2^{(n)}+\alpha\Delta p_{ij}+B_2^{(n)}=R_p+\alpha\Delta p_{ij}=0$$

最终可得压力修正量
$$\Delta p_{ij} = -\frac{R_p}{\alpha} \tag{5.162}$$

至此,有了速度增量式 (5.154) 和压力修正量式 (5.162),而其他计算方法和 5.3 节中所介绍的相同。

5.4.2 Couette 微流动的 Burnett 方程

5.4.2.1 Couette 微流动时 Burnett 方程组的离散化

在第 4 章已经求出了在 Kn 数较小时 Couette 微流动的 Burnett 方程组式 (4.238)∼(4.241),其中动量方程为

$$\frac{\mathrm{d}P_0}{\mathrm{d}y} = 0 \tag{5.163}$$

$$P_0 = p + Kn_0^2 \frac{\mu^2}{p} \left\{ \alpha_9 \frac{T}{p} \left[\frac{\mathrm{d}^2 p}{\mathrm{d}y^2} - \frac{1}{p}\left(\frac{\mathrm{d}p}{\mathrm{d}y}\right)^2 \right] + \frac{4}{3}\alpha_8 \frac{1}{p}\frac{\mathrm{d}p}{\mathrm{d}y}\frac{\mathrm{d}T}{\mathrm{d}y} + \right.$$
$$\left. (2\alpha_9 + \alpha_{11} - \alpha_{12} + \alpha_{13})\frac{1}{T}\left(\frac{\mathrm{d}T}{\mathrm{d}y}\right)^2 + (\alpha_7 - \alpha_9)\frac{\mathrm{d}^2 T}{\mathrm{d}y^2} + \alpha_6\left(\frac{\mathrm{d}u}{\mathrm{d}y}\right)^2 \right\} \tag{5.164}$$

设动力粘度 μ 与温度 T 是一次方关系,对量纲一的量有 $\overline{\mu} = \overline{T}$,代入上式并移项 (省去符号上面的横线),可得

$$\alpha_9 \frac{T}{p}\frac{\mathrm{d}^2 p}{\mathrm{d}y^2} - \alpha_9 \frac{T}{p^2}\left(\frac{\mathrm{d}p}{\mathrm{d}y}\right)^2 + \frac{4}{3}\alpha_8 \frac{1}{p}\frac{\mathrm{d}p}{\mathrm{d}y}\frac{\mathrm{d}T}{\mathrm{d}y} + (2\alpha_9 + \alpha_{11} - \alpha_{12} + \alpha_{13})\frac{1}{T}\left(\frac{\mathrm{d}T}{\mathrm{d}y}\right)^2 +$$
$$(\alpha_7 - \alpha_9)\frac{\mathrm{d}^2 T}{\mathrm{d}y^2} + \alpha_6\left(\frac{\mathrm{d}U}{\mathrm{d}y}\right)^2 - \frac{P_0 - p}{Kn_0^2 \frac{T^2}{p}} = 0 \tag{5.165}$$

利用 GDQ 方法对上式进行离散化,可得

$$\alpha_9 \frac{T_i}{p_i}\left(\sum_{k=1}^{N} b_{ik}p_k\right) - \alpha_9 \frac{T_i}{p_i^2}\left(\sum_{k=1}^{N} a_{ik}p_k\right)^2 + \frac{4}{3}\alpha_8 \frac{1}{p_i}\left(\sum_{k=1}^{N} a_{ik}p_k\right)\left(\sum_{k=1}^{N} a_{ik}T_k\right) +$$
$$(2\alpha_9 + \alpha_{11} - \alpha_{12} + \alpha_{13})\frac{1}{T_i}\left(\sum_{k=1}^{N} a_{ik}T_k\right)^2 +$$
$$(\alpha_7 - \alpha_9)\left(\sum_{k=1}^{N} b_{ik}T_k\right) + \alpha_6\left(\sum_{k=1}^{N} a_{ik}U_k\right)^2 - \frac{P_0 - p_i}{Kn_0^2 \frac{T_i^2}{p_i}} = 0 \tag{5.166}$$

由上式可以求得压力修正量 $\Delta p_i^{(n+1)}$,详情将在后文中介绍。

又由连续方程,可得

$$\frac{\mathrm{d}}{\mathrm{d}y}\left(\mu \frac{\mathrm{d}u}{\mathrm{d}y}\right) = 0 \tag{5.167}$$

同样利用 μ 与 T 的一次方关系, 可得

$$\frac{\mathrm{d}}{\mathrm{d}y}\left(T\frac{\mathrm{d}u}{\mathrm{d}y}\right) = \frac{\mathrm{d}T}{\mathrm{d}y}\frac{\mathrm{d}u}{\mathrm{d}y} + T\frac{\mathrm{d}^2 u}{\mathrm{d}y^2} = 0 \qquad (5.168)$$

利用 GDQ 方法把上式离散化有

$$\left(\sum_{k=1}^{N} a_{ik}T_k\right)\left(\sum_{k=1}^{N} a_{ik}U_k\right) + T_i\left(\sum_{k=1}^{N} b_{ik}U_k\right) = 0 \qquad (5.169)$$

新一次迭代后如果残余量为零, 则有

$$\left(\sum_{k=1}^{N} a_{ik}T_k^{(n)}\right)\left(\sum_{k=1}^{N} a_{ik}U_k^{(n)} + a_{ii}\Delta U_i\right) + T_i^{(n)}\left(\sum_{k=1}^{N} b_{ik}U_k^{(n)} + b_{ii}\Delta U_i\right) = 0$$

或

$$\left[\left(\sum_{k=1}^{N} a_{ik}T_k^{(n)}\right)\left(\sum_{k=1}^{N} a_{ik}U_k^{(n)}\right) + T_i^{(n)}\left(\sum_{k=1}^{N} b_{ik}U_k^{(n)}\right)\right] +$$

$$\left[\left(\sum_{k=1}^{N} a_{ik}T_k^{(n)}\right)a_{ii} + T_i^{(n)}b_{ii}\right]\Delta U_i = 0 \qquad (5.170)$$

令

$$R = \left(\sum_{k=1}^{N} a_{ik}T_k^{(n)}\right)\left(\sum_{k=1}^{N} a_{ik}U_k^{(n)}\right) + T_i^{(n)}\left(\sum_{k=1}^{N} b_{ik}U_k^{(n)}\right) \qquad (5.171)$$

$$\alpha = \left(\sum_{k=1}^{N} a_{ik}T_k^{(n)}\right)a_{ii} + T_i^{(n)}b_{ii} \qquad (5.172)$$

则有

$$R + \alpha \Delta U_i = 0 \qquad (5.173)$$

或

$$\Delta U_i = -\frac{R}{\alpha}\Omega \qquad (5.174)$$

$$U_i^{(n+1)} = U_i^{(n)} + \Delta U_i \qquad (5.175)$$

式中, Ω 为松弛因子。由式 (5.175) 可求出速度新值。

最后, 由能量方程有

$$\frac{\mathrm{d}}{\mathrm{d}y}\left[\left(\mu u \frac{\mathrm{d}u}{\mathrm{d}y}\right) + \frac{1}{Pr}\frac{k}{k-1}\left(\mu \frac{\mathrm{d}T}{\mathrm{d}y}\right)\right] = 0 \qquad (5.176)$$

同样利用 μ 与 T 的一次方关系, 有

$$\frac{\mathrm{d}}{\mathrm{d}y}\left[Tu\frac{\mathrm{d}u}{\mathrm{d}y} + \frac{1}{Pr}\frac{k}{k-1}T\frac{\mathrm{d}T}{\mathrm{d}y}\right] = 0$$

或
$$u\frac{\mathrm{d}}{\mathrm{d}y}\left(T\frac{\mathrm{d}u}{\mathrm{d}y}\right) + T\left(\frac{\mathrm{d}u}{\mathrm{d}y}\right)^2 + \frac{1}{2Pr}\frac{k}{k-1}\frac{\mathrm{d}^2(T^2)}{\mathrm{d}y^2} = 0 \tag{5.177}$$

将连续方程式 (5.168) 代入式 (5.177)，可得
$$\left(\frac{\mathrm{d}u}{\mathrm{d}y}\right)^2 = -\frac{1}{2Pr}\frac{k}{k-1}\frac{1}{T}\frac{\mathrm{d}^2(T^2)}{\mathrm{d}y^2} \tag{5.178}$$

两边各乘以 T^2，则有
$$\left(T\frac{\mathrm{d}u}{\mathrm{d}y}\right)^2 = -\frac{1}{2Pr}\frac{k}{k-1}\left[2T\left(\frac{\mathrm{d}T}{\mathrm{d}y}\right)^2 + 2T^2\frac{\mathrm{d}^2T}{\mathrm{d}y^2}\right] \tag{5.179}$$

将连续方程
$$T\frac{\mathrm{d}u}{\mathrm{d}y} = A \tag{5.180}$$

代入上式有
$$2T\left(\frac{\mathrm{d}T}{\mathrm{d}y}\right)^2 + 2T^2\frac{\mathrm{d}^2T}{\mathrm{d}y^2} - A_1 = 0 \tag{5.181}$$

式中，A 为连续方程积分常数；$A_1 = \dfrac{-A^2}{\dfrac{1}{2Pr}\dfrac{k}{k-1}}$。

用 GDQ 方法对式 (5.181) 离散化，可得
$$2T_i\left(\sum_{k=1}^{N}a_{ik}T_k\right)^2 + 2T_i^2\left(\sum_{k=1}^{N}b_{ik}T_k\right) - A_1 = 0 \tag{5.182}$$

上式左边各项第 n 次迭代后为 R_n，则
$$R_n = 2T_i^{(n)}\left(\sum_{k=1}^{N}a_{ik}T_k^{(n)}\right)^2 + 2T_i^{(n)^2}\left(\sum_{k=1}^{N}b_{ik}T_k^{(n)}\right) - A_1 \tag{5.183}$$

第 $n+1$ 次迭代后若残余量为零，则有
$$2T_i^{(n)}\left(\sum_{k=1}^{N}a_{ik}T_k^{(n)} + a_{ii}\Delta T_i^{(n+1)}\right)^2 + 2T_i^{(n)^2}\left(\sum_{k=1}^{N}b_{ik}T_k^{(n)} + b_{ii}\Delta T_i^{(n+1)}\right) - A_1 = 0 \tag{5.184}$$

设
$$\alpha = 4T_i^{(n)}a_{ii} + 2T_i^{(n)^2}b_{ii} \tag{5.185}$$

代入上式有
$$R_N + \alpha\Delta T_k^{(n+1)} = 0$$

因此
$$\Delta T_k^{(n+1)} = -\frac{R_N}{\alpha} \tag{5.186}$$

由此可以求得新的温度值。

式 (5.175) 和式 (5.186) 就是计算 Couette 流动 Burnett 方程的基本公式。

5.4.2.2 Couette 微流动 Burnett 方程组迭代计算时压力修正量的确定

上节求得了离散化后的动量方程式 (5.166), 利用此式可以进一步得到压力修正量。

如果 $p^{(n)}$ 不能满足式 (5.166) 的要求, 而 $p^{(n+1)}$ 可以满足时, 则有

$$\alpha_9 \frac{T_i}{p_i} \left(\sum_{k=1}^{N} b_{ik} p_k + b_{ii} \Delta p_i \right) - \alpha_9 \frac{T_i}{p_i} \left(\sum_{k=1}^{N} a_{ik} p_k + a_{ii} \Delta p_i \right)^2 +$$

$$\frac{4}{3} \alpha_8 \frac{1}{p_i} \left(\sum_{k=1}^{N} a_{ik} p_k + a_{ii} \Delta p_i \right) \left(\sum_{k=1}^{N} a_{ik} T_k \right)$$

$$= -(2\alpha_9 + \alpha_{11} - \alpha_{12} + \alpha_{13}) \frac{1}{T_i} \left(\sum_{k=1}^{N} a_{ik} T_k \right)^2 -$$

$$(\alpha_7 - \alpha_9) \left(\sum_{k=1}^{N} b_{ik} T_k \right) - \alpha_6 \left(\sum_{k=1}^{N} a_{ik} U_k \right)^2 + \frac{P_0 - p_i}{Kn_0^2 \frac{T_i^2}{p_i}} \quad (5.187)$$

式中, $\Delta p_i = p_i^{(n+1)} - p_i^{(n)}$。对上式整理后可得

$$\left[\alpha_9 \frac{T_i}{p_i} \left(\sum_{k=1}^{N} b_{ik} p_k \right) - \alpha_9 \frac{T_i}{p_i} \left(\sum_{k=1}^{N} a_{ik} p_k \right)^2 + \frac{4}{3} \alpha_8 \frac{1}{p_i} \left(\sum_{k=1}^{N} a_{ik} p_k \right) \left(\sum_{k=1}^{N} a_{ik} T_k \right) + \right.$$

$$(2\alpha_9 + \alpha_{11} - \alpha_{12} + \alpha_{13}) \frac{1}{T_i} \left(\sum_{k=1}^{N} a_{ik} T_k \right)^2 + (\alpha_7 - \alpha_9) \left(\sum_{k=1}^{N} b_{ik} T_k \right) +$$

$$\left. \alpha_6 \left(\sum_{k=1}^{N} a_{ik} U_k \right)^2 - \frac{P_0 - p_i}{Kn_0^2 \frac{T_i^2}{p_i}} \right]^{(n)} + \left[\alpha_9 \frac{T_i}{p_i} b_{ii} - \alpha_9 \frac{T_i}{p_i} 2 \left(\sum_{k=1}^{N} a_{ik} p_k \right) a_{ii} + \right.$$

$$\left. \frac{4}{3} \alpha_8 \frac{1}{p_i} a_{ii} \left(\sum_{k=1}^{N} a_{ik} T_k \right) \right] \Delta p_i^{(n+1)} = 0 \quad (5.188)$$

令 R_p 为上式左边第一个中括号内各项之和, α 为上式左边第二个中括号内各项之和, 则由上式可得压力修正量

$$\Delta p_i^{(n+1)} = -\frac{R_p}{\alpha} \quad (5.189)$$

有了压力修正量, 就可以采用与 5.3 节中相似的方法求解。

第 6 章 边界层内的流动及阻力系数

6.1 流体动力边界层 —— 粘性边界层

6.1.1 粘性边界层对流动的影响[45-46,49]

6.1.1.1 动力边界层的厚度

由于粘性的影响,使得靠近壁面处的流动产生很大的速度梯度。在流体力学中,我们已经知道,在宏观条件下可以把粘性的影响处理成为边界层的概念。认为粘性的作用只限于在边界层内,而边界层以外的流动,则可以按理想流体来处理。因此边界层是在壁面附近的一层速度梯度很大的薄层,称为粘性边界层,或 Prandtl 边界层。下面简要回顾一下二维曲面上不可压缩流体边界层的影响。

这一薄的边界层的影响,按所讨论的对象不同而异。按边界层的定义,伴随着流动过程,边界层会变得越来越厚,这是物理边界层,用符号 δ 表示物理边界层的厚度。

对于以流量作为讨论对象的流动,那么使流量受到影响的这一层相当于把理想流体的通道截面移动了一段微小的距离,从而使流量减少了一些。因此这一段距离就称为位移厚度 δ^*,可以用下式计算:

$$\delta^* = \frac{1}{u_0}\int_0^\infty (u_0 - v_x)\mathrm{d}y = \int_0^\infty \left(1 - \frac{v_x}{u_0}\right)\mathrm{d}y \tag{6.1}$$

式中,u_0 为主流中的速度;v_x 为边界层中的流动速度。

如果讨论的对象是动量,那么粘性对动量的影响就相当于冲量减少了一部分,因此称为冲量损失厚度 δ^{**},可用下式计算:

$$\delta^{**} = \frac{1}{\rho u_0^2}\int_0^\infty \rho v_x(u_0 - v_x)\mathrm{d}y = \int_0^\infty \frac{v_x}{u_0}\left(1 - \frac{v_x}{u_0}\right)\mathrm{d}y \tag{6.2}$$

如果讨论的对象是能量，这时粘性引起的能量转换就相当于有效能量损耗了一部分，因此称为能量损失厚度 δ^{***}，类似地可表达为

$$\delta^{***} = \frac{1}{\frac{\rho}{2}u_0^2 u_0}\int_0^\infty \frac{1}{2}\rho v_x(u_0^2 - v_x^2)\mathrm{d}y = \int_0^\infty \frac{v_x}{u_0}\left(1 - \frac{v_x^2}{u_0^2}\right)\mathrm{d}y \tag{6.3}$$

可见，无论是哪一种相应的边界层，它们都是与边界层内的速度分布有关的。确定了边界层内的速度分布后，就可以求出边界层的各类厚度以及相应的有关损失。但是无论是哪一类边界层厚度，它们都是建立在壁面上流体速度等于零这个边界条件基础上的。一般情况下，在宏观流动及牛顿流体中该边界条件是可以得到满足的。但是，如果进入微流状态，或者是非牛顿流体时，上述边界条件就不能适用了，必须寻找新的边界条件。在 6.2 节 Knudsen 边界层中将介绍这方面的内容。本节则简要介绍一下宏观边界层的内容。

6.1.1.2 在圆管中的粘性流动

首先分析一下无速度滑移时圆管内的层流流动，如图 6.1 所示。这一流动的推动力是前后压力差，又称泊肃叶 (Poiseuille) 流动。在充分发展了的圆管内的层流流动可以看作一维定常流动。若忽略体积力，对于不可压缩流体，则其连续方程和动量方程可简化为

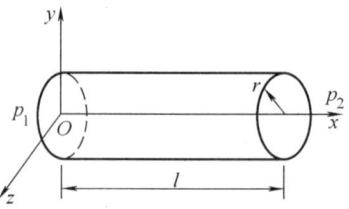

图 6.1 圆管内的流动

$$\frac{\partial u_x}{\partial x} = 0 \tag{6.4}$$

$$u_x\frac{\partial u_x}{\partial x} = -\frac{1}{\rho}\frac{\partial p}{\partial x} + \nu\left(\frac{\partial^2 u_x}{\partial x^2} + \frac{\partial^2 u_x}{\partial y^2} + \frac{\partial^2 u_x}{\partial z^2}\right) \tag{6.5}$$

$$0 = -\frac{1}{\rho}\frac{\partial p}{\partial y} \tag{6.6}$$

$$0 = -\frac{1}{\rho}\frac{\partial p}{\partial z} \tag{6.7}$$

因此有

$$\mu\left(\frac{\partial^2 u_x}{\partial y^2} + \frac{\partial^2 u_x}{\partial z^2}\right) = \frac{\mathrm{d}p}{\mathrm{d}x}$$

上式左右两边都是对自己的坐标各自求导，因此只有在等式左、右都等于常数时才能成立。因此有

$$\frac{\mathrm{d}p}{\mathrm{d}x} = 常数 = -\frac{\Delta p}{l} \tag{6.8}$$

式中, $\Delta p = p_1 - p_2$ 为圆管前后压力差; l 为圆管长度。因此

$$\frac{\partial^2 u_x}{\partial y^2} + \frac{\partial^2 u_y}{\partial z^2} = -\frac{\Delta p}{\mu l} \tag{6.9}$$

利用边界条件 $r = R$ 时, $u_x = 0$, 可解出

$$u_x = \frac{\Delta p}{4\mu l} R^2 \left(1 - \frac{y^2 + z^2}{R^2}\right) = \frac{\Delta p}{4\mu l} R^2 \left(1 - \frac{r^2}{R^2}\right) = \frac{\Delta p}{4\mu l}(R^2 - r^2) \tag{6.10}$$

上式说明在充分发展了的圆管内层流流动的速度是按抛物线规律分布的, 如图 6.2 所示。在中心位置 $r = 0$ 处, 速度达到最大值

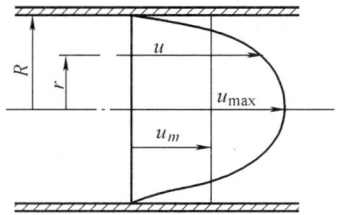

图 6.2　圆管内层流速度分布

$$u_{\max} = \frac{\Delta p}{l}\frac{R^2}{4\mu} \tag{6.11}$$

因此式 (6.10) 也可写成

$$u_x = u_{\max}\left[1 - \left(\frac{r}{R}\right)^2\right] \tag{6.12}$$

通过该圆管的流体体积流量 V 可由下式积分求出:

$$V = \int_0^R 2u_x \pi r \mathrm{d}r = \frac{\Delta p}{l}\frac{\pi}{2\mu}\int_0^R r(R^2 - r^2)\mathrm{d}r = \frac{\Delta p}{l}\frac{\pi}{8\mu}R^4 \tag{6.13}$$

上式也称 Poiseuille 定律, 说明在压力梯度 $\Delta p/l$ 一定时, 体积流量与圆管半径的四次方成正比, 而与流体的动力粘度 μ 成反比。

圆截面上流体的平均流速为

$$u_m = \frac{V}{\pi R^2} = \frac{\Delta p}{l}\frac{\pi}{8\mu}\frac{R^4}{\pi R^2} = \frac{\Delta p}{l}\frac{R^2}{8\mu} \tag{6.14}$$

比较 $u_{\max}$ 和 u_m 可知

$$u_m = \frac{u_{\max}}{2} \tag{6.15}$$

因此圆管中充分发展后截面上的平均流速是圆管中心处最大流速的一半。

流体在圆管内层流流动时的粘性阻力为

$$\Delta p = p_1 - p_2 = \frac{8l\mu u_m}{R^2} = \frac{32\mu u_m}{D^2}l \tag{6.16}$$

上式也可写成

$$\Delta p = \frac{64\nu}{u_m D} \frac{l}{D} \frac{\rho u_m^2}{2} = f \frac{l}{D} \frac{\rho u_m^2}{2} \tag{6.17}$$

式中，$f = 64/Re$ 称为层流时的摩擦因子；$Re = u_m D/\nu$；D 为圆管直径。

对于其他截面形状的管道，可以利用水力直径的概念，即 $D_h = 4A/S$，其中 A 为截面积，S 为湿周长。表 6.1 给出了充分发展了的层流流动中不同截面形状管道内摩擦因子 f 与雷诺数 Re 的乘积，而 $Re = u_m D_h/\nu$。

表 6.1 不同管截面形状的摩擦因子[47]

$\frac{L}{D_h} > 100$	圆	六边形	三角形 $\frac{2b}{2a}=\frac{\sqrt{3}}{2}$	正方形 $\frac{2b}{2a}=1$	矩形 $\frac{2b}{2a}=\frac{1}{2}$
fRe	64	60.22	53.33	56.91	62.20
D_h	D	$\sqrt{3}a$	$\frac{2\sqrt{3}}{3}a$	$2a$	$\frac{4}{3}a$

$\frac{L}{D_h} > 100$	$\frac{2b}{2a}=\frac{1}{4}$	$\frac{2b}{2a}=\frac{1}{8}$	$\frac{2b}{2a}=0$, $a\to\infty$	$\frac{b}{a}=0$	同心圆环
fRe	74.8	82.34	96.00	96.00	96.00
D_h	$\frac{4}{5}a$	$\frac{4}{9}a$	$4b$	$4b$	$d_1 - d_2$

在芯片微流道中，为了适应硅材料加工的要求，常出现圆形、矩形、等腰三角形或由它们组合而成的截面形状，如图 6.3 所示。对于圆形截面，前面已作了详细介绍。对于矩形截面，其流速可用下式表示[48]：

$$u_x(y,z) = \frac{16a^2}{\mu\pi^3}\left(-\frac{dp}{dx}\right)\sum_{i=1,3,5,\cdots}^{\infty}(-1)^{\frac{i-1}{2}}\left(1-\frac{\cosh\frac{i\pi z}{2a}}{\cosh\frac{i\pi b}{2a}}\right)\frac{\cos\frac{i\pi y}{2a}}{i^3} \tag{6.18}$$

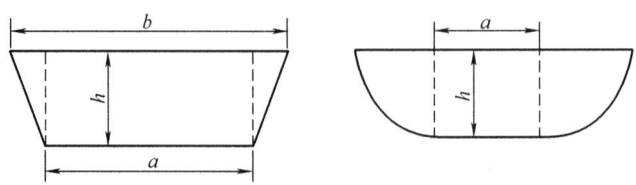

图 6.3 硅材料芯片中常见的流道截面形状

矩形截面的体积流量为

$$V = \frac{4ba^3}{3\mu}\left(-\frac{\mathrm{d}p}{\mathrm{d}x}\right)\left(1 - \frac{192a}{\pi^5 b}\sum_{i=1,3,5,\cdots}^{\infty}\frac{\tanh\frac{i\pi b}{2a}}{i^5}\right) \tag{6.19}$$

对于等腰三角形，截面上的流速为

$$u_x(y,z) = \frac{1}{\mu}\left(-\frac{\mathrm{d}p}{\mathrm{d}x}\right)\frac{y^2 - z^2\tan^2\phi}{1 - \tan^2\phi}\left[\left(\frac{z}{2b}\right)^{B-2} - 1\right] \tag{6.20}$$

式中

$$B = \sqrt{4 + \frac{5}{2}\left(\frac{1}{\tan^2\phi} - 1\right)}$$

等腰三角形截面的体积流量为

$$V = \frac{4ab^3}{3\mu}\left(-\frac{\mathrm{d}p}{\mathrm{d}x}\right)\frac{(B-2)\tan^2\phi}{(B+2)(1-\tan^2\phi)} \tag{6.21}$$

对于不规则的倒梯形或带大圆角的矩形，可以通过水力直径的概念来计算其流量。对于倒梯形，其面积为

$$A = \frac{h}{2}(a+b)$$

湿周长为

$$S = a + b + 2\sqrt{h^2 + \left(\frac{a-b}{2}\right)^2} = a + b + 2h\sqrt{1 + \left(\frac{a-b}{2h}\right)^2}$$

因此水力直径为

$$D_h = \frac{4\cdot\frac{h}{2}(a+b)}{a+b+2h\sqrt{1+\left(\frac{a-b}{2h}\right)^2}} = \frac{2h}{1+\frac{2h}{a+b}\sqrt{1+\left(\frac{a-b}{2h}\right)^2}} \tag{6.22}$$

对于带大圆角的矩形，其面积为

$$A = ah + \frac{1}{2}\pi h^2$$

湿周长为

$$S = 2a + \pi h + 2h$$

因此水力直径为

$$D_h = \frac{4\left(ah + \frac{1}{2}\pi h^2\right)}{2a + \pi h + 2h} = 2h\frac{\frac{a}{h} + \frac{\pi}{2}}{\frac{a}{h} + \frac{\pi}{2} + 1} \tag{6.23}$$

由粘性引起的切应力

$$\tau = \frac{\Delta p \pi r^2}{l 2\pi r} = \frac{\Delta p r}{2l} \tag{6.24}$$

因此在圆管内流动时总的阻力

$$F = 2\pi R l \, \tau_0 = \pi R^2 \Delta p$$

把式 (6.16) 中的 Δp 代入可得

$$F = \pi R^2 \frac{8\mu l u_m}{R^2} = 8\pi \mu l u_m \tag{6.25}$$

为补偿阻力而消耗的功率

$$P = F u_m = \pi R^2 u_m \Delta p = A u_m \Delta p \tag{6.26}$$

或

$$P = 8\pi \mu l u_m^2 \tag{6.27}$$

如图 6.4 所示，当流动进入湍流状态时，圆管内的速度分布将更加复杂。要完全用分析方法来描述湍流过程是十分困难的，一般都建立在半经验的基础上。从试验数据可知，当雷诺数 Re 处于 $5 \times 10^3 \sim 10^5$ 范围内时，水力光滑管圆管的摩擦因子可表达为

$$f = \frac{0.3164}{Re^{\frac{1}{4}}} \tag{6.28}$$

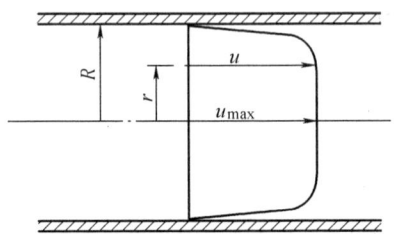

图 6.4　圆管内的湍流速度分布

因此在水力光滑圆管中由于粘性引起的摩擦阻力为

$$\Delta p = f \frac{l}{D} \frac{\rho u_m^2}{2} = \frac{0.3164}{Re^{\frac{1}{4}}} \frac{l}{D} \frac{\rho u_m^2}{2} \tag{6.29}$$

另一方面，由动量方程

$$\pi R^2 \Delta p = 2\pi R l \tau_0 \quad \text{或} \quad \Delta p = \frac{2l}{R} \tau_0$$

可得切应力

$$\tau_0 = \frac{0.3164}{Re^{\frac{1}{4}}} \frac{l}{2R} \frac{\rho u_m^2}{2} \frac{R}{2l} = \frac{0.3164}{Re^{\frac{1}{4}}} \frac{1}{4} \frac{\rho u_m^2}{2} = 0.0791 \frac{\rho u_m^2}{2} Re^{-\frac{1}{4}} \tag{6.30}$$

如果假定湍流的速度分布为半径 r 的 n 幂指数函数,即

$$u_x = u_{\max}\left(\frac{R-r}{R}\right)^n \tag{6.31}$$

并认为最大流速 $u_{\max}$ 与平均流速 u_m 成正比,则

$$u_{\max} = C_1 u_m \tag{6.32}$$

因此

$$u_m = \frac{1}{C_1}\frac{u_x R^n}{(R-r)^n} \tag{6.33}$$

把上式代入式 (6.30) 有

$$\tau_0 = \frac{0.0791}{2}\rho\nu^{\frac{1}{4}}(2R)^{-\frac{1}{4}}u_m^{2-\frac{1}{4}} = C_2\rho\nu^{\frac{1}{4}}u_x^{\frac{7}{4}}\frac{R^{\frac{7}{4}n-\frac{1}{4}}}{(R-r)^{\frac{7}{4}n}}$$

如果圆管的半径 R 的大小对切应力 τ_0 没有影响,则式中 R 的指数应为零,即 $7n/4 - 1/4 = 0$,可得 $n = 1/7$。最终可得圆管内湍流的速度分布

$$u_x = u_{\max}\left(\frac{R-r}{R}\right)^{\frac{1}{7}} \tag{6.34}$$

这一关系称为七分之一次方规律。

湍流时流经圆管的体积流量

$$V = \int_0^R 2\pi r u_x \mathrm{d}r = \int_0^R 2\pi r u_{\max}\left(\frac{R-r}{R}\right)^{\frac{1}{7}}\mathrm{d}r = \frac{49}{60}\pi R^2 u_{\max} = 0.817 A u_{\max} \tag{6.35}$$

或用平均流速

$$V = \pi R^2 u_m \tag{6.36}$$

两式比较可得

$$u_m = 0.817 u_{\max} \quad \text{或} \quad u_{\max} = 1.224 u_m \tag{6.37}$$

与式 (6.32) 对照,可知 $C_1 = 1.224$。显然,湍流流动的速度分布要比层流流动均匀。

有时,为了便于试验数据的整理,常引用切应力速度 (又称动力学速度或摩擦速度) u_* 的概念,其定义为

$$u_* = \sqrt{\frac{\tau_0}{\rho}} \tag{6.38}$$

因此有

$$u_* = \sqrt{\frac{\tau_0}{\rho}} = \sqrt{\frac{0.0791\frac{\rho u_m^2}{2}Re^{-\frac{1}{4}}}{\rho}} = \frac{1}{7^{\frac{7}{8}}}\frac{u_m^{\frac{7}{8}}\nu^{\frac{1}{8}}}{R^{\frac{1}{8}}} \tag{6.39}$$

移项可得

$$u_m = 7 u_*^{\frac{8}{7}}\frac{R^{\frac{1}{7}}}{\nu^{\frac{1}{7}}} \tag{6.40}$$

又由式 (6.34) 和式 (6.37) 可知

$$u_x = 1.224 u_m \left(\frac{R-r}{R}\right)^{\frac{1}{7}} \tag{6.41}$$

把式 (6.40) 的 u_m 代入，可得

$$u_x = 1.224 \times 7 u_*^{\frac{8}{7}} \frac{R^{\frac{1}{7}}}{\nu^{\frac{1}{7}}} \frac{(R-r)^{\frac{1}{7}}}{R^{\frac{1}{7}}} = 8.57 u_* \left[\frac{u_*(R-r)}{\nu}\right]^{\frac{1}{7}} \tag{6.42}$$

或

$$\frac{u_x}{u_*} = 8.57 \left[\frac{u_*(R-r)}{\nu}\right]^{\frac{1}{7}} \tag{6.43}$$

有的作者采用

$$\frac{u_x}{u_*} = 8.77 \left[\frac{u_*(R-r)}{\nu}\right]^{\frac{1}{7}} \tag{6.44}$$

这时相应的切应力为

$$\tau_0 = 0.076 \frac{\rho u_m^2}{2} Re^{-\frac{1}{4}} \tag{6.45}$$

图 6.5 给出了由式 (6.44) 表达的 $\frac{u_x}{u_*}$ 和 $\frac{u_*(R-r)}{\nu}$ 的关系[6]。也有作者给出下列关系

$$\frac{u_x}{u_*} = 5.75 \lg\left[\frac{u_*(R-r)}{R}\right] + 5.5 \tag{6.46}$$

上述两式及试验数据已绘于图 6.5 中，试验数据是从光滑管获得的。图 6.5 还给出了靠近管壁处速度较低时的速度分布曲线，这时已进入层流状态，可以用下式表示：

$$\frac{u_x}{u_*} = \frac{u_*(R-r)}{\nu} \quad \text{或} \quad u_*^2 = \frac{u_x \nu}{R-r} \tag{6.47}$$

按切应力速度 u_* 的定义式 (6.38) 可得

$$\tau_0 = \rho u_*^2 = \rho \nu \frac{u_x}{R-r} \tag{6.48}$$

如果动力粘度 μ 是一个常数，那么上式是和牛顿粘性定律一致的，说明此时的确属于层流。层流层的厚度可以达到 $u_x/u_* \approx 11.5$ 位置附近。这一薄层的层流层称为层流底层。

湍流的层流底层在宏观计算时，常被忽略不计。但是在微流动时，层流底层的影响就会突显出来。例如在层流底层内的热质交换只能通过分子扩散来实现，它的存在必然会影响到表面与流体之间的热质交换；层流底层厚度的大小也会影响到表面粗糙度对阻力的关系；层流底层更会影响微尺寸效应中的速度滑移和温度突跳。

既然湍流的底层属于层流，则仍可采用牛顿定律

$$\tau = \mu \frac{du_x}{dy} \tag{6.49}$$

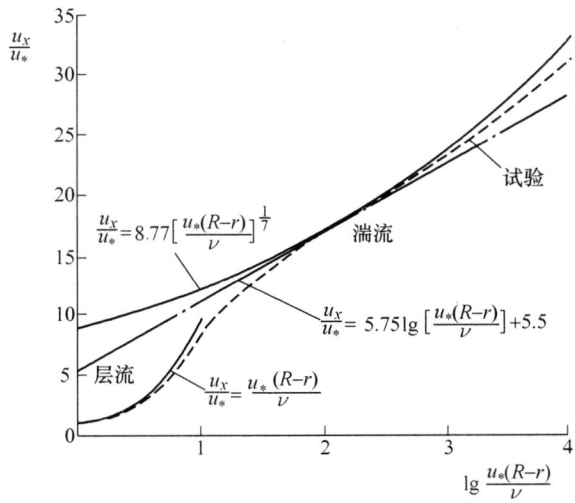

图 6.5 圆管中速度分布 $\dfrac{u_x}{u_*}$ 与 $\lg\dfrac{u_*(R-r)}{\nu}$ 的关系

而层流底层的厚度 δ_L (如图 6.6 所示) 是与动力粘度 μ、密度 ρ、壁面切应力 τ 有关的,因此可以利用量纲分析法[53],由 $\delta_L = \alpha\mu^a\rho^b\tau_0^c$ 写出,即

$$|\mathrm{L}| = \left|\dfrac{\mathrm{M}}{\mathrm{LT}}\right|^a \left|\dfrac{\mathrm{M}}{\mathrm{L}^3}\right|^b \left|\dfrac{\mathrm{M}}{\mathrm{LT}^2}\right|^c$$

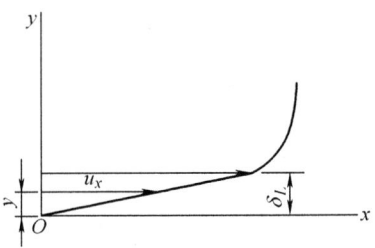

图 6.6 层流底层的计算

由此可得 $a = 1, b = -\dfrac{1}{2}, c = -\dfrac{1}{2}$,就有

$$\delta_L = \alpha\mu\rho^{-\frac{1}{2}}\tau_0^{-\frac{1}{2}} \tag{6.50}$$

引入 $u_* = \sqrt{\dfrac{\tau_0}{\rho}}$ 及 $\mu = \rho\nu$,可得

$$\delta_L = \alpha\dfrac{\nu}{u_*} \tag{6.51}$$

当层流底层内速度分布为线性分布时

$$\tau = \mu\dfrac{u_x}{y} = \tau_0 = 常数$$

代入式 (6.38) 可得

$$\tau_0 = \mu \frac{u_x}{y} = \rho u_*^2$$

或

$$\frac{u_x}{u_*} = \frac{\rho u_* y}{\mu} = \frac{u_* y}{\nu} \tag{6.52}$$

比较上式和图 6.5 中的层流部分，可以发现理论分析结果与试验结果是一致的。当 $y = \delta_L$ 时，可得

$$\frac{u_L}{u_*} = \frac{u_* \delta_L}{\nu} = \alpha = 11.5 \tag{6.53}$$

所以

$$\delta_L = \frac{11.5\nu}{u_*} = \frac{11.5\nu}{\sqrt{\tau_0/\rho}} \tag{6.54}$$

而 τ_0 可采用式 (6.45)，代入上式有

$$\delta_L = \frac{11.5\nu}{\left(\frac{0.0791}{2}\right)^{\frac{1}{2}} u_m Re^{-\frac{1}{8}}} = 57.8 \frac{\nu u_m^{\frac{1}{8}} D^{\frac{1}{8}}}{u_m \nu^{\frac{1}{8}}}$$

最终可得

$$\delta_L = 57.8 \frac{D\nu^{\frac{7}{8}}}{u_m^{\frac{7}{8}} D^{\frac{7}{8}}} = \frac{57.8 D}{Re^{\frac{7}{8}}} \tag{6.55}$$

或

$$\frac{\delta_L}{R} = \frac{115.6}{Re^{\frac{7}{8}}} \tag{6.56}$$

由上式可知，在宏观尺寸较大时，δ_L 是很小的，可以忽略不计。但是进入微流动后，情况就不同了。例如，微流道的管径 $D = 20\ \mu m$，如果 Re 数仍按宏观转变值 $Re = 2300$ 计算，则 $\delta_L = \frac{57.8 \times 20 \times 10^{-6}}{2300^{\frac{7}{8}}}$ m $= 1.3 \times 10^{-6}$ m，可见，这时层流底层所占的比例是很大的。

对于圆形管道，更多的试验结果被归纳到一张被称为莫迪 (Moody) 图的线图中。图 6.7 就是这种典型的莫迪图[50]。其中 $f = \Delta p \Big/ \left(\frac{L}{D}\frac{\rho u^2}{2}\right)$ 为摩擦因子，ε/D 为相对粗糙度。利用该图可以得到下述半经验公式。

(1) 当 $Re < 2300$ 时，摩擦因子与粗糙度无关，相当于完全层流状态，这时 $f = 64/Re$，与理论推导式 (6.17) 一致。

(2) 当 Re 超过 2300 以后，流动开始进入湍流状态，因此这一雷诺数称为过渡雷诺数 Re_t。

(3) 图 6.7 下方曲线为水力光滑管，此时主体流动已进入湍流状态，但靠近壁面有一薄层的层流底层，壁面粗糙度已被层流底层所淹没，因此摩擦因子与相对粗糙度无关。此时可用下式计算：

$$\frac{1}{\sqrt{f}} = 2\lg(Re\sqrt{f}) - 0.8 \tag{6.57}$$

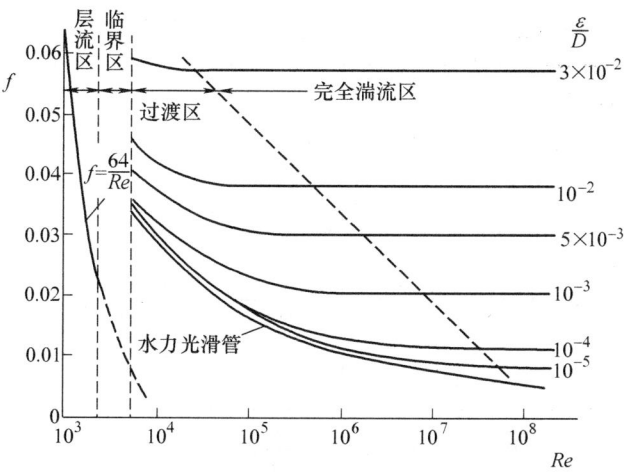

图 6.7　圆管内流动的莫迪图

上式适用于 $Re = 5 \times 10^4 \sim 3 \times 10^6$。当 $Re = 5 \times 10^3 \sim 10^5$ 时, 可用式 (6.28), 即

$$f = \frac{0.3164}{Re^{\frac{1}{4}}} \tag{6.58}$$

也有作者提出在 $Re = 2 \times 10^4 \sim 3 \times 10^5$ 时采用

$$f = \frac{0.184}{Re^{0.2}} \tag{6.59}$$

(4) 当粗糙度超过层流底层的厚度时, 它将直接影响湍流区的流动, 这时摩擦因子只与壁面的相对粗糙度 ε/D 有关, 而与 Re 无关, 因此有

$$f = \left(2 \lg \frac{R_0}{\varepsilon} + 1.74\right)^{-2} \tag{6.60}$$

(5) 在水力光滑管与粗糙管之间为过渡区, 因为这时的层流底层还不能完全淹没粗糙度的影响, 但也不完全受粗糙度的影响, 因此 C. F. Colebrook 提出

$$\frac{1}{\sqrt{f}} = -2 \lg \left(\frac{2.51}{Re\sqrt{f}} + \frac{\frac{\varepsilon}{D}}{3.7}\right) \tag{6.61}$$

由于不同 Re 区间的摩擦因子是不同的, 因此由粘性引起的沿程流动阻力损失也各不相同。由

$$\Delta p = f \frac{L}{D} \frac{\rho u^2}{2} \tag{6.62}$$

可知, 在层流区沿程阻力 Δp 只与流速的一次方成正比。在水力光滑管区则与流速的 1.75 次方成正比。而在粗糙管区就只与速度的二次方成正比了。

上述过渡雷诺数 $Re_t = 2300$ 只是对圆形直管得出的。实际上, 影响过渡雷诺数的因素很多, 例如流道的几何形状、流体的粘度、流道表面的状况、流道绝对尺寸的大小、长宽比等。表 6.2 给出了宏观流动中几种不同流道形状的过渡雷诺数 Re_t。

表 6.2 不同流道形状的过渡 Re_t 及流量公式[61]

流道形式	定义	体积流量	过渡 Re_t
孔	$\dfrac{L}{D_h} < 0.5$	$V_{层} = A\dfrac{2}{C_f}\dfrac{D_h}{\mu}\Delta p$ ① $\quad V_{湍} = A\sqrt{\dfrac{2}{\xi\rho}\Delta p},\ \xi \approx 2.6$ ②	15
短槽	$2 < \dfrac{L}{D_h} < 50$	$V_{层} = A\dfrac{2}{C_f}\dfrac{D_h^2}{L\mu}\Delta p,\quad$ 矩形截面 $C_f = 96$, 圆形截面 $C_f = 64$ $\quad V_{湍} = A\sqrt{\dfrac{2}{\xi\rho}\Delta p},\ 1 < \xi < 1.5$	$30\dfrac{L}{D_h}$
长槽	$\dfrac{L}{D_h} > 100$	$V_{层} = A\dfrac{2}{C_f}\dfrac{D_h^2}{L\mu}\Delta p$ $\quad V_{湍} = A\sqrt{\dfrac{2D_h}{Lf\rho}\Delta p},\ f \approx 0.14 Re^{-0.18}$	2300

① C_f 为摩擦系数。
② ξ 为压力损失系数。

当流动从宏观进入微流后,即使在长槽中 $L/D_h > 100$,从层流向湍流的过渡雷诺数 Re_t 也不再是 2300,根据一些作者的试验结果,在微流动时,Re_t 将更低。

6.1.1.3 在二维平板表面上的粘性流动

在流体力学中对平板表面上的粘性流动有很多更为严格的分析,这里只作简要的介绍,以便用于微流分析。在平板表面上有一层流边界层,层外主流流速为 U,层内距离起点 l 处,边界层厚度为 δ_L,如图 6.8 所示。在这段边界层上,流体速度从 $y = 0$ 处的 $u = 0$,到 $y = \delta_L$ 处的 $u = U$。现在分析在 $\mathrm{d}y$ 位置上的动量:在这一微元上流过的质量流量为 $\rho u \mathrm{d}y$,设垂直于纸面上的高度为单位值,则其动量为 $u \cdot \rho u \mathrm{d}y$,从截面 AB 流出的流体具有的动量为 $\int_0^{\delta_L} \rho u^2 \mathrm{d}y$。边界层外侧主流通过 OB 曲面进入边界层的流体具有的动量为 $\int_0^{\delta_L} \rho u U \mathrm{d}y$,因此进、出边界层的流体损失了一部分动量,其值为二者之差,即 $\int_0^{\delta_L} \rho u(U - u) \mathrm{d}y$。这部分动量显然是消耗在粘性阻力上了。按层流流动,由牛顿定律有 $\tau = \mu \mathrm{d}u/\mathrm{d}y$,假设切应力 τ 在边界层内是按线性分布的,因此有

$$\frac{\tau}{\tau_0} = \frac{\delta_L - y}{\delta_L} = 1 - \frac{y}{\delta_L} \tag{6.63}$$

代入牛顿公式有

$$\frac{\mathrm{d}u}{\mathrm{d}y} = \frac{\tau_0}{\mu}\left(1 - \frac{y}{\delta_L}\right) \quad 或 \quad \mathrm{d}u = \frac{\tau_0}{\mu}\left(1 - \frac{y}{\delta_L}\right)\mathrm{d}y \tag{6.64}$$

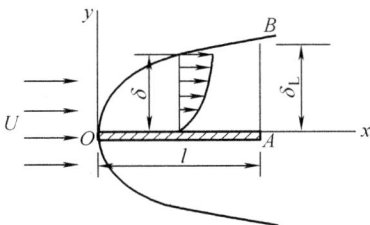

图 6.8　平板表面上的层流

对上式积分,边界条件为 $y=0$ 时,$u=0$;$y=\delta_L$ 时,$u=U$,可得

$$u = \frac{\tau_0}{\mu}\left(y - \frac{y^2}{2\delta_L}\right) \tag{6.65}$$

$$U = \frac{\tau_0}{\mu}\left(\delta_L - \frac{\delta_L^2}{2\delta_L}\right) = \frac{\tau_0 \delta_L}{2\mu} \tag{6.66}$$

因此有

$$u = \frac{2U}{\delta_L}\left(y - \frac{y^2}{2\delta_L}\right) \tag{6.67}$$

由此可见,在层流边界层内,流体的流速是按抛物线分布的。

动量损失

$$\int_0^{\delta_L} \rho u(U-u)\mathrm{d}y = \int_0^{\delta_L} \rho \frac{2U}{\delta_L}\left(y - \frac{y^2}{2\delta_L}\right)\left[U - \frac{2U}{\delta_L}\left(y - \frac{y^2}{2\delta_L}\right)\right]\mathrm{d}y = \frac{2}{15}\rho U^2 \delta_L \tag{6.68}$$

与粘性阻力

$$F = \int_0^l \tau_0 \mathrm{d}x = \int_0^l \frac{2\mu U}{\delta_L}\mathrm{d}x \tag{6.69}$$

相等,可得

$$\int_0^l \frac{2\mu U}{\delta_L}\mathrm{d}x = \frac{2}{15}\rho U^2 \delta_L$$

为了积分,先对上式求导,再移项有

$$2\mu\mathrm{d}x = \frac{\rho U}{15}\delta_L \mathrm{d}\delta_L$$

对上式积分,当 $l=0$ 时,$\delta_L=0$,有

$$2\mu l = \frac{\rho U}{15}\frac{\delta_L^2}{2} \tag{6.70}$$

最终可得

$$\delta_L = \sqrt{\frac{30\mu l}{\rho U}} = 5.477 l Re_l^{-0.5} \tag{6.71}$$

式中,$Re_l = Ul/\nu$。

把式 (6.71) 的 δ_L 代入式 (6.66) 中,可得

$$\tau_0 = \frac{2\mu U}{5.477 l Re_l^{-0.5}} = \frac{0.365 \nu \rho U^2}{lU Re_l^{-0.5}} = 0.365 \rho U^2 Re_l^{-0.5} \tag{6.72}$$

对于任一位置 x 的边界层上的 τ_0 为

$$\tau_0 = 0.365 \rho U^2 Re_x^{-0.5} \tag{6.73}$$

式中,$Re_x = Ux/\nu$。整个边界层上的粘性阻力为

$$F = \int_0^l \tau_0 \mathrm{d}x = \int_0^l 0.365 \rho U^2 Re_x^{-0.5} \mathrm{d}x = 0.365 \rho U^2 l Re_l^{-0.5} \tag{6.74}$$

从而可得二维平板上的摩擦阻力系数

$$f = \frac{F}{\frac{\rho U^2}{2} l} = \frac{0.365 \rho U^2 l Re_l^{-0.5}}{\frac{\rho U^2 l}{2}} = 0.73 Re_l^{-0.5} \tag{6.75}$$

上面的摩擦阻力系数是按速度为 y 的二次方分布求出的,更精确的值如表 6.3 所示。

表 **6.3**　平板表面层流摩擦阻力系数与边界层厚度[40]

	试验值	二次方近似	三次方近似	四次方近似
f	$\dfrac{0.664}{Re_x^{0.5}}$	$\dfrac{0.727}{Re_x^{0.5}}$	$\dfrac{0.646}{Re_x^{0.5}}$	$\dfrac{0.686}{Re_x^{0.5}}$
$\dfrac{\delta_x}{x}$	$\dfrac{4.96}{Re_x^{0.5}}$	$\dfrac{5.5}{Re_x^{0.5}}$	$\dfrac{4.64}{Re_x^{0.5}}$	$\dfrac{5.83}{Re_x^{0.5}}$

对于平板上面湍流流动的处理,常借用管道内流动的分析结果。具体地讲,就是利用下述两个条件:一是速度分布的七分之一次方规律;二是管流的切应力公式。按第一个条件,式 (6.34) 可改写为

$$u_x = U \left(\frac{y}{\delta_T}\right)^{\frac{1}{7}} \tag{6.76}$$

式中,δ_T 为湍流边界层的厚度。按第二个条件,式 (6.30) 中管内平均流速 u_m 应改为最大流速 $u_{\max}$,而 $u_{\max}$ 相当于平板上边主流速度 U。因此

$$\tau_0 = 0.0791 \frac{\rho u_m^2}{2} Re^{-\frac{1}{4}} = 0.0791 \frac{\rho \left(\frac{u_{\max}}{1.224}\right)^2}{2} \left(\frac{\nu}{\frac{u_{\max}}{1.224} 2\delta_T}\right)^{-\frac{1}{4}}$$

$$= 0.023\,35 \rho U^2 \left(\frac{\nu}{U\delta_T}\right)^{\frac{1}{4}} \tag{6.77}$$

湍流边界层内的动量损失为

$$\int_0^{\delta_T} \rho u(U-u)\mathrm{d}y = \int_0^{\delta_T} \rho U \left(\frac{y}{\delta_T}\right)^{\frac{1}{7}} \left[U - U\left(\frac{y}{\delta_T}\right)^{\frac{1}{7}}\right] \mathrm{d}y = \frac{7}{72}\rho U^2 \delta_T \tag{6.78}$$

而粘性阻力为

$$\int_0^{l_T} \tau_0 \mathrm{d}x = \int_0^{l_T} 0.023\,35\rho U^2 \left(\frac{\nu}{U\delta_T}\right)^{\frac{1}{4}} \mathrm{d}x \tag{6.79}$$

二者相等，可得

$$\int_0^{l_T} 0.023\,35\rho U^2 \left(\frac{\nu}{U\delta_T}\right)^{\frac{1}{4}} \mathrm{d}x = \frac{7}{72}\rho U^2 \delta_T \tag{6.80}$$

对上式求导，整理后有

$$\frac{0.023\,35 \times 72}{7}\left(\frac{\nu}{U}\right)^{\frac{1}{4}} \mathrm{d}x = \delta_T^{\frac{1}{4}}\mathrm{d}\delta_T \tag{6.81}$$

对上式积分，当 $x=0$ 时，$\delta_T = 0$；当 $x=l$ 时，$\delta_T = \delta$。可得

$$\frac{0.023\,35 \times 72}{7}\left(\frac{\nu}{U}\right)^{\frac{1}{4}} l = \frac{4}{5}\delta^{\frac{5}{4}}$$

于是

$$\delta = 0.38l\left(\frac{\nu}{Ul}\right)^{\frac{1}{5}} = 0.38l Re_l^{-\frac{1}{5}} \tag{6.82}$$

由此可得摩擦阻力

$$F = \frac{7}{72}\rho U^2 \cdot 0.38l Re_l^{-\frac{1}{5}} = 0.037\rho U^2 l Re_l^{-\frac{1}{5}} \tag{6.83}$$

而摩擦阻力系数

$$f = \frac{F}{\frac{\rho U^2}{2}l} = \frac{0.037\rho U^2 l Re_l^{-\frac{1}{5}}}{\frac{\rho U^2}{2}l} = 0.074 Re_l^{-\frac{1}{5}} \tag{6.84}$$

图 6.9 给出了平板上的摩擦阻力系数 f 与雷诺数 Re_l 的关系。在对数坐标上，它们是直线关系。左下侧直线 1 为层流时，即式 (6.75)。右上侧直线 2 为湍流时，即式 (6.84)。

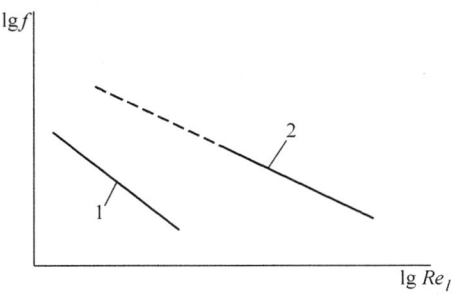

图 6.9 平板上的摩擦系数

比较式 (6.71) 和式 (6.82) 可知，湍流边界层的厚度要比层流边界层的厚度增长得更为急剧。

事实上，平板边界层中的流动状态是与雷诺数有关的。当 Re 不大时，在整个平板上可以都是层流边界层，但是当 Re 极大时，在整个平板上就会都转变为湍流边界层。一般在 Re 介于 $10^5 \sim 5 \times 10^6$ 之间时，在平板的进流处会形成层流与湍流共存的混合边界层，如图 6.10 所示。这种混合边界层的结构如下所述：首先在平板的进口段形成层流边界层，随着流体向前运动，表面摩擦力增强，层流层逐渐加强。当到达一定距离后（相当于图中 A 点的位置），流动状态开始不稳定，层流被破坏，开始出现湍流。继续向前流动，湍流的强度不断加强，湍流边界层厚度不断增厚，最终完全变成湍流，也就是说湍流达到"充分发展"的程度。但是不论湍流怎样发展，贴近壁面处仍然会存在一个很薄的层流底层。

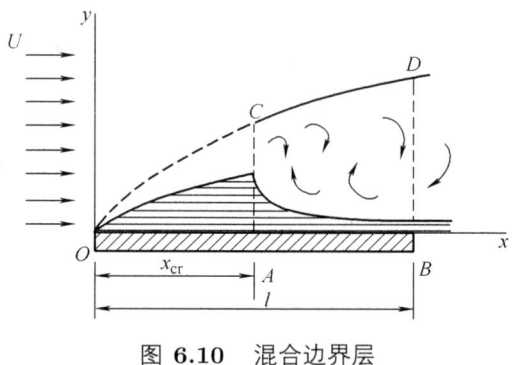

图 6.10 混合边界层

为了简化，常假设从层流转变到湍流是突然发生的，这段距离称为临界距离 x_{cr}，而湍流边界层的结构则假设是从起始点 O 开始的。因此，如果忽略层流底层的影响，则摩擦阻力 F 应是

$$F_{总}^{OB} = F_{湍}^{OB} - \left(F_{湍}^{OA} - F_{层}^{OA}\right)$$

设 f_L 与 f_T 分别为层流和湍流的摩擦阻力系数，则摩擦阻力差值为

$$\Delta F^{OA} = F_{湍}^{OA} - F_{层}^{OA} = (f_T - f_L)\frac{\rho U^2}{2}x_{cr}b$$

或

$$\Delta f = \frac{\Delta F^{OA}}{\frac{\rho U^2}{2}lb} = (f_T - f_L)\frac{x_{cr}}{l} = (f_T - f_L)\frac{\frac{Ux_{cr}}{\nu}}{\frac{Ul}{\nu}} = (f_T - f_L)\frac{Re_{cr}}{Re} = \frac{A}{Re} \quad (6.85)$$

式中，$A = (f_T - f_L)Re_{cr}$，Re_{cr} 是以临界距离 x_{cr} 为定性尺寸的雷诺数。因此，由式 (6.84)、式 (6.85) 可得混合边界层的摩擦系数

$$f_m = f_T - \Delta f = \frac{0.074}{Re^{0.2}} - \frac{A}{Re} \quad (6.86)$$

对于光滑平板 $A = 1700$。当平板的粗糙度增加，或来流的湍流程度增加时，临界雷诺数 Re_{cr} 及 A 值就减少。对于粗糙平板 $A = 300$。因此一般 A 值介于 $300 \sim 1700$ 之间。

6.1.1.4 绕体流动

除了管内流动和平板流动外，应用中还有大量的绕体流动，这种流动的理论分析更加困难。这里把有关内容作一简要介绍。

绕圆柱体流动是常见的一种绕体流动，管簇式换热器管外的流动就是典型应用之一。这种流动的状态因雷诺数的不同而有很大差别，图 6.11 给出了不同 Re 数时绕圆柱体流动的示意图。当 $Re < 4$ 时，绕流后尾迹不分离；当 $4 < Re < 60$ 时，尾迹开始出现成对涡流；当 $60 < Re < 5000$ 时，尾迹出现周期性涡流，并向后传递；当 $Re > 5000$ 后，尾流高度湍流。这种绕圆柱体流动的阻力系数 C_D 可用图 6.12[49] 反映出来。阻力系数

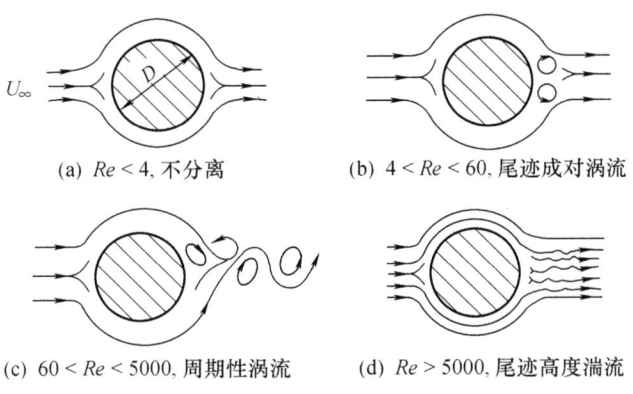

图 6.11 不同 Re 数时的绕圆柱体流动

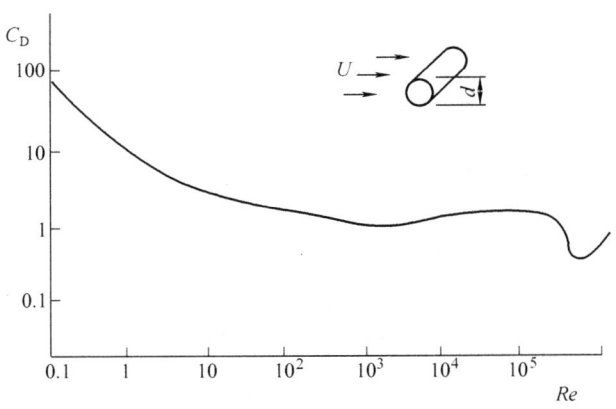

图 6.12 圆柱体绕流的阻力系数

$$C_D = \frac{\dfrac{F}{A}}{\dfrac{\rho U^2}{2}} \tag{6.87}$$

对绕小圆球的流动，在 $10^{-4} < Re < 1$ 的层流区时，Stokes 证明

$$F = 6\pi r \mu U \tag{6.88}$$

因此

$$C_D = \frac{6\pi r \mu U}{\pi r^2 \frac{\rho U^2}{2}} = \frac{24}{\frac{2Ur}{\nu}} = \frac{24}{Re} \tag{6.89}$$

在 $1 < Re < 10^3$ 过渡区时

$$C_D = \frac{18.5}{Re^{0.6}} \tag{6.90}$$

在 $10^3 < Re < 2 \times 10^5$ 湍流区时

$$C_D = 0.44 \tag{6.91}$$

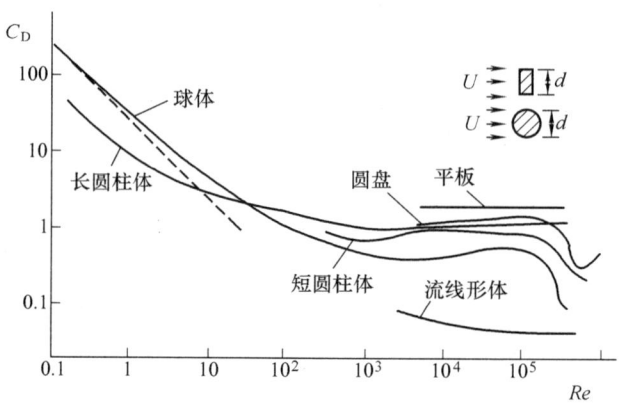

图 **6.13** 小圆球等绕流的阻力系数

图 6.13 给出了某些形状物体绕流流动的阻力系数[6]。非圆球形颗粒在液体中运动时，所受到的阻力，也可用球形度或形状系数 Φ 来修正，参见图 6.14[52]

$$\Phi = \frac{S}{S_p}$$

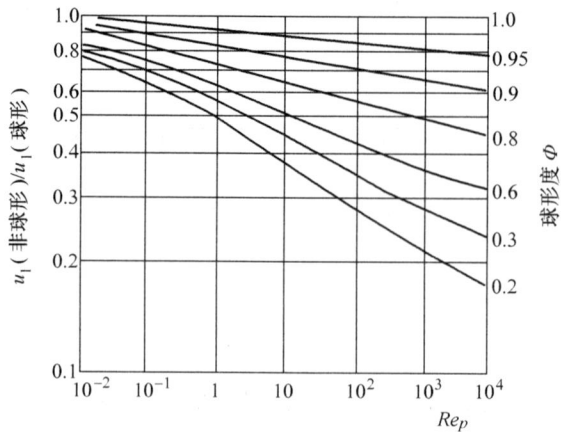

图 **6.14** 不同球形度的阻力影响

式中，S_p 为非球形颗粒的表面积；S 为与该非球形颗粒体积相等的一个圆球颗粒的表面积。雷诺数中的定性尺寸采用颗粒的当量直径 d_e 代替。它是一个与颗粒体积相等的圆球颗粒的直径

$$\frac{\pi}{6}d_e^3 = V_p$$

即

$$d_e = \sqrt[3]{\frac{6}{\pi}V_p} \tag{6.92}$$

对于正方形颗粒，体积 $V_p = a^3$，表面积 $S_p = 6a^2$，因此相当的球形颗粒体积 $V = 4\pi r^3/3 = V_p = a^3$，有

$$r = \sqrt[3]{\frac{3}{4\pi}}a = 0.620\,35a \tag{6.93}$$

球形颗粒的表面积

$$S = 4\pi r^2 = 4\pi(0.620\,35)^2 a^2 = 4.836a^2 \tag{6.94}$$

所以球形度

$$\Phi = \frac{S}{S_p} = \frac{4.836a^2}{6a^2} = 0.806 \tag{6.95}$$

当量直径

$$d_e = \sqrt[3]{\frac{6}{\pi}}a = 1.241a \tag{6.96}$$

流经管簇时的粘性阻力可用下式估算：

$$\Delta p = f\frac{N(\rho u_{\max})^2}{2\rho}Z \tag{6.97}$$

式中，f 为摩擦因子；$\rho u_{\max}$ 为最大质量流量；N 为沿流动方向管簇的排数；Z 为与排列形式有关的修正值，对于矩形或等边三角形 $Z=1$。图 6.15 和图 6.16 分别给出了矩形和三角形排列管簇的阻力系数[40]。图中 $x_T = S_T/D, x_L = S_L/D, x_D = S_D/D$，而 S_T, S_L, S_D 的含义见图示，为相邻管之间的中心距。图中也给出了修正值 Z。

6.1.2 充分发展的进口长度

6.1.2.1 层流和湍流的动力进口长度

均匀流动的流体从大空间进入管道时，入口处的速度基本均匀。但是随着流体逐渐进入管内，管壁摩擦增加，边界层逐渐增厚。四周增厚的边界层随着流动过程向管道中心靠拢，最后汇合在一起，形成一个稳定的速度分布。这一现象称为进口效应，在微流动中这一进口效应更为突出。

从进口处到形成稳定的速度分布这一段距离称为动力进口长度。在这个长度上，管内流体的速度分布是不断变化的。它的变化是与流动状态有关的。在全程层流的

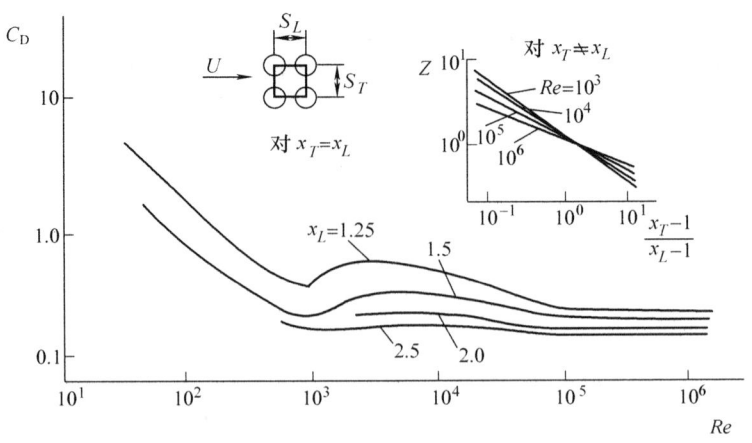

图 6.15　矩形管簇的阻力系数[40]

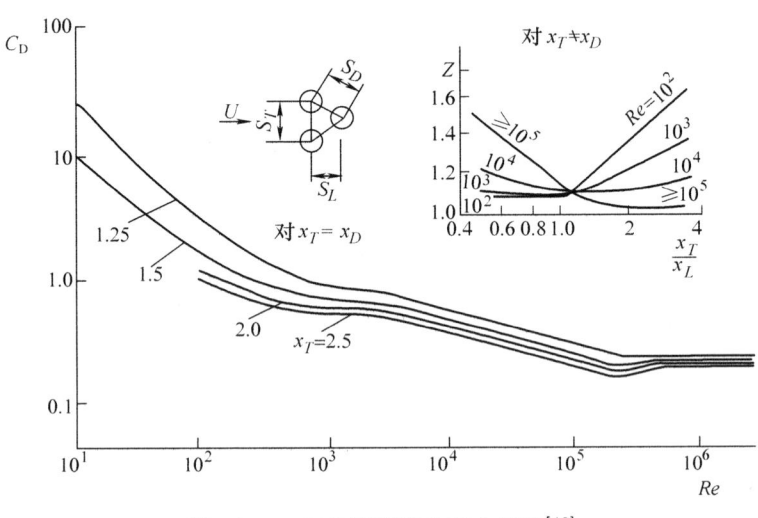

图 6.16　三角形管簇的阻力系数[40]

情况下,动力进口长度就是层流充分发展所需的距离。但是在湍流时,在壁面附近的边界层中有从层流到湍流的过渡。图 6.17 反映了层流和湍流时边界层发展的过程。在完全层流时,边界层的变化过程是渐变的,动力进口长度比较明显。但是在湍流时,就存在一个从层流向湍流的过渡。图 6.18 形象地反映了这一变化。入口处前端有一段是处于层流状态。随着向前运动,表面摩擦力增强,层流层也逐渐加强。当达到一定距离后,流动状态开始不稳定,层流被破坏,开始出现湍流。继续向前流动,湍流的强度不断加强,厚度不断增厚,最终变成完全的湍流,也就是说达到通常所谓的"充分发展"的程度。从进口层流到完全的湍流这段距离称为充分发展距离,或称湍流的动力进口长度。要注意的是,不论湍流怎样发展,靠近壁面处仍然会存在一个薄薄的层流层,称为"层流底层"。

因此,层流和湍流的动力进口长度的含义有所不同,层流是指四周边界层的混合

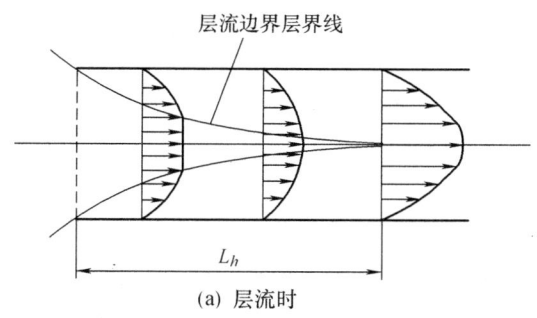

(a) 层流时

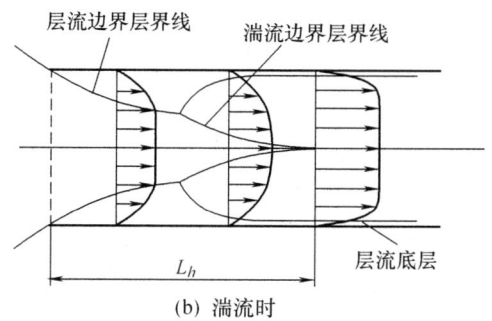

(b) 湍流时

图 **6.17** 层流和湍流边界层的发展

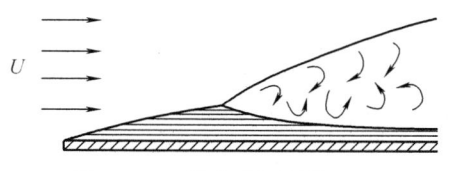

图 **6.18** 湍流边界层的入口

距离,而湍流充分发展距离是对从层流转变为完全湍流的全部距离而言的。在宏观流体力学中,达到湍流这一转变位置的雷诺数 $Re_t = 2300$,对应的长径比 $L/D_h \approx 70$。其中 L 为沿程长度,D_h 为管道水力直径,$D_h = 4A/$湿周长。上述关系可以用图 6.19 表示,在折线以下 $Re < Re_t$,为层流区,沿程阻力主要取决于粘性损失。而折线以上的右边部分,则是湍流的充分发展区,又称动力充分发展区。折线上部左边部分属于湍流的非充分发展区,其沿程阻力主要由惯性损失支配。中间的斜线表示由惯性损失引起的压力降与由粘性引起的压力降相平衡时的状态,这时 $Re_t \approx 30L/D_h$。

6.1.2.2 热力进口长度

和动力进口长度相类似,在热交换过程中也存在一个热力进口长度。在这段距离内,温度分布是不稳定的,只有到达充分发展距离以后温度场才稳定。因此从出现热交换的截面开始到稳定的温度场这一段距离就称为热力进口长度。可见热力进口长度和动力进口长度是不同的,而且热力进口长度并不一定是从管道的进口处开始的,要由热交换开始时算起。图 6.20 给出了两种不同进口条件时的热力进口长度和

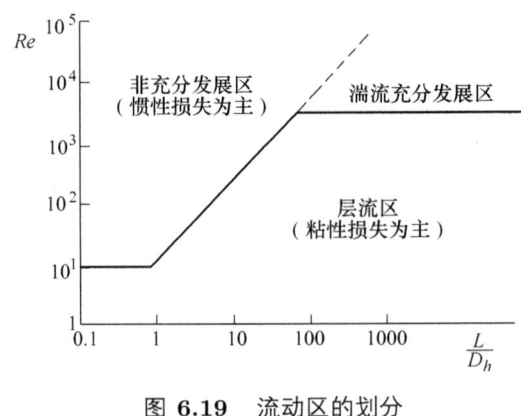

图 6.19 流动区的划分

动力进口长度的关系。图 6.20 中虚线为动力边界层,实线为热力边界层。图 6.20a 表示热交换从进口开始,因此热力进口长度和动力进口长度都从管道进口处开始计算。图 6.20a 中虚线所表示的动力边界层外缘相交于 A 点,因此动力进口长度 $L_h = \overline{OA}$;而实线所表示的热力边界层外缘相交于 B 点,因此热力进口长度 $L_t = \overline{OB}$。图 6.20b

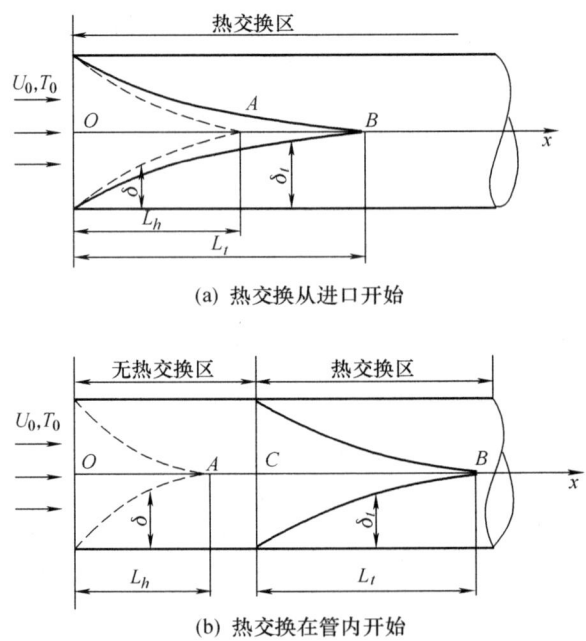

(a) 热交换从进口开始

(b) 热交换在管内开始

图 6.20 热力进口长度与动力进口长度

表示热交换开始的位置是在动力边界层充分发展之后的 C 点,这样,动力进口长度仍为 $L_h = \overline{OA}$,而热力进口长度为 $L_t = \overline{CB}$。

为便于计算,一般动力进口长度的终止位置为中心最大流速的 99% 处;而热力进口长度的终止位置则为努塞特 (Nusselt) 数 $Nu = 1.05 Nu_f$ 处。其中 Nu_f 为热力边界层充分发展后的努塞特数值。

动力进口长度和热力进口长度的精确计算十分困难。表 6.4 中给出了一些作者对层流时管内流动的研究结果。

表 6.4　层流时管内动力进口长度和热力进口长度[40]

截面形状	$\dfrac{\dfrac{L_h}{D_h}}{Re}$	$\dfrac{\dfrac{L_t}{D_h}}{Pe}$ $(Pe = RePr)$	
		壁面恒温时	壁面恒热流时
圆形 D	0.056	0.033	0.043
平行板 $2b$	0.011	0.008	0.012
矩形 $2a \times 2b$ $\dfrac{a}{b} = 0.25$	0.075	0.054	0.042
0.5	0.085	0.049	0.057
1.0	0.09	0.041	0.066

对于微管道内的流动，由于雷诺数的定性尺寸很小，因而雷诺数很小，表 6.4 中给出的数据就不符合实际。在小雷诺数时，利用下式具有较好的结果[47]：

$$\frac{L_h}{D_h} = \frac{0.6}{1 + 0.035 Re_{D_h}} + 0.056 Re_{D_h} \tag{6.98}$$

在 Re 数很小的情况下，即使有很长的流程，流动状态仍然会处于层流区，而不能转变为湍流。由于层流状态对于传热及混合等物理化学过程特别不利，因此在微流动时，有必要采取特别措施，以强化传热与混合过程。其中增强局部阻力不失为一种有效的方法。

要指出的是，上述研究结果及结论都是针对直管的，只考虑了沿程阻力。但是实际上，即使是很短的管道也会有很多迂回弯曲，存在很多局部阻力。在产生局部阻力的地方会有湍流发生，特别是在生物体内。例如，血管就有很多分支或急转弯，因此在心脏、主动脉、支气管等处就曾经观察到湍流的存在，而这时总体的雷诺数却是远远低于 2000 的。Stehbens[6] 的试验也证实了这一点。另外，作者在生物芯片中采用了螺旋式微混合器，在低雷诺数流动时加强局部阻力以产生局部湍流，从而强化了混合过程，也证实了这一点[54]。

由此可见，从层流向湍流的过渡，无论在微流动技术上，还是在生物医学工程上都是很重要的，有必要加强在这方面的研究，特别是局部阻力对这一过程的影响。

在表 6.4 中对热力进口长度采用了贝克来 (Peclet) 准则数 Pe，它是反映受迫运

动时，对流换热与热传导关系的一个准则，按定义有

$$Pe = \frac{UD_h}{\kappa} = \frac{UD_h}{\nu}\frac{\nu}{\kappa} = RePr \tag{6.99}$$

式中，U 为流动速度；D_h 为管道水力直径；ν 为运动粘度；κ 为热导率。当 $Pr=1$ 时，$Pe=Re$，这时动力进口长度 L_h 和热力进口长度 L_t 属于同一个数量级。如果 Pr 很大，例如润滑油之类，则 $L_h \ll L_t$，而当 Pr 很小时，例如液态金属那样，就有 $L_h \gg L_t$。

下面是对某一微管道的计算结果。设微管为圆截面，直径 $D=20\,\mu\text{m}$，进口工质为水，进口流速 $u_0=0.2\,\text{m/s}$，温度 $T_0=300\,\text{K}$，水的运动粘度 $\nu=1.0\times10^{-6}\,\text{m}^2/\text{s}$，密度 $\rho=1000\,\text{kg/m}^3$，求动力进口长度和热力进口长度。

进口处雷诺数 $Re=\dfrac{Du_0}{\nu}=\dfrac{20\times10^{-6}\times0.2}{1.0\times10^{-6}}=4$，属于层流状态。按表 6.4 中动力进口长度 $L_h=0.056ReD_h=0.056\times4\times20\times10^{-6}\,\text{m}=4.48\times10^{-6}\,\text{m}=4.48\,\mu\text{m}$，而按微流动时的式 (6.98) 计算，有

$$\begin{aligned}L_h &= D_h\left(\frac{0.6}{1+0.035Re}+0.056Re\right)\,\text{m}\\ &=20\times10^{-6}\left(\frac{0.6}{1+0.035\times4}+0.056\times4\right)\,\text{m}=15\times10^{-6}\,\text{m}=15\,\mu\text{m}\end{aligned}$$

由此可知，表 6.4 中公式的计算结果远小于公式 (6.98) 的计算结果。

对于水，普朗特数 $Pr=3$，所以贝克来数 $Pe=PrRe=3\times4=12$，如果壁面是恒热流的，则由表 6.4 可求得热力进口长度

$L_t=0.043PeD_h=0.043\times12\times20\times10^{-6}\,\text{m}=10.32\times10^{-6}\,\text{m}=10.32\,\mu\text{m}$。对于微流动的热力进口长度目前还没有更多的介绍。

6.1.2.3 进口效应的利用

从进口处到充分发展的速度场这段距离，有时对微流动的影响是很大的。为了尽快达到充分发展的速度场，以缩短这段进口长度，在微流动中可以采取改进结构的措施，有意识地利用进口效应。图 6.21 给出了这一设想[48]。图 6.21a 是一般芯片中微流动的进口结构，它是二维的，其高度与微流道高度相等，而宽度是由进口前大空间确定的。因此在宽度方向的速度分布比较均匀，而高度方向的速度分布则呈现抛物线结构。在微流道内受边界层影响，其速度分布是呈抛物线形的，因此在高度方向达到充分发展后的速度分布比较快，而宽度方向则比较慢。但是在宏观上从大空间进入细管道的进口状况来看，大空间中的速度分布上下左右都比较均匀，如图 6.21b 所示，这样要达到充分发展后的速度分布的距离就比较长，时间也比较长。这就意味着，在二维微流结构中，在入口之前流动已经有部分得到发展，与宏观的大空间入口相比，二维结构中的动力进口长度就可以缩短。

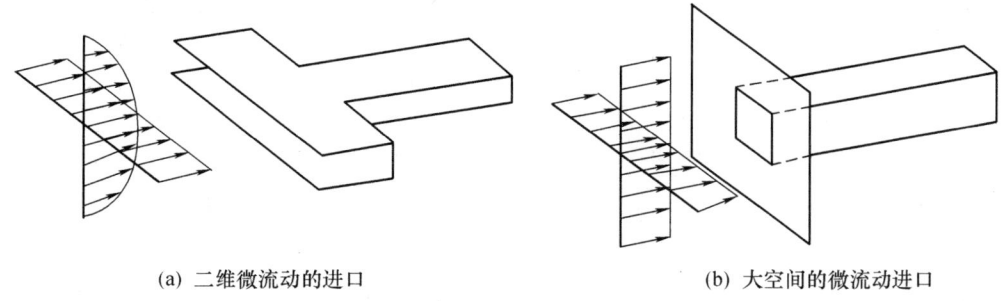

(a) 二维微流动的进口　　　　　　　　(b) 大空间的微流动进口

图 6.21　进口效应的利用

6.2　Knudsen 边界层[10,14]

上一节已经简要地介绍了粘性流边界层中的三种损失厚度: 流量损失厚度、动量损失厚度和能量损失厚度, 它们都是在与理想流体的流动比较之后, 在流量、动量和能量方面差异的反映。它们都是由于粘性引起的, 与惯性力相比, 这时的粘性力已不可忽略, 因此这一边界层被称为粘性边界层。

与主气流相比, 虽然粘性边界层只是一个薄层, 它的厚度为 δ, 但是它们仍然要比分子平均自由行程 λ 大得多, 即 $\delta \gg \lambda$, 因此克努森数 $Kn = \lambda/\delta \ll 1$, 仍然很小, 这时仍然可以利用连续流的假设来进行分析计算, 仍然可以使用一阶近似的 Navier-Stokes 方程。

但是如果深入到比粘性边界层更薄的壁面附近, 在其厚度接近于分子平均自由行程这一数量级时, 情况就不同了。即使是采用二阶近似的 Burnett 方程也将会引起一定的误差。这一更薄的边界层被称为分子动力边界层, 又称克努森 (Knudsen) 边界层。这一薄层内的物理现象可以用图 6.22 来解释。如果壁面是不运动的, 则壁面上 $y=0$ 处的运动速度 u_w 为零。平行于 x 方向的气体速度随 y 而变化。这种变化规律以 $S-S$ 线为界, 分成两种不同情况。在 $S-S$ 线以外是可以适用 Navier-Stokes 方程的, 而 $S-S$ 线以内则要考虑它的不连续效应。

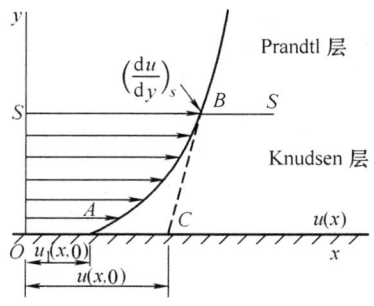

图 6.22　Knudsen 边界层

当 $S-S$ 线上 B 点气流的速度等参数已知后, 可以利用 Navier-Stokes 方程把解延伸到 Knudsen 层内。这时的速度分布将按虚线变化，直至壁面上的 C 点，由此可以求出粘性速度 $u(x,0)$。但是实际上 Knudsen 层内的速度分布是按实线变化的，在壁面上为 A 点处的真实速度 $u_1(x,0)$。显然，粘性速度 $u(x,0)$ 并不等于真实速度 $u_1(x,0)$，当然也不等于壁面速度 u_w。学者把粘性速度 $u(x,0)$ 和壁面速度 u_w 之差称为速度滑移。

速度滑移引起重要影响的区域，相当于克努森数 Kn 处于 $10^{-3} \sim 10^{-1}$ 范围内。这时既不能像自由分子流区那样，只考虑气体分子与壁面之间的碰撞，而忽略分子相互之间的碰撞；也不能像连续流区那样，只考虑分子之间的相互碰撞，而忽略分子与壁面之间的碰撞。这一区域就被称为滑移流动区。

对滑移流动区的处理方法有两种：一种是先用分子动力论求出壁面处的滑移速度，再以此速度作为边界条件求解连续流方程；另一种是从 Boltzmann 方程出发，把分子之间的相互碰撞和分子对壁面的碰撞都考虑进去求解。前者计算比较容易，一定程度上可以满足工程计算的精度要求。后者逻辑比较严谨，但在计算上存在一些困难。随着计算方法的改进，后一种方法在计算上的困难正在逐步得到克服与改善。本书中所提供的计算方法就可用来求解滑移流动区比较严格的方程组。

滑移流动区壁面处的滑移速度公式首先是由 Maxwell 导出的。当气体温度与壁面温度相同时，有

$$u_s = \zeta \left(\frac{\mathrm{d}u}{\mathrm{d}y}\right)_s \tag{6.100}$$

式中，ζ 为滑移系数

$$\zeta = \frac{2-\sigma_v}{\sigma_v}\lambda \tag{6.101}$$

式中，σ_v 为漫射率；λ 为气体分子平均自由行程。

如果在 Knudsen 层中 x 方向气体的温度存在温度梯度 (如图 6.23 所示)，那么这种温度梯度将引起所谓的热蠕动 (thermal creep)。因而表现出的宏观气体速度为

$$u_c = \frac{3}{4}\left(\frac{\mu}{\rho T}\right)\left(\frac{\partial T}{\partial x}\right)_s \tag{6.102}$$

因此，当壁面附近的气体既有速度梯度又有温度梯度时，壁面处的滑移速度将是二者之和，即

$$u_s = u_s + u_c = \zeta\left(\frac{\partial u}{\partial y}\right)_s + \frac{3}{4}\left(\frac{\mu}{\rho T}\right)\left(\frac{\partial T}{\partial x}\right)_s \tag{6.103}$$

同样道理，在壁面附近的温度分布也存在与速度相类似的变化。壁面温度为 T_w，壁面处气体的温度为 T_0，从 $S-S$ 线以外计算的温度分布延伸到 Knudsen 层内得到粘性温度 T_0'，这样，温度差 $T_0' - T_w$ 就称为温度突跳。

要准确获得速度滑移和温度突跳的数值，必须考虑 Knudsen 层内的分子行为规律及其与壁面的碰撞。这时，克努森数 Kn 已不可被忽视，Navier-Stokes 方程已经

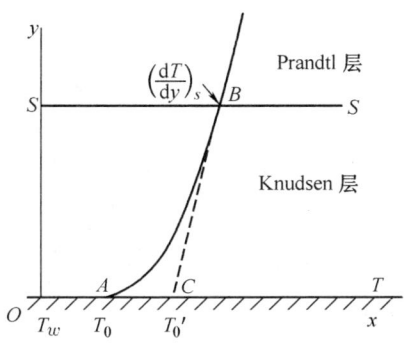

图 6.23 Knudsen 层的温度梯度

不再适用, 而 Burnett 方程也必须修正。

Burnett 方程是在 Boltzmann 方程基础上求得的, 而后者是在分子动力论基础上获得的。分子动力论中很重要的一个内容就是分子之间的相互碰撞, 正是考虑了分子之间的碰撞, 才有了 Burnett 方程中的碰撞项, 因而有别于在连续流基础上得出的 Navier-Stokes 方程, 使 Burnett 方程更具有普遍性。但是 Burnett 方程本身也只是考虑了分子本身相互之间的碰撞, 何况这种碰撞也还是比较简单的二体碰撞, 更不用说在边界上分子的行为了。事实上, 由于克努森数 Kn 的增加, 使得边界层内的流动有别于连续流所使用的牛顿粘性定律, 下面将对这些差别作进一步的分析。

6.3 速度滑移

6.3.1 速度滑移简介

从上面简单的介绍可知, 速度滑移是由于分子碰撞过程中动量的传输而产生的。由于 Kn 较大, 气体分子还来不及与其他分子碰撞之前, 先到达壁面附近而与壁面碰撞, 结果壁面附近所反映出来的宏观气流速度就不是主气流中分子相互碰撞之后的行为表现, 而是与壁面碰撞有关的行为表现。按照壁面状况的不同, 分子在壁面上碰撞后的反射行为可以分成两类: 一类是镜面反射, 如图 6.24a 所示; 另一类是扩散反射或称漫射, 如图 6.24b 所示。

在镜面反射中, 沿壁面方向的动量守恒, 而在垂直于壁面方面的动量则大小相等而方向相反。因此入射角等于反射角, 即

$$\alpha_i = \alpha_r \tag{6.104}$$

当壁面速度 $u_w = 0$ 时, 速度在壁面方向的分量应相等, 即

$$u_{ix} = u_{rx} \tag{6.105}$$

因此垂直于壁面方向的分量也相等, 但方向相反, 即

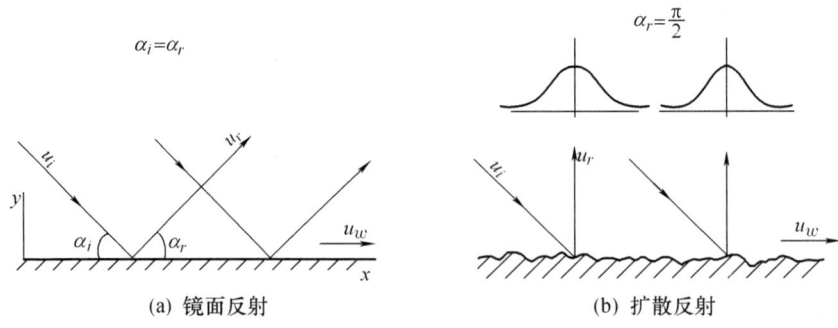

图 6.24 分子与壁面碰撞后的反射

$$u_{iy} = -u_{ry} \tag{6.106}$$

如果壁面很粗糙,那么在气体分子定性尺寸范围内,反射将是扩散型的,属于弥漫散射。扩散反射的结果,使沿壁面方向的动量全部传送给壁面,只有垂直方向存在反射,因此这时的反射角为

$$\alpha_r = \frac{\pi}{2}$$

但是,实际上的反射并不完全是镜面反射或完全的扩散反射,而是介于两者之间。镜面反射的程度就用镜面反射系数或漫射率 F 来表达。该反射系数因为和动量有关,所以又称切向动量调节系数,即

$$F = \sigma_v = \frac{u_{rx} - u_{ix}}{u_w - u_{ix}} \tag{6.107}$$

对于全镜面反射,$u_{rx} = u_{ix}$,$F = 0$;对于全扩散反射,$u_{rx} = u_w$,$F = 1$。通常是介于两者之间,因此有 $0 \leqslant F \leqslant 1$。

6.3.2 速度滑移的产生及其一阶表达式

利用式 (6.107) 可以得到 x 方向的反射速度分量

$$u_{rx} = F(u_w - u_{ix}) + u_{ix} = (1 - F)u_{ix} + F u_w$$
$$= (1 - \sigma_v)u_{ix} + \sigma_v u_w \tag{6.108}$$

如果分子数和质量没有变化,可以引入气体宏观速度的概念,即

$$u_s = \frac{1}{2}(u_{rx} + u_{ix}) = \frac{1}{2}\left[(1 - \sigma_v)u_{ix} + \sigma_v u_w + u_{ix}\right] \tag{6.109}$$

气体对壁面的入射速度是由气体分子本身碰撞产生的,它与主气流的速度 u 及分子平均自由行程 λ 有关。由于 λ 很小,因此可以用泰勒级数展开,即

$$u_{ix} = u_s + \lambda \left(\frac{\partial u}{\partial n}\right)_s + \frac{\lambda^2}{2}\left(\frac{\partial^2 u}{\partial n^2}\right)_s + \cdots \tag{6.110}$$

式中, n 为壁面的法线方向。

把式 (6.110) 的 u_{ix} 代入式 (6.109) 中, 可得

$$u_s = \frac{1}{2}[(2-\sigma_v)u_{ix} + \sigma_v u_w]$$
$$= \frac{1}{2}\left\{(2-\sigma_v)\left[u_s + \lambda\left(\frac{\partial u}{\partial n}\right)_s + \frac{\lambda^2}{2}\left(\frac{\partial^2 u}{\partial n^2}\right)_s + \cdots\right] + \sigma_v u_w\right\}$$

整理后有

$$u_s - u_w = \frac{2-\sigma_v}{\sigma_v}\left[\lambda\left(\frac{\partial u}{\partial n}\right)_s + \frac{\lambda^2}{2}\left(\frac{\partial^2 u}{\partial n^2}\right)_s + \cdots\right] \tag{6.111}$$

如果忽略高次项, 只选用一阶导数 $\partial u/\partial n$, 对于不可压缩二维定常流 $\partial u/\partial n = \partial u/\partial y$, 则有

$$u_s - u_w = \frac{2-\sigma_v}{\sigma_v}\lambda\left(\frac{\partial u}{\partial n}\right)_s = \frac{2-\sigma_v}{\sigma_v}\lambda\left(\frac{\partial u}{\partial y}\right)_s \tag{6.112}$$

利用量纲一的量 $\bar{u} = u/u_0, \bar{n} = n/H, \bar{y} = y/H$, 则上两式可改写为

$$\bar{u}_s - \bar{u}_w = \frac{2-\sigma_v}{\sigma_v}\left[Kn\left(\frac{\partial \bar{u}}{\partial \bar{n}}\right)_s + \frac{Kn^2}{2}\left(\frac{\partial^2 \bar{u}}{\partial \bar{n}^2}\right)_s + \frac{Kn^3}{6}\left(\frac{\partial^3 \bar{u}}{\partial \bar{n}^3}\right)_s + \cdots\right] \tag{6.113}$$

及

$$\bar{u}_s - \bar{u}_w = \frac{2-\sigma_v}{\sigma_v}Kn\left(\frac{d\bar{u}}{d\bar{y}}\right)_s \tag{6.114}$$

式中, $Kn = \lambda/H$, H 为流道垂直于壁面方向的高度。为了简化, 以后书写时就省略符号上面的横线。要注意的是这里的 Kn 是以当地参数作为定性参数的, 因此实际上并不是一个固定值。为了便于计算, 有时以进口参数作为定性参数来确定克努森数 Kn_0, 它与 Kn 的关系应为

$$Kn = \frac{\lambda}{H} = \frac{2\sqrt{\pi}\mu}{\rho\sqrt{8RT}H} = \frac{2\sqrt{\pi}\mu_0\bar{\mu}}{\rho_0\bar{\rho}\sqrt{8RT_0\bar{T}}H} = \sqrt{\frac{\pi}{2}}\frac{\mu_0}{\rho_0\sqrt{RT_0}H}\frac{\bar{\mu}}{\bar{\rho}\sqrt{\bar{T}}}$$
$$= \sqrt{\frac{\pi}{2}}Kn_0\frac{\bar{\mu}}{\bar{\rho}\sqrt{\bar{T}}} = \sqrt{\frac{\pi}{2}}Kn_0\frac{\bar{\mu}\sqrt{\bar{T}}}{\bar{p}} \tag{6.115}$$

式中

$$Kn_0 = \frac{\mu_0}{\rho_0\sqrt{RT_0}H}$$

这样式 (6.113) 及式 (6.114) 可改写为 (省略符号上边的横线)

$$u_s - u_w = \frac{2-\sigma_v}{\sigma_v}\left[\sqrt{\frac{\pi}{2}}Kn_0\frac{\mu\sqrt{T}}{p}\left(\frac{\partial u}{\partial y}\right)_s + \frac{\pi}{4}Kn_0^2\left(\frac{\mu\sqrt{T}}{p}\right)^2\left(\frac{\partial^2 u}{\partial y^2}\right)_s + \cdots\right] \tag{6.116}$$

及一阶近似速度滑移

$$u_s - u_w = \frac{2-\sigma_v}{\sigma_v}\sqrt{\frac{\pi}{2}}Kn_0\frac{\mu\sqrt{T}}{p}\left(\frac{du}{dy}\right)_s \tag{6.117}$$

Deissler 及 Cercignani 还提出了一个在等温流中当 $\sigma_v = 1$ 时类似于二阶滑移的、计算管槽内边界层流动的经验公式

$$\overline{u}_s - \overline{u}_w = C_1 Kn \left(\frac{\partial \overline{u}}{\partial \overline{y}}\right)_s - C_2 Kn^2 \left(\frac{\partial^2 \overline{u}}{\partial \overline{y}^2}\right)_s \tag{6.118}$$

不同的作者对系数 C_1, C_2 有不同的推荐数值,见表 6.5。

表 6.5 速度滑移式 (6.118) 中的系数[4]

出处	C_1	C_2
Cercignani 1963	1.1466	0.9756
Deissler 1964	1.0	9/8
Schamberg 1947	1.0	$5\pi/12$
Hsia, Domoto 1983	1.0	0.5
Maxwell [式 (6.114)] 1938	1.0	0
式 (6.113)	1.0	−0.5

6.4 温度突跳的产生及其一阶表达式

温度突跳是能量传输时形成的。和速度滑移相类似,在 Knudsen 层内也存在温度梯度,造成气体温度 T_g 与壁面温度 T_w 的差异,因而存在温度突跳。类似地,温度突跳也可写成多阶导数的累加,即

$$T_g - T_w = \frac{2-\sigma_T}{\sigma_T}\left(\frac{2k}{k+1}\right)\frac{1}{Pr}\left[Kn\left(\frac{\partial T}{\partial y}\right)_s + \frac{Kn^2}{2}\left(\frac{\partial^2 T}{\partial y^2}\right)_s + \frac{Kn^3}{6}\left(\frac{\partial^3 T}{\partial y^3}\right)_s + \cdots\right] \tag{6.119}$$

或

$$T_g - T_w = \frac{2-\sigma_T}{\sigma_T}\left(\frac{2k}{k+1}\right)\frac{1}{Pr}\left[\sqrt{\frac{\pi}{2}}Kn_0\frac{\mu\sqrt{T}}{p}\left(\frac{\partial T}{\partial y}\right)_s + \frac{\pi}{4}Kn_0^2\left(\frac{\mu\sqrt{T}}{p}\right)^2\left(\frac{\partial^2 T}{\partial y^2}\right)_s + \cdots\right] \tag{6.120}$$

取一阶温度突跳时,有

$$T_g - T_w = \frac{2-\sigma_T}{\sigma_T}\frac{2k}{Pr(k+1)}\sqrt{\frac{\pi}{2}}Kn_0\frac{\mu\sqrt{T}}{p}\left(\frac{\mathrm{d}T}{\mathrm{d}y}\right)_s \tag{6.121}$$

式中,σ_T 为热量调节系数,其定义为

$$\sigma_T = \frac{T_r - T_i}{T_w - T_i} \tag{6.122}$$

式中,T_r 为反射分子的平均温度;T_i 为入射分子的平均温度;T_w 为壁面平均温度。

6.5 速度滑移与温度突跳的计算

6.5.1 计算中的问题

仔细分析式 (6.113) 和式 (6.119) 可以发现一些问题。首先，量纲一速度 u_s 或量纲一气体温度 T_g 可以理解为是对克努森数 Kn 用泰勒级数展开而得到的。因此，只有在克努森数 $Kn \ll 1$ 时，利用上式计算速度滑移和温度突跳才会比较合理。如果 $Kn \to 1$，那么上述计算方法就不适用了。

其次，在微流道中 $\partial u/\partial y, \partial T/\partial y$ 可能会很大，如果 Kn 不是很小，那么忽略高次项就会带来较大的误差。为此，在 Kn 较大时，需要考虑高阶项的影响。

6.5.2 高阶速度滑移的处理方法

这里以二阶近似速度滑移为例，介绍高阶项的处理方法。按照上面的分析，二阶近似速度滑移可写成

$$u_s - u_w = \frac{2-\sigma_v}{\sigma_v}\left[Kn\left(\frac{\mathrm{d}u}{\mathrm{d}n}\right)_s + \frac{Kn^2}{2}\left(\frac{\mathrm{d}^2u}{\mathrm{d}n^2}\right)_s\right] \tag{6.123}$$

这里出现的二阶导数 $\mathrm{d}^2u/\mathrm{d}n^2$ 会给计算带来困难，因此 Beskok 曾采用逐次逼近方法对上式进行一些改变[19]。他首先把速度展开成

$$u = u_0 + Knu_1 + Kn^2u_2 + \cdots \tag{6.124}$$

式中，u_0 为 Navier-Stokes 方程的解。其次，将式 (6.123) 进行了下述修改：

$$u_s - u_w = \frac{2-\sigma_v}{\sigma_v}\frac{Kn}{1-BKn}\left(\frac{\partial u}{\partial n}\right)_s \tag{6.125}$$

式中，系数 $B = b + cKn$，当 $(b+cKn)Kn < 1$ 时，其倒数 $1/(1-BKn)$ 可表达为

$$\frac{1}{1-BKn} = \frac{1}{1-(b+cKn)Kn} = 1 + bKn + (b^2+c)Kn^2 + b(b^2+2c)Kn^3 + \cdots \tag{6.126}$$

对式 (6.124) 求导可得

$$\frac{\partial u}{\partial n} = u' = u_0' + Knu_1' + Kn^2u_2' + Kn^3u_3' + \cdots \tag{6.127}$$

把式 (6.126)、式 (6.127) 代入式 (6.125) 可得

$$\begin{aligned}u_s - u_w &= \frac{2-\sigma_v}{\sigma_v}Kn(u_0' + Knu_1' + Kn^2u_2' + \cdots) \times \\ &\quad [1 + bKn + (b^2+c)Kn^2 + b(b^2+2c)Kn^3 + \cdots] \\ &= \frac{2-\sigma_v}{\sigma_v}Kn\{u_0' + Kn(u_1' + bu_0') + \\ &\quad Kn^2[u_2' + bu_1' + (b^2+c)u_0']\} + \cdots \end{aligned} \tag{6.128}$$

又由式 (6.127) 可得

$$\frac{\partial^2 u}{\partial n^2} = u'' = u_0'' + Kn u_1'' + Kn^2 u_2'' + Kn^3 u_3'' + \cdots \qquad (6.129)$$

$$\frac{\partial^3 u}{\partial n^3} = u''' = u_0''' + Kn u_1''' + Kn^2 u_2''' + Kn^3 u_3''' + \cdots \qquad (6.130)$$

把式 (6.127)、式 (6.129)、式 (6.130) 中的 u', u'', u''' 代入式 (6.113) 可得

$$\begin{aligned} u_s - u_w &= \frac{2-\sigma_v}{\sigma_v} \Bigg[Kn(u_0' + Kn u_1' + Kn^2 u_2' + \cdots) + \\ &\quad \frac{Kn^2}{2}(u_0'' + Kn u_1'' + Kn^2 u_2'' + \cdots) + \\ &\quad \frac{Kn^3}{6}(u_0''' + Kn u_1''' + Kn^2 u_2''' + \cdots) \Bigg] \\ &= \frac{2-\sigma_v}{\sigma_v} \Bigg[Kn u_0' + Kn^2 \left(u_1' + \frac{u_0''}{2} \right) + \\ &\quad Kn^2 \left(u_2' + \frac{u_1''}{2} + \frac{u_0'''}{6} \right) + \cdots \Bigg] \end{aligned} \qquad (6.131)$$

对照式 (6.128) 和式 (6.131) 可以得出 Kn 的对应项应相等,由此可以求出系数 b, c。由 $u_1' + \frac{u_0''}{2} = u_1' + bu_0'$,得出

$$b = \left(\frac{u_0''}{2u_0'} \right)_s \qquad (6.132)$$

由 $u_2' + \frac{u_1''}{2} + \frac{u_0'''}{6} = u_2' + bu_1' + (b^2 + c)u_0'$,得出

$$c = \frac{1}{u_0'} \left(\frac{u_1''}{2} + \frac{u_0'''}{6} - \frac{u_1' u_0''}{2u_0'} - \frac{u_0''^2}{4u_0'} \right) = \frac{1}{u_0'} \left(\frac{u_1''}{2} + \frac{u_0'''}{6} - bu_1' \right) - b^2 \qquad (6.133)$$

这样,就把 u 的二阶导数 $\partial^2 u/\partial n^2$ 转化为求 u_0 和 u_1 的一阶、二阶和三阶导数。

Beskok 方法虽然避免了二阶 $\partial^2 u/\partial n^2$ 的计算,但是式 (6.125) 的修改是没有道理的,而且把矛盾转化为对 u_0, u_1 的高阶求导上。

前文利用 GDQ 方法已经解决了二阶以上高阶导数的离散化问题,因此就没有必要再作如此冗长和臆断的假设。因此,在以后的计算中将直接采用高阶导数表达的滑移边界层,即

$$u_s - u_w = \frac{2-\sigma_v}{\sigma_v} \left[Kn \left(\frac{\mathrm{d}u}{\mathrm{d}y} \right)_s + \frac{Kn^2}{2} \left(\frac{\mathrm{d}^2 u}{\mathrm{d}y^2} \right)_s + \frac{Kn^3}{6} \left(\frac{\mathrm{d}^3 u}{\mathrm{d}y^3} \right)_s + \cdots \right] \qquad (6.134)$$

最后,从上式可以看出,如果要使上述滑移边界层的计算适用较大 Kn 值的场合,那么就要使 $\mathrm{d}^2 u/\mathrm{d}y^2, \mathrm{d}^3 u/\mathrm{d}y^3, \cdots$ 等各阶导数保持较小值。

6.5.3 动量调节系数与热量调节系数

上面已经对调节系数作了物理描述，实质是反映了壁面附近气体分子的反射程度。因此动量调节系数和热量调节系数实际上是和气体性质及壁面材料与表面加工情况相关的。这方面的研究资料并不多见，表 6.6 给出一些气体与壁面材料的不同组合时的动量调节系数和热量调节系数。

表 6.6 不同组合的动量调节系数和热量调节系数[3-4,21]

气体	壁面材料	动量调节系数 σ_v	热量调节系数 σ_T
空气	铝	0.87~0.97	0.87~0.97
氢	铝	—	0.073
空气	铁	0.87~0.93	0.87~0.96
氢	铁	—	0.31~0.55
空气	青铜	0.88~0.95	—
氩	硅	0.75~0.95①	—
氮	硅	0.80~0.90②	—
空气	玻璃	0.89	—
空气	油表面	0.90	—
氢	油表面	0.93	—
氦	油表面	0.87	—

① 与 Kn 有关，$Kn = 0.05$ 时，$\sigma_v = 1$。
② 与 Kn 有关，$Kn = 0.05$ 时，$\sigma_v = 0.95$。

6.6 考虑速度滑移后微流动的计算

6.6.1 考虑速度滑移及温度突跳后的管内流动

在第 5 章介绍的求解 Navier–Stokes 方程和 Burnett 方程中，采用的边界条件是 $r = R$ 时，$u_x = 0$。这一条件只适用于连续流，也就是克努森数 Kn 接近于零的场合。如果 $Kn > 10^{-3}$，则壁面的速度滑移不能再被忽略。若在 $10^{-3} < Kn < 10^{-1}$ 的流动区域内，应考虑速度滑移和温度突跳，如图 6.25 所示。

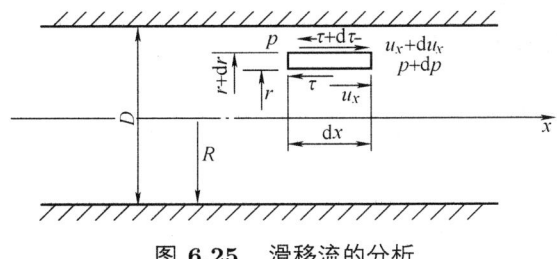

图 6.25 滑移流的分析

对图 6.25 进行分析可知，由于主流中仍按牛顿流体考虑，因此作用在流体微元上的切应力 τ 仍可采用牛顿定律

$$\tau = \mu \frac{\mathrm{d}u_x}{\mathrm{d}r}$$

这样，作用在微元上的动量方程可写成

$$2\pi r \mathrm{d}r \mathrm{d}p = 2\pi \mathrm{d}x \mathrm{d}(r\tau)$$

或

$$\frac{\mathrm{d}}{\mathrm{d}r}\left(2\pi r \mu \frac{\mathrm{d}u_x}{\mathrm{d}r}\right) = 2\pi r \frac{\mathrm{d}p}{\mathrm{d}x} \tag{6.135}$$

在充分发展后不存在径向分速，压力 p 与径向位置无关，只是 x 的函数，并设 μ 为常数，则积分一次有

$$\mu \frac{\mathrm{d}u_x}{\mathrm{d}r} = \frac{r}{2}\frac{\mathrm{d}p}{\mathrm{d}x} + C_1 \tag{6.136}$$

再积分一次可得

$$\mu u_x = \frac{1}{4}\frac{\mathrm{d}p}{\mathrm{d}x}r^2 + C_1 r + C_2 \tag{6.137}$$

边界条件为：当 $r = 0$ 时，$\frac{\mathrm{d}u_x}{\mathrm{d}r} = 0$；当 $r = R$ 时，$u = u_s = -\zeta\left(\frac{\mathrm{d}u}{\mathrm{d}r}\right)_s$，因此 $C_1 = 0, C_2 = -\frac{1}{4}\frac{\mathrm{d}p}{\mathrm{d}x}R^2 - \mu\zeta\left(\frac{\mathrm{d}u_x}{\mathrm{d}r}\right)_s = -\frac{1}{4}\frac{\mathrm{d}p}{\mathrm{d}x}R^2 - \frac{\zeta R}{2}\frac{\mathrm{d}p}{\mathrm{d}x}$，代入式 (6.137) 有

$$u_x = -\frac{1}{4\mu}\frac{\mathrm{d}p}{\mathrm{d}x}(R^2 - r^2 + 2\zeta R) \tag{6.138}$$

图 6.26 给出了它的速度分布。与无滑移流相比，式 (6.138) 比式 (6.10) 多了一项 $2\zeta R$。因此有了速度滑移后，速度 u_x 变大了。但是速度分布的规律仍是抛物线分布。可见，有滑移的流动相当于速度分布平行向前移动了一段距离。

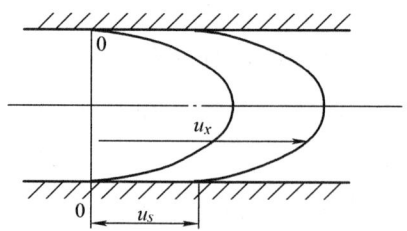

图 **6.26** 滑移流速度分布

圆管中心位置处最大速度 $u_{\max}$ 为

$$u_{\max} = -\frac{1}{4\mu}\frac{\mathrm{d}p}{\mathrm{d}x}(R^2 + 2\zeta R) = -\frac{R^2}{4\mu}\frac{\mathrm{d}p}{\mathrm{d}x}\left(1 + \frac{2\zeta}{R}\right) \tag{6.139}$$

体积流量

$$V = \int_0^R u_x \cdot 2\pi r \mathrm{d}r = -\frac{\pi}{2\mu}\frac{\mathrm{d}p}{\mathrm{d}x}\int_0^R (R^2 - r^2 + 2\zeta R)r\mathrm{d}r = -\frac{\pi R^4}{8\mu}\frac{\mathrm{d}p}{\mathrm{d}x}\left(1 + \frac{4\zeta}{R}\right) \tag{6.140}$$

由上式可知，有了速度滑移，体积流量也将增加。这是微流动的一个很大的特点。反之，在一定的流量下，所需的压力梯度绝对值可以减小。

滑移流的平均速度

$$u_m = \frac{V}{\pi R^2} = -\frac{\pi R^4}{\pi R^2 \cdot 8\mu}\frac{\mathrm{d}p}{\mathrm{d}x}\left(1+\frac{4\zeta}{R}\right) = -\frac{R^2}{8\mu}\frac{\mathrm{d}p}{\mathrm{d}x}\left(1+\frac{4\zeta}{R}\right) \tag{6.141}$$

在速度滑移区，平均速度与最大速度之比为

$$\frac{u_m}{u_{\max}} = \frac{1}{2}\frac{1+\dfrac{4\zeta}{R}}{1+\dfrac{2\zeta}{R}} \tag{6.142}$$

由于 $\zeta = \dfrac{2-\sigma_v}{\sigma_v}\lambda$ 及 $Kn = \dfrac{\lambda}{2R}$，可得

$$\frac{\zeta}{R} = \frac{\dfrac{2-\sigma_v}{\sigma_v}\lambda}{R} = 2\frac{2-\sigma_v}{\sigma_v}Kn \tag{6.143}$$

显然，ζ 总是大于零的，因此平均速度与最大速度之比总是大于 $1/2$。只有当 $\zeta=0$，即 $Kn=0$ 时，两者之比等于 $1/2$，就是无滑移流。

有了温度突跳后的传热问题也可利用相类似的方法求得，但其推导过程更加复杂，这里就不详细介绍了，读者可参考有关文献。有了滑移流后，努塞特数将变为

$$Nu = \frac{48}{11}\left[1+\frac{6}{11}\left(\frac{u_s}{u_m}\right)-\frac{24}{11}\left(\frac{z}{R}\right)\right] \tag{6.144}$$

当 $u_s=0, z=0$ 时，$Nu=48/11=4.364$，与连续区结果一致。式中 z 为温度突跳距离，其含义如图 6.27 所示。以两块平板之间的传热为例，图 6.27 给出了它的温度分布。上板的真实温度为 T_1，下板的真实温度为 T_2。中间主流体的温度梯度较小，且小于连续流区的相应值 (点画线)。而在上、下两板壁面附近则出现较大的温度梯度。如果把主流体的温度分布曲线按其温度梯度向两板外侧延伸 (图中用虚线表示)，则到达上、下板面交点的温度为 T_1' 和 T_2'，这两个温度称为视在温度，也就是突跳后的温度。因此两板之间的传热热流密度为

$$q_{\text{突跳}} = \kappa\frac{T_1'-T_2'}{L} \tag{6.145}$$

而连续流的传热热流密度为

$$q_{\text{连续}} = \kappa\frac{T_1-T_2}{L} \tag{6.146}$$

可见，有了温度突跳后热流密度比连续流要小。式中 κ 为流体的热导率。

如果把虚线再延长至温度 T_1, T_2 的位置，可得视在平板距离 $L+2z$。因此如果采用真实温度差 T_1-T_2 代替 $T_1'-T_2'$，那么热流密度为

$$q_{\text{视在}} = \kappa\frac{T_1-T_2}{L+2z} \tag{6.147}$$

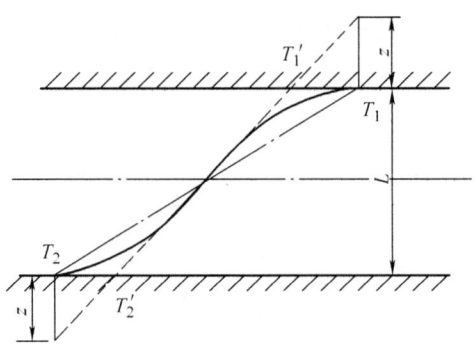

图 6.27 温度突跳示意图

是等效于 $q_{突跳}$ 的。利用动力论分析方法,可求得

$$z = \left(\frac{2-\sigma_T}{\sigma_T}\right)\left(\frac{\kappa}{1+\kappa}\right)\frac{2}{Pr}\lambda = \left(\frac{2-\sigma_T}{\sigma_T}\right)\left(\frac{\kappa}{1+\kappa}\right)\frac{2L}{Pr}Kn \qquad (6.148)$$

因此

$$q_{突跳} = \frac{\kappa(T_1-T_2)}{L\left[1+\left(\dfrac{2-\sigma_T}{\sigma_T}\right)\left(\dfrac{\kappa}{1+\kappa}\right)\dfrac{4}{Pr}Kn\right]} \qquad (6.149)$$

由于分母方括号内的值总是大于 1 的,因而此式说明,有了温度突跳后,热流密度将小于连续流区的热流密度。这是滑移流的第二个特点。

6.6.2 在细长微流道中有速度滑移的微流动

6.6.2.1 微流动方程的简化及其解析解

这里对高度为 H 的长槽中的微流动作一分析。Arkilic 认为首先可以把长槽内的流动看作一维流动[22],在此基础上再对参数变化小于一维方向一个数量级的二维方向作进一步分析,从而得出微流道中的准二维流动。

对于一维流动,当认为是定常流时,在 Navier-Stokes 方程的基础上考虑滑移后,可以有下述结果。由

$$\frac{\mathrm{d}p}{\mathrm{d}x} = \mu\frac{\mathrm{d}^2 u_x}{\mathrm{d}y^2} \qquad (6.150)$$

对 y 积分一次,有

$$\frac{\mathrm{d}p}{\mathrm{d}x}y = \mu\frac{\mathrm{d}u_x}{\mathrm{d}y} + C_1 \qquad (6.151)$$

再对 y 积分一次,有

$$\frac{\mathrm{d}p}{\mathrm{d}x}\frac{y^2}{2} = \mu u_x + C_1 y + C_2$$

或

$$u_x = \frac{y^2}{2\mu}\frac{\mathrm{d}p}{\mathrm{d}x} + C_1 y + C_2$$

把边界条件 $y_s = \pm \dfrac{H}{2}$ 时，$u_x = u_w = -\dfrac{2-\sigma_v}{\sigma_v}\lambda\left(\dfrac{\mathrm{d}u_x}{\mathrm{d}y}\right)_s$ 代入上式，可得

$$C_1 = 0$$
$$C_2 = -\dfrac{2-\sigma_v}{\sigma_v}\lambda\left(\dfrac{\mathrm{d}u_x}{\mathrm{d}y}\right)_s - \dfrac{H^2}{8\mu}\dfrac{\mathrm{d}p}{\mathrm{d}x}$$

因此

$$u_x = \dfrac{1}{2\mu}\dfrac{\mathrm{d}p}{\mathrm{d}x}\left(y^2 - \dfrac{H^2}{4}\right) + \dfrac{2-\sigma_v}{\sigma_v}\lambda\left(\dfrac{\mathrm{d}u_x}{\mathrm{d}y}\right)_s \tag{6.152}$$

把式 (6.151) 代入有

$$u_x = \dfrac{1}{2\mu}\dfrac{\mathrm{d}p}{\mathrm{d}x}\left(y^2 - \dfrac{H^2}{4}\right) - \dfrac{2-\sigma_v}{\sigma_v}\lambda\dfrac{H}{2\mu}\dfrac{\mathrm{d}p}{\mathrm{d}x} = \dfrac{1}{2\mu}\dfrac{\mathrm{d}p}{\mathrm{d}x}\left(y^2 - \dfrac{H^2}{4} - \dfrac{2-\sigma_v}{\sigma_v}H^2 Kn\right) \tag{6.153}$$

对上式采用量纲一的量 $\bar{u} = \dfrac{u_x}{u_e}, \bar{p} = \dfrac{p}{p_e}, \bar{x} = \dfrac{x}{L}, \bar{y} = \dfrac{y}{H}$，其中下角标 e 代表出口参数，可得

$$u_e \bar{u} = \dfrac{1}{2\mu}\dfrac{p_e}{L}\dfrac{\mathrm{d}\bar{p}}{\mathrm{d}\bar{x}}\left(H^2 \bar{y}^2 - \dfrac{H^2}{4} - \dfrac{2-\sigma_v}{\sigma_v}H^2 Kn\right)$$

$$= \dfrac{\rho_e R T_0 H^2}{8\mu L}\dfrac{\mathrm{d}\bar{p}}{\mathrm{d}\bar{x}}\left(4\bar{y}^2 - 1 - 4\dfrac{2-\sigma_v}{\sigma_v}Kn\right)$$

引用 $\varepsilon = \dfrac{H}{L}, Re = \dfrac{u_e H \rho_e}{\mu}, Ma = \dfrac{u_e}{\sqrt{kRT_0}} = \dfrac{u_e}{\sqrt{kp_e/\rho_e}}$，可得

$$\bar{u} = \dfrac{\varepsilon Re}{8kMa^2}\dfrac{\mathrm{d}\bar{p}}{\mathrm{d}\bar{x}}\left(4\bar{y}^2 - 1 - 4\dfrac{2-\sigma_v}{\sigma_v}Kn\right) \tag{6.154}$$

式中，k 为比热比。

为了把定性参数统一定位在出口状态，克努森数 Kn 可写为

$$Kn = \dfrac{\lambda}{H} = \dfrac{\mu}{\rho\sqrt{RT}H} = \dfrac{\mu\rho_e\sqrt{T_e}}{\rho\rho_e\sqrt{RTT_e}H} = \dfrac{\mu}{\rho_e\sqrt{RT_e}H}\dfrac{\rho_e}{\rho}\sqrt{\dfrac{T_e}{T}} = Kn_e\dfrac{\rho_e}{\rho}\sqrt{\dfrac{T_e}{T}}$$

在等温条件下 $T_e = T, \rho_e/\rho = p_e/p$，因此

$$Kn = Kn_e\dfrac{p_e}{p} = Kn_e\dfrac{1}{\bar{p}} \tag{6.155}$$

代入式 (6.154) 可得

$$\bar{u} = \dfrac{\varepsilon Re}{8kMa^2}\dfrac{\mathrm{d}\bar{p}}{\mathrm{d}\bar{x}}\left(4\bar{y}^2 - 1 - 4\dfrac{2-\sigma_v}{\sigma_v}\dfrac{Kn_e}{\bar{p}}\right) \tag{6.156}$$

流道中气体的平均流速

$$u_m = \dfrac{1}{H}\int_{-\frac{H}{2}}^{\frac{H}{2}} u(y)\mathrm{d}y = \dfrac{1}{H}\int_{-\frac{H}{2}}^{\frac{H}{2}}\dfrac{1}{2\mu}\dfrac{\mathrm{d}p}{\mathrm{d}x}\left(y^2 - \dfrac{H^2}{4} - \dfrac{2-\sigma_v}{\sigma_v}H^2 Kn\right)\mathrm{d}y$$

$$= -\dfrac{H^2}{12\mu}\dfrac{\mathrm{d}p}{\mathrm{d}x}\left(1 + 6\dfrac{2-\sigma_v}{\sigma_v}Kn\right) \tag{6.157}$$

质量流量

$$Q = HW\rho u_m = -\frac{H^3W}{12\mu}\frac{p}{RT}\frac{\mathrm{d}p}{\mathrm{d}x}\left(1+6\frac{2-\sigma_v}{\sigma_v}Kn\right)$$
$$= -\frac{H^3W}{12\mu RT}\frac{\mathrm{d}p}{\mathrm{d}x}\left(p+6\frac{2-\sigma_v}{\sigma_v}Knp\right)$$

在等温流动中，乘积 Knp 沿槽长方向是不变的，因此 $Knp = Kn_e p_e$，代入上式并沿 x 方向从进口 i 处直到 x 位置对 p 积分，有

$$Qx = -\frac{H^3W}{12\mu RT}\left[\left.\frac{p^2}{2}\right|_{p_i}^{p_x} + 6\frac{2-\sigma_v}{\sigma_v}Kn_e p_e(p_x - p_i)\right] \tag{6.158}$$

或

$$Q\frac{x}{H} = \frac{H^2W}{24\mu RT}\left[(p_i^2 - p_x^2) + 12\frac{2-\sigma_v}{\sigma_v}Kn_e p_e(p_i - p_x)\right] \tag{6.159}$$

当 $x = L$ 时，$p_x = p_e$，代入上式可得

$$Q\frac{L}{H} = \frac{H^2W p_e^2}{24\mu RT}\left[\left(\frac{p_i}{p_e}\right)^2 - 1 + 12\frac{2-\sigma_v}{\sigma_v}Kn_e\left(\frac{p_i}{p_e} - 1\right)\right] \tag{6.160}$$

6.6.2.2 计算结果及其分析

用 Navier-Stokes 方程计算一维等温流动，则质量流量为

$$Q_{\mathrm{N-S}} = HW\rho u_m^{\mathrm{N-S}} = HW\rho\left(-\frac{H^2}{12\mu}\frac{\mathrm{d}p}{\mathrm{d}x}\right) = -\frac{H^3W}{12\mu RT}p\frac{\mathrm{d}p}{\mathrm{d}x} \tag{6.161}$$

沿 x 方向积分

$$Q_{\mathrm{N-S}}x = \frac{H^3W}{12\mu RT}\left(\frac{p_i^2 - p_x^2}{2}\right) \tag{6.162}$$

当 $x = L$ 时，有

$$Q_{\mathrm{N-S}}\frac{L}{H} = \frac{H^2W p_e^2}{24\mu RT}\left[\left(\frac{p_i}{p_e}\right)^2 - 1\right] \tag{6.163}$$

比较式 (6.160) 和式 (6.163) 可以看出，由于存在速度滑移，质量流量有所增加，其增加量随压力比的增大而增大。

把式 (6.160) 和式 (6.163) 相除，可得两者的差异

$$\frac{Q}{Q_{\mathrm{N-S}}} = 1 + 12\frac{2-\sigma_v}{\sigma_v}Kn_e\frac{1}{\frac{p_i}{p_e}+1} \tag{6.164}$$

因此，有滑移和无滑移时流量的差别将随着压力比的增大而减小。或者说，压力比越小，二者的差别越大。

对于稳定流动，质量流量不变时，由式 (6.159) 和式 (6.160) 可得

$$\frac{x}{L} = \frac{(\bar{p}_i^2 - \bar{p}_x^2) + 12\frac{2-\sigma_v}{\sigma_v}Kn_e(\bar{p}_i - \bar{p}_x)}{(\bar{p}_i^2 - 1) + 12\frac{2-\sigma_v}{\sigma_v}Kn_e(\bar{p}_i - 1)} \tag{6.165}$$

式 (6.165) 是 $\overline{p}_x$ 的二次方程，可解出

$$\overline{p}_x = -6\frac{2-\sigma_v}{\sigma_v}Kn_e + $$

$$\sqrt{\left(6\frac{2-\sigma_v}{\sigma_v}Kn_e\right)^2 + (1-\overline{x})\left(\overline{p}_i^2 + 12\frac{2-\sigma_v}{\sigma_v}Kn_e\overline{p}_i\right) + \overline{x}\left(1 + 12\frac{2-\sigma_v}{\sigma_v}Kn_e\right)}$$

(6.166)

由此可作出 $\overline{p}_x - \overline{x}$ 图，如图 6.28 所示。当 $dp/dx =$ 常数时，图上显示为一条直线。有了速度滑移后，即使 $Kn_e = 0$，压力沿 x 方向的分布也是曲线变化的，Kn_e 越小，曲线的变化越大。前半段的变化率小，后半段的变化率大。根据压力比的变化，从式 (6.156) 就可以求出速度的分布，如图 6.29 所示。可以看出，即使是在一维定常流情况下，沿着微长槽流动时，有了速度滑移后压力梯度就不等于常数了，因此速度分布也并不像连续流中充分发展后达到固定速度分布那样，而是随着速度滑移的增加不断地改变速度分布。

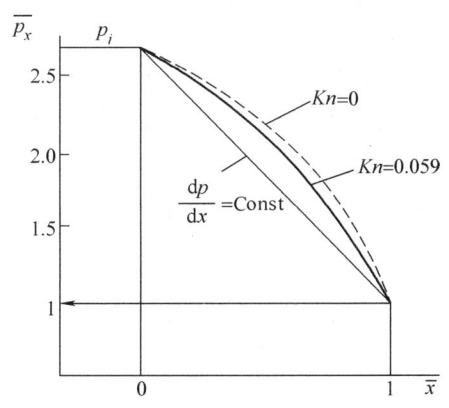

图 **6.28** 长槽流压力分布

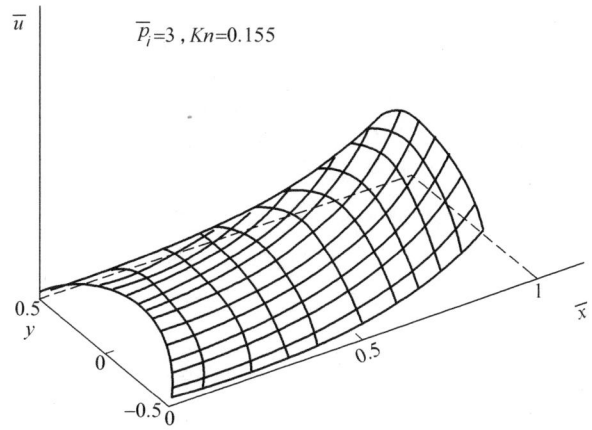

图 **6.29** 长槽流速度分布

与长槽相比,短槽流动无滑移时可以认为 $\mathrm{d}p/\mathrm{d}x=$ 常数,因此短槽内气体的平均速度

$$u_{m\text{短}} = \frac{1}{H}\int_{-\frac{H}{2}}^{\frac{H}{2}} u\mathrm{d}y = -\frac{1}{H}\int_{-\frac{H}{2}}^{\frac{H}{2}} \frac{1}{2\mu}\frac{\mathrm{d}p}{\mathrm{d}x}\left(y^2 - \frac{H^2}{4}\right)\mathrm{d}y = \frac{H^2}{12\mu}\frac{\mathrm{d}p}{\mathrm{d}x} \tag{6.167}$$

由于 $\mathrm{d}p/\mathrm{d}x=$ 常数时为线性分布,因此 $\mathrm{d}p/\mathrm{d}x = (p_i - p_e)/L$,平均速度

$$u_{m\text{短}} = \frac{H^2(p_i - p_e)}{12\mu L} \tag{6.168}$$

短槽的质量流量 (按出口密度确定)

$$Q_\text{短} = HW\rho_e u_{m\text{短}} = \frac{H^3 W p_e^2}{12\mu RTL}(\bar{p}_i - 1) \tag{6.169}$$

与式 (6.160) 相比可得

$$\frac{Q}{Q_\text{短}} = \frac{(\bar{p}_i^2 - 1) + 12\dfrac{2-\sigma_v}{\sigma_v}Kn_e(\bar{p}_i - 1)}{2(\bar{p}_i - 1)} = \frac{\bar{p}_i + 1}{2} + 6\frac{2-\sigma_v}{\sigma_v}Kn_e \tag{6.170}$$

由此可知,即使 $Kn_e = 0$,在长槽内流动时的质量流量也是大于短槽的,而且随着压力比的增加而增大。这是具有速度滑移后产生的一个很大的差异。

事实上,由于切向速度 u 的变化,为了满足连续流动的要求,在垂直于壁面方向的法向速度 v 也将跟着发生变化。这一变化在 Arkitic 的文章中有详细的分析。下面对其主要内容作一简介。

连续方程

$$\frac{\partial(\rho u)}{\partial x} + \frac{\partial(\rho v)}{\partial y} = 0 \tag{6.171}$$

在等温时可改写为

$$\frac{\partial(pu)}{\partial x} + \frac{\partial(pv)}{\partial y} = 0 \tag{6.172}$$

改用量纲一的量 $\bar{p} = \dfrac{p}{p_e}, \bar{u} = \dfrac{u}{u_e}, \bar{v} = \dfrac{v}{u_e}, \bar{x} = \dfrac{x}{L}, \bar{y} = \dfrac{y}{H}, \varepsilon = \dfrac{H}{L}$ 后,有

$$\varepsilon\frac{\partial(\bar{p}\,\bar{u})}{\partial \bar{x}} + \frac{\partial(\bar{p}\,\bar{v})}{\partial \bar{y}} = 0 \tag{6.173}$$

或

$$\varepsilon\bar{p}\frac{\partial \bar{u}}{\partial \bar{x}} + \varepsilon\bar{u}\frac{\partial \bar{p}}{\partial \bar{x}} + \bar{p}\frac{\partial \bar{v}}{\partial \bar{y}} + \bar{v}\frac{\partial \bar{p}}{\partial \bar{y}} = 0 \tag{6.174}$$

而

$$\frac{\partial \bar{p}}{\partial \bar{y}} = 0$$

所以有

$$\varepsilon\bar{p}\frac{\partial \bar{u}}{\partial \bar{x}} + \varepsilon\bar{u}\frac{\partial \bar{p}}{\partial \bar{x}} + \bar{p}\frac{\partial \bar{v}}{\partial \bar{y}} = 0 \tag{6.175}$$

当 ε 足够小时,参数 $\overline{u}, \overline{v}$ 及 $\overline{p}$ 可对 ε 展开,即

$$\begin{cases} \overline{u} = \overline{u}_0 + \varepsilon \overline{u}_1 + \varepsilon^2 \overline{u}_2 + \cdots \\ \overline{v} = \varepsilon \overline{v}_1 + \varepsilon^2 \overline{v}_2 + \cdots \\ \overline{p} = \overline{p}_0 + \varepsilon \overline{p}_1 + \varepsilon^2 \overline{p}_2 + \cdots \end{cases} \tag{6.176}$$

把式 (6.176) 各项代入式 (6.175),忽略 ε^2 以上各高次项及符号上面的横线,可得

$$\varepsilon p_0 \frac{\partial u_0}{\partial x} + \varepsilon u_0 \frac{\partial p_0}{\partial x} + \varepsilon p_0 \frac{\partial v_1}{\partial y} = 0 \tag{6.177}$$

或

$$p_0 \frac{\partial u_0}{\partial x} + u_0 \frac{\partial p_0}{\partial x} + p_0 \frac{\partial v_1}{\partial y} = 0 \tag{6.178}$$

考虑到 p_0 与 y 无关,$\dfrac{\partial p_0}{\partial x}$ 可写成 $\mathrm{d}p/\mathrm{d}x$,并对式 (6.178) 积分,有

$$-\int p_0 \mathrm{d}v_1 = \int p_0 \frac{\partial u_0}{\partial x} \mathrm{d}y + \int u_0 \frac{\partial p_0}{\partial x} \mathrm{d}y \tag{6.179}$$

可得

$$v_1 = -\int \frac{\partial u_0}{\partial x} \mathrm{d}y - \frac{1}{p_0} \frac{\mathrm{d}p}{\mathrm{d}x} \int u_0 \mathrm{d}y + C_1 \tag{6.180}$$

把式 (6.156) 的 u 代入上式,有

$$\begin{aligned} v_1 = & -\int \frac{\varepsilon Re}{8kMa^2} \frac{\mathrm{d}}{\mathrm{d}x} \left[\frac{\mathrm{d}p_0}{\mathrm{d}x} \left(4y^2 - 1 - 4\frac{2-\sigma_v}{\sigma_v} \frac{Kn_l}{p} \right) \right] \mathrm{d}y - \\ & \frac{1}{p_0} \frac{\mathrm{d}p_0}{\mathrm{d}x} \int \frac{\varepsilon Re}{8kMa^2} \frac{\mathrm{d}p_0}{\mathrm{d}x} \left(4y^2 - 1 - 4\frac{2-\sigma_v}{\sigma_v} \frac{Kn_l}{p} \right) \mathrm{d}y + C_1 \end{aligned} \tag{6.181}$$

利用

$$\frac{\mathrm{d}^2(p^2)}{\mathrm{d}x^2} = 2 \left[\left(\frac{\mathrm{d}p}{\mathrm{d}x} \right)^2 + p \left(\frac{\mathrm{d}^2 p}{\mathrm{d}x^2} \right) \right]$$

可得

$$\begin{aligned} v_1 = & -\frac{\varepsilon Re}{8kMa^2} \left[\frac{1}{2p_0} \frac{\mathrm{d}^2(p_0^2)}{\mathrm{d}x^2} \left(\frac{4}{3} y^3 - y - 4\frac{2-\sigma_v}{\sigma_v} \frac{Kn_e}{p_0} y \right) + \right. \\ & \left. \left(\frac{\mathrm{d}p_0}{\mathrm{d}x} \right)^2 4\frac{2-\sigma_v}{\sigma_v} \frac{Kn_e}{p_0} y \right] + C_1 \\ = & -\frac{\varepsilon Re}{8kMa^2} \left[\frac{1}{2p_0} \frac{\mathrm{d}^2(p_0^2)}{\mathrm{d}x^2} \left(\frac{4}{3} y^3 - y \right) - \frac{4\frac{2-\sigma_v}{\sigma_v} Kn_e y}{p_0} \left(\frac{\mathrm{d}^2 p_0}{\mathrm{d}x^2} \right) \right] + C_1 \end{aligned} \tag{6.182}$$

由边界条件 $y = \pm \dfrac{1}{2}$ 时,$v_1 = 0$,可得 $C_1 = 0$,最终可得

$$v_1 = \frac{\varepsilon Re}{8kMa^2 p_0} \left[\frac{1}{2} \frac{\mathrm{d}^2(p_0^2)}{\mathrm{d}x^2} \left(y - \frac{4}{3} y^3 \right) + 4\frac{2-\sigma_v}{\sigma_v} Kn_e y \left(\frac{\mathrm{d}^2 p_0}{\mathrm{d}x^2} \right) \right] \tag{6.183}$$

由于 p_0 在 y 方向没有变化，因此将 $y = \frac{1}{2}$ 时的 $v_1 = 0$ 代入上式有

$$\frac{\mathrm{d}^2(p_0^2)}{\mathrm{d}x^2} + 12\frac{2-\sigma_v}{\sigma_v}Kn_e\frac{\mathrm{d}^2 p_0}{\mathrm{d}x^2} = 0 \tag{6.184}$$

对上式积分，并考虑到进口处 $p_0 = p_i$，出口处 $p_0 = 1$，可以得到与式 (6.166) 一样的压力分布。再根据式 (6.183) 可以求出垂直于壁面的速度分布，如图 6.30 所示。组合 u 与 v，可得在 $x - y$ 平面上的流线图形如图 6.31。可以看出，在靠近 $y = 0$ 的中间部位，流速是逐渐向中间收缩的，而靠近壁面两侧，流线是逐渐向壁面弯曲的。这反映了在长槽中由于压力比引起的密度变化而造成的速度变化，不同于短槽中的等压流动。

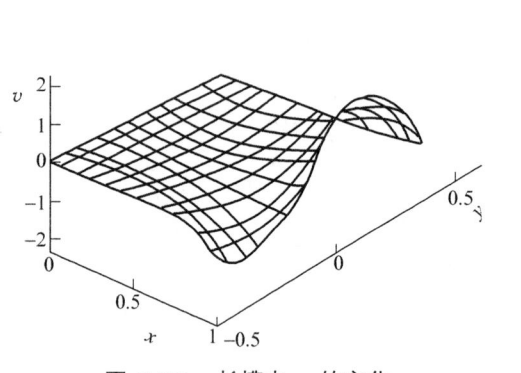

图 6.30　长槽中 v 的变化

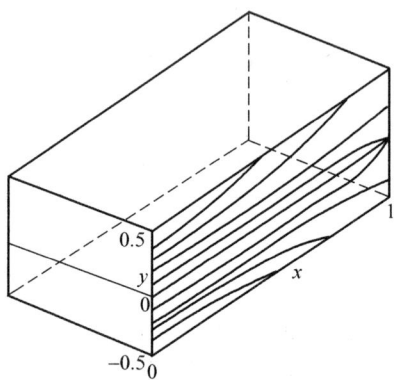

图 6.31　长槽中流线的变化

6.6.3　有滑移的 Couette 微流动

6.6.3.1　有滑移 Couette 微流动的方程组

在第 4 章中已经得到了二维流动时的二阶近似方程组，即 Burnett 方程组式 (4.103)~(4.106)，它们可以表达为

$$\frac{\partial U}{\partial t} + \frac{\partial F}{\partial x} + \frac{\partial G}{\partial y} = 0 \tag{6.185}$$

式中

$$U = \begin{bmatrix} \rho \\ \rho u_1 \\ \rho u_2 \\ e \end{bmatrix} \tag{6.186}$$

$$F = \begin{bmatrix} \rho u_1 \\ \rho u_1^2 + p + \sigma_{11} \\ \rho u_1 u_2 + \sigma_{12} \\ (e + p + \sigma_{11})u_1 + \sigma_{12}u_2 + q_1 \end{bmatrix} \tag{6.187}$$

$$G = \begin{bmatrix} \rho u_2 \\ \rho u_1 u_2 + \sigma_{21} \\ \rho u_2^2 + p + \sigma_{22} \\ (e + p + \sigma_{22})u_2 + \sigma_{21}u_1 + q_2 \end{bmatrix} \quad (6.188)$$

e 为气流的能量

$$e = \rho \left(c_V T + \frac{u_1^2 + u_2^2}{2} \right) \quad (6.189)$$

c_V 为定容热容。剪切应力 σ_{ij} 可利用式 (4.36) 获得

$$\sigma_{ij} = -2\mu \overline{\frac{\partial u_i}{\partial x_j}} + \frac{\mu^2}{p} \left\{ \omega_1 \overline{\frac{\partial u_k}{\partial x_k} \frac{\partial u_i}{\partial x_j}} + \omega_2 \left[-\overline{\frac{\partial}{\partial x_i}\left(\frac{1}{\rho}\frac{\partial p}{\partial x_j}\right)} - \overline{\frac{\partial u_k}{\partial x_i}\frac{\partial u_j}{\partial x_k}} - 2\overline{\frac{\partial u_i}{\partial x_k}\frac{\partial u_k}{\partial x_j}} \right] + \right.$$
$$\left. \omega_3 R \overline{\frac{\partial^2 T}{\partial x_i \partial x_j}} + \omega_4 \frac{1}{\rho T} \overline{\frac{\partial p}{\partial x_i}\frac{\partial T}{\partial x_j}} + \omega_5 \frac{R}{T}\overline{\frac{\partial T}{\partial x_i}\frac{\partial T}{\partial x_j}} + \omega_6 \overline{\frac{\partial u_i}{\partial x_k}\frac{\partial u_k}{\partial x_j}} \right\} \quad (6.190)$$

而热流 q_i 可利用式 (4.5) 和式 (4.34) 获得

$$q_i = -k\frac{\partial T}{\partial x_i} + \frac{\mu^2}{\rho}\left\{\theta_1 \frac{1}{T}\overline{\frac{\partial u_k}{\partial x_k}\frac{\partial T}{\partial x_i}} + \theta_2 \frac{1}{T}\left[\frac{2}{3}\frac{\partial}{\partial x_i}\left(T\frac{\partial u_k}{\partial x_k}\right) + 2\frac{\partial u_k}{\partial x_i}\frac{\partial T}{\partial x_k}\right] + \right.$$
$$\left. \theta_3 \frac{1}{\rho}\frac{\partial p}{\partial x_k}\overline{\frac{\partial u_k}{\partial x_i}} + \theta_4 \frac{\partial}{\partial x_k}\left(\overline{\frac{\partial u_k}{\partial x_i}}\right) + \theta_5 \frac{1}{T}\frac{\partial T}{\partial x_k}\overline{\frac{\partial u_k}{\partial x_i}}\right\}, \quad i,j = 1,2 \quad (6.191)$$

对于 Maxwell 分子模型,$\omega_1 = \frac{4}{3}\left(\frac{7}{2} - \frac{T}{\mu}\frac{\mathrm{d}\mu}{\mathrm{d}T}\right), \omega_2 = 2, \omega_3 = 3, \omega_4 = 0, \omega_5 = \frac{3T}{\mu}\frac{\mathrm{d}\mu}{\mathrm{d}T}, \omega_6 = 8, \theta_1 = \frac{15}{4}\left(\frac{7}{2} - \frac{T}{\mu}\frac{\mathrm{d}\mu}{\mathrm{d}T}\right), \theta_2 = -\frac{45}{8}, \theta_3 = -3, \theta_4 = 3, \theta_5 = 3\left(\frac{35}{4} + \frac{T}{\mu}\frac{\mathrm{d}\mu}{\mathrm{d}T}\right)$。

把上述二维 Burnett 方程组用于 Couette 流时 (图 6.32),假定气流是可压缩定常流,流道的上壁是固定的,下壁以某速度 u 沿 x 方向运动,两壁之间距离为 H,那么二阶近似式就可写为

$$\frac{\mathrm{d}}{\mathrm{d}y}\begin{bmatrix} \sigma_{12} \\ p + \sigma_{22} \\ u\sigma_{12} + q_2 \end{bmatrix} = 0 \quad (6.192)$$

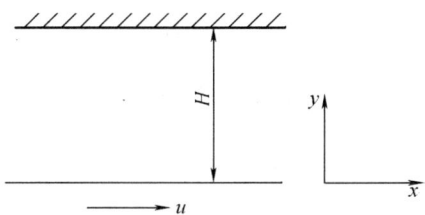

图 6.32 Couette 流

在一阶近似 (Navier–Stokes 方程) 时，σ_{ij} 及 q_i 为

$$\sigma_{12} = -\mu u' \tag{6.193}$$

$$\sigma_{22} = 0 \tag{6.194}$$

$$q_2 = -kT' \tag{6.195}$$

式中，上角标 $'$ 表示对 y 的一阶导数。相类似，二阶导数则用上角标 $''$ 表示。对于定常流，二阶近似 Burnett 方程组中的 σ_{12} 及 q_2 是与 Navier–Stokes 方程相同的，而 σ_{22} 可由式 (6.81) 及式 (6.84) 给出，即

$$\sigma_{22} = \frac{\mu^2}{p}\left(\alpha_6 u'^2 + \alpha_7 RT'' + \alpha_9 \frac{RT}{\rho}\rho'' + \alpha_{11}\frac{RT}{\rho^2}\rho'^2 + \alpha_{12}\frac{R}{\rho}T'\rho' + \alpha_{13}\frac{R}{T}T'^2\right) \tag{6.196}$$

对于 Maxwell 分子模型，$\alpha_6 = -0.667, \alpha_7 = 0.667, \alpha_9 = -1.333, \alpha_{11} = 1.333, \alpha_{12} = -1.333, \alpha_{13} = 2$。对于硬球模型，$\alpha_6 = -0.733, \alpha_7 = 0.266, \alpha_9 = 1.352, \alpha_{11} = 1.352, \alpha_{12} = -0.898, \alpha_{13} = 0.6$。

利用理想气体方程 $p = \rho RT$，并采用量纲一参数 $\bar{y} = \frac{y}{H}, \bar{u} = \frac{u}{\sqrt{R_0 T_0}}, \bar{T} = \frac{T}{T_0}, \bar{\rho} = \frac{\rho}{\rho_0}, \bar{p} = \frac{p}{p_0}, \overline{\sigma_{ij}} = \frac{\sigma_{ij}}{\rho_0 RT_0}, \bar{q}_i = \frac{q_i}{\rho_0 (RT_0)^{\frac{3}{2}}}, \bar{\mu} = \frac{\mu}{\mu_0}$，这样式 (6.192) 可改写为

$$\frac{\mathrm{d}}{\mathrm{d}\bar{y}}(-Kn_0 \bar{\mu}\,\bar{u}') = 0 \tag{6.197}$$

$$\frac{\mathrm{d}}{\mathrm{d}\bar{y}}(\bar{p} + \bar{\sigma}_{22}) = 0 \tag{6.198}$$

$$\frac{\mathrm{d}}{\mathrm{d}\bar{y}}\left[(-Kn_0 \bar{u}\,\bar{\mu}\,\bar{u}') - Kn_0 \frac{k}{Pr(k-1)}\bar{\mu}\bar{T}'\right] = 0 \tag{6.199}$$

由于 Kn_0 为常数，所以有

$$\frac{\mathrm{d}}{\mathrm{d}\bar{y}}(-\bar{\mu}\,\bar{u}') = 0 \tag{6.200}$$

$$\frac{\mathrm{d}}{\mathrm{d}\bar{y}}(\bar{p} + \bar{\sigma}_{22}) = 0 \tag{6.201}$$

$$\frac{\mathrm{d}}{\mathrm{d}\bar{y}}\left[(\bar{u}\,\bar{\mu}\,\bar{u}') + \frac{k}{Pr(k-1)}\bar{\mu}\bar{T}'\right] = 0 \tag{6.202}$$

由此可见，只有方程组中的式 (6.201)，即 y 方向的动量方程是不同于 Navier–Stokes 方程的。式 (6.201) 积分后可得

$$\bar{p} + \bar{\sigma}_{22} = \overline{P}_0 \tag{6.203}$$

式中，$\overline{P}_0$ 为量纲一的积分常数。由式 (4.241) 有

$$\overline{P}_0 = \bar{p} + Kn_0^2 \frac{\bar{\mu}^2}{\bar{p}}\left\{\alpha_9 \frac{\bar{T}}{\bar{p}}\left[\bar{p}'' - \frac{1}{\bar{p}}\bar{p}'^2\right] + \frac{4}{3}\alpha_8 \frac{1}{\bar{p}}\bar{p}'\bar{T}' + \right.$$
$$\left. (2\alpha_9 + \alpha_{11} - \alpha_{12} + \alpha_{13})\frac{1}{\bar{T}}\bar{T}'^2 + (\alpha_7 - \alpha_9)\bar{T}'' + \alpha_6 \bar{u}'^2\right\} \tag{6.204}$$

式中

$$Kn_0 = \frac{\mu_0}{\rho_0 \sqrt{RT_0} H}$$

壁面上的滑移采用一阶滑移的边界条件，这时由式 (6.117) 知

$$\overline{u}_s - \overline{u}_w = \frac{2-\sigma_v}{\sigma_v} \sqrt{\frac{\pi}{2}} Kn_0 \frac{\overline{\mu}\sqrt{\overline{T}}}{\overline{p}} \left(\frac{\mathrm{d}\overline{u}}{\mathrm{d}\overline{y}}\right)_s \qquad (6.205)$$

由式 (6.121) 知温度突跳为

$$\overline{T}_s - \overline{T}_w = \frac{2-\sigma_T}{\sigma_T} \frac{2k}{Pr(k-1)} \sqrt{\frac{\pi}{2}} Kn_0 \frac{\overline{\mu}\sqrt{\overline{T}}}{\overline{p}} \left(\frac{\mathrm{d}\overline{T}}{\mathrm{d}\overline{y}}\right)_s \qquad (6.206)$$

至此，计算具有速度滑移和温度突跳的 Couette 流二阶近似 Burnett 方程组的公式已经具备，接下去就可进行数值求解了。

6.6.3.2　求数值解的方法、步骤及程序框图[23-25,57-58]

有了上述一些关系式，就可以对具有速度滑移和温度突跳的 Couette 流的二阶近似 Burnett 方程组进行求解，但是无法像上节中微长槽中流动那样获得解析解。因此这里利用 GDQ 方法进行数值求解。求解中认为 $\overline{\mu} = \overline{T}$，并省略符号上边的横线。

首先，把式 (6.200)、式 (6.201)、式 (6.202)、式 (6.204) 离散化，成为

$$\left(\sum_{k=1}^{n} a_{ik} u_k\right)\left(\sum_{k=1}^{n} a_{ik} T_k\right) + T_i \left(\sum_{k=1}^{n} b_{ik} u_k\right) = 0 \qquad (6.207)$$

$$p_i + Kn_0^2 \frac{T^2}{p} \left\{ \alpha_9 \frac{T_i}{p_i} \left[\sum_{k=1}^{n} b_{ik} p_k - \frac{1}{p_i}\left(\sum_{k=1}^{n} a_{ik} p_k\right)^2\right] + \right.$$

$$\frac{4}{3}\alpha_8 \frac{1}{p_i}\left(\sum_{k=1}^{n} a_{ik} p_k\right)\left(\sum_{k=1}^{n} a_{ik} T_k\right) +$$

$$(2\alpha_9 + \alpha_{11} - \alpha_{12} + \alpha_{13})\frac{1}{T_i}\left(\sum_{k=1}^{n} a_{ik} T_k\right)^2 + (\alpha_7 - \alpha_9)\left(\sum_{k=1}^{n} b_{ik} T_k\right) +$$

$$\left. \alpha_6 \left(\sum_{k=1}^{n} a_{ik} u_k\right)^2 \right\} - P_0 = 0 \qquad (6.208)$$

$$\left(\sum_{k=1}^{n} a_{ik} T_k^{(n)}\right) u_i^{(n)} \left(\sum_{k=1}^{n} a_{ik} u_k^{(n)}\right) + T_i \left(\sum_{k=1}^{n} a_{ik} u_k^{(n)}\right)^2 + T_i u_i \left(\sum_{k=1}^{n} b_{ik} u_k^{(n)}\right) +$$

$$\frac{k}{Pr(k-1)}\left[\left(\sum_{k=1}^{n} a_{ik} T_k^{(n)}\right)^2 + T_i \left(\sum_{k=1}^{n} b_{ik} T_k^{(n)}\right)\right] = 0 \qquad (6.209)$$

其次，利用前面介绍的 SIMPLE 代数法对式 (6.207)、式 (6.208)、式 (6.209) 进行数值求解，而压力修正值的计算则采用 Gauss-Seidel 方法。求解时，网格点利用 N 阶切比雪夫多项式的一项来划分

$$x_i = \frac{1}{2}\left[1 - \cos\left(\frac{2i-1}{2n} \cdot \pi\right)\right], \quad i = 0, 1, \cdots, n \quad (6.210)$$

具体计算步骤如下：

(1) 给出初始流场参数。

(2) 用式 (6.207) 计算速度修正量。

(3) 用式 (6.209) 计算温度修正量。

(4) 修正速度和温度后，计算收敛条件。如果满足条件，则继续向下；如果不满足，则回到第二步。重复上述步骤，直至收敛，满足要求。

(5) 用式 (6.208) 计算压力修正量。

(6) 用速度滑移边界条件式 (6.205) 和温度突跳条件式 (6.206) 修正边界层中的速度和温度。

(7) 计算收敛条件。如果满足，则计算结束；否则回到第二步。重复上述步骤，直至收敛，满足要求。

计算框图如图 6.33 所示。

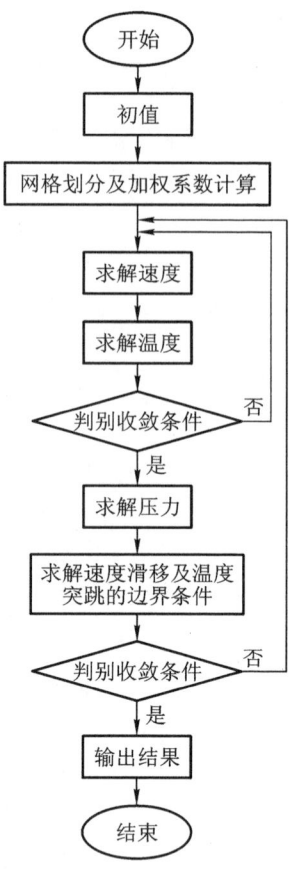

图 6.33 有滑移 Couette 流的计算框图

6.6.3.3 计算结果及其分析

下面给出的几幅线图是该 Couette 流的计算结果。

图 6.34 为无滑移时的计算结果，从图中可以看出，在无滑移时，微尺寸效应 (Kn 值大于零) 的影响虽然在速度分布和温度分布上没有显示差别，但是在压力分布上还是表现了出来。随着 Kn 数的增大，靠近两壁面处的压力呈现明显的压力梯度，中心部位的压力会因 Kn 增大而增大。如图 6.35 所示，当考虑到速度滑移后，这一影响在速度、温度、压力上都有所反映。随着 Kn 的增大，速度滑移的影响也增大，因而上、下两个壁面上气流的速度差将减小，速度分布直线越来越陡。而温度突跳的影响也随着 Kn 的增大而增大。在 Couette 流中，由于粘性能量耗散的影响，即使在流速不大的情况下，热量传输也是很重要的。从上述两图已经可以看出，流场中的温度将随 Kn 的增加而升高。因此通过壁面的热量传输也将增加。图 6.36 给出了上、下壁面三种不同温度比 T_1/T_2 时的温度分布，温度比分别为 1, 2, 20。可以看出，上、下壁面的温差越大，微尺寸效应 (Kn 值大于零) 越明显。

如果以 4.5 节中所介绍的勃伦克曼数 $Br = PrEt$ 为基础，来看上述 Couette 流中的温度变化，就会发现在微流中出现的一些特殊现象。图 6.37 为无滑移时由 Navier–Stokes 方程得出的温度分布。图 6.38 为有滑移时不同 Kn 值的 Couette 流

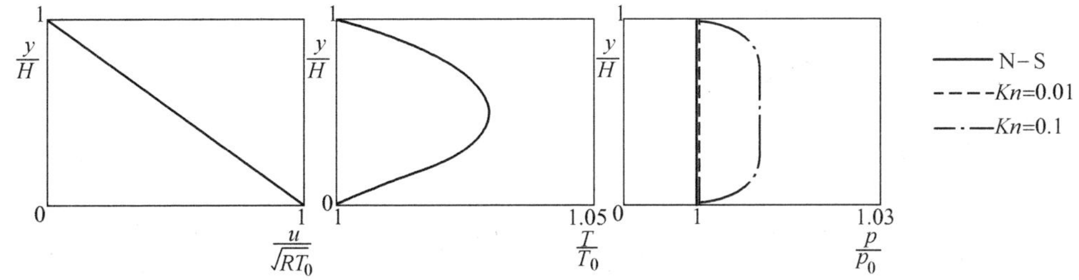

图 6.34 无滑移时的数值解结果

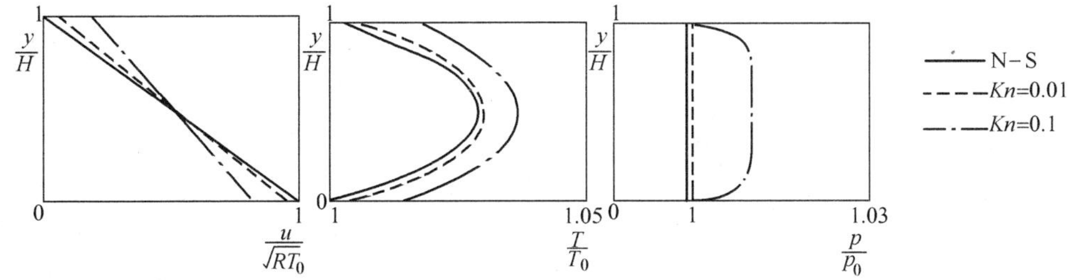

图 6.35 有滑移时的数值解结果

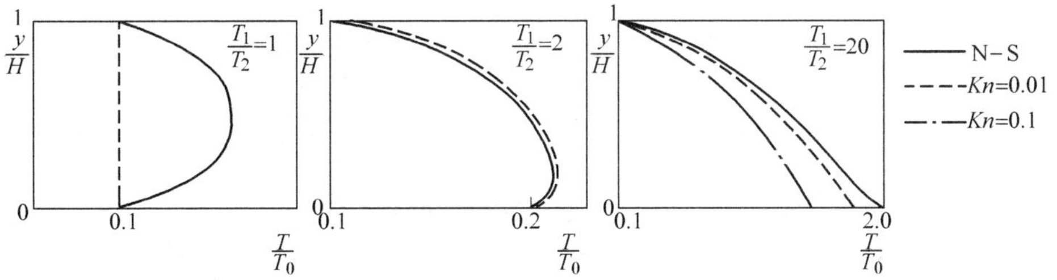

图 6.36 不同温度比时流道内的温度分布

温度分布。不管有无滑移,都存在一个临界 Br_{cr} 值,此时,通过下壁面的热流等于零。也就是说,虽然这时下壁面的温度高于上壁面,下壁面却没有热传输现象。如果 $Br < Br_{cr}$ 那么下壁面就有热量传入,经过间隙后传向上壁面。这时热量的传输是

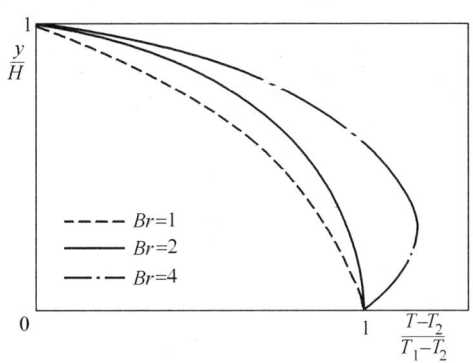

图 6.37 某一 Br 值下 Couette 流的温度分布 (无滑移)

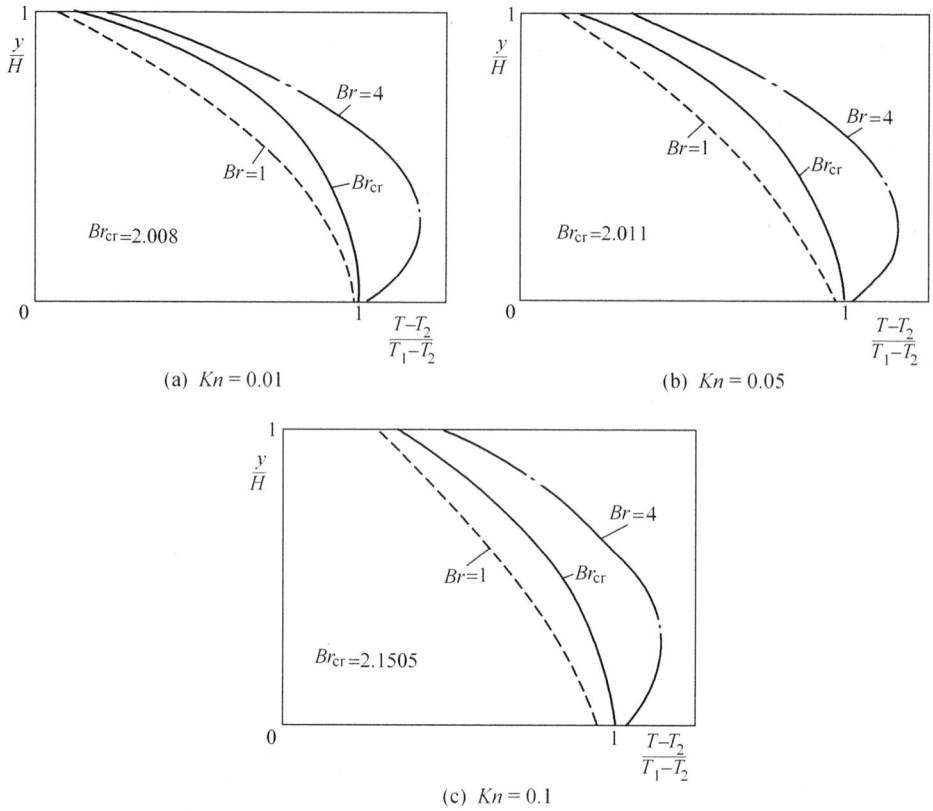

图 6.38 不同 Kn 值下有滑移 Couette 流的温度分布

以热传导为主的。如果 $Br > Br_{cr}$,那么微间隙中气流的最高温度将同时高于上、下壁面,因此这时的热量将从间隙传向两侧壁面。即使上、下壁面存在温度差,也不会导致上、下壁面之间的热传导,因此这时的热传输是以粘性耗散为主的。

临界 Br_{cr} 值将随 Kn 的增大而提高,图 6.39 给出了不同 Kn 值时的相应 Br_{cr} 下的温度分布。可以看出,当 $Kn = 0$ 时,也就是按 Navier-Stokes 方程计算时,$Br_{cr} = 2$。而当 $Kn = 0.1$ 时,$Br_{cr} = 2.1505$,其他值如图所示。Br_{cr} 的存在对微间隙中导

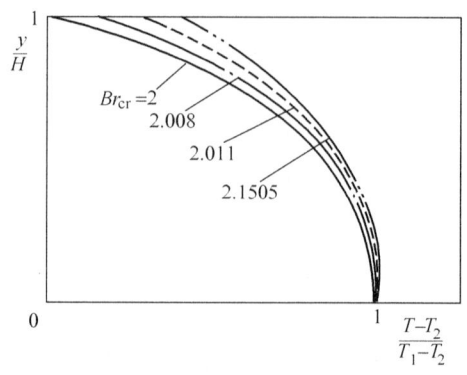

图 6.39 不同 Br_{cr} 时的温度分布

热结构的设计具有重大的指导意义。

6.7 边界条件

6.7.1 正常情况下的边界条件

在理论分析求解流体力学及传热学问题时,常常会遇到各种不同的边界条件。从数学意义上说,这类问题在高等数学、偏微分方程及流体力学等教科书中都有详细的分析和讨论。这里只做简略地综合与归纳。

对于典型的偏微分方程,边界条件及其解的存在性、唯一性和稳定性如表 6.7 所示。

表 6.7 偏微分方程的边界条件及解的性质[56]

偏微分方程类型		椭圆型	双曲型	抛物型
狄利克雷条件 (Dirichlet)	开式表面	不确定	不确定	在一个方向上的解唯一、稳定
$u_{x=0} = 0$	封闭表面	唯一、稳定解	不确定	不确定
诺伊曼条件 (Neumann)	开式表面	不确定	不确定	在一个方向上的解唯一、稳定
$\left.\dfrac{\partial u}{\partial n}\right\|_{x=0} = 0$	封闭表面	超越	超越	超越
柯西条件 (Cauchy)	开式表面	不是物理结果	唯一、稳定	超越
$u_{x=0}$ 及 $\left.\dfrac{\partial u}{\partial n}\right\|_{x=0}$ 有值	封闭表面	超越	超越	超越

显然,上述边界条件是从纯数学意义上来理解的,实际的边界条件要复杂得多。前面介绍的滑移边界层就是在微尺寸条件下形成的一种特殊边界条件。在微流动中很难出现上述典型的偏微分方程类型,边界层内状况更是千变万化,速度滑移、管壁渗透、壁面效应、表面现象、各种物理、化学环境等,都会影响边界条件。因此,除了个别情况外,大多数的偏微分方程还得用数值方法求解,对它们的性质还需进行更深入的研究。

涉及传热过程时,壁面上典型的边界条件类型如图 6.40 所示[36]。

6.7.2 影响边界条件的其他因素

广义地说,流体流动时的受制界面不仅是固体壁面,也包括液体界面,甚至气体界面,在非压力差提供动力的一些流动中更是如此,因此深入分析这些界面上的边界条件也是非常重要的。

在粘性边界层一节中介绍的壁面粗糙度,是影响边界条件的一个常见重要因素。此外,壁体表面的物理化学状态、流体的性能、流体流动的动力源等都是影响边界条件的因素,有时这些因素甚至对壁面附近的流动有着显著的影响。

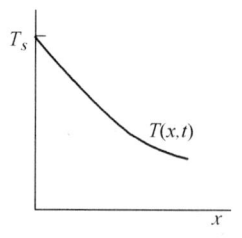
(a) 表面温度为常数, $T(0,t) = T_s$

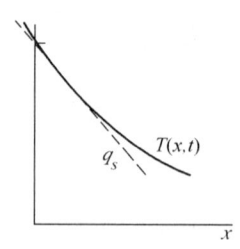
(b) 表面热流密度为常数, $-K\dfrac{\partial T}{\partial x}\Big|_{x=0} = q_s$

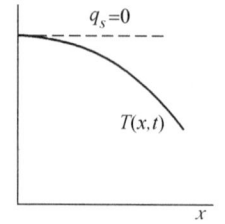
(c) 表面热流密度为零, $\dfrac{\partial T}{\partial x}\Big|_{x=0} = 0$

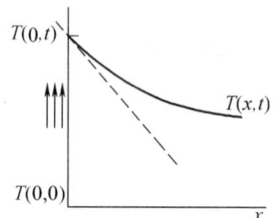
(d) 对流的表面条件, $-K\dfrac{\partial T}{\partial x}\Big|_{x=0} = h[T_\infty - T(0,t)]$

图 6.40 传热过程的边界条件

下面简要介绍一些影响边界条件的物理、化学性质，有关动力源的影响将在第二篇中分别阐述。

以最常见的流体——水来说，它具有非常独特的性质。因为水的分子是由一个氧原子和两个氢原子结合而成的，呈现三角形结构，它们通过共价键结合。每个氢电子与氧原子外壳上的六个电子中的一个偶联，如图 6.41 所示。氧原子还剩下两对电子，它们呈现一个四面体结构。四面体的四个角上各为两个正电荷和两个负电荷，这种结构称为有偶极结构，因此水分子具有电极性。它们可以通过氢键把自身附着于四个邻近分子上面，形成缔合结构[6]。

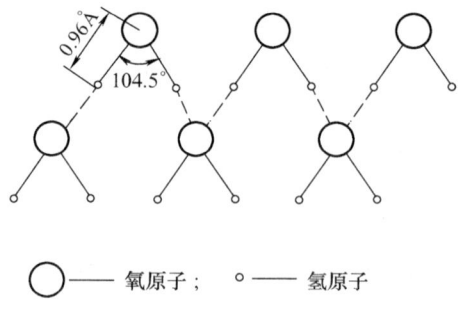

○ —— 氧原子； ○ —— 氢原子

图 6.41 水的分子结构

由于水分子具有极性，因此对电荷很敏感。当水中存在具有正电荷的离子时，就会有水分子通过氢键而附着于该离子上形成一层所谓的"水合壳"。在这层水合壳内水分子排列整齐，成为有相似取向的有序水层。这种现象在紧贴于固壁表面的水分子层中也存在。这种有序的分子层厚度约为 1~2 nm。经过一层中间带后，就转变为无序状态，如图 6.42 所示。这种有序的分子层虽然厚度很小，但它却有很高的粘性、较低的溶解度和扩散度，将对边界条件产生影响。例如，在膜表面上的有序水分子层降低了膜对水的渗透性，但却起到溶质过滤器的作用。反之，当固壁具有极性时，也会在表面造成一种有序现象。

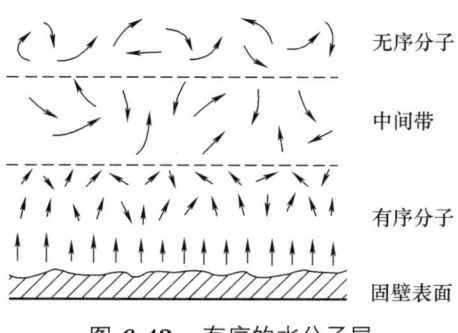

图 6.42　有序的水分子层

当流体为非牛顿流体时，特别是混合物时，有的流体也会呈现这种取向性。例如，含有长条形颗粒的稀悬浮液中，当施加切向应力时，就会使原来无序的颗粒转变成有序的排列，使长度方向与流线一致，就像水草在流水中形成与水流同一方向排列一样，这时造成的流动阻力达到最小。在自然界和生物体中，常常会有这种情况发生，例如红血球、长链形分子等，它们不但会随着流动而改变其排列，而且还可能改变其形状、聚集或连接。

固壁表面的吸附性也是影响边界条件的一个重要因素。吸附包括物理吸附和化学吸附。物理吸附作用力属于弱结合力，主要是因为存在 Van der Waals 作用力，它是由表面原子与吸附原子之间的极化作用而产生的[59]。

如果是极性分子被极化，那么固有偶极矩产生的分子力为 Keesen 力，而感应偶极矩产生的力为 Debye 力。如果是非极性分子被极化，那么产生的瞬间偶极矩分子力为 London 力 (即色散力)。它们都属于弱结合力。

化学吸附作用力是化学键力，它伴随电子的转移而产生静电库仑力，属于强结合力，包括离子吸附和化学键吸附两类。前者实现完全的电子转移，吸附物失去或俘获价电子，以离子形式吸附在表面上；后者则是不完全的电子转移，形成局部的共价键、离子键或配位键。

在微流动时，所有这些作用力有时会表现出它们的影响，最常见的例子就是湿润与铺展现象。湿润与铺展不仅受吸附作用影响，也会受到外加电场或磁场的影响。

对于水或电离溶液，在固体表面附近会产生一层双电层。在双电层的作用下，流体会产生运动，这时边界条件也将发生变化。

动电现象 (电渗与电泳) 的存在也将引起边界层内流动的改变。

此外，有些边界是有穿透性的，这时就会影响到流量的连续性。

在宏观流动中所有这些不起眼的影响因素，到了微流状态就会凸显出来，因此必须加以重视。

6.8 局部流动阻力

6.8.1 局部流动阻力的概念

前面关于流动的分析，基本上是基于等截面、直流道假设的。但是实际上的流动过程还会遇到诸如流道弯曲或折转，流道截面渐变或突变，流道壁面存在凹穴或凸台等问题，这些都会对流动产生影响，形成局部旋涡、倒流、不连续等现象。这些现象的产生都要消耗一定的能量，因而造成阻力，这就是局部阻力。局部阻力有别于主流直通道中的沿程阻力，它由局部因素引起，只在局部地区对主流产生影响，而经过一段距离整流后这种影响会逐渐减弱，以致最后可以消除。

局部阻力现象在微流动中更加突出。在大多数情况下，微流器件总体尺寸并不是很大，因此沿着直线方向流动的微尺寸管槽长度不会太长，有时候流动状态还没有达到充分发展的程度就已经变换方向，有的流动虽然已经充分发展，但仍会遇到不少局部阻力。在微流动工程范围内是如此，在微流动生物体内更是如此。在电子芯片、生物芯片、微型芯片实验室（μ-LOC）、微型芯片反应器等微型流动工程设计中，由于对设备微型化的要求，总体尺寸必然很小，管槽结构、管网布置也很复杂，局部阻力会频繁地出现。血管内的血液流动、植物韧皮层内水分的输送等这些自然界生物体内的微流动，更会遇到管网分支、管道局部受阻、管壁脉动等因素引起的局部阻力。因此，局部阻力对于微流动具有十分重要的影响。

在工程上，通常假设流体运动的管壁是坚固的、不渗透流体的。但是实际上自然界的很多流动却并不是具有坚固管壁的。有的具有渗透能力，有的具有良好的传热，有的还具有一定的弹性、周期性的脉动等，因此全面阐述局部阻力是困难的。下面先对工程上比较成熟的一些局部阻力作较详细的分析，最后再对生物体内的微流动局部阻力作一粗略的介绍。

6.8.2 工程上的局部阻力

工程上局部阻力的产生主要是因为流体流动时管壁形状的突然改变。最基本的形式有突然扩大、突然收缩、弯曲、局部受阻等几种，如图 6.43 所示。由于流体运动时的惯性和流体本身粘性的双重作用，使得流体在流动过程中遇到管道截面有突然变化时，不能立即适应通道的形状，因而产生局部的紊流状态。这种紊流不同于湍流，因为湍流是当雷诺数增大到一定的数值时，流体内产生微团运动而发生动量和能量的传递，而局部阻力区的紊流却是由旋涡产生的，这种旋涡则是由于主流的惯性运动使局部区域内产生负压而引起的。

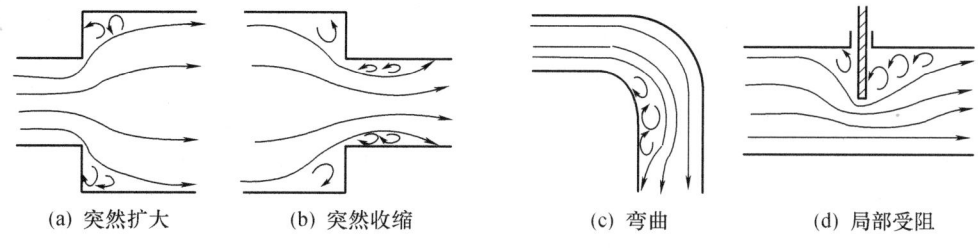

(a) 突然扩大　　(b) 突然收缩　　(c) 弯曲　　(d) 局部受阻

图 **6.43**　管流的局部阻力

要分析求解局部阻力是十分困难的,目前主要还是通过实验的方法来了解它对流动损失的影响。

图 6.44 给出了突然扩大时流动分析的简图。取 $1-1$ 截面和 $2-2$ 截面来分析,如果忽略壁面上的切应力,对于不可压缩定常流,则可按动量定律得出

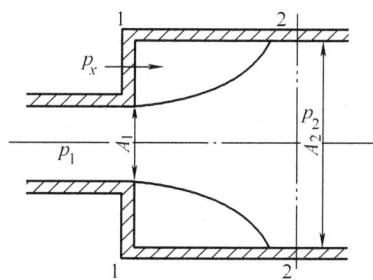

图 **6.44**　突然扩大流动的分析

$$p_1 A_1 + p_x(A_2 - A_1) - p_2 A_2 = \rho V(u_{2m} - u_{1m}) \tag{6.211}$$

式中,$A_1, A_2, p_1, p_2, u_{1m}, u_{2m}$ 分别为 $1-1$ 截面和 $2-2$ 截面上的面积、压强和平均流速;p_x 为作用于 $A_2 - A_1$ 这一圆环上的压强,近似地可认为 $p_x \approx p_1$;V 为体积流量,即

$$V = A_1 u_{1m} = A_2 u_{2m} \tag{6.212}$$

把上式代入式 (6.211) 有

$$p_1 A_2 - p_2 A_1 = \rho A_2 u_{2m}^2 - \rho A_1 u_{1m}^2$$

或

$$\frac{p_1 - p_2}{\rho} = u_{2m}^2 - u_{1m}^2 \frac{A_1}{A_2} = u_{2m}^2 - u_{1m}^2 \frac{u_{2m}}{u_{1m}} = u_{2m}^2 - u_{1m} u_{2m} \tag{6.213}$$

对于不可压缩流体,在定常流时由 Euler 方程式 (3.110) 可以求得伯努利方程 (Bernoulli)

$$\frac{p_1}{\rho} + \frac{u_{1m}^2}{2} = \frac{p_2}{\rho} + \frac{u_{2m}^2}{2} + \Delta p$$

即
$$\frac{p_1 - p_2}{\rho} = \frac{u_{2m}^2 - u_{1m}^2}{2} + \Delta p \tag{6.214}$$

式中，Δp 为局部阻力损失，代入式 (6.213) 可得

$$u_{2m}^2 - u_{1m}u_{2m} = \frac{u_{2m}^2 - u_{1m}^2}{2} + \Delta p$$

因此

$$\Delta p = \frac{(u_{1m} - u_{2m})^2}{2}$$

利用式 (6.212)，可得

$$\Delta p = \frac{1}{2}\left(u_{2m} - \frac{A_2}{A_1}u_{2m}\right)^2 = \left(1 - \frac{A_2}{A_1}\right)^2 \frac{u_{2m}^2}{2} = \zeta \frac{u_{2m}^2}{2} \tag{6.215}$$

式中，$\zeta = \left(1 - \dfrac{A_2}{A_1}\right)^2$，称为突然扩大时的局部阻力系数。

为了减少突然扩大时的局部阻力损失，可以采用带有一定锥度 θ 的渐扩管 (或称扩压管)，如图 6.45 所示。圆锥截面扩压管的最佳扩压角 $\theta = 6° \sim 8°$，这时的损失最小。它的局部阻力系数可以用下式计算：

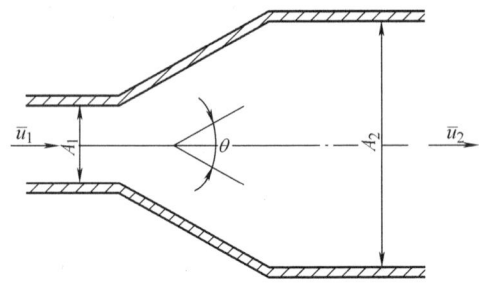

图 6.45 渐扩管的流动分析

$$\zeta = \frac{\lambda}{8\sin\dfrac{\theta}{2}}\left[1 - \left(\frac{A_1}{A_2}\right)^2\right] + K\left[1 - \left(\frac{A_1}{A_2}\right)\right]^2 \tag{6.216}$$

式中，λ 就是前文的摩擦因子 f；系数 K 与 θ 角有关，见表 6.8。

表 6.8 式 (6.216) 中的系数 K

θ	4°	8°	15°	30°	60°
K	0.08	0.16	0.55	0.80	0.95

其他形式的局部阻力系数参见表 6.9[46]。

表 6.9 不同形式的局部阻力系数 ζ

局部阻力名	简图	ζ 计算公式	局部阻力计算公式
突然扩大		$\zeta = \left(\dfrac{A_2}{A_1} - 1\right)^2$ 或 $\zeta' = \left(1 - \dfrac{A_1}{A_2}\right)^2$ 当 $\dfrac{A_1}{A_2} \approx 0$ 时，$\zeta' = 1$	$\Delta p = \zeta \dfrac{\rho u_2^2}{2}$ 或 $\Delta p = \zeta' \dfrac{\rho u_1^2}{2}$
突然缩小		$\zeta = 0.5\left(1 - \dfrac{A_2}{A_1}\right)$ 或 $\dfrac{A_2}{A_1}$: 0.2 0.4 0.6 0.8 1.0 C: 0.632 0.659 0.712 0.813 1.0 ζ: 0.34 0.27 0.16 0.05 0	$\Delta p = \zeta \dfrac{\rho u_2^2}{2}$ 对圆角或喇叭口 $\zeta = 0.25 \sim 0.05$
渐扩圆管		$\zeta = \dfrac{\lambda}{8\sin\dfrac{\theta}{2}}\left[1 - \left(\dfrac{A_1}{A_2}\right)^2\right] + K\left[1 - \left(\dfrac{A_1}{A_2}\right)\right]^2$ 式中 K 值见表 6.8	$\Delta p = \zeta \dfrac{\rho u_1^2}{2}$
渐缩圆管		$\zeta = \dfrac{\lambda}{8\sin\dfrac{\theta}{2}}\left[1 - \left(\dfrac{A_2}{A_1}\right)^2\right]$	$\Delta p = \zeta \dfrac{\rho u_2^2}{2}$
圆滑连接渐缩圆管		$\zeta = 0.01 \sim 0.1$	$\Delta p = \zeta \dfrac{\rho u^2}{2}$
折管		$\zeta = 0.946\sin^2\dfrac{\theta}{2} + 2.047\sin^4\dfrac{\theta}{2}$ 或 θ: 15° 30° 45° 60° 90° ζ: 0.0222 0.0728 0.183 0.365 0.99	$\Delta p = \zeta \dfrac{\rho u^2}{2}$
各种 90° 弯头		机翼型导叶 $\zeta = 0.136$ 一般导叶 $\zeta = 0.22$ $\zeta = 0.88$	$\Delta p = \zeta \dfrac{\rho u^2}{2}$

续表

局部阻力名	简 图	ζ 计算公式	局部阻力计算公式
各种 90° 弯头		$\dfrac{r}{d} = 1.5$ 时, $\zeta = 0.4$ $\begin{array}{\|c\|cccc\|}\hline \dfrac{r}{d} & 1.0 & 1.25 & 1.50 & 2.0 \\ \hline \zeta & 0.24 & 0.20 & 0.18 & 0.14 \\ \hline \end{array}$ 或 $\zeta_{90} = 0.05 + 0.19\dfrac{d}{r}, \theta = 90°$ $\zeta_\theta = \zeta_{90}\dfrac{\theta°}{90°}, \theta \neq 90°$ $\zeta = 0.9$	$\Delta p = \zeta \dfrac{\rho u^2}{2}$
汇合三通管		$\zeta_{23} = K\left[\left(1 + \dfrac{V_2}{V_3}\dfrac{A_3}{A_2}\right)^2 - 2\left(1 - \dfrac{V_2}{V_3}\right)\right]$ $\begin{array}{\|c\|ccccc\|}\hline \dfrac{A_2}{A_3} & 0\sim0.2 & 0.3\sim0.4 & 0.6 & 0.8 & 1.0 \\ \hline K & 1.0 & 0.75 & 0.70 & 0.65 & 0.60 \\ \hline \end{array}$	$\Delta p = \zeta_{23}\dfrac{\rho u_3^2}{2}$
分流三通管		$\zeta_{12} = K\left[1 + \left(\dfrac{u_2}{u_1}\right)^2\right], \dfrac{d_2}{d_1} \leqslant \dfrac{2}{3}$ 时 $\zeta_{12} = K\left[0.34 + \left(\dfrac{u_2}{u_1}\right)^2\right]$, $\dfrac{d_2}{d_1} = 1.0$ 时 $\dfrac{u_2}{u_1} \leqslant 0.8$ 时 $K = 1.0$; $\dfrac{u_2}{u_1} > 0.8$ 时 $K = 0.9$ $\zeta_{13} = 0.24\left(1 - \dfrac{u_2}{u_1}\right)^2$	$\Delta p = \zeta_{12}\dfrac{\rho u_3^2}{2}$ $\Delta p = \zeta_{13}\dfrac{\rho u_1^2}{2}$
圆管进口		容器上的圆管进口 $\zeta = 0.5$	$\Delta p = \zeta\dfrac{\rho u_2^2}{2}$

续表

局部阻力名	简图	ζ 计算公式	局部阻力计算公式
圆管进口		容器上圆管的平滑进口 $\zeta \approx 0.2$	
容器上的内伸进口		$\begin{array}{c\|cccccccc} b/d \backslash \delta/d & 0 & 0.005 & 0.01 & 0.02 & 0.05 & 0.10 & 0.20 & 0.50 \\ \hline 0 & 0.5 & 0.63 & 0.68 & 0.73 & 0.80 & 0.86 & 0.92 & 1.0 \\ 0.004 & 0.5 & 0.58 & 0.63 & 0.67 & 0.74 & 0.80 & 0.86 & 0.94 \\ 0.008 & 0.5 & 0.55 & 0.58 & 0.62 & 0.68 & 0.74 & 0.81 & 0.88 \\ 0.016 & 0.5 & 0.51 & 0.53 & 0.55 & 0.58 & 0.64 & 0.70 & 0.77 \\ 0.03 & 0.5 & 0.50 & 0.51 & 0.52 & 0.52 & 0.54 & 0.57 & 0.61 \\ 0.05 & 0.5 & 0.50 & 0.50 & 0.50 & 0.50 & 0.50 & 0.50 & 0.50 \end{array}$	$\Delta p = \zeta \dfrac{\rho u^2}{2}$
端孔板		$\zeta = \left(\dfrac{A_2}{0.611 A_1} - 1\right)^2$	$\Delta p = \zeta \dfrac{\rho u_2^2}{2}$
孔板		$\begin{array}{c\|ccccc} \dfrac{A_1}{A_2} & 0.2 & 0.25 & 0.30 & 0.35 & 0.40 \\ \hline \zeta & 1650 & 625 & 302 & 156 & 86 \\ \hline \dfrac{A_1}{A_2} & 0.45 & 0.50 & 0.55 & 0.60 & 0.65 \\ \hline \zeta & 44.1 & 29.6 & 18.1 & 10.5 & 6.9 \end{array}$	$\Delta p = \zeta \dfrac{\rho u_2^2}{2}$
闸阀		$\begin{array}{c\|ccccccc} h/d & 全开 & 6/8 & 4/8 & 3/8 & 2/8 & 1/8 & 全闭 \\ \hline \zeta & 0.1 & 0.26 & 2.06 & 5.52 & 17.0 & 97.8 & \infty \end{array}$	$\Delta p = \zeta \dfrac{\rho u^2}{2}$
蝶阀		$\begin{array}{c\|cccccccc} \theta & 5° & 10° & 15° & 20° & 25° & 30° & 35° & 40° \\ \hline \zeta & 0.24 & 0.52 & 0.90 & 1.54 & 2.51 & 3.9 & 3.22 & 10.8 \\ \hline \theta & 45° & 50° & 55° & 60° & 65° & 70° & 90° & \\ \hline \zeta & 18.7 & 32.6 & 58.8 & 118 & 258 & 751 & \infty & \end{array}$	$\Delta p = \zeta \dfrac{\rho u^2}{2}$
栓阀		$\begin{array}{c\|ccccccc} \theta & 5° & 10° & 15° & 20° & 25° & 30° & 35° \\ \hline \zeta & 0.05 & 0.29 & 0.75 & 1.56 & 3.10 & 5.47 & 9.68 \\ \hline \theta & 40° & 45° & 50° & 55° & 60° & 65° & 82.5° \\ \hline \zeta & 17.30 & 31.2 & 52.6 & 106 & 206 & 486 & \infty \end{array}$	$\Delta p = \zeta \dfrac{\rho u^2}{2}$

突然收缩时，在小截面管中会出现一个最小流体截面，然后再扩大至管径。最小截面周围会产生旋涡，形成低压区。这时局部损失

$$\Delta p = \frac{\rho(u_{0m} - u_{2m})^2}{2}$$

由连续方程

$$u_{2m}A_2 = u_{0m}A_0 = Cu_{0m}A_2$$

可得

$$\Delta p = \frac{\rho\left(\dfrac{u_{2m}}{C} - u_{2m}\right)^2}{2} = \left(\frac{1}{C} - 1\right)^2 \frac{\rho u_{2m}^2}{2} = \zeta \frac{\rho u_{2m}^2}{2} \tag{6.217}$$

因此有

$$\zeta = \left(\frac{1}{C} - 1\right) \quad \text{或} \quad C = \frac{u_{2m}}{u_{0m}} = \frac{A_0}{A_2} \tag{6.218}$$

式中，C 称为收缩系数，它与截面比 A_2/A_1 的关系见表 6.9。

流动经过局部阻力之后，顺向流动的流型必将受到干扰，因此必须经过一段直管整流之后，才能达到新的定常流型，这和进口长度的概念有些相似。一般要求这段直管的距离为管径的 20~40 倍。同样，在局部阻力之前，原来的流型也会受到后面局部阻力的逆向影响。逆向影响的距离比顺向距离要小些。这些影响在设计孔板流量计时是非常重要的。

实用上，由于受到总体尺寸的限制，往往达不到上述要求。相同或不同形式的几种局部阻力会连续产生，这时的局部阻力总和就会比单独叠加的局部阻力要大，有时会大得多，必须加以考虑。图 6.46 给出了三种不同连接方式产生的局部阻力。

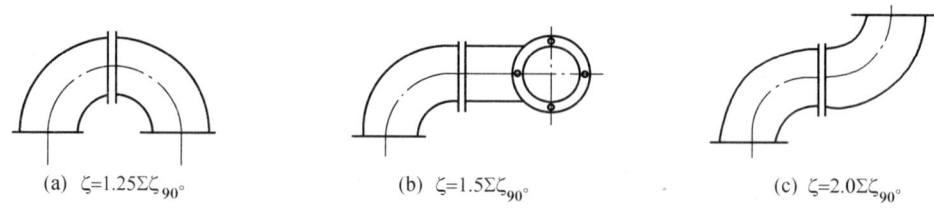

图 **6.46** 不同连接方式的局部阻力

下面进一步分析弯道中局部阻力的形成过程。图 6.47 给出了弯道中的流动状态。在非粘性的理想流体流过弯道时，由于离心力的作用，使外侧流体的压力大于内侧。为了平衡，当流体为不可压缩时，由伯努利方程知道，外侧的流体速度就会小于内侧，总体上使流线偏向外侧。流过弯道后，压力和速度又趋向均匀，即外侧压力下降而速度上升，内侧压力上升而速度下降。这样，在外侧和内侧都形成了一个压力变化的区域。外侧流体的压力先升高再降低，速度先降低再升高，也即先减速后加速。内侧流体的压力先降低再升高，速度先升高再降低，也即先加速后减速。若为粘性流体时，在减速区就可能产生边界层脱离。外侧的边界层脱离区先增大后减小，因此分离区小，而内侧的边界层脱离区就可能延伸得很长。弯道曲率半径越小，这种边界层脱离引起的损失越大。此外，在粘性流体中，由于两侧壁面附近的速度低，中心区域速度高，在垂直于主流方向上，流体受离心力影响而产生的压力也是中心高两侧低。因此流体就从中心两侧经过双壁面附近流回内侧。为了满足流量连续，内侧流体又从中心流向外侧,形成了成对的反向旋涡流动。这种流动是在垂直于主流方向实现的,因此称为二次流,如图 6.48 所示。如果是矩形截面,在四角中还会产生进一步的旋涡。这种二次流在弯道中形成很大的局部损失。但是这种局部的旋涡,对微混合器的设计是有利的。因为局部旋涡汇入主流后,形成弯道中流体的双螺旋运动,这种运动促进了处于层流状态的微混合器的混合过程。

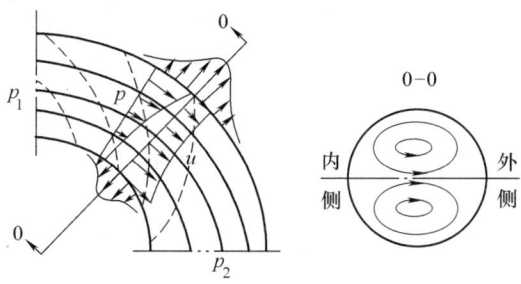

图 6.47 弯道中的流动

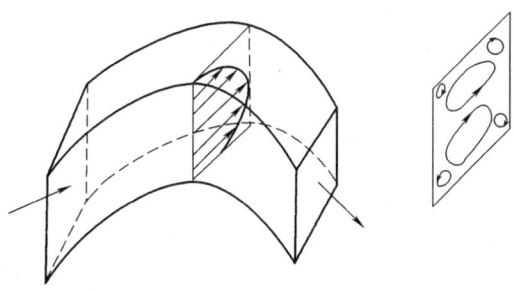

图 6.48 弯道中的二次流

影响弯管流动特性的因素很多,最主要的是弯道的曲率半径。曲率半径越小,扰动越大,螺旋运动强度越强。相反,曲率半径越大,这种扰动的影响越小。当曲率半径 R_c 大于管径 r 的 2~2.5 倍时,这种影响就减弱了。在高 Re 数的流动中,弯管的平均摩擦因子 f_c 与直管的平均摩擦因子 f_{st} 之比大致为[60]

$$\frac{f_c}{f_{st}} = \left[Re\left(\frac{r}{R_c}\right)^2\right]^{0.05} \tag{6.219}$$

6.8.3 微流动元器件中的局部阻力及其利用

在宏观流动中,局部阻力通常是无用的,会消耗掉有效的能量,当然它在整个流动过程中所占的比例也是很小的。但是在微流动领域,由于微流动的动力本身就很小,局部阻力所占的比例就会上升,甚至起到主要作用。在有些情况下,局部阻力也可以被利用到微流动中,用来完成微流动中某一项特定的功能。

图 6.49 给出了在微流动中经常产生局部阻力的部位。

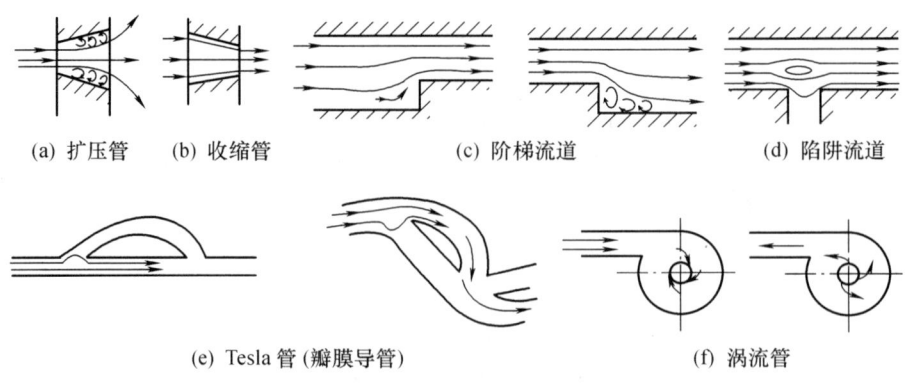

(a) 扩压管　(b) 收缩管　(c) 阶梯流道　(d) 陷阱流道

(e) Tesla 管 (瓣膜导管)　　(f) 涡流管

图 6.49　微流中常见的局部阻力部位

对于形状一定的锥管，正向流动和逆向流动产生的局部阻力是不同的，利用这一特点，可以把两个锥管组合起来，从而实现单向阀的作用。涡流管的正、逆向流动的局部阻力相差很大，利用这一特点可以制成流体二极管。Tesla 管实际上是利用不同形状的支管组合来产生一定的局部阻力，利用它正、逆向局部阻力差大的特点，也可以完成单向阀的作用，如果利用其局部阻力形成的负压区，还可以制成各种逻辑元件。

下面给出局部阻力利用的一个例子，它比较详细地介绍了将扩压 – 收缩管组合成微泵的微阀原理[51]。

图 6.50 为开口于敞开空间的扩压管孔和收缩管孔流动示意图。由此引起的局部阻力损失可以分解为突然收缩、突然扩大、逐渐收缩和逐渐扩大四种，每一种的局部阻力系数 ζ 如表 6.10 所示。表 6.10 中 α 角 2.6° 和 35.3° 是针对微流道常用的硅材料晶面角而言的。例如，对收缩管孔来说，就存在三处局部阻力：A 截面上的突然收缩，这时 $\zeta_A^{2.6°} = 0.44, \zeta_A^{35.3°} = 0$；从 A 截面到 B 截面的逐渐收缩，则 $\zeta_{A-B}^{35.3°} = 0.1, \zeta_{A-B}^{2.6°} = 0.02$；还有 B 截面上的突然扩大，此时 $\zeta_B = 1$。因此收缩管孔总的局部阻力系数 $\zeta_{收缩}^{2.6°} = 0.44 + 0.02 + 1 = 1.46, \zeta_{收缩}^{35.3°} = 0 + 0.1 + 1 = 1.10$。对于扩压管孔，$\zeta_A = 0.44, \zeta_{A-B}^{2.6°} = 0.25, \zeta_{A-B}^{35.3°} = 1 \sim 1.2, \zeta_B = 1$。因此扩压管孔总的局部阻力系数 $\zeta_{扩压}^{2.6°} = 0.44 + 0.25 + 1 = 1.69, \zeta_{扩压}^{35.3°} = 0.44 + (1 \sim 1.2) + 0 = 1.44 \sim 1.64$。

表 6.10　扩压管与收缩管的局部阻力系数

形式	突然收缩	突然扩大	逐渐收缩	逐渐扩大
ζ	0.44	1	$0.1(\alpha = 35.3°) < 0.02(2.6°)$	$1 \sim 1.2(35.3°) 0.25(2.6°)$

由此可见，同一个尺寸的扩压管孔，如果流体正向从小截面流到大截面，则其总局部阻力将大于逆向从大截面流向小截面的总局部阻力。对于 35.3° 扩压角的扩压管孔其正向阻力系数大于逆向阻力系数 0.34~0.54。对于 2.6° 扩压角的扩大管孔其正向阻力系数大于逆向阻力系数 0.23。在同样有效压力差下，这意味着正向流动的

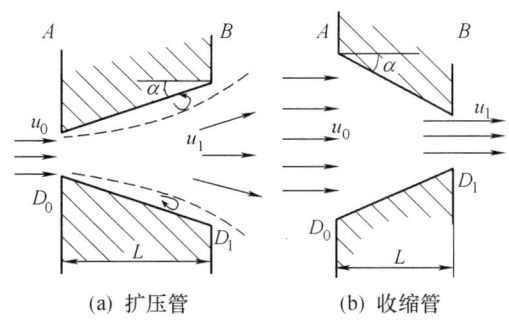

(a) 扩压管　　　　(b) 收缩管

图 6.50　扩压管和收缩管的流动

压力损失大, 平均速度低, 流量少; 而逆向流动的压力损失小, 平均速度大, 流量多。因此在一定的外加作用力下, 它将起到一个单向阀的作用, 只是这个单向阀在吸入时没有完全关闭, 有部分流体返回。利用这个原理, 把两个相同的扩压管孔, 以相反方向同时安置在一个泵室上, 组成一个扩压 – 收缩元件, 就可以起到泵阀的作用。图 6.51 就是这种组合的示意图。利用膜片的往复运动和扩压 – 收缩元件的组合, 就形成一个无阀 (实际上应为无运动零件的阀) 微泵。

下面以例说明, 当扩压管孔的尺寸为 $L = 500~\mu m, D_0 = 130~\mu m, \alpha = 35.3°, \mu = 1 \times 10^{-3}~\text{Pa} \cdot \text{s}, \rho = 1000~\text{kg/m}^3$ 时, 按上述阻力系数所算得的流量变化正好和膜片泵的排量在一个数量级上。当压力差为 40~80 kPa 时, 流量可达 500~10 000 μL/min。

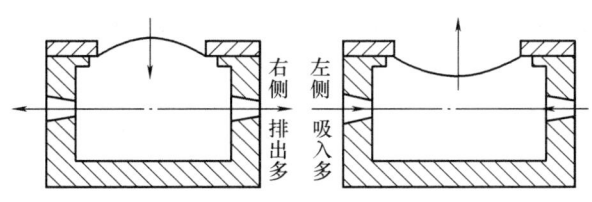

图 6.51　扩压管微泵

逆向流动时的阻力系数 $\zeta_\text{逆}$ 和正向流动时的阻力系数 $\zeta_\text{正}$ 之比, 称为双向流动系数 $\eta_d = \zeta_\text{逆}/\zeta_\text{正}$。在小雷诺数时 ($1 < Re < 30 \sim 50$), 一般有 $\eta_d = 1 \sim 5$, 而且随扩压角 α 的增大而增大。但是在大雷诺数时 ($Re > 10^5$), $\eta_d < 1$, 且随扩压角的增大而降低。图 6.52 反映了这一变化关系[62]。

由于扩压管的阻力系数 $\zeta_\text{扩压}$ 和收缩管的阻力系数 $\zeta_\text{收缩}$ 在不同 Re 数区是不同的, 因此两条曲线呈现相反的趋势。上述实例中的计算结果属于大 Re 数时的情况。这就反映了一个重大的问题, 即同一台采用扩压 – 收缩管孔的无阀泵, 由于 Re 数的不同, 其泵压流体的流动方向可能会发生变化。当小 Re 数时若为自左向右的泵压, 则在 Re 数增加后就可能产生从右向左的逆转泵压。在这一过程中必然存在一个 Re 数, 此时该泵将失去泵压作用, 也就是吸入量和压出量是相等的。或者说, 扩压管和收缩管的正反两个方向的阻力是相等的, 流量也是相等的。

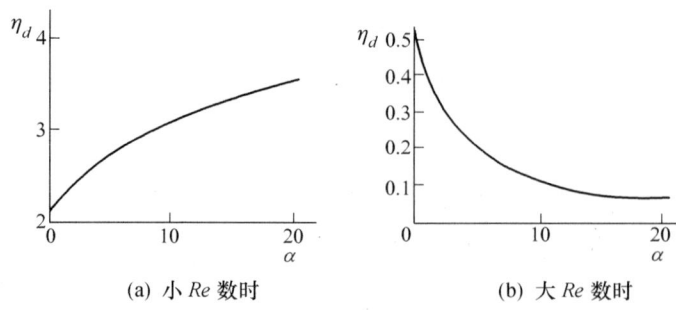

(a) 小 Re 数时　　　　(b) 大 Re 数时

图 6.52　双向流动效率的关系

扩压管 – 收缩管无阀泵的流量特性可由下式求出[63]：扩压时的总压力降 = 扩压段压力降 (层流粘性流动时的沿程阻力)+(突然收缩 + 逐渐扩大 + 突然扩大)(局部阻力)，因此有

$$\Delta p_{\text{扩压}} = \int_0^L \frac{\mathrm{d}p}{\mathrm{d}x} \mathrm{d}x + \left(\zeta_A \frac{\rho}{2} u_{0m}^2 + \zeta_{A-B} \frac{\rho}{2} u_{0m}^2 + \zeta_B \frac{\rho}{2} u_{1m}^2\right)$$

$$= \int_0^L \frac{8\mu V}{\pi R^4} \mathrm{d}x + \left[\zeta_A \frac{\rho}{2} \left(\frac{4V}{\pi D_0^2}\right)^2 + \zeta_{A-B} \frac{\rho}{2} \left(\frac{4V}{\pi D_0^2}\right)^2 + \zeta_B \frac{\rho}{2} \left(\frac{4V}{\pi D_1^2}\right)^2\right]$$

$$= \int_0^L \frac{128\mu V}{\pi (D_0 + 2x\tan\alpha)^4} \mathrm{d}x +$$

$$\left\{\zeta_A \frac{\rho}{2} \left(\frac{4V}{\pi D_0^2}\right)^2 + \zeta_{A-B} \frac{\rho}{2} \left(\frac{4V}{\pi D_0^2}\right)^2 + \zeta_B \frac{\rho}{2} \left[\frac{4V}{\pi (D_0 + 2L\tan\alpha)^2}\right]^2\right\}$$

$$= \frac{64\mu V}{3\pi \tan\alpha} \left[\frac{1}{D_0^3} - \frac{1}{(D_0 + 2L\tan\alpha)^3}\right] +$$

$$\frac{8\rho V^2}{\pi^2} \left[\zeta_A \frac{1}{D_0^4} + \zeta_{A-B} \frac{1}{D_0^4} + \zeta_B \frac{1}{(D_0 + 2L\tan\alpha)^4}\right] \tag{6.220}$$

同理可得收缩时的总压力降

$$\Delta p_{\text{收缩}} = \frac{64\mu V}{3\pi \tan\alpha} \left[\frac{1}{(D_0 + 2L\tan\alpha)^3} - \frac{1}{D_0^3}\right] +$$

$$\frac{8\rho V^2}{\pi^2} \left[\zeta_A \frac{1}{(D_0 + 2L\tan\alpha)^4} + \zeta_{A-B} \frac{1}{D_0^4} + \zeta_B \frac{1}{D_0^4}\right] \tag{6.221}$$

式 (6.220) 和式 (6.221) 所表达的线图如图 6.53 所示。可以看出，在相同压力差下，收缩管孔的流量大于扩压管孔。

假设 $\Delta p_{\text{正}} = \Delta p_{\text{逆}}$，则由 $\zeta_{\text{正}} = \dfrac{\Delta p_{\text{正}}}{\dfrac{\rho u_{\text{正}}^2}{2}}, \zeta_{\text{逆}} = \dfrac{\Delta p_{\text{逆}}}{\dfrac{\rho u_{\text{逆}}^2}{2}}$ 可得

$$\frac{u_{\text{正}}^2}{u_{\text{逆}}^2} = \frac{\zeta_{\text{逆}}}{\zeta_{\text{正}}} \quad \text{或} \quad \frac{u_{\text{正}}}{u_{\text{逆}}} = \sqrt{\frac{\zeta_{\text{逆}}}{\zeta_{\text{正}}}} \tag{6.222}$$

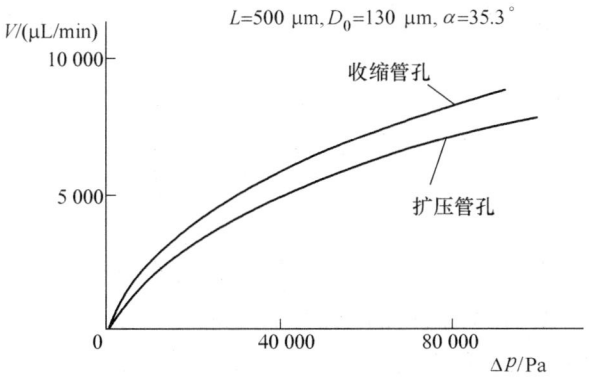

图 6.53 扩压 – 收缩管无阀泵流量特性

如果膜片往复一次的时间为 T, 而扩压 – 收缩管孔组合每吸入一次或压出一次的流量为

$$V_0 = A \int_0^{\frac{T}{2}} (u_{扩压} - u_{收缩}) \mathrm{d}t \tag{6.223}$$

单位时间内的流量为

$$V = \frac{A}{T} \int_0^{\frac{T}{2}} (u_{扩压} - u_{收缩}) \mathrm{d}t \tag{6.224}$$

则膜片往复一次时有效行程所提供的容积应等于进入或压出扩压 – 收缩管的平均流量, 即

$$\Delta V_m = A \int_0^{\frac{T}{2}} \frac{(u_{扩压} + u_{收缩})}{2} \mathrm{d}t$$

或

$$A = \frac{2\Delta V_m}{\int_0^{\frac{T}{2}} (u_{扩压} + u_{收缩}) \mathrm{d}t} \tag{6.225}$$

代入式 (6.224) 可得

$$V = \frac{2\Delta V_m}{T} \frac{\int_0^{\frac{T}{2}} (u_{扩压} - u_{收缩}) \mathrm{d}t}{\int_0^{\frac{T}{2}} (u_{扩压} + u_{收缩}) \mathrm{d}t} = \frac{\int_0^{\frac{T}{2}} u_{收缩} \left(\frac{u_{扩压}}{u_{收缩}} - 1\right) \mathrm{d}t}{\int_0^{\frac{T}{2}} u_{收缩} \left(\frac{u_{扩压}}{u_{收缩}} + 1\right) \mathrm{d}t} \frac{2\Delta V_m}{T}$$

$$= \frac{\int_0^{\frac{T}{2}} u_{收缩} \left(\sqrt{\frac{\zeta_逆}{\zeta_正}} - 1\right) \mathrm{d}t}{\int_0^{\frac{T}{2}} u_{收缩} \left(\sqrt{\frac{\zeta_逆}{\zeta_正}} + 1\right) \mathrm{d}t} \frac{2\Delta V_m}{T} \tag{6.226}$$

假设 $\zeta_逆/\zeta_正 = \eta_d$ 不随时间而变，则可将其放在积分符号外边，因此有[64]

$$V = \frac{2\Delta V_m}{T}\left(\frac{\sqrt{\frac{\zeta_逆}{\zeta_正}} - 1}{\sqrt{\frac{\zeta_逆}{\zeta_正}} + 1}\right) \quad (6.227)$$

由上式可知，如果 $\zeta_逆/\zeta_正 > 1$，那么 V 是正的，也就是泵压的效果是从左向右（图 6.51）；如果 $\zeta_逆/\zeta_正 < 1$，则 V 是负的，说明泵压的效果是从右向左。也就是说，同样的泵室结构，如果流动时的状态为层流，$Re < 30 \sim 50$，则 $\zeta_逆/\zeta_正 > 1$，流向从左向右；如果流动状态为湍流，$Re > 10^5$，那么流向将变为从右向左。

把流量改为量纲一的量

$$\overline{V} = \frac{V}{\frac{2\Delta V_m}{T}} = \frac{\sqrt{\frac{\zeta_逆}{\zeta_正}} - 1}{\sqrt{\frac{\zeta_逆}{\zeta_正}} + 1}$$

则可作出图 6.54。从图中可以看出：

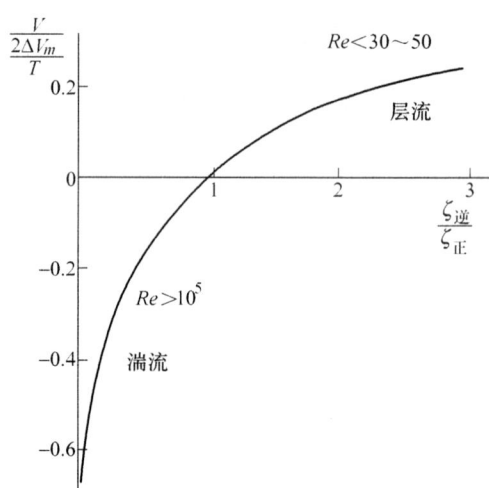

图 6.54 扩压 - 收缩无阀泵的量纲一流量特性

(1) $\zeta_逆/\zeta_正 > 1$ 时，$\overline{V} > 0$；$\zeta_逆/\zeta_正 < 1$ 时，$\overline{V} < 0$。

(2) $\zeta_逆/\zeta_正 = 1$ 时，$\overline{V} = 0$。为了提高排量 $\overline{V}$，必须使 $\zeta_逆/\zeta_正$ 增大。

(3) 层流区曲线平坦，湍流区曲线陡峭。也就是说，层流区 $\zeta_逆/\zeta_正$ 的影响较小，为了减少阻力，比值不宜太大，可以取较小的扩压角。而湍流区比值的影响大，为了提高流量可以适当加大比值，也可取较大的扩压角。

(4) 加大 $\zeta_逆$ 与 $\zeta_正$ 两者的差距，可以提高 $\overline{V}$，增大实际排量。

有时将

$$\frac{\sqrt{\frac{\zeta_{逆}}{\zeta_{正}}} - 1}{\sqrt{\frac{\zeta_{逆}}{\zeta_{正}}} + 1} = \varepsilon_d$$

称为泵的排量有效率,因此该泵的实际排量也可写成

$$V = \varepsilon_d \frac{2\Delta V_m}{T} \tag{6.228}$$

因此

$$\varepsilon_d = \frac{V}{\frac{2\Delta V_m}{T}} = \overline{V} \tag{6.229}$$

有的作者把 ε_d 和 η_d 都称为效率,这里把它们分别称为排量有效率和双向流动系数。因为按效率的本意其值应在 0~1 之间变化,而这里的 η_d 可以小于 1,而 ε_d 可以小于零。

图 6.55 给出了排量有效率 ε_d 与扩压角 θ 的关系[48] (图中实线所示)。为了提高有效率 ε_d,从结构上考虑可以在边缘处倒出圆角,这样有效率就会提高,如图 6.55 中虚线所示。

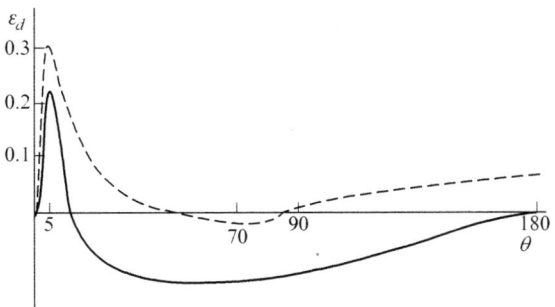

图 6.55 排量有效率的变化

由于微流动元件几何尺寸微小,在测试仪器、传感器的精度、元件加工精度等方面存在各种误差,所获得的信息往往不大一致,甚至造成相互矛盾的结果。因此完成设计之后,还得通过具体的试验来加以校正。

例如文献 [62] 中介绍了两个 Re 数区的局部阻力计算方法,其结果是截然相反的,这与一般的设计原则很不一致。文章引用两种文献提出,扩压管采用

$$\zeta_{扩压} = \zeta_{扩大} + \zeta_{摩擦}$$

当 $Re > 10^5$ 时

$$\zeta_{扩大} = 3.2\tan\frac{\alpha}{2}\left(\tan\frac{\alpha}{2}\right)^{\frac{1}{4}}\left(1-\frac{D_0^2}{D_1^2}\right)^2$$

$$\zeta_{摩擦} = \frac{\lambda}{8\sin\frac{\alpha}{2}}\left(1-\frac{D_0^2}{D_1^2}\right)^2$$

当 $1 < Re < 30 \sim 50$ 时

$$\zeta_{扩大} = \frac{A_{扩大}}{Re}, A_{扩大} = \frac{20\left(\dfrac{D_1^2}{D_0^2}\right)^{0.33}}{(\tan\alpha)^{0.75}}$$

$\zeta_{摩擦}$ 同上。

收缩管采用

$$\zeta_{收缩} = \zeta_{收} + \zeta_{摩擦}$$

大 Re 数时

$$\zeta_{收} = (-0.0125n_0^4 + 0.0224n_0^3 - 0.007\,23n_0^2 + 0.004\,44n_0 - 0.007\,45) \times$$
$$(\alpha_p^3 - 2\pi\alpha_p^2 - 10\alpha_p)$$

式中，$\alpha_p = 0.017\,45\alpha$，$\alpha$ 以度为计量单位；$n_0 = D_0^2/D_1^2$；$\zeta_{摩擦}$ 同上。当 $1 < Re < 50$ 时

$$\zeta_{收} = \frac{A_{收}}{Re}, A_{收} = \frac{19}{n_0^{0.5}(\tan\alpha)^{0.75}}, \quad 5° < \alpha < 10°$$

第 7 章 用蒙特卡罗 (Monte Carlo) 直接数值模拟 (DSMC) 方法求解微流动[10-11,181]

7.1 DSMC 方法简介

除了利用解析法和数值计算法求解微流动之外，Bird 于 1973 年提出的蒙特卡罗直接数值模拟 (direct simulation Monte Carlo) 方法也可用来计算微流动过程。这一方法是基于随机模拟方法，即 Monte Carlo 法之上的。根据分子动力论，可以认为气体是由大量粒子组成的，每个粒子除了相互之间存在碰撞现象之外，还与壁面产生碰撞。每个粒子的微观运动可以利用经典力学来描述，而气体的宏观物理参数则是这些粒子大量碰撞的统计表现。因此如果直接对那些大量的粒子的运动进行计算，就可以求出流动过程的各个相关参数。微流动中克努森数 Kn 较大，气体相对来说比较稀薄，这对简化 DSMC 方法中所采用的分子相互作用力模型及相互碰撞模型更加有利。或者说，采用比较简单的计算模型，DSMC 方法就可以获得比较可靠的计算结果。作者利用这种方法曾在 Couette 流的计算中使克努森数 Kn 达到 8.0，对于这一数值如果用 Burnett 方程进行数值计算还存在不少困难。

随机模拟方法又称统计试验法或博弈论。利用掷骰子作为赌博工具并由此得出的概率，成为博弈论的原始基础。由于欧洲地中海沿岸小国摩纳哥的首都蒙特卡罗 (Monte Carlo) 是世界著名的赌城，因此蒙特卡罗这一名词也就成了博弈论的别名。

现代蒙特卡罗方法包括随机模拟方法、随机抽样技术、统计试验方法等内容，是一种利用统计抽样理论近似地求解和处理数学问题或物理问题的有效方法。运用蒙特卡罗方法，首先必须建立一个与所描述问题有相似性的概率模型。然后对模型进行随机模拟或统计抽样。再利用所得结果求出这些特征参数的统计估计值，作为原来问题的近似解。

由于计算机有高速度和大容量运算的特点,使蒙特卡罗方法有了用武之地。小型个人电脑的联合运算又大大促进了这一方法的普及。用数学模拟来代替一些庞大而复杂的实验,使实际问题得以解决,这是一种虚拟的实验,称为数值实验,是蒙特卡罗方法一个新的应用领域。其优点是计算方法及程序结构简单,适应性强;缺点是收敛速度慢、耗时多,不宜用来解决精度要求高的实际问题。

随机模拟方法也派生出多种具体方法,有求解 Boltzmann 积分方程的 Monte Carlo 方法、试验粒子法、分子动力学法、直接模拟 Monte Carlo 法等。

直接模拟 Monte Carlo 法是使用大量模拟分子的运动来代表真实气体分子的运动。当两个运动分子的距离小到一定值时就产生碰撞。碰撞的结果使两个分子又以各自碰撞后的速度运动。如果遇到壁面就按反射规律处理。因此,只要给定所有粒子的初始状态,以后就可按照一定规律各自运动。如果使用足够多的粒子,就可以利用随机方法求出宏观物理量[66,71-72]。

显然,直接模拟法的准确度有赖于所用分子数目的多少,而分子数目的多少直接牵涉计算机消耗的机时。随着个人电脑存储容量的增大和运算能力的提高,使得一般科技工作者有条件采用直接模拟方法来计算气体的各种物性。

DSMC 方法的特点在于对碰撞的处理。首先认为碰撞之前分子在统计上是相互独立的,没有任何联系。其次只考虑两个模拟分子的碰撞,即所谓二体碰撞。

7.2 求解微流动时 DSMC 方法的具体化

微流动可以简化 DSMC 方法所用的分子作用力模型和碰撞模型。最简单的模型是光滑弹性刚球的二体碰撞模型。这时,粒子的碰撞只在两个粒子接触的瞬间发生[14]。

如图 7.1 所示,对于弹性刚球模型,当两个分子之间中心距离减少到分子直径尺寸 d 时,就发生碰撞。因此在该尺寸范围内发生碰撞的所有可能的横截面积应为

$$\sigma_\tau = \pi d^2 \tag{7.1}$$

当所考察的模拟粒子相对于周围某一群粒子的相对速度为 C_r 时,那么它在 Δt 时间内经过 $C_r \Delta t$ 距离期间,它与周围该群粒子可能发生的碰撞次数应为 $\Delta n \sigma_\tau C_r \Delta t$。其中 Δn 为与模拟粒子的相对速度为 C_r 的这群周围粒子在单位容积中的粒子数。由于周围的粒子速度是多样性的,因此该模拟粒子与周围所有不同速度粒子的碰撞总次数应为

$$\sum \Delta n \sigma_\tau C_r \Delta t$$

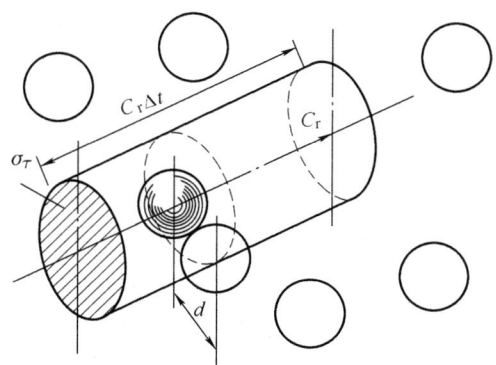

图 **7.1**　模拟分子在分子场中的运动

一个粒子在单位时间内与周围其他粒子发生碰撞的次数称为碰撞频率 ν，因此

$$\nu = \sum(\Delta n \sigma_\tau C_r) = n\sum\left[\left(\frac{\Delta n}{n}\right)\sigma_\tau C_r\right] \tag{7.2}$$

在单位容积内的总粒子数 n 中，以某一速度运动的粒子数 Δn 是与相对速度 C_r 及横截面积 σ_τ 有关的，因此上式方括号内可以写成对所有粒子的平均值 $\overline{\sigma_\tau C_r}$，有

$$\nu = n\overline{\sigma_\tau C_r} \tag{7.3}$$

对于弹性刚球二体碰撞模型，σ_τ 可由式 (7.1) 代入，即

$$\nu = \pi d^2 n \overline{C_r} \tag{7.4}$$

最终可得单位时间内单位容积中气体分子碰撞的总次数为

$$N_c = \frac{1}{2}n\nu = \frac{1}{2}n^2\overline{\sigma_\tau C_r} \tag{7.5}$$

平均自由行程 λ 的定义是相邻两次碰撞之间所行经的平均路程，若平均热速度为 $\overline{C}'$，则

$$\lambda = \frac{\overline{C}'}{\nu} = \frac{\overline{C}'}{n\overline{\sigma_\tau C_r}} \tag{7.6}$$

对于弹性刚球二体碰撞模型

$$\lambda = \frac{\overline{C}'}{\overline{C_r}}\frac{1}{\pi d^2 n} \tag{7.7}$$

进一步分析可得

$$\lambda = \frac{1}{\sqrt{2}\pi d^2 n} \tag{7.8}$$

至于宏观参数与微观参数的联系，可由分子动力论求得。

密度的宏观定义是单位容积中的气体质量，从微观上看就是单位容积中的分子数 (即分子数密度) 乘上每个分子的质量，即

$$\rho = nm \tag{7.9}$$

正压强的宏观定义是单位面积上的正压力，微观意义是胁强张量 P 迹的平均值，由式 (3.105) 可得

$$p = \frac{1}{3}\rho\overline{C'^2} = \frac{1}{3}\rho(\overline{u'^2} + \overline{v'^2} + \overline{w'^2}) \tag{7.10}$$

对于单原子分子，在平衡时热力学温度就是气体分子平均动能的表现，即

$$\frac{3}{2}kT = \frac{1}{2}m\overline{C'^2} = \frac{1}{2}m(\overline{u'^2} + \overline{v'^2} + \overline{w'^2}) \tag{7.11}$$

式中，C' 是热速度，它是分子平均速度 C 和宏观流速 C_0 之差。

7.3 求解 Couette 微流动时 DSMC 方法的步骤及其程序框图[23]

图 7.2 给出了 DSMC 求解 Couette 微流动的程序框图。

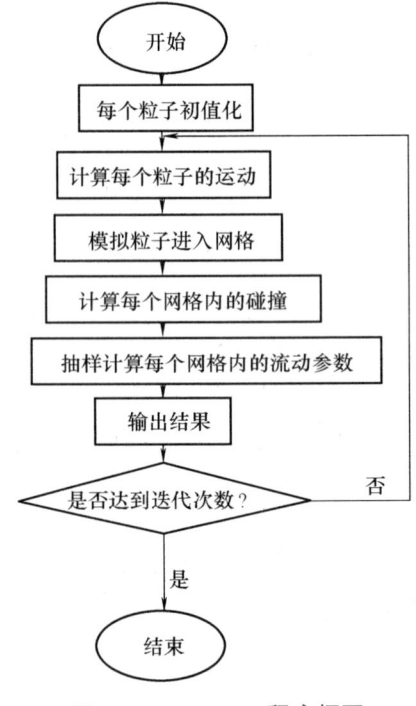

图 **7.2** DSMC 程序框图

第一步是划分网格和亚网格，并对气体状态初值化。亚网格与网格的不同在于它的宽度是变化的。两者宽度都远小于平均自由行程 λ，并可容纳约 20 个粒子。认为所有粒子的温度是相同的，在每个网格中所有粒子的速度是相同的。时间步长应小于平均碰撞间隔时间。

第二步是计算每个单独粒子的运动。确定在经过一个时间步长后粒子的新位置。

第三步则是变更进入网格及亚网格中的粒子，因为它们的位置已因上一次的运动而变化，本次的位置要重新计算。因此每一个粒子有新的网格，而每一个网格又有新的粒子数。

第四步是选定碰撞对，并按碰撞模型实施碰撞。

第五步是对网格中的粒子抽样统计，确定气体的宏观性质，如速度、温度、压力等。

最后输出计算结果。

步骤二至五必须进行迭代，直至流动达到稳定状态。

整个计算是根据 Bird 著《Molecular Gas Dynamic and the Direct Simulation of Gas Flows》一书所附光盘中的程序进行的，它由 FORTRAN 77 语言编写。本书对 Couette 微流动计算时，工质为氩气，普朗特数 $Pr = 0.67$。计算采用 20~200 个网格，每个网格有两个亚网格，共有 5000~10 000 个粒子。气体的初始分子数密度为 $10^{20} \sim 10^{26}$ m^{-3}。气体的参考温度为 273 K。粒子的速度取 300 m/s 及 900 m/s。Couette 流上、下两个平板之间距离为 $5.0 \times 10^{-7} \sim 6.25 \times 10^{-8}$ m。时间步长取 $10^{-9} \sim 10^{-6}$ s。相应地，克努森数为 $Kn = 0.01 \sim 8.0$，马赫数为 $Ma = 1$ 及 $Ma = 3$。

上述程序的运算是在多台个人电脑上同时进行的。可在相对较短的时间内获得所需要的计算结果。

7.4 DSMC 计算结果与 GDQ 数值计算结果的比较

根据上述计算过程，这里给出了一些典型的计算结果，并与前面用 GDQ 数值计算方法的结果作了比较。

图 7.3 给出了 $Ma = 1$ 时，用 DSMC 方法计算 Couette 流所得到的两平板之间的速度分布、温度分布和压力分布。计算中采用了十个不同的克努森数 $Kn = 0.01 \sim 8.0$，图中给出了六个克努森数值，分别为 Kn=0.01, 0.2, 0.5, 1.0, 4.0, 8.0。

从图 7.3a 中可以看出，板间气体的速度梯度随着 Kn 的增大而增加，这与用 GDQ 数值计算方法所得的结果是一致的。当 $Kn = 0.01$ 时，速度滑移为 0.015；$Kn = 1.0$ 时为 0.281；而当 $Kn = 8.0$ 时，达到 0.407。同时，随着 Kn 的增加，速度分布曲线越来越偏离线性分布。这是由于在过渡区内，随着 Kn 的增大，克努森层将增厚，速度滑移更为严重。但速度分布曲线的曲率在 $Kn = 1$ 附近达到最大。Kn 大于 1 后，曲率又逐渐减小。这时流动将进入自由分子区，速度分布又重新呈现线性分布。由此可以预计，当 Kn 趋向无穷大时，速度滑移将达到最大值。

图 7.3b 为不同 Kn 值时两板间的温度分布。同样，随着 Kn 的增大，温度突跳也不断增大。但是中心温度与板面温度的差值则反而缩小。在 $Kn = 0.01$ 时，温度突跳为 0.006，温度差为 0.049；当 $Kn = 1.0$ 时，温度突跳升至 0.1，而温度差减为 0.019。

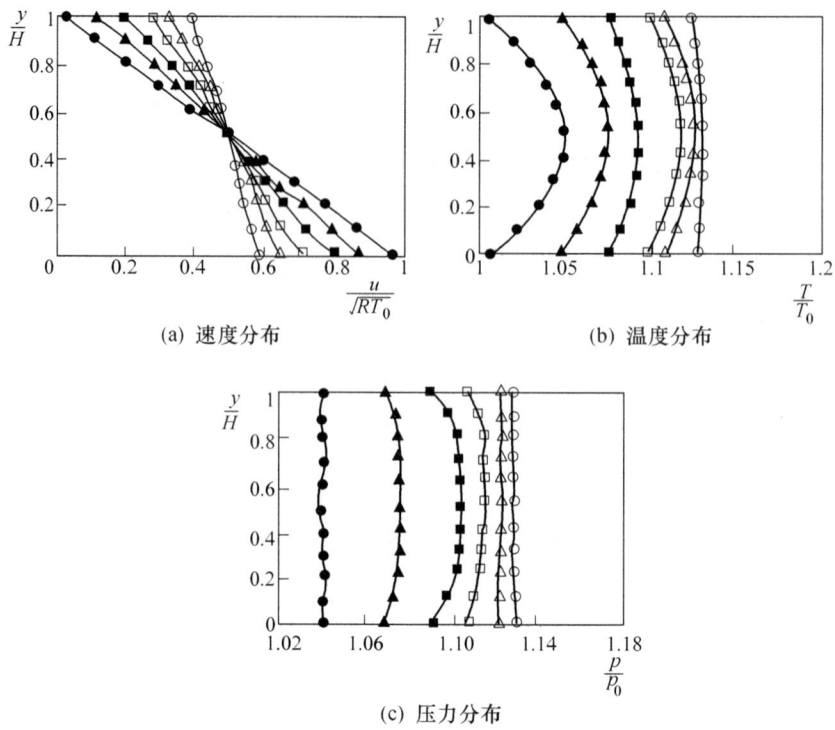

图 7.3 用 DSMC 方法模拟计算的结果 Ma

—●— $Kn = 0.01$; —▲— $Kn = 0.2$; —■— $Kn = 0.5$; —□— $Kn = 1.0$; —△— $Kn = 4.0$; —○— $Kn = 8.0$

同样可以预计,当 Kn 趋向无穷大时,曲线将成垂直线。

图 7.3c 是不同 Kn 值时两板间的压力分布。与前面用 GDQ 方法对 Burnett 方程进行数值计算的结果不同,DSMC 模拟计算的结果显示在壁面附近出现压力跳跃。例如,当 $Kn = 0.01$ 时,压力跳跃为 0.039;$Kn = 1.0$ 时,压力跳跃为 0.109;$Kn = 8.0$ 时,压力跳跃达到 0.129。后面将进一步分析这一现象。与速度及温度分布相似,压力分布曲线也是先随 Kn 的增加而变成中部增大的曲线,这与用 GDQ 方法对 Burnett 方程进行数值计算的结果是一致的。当 Kn 达到一定值后,再增大 Kn 值,就会使压力分布曲线重新接近直线。

图 7.4 比较了用 Navier-Stokes 方程、Burnett 方程和 DSMC 模拟得到的速度分布、温度分布和压力分布。从图中 7.4a 的速度分布和图 7.4b 的温度分布曲线来看,在 $Kn = 0.01$ 时,Burnett 方程的解和 DSMC 模拟计算结果的符合程度是很好的,对速度来说最大差值只有 0.0007,对温度来说只有 0.0008。但是当 Kn 增大时,其差别就会增大。当 $Kn = 0.1$ 时,速度差值和温度差值分别升到 0.06 和 0.07。此外,通过比较表明,在滑移区 ($Kn < 0.1$),采用一阶滑移边界条件来描述速度滑移和温度突跳其结果是令人满意的。

图 7.4c 给出的压力分布却揭示了一个新的问题,那就是用 Burnett 方程计算时

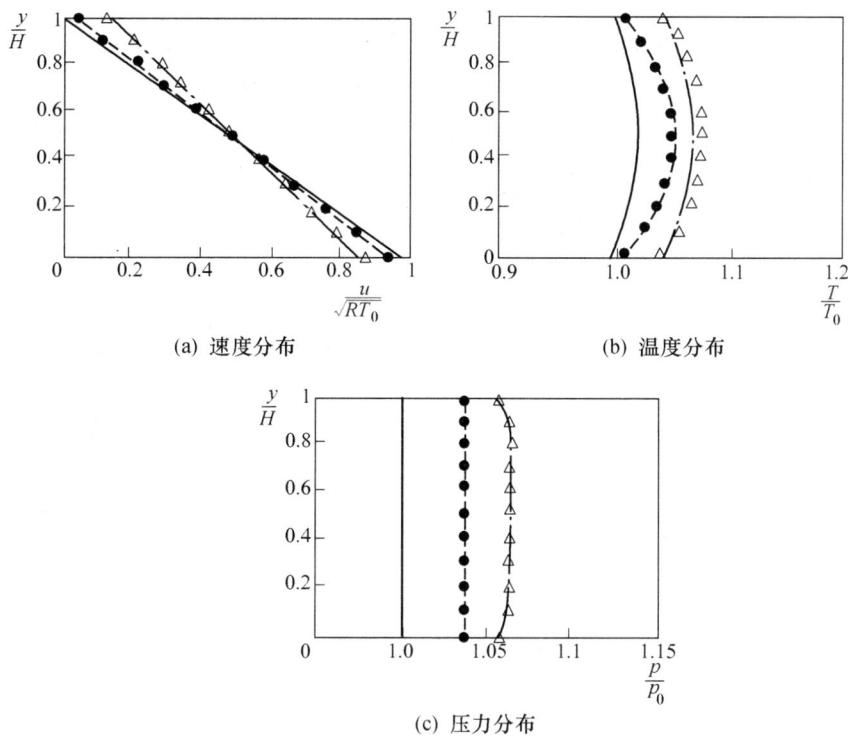

图 7.4 Navier–Stokes、Burnett 与 DSMC 计算结果的比较 ($Ma = 1$)

——— N–S; ---- $Kn = 0.01$ Burnett; —·— $Kn = 0.1$ Burnett;

● $Kn = 0.01$ DSMC; △ $Kn = 0.1$ DSMC

边界条件是否足够？或者说，当壁面边界条件给定后，Burnett 方程的解是否唯一？在第 6 章中对 Burnett 方程进行数值求解时，把动量方程中量纲一积分常数 $\overline{P}_0$ 作为一个不变量来处理 [见式 (6.203)]，最后求得了 Couette 流的压力分布 (图 6.34 和图 6.35)。进一步分析表明，当靠近壁面产生速度滑移时，那里气体分子的动量也将发生变化，这就会产生压力跳跃。因此边界上 $\overline{P}_0$ 值并不总是同一个值。也就是说，在压力分布图上，压力曲线在壁面处并不总是处于同一点上。如果考虑到这一情况，对 Burnett 方程的解进行修正，那么 Burnett 方程的修正解和 DSMC 模拟解就非常相符。图 7.4c 正是反映了修正后的 Burnett 方程解这一情况。相应地，图 7.4a, b 的 Burnett 解也是修正后的。

按照 DSMC 模拟计算的结果，作者提出了在滑移区对量纲为一的积分常数 $\overline{P}_0$ 进行修正的关联式，它是与 Kn 有关的，即

$$\overline{P}_0 = \frac{Kn^2}{2} + a \lg Kn + b \tag{7.12}$$

式中，a, b 为系数，$a = 1/72, b = 1.068$。

由于压力修正与速度分布和温度分布没有直接关系，因此对速度和温度分布的影响不大。

图 7.5 给出了 Couette 流中存在热交换时,两板间气体的温度分布。图中两板的温度比分别为 1, 2 和 20。当温度比较小时,如图 7.4a 和 b 所示,Navier–Stokes 方程的解和 Burnett 方程的解非常接近。不过 DSMC 的解却反映出 Kn 具有明显的影响。当温度比很大时,如图 7.4c 所示,Burnett 方程的解与 Navier–Stokes 方程的解有很大差别,但与 DSMC 所得的结果却十分接近。

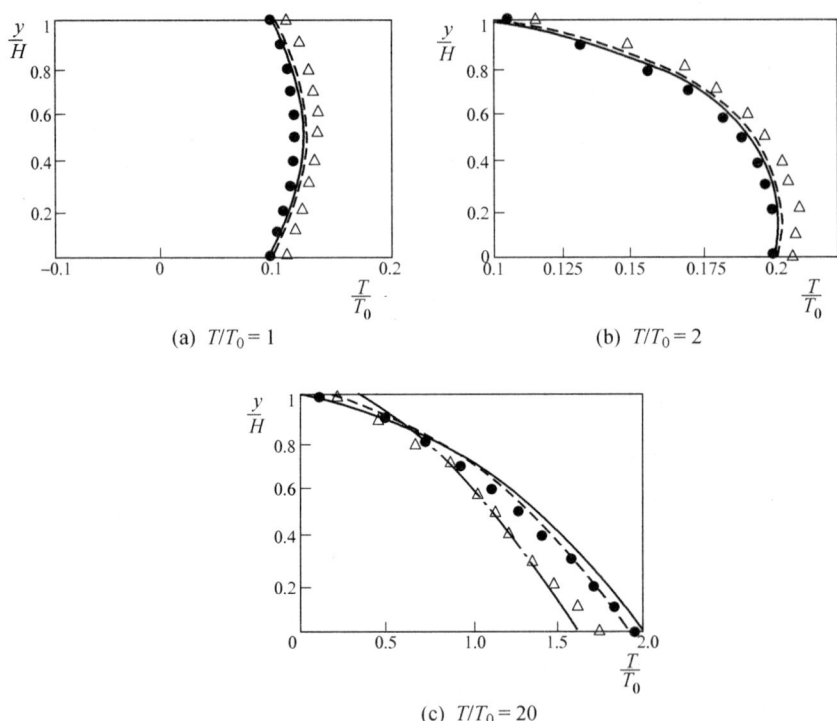

图 **7.5** 不同温度比时,**Navier–Stokes**、**Burnett** 与 **DSMC** 计算所得的温度分布
—— N–S;---- $Kn = 0.01$ Burnett;—·— $Kn = 0.1$ Burnett;
● $Kn = 0.01$ DSMC;△ $Kn = 0.1$ DSMC

为了和已有的文献相比较,这里还对 Couette 流的剪切应力和热流量进行了计算。剪切应力的计算公式为

$$\tau_{xy} = -n\overline{mu\nu} \tag{7.13}$$

热流量的计算公式为

$$q = n\left(\frac{1}{2}\overline{mC^2u} - \overline{mu^2}u_0 + \overline{mu_0^3} - \overline{mu\nu}v_0 - \frac{1}{2}\overline{mC^2}u_0 + \overline{\varepsilon u} - \overline{\varepsilon}u_0\right) \tag{7.14}$$

式中,u 为分子平均速度 C 在 x 方向的分量;u_0 为宏观流速 C_0 在 x 方向的分量;ν 为运动粘度;ε 为一个分子的内能。另外,宏观流速都是以马赫数 $Ma = 3$ 为标准的。

图 7.6 给出了剪切应力与克努森数的关系。剪切应力采用量纲一的量 $\sigma_{12}/(\rho_0 RT_0)$。图中的 Burnett 和 DSMC 是作者的计算结果。Liu & Lees 来自文

献 [65]，其数据是利用六矩方法获得的。Nanbu 采自文献 [66]，它是用直接模拟方法得到的。图中还给出了 Navier-Stokes 方程的计算结果和自由分子流的水平线。

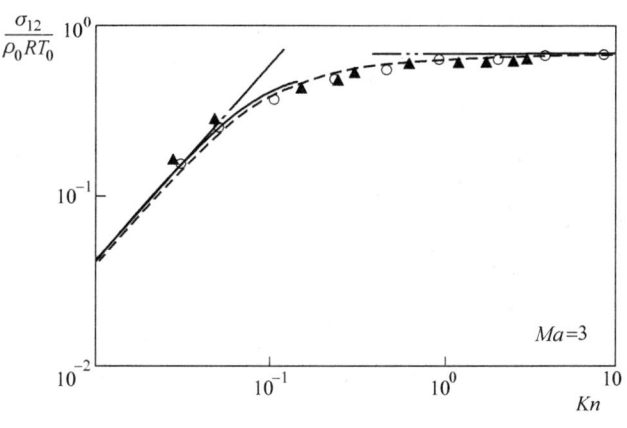

图 7.6 剪切应力与克努森数的关系

—— Burnett; ---- Liu & Lees; —·— N–S; —··— 自由分子; ○ Nanbu; ▲ DSMC

由比较可知，当 $Kn < 0.04$ 时，利用连续流的 Navier-Stokes 方程计算结果与其他方法所得的计算结果是比较一致的。而使用 Burnett 方程所得计算结果的准确度比 Navier-Stokes 方程提高了一个数量级，当 $Kn = 0.15$ 时，它还能与直接模拟结果保持一致。但是由于 Burnett 方程求解时在计算方法上的局限性，还未能达到更大的克努森数值。DSMC 方法却可以获得较广的 Kn 值范围，其计算结果基本上与 Nanbu 用 DSMC 方法和 Liu & Lees 用六矩方法所得的计算结果一致。

从图 7.6 中还可以看出，当 $Kn < 0.04$ 时，量纲一剪切应力与 Kn 的关系是线性变化的。但是当 $Kn > 0.04$ 时，则成了非线性变化。在 $Kn \leqslant 0.15$ 时，用 Burnett 方程可以很好地描述量纲一剪切应力与克努森数的关系。当 $Kn > 10$ 后，剪切应力逐渐接近于自由分子流，这时与 Kn 没有关系。

图 7.7 给出了热流量与克努森数几种关系的比较，热流量也采用量纲一的量 $q_2/[p_0(RT_0)^{\frac{3}{2}}]$。比较表明，只有当 $Kn < 0.02$ 时，Navier-Stokes 方程的计算结果才和其他方法比较一致，而 Burnett 方程的计算结果准确度可提高到 $Kn = 0.10$。当 $Kn > 0.18$ 时，Burnett 方程的计算结果将产生较大的偏差。这说明，即使考虑了速度滑移和温度突跳，在 Kn 较大时，用 Burnett 方程求解仍然不是很成功。作者用 DSMC 方法得到的数据与 Nanbu 的结果比较一致，但与 Liu & Lees 的结果却有较大的差距。这说明，用六矩法在预测热流量时也存在较大的误差。

从图 7.7 中可以看出，随着克努森数 Kn 的增大，开始时热流量是增大的，但是当 $Kn = 0.2$ 时，热流量就达到了峰值，再增加 Kn 值则热流量反而会下降。这说明在滑移流范围内传热的效果比较良好。当 $Kn \to \infty$ 时，热流量将趋于自由分子流的结果，即热流量将趋于零。

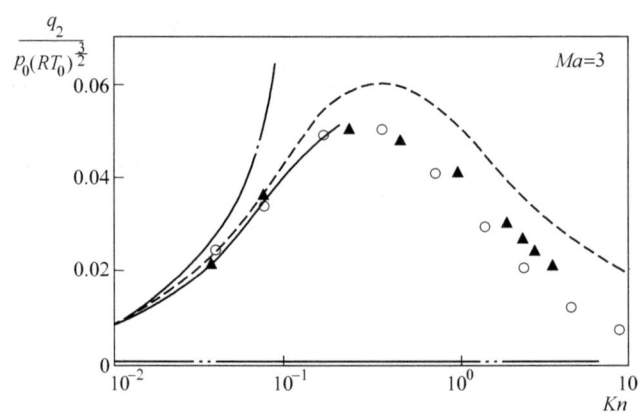

图 7.7 热流量与克努森数的关系
—— Burnett; ---- Liu & Lees; —·— N–S; —··— 自由分子; ○ Nanbu; ▲ DSMC

综合以上内容可知,利用 Burnett 方程计算滑移区可以获得比较好的预测效果,而且计算工作量很少。DSMC 方法虽然可以在较大的克努森数范围内得出较好的结果,但目前的个人电脑仍不能很快地给出结果,有所不便。此外,利用 Burnett 方程组求解流动过程和热传输时,具有比较清晰的物理概念,从而便于对结果的分析。

第 8 章 微流动中的流体及其有关特性

8.1 概述

在前面介绍的内容中,主要以牛顿流体为依据,它符合牛顿内摩擦定律,即流动的模型是分层的平行流,相邻两层之间具有一定的法向速度梯度 du/dy,如图 8.1 所示。各层之间的摩擦力 T 与速度梯度 du/dy 和面积 A 成正比,其比例常数 μ 就是流体的动力粘度,因此有

$$T = \mu A \frac{du}{dy} \tag{8.1}$$

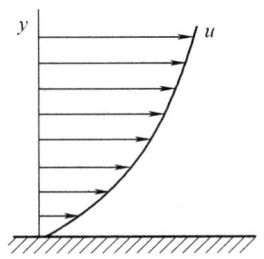

图 8.1 牛顿流体的流动

动力粘度 μ 与压力的关系较小,但与流体的密度 ρ 有关。为了分离密度的影响,常用运动粘度 ν 来反映流体的粘性,因此

$$\nu = \frac{\mu}{\rho} \tag{8.2}$$

代入式 (8.1) 可得

$$T = \nu \rho A \frac{du}{dy} \tag{8.3}$$

各层界面上的切应力 τ 就是单位面积上的摩擦力,即

$$\tau = \frac{T}{A} = \mu \frac{du}{dy} = \nu \rho \frac{du}{dy} \tag{8.4}$$

自然界符合牛顿定律要求的流体，在总量上占据大部分，例如水、空气以及通常的气体或油类都可归纳为牛顿流体。但是，自然界也有很多种类的流体并不服从于牛顿内摩擦定律，因此统称为非牛顿流体[6]。

其实，非牛顿流体的种类也是很多的，在性质上也各不相同。例如胶体溶液、凝胶、乳浊液、气溶液、浮悬液、泡沫、塑性流体、电流体、磁流体、大多数生物流体(如血液、淋巴液、细胞质等) 以及电解质的水溶液、有机化合物的水溶液等，都不符合牛顿定律的要求。它们的切应力并不与速度梯度成正比，而动力粘度也与其他很多因素有关，除去流体本身的特性及压力、温度之外，其他影响因素还有外加的切力大小、外加电场、磁场等。一般来说，切应力 τ 和法向速度梯度 du/dy 有如下的关系：

$$\tau = k \left(\frac{du}{dy}\right)^n \tag{8.5}$$

式中，k 为比例常数；n 为幂指数，它介于 0 和 1 之间，当 $n = 1$ 时，就是牛顿流体。

非牛顿流体大致可以分为膨胀型流体、塑料型流体、拟塑料型流体等几种。不同流体的切应力与速度梯度的关系可定性地表达为图 8.2。图中理想流体 1 是指没有任何粘性的流体，因此切应力始终为零，即图中所示的水平线。而完全弹性体 6 则是没有法向速度梯度的，因此它与图中的垂直线一致。牛顿流体 3 在图中为一条通过原点的斜直线，其斜率就是动力粘度 μ。

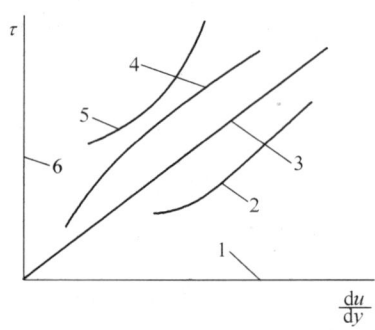

图 8.2　不同流体的切应力特性

宾厄姆 (Bingham) 塑料型流体 2 包括塑料泥和有规则的固体颗粒的悬浮体。在静止时，它是一种稳定的三维结构，就像固体一样。只有当速度梯度达到某一数值时，才开始发生变形而流动，流动时的规律类似于牛顿流体。因此如图 8.2 所示，开始为一条水平线，达到某一速度梯度后，曲线就由水平转为斜线。电流变体、磁流变体、血流变体都属于这种类型。

拟塑料型流体 4 符合式 (8.5) 的规律，指数 n 介于 0 和 1 之间。这类流体包括大多数溶液、含有大而长分子及非对称性颗粒的悬浮液、大多数生物流体 (如血液、乳液)，另外泥土和明胶等胶体也属于这一类。这类流体在低速度梯度下是一条曲线，曲线的斜率随速度梯度的增加而减小，因此动力粘度随速度梯度的增加而降低。但是当超过某一速度梯度后，仍是一条直线，此时符合牛顿流体的规律。

膨胀型流体 5 的动力粘度随着速度梯度的增加而增加，例如含有很细石英粉末的水悬浮液 (粒径为 $1\sim 5\ \mu m$，含 44% 的固体) 就是其中之一。当速度梯度较低时，在此悬浮液中运动比较容易，呈现近似于牛顿流体的规律，但是随着速度梯度的增大，流动阻力越来越大，有点像固体。此外，在水中含有淀粉颗粒的糊状物、浓糖溶液、油灰等也属这一类型。

还有一些流体，在机械作用力之下发生的变形是与作用的时间相关的。作用时间越长，则粘性越小，作用力停止时，流体又恢复到原来状态，这种现象称为"触变"。例如 Fe_2O_3 冻胶、Al_2O_3 冻胶、浓度较低的明胶等都有这种现象，因此称为触变冻胶。施加外力后冻胶可以变成溶胶。这种在施加外力后随时间增长而粘性减小的流体称为减粘流体。相反，如果随时间增长而粘性增大的流体，则称为增粘流体[67]。

目前在微流动研究领域，涉及非牛顿流体比较多的是在生物医学工程方面，例如血液的流动、细胞质的流动、植物细胞液体的输送等，某些微型化学反应器件中也可能出现非牛顿流体。在微流动中还可以利用非牛顿流体的某些特性来完成特定的功能，例如微阀、微泵。本书的理论分析大多讨论牛顿流体。至于非牛顿流体，本章只作简要介绍，其应用则在相关章节中给予介绍。

8.2 空气及其他气体

在微流道内流动的流体有一部分属于气体，尤以空气最多，例如 MEMS 芯片、大气污染检测芯片内的流动，一些气体化学微反应器、气体润滑轴承间隙中的流动等。绕流的微流动中也有一部分流体是气体，如微型飞机、微探针绕流等。在考虑了微流动效应后，这些气体除非接近于它们的饱和温度，否则都可以按宏观气体流动规律来分析。或者说，可以把流动处理成主体流动和边界层流动两部分。把粘性部分归入边界层内的流动，按牛顿流体处理，而主体流动则按理想流体处理。这就大大简化了流动的计算。边界层上的速度滑移是气体微流动的最大特点。

微流动中的气体虽然已经偏离了连续流状态，但是还没有进入自由分子流状态。将流动分成主体流动和边界层流动两部分后，主体流动仍可以借用连续流的分析方法。因此在微流中气体的物理性质和化学性质仍然可以采用宏观状态给出的数据。至于气体在微流动时的输运性质，特别是气体的动力粘度、热导率及扩散系数，则应考虑到微流效应的影响。这些问题的处理方法，已在前面相应的章节中作过介绍，这里不再重复。

表 8.1 给出了标准大气压下空气的一些物理性质。表 8.2 则是标准海平面上 20 °C 时常见气体的物理性质。表 8.3 是几种气体在水和溶液中的溶解度。了解这些

参数对微流的计算是有用的。

表 8.1 标准大气压下空气的物理性质[46]

温度 $T/°C$	密度 $\rho/(kg/m^3)$	动力粘度 $\mu/(10^{-5}N\cdot s/m^2)$	运动粘度 $\nu/(10^{-5}m^2/s)$
−40	1.515	1.49	0.98
−20	1.395	1.61	1.15
0	1.293	1.71	1.32
10	1.248	1.76	1.41
20	1.205	1.81	1.50
30	1.156	1.86	1.60
40	1.128	1.90	1.68
60	1.060	2.00	1.87
80	1.000	2.09	2.09
100	0.946	2.18	2.31
200	0.747	2.58	3.45

表 8.2 标准海平面上 20°C 时常见气体的物理性质[46]

气体名称	化学分子式	分子量	密度 $\rho/(kg/m^3)$	动力粘度 $\mu/(10^{-5}N\cdot s/m^2)$	气体常数 $R/[N\cdot m/(kg\cdot K)]$	比热容 c_p $[N\cdot m/(kg\cdot K)]$	比热容 c_V	比热比 $k=c_p/c_V$
空气		29.0	1.205	1.80	287	1 003	716	1.40
二氧化碳	CO_2	44.0	1.84	1.48	188	858	670	1.28
一氧化碳	CO	28.0	1.16	1.82	297	1 040	743	1.40
氦	He	4.00	0.166	1.97	2 077	5 220	3 143	1.66
氢	H_2	2.02	0.0839	0.90	4 120	14 450	10 335	1.40
甲烷	CH_4	16.0	0.668	1.34	220	2 250	1 730	1.30
氮	N_2	28.0	1.16	1.76	597	1 040	743	1.40
氧	O_2	32.0	1.33	2.00	260	909	649	1.40
水蒸气	H_2O	18.0	0.747	1.01	462	1 862	1 400	1.33

表 8.3 一些气体在水和溶液中的溶解度[6] $N\cdot m^3/(N\cdot m^3)$

温度 $T/°C$	CO_2 在水中	N_2 在水中	O_2 在水中	O_2 在海水中	O_2 在血液中
0	1.713	0.0239	0.0489	0.0391	—
10	1.194	0.0196	0.0379	0.0313	—
20	0.878	0.0164	0.0309	0.0260	—
30	0.665	0.0138	0.0282	0.0219	—
35	0.592	—	0.0261	—	—
37	—	—	0.0238	—	0.019~0.022
40	0.530	0.0118	0.0231	—	—

8.3 水

微流中的流体有很大一部分是以水作为主要成分的。在 MEMS 芯片的冷却、微化学反应器、微芯片实验室、环境检测芯片以及生物界体液的流动中几乎都离不开水。

水虽然是最常见的流体,却有些非常特殊的性能。有些性能甚至直接影响到自然界生物体的生存,例如水的极性、水的表面张力、水在冰点时体积的增大等。

前面讲过,水分子 H_2O 中的 O 和 H 原子是通过共价键结合的。O 原子外壳上的六个电子中有两个与 H 原子偶联,剩下的四个电子形成两对,它们具有四面体式的轨道,四个角上有两个正电荷和两个负电荷,形成了偶极结构,使水分子带有电极性。

水分子的极性使它很容易与周围带电荷的离子通过 H 键而结合,形成一层离子水合壳或称结水离子,如图 8.3 所示。壳内是有序排列的,外层是无序的外壳,再外边是正常的水。由于有序分子层的存在,使水合壳内的动力粘度增大而扩散系数降低,同时溶解度也下降。但是却可以与其他物质组成胶体颗粒或胶悬体,对生物体内营养的输送尤有好处,例如蛋白质、纤维素等。

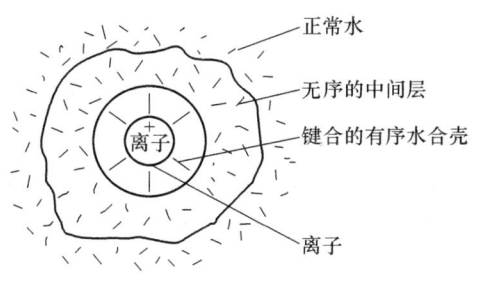

图 8.3 结水离子

一般来说,这种水合壳只由几层有序分子构成,其厚度并不大,约为 10 ~ 20 Å (1 ~ 2 nm)。但是在微流动中,这一尺度足以影响流体与壁面间动量与能量的传输。

需要指出的是,H 键结合作用与偶极引力的作用是不同的。例如,蛋白质在水中的溶解是由于蛋白质中胺基的氮及羧基中的氧与水分子相连的结果,也就是 H 键结合。而偶极引力则是两个极性分子之间的吸引力造成的,极性溶质分子带正电荷的一极与第一个水分子带负电荷的一极吸引。而第一个水分子带正电荷的另一极又会和第二个水分子带负电荷的一极相吸引。第二个分子带正电荷的另一端又会和第三个水分子带负电荷的一极相吸引。如此下去就会像拔河一样,把极性溶质的分子拉出来,在溶质分子周围形成一圈水化层,因此极性溶质在水中的溶解是十分迅速的。

前面讲过分子之间的相互作用力主要是范德瓦耳斯力力,它包括静电力(Keesen 力)、诱导力(Debye 力)和色散力(London 力)三部分。对于极性流体,这三部分力都存在,而且极性越强,静电力越大。静电力的大小是通过偶极矩来表达的。表 8.4 给出了水及其他一些流体的偶极矩 μ 值。

表 8.4 流体的偶极矩 μ 值[5]

名称	水	氨	乙醇	苯	乙烷	氧	氮	氢	氩
化学式	H_2O	NH_3	$(C_2H_5)OH$	C_2H_6	C_2H_6	O_2	N_2	H_2	Ar
偶极矩 $\mu(D)$	1.84	1.50	1.70	0	0	0	0	0	0

对于同类分子,静电力相互作用势能为

$$E_k = -\frac{2}{3}\frac{\mu^4}{kTl^6} \tag{8.6}$$

诱导力相互作用势能为

$$E_D = -\frac{2\alpha\mu^2}{l^6} \tag{8.7}$$

色散力相互作用势能为

$$E_L = -\frac{3}{4}\frac{\alpha^2 I}{l^6} \tag{8.8}$$

式中,μ 为偶极矩;l 为偶极矩之间的距离;α 为极化率。可以看出,静电力是和温度成反比的,而这三者都与偶极矩之间的距离的六次方成反比。表 8.5 给出了几种流体的范德瓦耳斯力力的作用势能。

表 8.5 流体范德瓦耳斯力力的作用势能[5]

名称	分子式	偶极矩/D	极化率/$10^{-21}cm^3$	E_k	E_D	E_L	$E_V = E_k + E_D + E_L$
水	H_2O	1.84	1.48	8.69	0.46	2.15	11.30
氨	NH_3	1.50	2.21	3.81	0.37	3.57	7.75
氯化氢	HCl	1.03	2.63	0.79	0.24	4.02	5.05
氩	Ar	0	1.63	0	0	2.03	2.03

在微流动时除了个别情况外,水的性质仍然可以采用宏观状态时的数据。表 8.6 给出了水的一些物理性质,可供参考。

表 8.7 为一些常见液体的物理性质。

表 8.6 水的物理性质[46]

温度 $T/°C$	密度 $\rho/(kg/m^3)$	动力粘度 $\mu/(10^{-3}N\cdot s/m^2)$	运动粘度 $\nu/(10^{-6}m^2/s)$	表面张力 $\sigma/(N/m)$	蒸气压力 $p_v/(kN/m^2)$	体积弹性系数 $E_v/(10^6kN/m^2)$
0	999.8	1.781	1.785	0.0756	0.61	2.02
5	1000.0	1.518	1.519	0.0749	0.87	2.06
10	999.7	1.307	1.306	0.0742	1.23	2.10
15	999.1	1.139	1.139	0.0735	1.70	2.15
20	998.2	1.002	1.003	0.0728	2.34	2.18
25	997.0	0.890	0.893	0.0720	3.17	2.22
30	995.7	0.798	0.800	0.0712	4.24	2.25
40	992.2	0.653	0.658	0.0696	7.38	2.28
50	988.0	0.547	0.553	0.0679	12.33	2.29
60	983.2	0.466	0.444	0.0662	19.92	2.28
70	977.8	0.404	0.413	0.0644	31.16	2.25
80	971.8	0.354	0.364	0.0626	47.34	2.20
90	965.3	0.315	0.326	0.0608	70.10	2.14
100	958.4	0.282	0.294	0.0589	101.33	2.07

表 8.7 标准大气压下常见液体的物理性质[46]

液体名称	温度 $T/°C$	密度 $\rho/(kg/m^3)$	相对密度 s	动力粘度 $\mu/(10^{-4}N\cdot s/m^2)$	表面张力 $\sigma/(N/m)$	蒸气压力 $p_v/(kN/m^2)$	弹性系数 $E_v/(10^6N/m^2)$
苯	20	895	0.90	6.5	0.029	10.0	1 030
四氯化碳	20	1 588	1.59	9.7	0.026	12.1	1 100
原油	20	856	0.86	72	0.03	—	—
汽油	20	678	0.68	2.9	—	55	—
甘油	20	1 258	1.26	14 900	0.063	0.000 014	4 350
氢	−257	72	0.072	0.21	0.003	21.4	—
煤油	20	808	0.81	19.2	0.025	3.20	—
水银	20	13 550	13.56	15.6	0.51	0.000 17	26 200
氧	−195	1 206	1.21	2.8	0.015	21.4	—
水	20	998	1.00	10.1	0.073	2.34	2 070

8.4 溶液

8.4.1 概述

在微流动中,除了用于芯片冷却、动间隙润滑等少数几种流体是纯质的以外,绝大部分的微流动中特别是在自然界生物体的微流动中,流体几乎都是溶液。

溶液是指由两种或两种以上的物质所组成的均匀混合体，根据其成分含量的不同可区分为溶剂和溶质。一般情况下，溶剂是连续的相，溶质是分散的相。因此可以说，溶液是由溶质分散在溶剂中而形成的混合物，分散的过程就称为溶解。

广义地讲，溶液可以是气态、液态的，也可以是固态的。但这里讲的是流动，因此只介绍气态或液态的溶液，并把它们归入到流体这个大框框之中。也就是说，连续相是流体，但分散相可以是气体、液体、也可以是固体。

由于溶液是由不同纯质混合组成的，因此溶液的性质首先就与组成溶液的这些纯质的性质有关，其次还与这些纯质相互之间及外加的作用有关。它牵涉很多溶液的物理和化学性质，例如溶液会改变纯质原有的冰点和沸点，会影响流体的动力粘度、热导率和扩散系数，也会影响到溶液的表面张力、蒸气压等。所有这些性质的变化都会影响到微流动本身的特性。因此了解这些溶液性质的变化是必需的。

按照溶质分散之后在溶液中分散粒子的大小，可以将溶液分为粗粒分散系、胶体分散系和分子分散系三大类。一般来说，三者有如下区别[67]：

粗粒分散系粒径在 100 nm 以上，不能透过滤纸及半透膜，不会扩散，它在溶液中具有明显的界面，呈浮悬状态，因此该溶液处于多相态。血液中的红血球就属于这一类。

分子分散系的分散物尺寸只有 1~0.1 nm，既能透过滤纸也能透过半透膜，在溶液中会很快扩散，对外显示真正的单相状态，无界面效应，这种溶液称为真溶液。例如溶解在水中的氧气。

介于 1~100 nm 的粒子溶液称为胶体分散系，它们能透过滤纸，但透不过半透膜，在溶液中的扩散速度很慢，微粒也存在界面，因此归于多相态。

上述的尺寸分类范围是不严格的，要视具体的溶质与溶剂而定，例如生物体分子组织仍可很快扩散，而具有真溶液的特性。在微流中上述三类分散系都可能遇到，其中尤以胶体分散系更具多样性。按溶质和溶剂的不同相态，又可以作如下划分：

当溶剂为液体时，如果分散相溶质为固体，则称为溶胶；如果溶质为液体，则称为乳浊液；如果溶质为气体，则称为泡沫，当溶剂为固体时，如果分散的溶质也为固体，则称为固态溶胶；如果溶质为液体，则称为固态乳浊液；如果溶质为气体，则称为固态泡沫。当溶剂为气体时，如果溶质为液体，则称为液粒气溶胶；如果溶质为固体，则称为固粒气溶胶。

由此可见，溶液是一种具有多样性、复杂性的混合物，不可能有一个统一而完善的理论解释。为了便于分析，常把溶液分为一般溶液和稀溶液两类。

由于很多溶质在溶剂中呈离子化状态，而离子是带电荷的粒子，因此溶液又可分为电解质溶液和非电解质溶液，两者之间具有很大的区别。

溶质在溶剂中溶解量的多少称为浓度，浓度的大小是有一定规律的，有的可以按任意比例溶解，有的却有一定的限度，有的则互不相溶。因此按溶解度（对流体而言)又可把溶液分为全溶流体、恒沸流体、部分溶解流体和互不溶解流体。

当浓度达到一定值之后,溶质不再溶解,这时的溶液称为饱和溶液。达到饱和溶液时的浓度就是溶解度。溶解度不仅和溶质、溶剂本身有关,还和压力、温度、外界条件等因素有关。达到饱和浓度时的压力称饱和压力,温度称饱和温度。一旦压力或温度发生变化,溶液的饱和状态就会被破坏。所以在流动过程中,由于外界条件的变化,可能会影响溶液的浓度。

8.4.2 两组分全溶流体的相图

如上所述,全溶流体就是可以按任意比例混合而形成的溶液,例如空气中的氧和氮,酒中的水和酒精等。这种溶液可以通过分馏方法将其组分进行分离,如图 8.4 所示。在维持压力 p 不变的情况下,处于密封容器内的全溶流体的组分为 A 和 B。A 和 B 两个组分的沸点不同,在纯组分时 A 的沸点为 t_A,B 的沸点为 t_B。当它们按某一浓度 x_l 混合成液体后,在低于饱和温度时,溶液处于点 1,是稳定的。在一定的压力 p_2 下,随着温度的升高,达到点 2 时,蒸发出第一个气泡。在这个气泡中低沸点的组分 A 就可能多一些,它的浓度为 y'_A。如果继续升温,到达点 3 时,那么组分 B 也随着蒸发。这样,蒸气中组分 A 的浓度 y''_A 降低,而组分 B 的浓度增加,导致蒸气的混合浓度 y 也在不断变化。而在余下的液体中,由于组分 A 蒸发得快,组分 B 蒸发得慢,因此在液体中组分 A 的浓度下降,B 的浓度上升,残余的液体中混合浓度 x 也在不断地变化,一直到温度升为点 4 时,最后一滴液体完全蒸发。如果再继续加温,那么混合气体的温度升高,这时组分不变。冷却过程刚好相反。这里将下部由 x 组成的曲线称为饱和液相线,上部由 y 组成的曲线称为饱和气相线。两条曲线之间称为气液两相区,有时形象地将这两条曲线组成的图形称为鱼形线。随压力的不同,鱼形线也在变化。在温度-组成图上,上部鱼形线的压力大于下部鱼形线的压力,而饱和气相线与饱和液相线之间的距离也随之变化,上部小,下部大。与单组分不同的是,在一定压力下溶液在两相区内蒸发或冷凝时,温度是不断变化的。

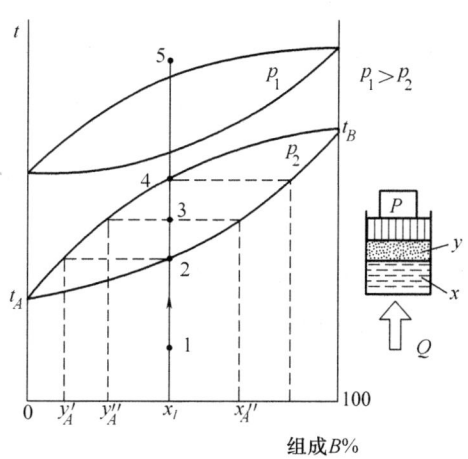

图 8.4 两组分全溶流体相图

利用这一特性,可以采取分馏方法把两组分分离。压力越低,分离越容易。反之,两组分液体在流动中,如果局部地区出现压力降低现象,低沸点组分就有可能先蒸发出来。在微流动中,关注气-液两相变化是很重要的。因为微流动的通道面积很小,一旦出现气泡就有可能堵塞通道。为了减小芯片尺寸,有的微流道会将总长度折返几次造成很多弯曲,增加了局部阻力,就可能产生局部低压,引起流体气化而形成气泡。有时限于材料的加工特性,在流道中不可能采用圆角过渡,同样会增加局部阻力,造成局部减压而产生气泡。因此研究溶液的两相流动也是很重要的。

上述相图也可由拉乌尔定律和道尔顿定律推出,因此这种溶液也称理想溶液。理想溶液的特点是溶液的容积等于混合前两个组分容积之和,溶液的蒸气压力等于两个组分在混合物中各自蒸气压之和。下面简单地介绍一下这一推导过程,从而进一步了解溶液的特性。

根据拉乌尔定律,在给定的温度下,溶液上面蒸气混合物中某组分 i 的蒸气分压是与液相中该组分的摩尔成分成正比的,因此有

$$p_i = p_i^0 x_i \tag{8.9}$$

式中,下角标 i 代表 i 组分;上角标 0 代表某组分 i 的饱和蒸气压。对于双组分有

$$p_1 = p_1^0 x_1 = p_1^0(1 - x_1) \tag{8.10}$$

$$p_2 = p_2^0 x_2 \tag{8.11}$$

$$p = p_1 + p_2 = p_1^0 x_1 + p_2^0 x_2 = p_1^0(1 - x_2) + p_2^0 x_2 \tag{8.12}$$

利用上式可以作出压力 – 浓度图,如图 8.5 所示。图中总压线 p 是由两条分压线 p_1 和 p_2 叠加而成的。

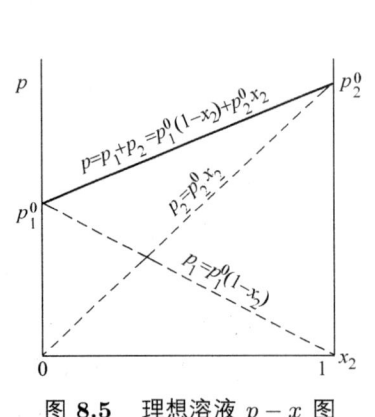

图 8.5　理想溶液 $p - x$ 图　　　　图 8.6　理想溶液 $T - x$ 图

又根据道尔顿定律,在一定的温度和平衡状态下,液体混合物中某组分 i 的分压 p_i 是与该组分在气相中的摩尔成分成正比的,即

$$p_i = p y_i \tag{8.13}$$

对于双组分有

$$p_1 = p y_1 \tag{8.14}$$

$$p_2 = py_2 \tag{8.15}$$

因此
$$y_1 = \frac{p_1}{p} = \frac{p_1^0 x_1}{p} \tag{8.16}$$

又由式 (8.12) 可得
$$p = p_1 + p_2 = p_1^0 x_1 + p_2^0 (1 - x_1) = p_2^0 + (p_1^0 - p_2^0) x_1 \tag{8.17}$$

由式 (8.16) 及式 (8.17) 可以作出 $T-x$ 图。在总压 p 一定时，给定一个温度 T_1，就有一个相应的 p_1^0 及 p_2^0 和相应的 x_1 及 y_1。给定一系列的温度 T，就可以作出双组分系的 $T-x$ 图上的鱼形线。当总压 p 改变时，鱼形线也随着改变。气－液分区范围也随着改变。图 8.6 给出了由此作出的 $T-x$ 图。

如果用 n, n', n'' 分别表示两相区、饱和液相和饱和气相的摩尔数，则存在下述关系：
$$nx = n' x_1 + n'' y_1 = (n' + n'') x \tag{8.18}$$

因此有
$$\frac{n'}{n''} = \frac{y_1 - x}{x - x_1}$$

该式表明，处于两相区的气液摩尔数之比与浓度差之比成反比。上述这种关系称为杠杆规则。有了 $T-x$ 图就可确定在一定压力和温度下，两相区内饱和气相和饱和液相摩尔数的比例。

实际上，还有很多溶液是不符合理想溶液条件的，也就是说不符合上述线性相加的原则。如果偏差不大，那么仍可采用理想溶液的方法来处理。但是如果偏差过大，情况就不同了。图 8.7 给出了出现正偏差和负偏差时的情况。不管是正是负，在饱和气相线 (负偏差) 或饱和液相线 (正偏差) 上都会出现一个极值点 M，在这个极值点上，气液的组成是相同的，该点称为共沸点或恒沸点。在具有共沸点的溶液中，是不能用分馏方法来得到纯组分的。共沸点的位置可以随压力的不同而移动。

水和氯化氢的混合物就是负偏差共沸混合物。在一个大气压时，纯组分水的沸点为 100 °C，氯化氢的沸点为 –85 °C，组成的恒沸混合物含水量为 32%，其沸点为 120.5 °C。而水和乙醇的混合物则属于正偏差共沸混合物，纯组分水的沸点为 100 °C，乙醇的沸点为 78.3 °C，组成的恒沸混合物含水量为 4.43%，其沸点则为 78.13 °C。

除了完全互溶的溶液以外，还有部分溶解和互不溶解的液体，这里不再赘述。

如果溶质是非挥发性的，而且浓度很稀，那么从上面的总压公式可得
$$p = p_1^0 x_1 + p_2^0 x_2 = p_1^0 x_1 = p^0 x_1 \tag{8.19}$$

式中，p^0 为该温度时纯溶剂的蒸气压力；x 为溶剂的摩尔百分比。由此可见，由于 $x < 1$，所以有 $p < p^0$。也就是说，非挥发性溶液的蒸气压力小于纯溶剂的蒸气压力，

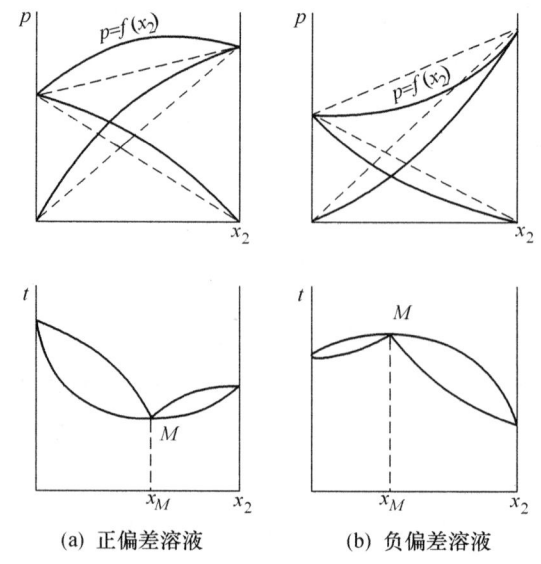

(a) 正偏差溶液　　　(b) 负偏差溶液

图 8.7　正偏差溶液和负偏差溶液的 $p-x$、$T-x$ 图

其减小值为

$$\Delta p = p^0 - p = p^0 - p^0 x_1 = p^0(1-x_1) = p^0 x_2 \tag{8.20}$$

因此，蒸气压力的下降是与溶质的浓度成正比的。

由于溶液蒸气压力的下降，造成溶液沸点的上升，其上升量可由下面的分析给出。由拉乌尔定律，在给定温度下，溶液上面某组分的蒸气压力是与液相中该组分的摩尔组分成正比的，即

$$p_i = p_i^0 x_i \tag{8.21}$$

对于某双组分非挥发性稀溶液有

$$p = p^0 x_1 = p^0(1-x_2) \tag{8.22}$$

对上式求对数，可得

$$\ln\left(\frac{p}{p^0}\right) = \ln(1-x_2) \tag{8.23}$$

由于是稀溶液，$x_2 \ll 1$，因此可取 $\ln(1-x_2) \approx -x_2$，可得

$$\ln\left(\frac{p^0}{p}\right) = x_2 \tag{8.24}$$

又由热力学的克劳修斯－克拉贝隆 (Clausius–Clapeyron) 蒸气压力方程知

$$\frac{\mathrm{d}p}{\mathrm{d}T} = \frac{L}{T(V_g - V_l)} = \frac{L}{TV_g\left(1-\dfrac{V_l}{V_g}\right)} = \frac{L}{\dfrac{RT^2}{p}\left(1-\dfrac{V_l}{V_g}\right)} \tag{8.25}$$

假定蒸发潜热 L、液气容积比 V_l/V_g 与压力 p、温度 T 无关, 则有

$$\int_p^{p^0} \frac{\mathrm{d}p}{p} = \frac{L}{R\left(1 - \frac{V_l}{V_g}\right)} \int_{T_b}^{T_1} \frac{\mathrm{d}T}{T^2} \tag{8.26}$$

积分可得

$$\ln\left(\frac{p^0}{p}\right) = \frac{L}{R\left(1 - \frac{V_l}{V_g}\right)} \left(\frac{1}{T_b} - \frac{1}{T_1}\right) = \frac{L}{R\left(1 - \frac{V_l}{V_g}\right)} \left(\frac{T_1 - T_b}{T_1 T_b}\right) \tag{8.27}$$

结合式 (8.24) 可得

$$\frac{L}{R\left(1 - \frac{V_l}{V_g}\right)} \left(\frac{T_1 - T_b}{T_1 T_b}\right) = x_2 \tag{8.28}$$

在溶液很稀时, $T_1 T_b \approx T_b^2$, 可求得溶液沸点的升高量

$$\Delta T_b = \frac{R\left(1 - \frac{V_l}{V_g}\right) T_b^2}{L} x_2 \tag{8.29}$$

由此可见, 非挥发性稀溶液沸点的上升是与溶液浓度成正比的。

8.4.3 电解质溶液

在 8.3 节中, 介绍了 H 键和极性的影响, 在 8.4.2 中介绍了一般的稀溶液, 但是在生物体中很多流体都是电解质溶液, 因此本节将对电解质溶液作一介绍。

电解质溶液的特点是溶液中存在离子。离子是一种带电粒子, 可带正电荷也可带负电荷, 因此有电解质的溶液可以导电。又因离子是粒子, 在溶液中又可以运动, 因此它们对流动具有某些影响。

电解质溶液的导电不同于金属体的导电。金属体的导电是由于电子的移动造成的, 即电子不断地从负电极向正电极移动, 而习惯上则说电流从正电极向负电极流动。电解质溶液中的导电是由溶液中离子的迁移而完成的, 正离子向负电极迁移, 负离子向正电极迁移, 结果形成了电流。正是由于它们之间产生电流的机理不同, 因此, 外界温度对它们的影响也不同。在金属中随着温度的升高, 金属离子的热振动增强, 给电子移动造成一定的阻力, 使金属导电能力减弱。而在电解质溶液中, 随着温度的升高, 离子迁移速度加快, 使溶液导电能力增强。

由此可知, 在电解质溶液中, 只有负离子向正电极迁移的同时, 正离子也向负电极迁移, 才能形成导电过程。但是这一双向迁移的速度是不同的, 这种不同可用迁移数来表达, 它反映了正负两种离子所承担的导电量的百分比。一般来说, 离子越小迁移速度越大。但有些离子由于水的极化作用形成了水合离子, 这时的离子由于外壳

包了一层水分，使离子的实际尺寸变大，因而迁移速度也就下降了。表 8.8 给出在温度为 25 °C，浓度为 0.01 mol/L 时，氧化物溶液中一些正离子的半径、结水半径及其迁移数。

表 8.8 一些离子的半径、结水半径及迁移数[67]

条件	正离子	正离子半径/Å	结水半径/Å	正离子迁移数 n_c
温度 25 °C	H$^+$	—	—	0.825
	Li$^+$	0.76	3.65	0.329
	Na$^+$	0.98	2.80	0.392
	K$^+$	1.33	1.90	0.490
浓度 0.01 mol/L	Mg^{++}	0.78	5.40	0.380
	Ga^{++}	1.06	4.80	0.4265
	Ba^{++}	—	—	0.440

离子在溶液中的迁移速度是与离子大小、结水量以及离子在电场中所受的作用力等因素有关的。离子在电场中所受的力为

$$f_1 = ze\frac{E}{l} \tag{8.30}$$

式中，z 为离子的价数；e 为一价离子的带电量，$e = 1.602176 \times 10^{-19}$ C；E 为两极间的电压；l 为两电极间的距离。对于球形粒子，离子在迁移过程中所受到的阻力可按 Stokes 定律计算，即

$$f_2 = 6\pi\mu r u \tag{8.31}$$

式中，μ 为水的动力粘度；r 为结水离子的半径；u 为离子迁移速度。

当离子处于等速迁移时，$f_1 = f_2$，因此有

$$u = \frac{zeE}{6\pi\mu rl} \tag{8.32}$$

将 e 值代入式 (8.32)，有

$$u = \frac{1.602176 \times 10^{-19}zE}{6\pi\mu rl} = 8.5 \times 10^{-21}\frac{zE}{\mu rl} \tag{8.33}$$

有时用淌度 $\overline{U}$ 来反映离子的迁移，淌度的定义为：离子在电位梯度为 1 V/cm 的电场中的迁移速度，即

$$u = \frac{E}{l}\overline{U} \tag{8.34}$$

对于电解质溶液来说，当量电导 (又称迁移率) Λ 与电解质溶液的电导率 K 存在如下关系：

$$\Lambda = K\frac{1000}{C} \tag{8.35}$$

式中，C 为 1000 mL 容积中含有电解质的摩尔数。

又由科拉希定律，在两电极片之间，穿过中间某一截面 A 的总电量 I 应为正负两部分离子通过该截面所带电量的总和 (图 8.8)，则有

$$I = \frac{CaS}{1000} F(u_{正} + u_{负}) \tag{8.36}$$

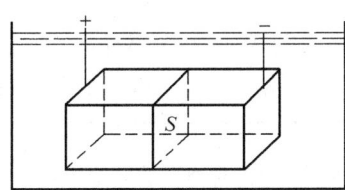

图 8.8　电极示意图

式中，a 为电解质的电离度；S 为电极面积；F 为法拉第常数，$F = 96\,501.2\ \mathrm{C/mol}$。利用离子淌度上式可写成

$$I = \frac{CaS}{1000} F \frac{E}{l} (\overline{U}_{正} + \overline{U}_{负}) \tag{8.37}$$

而电流

$$I = \frac{E}{R} = EK\frac{S}{l} \tag{8.38}$$

式中，R 为溶液中的电阻。将式 (8.37) 和式 (8.38) 联立，可得

$$aF(\overline{U}_{正} + \overline{U}_{负}) = \frac{1000K}{C} = \Lambda \tag{8.39}$$

对于无限稀释的电解质溶液，$a = 1$，因此有当量电导

$$\Lambda_\infty = F\overline{U}_{正} + F\overline{U}_{负} = \lambda_{正} + \lambda_{负} \tag{8.40}$$

式中，$\lambda_{正}, \lambda_{负}$ 分别为正、负离子的当量电导。因此离子淌度可写成

$$\overline{U} = \frac{\lambda}{F} = \frac{\lambda}{96501.2} \tag{8.41}$$

离子迁移速度为

$$u = \frac{E}{l}\overline{U} = \frac{\lambda}{96501.2}\frac{E}{l}$$

或

$$\lambda = \frac{96501.2\, u}{\dfrac{E}{l}} \tag{8.42}$$

把式 (8.33) 代入上式可得

$$\lambda = \frac{96501.2}{\dfrac{E}{l}} \times 8.5 \times 10^{-21} \frac{z}{\mu r} \frac{V}{l} = 8.2 \times 10^{-16} \frac{z}{\mu r} \tag{8.43}$$

离子淌度和当量电导都是可以测量的参数。

表 8.9 和表 8.10 分别给出了一些离子的离子淌度和当量电导数据，可供参考。

表 8.9 25 °C 时几种离子的淌度[67]

正离子	$\overline{U}_\text{正}/[\text{cm}^2/(\text{s}\cdot\text{V})]$	$u_\text{正}/(\mu\text{m/s})$	负离子	$\overline{U}_\text{负}/[\text{cm}^2/(\text{s}\cdot\text{V})]$	$u_\text{负}/(\mu\text{m/s})$
H^+	0.003 625	36.25	OH^-	0.002 052	20.52
Li^+	0.000 401	4.01	Cl^-	0.000 791	7.91
Na^+	0.000 519	5.19	NO_3^-	0.000 740	7.40
K^+	0.000 762	7.62	ClO_3^-	0.000 663	6.63
NH_4^+	0.000 762	7.62	$\frac{1}{2}SO_4^{--}$	0.000 827	8.27

表 8.10 25 °C 时几种离子的当量电导和离子半径[67]

正离子	$\lambda_\text{正}/(\Omega^{-1}\cdot\text{cm}^2/\text{mol})$	$r_\text{正}/\text{Å}$	负离子	$\lambda_\text{负}/(\Omega^{-1}\cdot\text{cm}^2/\text{mol})$	$r_\text{负}/\text{Å}$
H^+	349.82	—	OH^-	198	—
Li^+	38.69	2.381	O^-	36.34	1.207
Na^+	50.17	1.836	NO_3^-	71.44	1.290
K^+	73.52	1.253	ClO_3^-	64	1.440
NH_4^+	73.52	1.253	$\frac{1}{2}SO_4^{--}$	79.8	2.309
$\frac{1}{2}Mg^{++}$	53.06	3.473			
$\frac{1}{2}Ca^{++}$	59.50	3.097			
$\frac{1}{2}Ba^{++}$	63.64	2.896			

当电位梯度为 1 V/cm 时, 离子淌度也就是离子的绝对迁移速度 (单位为 cm/s)。根据离子的当量电导 λ 及离子的价数和水的粘度, 还可以求出结水离子的半径

$$r = 8.2 \times 10^{-16} \frac{z}{\mu\lambda} \tag{8.44}$$

例如, 在 25 °C 时水中 Na^+ 离子的当量电导 $\lambda = 50.17\ \Omega^{-1}\cdot\text{cm}^2/\text{mol}$, 价数 $z=1$, 水的粘度 $\mu = 0.89 \times 10^{-2}$ P(1 P = 0.1 Pa·s), 因此

$$r = 8.2 \times 10^{-16} \frac{1\times 10^5}{0.89\times 10^{-2} \times 50.17} = 1.836\ \text{Å}$$

其他一些离子的结水离子半径已在表 8.10 中给出。

电解质的存在还对溶胶的性能产生影响, 将在溶胶这一节中介绍。

在生物流体中, 大多数溶液是电解质, 在浓度 $C(\text{mol/L})$ 低于 0.1 时, 电解质稀溶液的粘度可用下式算出:

$$\frac{\mu}{\mu_0} = 1 + A\sqrt{C} + BC + DC^2 \tag{8.45}$$

式中, A 反映了离子之间的力; B, D 反映了离子与溶剂之间的相互作用。表 8.11 给出了一些化合物的系数 A, B, D 值[68]。

表 8.11　式 (8.45) 中的系数 A, B, D 值

化合物	$A/(\text{mol/L})^{-\frac{1}{2}}$	$B/(\text{mol/L})^{-1}$	$D/(\text{mol/L})^{-2}$
NaCl	0.0062	0.0793	0.0080
KCl	0.0052	−0.0140	0.001
KI	0.0047	−0.0755	0

不过从上述数据可以看出，即使在浓度很高时，电解质对溶液粘度的影响也是不大的。

8.5　胶体溶液

在生物芯片、微反应芯片和生物体内的微流动中，经常会遇到胶体溶液。胶体溶液有很多不同于一般溶液的性质。为了区别，常把胶体溶液从溶液中划分出来。

简单地说，溶液和胶体溶液都是一种分散系，把溶质分散在溶剂中。但一般溶液中的分散粒子尺寸小，而胶体溶液中的分散粒子尺寸大。具体地说，可以把分散系分成三类，它们的大小及主要特性见表 8.12，其中只有第二类胶体分散系才能算作胶体溶液。由于很多胶体溶液的分散过程与一般溶液不太相同，今后就把溶质称为分散相，溶剂称为分散介质。

表 8.12　分散系的分类及其特性[67]

分散系	大小	半透膜的透过性	扩散性	相态	溶液状态	例子
粗粒分散系	> 100 nm	不能	不能	多相	悬浮体	红血球 (7500 nm)
胶体分散系	100～1 nm	不能	很慢	多相	胶体	金胶体 (100～1 nm)
分子分散系	1～0.1 nm	很快	很快	单相	真溶液	氧分子 (0.16 nm)

不过，上述分类及特性并不是绝对的，有时因外界条件不同而产生特性的交叉。了解认识胶体的特性，对于微流动的研究特别重要，因为在微流动下，那些特性有时会对流动产生重大的影响。

胶体分散系中，由于分散相和分散介质相态的不同，又会出现很多不同的状态。表 8.13 给出了它们的不同组合。

表 8.13　胶体溶液的不同组合[67]

分散介质	分散相	名称	分散介质	分散相	名称
液体	气体	泡沫	气体	液体	液粒气溶胶
	液体	乳浊液		固体	固粒气溶胶
	固体	溶胶	固体	气体	固态泡沫
				液体	固态乳浊液
				固体	固态溶胶

在微流动中，以液体为分散介质的占多数，分散相则以固态为主，因此下面重点介绍一下溶胶。

根据分散介质对分散相的影响，溶胶又可分为疏液溶胶和亲液溶胶两类。顾名思义，疏液溶胶的分散介质对分散相是不亲近的。更确切地说，它是一种不溶解性的固体物质在液体中高度分散的混合体。这种分散有时是不稳定的，需要依靠分散后粒子表面的电保护作用、溶剂化保护作用以维持其稳定性。一旦失去这些保护，疏液溶胶中的分散相就有可能产生凝聚，其中尤以电解质对疏液溶胶的凝结影响最大。

电保护作用产生于双电层。有关双电层的详细内容将在第二篇第 11 章 "动电现象引起的微流动" 中介绍。这里先作一简要的说明。以极性介质为例，当某物质与其接触时，在两相界面上会带有电荷。在极性介质中，界面电荷会影响到附近的离子分布。介质中与界面电荷异性的离子被界面吸引，而同性的则受到排斥。这样，离子的分布密度就呈现大气式分布，或称扩散分布。距离固体物质的表面越远，离子的密度越稀。靠近固体物质表面有一层紧密相吸的离子层，称 Stern 层，它随着相反极性的离子分散到液相，形成扩散层。这两层之间的界面则称为 Stern 面，如图 8.9 所示。由于离子吸附在固体表面上，因此在固体表面上就附着一层薄薄的介质，形成与固体结合为一体的固定层。这一固定层的厚度要大于 Stern 层的厚度，它受到液体对固体表面的湿润性的影响。而固定层之外，则是离子进行移动的可动层。显然，固定层与可动层之间存在一个界面，称为滑动面。在这个面上将发生固体与液体的错位，形成一定的电位。在滑动面上的电位就称为双电层的 ζ 电势。正是由于这个双电层 ζ 电势，才使疏液固体粒子能够相互排斥而分散在分散系中。一旦双电层 ζ 电势降低至临界电位时，粒子就开始彼此结合，从分散介质中沉淀出来，这就是凝结过程，有时称为絮凝。

影响临界电位的因素很多，其中最重要的是电解质。电解质对疏液溶胶的凝结力的强弱，主要取决于与胶体粒子电性相反的异电性离子的价数，价数越高，凝结力越强。此外，粒子的结水程度也是一个因素，随着结水量增加，凝结力将减弱。

电解质对疏液溶胶凝结力的强弱用凝结值来表示。它是指在一定时间内，促使胶体溶液凝结时所需要的最小电解质浓度值。显然凝结值越小，则电解质对疏液溶胶的凝结力越强。

疏液溶胶的稳定性除了依靠电保护作用之外，溶剂化保护作用也很重要。有些溶质在溶剂中的分散并不是单纯的扩散，而是与溶剂产生各种物理的或化学的结合。例如，有的溶质吸水后形成结晶态，有的吸水后成为松疏的大分子，有的是氢键结合，有的是极性结合，有的产生电离，有的发生缔合等，所有这些有别于简单溶解的过程都称为溶剂化。由于溶质的溶剂化，可以使分散相的溶质处于稳定状态。这种现象在亲液溶胶中更为明显。

亲液溶胶与疏液溶胶不同，它是一种直接的溶解过程，溶质没有明确的物理界

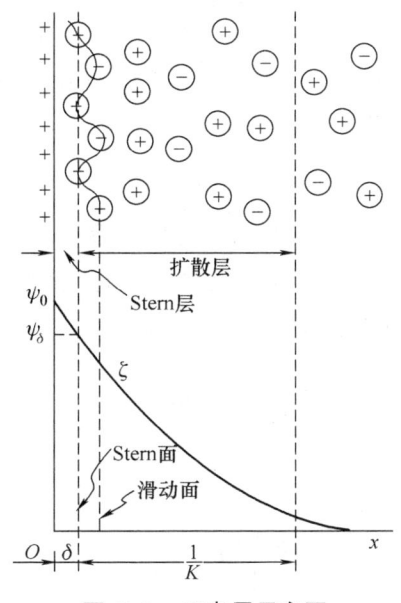

图 8.9 双电层示意图

面,不需要稳定剂。它的稳定性主要依靠溶剂化保护作用,而电保护作用是次要的,因此少量的电解质对亲液溶胶的稳定性不起作用。这也是亲液溶胶与疏液溶胶不同的主要标志之一。因此,亲液溶胶的性质更接近于真溶液。但是亲液溶胶却是大分子溶胶,按上述分类原则是属于胶体分散系的。

疏液溶胶和亲液溶胶都具有很多特点,这里不再详细介绍,可参考有关书籍。不管怎样,这些性质在微流动中往往会有很大的影响。其中流体的粘性及流动阻力就是一个重要方面。此外,大分子及其特殊的结构在微流动中的影响也会凸显出来,因为它们的大小在数量级上几乎接近于通道的尺寸。大分子形状的排列与流动方向的相对位置也是一个影响因素。固体壁面与溶胶流体之间界面上发生的各种表面现象,如双电层、亲液或疏液、溶剂化等都会影响流动时的边界状态。上述这些方面都是今后有待深入研究的课题。

亲液溶胶与疏液溶胶在粘性上的差别也是很显著的,这是由溶剂化引起的。亲液溶胶的溶剂化强度大,因而亲液溶胶的粘性远大于疏液溶胶。由于溶剂化而引起的粘性增加,可以由下述方法来分析。

本根堡 (Bungenberg) 把爱因斯坦于 1911 年提出的用于悬浮液的流体力学公式

$$\frac{\mu - \mu_0}{\mu_0} = 2.5\phi \tag{8.46}$$

推广到溶胶中。式中,μ_0 为悬浮液中分散介质的粘度;μ 为悬浮液的粘度;ϕ 为悬浮液中悬浮粒子的总容积在悬浮液容积中所占的百分数。该公式的前提是假定悬浮粒子为球形,而且比分散介质的分子大得多,粒子之间互不影响,悬浮液很稀薄。对于球形分散相的疏液溶胶,该式是适用的。至于亲液溶胶,本根堡提出了修正。上面已经提到，由于亲液溶胶的分散相溶剂化，使分散相粒子增大，因而使粘性增加。这样，上式中的 ϕ 就不能定义为单位容积中悬浮粒子所占的容积，而应该是单位容积中所有被溶剂化后粒子的容积，即

$$\frac{\mu - \mu_0}{\mu_0} = 2.5 \frac{v}{V} \tag{8.47}$$

式中，V 为溶胶的总容积；v 为分散相溶剂化后的容积。

对于疏液溶胶来说，v 很小，V 也就是自由溶剂的容积。但是对于亲液溶胶来说，v 的影响就不能被忽视。因此本根堡作了如下修正：

$$\frac{\mu - \mu_0}{\mu_0} = 2.5 \frac{v}{V - v} \tag{8.48}$$

或

$$v = \left[\frac{\frac{\mu}{\mu_0} - 1}{\frac{\mu}{\mu_0} + 1.5}\right] V \tag{8.49}$$

把上式除以分散相干物质的质量 m，可得单位质量干分散相溶剂化后的容积，本根堡称它为溶剂化值 f，即

$$f = \frac{v}{m} = \left[\frac{\frac{\mu}{\mu_0} - 1}{\frac{\mu}{\mu_0} + 1.5}\right] \frac{V}{m} \tag{8.50}$$

本根堡是为了求溶剂化值而提出该修正的。但是如果已知分散介质的粘度 μ_0，溶剂化值 f 和溶胶的浓度 m/V，那么就可以反过来求出溶胶的相对粘度 μ/μ_0

$$\frac{\mu}{\mu_0} = \frac{1.5f + \frac{V}{m}}{\frac{V}{m} - f} \tag{8.51}$$

例如，100 mL 溶胶中含有 1 g 明胶，已知 $f = 43.2$ mL/g，就可从上式求得相对粘度，即

$$\frac{\mu}{\mu_0} = \frac{1.5 \times 43.2 + \frac{100}{1}}{\frac{100}{1} - 43.2} = 2.9$$

明胶干物质的比容 v_0 为 0.7 mL/g，因此可求出溶剂化后明胶单位质量的吸液容积 $S_0 = f - v_0 = 43.2 - 0.7 = 42.5$ mL/g。由此可见，明胶的溶剂化程度是很高的，溶剂化后的明胶容积几乎占了整个溶胶容积的一半。

由此可以看出，由于分散相溶剂化造成粒子容积增大，在整个溶胶内所占的容积比跟着增大，因此粘性流动阻力增加，说明了亲液溶胶的粘度要比疏液溶胶大得多。

图 8.10 给出了当 $m/V = 0.01$ g/mL 时，相对粘度与溶剂化值 f 的关系。随着溶剂化值的提高，相对粘度迅速增加。

此外，亲液溶胶的溶剂化大分子往往还存在相互联系的结构状态，这就更增加了胶体溶液的流动阻力。但是这种结构是不牢固的，它可以随着压力的增加而破坏，从而降低流动阻力，使胶体溶液的粘度减少。图 8.11 给出了它的影响。图 8.11 中曲线 1 为亲液溶胶，曲线 2 为牛顿粘性流体。亲液溶胶这种因结构状态而产生的粘性变化源于分子结构的变化，因而称为结构粘度。由于这种结构粘度，使亲液溶胶溶液的粘度增大，因而使爱因斯坦公式中的常数值增大。在相同浓度下，分子越大，溶胶溶液的粘度越大。图 8.12 给出了在不同分子量 M 时粘度与浓度的关系，其中横坐标为浓度 C，纵坐标为相对粘度差 $\frac{\mu - \mu_0}{\mu_0} \frac{1}{C}$。

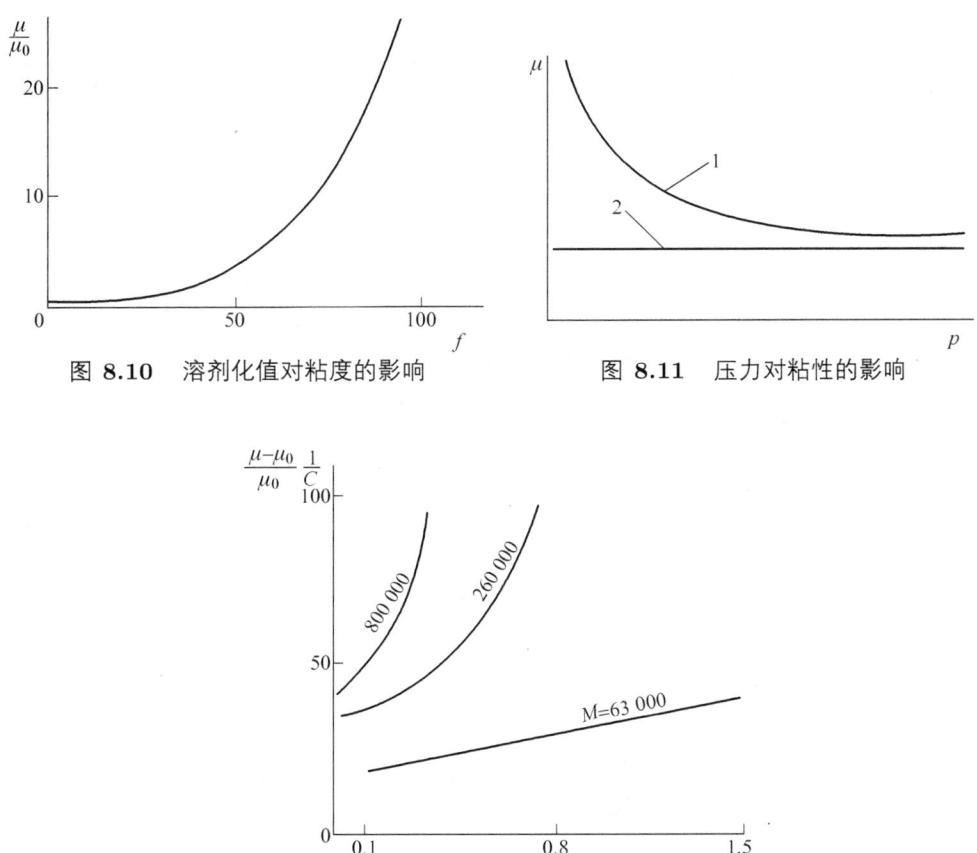

图 8.10　溶剂化值对粘度的影响　　　图 8.11　压力对粘性的影响

图 8.12　分子量的影响

溶胶溶液中的分散相在一定条件下还会产生凝结。在疏液溶胶中少量的电解质就会促使分散相凝结，但是在亲液溶胶中，则需要较多的电解质，因为电解质除了要中和粒子上所带的电荷之外，还要夺取粒子溶剂化时所吸持的水分。除了电解质，还有一些其他条件也可能促使溶胶凝结。

溶胶凝结时产生的半固体状物质称为凝胶。实际生活中和生物体中随处都可以见到凝胶，例如凉粉、果冻、乳酪、海藻、骨骼、肌肉、皮肤等。在血液、淋巴淋、植物营养液、生物芯片、微反应器中都可能见到凝胶。凝胶又有冻胶、糊状物、絮状物和干凝胶之分。

电解质对疏液溶胶的凝结影响最大，溶胶浓度较大时生成糊状物，浓度较小时生成絮状物。有的亲液溶胶可以加入选择性的物质，使其凝结。有的溶胶受外界温度影响而产生凝结，如琼胶 (燕菜) 在水中加热后溶解成溶胶溶液，这种溶液在冷却后就凝结为冻胶；也有的刚好相反，例如蛋白质在常温下是液态的，加温后会变成冻胶。干凝胶则是溶胶在空气中风干而形成的。

溶胶的凝结对微流动是十分不利的，不仅会增加流动阻力，而且可能会堵塞微通道。凝结过程的影响因素很多，有物理的、有化学的、有生物的，因此必须对具体对象的凝结进行针对性的研究。但利用溶胶的这种性质，却可以实现对微流动的控制，因此凝胶被广泛用作微阀的材料。

8.6 血液

在生物医学方面的微流动中，经常会遇到一些有机大分子在液体中运动，这些大分子的形状往往是不规则的，有些甚至是长线形的，有些则在外界条件下会发生变形。图 8.13 给出了血液中红细胞的大致形状，即两面内凹的盘状体，直径约为 8 μm，厚约 2 μm，1 μL 血液中含有 365 万 ∼ 565 万个红细胞。另外，一些有机分子更是形状多样，如图 8.14 所示[6,67]。

图 8.13 红细胞的形状

要确定这些广义微粒的流动特性是困难的。对于球形粒子在式 (8.31) 中已经介绍过 Stokes 定律，阻力可用下式表示

$$F = 6\pi r \mu u \tag{8.52}$$

该阻力也可用阻力系数表达，即

$$F = A C_D \frac{\rho u^2}{2} \tag{8.53}$$

联立二式可得 $Re < 1$ 时的层流中的阻力系数

$$C_D = \frac{12\pi r \mu u}{\rho u^2 \pi r^2} = \frac{24}{\dfrac{ud}{\nu}} = \frac{24}{Re} \tag{8.54}$$

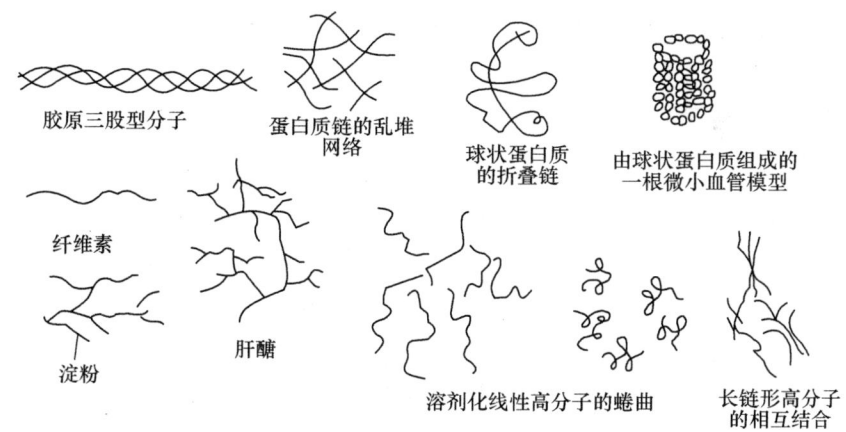

图 8.14 一些蛋白质分子的形状

为了确定非球形粒子的阻力系数 C_D,这里借用了化工原理中有关沉降方法确定分子量的一些结果。

先把 Stokes 定律微粒在流体中运动时的阻力式 (8.52) 改写为

$$F = f_0 u \tag{8.55}$$

式中

$$f_0 = 6\pi r \mu \tag{8.56}$$

称为速度阻力系数。在球形粒子中,f_0 是与粒子半径 r 及液体粘度 μ 有关的。但在非球形粒子中,特别是一些高分子粒子,形状很不规则,无法用水力半径来代替 r。为此,假定 f_0 是一个综合性的参数,对于非球形粒子用 f 表示,以示区别。这样,对非球形粒子有

$$F = fu \tag{8.57}$$

另一方面,由爱因斯坦第一扩散公式 (Stokes–Einstein) 可得扩散系数

$$D = \frac{RT}{6\pi \mu r N_A} \tag{8.58}$$

式中 N_A 为阿伏伽德罗常数,$N_A = 6.023 \times 10^{23}$ mol^{-1};R 为通用气体常数,$R = 8317$ N·m/(kmol·K);扩散系数 D 的含义是指当浓度梯度为 1 时,每秒通过单位面积的物质数量。

把式 (8.56) 引入式 (8.58),可得球形粒子的扩散系数

$$D = \frac{RT}{f_0 N_A} \tag{8.59}$$

而对于非球形粒子,也可采用类似的形式,即

$$D = \frac{RT}{f N_A} \tag{8.60}$$

虽然这里只是在形式上把 f_0 调换成 f, 但是却带来了很大的方便。因为对于扩散来说, 粒子的形状是不需要知道的, 而扩散系数 D 是可以通过实验来求得的, 这样 f 就可以知道了。有了 f 值, 就可以求阻力系数 C_D。由阻力

$$F = fu = C_D A \frac{\rho u^2}{2}$$

可得

$$C_D = \frac{2f}{A\rho u} = \frac{2RT}{D N_A A \rho u} \tag{8.61}$$

表 8.14 给出了几种蛋白质的扩散系数。

表 **8.14**　几种蛋白质的分子量与扩散系数[67]

蛋白质	分子量	$D/(10^{-7}\mathrm{cm^2/s})$	蛋白质	分子量	$D/(10^{-7}\mathrm{cm^2/s})$
血红肮	68 000	6.3	溶菌酶		8.1
血清白肮	70 000	6.1	胃朊酶	35 500	9.0
血清球肮	167 000	3.5	尿素酶		3.4
胰岛素	41 000	8.2	过氧化氢酶		4.1
卵白肮	44 000	7.7	血清肮		2.7

为了确定非球形粒子的流动阻力, 有的学者提出了速度系数比的概念。实际上, 它是非球形粒子的速度阻力系数 f 与同样条件下球形粒子速度阻力系数 f_0 之比。通常, 速度阻力系数比 f/f_0 应该是大于 1 的。

按式 (8.56) 的定义

$$f_0 = 6\pi\mu r \tag{8.62}$$

对于大分子球形粒子, 每个粒子的质量应为

$$\frac{M}{N_A} = \frac{4}{3}\pi r^3 \rho = \frac{4}{3}\pi r^3 \frac{1}{v} \tag{8.63}$$

式中, M 为溶质的大分子分子量; N_A 为阿伏伽德罗常数; r 为粒子半径; ρ 为溶质的密度; v 为溶质的分比容。引用分比容是因为在溶液中有些溶质会吸引溶剂而成为溶胶状态的大分子。因此计算阻力时也应该把这一因素考虑进去。分比容的定义是 1 g 溶胶状态的溶质在溶液中所占的容积毫升数。分比容可以通过实验测定。表 8.15 给出了几种蛋白质的分比容值。如果溶质是不亲液的, 那么粒子的密度就是固体溶质的密度, 分比容就是密度的倒数。

表 8.15　几种蛋白质的分比容及速度阻力系数比[67]

蛋白质	分比容 /(mL/g)	沉降常数 /10^{-13}s	f/f_0	蛋白质	分比容 /(mL/g)	沉降常数 /10^{-13}s	f/f_0
肌红朊	0.741	2.0	1.11	血清球朊	0.755	7.6	—
乳球朊	0.751	3.1	—	过氧化氢酶	0.73	11.3	—
胃朊酶	0.750	3.3	—	尿素	0.73	—	—
胰岛素	0.749	3.5	1.13	血清白朊	—	4.6	1.28
卵白朊	0.749	3.5	1.16				

有了分比容,球形粒子的速度阻力系数就可求出,由式 (8.63) 有

$$r = \left(\frac{3}{4\pi} v \frac{M}{N_A}\right)^{\frac{1}{3}} \tag{8.64}$$

$$f_0 = 6\pi\mu \left(\frac{3}{4\pi} v \frac{M}{N_A}\right)^{\frac{1}{3}} = 1.385 \times 10^{-7} \mu (vM)^{\frac{1}{3}} \tag{8.65}$$

对于非球形粒子,也可由沉降常数 S 来求取速度阻力系数。利用离心沉降法测定分子量时,若离心力和阻力平衡,则球形粒子有

$$\frac{M}{N_A}(1 - v\rho_{剂})\omega^2 x = 6\pi\mu r \frac{dx}{dt} = f_0 \frac{dx}{dt} \tag{8.66}$$

令 $S = \frac{dx}{dt} \Big/ (\omega^2 x)$,即沉降常数,可以用实验法测定。$\omega$ 为离心机的旋转角速度。一些蛋白质的沉降常数已在表 8.15 中给出。把 S 代入式 (8.66) 可得

$$M = \frac{f_0 N_A}{(1 - v\rho_{剂})} S \tag{8.67}$$

反之,由分子量可以计算速度阻力系数 f_0。这一方法也可用于非球形粒子。采用类似式 (8.67) 的表达式,有

$$M = \frac{f N_A}{1 - v\rho_{剂}} S \tag{8.68}$$

求出

$$f = \frac{M(1 - v\rho_{剂})}{S N_A} \tag{8.69}$$

通常用速度阻力系数比 f/f_0 来反映粒子形状的影响。一些蛋白质的比值 f/f_0 已在表 8.15 中给出。

在一些亲液溶液中,由于 f 不仅与粒子的形状有关,而且还与结水的多少有关。为了把这两个因素区别开来,恩克莱 (Oncley) 在 1940 年就提出速度阻力系数比 f/f_0 应由两部分组成,即

$$\frac{f}{f_0} = \left(\frac{f}{f_0}\right)_{形状} \left(\frac{f}{f_0}\right)_{结水} \tag{8.70}$$

但是真正要确定速度阻力系数和形状的关系是非常困难的。下面给出两种椭圆形粒子的 $(f/f_0)_{形状}$ 计算公式,这是贝林于 1936 年提出的 (图 8.15)。对于立柱形椭圆有

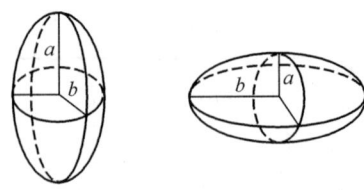

图 8.15 立柱椭圆与扁平椭圆粒子

$$\left(\frac{f}{f_0}\right)_{形状} = \frac{\left[1-\left(\frac{b}{a}\right)^2\right]^{\frac{1}{2}}}{\left(\frac{b}{a}\right)^{\frac{2}{3}} \ln \frac{1+\left[1-\left(\frac{b}{a}\right)^2\right]^{\frac{1}{2}}}{\frac{b}{a}}}, \quad \frac{b}{a} < 1 \tag{8.71}$$

对于扁平形椭圆有

$$\left(\frac{f}{f_0}\right)_{形状} = \frac{\left[\left(\frac{b}{a}\right)^2-1\right]^{\frac{1}{2}}}{\left(\frac{b}{a}\right)^{\frac{2}{3}} \tan^{-1}\left[\left(\frac{b}{a}\right)^2-1\right]^{\frac{1}{2}}}, \quad \frac{b}{a} > 1 \tag{8.72}$$

图 8.16 给出了立柱形和扁平形椭圆粒子 $(f/f_0)_{形状}$ 与 b/a 的关系,图的右边给出了不同 b/a 的椭圆形状。

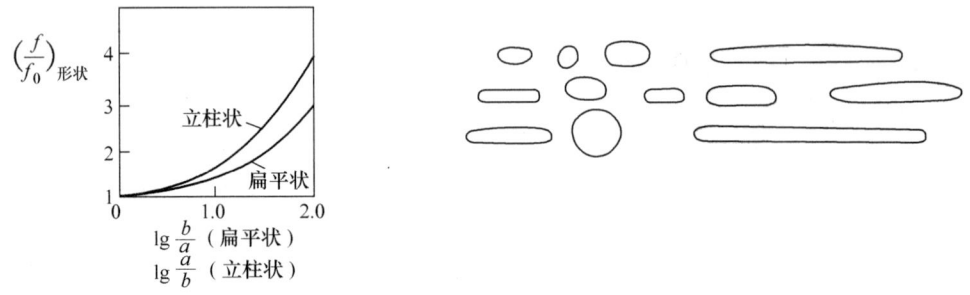

图 8.16 椭圆轴长比对 $(f/f_0)_{形状}$ 的影响

至于结水的影响可由溶液中粒子的结水量来计算。对于球形粒子,不结水时由式 (8.65) 可得

$$f_0 = 6\pi\mu r_0 = 6\pi\mu \left[\frac{3Mv}{4\pi N_A}\right]^{\frac{1}{3}} \tag{8.73}$$

结水后,粒子半径增大,此时溶质的摩尔容积 v' 为

$$v' = Mv + M_水 \frac{w}{\rho_水} = Mv\left(1 + \frac{w}{v\rho_水}\frac{M_水}{M}\right) \tag{8.74}$$

式中，M 为溶质的分子量；$M_\text{水}$ 为水的分子量；w 为结水量；$\rho_\text{水}$ 为纯水密度。结水粒子的半径为

$$r = \left(\frac{3v'}{4\pi N_\text{A}}\right)^{\frac{1}{3}} = \left[\frac{3Mv\left(1 + \dfrac{w}{v\rho_\text{水}}\dfrac{M_\text{水}}{M}\right)}{4\pi N_\text{A}}\right]^{\frac{1}{3}} \tag{8.75}$$

因此

$$f = 6\pi\mu r = 6\pi\mu\left[\frac{3Mv\left(1 + \dfrac{w}{v\rho_\text{水}}\dfrac{M_\text{水}}{M}\right)}{4\pi N_\text{A}}\right]^{\frac{1}{3}} \tag{8.76}$$

式中，结水量 w 是可测的，因此可以求出

$$\left(\frac{f}{f_0}\right)_\text{结水} = \frac{r}{r_0} = \left[1 + \frac{w}{v\rho_\text{水}}\frac{M_\text{水}}{M}\right]^{\frac{1}{3}} \tag{8.77}$$

表 8.16 还给出了一些硝化纤维素的 f/f_0 值。

表 8.16 一些硝化纤维素的 f/f_0

编号	分子量	粒子长度/Å	$\dfrac{f}{f_0}$
1	240 000	2 700	6.0
2	340 000	3 200	6.3
3	430 000	5 900	9.6
4	480 000	6 600	10.6
5	780 000	9 800	12.2

一般球蛋白的 $f/f_0 = 1.1 \sim 1.5$；棒形烟草病毒朊的 $f/f_0 = 3.1$；硝化纤维素的 $f/f_0 = 6 \sim 12$。可见分子越大，速度阻力系数越大；分子越长，速度阻力系数也越大。

例如，计算血红朊的流动阻力 F 及阻力系数 C_D。已知其流动速度 $u = 0.1$ m/s，血液密度 $\rho = 1.01 \times 10^3$ kg/m³，粘度 $\mu = 0.0035$ kg/(m·s)，温度 $T = 310$ K。

由表 8.14 知，血红朊的扩散系数 $D = 6.3 \times 10^{-7}$ cm²/s，由式 (8.60) 可求出速度阻力系数

$$f = \frac{RT}{DN_\text{A}} = \frac{8.317 \times 310}{6.3 \times 10^{-7} \times 10^{-4} \times 6.023 \times 10^{23}}\ \text{kg/s} = 6.795 \times 10^{-11}\ \text{kg/s}$$

摩擦阻力

$$F = fu = 6.795 \times 10^{-11} \times 0.1\ \text{N} = 6.795 \times 10^{-12}\ \text{N}$$

阻力系数

$$C_\text{D} = \frac{\dfrac{F}{A}}{\dfrac{\rho u^2}{2}} = \frac{2 \times 6.795 \times 10^{-12}}{3.333 \times 10^{-18} \times 1.06 \times 10^3 \times 0.1^2} = 3.847 \times 10^5$$

这里假定形状为球形,则半径

$$r_0 = \frac{f}{6\pi\mu} = \frac{6.795 \times 10^{-12}}{6\pi \times 0.0035} \text{ m} = 1.03 \times 10^{-9} \text{ m} = 1.03 \text{ nm}$$

迎流面积

$$A = \pi r_0^2 = \pi(1.03 \times 10^{-9}) \text{ m}^2 = 3.333 \times 10^{-18} \text{ m}^2 = 3.333 \text{ nm}^2$$

在式 (8.46) 中曾经介绍了用于悬浮液的粘度公式,即

$$\frac{\mu - \mu_0}{\mu_0} = 2.5\phi \tag{8.78}$$

它适用于球形粒子稀薄浮悬液的计算。对于亲液溶液,本根堡曾提出修正式 (8.47)。将式 (8.78) 用于非球形颗粒或分子的悬浮液和溶液时,也可采取改变式中系数的办法,即

$$\frac{\mu - \mu_0}{\mu_0} = a\phi \tag{8.79}$$

对于类似于红细胞的扁碟形颗粒,$a=2.06$。至于长条形颗粒,则取决于长条形状的取向。在稀悬浮液中,切应力可以使杂乱无章的长条形颗粒理顺方向,使其与主流方向趋于一致,这时可以使悬浮液的粘度最小。但是随着长条形颗粒浓度的增加,颗粒相互之间以及颗粒与流体之间的干扰也会加强,反而使悬浮液粘度增大。可见,如果颗粒是具有柔韧性的,并能够按流动的条件改变其形状,或者聚集起来 (如红血球细胞),或者形成一个连续的结构 (如长链分子),那么它们的粘性就不再和切应力无关,因此不能再归入牛顿粘性流体中。图 8.17 给出了对血液粘度的测试结果[6]。纵坐标为血液的表观粘度 μ,横坐标为切速度 du/dy。可以看出,当切速度小于 50 s^{-1} 时,血液粘度出现非牛顿流体的现象。但当切速度超过 100 s^{-1} 时,血液的粘度就会呈现牛顿流体的特点,与切速度无关。但是这时的血液粘度介于 $0.003 \sim 0.004 \text{ kg/(m·s)}$ 之间,比同样浓度的圆球模型悬浮液粘度小一半。其原因就是红细胞具有伸缩性的特点。

低切速度下血液粘度异常的原因归结于红细胞的结块。必须把结块打散后才能使血液顺利流动,因此可以把这时所需的切应力称为屈服应力。除了结块,在低切速度下红细胞还使血浆活动性减小。因此随着切应力的增大,在结块的红细胞被分散的同时,血浆浓度也随之降低,结果使血液的流动特性趋近于牛顿流体。

在低流率中,红细胞最为普通的聚集形式是铜钱串状结块,也就是许多扁圆形的红血细胞面对面地粘在一起。有时也可能是一个杂乱的聚集体,呈没有规则的结构状态。病变的红细胞还会变硬而失去它的柔韧性,增加血液的粘度和流动阻力。人体血液中,每微升中大约有 365 万 ～ 565 万个红细胞,它是人体供应氧气,进行新陈代谢的主体。健康的红细胞是饱满、透亮、活跃而且是分散的。但是如果红细胞脱水、干瘪、灰暗而且结块成串或杂乱变异时,血液的微循环就会受阻,氧和营养供应

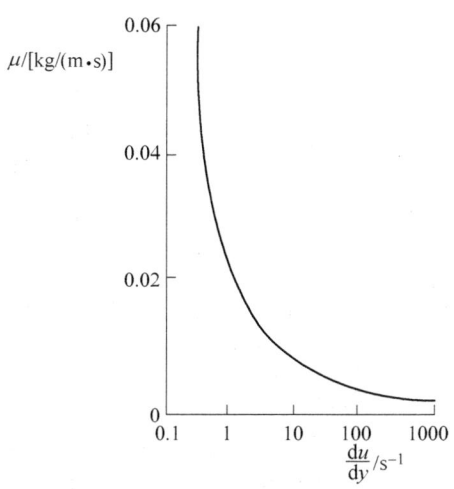

图 8.17　血液的粘度

不足，新陈代谢受阻，因而出现各种病症和疾病，如心肌微循环方面的病症：心慌、胸闷、早搏、心律不齐、心肌缺血、心肌梗塞，甚至心源性猝死；肠胃系统微循环方面的病症：腹痛、腹胀、食欲不振；神经系统方向的病症：神经衰弱、失眠健忘、头痛、头晕，甚至面瘫、中风、痴呆；发生在肾微循环中，就会出现蛋白尿、水肿；发生在皮肤微循环中，就会出现瘀斑、老年斑、瘙痒、全身不适等。总之，血液微循环中的微流动是影响人体生命活动的重要因素。如果微流动受阻，人体也就会出现各种疾病。

图 8.18 给出了血液中健康的红细胞和衰老病变的红细胞的图形，它们之间的差别昭然可见。

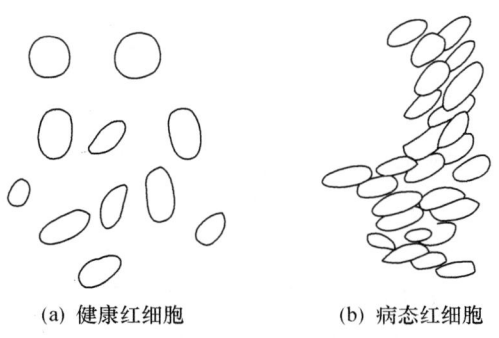

(a) 健康红细胞　　　　(b) 病态红细胞

图 8.18　健康红细胞与病态红细胞的图形

现在出现的大量物理治疗仪和保健品，其重要功能之一就是设法让病态或结块的红细胞分散开来、活跃起来。这样既降低血液流动时的粘度，降低了血压，又使氧气和营养得以正常供应，让人体逐步得到康复。从某种意义上说，血压的升高是人体自身的一种调节作用，目的是为了促进红细胞的流动速度加快，从而减少它们的聚集。因此单纯追求降低血压并不治本，是不可取的。

微流动时，一些亲液性管壁表面就可能集结一层有序的水，有序水的性质不同于宏观意义上的水,它对盐类的溶解度降低,而粘度大大提高。如果壁面是有渗透性的膜,那么有序水也会降低膜对水的渗透性。实验表明,当微孔直径小于 4.4 nm 时,孔内将完全被有序水填满,结果成为一种很好的溶质过滤器。

观察发现,在相当高的切应力下(大于 0.5 N/m²),红细胞像是一个内部装着液体的气球,细胞膜相对于细胞质会发生转动。这是红细胞为适应流动特性而采取的措施。

当微血管尺寸小到接近于红细胞尺寸时(人体中约为 8 μm),红细胞就会把自己排成单行,沿着管轴线方向移动,它的扁平面平行于流线方向,或者呈段塞形(丸药形),或者呈连续段状形(列车形)。它们可以利用自己的伸缩性调整形状,以适合在微血管内的流动。同时,两个红细胞之间的血浆将产生旋涡,中间轴向速度大于红细胞移动速度一倍。这样就可以使从管壁进入的氧气得到加强和均匀化,如图 8.19 所示。

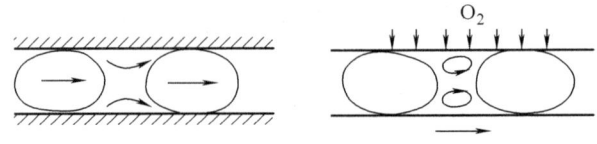

图 8.19　血管中红细胞的移动

根据有关研究,人体中血液离开左心室时的平均压力约为 1.33×10^4 Pa (100 mmHg),但返回心脏时,它的压力就降到这个数值的约十分之一。血液循环流动时,最大的阻力产生于微循环中,尤其是在小动脉和微血管中。血液的流速在动脉(直径约 1~10 mm)中大约为 0.1 m/s,而在微血管(直径约 8 μm)中却不到 10^{-3} m/s。根据这一数据,可以计算出血液在血管中流动时的雷诺数。假定全身血液的动力粘度 $\mu = 0.0035$ kg/(m·s),平均密度 $\rho = 1.06 \times 10^3$ kg/m³,则上升主动脉的 $Re \approx 4000$(直径 $D = 0.02$ m,收缩速度 $v = 0.63$ m/s),较大动脉和静脉中的 $Re \approx 900 \sim 500$,在微血管中 $Re = 0.001 \sim 0.003$。还有研究指出,在直径小于 2 mm 时,直管中血液流动的临界雷诺数只有 800,而不是通常所知的 2300。由此可见,在直径大于 3 mm 的动脉中会有湍流存在。但在小于 1 mm 直径的血管中就只有层流流态了。至于局部湍流,在分支血管或弯曲血管中也会存在,即使总体 Re 仍使流动处于层流状态。

湍流不仅会产生额外的流动阻力,而且在垂直于壁面方向的边界层内有较大的能量传递。这种较高的能量传递会引起管壁中的振动,在病理上这种额外的振动就称为杂音。

动脉流动的一个显著特点是它的脉冲性,因此有舒张压和收缩压之别。它反映了动脉管壁具有一定的弹性。脉冲以压力波的形式传播,压力波传播的速度要比血液本身的流速快 10~20 倍。为了承受脉冲波,动脉血管的壁通常较厚,进入细血管及微血管时,脉冲波已耗尽,这时血管壁就不需要那么厚了。同时,薄壁还有利于通过管壁进行能量(热量)和质量(氧气)的交换。在微小血管中,层流流动的阻力主要是由血液的粘性引起的,因此对微小血管中血液 – 微粒特性的研究就尤为重要。

第二篇 微流动中的动力源及其引起的微流动

如前所述，流动的动力有宏动力和微动力两大类。对于微流动来说，这两类动力源都可能被利用。宏动力包括压力差、壁面驱动力、电磁力等。微动力包括德拜力、静电力、化学键力等。随着尺度的微小化，体积力的影响减小，而表面力的影响增大，与表面积有关的微动力的作用将显现出来。这些在宏观流动中并不占主要地位的微动力，到了微流动中很可能成为主要的动力源。有的在宏观流动中被视为阻力的，到了微流动时，反而可以用作微动力。因此本篇重点介绍了多种微动力现象，以及它们在微流动中的应用。这些微动力有毛细现象和表面张力、动电现象、介电电泳、渗透和扩散现象、附壁现象、微热管、相变现象与多相流、流变效应等。通过对这些现象的分析，可以了解它们的基本性质以及思考在微流动中如何应用，也可以开阔思路，去寻找新的微动力源，并发现自然界存在的各类微流动的奥秘。

第 9 章 微流动中的推动力及其引起的微流动

9.1 微流动中的常规动力

要使流体产生运动,一定要有力的作用。广义地说,作用力可分为体积力和表面力两大类。体积力是作用在物体整个体积内的,如重力、惯性力、电力、磁力等,这些力和流体的质量有关,因此又称质量力。表面力只作用在物体的表面上,如摩擦力、表面压力、静电力、表面张力等,它只和所作用的表面积有关。

如前所述,随着流动过程中物体定性尺寸的减小,或者说随着物体体积的减小,物体的表面积将相对增大。以水滴为例,1 g 水在水滴半径为 1 mm 时,其表面积为 30 cm^2,而当水滴半径减为 1 μm 时,其表面积就达到 3×10^4 cm^2,是原来表面积的 1000 倍,这时液体的表面效应将非常突出,其中表面张力就成为主要的驱动力之一。

在宏观流动中,由于定性尺寸大,物体体积大,促使流体运动的动力主要是体积力和外加的表面压力差,其他表面力常作为一种有害的阻力来处理。

在微流动中,压力仍是一种主要的驱动力。

此外,在宏观流动中有时也用作驱动力的表面力——剪切力,在微流动中仍然会用作一种重要的驱动力,而这种剪切力则是由粘性产生的。

因此在本节中主要介绍由压力和剪切力这两种较为常见的驱动力所引起的微流动。其他更多的微动力源将在以后各章节中介绍。

9.1.1 压力驱动管槽内的微流动 —— Poiseuille 流

Poiseuille 流是在管槽内由外加压力引起的流动。对这一流动的分析在本书第一篇中作过详细的介绍。从最基础的气体分子动力论开始,求得了零阶、一阶、二阶近似的 Boltzmann 方程,即 Euler 方程、Navier-Stokes 方程和 Burnett 方程。并从二阶近似的 Burnett 方程出发，求得了适用于微流动的几种具体的实用方程。至今，压力驱动仍是微流动中主要的动力源之一。

由于在第一篇中已详细地介绍了 Poiseuille 流的各种方程及求解方法，这里不再重复。

9.1.2 压力喷管与热力喷管内的微流动

压力喷管是指流体在压力差作用下，在变截面通道中的流动；而热力喷管则是指流体在与等截面通道壁面进行热交换时引发的流动。二者的最终效果是一致的，但产生流动的动力和流体在通道中的速度分布是不同的。

图 9.1 给出了这两种喷管的简图。压力喷管的通道壁面一般是绝热的，它的理想流动过程是绝热等熵流动。通常，它的截面形状是对称于轴线的，而轴线大多都为直线。这种喷管的流动，由于流速很大，而且是一种变速流动，不可能达到充分发展的程度，因此要严格计算喷管内的流动过程是十分困难的。作为初步计算，一般以一维流动来近似[69]。

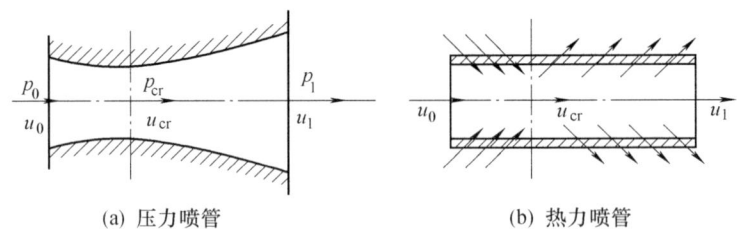

(a) 压力喷管   (b) 热力喷管

图 **9.1** 压力喷管和热力喷管

这样，对于一维等熵膨胀的无粘性压力喷管就可以写出连续方程

$$m = \rho u A \tag{9.1}$$

动量方程由式 (3.110) 可得

$$\rho u \frac{du}{dx} + \frac{dp}{dx} = 0 \tag{9.2}$$

由等熵膨胀过程

$$p\rho^{-k} = 常数 \tag{9.3}$$

可得

$$\frac{k}{k-1}\frac{p}{\rho} + \frac{u^2}{2} = 常数 \tag{9.4}$$

设喷管进口为 0，出口为 e，则有

$$u_e^2 - u_0^2 = \frac{2k}{k-1}\frac{p_0}{\rho_0}\left[1 - \left(\frac{p_e}{p_0}\right)^{\frac{k-1}{k}}\right] \tag{9.5}$$

与出口流速 u_e 相比, 通常进口流速 u_0 可忽略不计, 因此

$$u_e = \sqrt{\frac{2k}{k-1}\frac{p_0}{\rho_0}\left[1-\left(\frac{p_e}{p_0}\right)^{\frac{k-1}{k}}\right]} \tag{9.6}$$

把上式代入连续方程式 (9.1) 可得流经喷管的质量流量

$$m = \rho_e u_e A_e = \rho_0 \left(\frac{p_e}{p_0}\right)^{\frac{1}{k}} A_e \sqrt{\frac{2k}{k-1}\frac{p_0}{\rho_0}\left[1-\left(\frac{p_e}{p_0}\right)^{\frac{k-1}{k}}\right]}$$

$$= \rho_0 A_e \sqrt{\frac{2k}{k-1}\frac{p_0}{\rho_0}\left[\left(\frac{p_e}{p_0}\right)^{\frac{2}{k}}-\left(\frac{p_e}{p_0}\right)^{\frac{k+1}{k}}\right]} \tag{9.7}$$

或者利用状态方程

$$p = \rho RT \tag{9.8}$$

代入式 (9.7) 有

$$m = \rho_0 A_e \sqrt{\frac{2k}{k-1}RT_0\left[\left(\frac{p_e}{p_0}\right)^{\frac{2}{k}}-\left(\frac{p_e}{p_0}\right)^{\frac{k+1}{k}}\right]} \tag{9.9}$$

当出口状态改为膨胀过程中任一状态时, 则有

$$m = \rho_0 A \sqrt{\frac{2k}{k-1}RT_0\left[\left(\frac{p}{p_0}\right)^{\frac{2}{k}}-\left(\frac{p}{p_0}\right)^{\frac{k+1}{k}}\right]} \tag{9.10}$$

如果用流量密度 m/A 表示, 则单位截面积上通过的质量流量为

$$\frac{m}{A} = \rho_0 \sqrt{\frac{2k}{k-1}RT_0\left[\left(\frac{p}{p_0}\right)^{\frac{2}{k}}-\left(\frac{p}{p_0}\right)^{\frac{k+1}{k}}\right]} \tag{9.11}$$

由于进口状态是定值, 因此可以作出 $m/A - p/p_0$ 图, 如图 9.2 所示。可以看出, 流量密度开始随压比的增加而增加, 达到最大值后, 流量密度反而随压比的增加而下降。因此流量密度存在一个最大值。由于质量流量是一定的, 因此流量密度的变化也就意味着通道截面积 A 的变化, 流量密度增大就意味着截面积的减小, 流量密度减小就意味着截面积的增加。因此, 随着膨胀过程压力的下降, 开始时通道截面积是收缩的。当流量密度达到最大的位置时, 通道截面积达到最小值。继续降低压力时, 流量密度降低, 而通道截面积反而增加, 形成扩张部分。这种开始收缩, 然后扩大的喷管称为 Laval 喷管 (拉伐尔喷管), 又称渐缩 – 渐扩喷管。最小截面也就是临界截面。在这个截面上气流的速度达到声速。在临界截面之后的截面扩大段, 气流速度将超过声速。在最大流量密度的临界截面上, 利用对式 (9.11) 求导等于零, 可得该截面上的压比

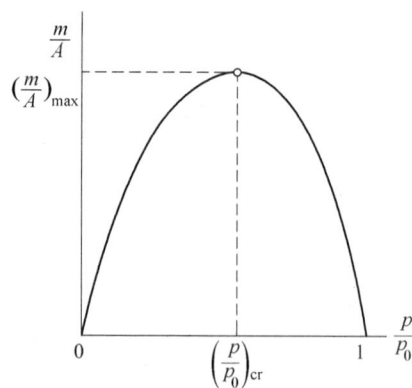

图 9.2 喷管流量密度与压比的关系

$$\frac{p_{cr}}{p_0} = \left(\frac{2}{k+1}\right)^{\frac{k}{k-1}} \qquad (9.12)$$

由上式可知，在临界截面上的压比只与气体的性质有关，而与其他热力参数无关，这一压比称为临界压比。

把临界压比式 (9.12) 代入式 (9.6)，可得临界速度

$$u_{cr} = \sqrt{\frac{2k}{k-1}\frac{p_0}{\rho_0}\left\{1-\left[\left(\frac{2}{k+1}\right)^{\frac{k}{k-1}}\right]^{\frac{k-1}{k}}\right\}} = \sqrt{\frac{2k}{k+1}\frac{p_0}{\rho_0}} = \sqrt{\frac{2k}{k+1}RT_0} \qquad (9.13)$$

最大流量密度

$$\left(\frac{m}{A_0}\right)_{max} = \rho_{cr}u_{cr} = \rho_0\left(\frac{2}{k+1}\right)^{\frac{1}{k-1}}\sqrt{\frac{2k}{k+1}\frac{p_0}{\rho_0}} = \left(\frac{2}{k+1}\right)^{\frac{k+1}{2(k-1)}}\sqrt{kp_0\rho_0} \qquad (9.14)$$

显然，在定常流条件下，质量流量 m 是不变的，因此流量密度最大时也就意味着通道面积 A 达到最小值。

由于压力喷管是通过通道截面的改变来实现加速流动的，因此有时又称几何喷管。

和几何喷管的工作原理相类似，如果对等截面通道采取改变质量流量的办法，也可以实现加速流动的目的。这一设想是由苏联学者伍立斯于 1950 年提出来的[53]。他设想在拉伐尔喷管中取出一段圆柱体 abcd，如图 9.3 上部所示。其横截面正好等于最小截 00，那么在最小截面之前的 ab00 段中，通过 00 截面的单位时间质量流量要比经过 ab 截面的单位时间质量流量大，其总能量也大。因此，从截面 ab 到截面 00 的流动过程中，单位时间的质量流量和总能量都是在不断增加的。因此，如果在等截面管道内，从进口开始，在 00 截面之前的一段通道中，不断地从外界加入质量流，其效果就应该和拉伐尔喷管收缩段的效果一致。也就是说，同样可以达到增加流速的目的，直至最小截面上达到声速。反之，在等截面通道的 00 截面之后那一段，如果不

断地从管道中减少质量流,那么气流的速度也会像拉伐尔喷管的扩张段那样,达到超声速。这种喷管称为流量喷管,如图 9.3 的下部所示。在这一设想提出的初期,由于结构上的复杂性而未被推广。直到后来热管的出现,才使它得到广泛的应用。在热管中气流质量流的改变是通过蒸发和冷凝来实现的。在最小截面 00 之前的蒸发段加入热量,使蒸气量增大,流速提高,从而流量增加。在最小截面 00 之后的冷凝段排出热量,使蒸气冷凝,速度增大,最终可以达到超声速的效果。但是在热管中并不要求增大流速,因此冷凝段末端压力是升高的,流速也就下降,温度回升。这一情况和拉伐尔喷管背压升高后的效果非常相似,图 9.4 给出了两种喷管的试验结果[70]。由于利用蒸发和冷凝来改变气流的质量流量,因此这种喷管又称热力喷管。

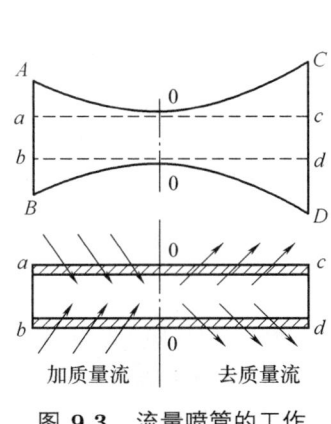

图 9.3 流量喷管的工作

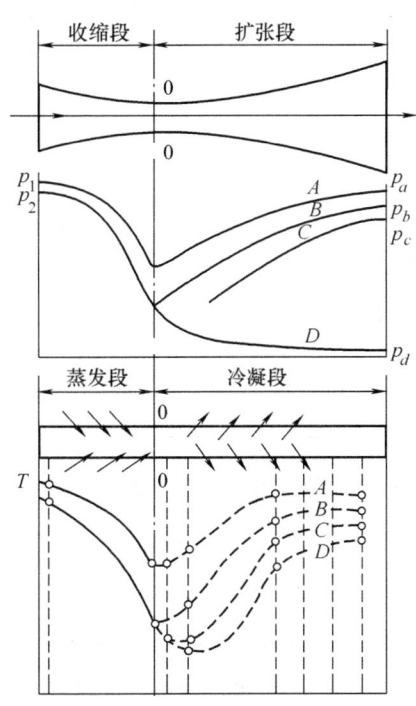

图 9.4 几何喷管与热力喷管的性能

有关热管的基本原理将在第 15 章中作进一步介绍。

9.1.3 剪切力驱动的微流动

9.1.3.1 Couette 微流动

Couette 流动是在平行平板之间的流体由于板壁的移动而产生的流动。显然,这种流动是由剪切力引起的,因此属于粘性流动。

对于 Couette 微流动,已在第一篇中作过详尽的介绍,既考虑了克努森数 Kn 的影响,又考虑了速度滑移的影响,并利用数值算法获得了速度分布、压力分布和温度分布。这里不再重复。

9.1.3.2 Cavity 微流动

Cavity 流动是指在槽中由于盖板的移动而产生的流动。它同样是由剪切力引起的，但它不同于 Couette 流。Couette 流的主流方向空间是无限长的，但 Cavity 流的空间却是有限的。图 9.5 为 Cavity 流动的示意图。这种流动在微流动中也是经常见到的。在第一篇第 5 章介绍 GDQ 方法时，曾对 Cavity 流作过计算，速度场的计算结果如图 9.6 所示。由图可知，在移动的上壁面附近具有最大的流速，为了补充流量，左侧不断向上流动，因此在槽内上部形成一个大旋涡。在下部左右两角则形成两个小旋涡[73-74,82]。

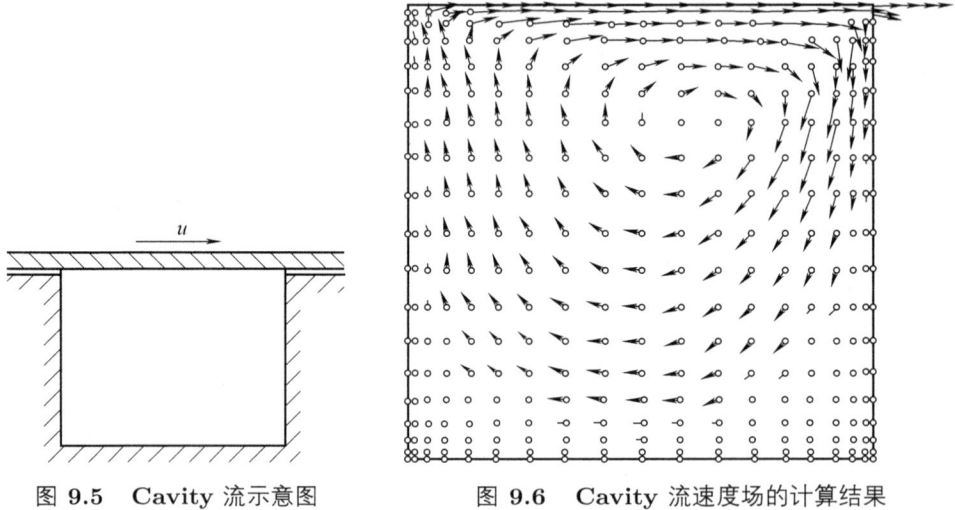

图 9.5 Cavity 流示意图   图 9.6 Cavity 流速度场的计算结果

9.1.3.3 Groove Channel 微流动[4]

Groove Channel 流动是指在锯齿槽流道上部由盖板壁面的移动而引起的流动。图 9.7 给出 Groove Channel 流的示意图。本质上，Groove 流就是 Cavity 流和半截进口流的组合。因此，只要对程序稍加改变，就可以用来计算 Groove Channel 流。

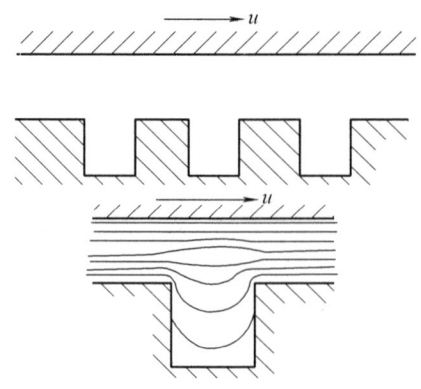

图 9.7 Groove Channel 流示意图 (参见彩图 5)

有关 Cavity 流和半截进口流的计算参见第一篇第 5 章。

9.2 微流动中的非常规动力

9.2.1 简介

促使流体运动的力也可以按照力的来源分为内力和外力。内力是由于流体本身某一特征受外界影响而改变所产生的作用力，例如流体内部的扩散运动、自然对流等。外力则是直接由流体之外所提供的动力而产生的，属于强迫流动，例如压力、电力、磁力等。按照微流动的状态及其作用力的性质，作者将有关的内、外力作了一个概括，如图 9.8 所示。虽然这一概括比较粗略，但是已经可以看出，微流动的动力源是非常丰富的。

这里将宏观流动中常见的动力源归入常规动力，将宏观流动中不常见的、而在微流动中却起到主要作用的动力源归为非常规动力。虽然这种区分不是太严格，但是有助于扩大思路，以寻找更多的微流动动力源。

总体来看，随着流动时定性尺寸的减小，物体的表面积将相对增加，因此表面力比体积力的作用更加突出。

9.2.2 非常规动力源

从图 9.8 可以看出，凡是使流体产生某种物理或化学性质上的变化而获得一定作用力的动力源，都可以诱使微流动。所有这些微流动都应被归纳到 "微流动" 这门新学科中来。因此，微流动就牵涉很多学科，例如热物理、表面物理、分子物理、电磁学、物理化学、胶体化学、生物学等。本篇主要介绍目前微流动中已经使用的一些非常规动力源，按描述次序分别为：毛细现象及表面张力、动电现象及双电层流动、介电电泳及微粒操纵、渗透与扩散现象、附壁现象及其应用、相变现象及多相流动、流变效应及其在微流中的应用等。这些非常规动力有的用来促使微流动持续进行，有的用于微流元器件的控制，有的用于微泵，有的用于微阀以及其他微元器件 (如微控制器、微混合器、微分离器等)。另外，还可调节微动力源以操纵微流体的流动。因此微流动的非常规动力源是十分丰富的。一种物理效应、一种化学效应、甚至一种生物效应都可能成为微流动的非常规动力源。

以下各章，将分别介绍一些常见的、但非常规的微动力源的原理及其在微流动中的应用。

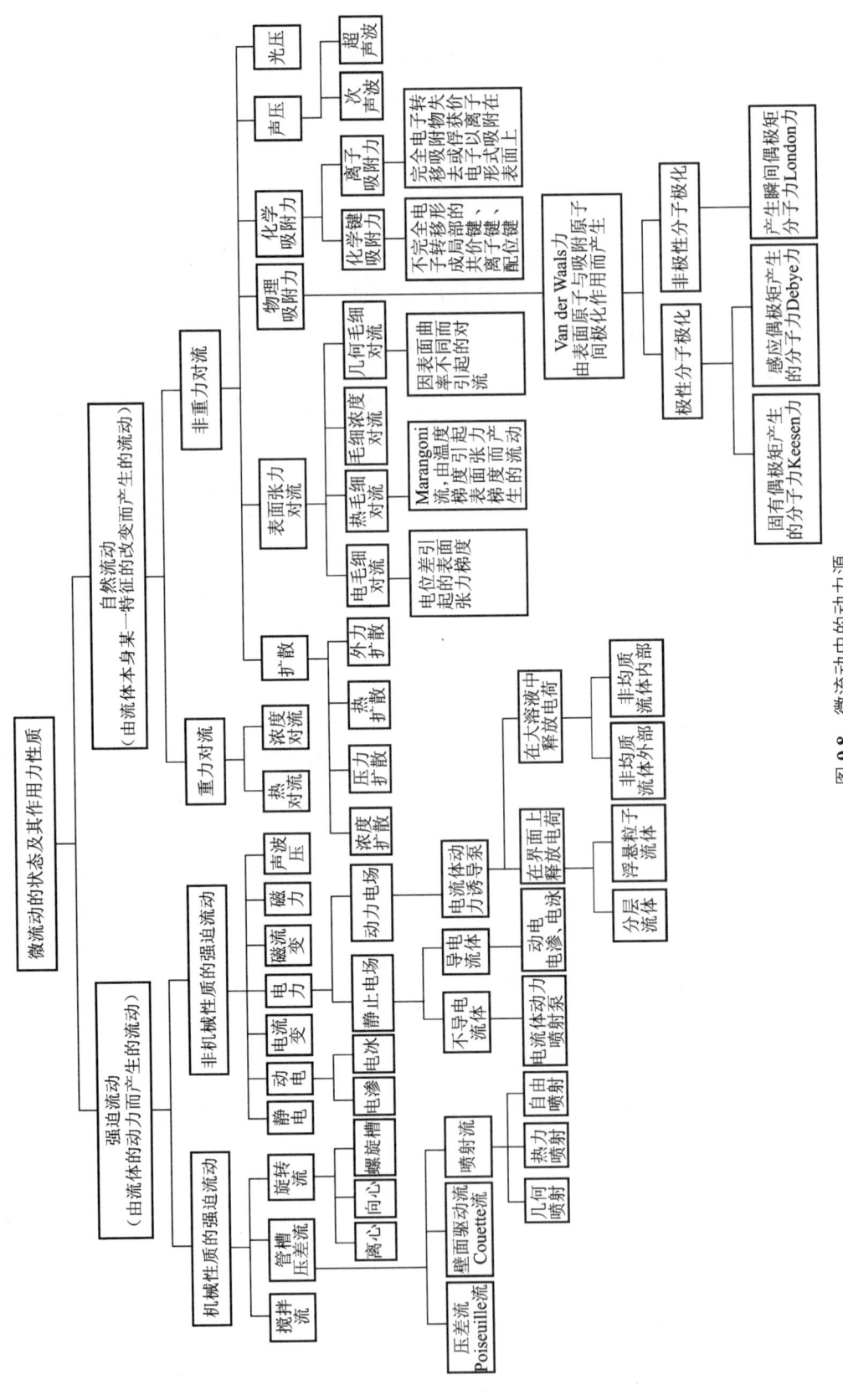

图 9.8 微流动中的动力源

第 10 章 毛细现象及表面张力引起的微流动

10.1 简介

毛细现象是由 J. Young 和 P. S. Laplace 分别于 1805 年和 1806 年各自独立提出的。它最初是从接触表面的湿润造成液面曲率的变化而发现的, 即液面层内外存在压力不同的现象。从毛细现象可引出表面现象和表面张力的概念, 进而揭示在细微尺寸的状态下一些特殊的规律, 这对于研究微流动有着重要的意义[59,67,75-78]。

广义地说, 表面现象包含很多内容, 凡是发生在界面上的物理现象和化学现象都可归纳为表面现象。但这里只讨论因湿润而造成的表面现象及其对微流动的影响。

毛细现象是建立在流体表面张力基础上的。而表面张力又是以动力粘度为依托的。当分子数目减少到一定程度时, 表面张力这一概念将失去其物理意义, 因此在微流动中太小的定性尺寸将使毛细现象失去理论基础。如果定性尺寸太大, 那么毛细现象的影响相对降低。因此毛细现象是指定性尺寸在一定范围内的细微空间中所发生的湿润现象。

按湿润程度不同, 引入了接触角的概念。根据接触角的性质, 可以把湿润分成三类, 即沾湿、浸湿和铺展润湿。

10.2 弯曲表面下的压力与表面张力

由于湿润, 在液体与固体表面接触时, 形成的液面形状有一定程度的弯曲, 使液面内外产生一定的压力差。

由图 10.1 可见, 在光滑表面上有一点 O, 其外法线为 z, zx 与 zy 平面与此表面交于曲线 C_1 和 C_2, 其曲率半径分别为 R_1 和 R_2。

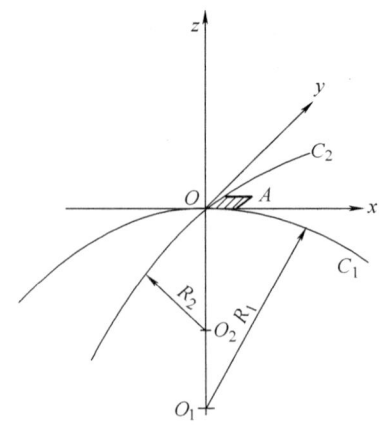

图 10.1 弯曲表面的受力

对于曲面上一个面元 $A = xy$，当表面外移一小段距离 $\mathrm{d}z$ 时，此面元的面积增量为

$$\Delta A = (x + \mathrm{d}x)(y + \mathrm{d}y) - xy = x\mathrm{d}y + y\mathrm{d}x \tag{10.1}$$

形成面元增量 ΔA 所需要的单位功用 σ 表示，则所需的功为

$$\sigma(x\mathrm{d}y + y\mathrm{d}x) \tag{10.2}$$

式中，σ 称为表面张力或表面能，其单位为 $\mathrm{mN/m}$ 或 $\mathrm{J/m^2}$。

由于表面张力的作用，在表面两侧产生一个压力差 $\Delta p = p_内 - p_外$。这一压力差作用在面元 xy 上，并使面元移动距离 $\mathrm{d}z$ 所作的功为

$$\Delta pxy\mathrm{d}z \tag{10.3}$$

因此有

$$\Delta pxy\mathrm{d}z = \sigma(x\mathrm{d}y + y\mathrm{d}x)$$

或

$$\Delta p = \sigma \frac{x\mathrm{d}y + y\mathrm{d}x}{xy\mathrm{d}z} \tag{10.4}$$

由于 $\mathrm{d}x/\mathrm{d}z = x/R_1$，$\mathrm{d}y/\mathrm{d}z = y/R_2$，代入上式可得

$$\Delta p = \sigma \left(\frac{1}{R_1} + \frac{1}{R_2} \right) \tag{10.5}$$

当 $R_1 = R_2 = R$ 时

$$\Delta p = \frac{2\sigma}{R} \tag{10.6}$$

这就是 Laplac 公式或称 Young 公式。

从式 (10.5) 可以看出，流体表面张力和液体表面曲率是造成流体表面内外压力差的主要因素。当表面张力 σ 一定时，表面曲率越大，则内外压差越大。也就是说，在

微小尺寸条件下,会造成液体表面内外很大的压力差。这一压力差从两个方面反映出来,一是对于微小尺寸离散的气泡或液滴来说,气泡或液滴内外存在很大的压差;二是当液体或气泡处于微小尺寸的流道内时,由于表面湿润引起液体表面产生很大的曲率,结果造成液面内外存在很大的压差。毛细现象就是后一种情况的反映。

以完全浸润的圆柱形细管为例,把它插在盛满液体的大容器中,如图 10.2 所示。液体由于湿润向上升高 h,液体在管壁上将形成一个正的接触角 θ,使液面呈现接近球面的凹陷弯月形。由于曲率半径 r 很小,为了达到平衡,管中液面将上升一个高度 h,使得

$$\Delta\rho g h = \frac{2\sigma}{r}$$

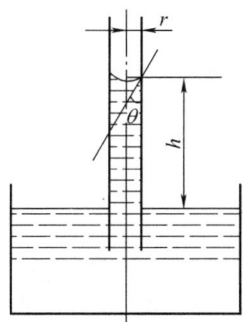

图 10.2　圆柱细管中的毛细现象

或

$$rh = \frac{2\sigma}{\Delta\rho g} = a^2 \qquad (10.7)$$

式中,$\Delta\rho$ 为液气密度差,g 为重力加速度;σ 为表面张力;而 a 称为毛细参数。可见,当液体一定时,毛细管内液面的升高 h 是与曲率半径 r 有关的。更进一步的研究表明

$$a^2 = rh\left(1 + \frac{1}{3}\frac{r}{h} - \frac{0.1288 r^2}{h^2} + \frac{0.1312 r^3}{h^3} - \cdots\right) \qquad (10.8)$$

因此表面张力也可写成

$$\sigma = \frac{1}{2}a^2 g \Delta\rho \qquad (10.9)$$

表 10.1 给出了一些液体的表面张力值。

表 10.1 一些液体的表面张力[43,75]

液体	温度/°C	表面张力/(mN/m)	液体	温度/°C	表面张力/(mN/m)
水	20	72.88	四氯化碳	20	29.7
	25	72.14		25	26.43
	30	71.40	汞	20	486.5
	100	59.00		30	484.5
双氧水	20	76	丙酮	20	23.7
乙醇	20	22.39	聚四氟乙烯	20	18.3
	30	21.55	聚氯乙烯	20	39
甲醇	20	22.50	甲酰胺	20	58
液氢	4~1.6K	0.12~0.35	正戊烷	20	16.1
乙二醇	20	48	环己烷	20	25.5
甘油	20	63	庚烷	20	20.14
苯	20	28.88	正辛烷	20	21.6
	30	27.56			

10.3 表面浸润与展布

毛细现象的强度是与表面浸润程度有关的,可以由接触角来表征。所谓接触角是指当液体与固体表面相接触时,固、液、气三相点上所形成的液面切向夹角 θ_e,如图 10.3 所示。通过三相点而与纸面相垂直的线称为接触线 Λ。当接触角 $\theta_e = 0$ 时为完全浸润,又称铺展润湿,如图 10.3 c 所示。当 $\theta_e = 180°$ 时为完全不浸润,又称沾湿,犹如荷叶上的水滴。当接触角介于 $0 \sim 180°$ 之间时则为部分浸润,如图 10.3 a,b 所示。

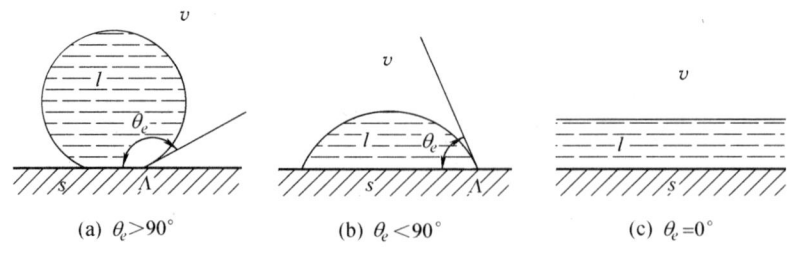

(a) $\theta_e > 90°$ (b) $\theta_e < 90°$ (c) $\theta_e = 0°$

图 10.3 表面浸润的接触角

当用 σ_{sl}、σ_{sv}、σ_{lv} 分别表示固–液、固–气、液–气各相之间的表面张力时,在理想情况下,三者应存在以下平衡关系:

$$\sigma_{sv} = \sigma_{sl} + \sigma_{lv}\cos\theta_e = \sigma_{sl} + \sigma\cos\theta_e \tag{10.10}$$

上式是 Young 方程的另一形式。图 10.4 给出了三个表面张力的平衡关系。

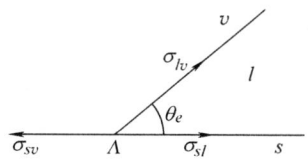

图 10.4　三相点上表面张力的平衡

实际上由于微力的作用，接触线的位置会发生相应的变化。在接触线附近形成一个特殊的微小区域，称为核芯。核芯的结构十分复杂，图 10.5 给出了几种可能的情况。图 10.5a 的核芯区液气界面受 Van der Waals 引力的影响而变形。当 $\theta_e \ll 1$ 时，受影响的变形区高度 $h \approx a/\theta_e$，式中 a 为分子尺度，核芯区的液面形状类似于双曲线。图 10.5 b 所示为被盐水浸润的带电固体表面。由于电离使固体表面带上正电荷，形成双电层。其影响区的高度为 K_D^{-1}，称为 Debye 屏蔽长度，也就是以后要介绍的双电层厚度。图 10.5 c 所示为固体局部形变引起的效应，形变区的宽度 $r_c \approx \sigma/\gamma$，式中 γ 为固体的杨氏模量，这时的 $\theta_e = \pi/2$。图 10.5 d 则是液–气界面接近临界点时的情况，界面上弥散着一层厚度为双电层厚度 ζ 的薄层，这时，$r_c \approx \zeta$。

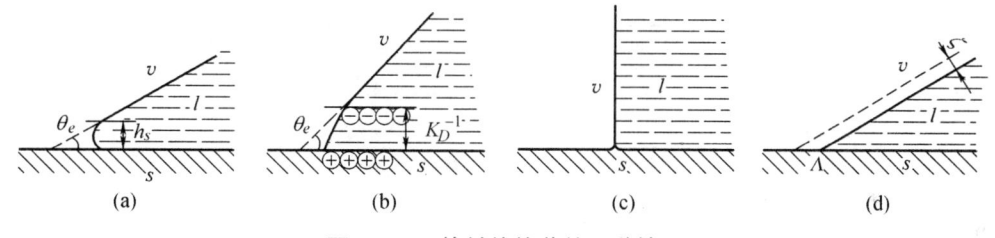

图 10.5　接触线核芯的几种情况

在液–气界面上只有当液–气表面的曲率半径 R_1 和 R_2 比核芯尺寸 r_c 大得多时，接触角 θ_e 的定义才能确定。

如果用下角标 0 表示真空状态，则固–真空之间界面的表面张力与固–液、液–气表面张力之和的差值称为展布系数 S

$$S = \sigma_{s0} - (\sigma_{sl} + \sigma_{lv}) = \sigma_{s0} - (\sigma_{sv} - \sigma\cos\theta_e) - \sigma$$
$$= \sigma_{s0} - \sigma_{sv} - \sigma(1 - \cos\theta_e) \tag{10.11}$$

可见，展布系数 S 随接触角 θ_e 的增加而减小。$\theta_e = 0$ 时即为完全展布，也就是铺展润湿。式 (10.11) 中 σ_{s0} 也称干固体表面张力，σ_{sv} 为潮固体表面张力。两者差别很大，例如水在金属氧化物表面上 $\sigma_{s0} - \sigma_{sv} = 300 \text{ mJ/m}^2, \sigma = 70 \text{ mJ/m}^2$，而有机物液体在金属氧化物表面上 $\sigma_{s0} - \sigma_{sv} = 60 \text{ mJ/m}^2, \sigma = 25 \text{ mJ/m}^2$。

表 10.2 给出了 20 °C 时几种液体在水面上的展布系数。图 10.6 给出了上述一些现象之间的关系。

表 10.2　一些液体在水面上的展布系数[67]

液体	展布系数 S_{H_2O}
异戊醇	44.0
正辛醇	35.7
油酸	24.6
苯	8.8
硝基苯	3.8
庚烷	0.2
二硫化碳	−8.2
二碘甲烷	−26.5

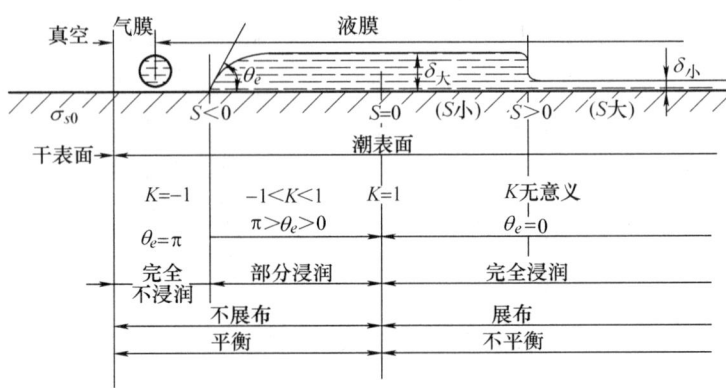

图 10.6　表面浸润现象的关系

10.4　粘附功

毛细现象是由表面湿润引起的, 而表面湿润的程度又与粘附功的大小有关。因此粘附功直接影响毛细现象中的微流动。

所谓粘附功是指某一液体 l 在某一固体 s 的表面上, 在真空状态下使单位面积的 $s-l$ 界面分离并仅留下一个裸表面所需的功 $W_{a,sl}$。它与表面张力的关系为

$$W_{a,sl} = \sigma_{s0} + \sigma_{l0} - \sigma_{sl} \tag{10.12}$$

式中, σ_{s0} 为固体 s 在真空 0 中的表面自由能; σ_{l0} 为液体 l 在真空 0 中的表面自由能, 它和液体 l 与其蒸气 v 之间的表面张力 σ_{lv} (即 σ) 相等。上式也可写成

$$W_{a,sl} = \varphi_e + W_{a,sl}^* \tag{10.13}$$

式中

$$\varphi_e = \sigma_{s0} - \sigma_{sv} \tag{10.14}$$

称为展开压,是驱除固体表面吸附的蒸气所需要的功,也等于蒸气被吸附到固体表面上时所释放出的功,它可以由蒸气的吸附等温线算出。而

$$W_{a,sl}^* = \sigma(1+\cos\theta_e) = \sigma_{sv} + \sigma - \sigma_{sl} \tag{10.15}$$

是指将单位面积 $s-l$ 面分离后留下"潮"固体表面(仍有蒸气膜)所需的功,它是 Dupre 于 1869 年提出的。

通常 $W_{a,sl}^* \ll W_{a,sl}$,这就是粘接的断裂面为什么发生在紧邻固体表面的液体中,而不会发生在 $s-l$ 界面上的原因。

由上述分析可以看出,在相同的 σ 和 φ_e 时,θ_e 越小则粘附功越大,浸润性就越好。

当 $\theta_e = 0$ 时,$W_{a,sl}^* = 2\sigma$,等于液体的内聚功 W_c。

当 θ_e 介于 $0 \sim \pi$ 之间时,$W_{a,sl}^* = \sigma(1+\cos\theta_e) < 2\sigma$,小于液体的内聚功 W_c。由此可以得出展布系数 S 为

$$S = \sigma_{s0} - \sigma_{sl} - \sigma = W_{a,sl} - 2\sigma = W_{a,sl} - W_c = \varphi_e + W_{a,sl}^* - W_c \tag{10.16}$$

由此可见,只有当液–固粘附功 $W_{a,sl}$ 大于液体的内聚功 W_c 时,才能使 $S > 0$,也即才能使液体展布在固体表面上。根据这一特点,可以把不同的浸润状态表达在统一的 $S/\sigma - W_{a,sl}/\sigma$ 图上。图 10.7 给出了这一关系。图中 $A-A$ 实线就是这一状态的综合。$S/\sigma = 0$ 时,$W_{a,sl}/\sigma = 2$;$S/\sigma = -2$ 时,$W_{a,sl}/\sigma = 0$,因此当 $A-A$ 直线处于右下第四象限时,$-2 < S/\sigma < 0, 0 < W_{a,sl}/\sigma < 2$。这是具有稳定接触角的区域。当直线处于右上第一象限时,$S/\sigma > 0$,这是展布区,具有稳定的薄液膜。而处于左下第三象限时,$S/\sigma < -2$,这是不浸润的稳定薄气膜区。

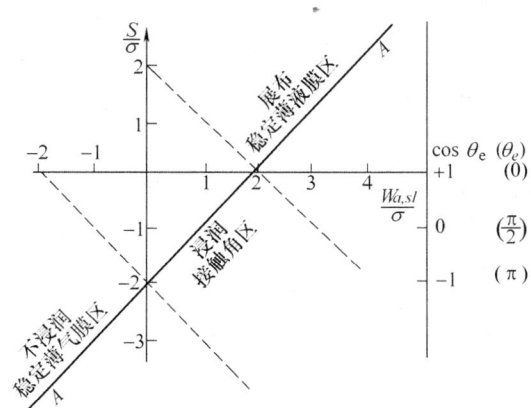

图 **10.7** 展布的 $S/\sigma - W_{a,sl}/\sigma$ 图

为此,在分析微流动时,必须考虑到液面与固面的特性指标——粘附功的大小。具有不同表面能的固体,其表面对液体的粘附功也是不同的。表 10.3 给出了某些液体的内聚功 W_c 和粘附功 $W_{a,sl}$ 值[67]。

表 10.3　内聚功和粘附功 (20 °C)

液体	$W_c/(\text{erg/cm}^2)$	$W_{a,sl}/(\text{erg/cm}^2)$
液态饱和烃	31~45	36~48
高级醇	45~50	92~97
高级脂肪酸	51~57	90~100

以上对于液体与固体界面的分析, 也可以适用于两种不同液体之间的界面。以油滴在水面上的展布为例, 就可以用水取代上述分析中的固体, 而油则是上述分析中的液体, 因此有 $\sigma_{s0} = \sigma_{水气}$, $\sigma_{sl} = \sigma_{油水}$, $\sigma_{l0} = \sigma_{油气}$, 则展布系数为

$$S = \sigma_{水气} - (\sigma_{油气} + \sigma_{油水}) \tag{10.17}$$

粘附功

$$W_{a,sl} = (\sigma_{水气} + \sigma_{油气}) - \sigma_{油水} \tag{10.18}$$

内聚功

$$W_c = 2\sigma_{油气} \tag{10.19}$$

因此

$$S = W_{a,sl} - W_c \tag{10.20}$$

对于高能表面的硬固体来说, 它具有共价键、离子键、金属键等强结合, 这时 σ_{s0} 可达 500~5000 mJ/m^2。大多数的分子流体能和硬固体的高能表面达到完全浸润 ($S \geqslant 0$)。而对于低能表面的分子固体, 则是由 Van der Waals 吸引力 (或氢键) 结合而成, σ_{s0} 约为 50 mJ/m^2, 只有部分液体能在低能表面上发生完全浸润, 例如在聚乙烯上的液态烷烃。而另一部分则为部分浸润, 例如 Taflon 上的液态 $n-$ 烷烃。可用临界表面张力值 σ_{cr} 来表征浸润状态, 当 $\cos\theta_e = 1$ 时的 σ 即为临界表面张力, 则只有 $\sigma < \sigma_{cr}$ 的液体才能完全浸润一个给定的低能表面。

对于 Van der waals 力起主要作用的简单分子流体, 临界表面张力 σ_{cr} 与液体性质无关, 它只是固体的一个特征量。表 10.4 给出了一些固体的 σ_{cr} 值。

表 10.4　一些固体的临界表面张力[75]

固体名称	尼龙 (聚酰亚胺)	聚氯乙烯	聚乙烯	聚二氟乙烯	聚四氟乙烯	—CH$_3$ 基	—CF$_3$ 基
$\sigma_{cr}/(\text{mJ/m}^2)$	46	39	31	28	18	26	6

可以看出, 具有永偶极子的、σ_{cr} 值大的尼龙、聚氯乙烯等最可能被有机液体浸润; 而以 Van der Waals 作用为主的 σ_{cr} 值低的 —CH$_3$ 基、—CF$_3$ 基等则不易浸润。为了防水、防锈, 可以用 —CF$_3$ 基作为保护性覆盖层, 例如为了降低极性固体的浸润性, 可以在它的表面上积淀一层表面活性剂。

10.5 表面构形的影响

接触角 θ 的大小受固体表面的影响很大。对于非理想固体表面，存在着接触角迟滞现象。这是由于液体前进或后退时，液体和固体的接触角存在差异，即 $\theta_a - \theta_r$，因而具有不可逆性，如图 10.8 所示。这一迟滞不仅和固体表面粗糙度有关，而且和三重接触线 Λ 在表面上的几何或化学间断处被锚住有关。所以非理想固体表面上三重接触线 Λ 在实际接触角 θ 围绕平衡值 θ_e 而变动的某一范围 $(\theta_r < \theta < \theta_a)$ 内被钉扎住而不动，$\theta_a - \theta_r$ 值可高达 $10°, 50°$（矿物），甚至 $150°$（汞在钢的表面上）。影响接触角大小的因素有表面粗糙度、表面污染、溶质在固体表面上的积淀等。

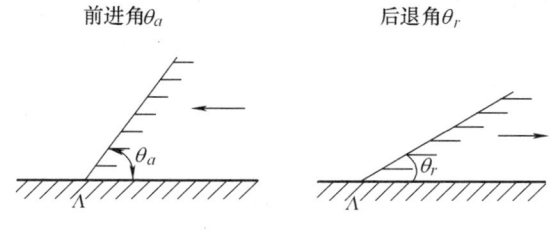

图 10.8 非理想固体表面

要精确计算表面构形的影响是很困难的，针对不同的构形可提出各种不同的计算模型。例如，对于粗糙表面，可引入粗糙度系数 $r =$ 实际面积/表观投影面积的概念；对于毛细管中具有周向沟槽的，提出了平行沟模型；对于筛孔物质提出了复合表面模型；对于无规化学污染则采用无规表面粗糙等价模型。

10.6 毛细现象对微流动的影响

毛细现象对微流动的影响，可根据其产生的原因来分析。例如，由展布湿润而影响流动的边界条件；由液面曲率而造成表面内外的压力差，这一压力差在微流动中可以直接作为流动的动力；由压力差造成表面内外饱和蒸气压的差别，影响到流体的相变过程，这一相变可用于气泡式微泵中。毛细力微阀正是利用了表面浸润的特性。

10.6.1 对边界条件的影响

由上可知，毛细现象的动力存在于三相界面上，因此对于单纯的两相接触面，不存在毛细影响，其流动时的边界条件仍与宏观流动相似。但对于处在流动前缘的微流动，毛细现象则是影响微流动的一个重要因素，甚至可能成为产生微流动的主要动力来源。

在毛细现象处于主导地位的微流动中，由毛细现象而引起流体内部的对流，将影响两相界面上的边界条件。因此，在确定边界条件时，必须考虑由毛细现象而引起的对流的影响。

10.6.2 毛细现象所引起的微流动

由毛细现象所引起的微流动的种类是很多的，这里介绍一种由于表面张力梯度而在流体内部产生的对流，简称表面张力驱动流，又称 Pearson 对流，也称毛细对流[79]。造成表面张力梯度的原因是多方面的，一般有温度差、浓度差和几何形状等影响因素。此外，也可能由杂质的电势差等因素而产生。由温度差而引起表面张力梯度所造成的对流，称为 Marangori 对流，又称热毛细对流，由此造成的液滴或气泡的迁移称为 Marangori 迁移；而因浓度差引起表面张力梯度所造成的对流，则称为浓度毛细对流。

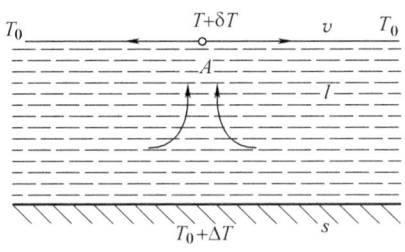

图 10.9　热毛细对流

图 10.9 解释了热毛细对流的产生过程。在稀薄液层的上、下存在着温度差 ΔT，它们的温度分别为 T_0 和 $T_0 + \Delta T$。如果液层上、下的温度是均匀稳定的，那么在无重力影响的情况下，液层内部是不会流动的。一旦液层上界面某处 A 有一个微小的温差 δT，那么该点附近液面的表面张力就将下降，该点附近的液面就会被拉向周围而引起流动。为了保持流体的质量平衡，底部的流体必须从下向上补充。而补充上来的液体温度较高，表面张力较低，回流较大，因而在 A 点附近产生了局部的回流，这样就形成了对流，即 Marangoni 对流，或热毛细对流。

上面分析的对流是由温度差引起的。如果温度相等，但存在类似的浓度分布，也可以引起对流，此时称浓度毛细对流。

物殊的表面曲率也可以使表面张力产生变化，从而引起毛细流动。

当流体处于液滴或气泡等分散状态中时，由于不均匀的温度场，也会造成表面张力梯度，因而引起液滴或气泡等分散相的迁移运动。图 10.10 解释了分散的液滴因温度场不同而造成液滴上升迁移的原因。在上高下低的温度场中，外围流体将向下流动，而液滴内部将形成对流胞元，从而使液滴向上迁移。

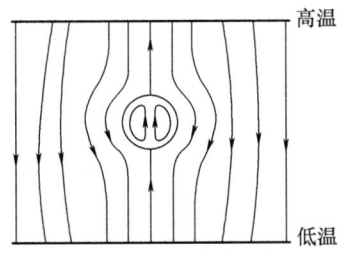

图 10.10 液滴的运动

10.6.3 相变引起的毛细微流动

液体在一定压力下有其一定的饱和蒸气压,由于毛细现象造成的压力变化,改变了与液体相对应的饱和蒸气压;因而产生压力差,成为微流动的驱动力。如图 10.11 所示,与曲面液体相对应的饱和蒸气压为 p,而相同温度下当液面为平表面时的饱和蒸气压为 p_0。从前面的分析可以看出,对于球形液滴 (图 10.11 a),$p > p_0$。而对于在毛细管中浸润的液体 (图 10.11 b),则有 $p < p_0$。处于液体中的小气泡 (图 10.11 c),只有在气泡内部蒸气压小于液体中压力时才能存在,利用这一特点可以制成气泡式微泵。

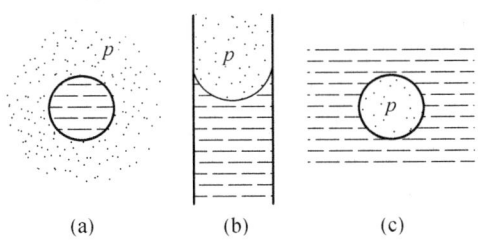

图 10.11 毛细状态的饱和蒸气压

10.6.4 表面张力梯度驱动对流的量纲一参数

为了表述表面张力梯度驱动对流的状态,常引入一些量纲一参数,如下所述:

特征速度 $U_R = \dfrac{\frac{\Delta \sigma}{\Delta T} \Delta T H}{\mu L}$。

Reynolds 数 $Re_\sigma = \dfrac{U_R L}{\nu}$,是惯性力与粘性力之比。

Marangori 数 $Ma = \dfrac{U_R L}{\kappa}$,是由热毛细和浓度毛细对流引起的热传输与由热传导引起的热传输之比。

Prandtl 数 $Pr = \dfrac{\nu}{\kappa}$,是动量扩散率与热传导率之比,因此 Marangori 数也可写为 $Ma = Pr Re_\sigma$。

修正 Marangori 数 $M_c = Ma/Pr$,是热毛细和浓度毛细与粘性力之比。

Ma 数存在一定的临界值 Ma_{cr},当 $Ma > Ma_{cr}$ 时,静止流体将在外加温差下产生对流胞元,其动力就是由表面温度不均匀而引起的表面张力和底部高温引起的热膨胀。

对流胞元的形状将随着 Ma 数的增大而不断地改变,当 $0 < Ma - Ma_{cr} < 64$ 时,为六角形;当 $64 < Ma - Ma_{cr} < 198$ 时,为六角形加滚筒形;当 $Ma - Ma_{cr} > 198$ 时,为滚筒形。

热毛细对流将引起流体内部的不稳定,因而会产生振荡。

10.6.5 影响表面张力的因素

影响表面张力的因素很多,常常可以利用这些因素形成微流动的动力。这些因素主要有温度梯度、表面曲率差、浓度梯度、电位差、表面活性、酸碱性、分子数等。下面对表面活性、温度、浓度及分子数的影响作进一步的介绍。

10.6.5.1 表面活性的影响[78]

表面活性是基于两亲的特点。以油-水为例,一种表面活性剂在溶液中形成有规律的排列,一头是亲水基的,一头是亲油基的。亲水的极性基与水亲近,把亲水基留在水中,而亲油部分则与水疏远,把亲油部分推出水面。这样,在界面上形成定向排列并产生热运动,从而形成一种表面压力。这种表面压力的方向正好与表面张力的方向相反,因此造成溶液表面张力下降 (图 10.12a,b)。

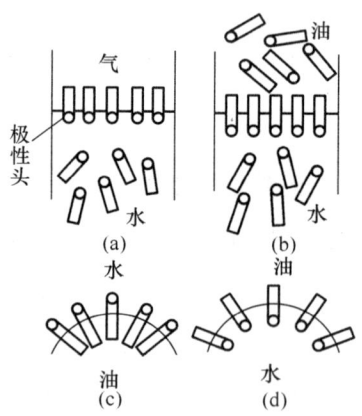

图 10.12 表面活性示意图

表面活性剂还会影响分散相和分散介质的性能。当极性头大于非极性尾时,头部胀大,尾部压缩,使界面向油一侧弯曲,形成水包油,使油变成分散相,如图 10.12c 所示。如果极性头小于非极性尾,则非极性尾胀大,极性头压缩,使界面向水一侧弯曲,形成油包水,使水成为分散相,如图 10.12d 所示。

10.6.5.2 温度的影响

温度对表面张力有极大的影响。随着温度的升高,与蒸气相平衡的液体表面张力将减小,到达临界点时,表面张力表现为零值。但是这一关系还没有可靠的理论分析与论证,一般仍采用经验性的关联式。

Macleod 早在 1923 年就提出了纯质表面张力的关联式,即

$$\sigma^{\frac{1}{4}} = [P](\rho' - \rho'') \tag{10.21}$$

式中, $[P]$ 为等张比容, 表 10.5 给出了等张比容的一些数值; ρ', ρ'' 为液体和气体的密度, 单位为 $\mathrm{mol/cm^3}$; σ 的单位为 $\mathrm{dyn/cm}$。

表 10.5 一些物质的等张比容[67]

物质	水	二氧化碳	氯化氢	二氧化硫	苯	甲苯	双氧水
$[P]$值	52.7	77.5	67.8	101.5	206.3	246.5	69.9

例 10.1 求水在 0 °C 时的表面张力。

解: 水在 0 °C 时 $\rho'=1000 \text{ kg/m}^3, \rho''=1/80 \text{ kg/cm}^3, M = 18.016$, 从表中查出 $[P] = 52.7$, 因此由式 (10.21) 可求出

$$\sigma = \{[P](\rho' - \rho'')\}^4 = \left[52.7 \times \frac{\left(1000 - \frac{1}{80}\right)}{1000 \times 18.016}\right]^4 \text{dyn/cm}$$

$$= 73.213 \text{ dyn/cm} = 73.213 \times 10^{-3} \text{N/m}$$

水在0°C 时实际的表面张力为 $75.6 \times 10^{-3} \mathrm{N/m}$, 因此计算误差为

$$\frac{75.6 - 73.213}{75.6} = 0.031\,57 = 3.157\%$$

如果已知某一温度 T_1 时的表面张力 σ_1, 那么可以由下式求出另一温度 T_2 时的表面张力 σ_2:

$$\sigma_2 = \sigma_1 \left(\frac{1 - T_{r2}}{1 - T_{r1}}\right)^{1.2} \tag{10.22}$$

式中, T_{r1}, T_{r2} 为对比温度, 它是实际温度与临界温度之比。

例 10.2 求水在 20 °C 时的表面张力。

解: 水的临界温度 $T_{\mathrm{cr}} = 647.3$ K, 因为 $T_{r1} = \dfrac{273.15}{647.3} = 0.422, T_{r2} = \dfrac{273.15 + 20}{647.3} = 0.453$, 代入式 (10.22) 可得

$$\sigma_2 = \sigma_1 \left(\frac{1 - T_{r2}}{1 - T_{r1}}\right)^{1.2} = 73.213 \times \left(\frac{1 - 0.453}{1 - 0.422}\right)^{1.2} \text{dyn/cm} = 70.78 \text{ dyn/cm}$$

由表 10.1 可知，实际上水在 20 °C 时的表面张力为 72.88 dyn/cm，因此计算误差为

$$\frac{72.88 - 70.78}{72.88} = 0.0288 = 2.88\%$$

表 10.6 给出了水 – 空气界面表面张力受温度影响的另一组数据，它与表 10.1 中给出的数据稍有差别。

表 10.6 温度对水 – 空气界面表面张力的影响[48]

T/°C	0	10	20	30	40	50	60	70	80	100
σ /(10^{-3}N/m)	75.6	74.22	72.75	71.18	69.56	67.91	66.18	64.4	62.6	58.9

对于非水溶液混合物的表面张力，Macleod 提出

$$\sigma_m^{\frac{1}{4}} = \sum_{i=1}^{n} [P_i](\rho'_m x_i - \rho''_m y_i) \tag{10.23}$$

式中，下角标 m 代表混合物；下角标 i 代表某 i 组分；x_i, y_i 为某组分 i 在液、气相中的摩尔百分比。

10.6.5.3 浓度的影响

溶质的性质及浓度对水的表面张力也有很大影响，它是与表面吸附性能有关的。吉布斯吸附公式反映了它们之间的关系

$$\Gamma = -\frac{C}{RT}\frac{d\sigma}{dC} \tag{10.24}$$

式中，Γ 为在温度 T 与浓度 C 时，溶质在溶液表面上的吸附量，即表面浓度；R 为气体常数；$d\sigma/dC$ 为溶液表面张力随着溶液浓度而变化的梯度。

从上式可以看出，随着溶解在溶液中物质的增加，若液体表面张力是降低的，即 $d\sigma/dC < 0$，则吸附量是正的，称为正吸附；反之，若液体表面张力是增加的，即 $d\sigma/dC > 0$，则吸附量是负的，称为负吸附。因此在溶液中增加正吸附的溶质会使表面张力下降，这一类物质就称为表面活性物；反之，负吸附的物质会使表面张力增加，属于表面不活性物。

一些有机化合物在水中表现为表面活性物，例如丁酸、脂类、脂肪酸、肥皂、染料等；而另外一些含羟基的有机化合物，则属于表面不活性物，例如蔗糖、食盐等。表 10.7、表 10.8 和表 10.9 给出了丁酸、蔗糖和食盐在不同浓度时，对表面张力的影响[67]。

表 10.7 丁酸浓度对表面张力的影响 (25 °C 时)

浓度/(mol/L)	0	0.015 83	0.082 47	0.267 5	0.435 3	0.980 2	2.843	9.015	11.38(纯酸)
表面张力/(dyn/cm)	72.0	70.7	60.7	48.3	42.3	33.5	28.5	27.5	26.5

表 10.8　蔗糖浓度对表面张力的影响 (18 °C 时)

浓度/(mol/L)	0	8.71	10.73	23.63
表面张力/(dyn/cm)	72.4	72.8	73.1	73.5

表 10.9　NaCl 浓度对表面张力的影响 (18 °C 时)

浓度/(mol/L)	0	7.65	13.68
表面张力/(dyn/cm)	72.4	74.8	76.9

特罗卜 (Traube) 把吉布斯吸附公式进行了转换,提出了吸附膜表面压力的概念,并认为表面压力 π 与溶液的摩尔浓度 C 成正比,即

$$\pi = BC \tag{10.25}$$

式中, B 为比例常数。又因表面压力 π 等于纯溶剂的表面张力 σ_0 与溶液表面张力 σ 之差,即

$$\pi = \sigma_0 - \sigma \tag{10.26}$$

因此有

$$\frac{\mathrm{d}\pi}{\mathrm{d}C} = -\frac{\mathrm{d}\sigma}{\mathrm{d}C} = B \tag{10.27}$$

代入式 (10.24) 可得

$$\Gamma = \frac{BC}{RT} = \frac{\pi}{RT} \tag{10.28}$$

表面浓度 Γ 是溶质在溶液表面上的吸附量,它的倒数就是单位摩尔吸附物质在吸附膜上所占的面积,用符号 A 表示,则

$$A = \frac{1}{\Gamma} \tag{10.29}$$

如果用 a 表示一个分子在吸附膜上所占的面积,则有

$$A = N_\mathrm{A} a \tag{10.30}$$

式中, N_A 为阿伏伽德罗常数, $N_\mathrm{A} = 6.022\,045 \times 10^{23}$ mol^{-1}。最终可得

$$\pi A = RT \tag{10.31}$$

或

$$\pi a = kT \tag{10.32}$$

式中, k 为玻尔兹曼常数, $k = R/N_\mathrm{A} = 1.380\,662 \times 10^{-23}$ J/K。

式 (10.31) 或式 (10.32) 具有和理想气体状态方程在形式上的一致性,只是理想气体状态方程表述的分子是在三维空间运动,而式 (10.31) 表述的分子则是在二维空间运动。这种吸附膜称为理想膜或吉布斯单分子膜。

一些长链形分子的饱和有机酸溶解于水时，会降低水的表面张力。在浓度不大的情况下，弗兰德利希利用试验数据得出如下公式：

$$\lg \frac{\sigma_0 - \sigma}{\sigma_0} = \frac{1}{n}\log C + \log S \tag{10.33}$$

式中，n, S 为试验常数，它们与分子的结构有关。在相同浓度时，分子链越长，表面张力降低越大，S 值也越大。图 10.13 给出了一些长链分子浓度对表面张力的影响。

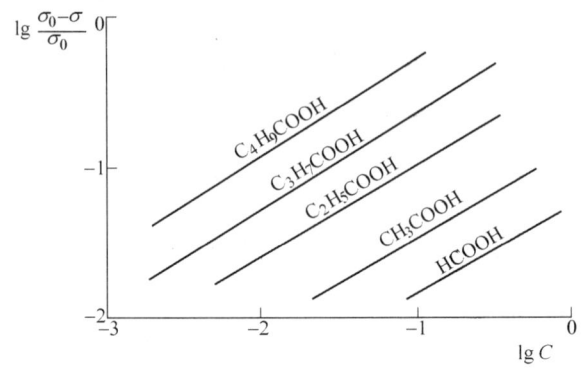

图 10.13　长链分子浓度的影响

10.6.5.4　分子数的影响

对于颗粒状的流体，其大小会影响表面张力，尤其是当颗粒缩小到一定程度时，表面张力的概念会失去它原来的物理意义。

由于微尺寸的液滴或气泡内外存在很大的压力差，因此要使一个液滴或气泡稳定，其内外也存在着一定的温度差。或者反过来说，只有在一定的压力差或温度差的情况下，液滴或气泡才能形成稳定的状态，否则不是缩小就是增大。与这种稳定状态的液滴或气泡相对应的半径就称为临界半径 r_{cr}。临界半径与压力差或温度差的关系称为 Kelven–Helmhots 公式，即

$$\Delta T = \frac{2\sigma T''}{h_{fg}\rho' r_{\mathrm{cr}}} \tag{10.34}$$

或

$$\ln \frac{p''}{p_s} = \frac{2\sigma}{\rho' r_{\mathrm{cr}} RT} \tag{10.35}$$

对于液滴，式中 ΔT 称为过冷度；p''/p_s 称为过饱和度；h_{fg} 为气化潜热；ρ 为密度；T 为温度；p 为压力；上角标 $'$ 表示液体，$''$ 表示气体。

式 (10.35) 可以用图 10.14 表示[78]。当 $p''/p_s > 1$ 时，$r_{\mathrm{cr}} > 0$，为液滴；$p''/p_s < 1$ 时，$r_{\mathrm{cr}} < 0$，为气泡；$p''/p_s = 1$ 时，$r_{\mathrm{cr}} = \infty$，为自由平表面。图中横坐标对于气泡应为负值。该图是水温在 298 K 时作出的。

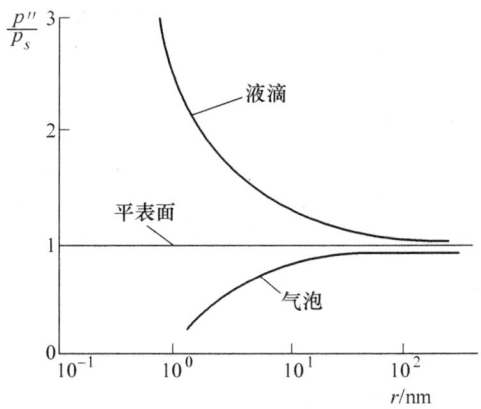

图 10.14　过饱和度与临界半径的关系

在微流动中，经常利用压力差或温度差产生一个气泡或液滴，作为微阀或间断流。值得注意的是，当 r 很小时，不仅使过饱和度趋向极大或极小值，而且将使表面张力的概念失去其物理基础。

由于液滴或气泡尺寸缩小，表面张力 σ_d 也将随之变化，它与自由平表面的表面张力 σ_∞ 存在很大差异[5]。Buff 提出如下修正：

$$\sigma_d = \sigma_\infty \frac{1}{1 + \dfrac{2\delta}{r_d}} \tag{10.36}$$

式中，σ_∞ 为液体处于自由平表面状态时的表面张力；δ 为液相中的分子团半径。

Benson 则提出下列修正：

$$\sigma_d = \sigma_\infty \left(1 - \frac{1}{3g^{\frac{1}{3}}}\right), g > 13 \tag{10.37}$$

式中，g 为每一液滴中的分子数。由此可知，当 $g < 13$ 时，表面张力这一概念就不存在了，这时就不能用表面张力来解释微流动中的毛细现象。

在微流动中，液滴或气泡也会造成很大的破坏作用，阻碍正常的流动，引起局部阻力，破坏正常的微流工艺流程。

10.7　毛细现象在微流动中的应用

10.7.1　气泡式微泵

这是利用不同曲率下气泡内外形成的压力差来提升液体，达到泵压的目的。图 10.15 给出了它的示意图[81]。在两段不同半径的管接合过渡处，如果存在一个气泡，这个气泡的两端就具有不同的曲率半径。理想情况下，小端的曲率半径就等于小管

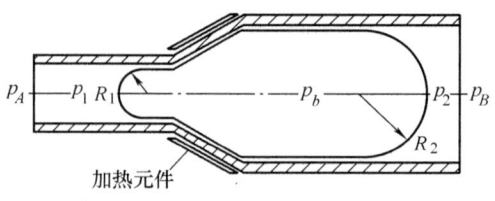

图 10.15 气泡式微泵

半径 R_1,大端的曲率半径就等于大管的半径 R_2。根据式 (10.6)Young 公式,在平衡状态下就存在下述关系:

$$p_b - p_1 = \frac{2\sigma}{R_1} \tag{10.38}$$

$$p_b - p_2 = \frac{2\sigma}{R_2} \tag{10.39}$$

式中, p_1, p_2 分别为小管和大管靠近气泡处液体的压力; p_b 为气泡内的压力。如果忽略温度对表面张力的影响,并不计管内流动阻力,则有

$$\Delta p = p_A - p_B = p_1 - p_2 = -2\sigma\left(\frac{1}{R_1} - \frac{1}{R_2}\right) < 0 \tag{10.40}$$

上式说明,小管中液体的压力小于大管中液体的压力,而且必须维持一定的反向压力差 Δp,才能使气泡处于平衡状态。这时大、小管之间虽有压力差,但由于存在气泡而不能流动。这时的气泡具有阻止阀的作用。如果大管中液体压力 p_B 不够大,不足以维持这一压力差,那么就会产生由小管向大管的流动,也就是从低压到高压的流动,从而达到泵压的效果。这种流动是在气泡外壁与过渡段内壁面之间的缝隙中实现的,驱动力由液体的粘附力与毛细力共同提供。

10.7.2 微阀[83]

图 10.16 和图 10.17 给出了两种不同功能的微阀,它们都利用了表面张力的作用。图 10.16 是利用接触角对表面张力的影响,使得流体向左流动,此时出口处为钝角,表面张力小,流动可以畅通无阻。而向右流动时出口处为直角,受表面张力增大的影响流动停止。这就成了一个单向阀,又称液体二极管。

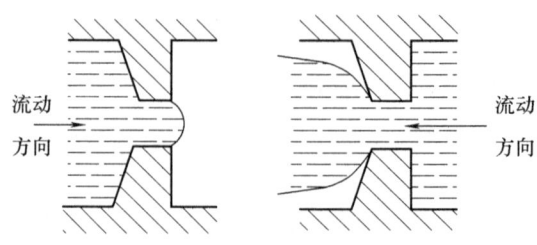

图 10.16 不可调单向微阀

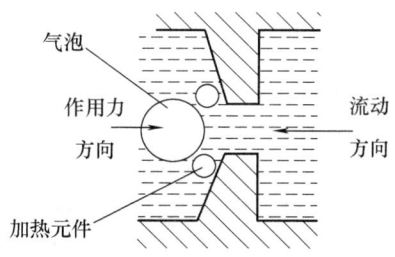

图 10.17 可调流量单向微阀

如果在钝角处加上一圈加热元件,控制加热元件产生的热量来形成一个气泡,那么这个气泡将会产生一个向右的力,即 Marangori 力,如图 10.17 所示。这个力将使气泡压向加热元件,阻止液体流动,起到单向阀的作用。调节加热量就可以控制单向阀关闭时的流量大小。

10.7.3 喷墨打印头[84]

图 10.18 是一种喷墨打印产生液滴的原理图。在离喷管口某一距离处,设置一个加热元件,利用加热元件可以控制气泡的产生,迫使气泡外侧靠近喷管口的一小段液体流出管外。

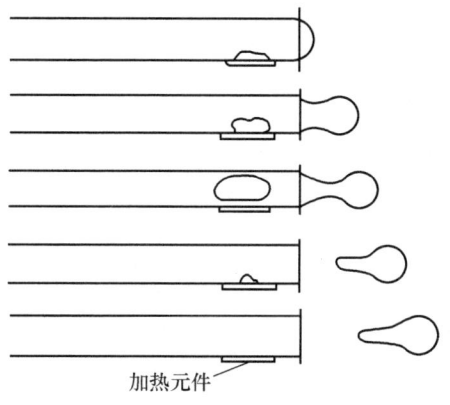

图 10.18 喷墨过程原理图

这种喷墨方式的优点是可以把很多分散的喷管集束在一起,因为可以用薄膜电阻作为加热元件,从而使喷管间的距离很小。

10.7.4 气泡执行器[83]

利用气泡的毛细力还可以制作能够完成某一特定任务的执行元件。图 10.19 为悬臂式气泡执行器。当气泡底部加热元件施加热负荷后,气泡产生了一个温度梯度,从而气泡壁面的表面张力有了一个梯度,结果产生一个由上向下的作用力,即

Marangori 力,使悬臂发生位移,实现某一行为的动作。也可利用这一特性来测定 Marangori 力的大小。

图 10.20 为罩式气泡执行器。在罩式执行器的几条腿上都安装了加热元件,通过任一腿上的加热元件热负荷的调节,就可以产生在该条腿方向上气泡的移动,从而带动罩上的执行元件实现某一动作。由于气泡在液体中的位移是不受限制的,因此这种罩式气泡执行器可以有较大的位移。

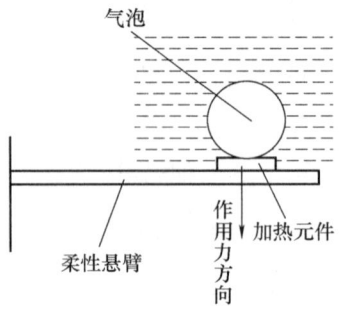
图 10.19　悬臂式气泡执行器

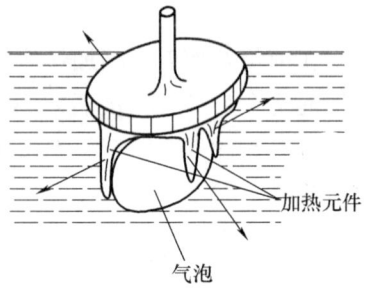
图 10.20　罩式气泡执行器

第 11 章　动电现象引起的微流动

11.1　简介

所谓动电就是指在两个电层之间的介质或粒子由于电场的正负电荷的影响而引起的移动现象。这种移动又称为双电层错位[67,76-77]。

按照原动力的不同,动电现象又可区分为电泳,电渗、流动电位和沉降电位四类。

电泳和电渗都是由于存在外加电压而引起的双电层错位。其区别是：在电泳中流体是不移动的,而固体粒子是移动的；在电渗中多孔固体是不移动的,而流体发生移动。

流动电位和沉降电位都是由于外加机械力量而引起的双电层错位。前者利用外力使流体通过多孔固体而产生电位,因此它与电渗互为逆转；后者是固体微粒在沉降时,液面与液底之间产生电位,因此它与电泳互为逆转。

发现动电现象的时间很早,1879 年海姆荷茨第一次对动电现象作了解释,但仍受静电现象的束缚。20 世纪初对动电现象有了新的解释,提出了双电层概念,其中以 Stern 于 1924 年提出的模型最为完善。

对于微流动研究而言,令人感兴趣的主要是电泳现象和电渗现象引起的流动。

11.2　产生双电层错位的基本原理

当某一物质与极性介质接触时,在两相的界面上就会带上电荷,并呈现一定的电位差。在极性介质中,界面电荷影响附近的离子分布。介质中与界面电荷异性的离子被界面吸引,而同性的则受到排斥。当介质受到热扩散作用时,部分异性离子被中和,未被中和的称为过剩反离子。随着离开界面的距离越远,过剩反离子也越少,其分布呈扩散形式,如图 11.1 所示。

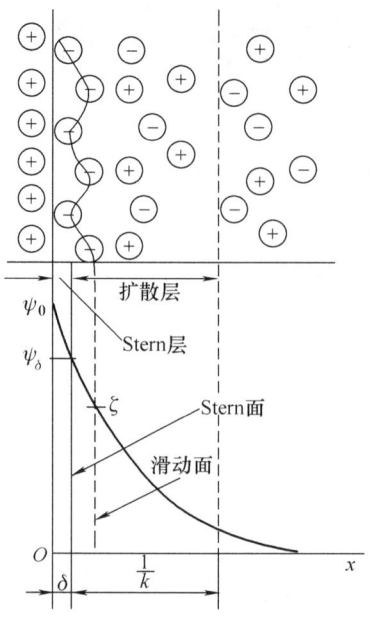

图 11.1 双电层的形成

在界面上产生电荷的原因较为复杂，极性物质在电离作用下可以产生电荷，而吸附作用、离子溶解作用或电子的亲和力作用等也都可以产生电荷。

双电层的结构有多种理论模型，其中以 Stern 模型较为流行。Stern 模型认为，在双电层中，最靠近界面处有一层类似于平板电容器的薄层，称 Stern 层。其间距约等于离子半径 δ 值。这里的电势近似于直线分布。因此固体表面的电荷密度为

$$\sigma_0 = \frac{\varepsilon'(\psi_0 - \psi_\delta)}{\delta} \tag{11.1}$$

式中，ε' 为介电常数；ψ_0 为 $x = 0$ 处的表面电势；ψ_δ 为 $x = \delta$ 处的电势；δ 为离子半径。

随后，由于热扩散作用而使反离子趋于均匀分散到液相中，形成扩散层，其厚度大于一个分子的尺寸。在表面电势较低时，扩散层中的电势按指数关系随 x 的增大而衰减，即

$$\psi = \psi_\delta \exp(-lx) \tag{11.2}$$

扩散层的表面电荷

$$\sigma_2 = (8n_0\varepsilon kT)^{\frac{1}{2}} \sinh \frac{ze\psi_\delta}{2kT} \tag{11.3}$$

式中，n_0 为溶液内部 ($\psi = 0$ 时) 的正或负离子数目；k 为 Boltzmann 常数；T 为绝对温度；z 为体系中的电荷数目；e 为单位电荷。在低电势的情况下，上式可简化为

$$\sigma_2 = \varepsilon l \psi_\sigma \tag{11.4}$$

式中, l 为与介质中离子的组成有关的参数。与平板电容器相比较可知 $\delta = 1/l$, 这相当于平板电容器的板间距。当扩散双电层的电容量与平板电容器相同时, $1/l$ 可看作扩散双电层的厚度。这一位置可称为扩散层的电荷重心位置。因此 l 就是图 11.1 中的 k 值。

对于 25 °C 时的对称电解质溶液

$$l = 0.329 \times 10^{10}(Cz)^{\frac{1}{2}} \tag{11.5}$$

式中, C 为电解质浓度, 单位为 $\mathrm{mol/dm^3}$; z 为体系的电荷数; l 的单位为 m。对于 1–1 型电解质, 当溶液浓度为 10^{-1} $\mathrm{mol/dm^3}$ 时, 双电层厚度约为 1 nm; 当浓度为 10^{-3} $\mathrm{mol/dm^3}$ 时, 双电层厚度约为 10 nm。

11.3 Stern 面与滑动面

在 Stern 层与扩散层之间有一个分界面, 称为 Stern 面。在这个面之内的离子是通过静电力、范德瓦耳斯力克服了热运动的干扰之后, 而被吸附到表面上的。这里的任何一个特性离子的中心都应位于 Stern 面之内。如果离子中心都出离了 Stern 面, 就属于双电层的扩散部分了。

由于离子的吸附, 使得固体表面上附着了一薄层介质的离子, 形成一个不动的固定层。而固定层之外则是离子移动的可动层。两者之间存在一个滑动面, 滑动面上的电势为 ζ 电势, 又称动电电势。对于胶体, 这种固定层特别厚, 因此在分析胶体的微流动时, 其影响必须加以考虑。上述各层与面的位置及其组成的状态之间的关系如图 11.2 所示。

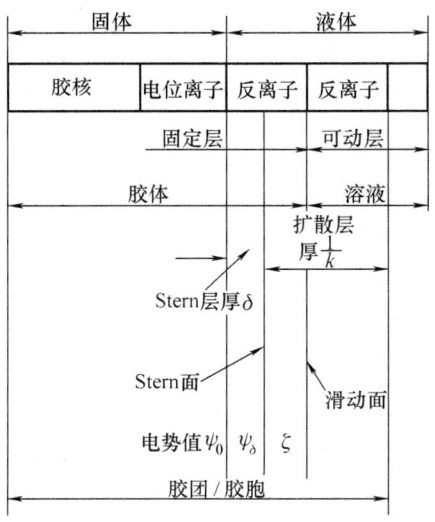

图 **11.2** 双电层与组成状态的关系

Stern 层可看作是一个厚度为 δ 和介电常数为 ε' 的平板电容器，其固体表面的电荷密度已在式 (11.1) 中作了介绍。Stern 层的表面，即 Stern 面上的表面电荷密度 σ_1，则可由离子等温吸附平衡式得出。如果服从 Langinuir 型等温吸附，则有

$$\sigma_1 = \frac{\sigma_m}{1 + \dfrac{N_A}{n_0 V_m} \exp\left(\dfrac{ze\psi_\delta + \phi}{kT}\right)} \tag{11.6}$$

式中，σ_m 为单分子反离子吸附层的表面电荷密度；V_m 为溶剂的摩尔体积；$ze\psi_\delta$ 为静电吸附能；ϕ 为范德瓦耳斯力吸附能；N_A 为阿伏伽德罗常数。

扩散层的表面电荷密度已在式 (11.3) 中作过介绍。

由于整个双电层是中性的，因此有

$$\sigma_0 + \sigma_1 + \sigma_2 = 0 \tag{11.7}$$

所以 Stern 双电层模型的完整表达式为

$$\frac{\varepsilon'}{\delta}(\psi_0 - \psi_\delta) + \frac{\sigma_m}{1 + \dfrac{N_A}{n_0 V_m} \exp\left(\dfrac{ze\psi_\delta + \phi}{kT}\right)} - (8n_0 \varepsilon kT)^{\frac{1}{2}} \sinh \frac{ze\psi_\delta}{2kT} = 0 \tag{11.8}$$

Stern 双电层的电容率 C 可看作串联的两个电容器，即

$$\frac{1}{C} = \frac{1}{C_1} + \frac{1}{C_2} \tag{11.9}$$

式中

$$C_1 = \frac{\varepsilon'}{\delta} = \frac{\sigma_0}{\psi_0 - \psi_\delta}$$

$$C_2 = \varepsilon l = \frac{\sigma_2}{\psi_\delta}$$

如果没有离子特性吸附，固体表面和 Stern 面的电荷密度是相等的，由此可得

$$\psi_\delta = \frac{C_1 \psi_0}{C_1 + C_2} \tag{11.10}$$

在 Stern 层中，当存在多价反离子或表面活性反离子时，可能发生电荷逆转，即 ψ_δ 与 ψ_0 反号；而表面活性同离子吸附则使 ψ_0 与 ψ_δ 同号，即 $\psi_\delta > \psi_0$。两者的关系可用图 11.3 表示。

滑动面之前的固定层厚度要比 Stern 层厚度 δ 稍大，而滑动面上的电势 ζ 则比 Stern 面上的电势 ψ_δ 稍小。对于聚合物类疏液表面，两者的电势可认为是相等的，但若电势较高和电介质浓度较高时，其差别则很大。

在滑动面上发生相对的剪切移动时，就会产生动电现象。如果沿着电荷表面的切向加一电场，则可产生一种能作用于双电层两部分的力，使滑动面两侧发生相对移动。反之，如果机械作用力使双电层的两部分相对移动，则将产生一个电场。

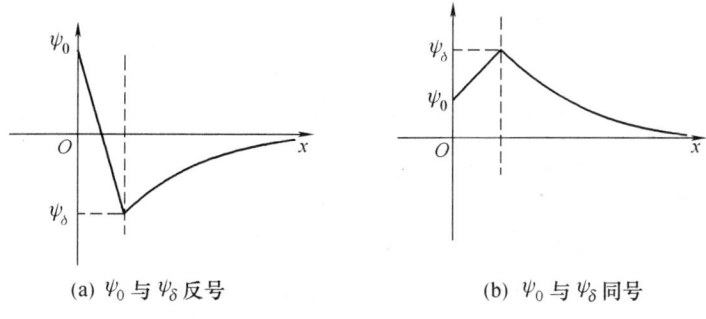

(a) ψ_0 与 ψ_δ 反号   (b) ψ_0 与 ψ_δ 同号

图 11.3　Stern 双电层的电势

11.4　双电层对微流动的影响

由双电层现象引起的流动，在宏观上已有很多实际的应用，例如临床检验中常用的电泳分析，使橡胶镀在金属、布匹及木材上的电泳电镀，用于色谱分析的电泳谱制作，电解质电动电势 ζ 的测定，使带电粒子在电场中产生电泳作用的电力除尘器等。但很少涉及双电层对微流动过程影响的研究。因为微流动的速度是如此之小，双电层的厚度是如此之薄，以致可以忽略它们对流动总体上的影响。表 11.1 给出了一些带电粒子的电泳淌度值 u_E，电泳淌度是指单位电场强度的电泳速度，因此它可以反映带电粒子的迁移率。以金胶粒子为例，当电场强度为 10 V/cm 时，电泳速度为 $4.0 \times 10 = 40$ μm/s，也就是一分钟才移动 2.4 mm。

表 11.1　几种粒子的电泳淌度[67]

带电粒子	电泳淌度 $u_E/[(\mu m/s)/(V/cm)]$
H^+	32.6
OH^-	18.0
Na^+	4.5
K^+	6.7
Ag^+	5.6
Cl^-	6.8
$C_3H_7COO^-$	3.1
$C_8H_{17}COO^-$	2.0
银胶粒子	2.0~3.8
金胶粒子	4.0
氢氧化铁胶粒子	3.0~5.2
油滴	3.0~4.0

但是，当进入微、纳米级流动的研究时，双电层现象产生的边界状态的变化，将对微流动造成较大的影响。另外，在存在双电层的流动中，如果发生机械性的作用力而使其发生相对位移，那么所引起的电场不仅会对宏观流动有影响，例如在高压输

送烃类流体时会产生很小的静电，严重影响管道的安全，而且对微流动中电场的影响也是不可忽视的。在微流动中，由于双电层造成的胶体粒子大小的改变、粒子与溶液接触表面（即滑动面或剪切面）动力粘度的改变等都会造成微流动状态的变化。

双电层中电势 ζ 对电泳速度的影响，还与双电层的形状有关，其影响的大小常用量纲一的量 K_a 来表示。它是曲率半径 a 与双电层厚度 $1/l$ 之比。当 K_a 很小时，带电粒子可被看作点电荷；K_a 很大时，可把双电层看作一个平面。

当 $K_a < 0.1$ 时，可把粒子作为球形粒子来处理。这时如果没有外加的干扰电场，而粒子又不是太小，就可利用在粘性液体中的 Stokes 定律来计算，即粒子所受的电场作用力和介质对它的粘性摩擦阻力相平衡

$$Q_E E = 6\pi \mu a v_E \tag{11.11}$$

式中，Q_E 为粒子带的净电荷；E 为电场强度；μ 为介质动力粘度；a 为粒子半径；v_E 为电泳速度。因此电泳速度

$$v_E = \frac{Q_E E}{6\pi \mu a} \tag{11.12}$$

对于球形粒子

$$Q_E = 4\pi \varepsilon a \zeta \tag{11.13}$$

而电泳淌度则为

$$u_E = \frac{v_E}{E} = \frac{Q_E}{6\pi \mu a} = \frac{\varepsilon \zeta}{1.5\mu} \tag{11.14}$$

上式称为 Hückel 公式。

考虑 K_a 及电导率 λ 的影响，Henry 把上式改写为

$$u_E = \frac{\varepsilon \zeta}{1.5\mu} F(K_a, K') \tag{11.15}$$

式中，$K' = \lambda_p/\lambda_0$，λ_p 为质点电导率，λ_0 为介质电导率。而 $F(K_a, K')$ 为

$$F(K_a, K') = 1 + 2\lambda[f_1(K_a) - 1] \tag{11.16}$$

$$\lambda = \frac{1 - K'}{2 + K'} \tag{11.17}$$

对于球形质点，当 $K_a < 1$ 时

$$f_1(K_a) = 1 + \frac{K_a^2}{16} - \frac{5K_a^3}{48} - \frac{K_a^4}{96} + \frac{K_a^5}{96} - \left(\frac{K_a^4}{8} - \frac{K_a^6}{96}\right) e^{K_a} \int_\infty^{K_a} \frac{e^{-t}}{t} \mathrm{d}t \tag{11.18}$$

当 $K_a > 1$ 时

$$f_1(K_a) = \frac{3}{2} - \frac{9}{2K_a} + \frac{75}{26K_a^2} - \frac{330}{K_a^3} \tag{11.19}$$

对于非导体球形质点，$K' = 0$，$\lambda = 1/2$，$F = f_1$，如图 11.4 中曲线 A 所示[77]。当 $K_a \ll 1$ 时，$f_1(K_a) \to 1$，也就是 Hückel 式 (11.14)。当 $K_a \gg 1$ 时，$f_1(K_a) \to 1.5$，

这就成了 Smolochewski 公式。图 11.4 中还给出了其他曲线。曲线 B 为 $\lambda_p = \lambda_0$，即 $K' = 1$ 时 F 与 K_a 的关系，这时 $F = 1$，与 K_a 无关。曲线 C 为导电质点，曲线 D 为与轴平行的电场及圆柱形质点的 $F - K_a$ 关系。曲线 E 为与轴垂直的电场及圆柱形质点的 $F - K_a$ 关系，$F = 1.5$，与 K_a 无关。

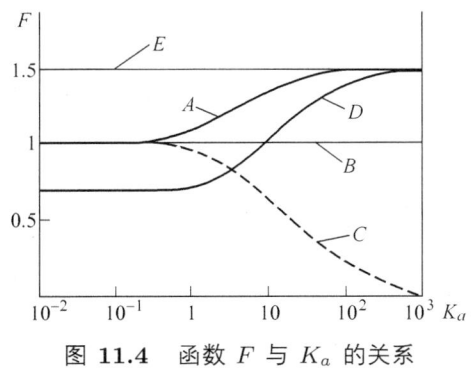

图 11.4 函数 F 与 K_a 的关系

图 11.5 给出了当 $K_a \ll 1$ 和 $K_a \gg 1$ 时，质点周围的流场。

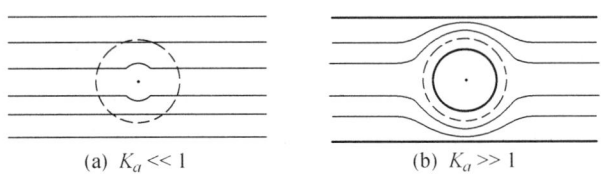

图 11.5 质点周围的流场

当 $K_a > 300$ 时，可以把双电层看作平行的平面。这时外加电场强度 E 平行作用于一个非导电平面，双电层的扩散层中液相相对于此平面作平行移动 (图 11.6)。当电场力和液体粘滞力平衡时，在距表面 x 处，厚度为 $\mathrm{d}x$ 的单位面积液层内存在

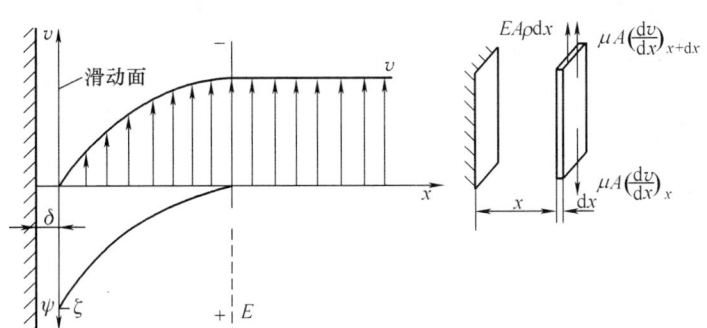

图 11.6 平行平面的双电层速度及受力

$$E\rho A\mathrm{d}x + \mu A \left(\frac{\mathrm{d}v}{\mathrm{d}x}\right)_{x+\mathrm{d}x} = \mu A \left(\frac{\mathrm{d}v}{\mathrm{d}x}\right)_x \tag{11.20}$$

因此
$$E\rho \mathrm{d}x = -\frac{\mathrm{d}}{\mathrm{d}x}\left(\mu\frac{\mathrm{d}v}{\mathrm{d}x}\right)\mathrm{d}x = -\mu\left(\frac{\mathrm{d}^2v}{\mathrm{d}x^2}\right)\mathrm{d}x \tag{11.21}$$

又由 Poisson 公式
$$\nabla^2\psi = -\frac{\rho}{\varepsilon} = -\frac{\mathrm{d}}{\mathrm{d}x}\left(\frac{\mathrm{d}\psi}{\mathrm{d}x}\right) \tag{11.22}$$

可得
$$\rho = -\frac{\mathrm{d}}{\mathrm{d}x}\left(\varepsilon\frac{\mathrm{d}\psi}{\mathrm{d}x}\right) \tag{11.23}$$

代入式 (11.21) 有
$$-E\frac{\mathrm{d}}{\mathrm{d}x}\left(\varepsilon\frac{\mathrm{d}\psi}{\mathrm{d}x}\right) = \frac{\mathrm{d}}{\mathrm{d}x}\left(\mu\frac{\mathrm{d}v}{\mathrm{d}x}\right)$$

对上式积分可得
$$-E\varepsilon\frac{\mathrm{d}\psi}{\mathrm{d}x} = \mu\frac{\mathrm{d}v}{\mathrm{d}x} + C_1 \tag{11.24}$$

当 $x = \infty$ 时, $\mathrm{d}\psi/\mathrm{d}x = 0, \mathrm{d}v/\mathrm{d}x = 0$, 因此积分常数 $C_1 = 0$。假设双电层中 ε 与 μ 为恒定值, 则有
$$-E\varepsilon\psi = \mu v + C_2 \tag{11.25}$$

对于电泳现象, $x = \infty$ 时, $\psi = 0, v = 0$, 所以积分常数 $C_2 = 0$。在剪切面上 $\psi = \zeta, v = -v_E$, 因此
$$E\varepsilon\zeta = \mu v_E \tag{11.26}$$

可得电泳速度
$$v_E = \frac{E\varepsilon\zeta}{\mu} \tag{11.27}$$

电泳淌度
$$u_E = \frac{v_E}{E} = \frac{\varepsilon\zeta}{\mu} \tag{11.28}$$

对于电渗现象, $x = \infty$ 时, $\psi = 0, v = v_E$, 所以有 $C_2 = -\mu v_E$。在剪切面上 $\psi = \zeta, v = 0$, 因此可得电渗速度
$$v_{E_0} = \frac{E\varepsilon\zeta}{\mu} \tag{11.29}$$

电渗淌度
$$u_{E_0} = \frac{v_{E_0}}{E} = \frac{\varepsilon\zeta}{\mu} \tag{11.30}$$

这就是上面提到的 Smolochewski 公式。

在平行于固 – 液界面的外加电场作用下, 扩散层内的反离子将带着液体流动。如果忽略些微差异, 可认为在剪切面 (即滑动面) 上, $x = \delta, \psi = \zeta$。此后, 速度随 x 的增大而增大, 直至 $\psi = \zeta$ 时, 双电层结束。当 x 再增大时, 液体内无净电荷存在, 不再受电场的作用。也就不存在速度梯度, 因此速度不变, 达到最大值, 正如图 11.6 中左边的速度图所示。

双电层内离子的结水也将对微流动产生影响。表 11.2 给出了几种离子结水前后离子半径的变化。可以看出,结水前锂是最小的离子,但结水后却变成了最大离子。这种离子经变换吸附进入双电层,变成外层离子后散开得最远,双电层内层对它的吸引力最弱。由于锂离子结水而形成的胶体粒子的水化层最厚,胶体粒子也最稳定,反之亦然。

表 11.2 某些离子结水前后半径的变化

名称	Li$^+$	Na$^+$	K$^+$	NH$_4^+$	Rb$^+$
未结水离子半径 /Å	0.76	0.98	1.53	1.43	1.40
结水离子半径 /Å	3.65	2.80	1.90	—	1.80
原子序数	3	11	19	—	37

11.5 动电现象在微流动中的应用

11.5.1 电渗流

在芯片中经常用到电渗流。如果流体是一种电解质,则在一段微流道的两端施加电压后,流道的壁面附近将产生双电层。根据以上的分析,在壁面附近只有一层很薄的厚度为 δ 的固定层,即 Stern 层,而在 Stern 层之外则为流动的扩散流。扩散流之外的流体流动速度几乎不变,因此形成如柱塞状的流动 (图 11.7),但它不同于压力差驱动下的粘性流 (Poiseuille 流)。因此在相同条件下,电渗流的流量将大于 Poiseuille 流。

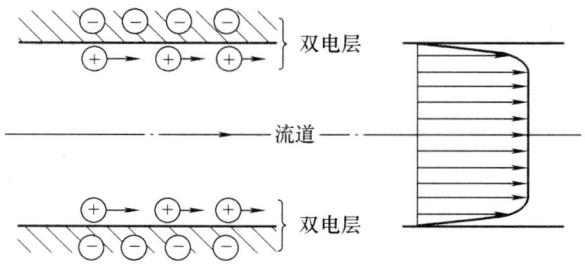

图 11.7 流道中的双电层影响

由于电极的位置可以根据芯片工艺流程的需要进行安排,因此结构简单,容易操作。Jocobson 于 1994 年提供了如下数据[85]:在高电场强度 (27～163 V/cm) 的条件下,流道截面为 5.6 μm × 66 μm、长度超过 165 mm 的毛细管中典型的电渗流速度为 0.13～0.78 mm/s,流量达 3～18 nL/min。

11.5.2 电泳流

动电现象还在毛细管电泳中得到了应用。在图 11.8 中,被测试的样品从下端 +(2) 进入,由上端 −(2) 流出。而缓冲液从左端 +(1) 进入,从右端 −(1) 排出。首先,缓冲液在一定的电场强度下充满两个流道。然后,试样从进口流到出口。这时缓冲液流道还没有被开通。当缓冲液从进口输入到出口的同时,切断试样液,截取一小段试样随缓冲液进入分离管道进行电泳分离。然后带出 −(1),进入下一步骤进行操作,完成检测任务。上述流动又称毛细电泳流。

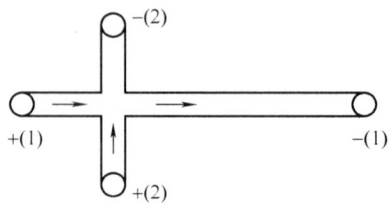

图 11.8 毛细管电泳

第 12 章 介电电泳引起的微流动

12.1 简介

50 年前,H. A. Pohl 首次提出了"介电电泳"(dielectrophoresis) 这一名词,它是由"介电力"(dielectric force) 演变而来的[94]。介电电泳说明了一种自然现象,那就是浮悬在液体或气体中的微粒在高频交变电场的作用下,被电场吸引或排斥的现象。利用这一现象,人为改变激发电场的频率和振幅,采用不同形状的电场组合,并考虑到目标微粒的介电性质及其与浮悬液本身的介电性质之间的差别,就可以分离或控制电场内各种不同微粒的运动。如细胞、细菌、富集的病毒、化学微粒物等。这一应用在 1989 年以后取得了一系列的成功,近年来在微流动领域,更是得到蓬勃的发展[86-87]。

随着加工技术的进步,借用半导体工业中的加工制造方法,如照相平板印刷术和深度干式腐蚀法,可以制成亚微米级的薄膜电极,并在芯片上用微加工方法加工出用于微流动的毛细管路,从而可以制成微型化、立体化、电极无干扰的分离芯片。该芯片可以把尺度在 1～100 μm 的微粒进行聚集、分离、浓缩或传输,对微粒进行人工标识,进而操纵不同微粒。此项技术可应用于基因技术中 DNA 的分离、微化学工业中的全分析微系统等领域。

介电电泳所采用的频率范围一般在 10～100 kHz。表 12.1 给出了几种混合细胞的分离参数。

表 **12.1** 一些混合细胞的介电电泳分离参数[92]

混合细胞	电导/(mS/m)	频率/kHz	先流出的细胞
活酵母菌/死酵母菌	10	10	死酵母菌
大肠杆菌/枯草杆菌	30～50	100	大肠杆菌
白血病细胞/血细胞	10	80	血细胞
红细胞/乳腺癌细胞	10	80	红细胞

12.2 介电电泳的基本原理

在介电电场中,促使微粒运动的有效力及力矩是因微粒与浮悬液之间的介电常数不同而产生的介电力及力矩。这种介电力的产生可以用电场静电力来比拟[88]。

按照库仑定律,在真空中两个静止点电荷之间的静电作用力与这两个点电荷所带的电荷量的乘积成正比,而与它们之间距离的平方成反比。作用力的方向同两个点电荷之间的连线方向,如图 12.1 所示。因此

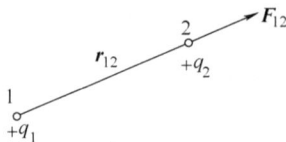

图 **12.1** 点电荷的静电力

$$F = K\frac{q_1 q_2}{r^2} \tag{12.1}$$

式中,q_1, q_2 分别为点 1,2 的点电荷量,单位为 C;r 为两个点电荷之间的距离,单位为 m;K 为常数,$K = 8.987\,551\,79 \times 10^9$ m/F$\approx 9 \times 10^9$ m/F。用矢量表示有

$$\boldsymbol{F}_{12} = K\frac{q_1 q_2}{r_{12}^2}\boldsymbol{r}_{12}^0 \tag{12.2}$$

式中,$\boldsymbol{r}_{12}^0$ 为单位矢量,方向从点 1 指向点 2。常数 K 与介电常数 ε_0 的关系为

$$K = \frac{1}{4\pi\varepsilon_0} \tag{12.3}$$

式中,ε_0 为真空中的介电常数,$\varepsilon_0 = 8.854\,187\,817 \times 10^{-12}$ F/m$\approx 8.85 \times 10^{-12}$ F/m。某点 O 的电场强度 $\boldsymbol{E}$ 是该点单位电荷 q_0 受力的大小 (图 12.2),即

$$\boldsymbol{E} = \frac{\boldsymbol{F}}{q_0} \tag{12.4}$$

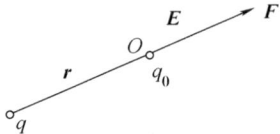

图 **12.2** 某点的电场强度

因此点电荷 q 在该点 O 位置上产生的电场强度应为

$$\boldsymbol{E} = \frac{1}{4\pi\varepsilon_0}\frac{qq_0}{r^2}\frac{1}{q_0}\boldsymbol{r}^0 = \frac{1}{4\pi\varepsilon_0}\frac{q}{r^2}\boldsymbol{r}^0 \tag{12.5}$$

反之，在已知静电场中各点电场强度 E 的条件下，作用在某个电场位置的点电荷 q 上的电场力为

$$F = qE \tag{12.6}$$

有两个大小相等的异号点电荷 $+q$ 与 $-q$，其间距为 l，它们组成一个电偶极子（图 12.3）。当电场上各点相对于这一对电荷的距离 r 远大于 l 时，则电荷 q 与间距 l 的乘积称为电偶极矩

$$p = ql \tag{12.7}$$

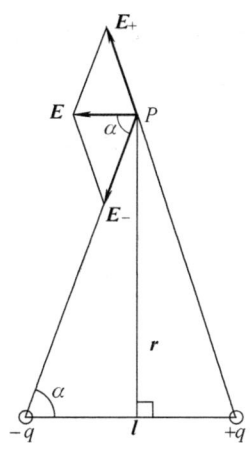

图 12.3　电偶极矩的产生

电偶极子外某点的电场力可写成

$$F = qE_0 = \frac{pE_0}{l} \tag{12.8}$$

对于一个已知的连续电场强度 E 矢量场，上式可写成

$$F = (p \cdot \nabla) E_0 \tag{12.9}$$

处于电场 E_0 中的电偶极子受到一对大小相等、方向相反的力，即

$$F_+ = qE_0 \tag{12.10}$$

$$F_- = -qE_0 \tag{12.11}$$

如图 12.4 所示。这两个力对电偶极子的中心点 O 产生一个可使电偶极子旋转的力矩 M，其值为

$$M = F_+ \cdot \frac{1}{2} l \sin\theta + F_- \cdot \frac{1}{2} l \sin\theta = qlE_0 \sin\theta = pE_0 \sin\theta$$

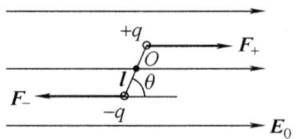

图 12.4 电偶极子外的电场力

当 $\theta = \pi/2$ 时，力偶矩达到最大，因此

$$M = pE_0 \tag{12.12}$$

若用矢量表示，则

$$\boldsymbol{M} = q\boldsymbol{l} \times \boldsymbol{E}_0 = \boldsymbol{p} \times \boldsymbol{E}_0 \tag{12.13}$$

力矩矢量 $\boldsymbol{M}$ 的方向按右手规则确定。

l 中垂线上某点 P 的电场强度 $\boldsymbol{E}_0$ (见图 12.3) 可由点电荷 $+q$ 和 $-q$ 在 P 点产生的电场强度 $\boldsymbol{E}_+$ 和 $\boldsymbol{E}_-$ 合成。由

$$E_+ = E_- = \frac{1}{4\pi\varepsilon_0} \frac{q}{r^2 + \left(\frac{l}{2}\right)^2} \tag{12.14}$$

可得

$$E_0 = E_+ \cos\alpha + E_- \cos\alpha = 2E_+ \cos\alpha = \frac{2}{4\pi\varepsilon_0} \frac{q\dfrac{l}{2}}{\left[r^2 + \left(\dfrac{l}{2}\right)^2\right]^{\frac{3}{2}}} \tag{12.15}$$

由于 $r \gg l$，可以忽略上式右边分母中的 $l/2$ 项，因此有

$$E_0 = \frac{1}{4\pi\varepsilon_0} \frac{ql}{r^3} \tag{12.16}$$

用矢量表示有

$$\boldsymbol{E}_0 = -\frac{1}{4\pi\varepsilon_0} \frac{\boldsymbol{p}}{r^3} \tag{12.17}$$

比较式 (12.5) 和式 (12.16) 可知，点电荷产生的电场强度与 r^2 成反比，而电偶极子产生的电场强度则与 r^3 成反比，因此电偶极子的电场强度衰减得更快。

点电荷在某点产生的电势为

$$\phi = \frac{1}{4\pi\varepsilon_0} \frac{q}{r} \tag{12.18}$$

而电偶极子外任一点 C 处的电势则可采用叠加原理求出，如图 12.5 所示，即

$$\phi_C = \frac{1}{4\pi\varepsilon_0} \frac{q}{r_+} - \frac{1}{4\pi\varepsilon_0} \frac{q}{r_-} = \frac{q}{4\pi\varepsilon_0} \left(\frac{r_- - r_+}{r_+ r_-}\right) \tag{12.19}$$

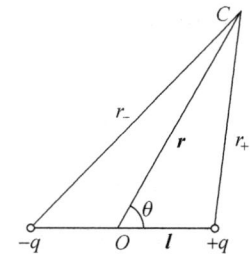

图 12.5　电偶极子外的电势

当 $r \gg l$ 时,$r_+r_- \approx r^2, r_- - r_+ \approx l\cos\theta$,因此有

$$\phi_C = \frac{1}{4\pi\varepsilon_0}\frac{ql}{r^2}\cos\theta$$

或

$$\phi_C = \frac{1}{4\pi\varepsilon_0}\frac{\boldsymbol{p}\cdot\boldsymbol{r}}{r^3} \tag{12.20}$$

为了将上述公式推广到更复杂的情况,对上式符号进行一些调整。把真空中的介电常数 ε_0 用更普遍的介电膜的介电常数 ε_1 代替,并把电偶极子的对数用符号"(　)"标注出来。因此上述只有一对电偶极子的电势可写成

$$\phi^{(1)} = \frac{\boldsymbol{p}^{(1)}\cdot\boldsymbol{r}}{4\pi\varepsilon_1 r^3} \tag{12.21}$$

下面把上述静电场中使用的一些概念推广到非均匀电场中一个二极的介电微粒上[87]。用一个介电微球代替上述的电偶极子 (图 12.6)。微球的半径为 R,介电常数为 ε_2。这时介电微球对电场有一个明显的扰动,反映在电势上有

$$\phi_{\text{诱导}}^{(1)} \approx \frac{(\varepsilon_2-\varepsilon_1)R^3\boldsymbol{E}_0\cdot\boldsymbol{r}}{(\varepsilon_2+2\varepsilon_1)r^3} \tag{12.22}$$

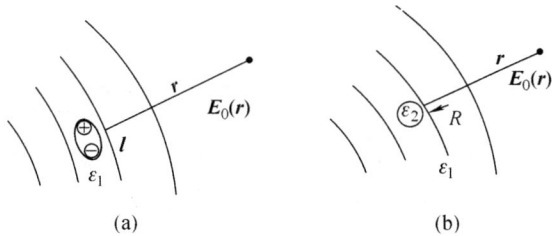

图 12.6　电偶极子与介电微球电势的比较

式 (12.22) 和式 (12.21) 具有相似的形式,比较可得

$$\boldsymbol{p}_{ef}^{(1)} = 4\pi\varepsilon_1 K^{(1)}R^3\boldsymbol{E}_0 \tag{12.23}$$

式中,$\boldsymbol{p}_{ef}$ 称为介电微球的有效偶极矩;$K^{(1)} = (\varepsilon_2-\varepsilon_1)/(\varepsilon_2+2\varepsilon_1)$ 称为 Clausius-Mossotti 因子,又称粒子的有效极化率。

由此可得，作用在介电介质中介电微球上的介电电泳力为

$$F^{(1)} = 2\pi R^3 \varepsilon_1 K^{(1)} \nabla(E_0^2) \tag{12.24}$$

对上述描述可作如下类比：在同一个位置上，介电微球相当于一个产生电场电势为 $\phi_{诱导}^{(1)}$ 的电偶极子。在 $r \gg R$ 的地方，这个介电微球受到的介电力就相当于电偶极子受到的静电力，两者唯一的区别是介电微球的力矩总是平行于电场强度 E_0 的。

从上述的分析可以看出，微粒与介电液的介电常数差别 $\varepsilon_2 - \varepsilon_1$ 才是产生介电力的真正动力源，它不仅决定了介电力的大小，而且决定了介电力的方向，也就是决定了微球在介电场中是被电场吸引还是被电场排斥。当 $\varepsilon_2 > \varepsilon_1$ 时，微球被电场吸引，当 $\varepsilon_2 < \varepsilon_1$ 时，微球被电场排斥。

用有效偶极矩方法来确定介电力及力矩的优点是较容易根据电极的几何结构来建立真实的模型。

12.3 电极的不同几何组合及其介电力

为了聚集或分离微粒，甚至使微粒产生旋转，都可以通过对激发电场的电极进行不同几何结构的组合来实现。图 12.7 给出了几种电极的不同几何结构及其组合的形式[87]。

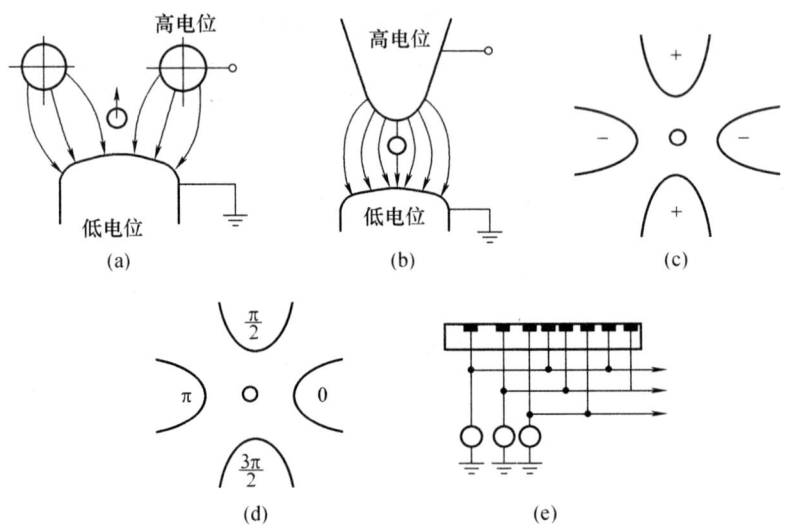

图 **12.7** 电极的几何结构组合

图 12.7a 表示可以产生负的介电电泳，微粒被低电位电极所排斥。图 12.7b 表示可以产生正的介电电位，这时微粒被低电位电极吸引。图 12.7c 表示可以使微粒悬浮在中心位置。而图 12.7d 所示则利用电场的旋转使微粒跟着旋转。图 12.7e 中的组合形成一个线性电场，使微粒产生直线移动。

当电极的对数超过一对时，产生的介电偶极矩又称 n 阶张量矩，可用下式表达：

$$\boldsymbol{p}^{I(n)} = \frac{4\pi\varepsilon_1 R^{2n+1} n}{(2n-1)!!} K^{(n)} (\nabla)^{n-1} \boldsymbol{E}_0 \tag{12.25}$$

式中，$(2n-1)!! = (2n-1)\cdot(2n-3)\cdots 5\cdot 3\cdot 1$；$(\nabla)^{n-1}\boldsymbol{E}_0$ 代表 $n-1$ 个 ∇ 运算的结果

$$K^{(n)} = \frac{\varepsilon_2 - \varepsilon_1}{n\varepsilon_2 + (n+1)\varepsilon_1} \tag{12.26}$$

因此在一个介电微球上由多极产生的作用力为

$$\boldsymbol{F}^{(n)} = \frac{4\pi\varepsilon_1 R^{2n+1}}{(n-1)!(2n-1)!!} K^{(n)} (\nabla)^{n-1} \boldsymbol{E}_0 [\cdot]^n (\nabla)^n \boldsymbol{E}_0 \tag{12.27}$$

式中，$[\cdot]^n$ 代表 n 次点积。作用在一个介电微球上的总作用力矢量在 x_i 方向上的分量可利用 Einstein 综合法求得，其前三项为

$$(F_\text{总})_i = 4\pi\varepsilon_1 R^3 \left\{ K^{(1)} E_m \frac{\partial E_i}{\partial x_m} + \frac{K^{(2)} R^2}{3} \frac{\partial E_n}{\partial x_m} \frac{\partial^2 E_i}{\partial x_n \partial x_m} + \right.$$
$$\left. \frac{K^{(3)} R^4}{30} \frac{\partial^2 E_n}{\partial x_l \partial x_m} \frac{\partial^3 E_i}{\partial x_n \partial x_m \partial x_l} + \cdots \right\} \tag{12.28}$$

n 阶多极的力和力矩可写成

$$\boldsymbol{F}^{(n)} = \frac{\boldsymbol{p}^{I(n)} [\cdot]^n (\nabla)^n \boldsymbol{E}_0}{n!} \tag{12.29}$$

$$\boldsymbol{T}^{(n)} = \frac{1}{(n-1)!} [\boldsymbol{p}^{I(n)} [\cdot]^{n-1} (\nabla)^{n-1}] \times \boldsymbol{E}_0 \tag{12.30}$$

式中多极介电偶极矩

$$\boldsymbol{p}^{I(n)} = q_n \sum_{\text{所有排列}} \boldsymbol{d}_i \boldsymbol{d}_j \cdots \boldsymbol{d}_k, i \neq j \cdots \neq k \;\; \text{且} \;\; 1 \leqslant i \leqslant n, 1 \leqslant j \leqslant n, \cdots, 1 \leqslant k \leqslant n \tag{12.31}$$

由多极产生的静电位

$$\phi^{(n)} = (-1)^n \frac{\boldsymbol{p}^{I(n)} [\cdot]^n (\nabla)^n \left(\dfrac{1}{\boldsymbol{r}}\right)}{4\pi\varepsilon_1 n!} \tag{12.32}$$

图 12.8 给出了式 (12.31) 中 $\boldsymbol{d}_1, \boldsymbol{d}_2, \cdots, \boldsymbol{d}_n$ 的含义[93]。$n=0$ 时为单电荷；$n=1$ 时

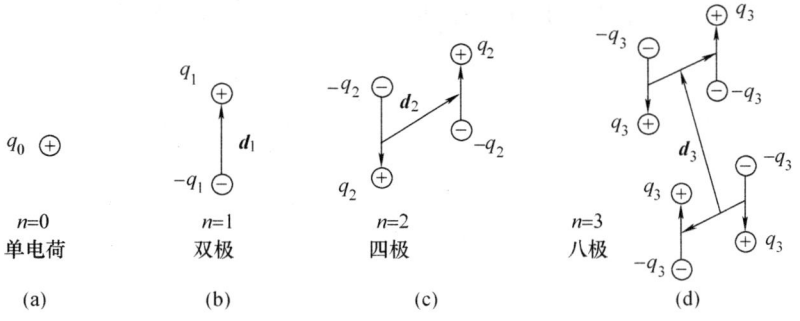

图 12.8　多极介电偶极矩中 $\boldsymbol{d}$ 的含义

为一对双极电荷；$n=2$ 时为两对四极电荷，这时首先确定每一对各自的距离，再由每一对距离的支点确定最终的 d_2 值；$n=3$ 时为八极，其 d_3 值由同一原则确定。其余类推。

12.4 高频交流电场中的介电力

定义介电微球有效偶极矩 $\boldsymbol{p}_{ef}^{(1)}$ 时，认为它相当于一个无电荷的、产生电场电势为 $\phi_{诱导}^{(1)}$ 的电偶极子，并没有考虑介电损失。

对于浮悬在电解质水溶液中的活性生物细胞，必须考虑其内外离子电荷的诱导机理，并且考虑介电损失。高频交变电场模型更接近这一实际情况。

在交流电场中，虽然交流信号可以通过电容器，但是对不同的频率，它们的容抗是不同的。由于电容率

$$\varepsilon_c = \frac{\sigma}{\omega} \tag{12.33}$$

因此综合介电常数为

$$\varepsilon_1^* = \varepsilon_r - \mathrm{j}\varepsilon_c = \varepsilon_r - \mathrm{j}\frac{\sigma}{\omega} \tag{12.34}$$

式中，ε_r 为实际介电常数，单位为 F/m；σ 为电导率，单位为 F/(s·m)；ω 为电场频率，单位为 s^{-1}；$\mathrm{j}=\sqrt{-1}$。由此可见，偶极矩直接与电场频率有关，且是一种非线性的关系。这时，用综合介电常数 $\varepsilon_1^*, \varepsilon_2^*$ 取代式 (12.23) 中的 Clausius–Mossotti 因子 $K^{(1)}$ 内的 ε_1 和 ε_2，就有

$$K^{(1)*} = \frac{\varepsilon_2^* - \varepsilon_1^*}{\varepsilon_2^* + 2\varepsilon_1^*} \tag{12.35}$$

用上式的 $K^{(1)*}$ 取代式 (12.23) 和式 (12.24) 中的 $K^{(1)}$，就可计算交变电场下微粒的受力 $\boldsymbol{F}^{(1)*}$ 和电偶极矩 $\boldsymbol{p}^{(1)*}$

$$\boldsymbol{F}^{(1)*} = 2\pi R^3 \varepsilon_1 K^{(1)*} \nabla(\boldsymbol{E}_0^2) \tag{12.36}$$

$$\boldsymbol{p}^{(1)*} = 4\pi R^3 \varepsilon_1 K^{(1)*} \boldsymbol{E}_0 \tag{12.37}$$

假如微粒和介质都是匀质的，分别具有电导率 σ_1 和 σ_2，则用在有效双极时有

$$\varepsilon_1^* = \varepsilon_1 + \frac{\sigma_1}{\mathrm{j}\omega}, \quad \varepsilon_2^* = \varepsilon_2 + \frac{\sigma_2}{\mathrm{j}\omega} \tag{12.38}$$

把上式代入式 (12.35)，并令

$$K_\infty^{(1)} = \frac{\varepsilon_2 - \varepsilon_1}{\varepsilon_2 + 2\varepsilon_1}, \quad K_0^{(1)} = \frac{\sigma_2 - \sigma_1}{\sigma_2 + 2\sigma_1}, \quad T_M^{(1)} = \frac{\varepsilon_2 + 2\varepsilon_1}{\sigma_2 + 2\sigma_1}$$

则有

$$K^{(1)*} = K_\infty^{(1)} + \frac{K_0^{(1)} - K_\infty^{(1)}}{\mathrm{j}\omega T_M^{(1)} + 1} \tag{12.39}$$

式中, $T_M^{(1)}$ 为悬浮在一相似介质中介电微球偶极子的 Maxwell–Wagner 松弛时间, 用松弛频率 ω_M 表示, 则有 $\omega_M = 1/T_M$, 代入式 (12.39) 有

$$K^{(1)*} = K_\infty^{(1)} + \frac{K_0^{(1)} - K_\infty^{(1)}}{\mathrm{j}\dfrac{\omega}{\omega_M} + 1} \tag{12.40}$$

当采用高频电场时, σ/ω 可忽略不计, 因此介电电泳力只取实部。如果存在旋转的非均匀电场, 则应考虑电场强度的变化, 即

$$\boldsymbol{E} = \boldsymbol{E}_R + \mathrm{j}\boldsymbol{E}_\mathrm{I} \tag{12.41}$$

这时

$$\boldsymbol{F}^{(1)} = 2\pi\varepsilon_1 R^3 \left\{ \mathrm{Re}[K^{(1)*}]\nabla \boldsymbol{E}_0^2 + 2\mathrm{Im}[K^{(1)*}]\nabla \times (\boldsymbol{E}_\mathrm{I} \times \boldsymbol{E}_R) \right\} \tag{12.42}$$

上式花括号内的第二项只有在旋转的非均匀电场中才存在。

式 (12.40) 给出的因子 $K^{(1)*}$ 是个复数, 可以改写为

$$K^{(1)*} = \frac{K_\infty^{(1)}\left(\dfrac{\omega}{\omega_M}\right)^2 + K_0^{(1)}}{\left(\dfrac{\omega}{\omega_M}\right)^2 + 1} + \frac{K_\infty^{(1)} - K_0^{(1)}}{\left(\dfrac{\omega}{\omega_M}\right)^2 + 1}\mathrm{j} \tag{12.43}$$

上式的实部和虚部可以作成线图, 如图 12.9 所示。

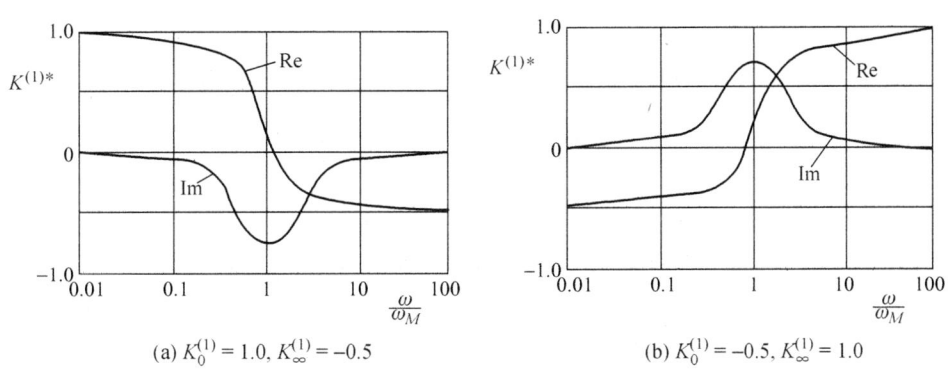

(a) $K_0^{(1)} = 1.0$, $K_\infty^{(1)} = -0.5$ (b) $K_0^{(1)} = -0.5$, $K_\infty^{(1)} = 1.0$

图 12.9 Clausieus–Mossotti 因子的实部与虚部

由式 (12.36) 可以看出, 因子 $K^{(1)*}$ 值的正负直接影响介电微球受力的方向, 因而决定了微粒的运动状态, 即是被吸引还是被排斥。

12.5 介电电泳在微流动中的应用

近年来, 介电电泳技术得到了明显的发展, 这里介绍两种在微流动中比较成熟的应用实例。

12.5.1 介电电泳流

利用介电电泳流可对不同微粒进行分离，图 12.10 是它的示意图[91]。在同一个流通腔的前后安置了两组介电电泳的电极组。第一组产生负的介电电泳力，使随机分布的粒子经过这一段时，能够保持在符合形状设计要求的上、下流道壁的中央，这就确保了所有粒子在进入分离段时都具有同一高度，从而避免因介电电泳力对微粒作用的指数分布影响后续分离的精度。第二组分离电极产生正的介电电泳力，它的能量是以某一特定频率施加的，因此可以使想要的那部分粒子粘附到电极表面上，而其他的微粒继续向前运动。这样就可以把不同粒子收集到第二组电极组的不同区段，达到分离的目的。D. Holmes 等曾对这种介电电泳流进行了分析计算。图 12.11 和图 12.12 分别是其物理模型和计算结果[91]。

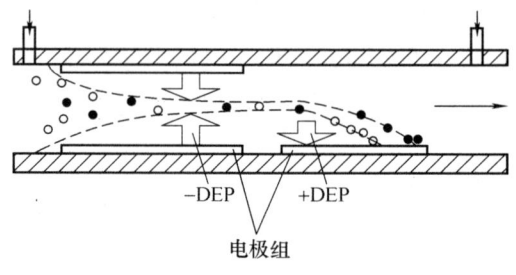

图 **12.10**　介电电泳流

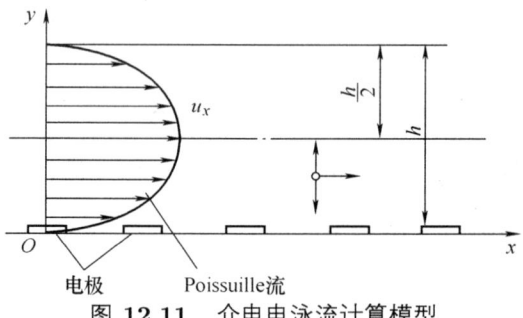

图 **12.11**　介电电泳流计算模型

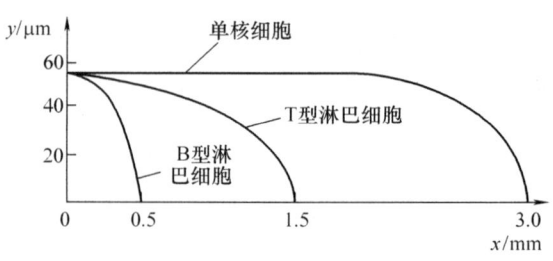

图 **12.12**　模拟计算结果

12.5.2 微粒的操纵

利用介电电泳可以对微粒进行操纵和控制,这在生物医药中具有广阔的应用前景。在细胞的分离、基因的组合中都可采用此项技术,特别是把介电元件与微流设计相结合,可以制成一种万能的工具,用在生命细胞的各种研究中。图 12.13 给出了由多种电极形状构成的分类器芯片中的主体[89]。在通道中有漏斗、偏转器、弯钩、笼罩、开关、栅栏等不同形状的电极,因此可以实现多种用途。

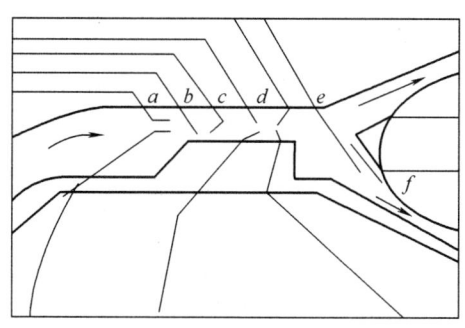

图 12.13 分类器芯片的组成

a 为漏斗;b 为偏转器;c 为弯钩;d 为笼罩;e 为开关;f 为栅栏

第 13 章 渗透和扩散现象引起的微流动

13.1 简介

当一层半透膜把溶液与纯溶剂隔开后,原先处于同一水平线的液面,则因溶剂不断通过半透膜渗入溶液中,而出现高度差。达到平衡时,这一高度差就相当于该溶液的渗透压强,如图 13.1 所示。溶液越浓,渗透压强越大。这里的半透膜是指只允许某种混合物 (溶液、混合气体) 中的一些物质透过,而不允许另一些物质透过的薄膜。

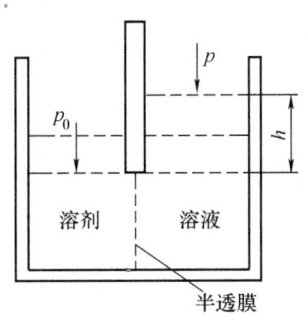

图 13.1 渗透现象

1877 年 Pfeffer 首次测定了溶液的渗透压力。渗透现象在化工、石油、废水废气处理、食品、农业、生物医学等领域中得到了广泛的应用。渗透现象更是自然界动植物生存所不可或缺的。细胞膜的渗透作用就是生命现象的重要基础,例如植物体内水分和矿物质的输送,生物体内有机物质的输送等。化工中的膜分离技术、药物工业、环保技术中的烟气脱硫、污水处理等都离不开渗透的利用。近年来,渗透在微流动中越来越受到重视。特别是在药物工业中,有一种称为渗透泵片的片状医药制剂,就是利用渗透原理控制药物的缓慢释放,以达到定量供药的目的。

13.2 渗透的基本原理及渗透压强

如图 13.1 所示，溶剂透过半透膜达到平衡后，形成一定的渗透压力。1887 年范特荷夫发现，这一渗透压力 p 是与溶液的摩尔浓度 C 和饱和温度 T 成正比的，即

$$p = CRT \tag{13.1}$$

摩尔浓度 C 也可表达为

$$C = \frac{n}{V} \tag{13.2}$$

式中，n 为溶液中溶质的摩尔数；V 为溶液的容积。因此

$$p = \frac{n}{V}RT \tag{13.3}$$

这一关系表明，不仅其形式完全和理想气体状态方程相同，而且其比例常数 R 的数值就等于理想气体状态方程中的气体常数 R。这说明，不论是气体分子还是溶质的分子，它们都具有一定的动量，它们对器壁或膜壁的撞击都表现为一定的压力。上述关系也可以由热力学理论经严格推导得出，这里不再赘述。试验表明，范特荷夫公式只适用于带有球形粒子的、不电离、不缔合的正常稀溶液。

和理想气体状态方程相类似，范特荷夫公式也需要作一些修正来适应不同实际溶液的性能。其中一个方程在 1945 年由麦克米伦提出，可用于线型粒子的渗透压计算，即

$$p = \frac{RT}{M}C + BC^2 \tag{13.4}$$

式中，B 为常数。表 13.1~13.4 给出了一些物质的渗透压强数值。

表 13.1 部分选择性透过有机物渗透膜的性能[96]

膜材料	有机溶剂的质量分数/%	温度/°C	渗透压力/kPa	有机物通量/[kg/(m²h)]
硅橡胶	丁醇 (0~8)	30	—	<0.035
聚醚胺	乙酸 (1.5~9)	30	<0.2	0.18~0.28
二甲基硅氧烷	乙醇 (8)	30	0.07	0.025
二甲基硅氧烷	乙醇 (7.5)	22.5	0.1	0.072
-60%(质量)沸石	乙醇 (20)	30	0.07	0.025
聚三甲基硅烷- -丙炔	乙醇 (10)	20	1.3	1910

表 13.2 电解液的渗透压强 (以铁氰化亚铜作为半透膜)[95]

物质	KNO$_3$	NaNO$_3$	IK	(NH$_4$)$_2$SO$_4$	K$_2$SO$_4$	Na$_2$S$_2$O$_3$
渗透压强/atm	1.65	1.69	1.80	2.64	2.01	2.21

注：水溶液浓度为 0.05 mol/L；1 atm=101 325 Pa。

表 13.3　一些胶体的渗透压强[95]

物质	摩尔百分比/%	温度/°C	渗透压强/mmHg
糊精	1	15.0	166
蛋白	1.25	常温	22.4
明胶	1.5	常温	8.2
阿拉伯胶	6	15.5	259
阿拉伯胶	18	15.6	1193

注：1 mmHg=133.3224 Pa。

表 13.4　20 °C 时蔗糖水溶液渗透压强与浓度的关系[95]

浓度/(mol/L)	0.1	0.3	0.5	0.8	1.0	1.226	1.578	1.929	2.191
渗透压强/atm	2.252	7.45	12.49	20.60	26.12	43.97	67.51	100.78	133.74

注：1 atm=101 325 Pa。

半透膜具有选择性的透过能力，可用来分离、分级、提纯或富集双组分或多组分流体。这时需要消耗一定的动力，这种动力可以是外界的压力差、电位差或化学位差。反之，利用薄膜的特性也可以从渗透中获得一定的能量 —— 压力差，作为微流动的动力。

薄膜的渗透性不仅和溶质与溶剂的性质有关，而且直接和薄膜的性能有关。按化学组成不同可分为无机膜和有机膜。无论是生物细胞膜还是工业上应用的薄膜，很大程度上都属于有机高分子聚合膜。这种有机膜可分为均相无孔膜和微孔膜。由于膜的结构不同，膜渗透的机理也是不同的。半透膜属于微孔膜，膜体上含有一定的孔隙度，溶剂就以流动的方式穿过薄膜。而在均相无孔膜中，有机聚合膜的分子热运动可产生分子链节间空隙，溶剂就以活性扩散方式从一侧进入另一侧。

根据不同的使用要求，薄膜分离的机理有很大的区别。大致有筛分 (如多孔过滤膜)、溶解扩散 (如反渗透渗析、气体分离中的非对称膜)、离子荷电 (如电渗析中的离子交换膜)、载体输送 (如液膜)、胞饮作用 (如白血球的吞噬，有膜变形) 等。

按照膜的物理状态，又有固态膜、液态膜和气态膜之分。固态膜有单层的 (称对称膜) 和双层以上的复合膜 (称非对称膜) 之分，目前已获得大规模的应用。液态膜包括乳化膜及支撑液膜，主要用于废水处理。气态膜还处在实验研究阶段。

根据分离功能的不同，分离膜又可分为微滤膜 (孔径为 $10^2 \sim 10^4$ nm)、超滤膜 (孔径为 $1 \sim 10^2$ nm)、反渗透膜 (孔径 <1 nm)、渗析膜、电渗析膜、气体分离膜、渗透蒸发膜等。

无机膜的液相分离机理主要是微孔过滤和超过滤，属于筛分效应，在动态反应时还有反渗透。无机膜分离气相的机理有四种类型[108]：

(1) Knudsen 扩散。存在压差时，膜孔径为 5~10 nm；在无压差时，膜孔径为 5~50 nm，这时 Knudsen 扩散起主导作用。

(2) 表面扩散。膜孔壁上的吸附分子通过吸附状态的浓度梯度在表面上进行扩散,被吸附的组分扩散得快。在膜的孔径为 1~10 nm 时,表面扩散起主导作用。

(3) 毛细管冷凝。在温度较低时,每一孔道可能被冷凝物堵塞,而阻止非冷凝物的渗透,当孔道内冷凝物流出孔道后又蒸发,实现组分的分离。

(4) 分子筛效应。分子大小不同的混合物与膜接触后,大分子被截留,而小分子可以通过孔道,实现分离。

13.3 扩散现象的基本原理及扩散系数

用于渗透泵的薄膜大多利用扩散效应。扩散是指在没有对流的情况下,某一相内净物质的传递。扩散的动力来自浓度梯度、压力梯度 (压力扩散)、温度梯度 (热扩散)、外力场 (外力扩散)。这里以浓度扩散为例,对扩散过程作一分析。如图 13.2 所示,设 a,b 两个面之间存在一个理想面,面积为 A,在 dt 时间内由 a 面通过理想面到达 b 面的粒子数为 dq,则按 Fick 的扩散理论,穿过理想面的摩尔粒子数 dq 与理想面面积 A、溶液的浓度梯度 $-dC/dx$ 及扩散经过的时间 dt 成正比,即

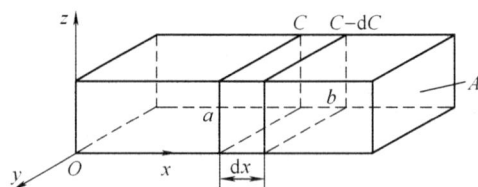

图 13.2 扩散过程的分析

$$dq = DA\left(-\frac{dC}{dx}\right)dt$$

或

$$\frac{dq}{dt} = DA\left(-\frac{dC}{dx}\right) \tag{13.5}$$

这就是 Fick 公式的第一定律。

Fick 公式还有第二种表达式。如图 13.3 所示,取一个微元,通过理想面 A 穿入微元的粒子数为 dq,经过 dx 距离后,从理想面 A' 穿出的粒子数为 dq',那么两者之差就是滞留在微元 Adx 内的粒子数,即

$$dq - dq' = -DA\left[\frac{\partial C}{\partial x} - \left(\frac{\partial C}{\partial x}\right)'\right]dt$$

单位容积内滞留的粒子数为

$$\frac{dq - dq'}{Adx} = -\frac{DA}{Adx}\left[\frac{\partial C}{\partial x} - \left(\frac{\partial C}{\partial x}\right)'\right]dt = dC$$

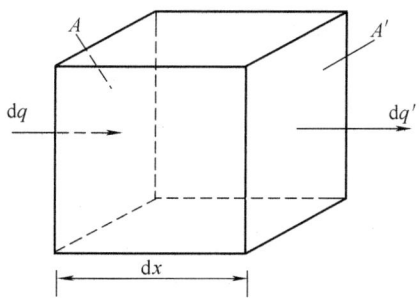

图 **13.3** 通过微元的扩散

因此可得

$$\frac{\partial C}{\partial t} = -D\frac{\partial}{\partial x}\left(\frac{\partial C}{\partial x}\right) = -D\frac{\partial^2 C}{\partial x^2} \tag{13.6}$$

式 (13.6) 称为 Fick 第二定律。

图 13.2 中 a 面处溶液的渗透压强为

$$p = CRT$$

b 面处溶液的渗透压强为

$$p - \Delta p = (C - \mathrm{d}C)RT$$

由此可得在 $\mathrm{d}x$ 距离的容积内,溶液的渗透压强差

$$\mathrm{d}p = RT\mathrm{d}C \tag{13.7}$$

这一渗透压强差 $\mathrm{d}p$ 就是 $\mathrm{d}x$ 距离内的扩散力。而在 $\mathrm{d}x$ 距离的容积内的粒子数为

$$C_m N_\mathrm{A} \mathrm{d}x$$

式中,$C_m = (2C - \mathrm{d}C)/2$ 为平均浓度;N_A 为阿伏伽德罗常数。因此每个粒子的扩散力应为

$$\frac{RT(-\mathrm{d}C)}{C_m N_\mathrm{A} \mathrm{d}x} = \frac{RT}{C_m N_\mathrm{A}}\left(-\frac{\mathrm{d}C}{\mathrm{d}x}\right) \tag{13.8}$$

式中,负号表示浓度随 x 的增加而减少。

一个球形粒子在层流状态的液体中移动时受到的阻力可由 Stokes 公式计算,即

$$f = 6\pi\mu r v \tag{13.9}$$

因此在等速移动时,粒子所受到的阻力应与促使粒子移动的扩散力相平衡,即

$$\frac{RT}{C_m N_\mathrm{A}}\left(-\frac{\mathrm{d}C}{\mathrm{d}x}\right) = 6\pi\mu r v \tag{13.10}$$

由此可得单位时间内穿过单位面积的摩尔粒子数

$$\frac{dq}{dt} = vC_m = \frac{RT}{6\pi\mu r N_A}\left(-\frac{dC}{dx}\right) \tag{13.11}$$

上式应与式 (13.5) 的 Fick 公式相等，可得

$$\frac{RT}{6\pi\mu r N_A}\left(-\frac{dC}{dx}\right) = DA\left(-\frac{dC}{dx}\right)$$

按单位面积计算，$A = 1$，可得

$$D = \frac{RT}{6\pi\mu r N_A} \tag{13.12}$$

式中，D 称为扩散系数，是指当浓度梯度为 1 时，每秒通过单位面积的物质数量。式 (13.12) 称为 Stokes–Einstein 扩散公式的第一表达式。它给出了液体的扩散系数与溶剂的粘度之间的关系。表 13.5~13.9 给出了一些物质的扩散系数。

Einstein 第二表达式可由下面的推导求出。如图 13.4 所示，在溶液中取一立方体，垂直于 x 方向的截面积为 1，Δx 表示 t 时间内在 x 方向粒子的平均位移，a, b, c

表 13.5　胶体粒子半径对扩散系数的影响[67]

半径/nm	1	10	100
扩散系数/[cm^2/(24h)]	0.184	0.0184	0.00184
扩散系数/(cm^2/s)	5×10^{-5}	5×10^{-6}	5×10^{-7}

表 13.6　18°C 时电解质在水中的扩散系数[95]　　[cm^2/(24 h)]

摩尔百分比	NaCl	KCl	LiCl	HCl	NaOH	KOH
0.01	1.170	1.460	1.000	2.342	1.432	1.903
0.02	1.152	1.431	0.980	2.285	1.404	1.889
0.05	1.139	1.409	0.971	2.251	1.386	1.872
0.1	1.117	1.389	0.951	2.229	1.364	1.854
0.2	1.098	1.376	0.929	2.202	1.342	1.843
0.5	1.077	1.345	0.919	2.188	1.310	1.841
1.0	1.070	1.330	0.920	2.217	1.290	1.855
2.0	—	1.320	0.928	—	1.259	1.892

表 13.7　气体在空气中的扩散系数 (1 atm, 273 K)[68]

气体	H_2	N_2	O_2	CO_2	HCl	SO_2	NH_3
D/(cm^2/s)	0.611	0.132	0.178	0.138	0.130	0.103	0.17
气体	H_2O	C_6H_6	C_7H_8	CH_3OH	C_2H_5OH	CS_2	$C_2H_5OC_2H_5$
D/(cm^2/s)	0.220	0.077	0.076	0.132	0.102	0.089	0.078

注：1 atm=101 325 Pa。

表 13.8　气体在水中的扩散系数 (1 atm)[99,48]

气体	空气	O_2	O_2	N_2	N_2	CO_2	CO_2	CO_2	H_2O	Cl	C_2H_6	H_2	C_2H_4	CH_4	C_3H_8
温度/℃	25	25	18	22	34	20	25	34	25	25	25	25	25	25	25
$D/(10^{-5}\mathrm{cm}^2/\mathrm{s})$	2.00	2.41	1.98	2.02	2.56	1.77	2.00	1.98	2.44	1.25	1.2	4.5	1.87	1.49	0.97

注：1 atm=101 325 Pa。

表 13.9　一些物质在水中的扩散系数[97]

物质	烟草花叶病毒	血红素	甘氨酸	Na^+	H^+
$D/(10^{-5}\mathrm{cm}^2/\mathrm{s})$	0.005	0.070	1.00	1.0	9.0

为三个截面，相隔为 Δx，设由截面 ac 形成的微元内溶液的平均浓度为 C_1，由截面 cb 构成的微元内溶液的平均浓度为 C_2，则相邻两微元之间的浓度梯度为 $(C_1-C_2)/\Delta x = -\mathrm{d}C/\mathrm{d}x$。又因在 t 时间内，两微元内粒子通过 c 截面相互扩散的净量为 $\frac{1}{2}\Delta x(C_1-C_2)$，则单位时间内的净相互扩散量为

$$\frac{\mathrm{d}q}{\mathrm{d}t} = \frac{1}{2}\Delta x^2 \left(\frac{C_1-C_2}{\Delta x}\right)\frac{1}{t} = \frac{1}{2}\Delta x^2 \left(-\frac{\mathrm{d}C}{\mathrm{d}x}\right)\frac{1}{t}$$

利用 Fick 第一定律式 (13.5)，可得

$$t = \frac{1}{2}\frac{\Delta x^2}{D} \qquad (13.13)$$

这就是 Einstein 的第二扩散公式。可以看出，扩散的时间与扩散的距离平方成正比，与扩散系数成反比。

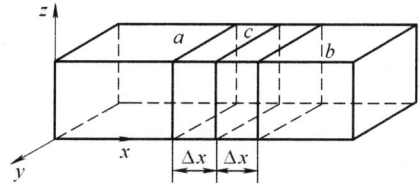

图 13.4　Einstein 第二扩散公式用图

13.4　渗透及扩散现象在微流动中的应用

渗透及扩散现象在微流动中的应用是多方面的，这里仅举两例。

13.4.1　微混合器中的层流扩散混合

微混合器被广泛用于生物芯片、微化学实验室、微化学工程系统等。由于微混合器尺寸小、流速低，雷诺数很低，因此流动经常处于层流状态，这就大大影响了混

合过程和传热过程。在层流状态的混合过程中除了人为改变混合器的几何形状以增强涡流运动外，最主要的还是依靠扩散过程。由于溶液和溶剂性质的不同，会有多种扩散方式，要视具体情况而定。不过从以上的介绍可以看出，不论哪一种方式，增大接触面积、提高扩散系数、增大浓度梯度等都是很重要的影响因素。而减小微粒尺寸、提高混合温度则是提高扩散系数的重要途径。在改善这些条件的同时，如果对几何形状加以改进，则层流混合器可以具有较好的效果。详见第 20 章。

13.4.2 渗透泵片剂 [98,100]

渗透泵片剂分口服和植入两种。不论是哪一种，都要求在体内能让药物缓慢地、匀速地释放出来，而且不受胃肠和体液的影响。

单室渗透泵是第一代口服型片剂产品（图 13.5）。药物和渗透促进剂置于片内，外包半透膜。药物进入胃肠内后，水分渗透进入药室形成饱和溶液。要求药物室内溶液的渗透压至少是膜外胃肠液渗透压的四倍，这样才能把药物通过释药孔稳定地排入胃肠中。渗透泵片的渗透压强可达到 4~5 MPa，而体内的渗透压强只有 160 kPa。因此，半透膜的透水性越大，水进入渗透泵药室的速度就越快，释药速度也越快。为了提高半透膜的渗水速率，可在半透膜中加入增塑剂和水溶性添加剂，并包覆不同渗透性的多层膜，使其成为一种非对称的膜。片剂上的释药孔可采用机械打孔、激光打孔或膜致孔等方法，孔径在几十到几百 μm 之间，膜的厚度一般在 20~100 μm 之间。

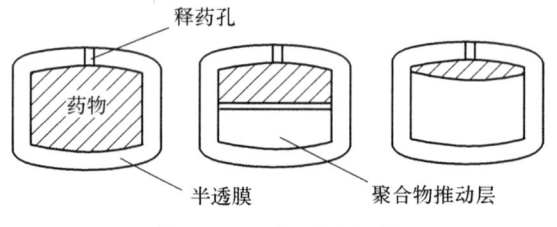

图 13.5 渗透泵片剂

只有胃肠内的水分渗透到片芯中，并与药物形成溶液才能向外释药，因此水分子通过半透膜向片芯的渗透速率是很关键的，其体积流量为

$$\frac{dV}{dt} = \frac{A}{h}L_p(\sigma\Delta\pi - \Delta p) \tag{13.14}$$

式中，A 为半透膜面积；h 为半透膜厚度；L_p 为机械穿透系数；σ 为反射系数；$\Delta\pi$ 为膜内外渗透压差；Δp 为流体静压差。若用质量流量表示，则有

$$\frac{dm}{dt} = \frac{A}{h}L_p(\sigma\Delta\pi - \Delta p)C \tag{13.15}$$

由于流体静压差与渗透压差相比可以忽略不计，因此

$$\frac{dm}{dt} = \frac{A}{h}L_p\sigma\Delta\pi C \tag{13.16}$$

而半透膜内的渗透压 π 又远大于膜外的渗透压, 因此上式可简化为

$$\frac{\mathrm{d}m}{\mathrm{d}t} = \frac{A}{h}L_p\sigma\pi C = \frac{A}{h}k\pi C \tag{13.17}$$

当片芯内的药物还处在逐渐释放阶段时, 片芯内的溶液浓度始终为饱和溶液状态, 其浓度为 C_s, 而渗透压也是饱和渗透压 π_s, 由此可得

$$\left(\frac{\mathrm{d}m}{\mathrm{d}t}\right)_s = \frac{A}{h}k\pi_s C_s \tag{13.18}$$

由此可见, 只要片芯内药物溶液处于饱和状态, 饱和渗透压是不变的, 水分子渗透进入片芯的速率也是恒定的。

可以将小孔的释药速率控制得十分缓慢, 例如治疗心脏病的拜心通, 它是以主药硝苯地平制成的渗透泵片剂, 每片 30 mg, 可提供一天的用药量, 并使血浆中药的浓度保持均衡。

释药的速率可以按照等截面微孔中层流的 Hagen–Poiseuille 公式计算

$$\frac{\mathrm{d}V}{\mathrm{d}t} = \frac{\pi}{8}\frac{r^4}{\mu}\frac{p_1 - p_2}{h} \tag{13.19}$$

式中, $\mathrm{d}V/\mathrm{d}t$ 为药物溶液流出的速率; r 为释药孔半径; h 为包膜厚度; μ 为溶液动力粘度; $p_1 - p_2$ 为膜内外压力差。如果已知所含药物的浓度 C, 则

$$\frac{\mathrm{d}m}{\mathrm{d}t} = C\frac{\mathrm{d}V}{\mathrm{d}t}$$

因此有

$$\frac{\mathrm{d}m}{\mathrm{d}t} = \frac{\pi C}{8}\frac{r^4}{\mu}\frac{p_1 - p_2}{h} \tag{13.20}$$

同样, 只要药物保持浓度 C 和膜内外压力差 $p_1 - p_2$ 不变, 药物溶液通过小孔的速率也是恒定的。由此可见, 只要适当选择包衣膜、渗透压促进剂和推进剂, 并维持一定的渗透压和饱和浓度, 就可以使进入片芯的水分数量与排出芯片芯的药物溶液数量保持相等。

释药孔的面积应根据上述要求来确定, 应处于最小面积和最大面积之间。最小面积是由药物的释放速率所决定的。按照 Poiseuille 公式 (13.19), 对于圆形小孔其孔面积 $A_r = \pi r^2$, 因此可得

$$\frac{\mathrm{d}V}{\mathrm{d}t} = \frac{A_r^2}{8\pi}\frac{\Delta p_{\max}}{\mu h}$$

由此可求出最小面积

$$A_{r\min} = \sqrt{\frac{8\pi\mu h}{\Delta p_{\max}}\frac{\mathrm{d}V}{\mathrm{d}t}} = 5.013\left(h\frac{\mathrm{d}V}{\mathrm{d}t}\frac{\mu}{\Delta p_{\max}}\right)^{\frac{1}{2}} \tag{13.21}$$

式中, $\Delta p_{\max}$ 为最大允许的片剂内外压差。

给定最大面积则是为了防止释药速度太快，在渗入片剂的水量与释药量之间取得平衡。单位时间内通过面积为 A 的半透膜的水分量可由式 (13.5) 求得，即

$$\frac{\mathrm{d}q}{\mathrm{d}t} = DA\frac{\mathrm{d}C}{\mathrm{d}x}$$

当半透膜的厚度为 δ 时，流过薄膜的摩尔流量为

$$\delta\frac{\mathrm{d}q}{\mathrm{d}t} = DA\frac{\mathrm{d}C}{\mathrm{d}x}\delta = \frac{\mathrm{d}m}{\mathrm{d}t} \tag{13.22}$$

此值应与由释药孔排出的药物量相等，由此可求得小孔的最大面积。

第 14 章　附壁现象中的微流动

14.1　简介

附壁现象是柯安达 (Coanda) 于 1932 年发现的，并在 1934 年取得法国专利，成为射流逻辑元件的基本功能。

当射流和其附近的侧壁之间形成低压旋涡区后，在旋涡区与外侧大气压之间将产生一个压力差，迫使射流向侧壁靠近，这种现象称为附壁现象。如果没有外加的干扰，附壁现象可以稳定地持续下去，但是如果有外加影响，使射流脱离侧壁，则可以让射流恢复到初始状态，这就是附壁效应。

14.2　附壁现象的基本原理[101]

附壁现象出现在射流轨迹周围的壁面附近。当射流吸卷周围流体时，在射流与壁面之间就形成了低压区，如图 14.1 所示。这个低压区中不断地有外部流体流入，以补充被吸卷的流体。此时若存在外加干扰，使射流偏向一侧，就阻止了外部流体的吸入，使低压区形成一个封闭的空间，在这个空间内流体产生旋涡，压力更低，从而在射流的另一侧与这个旋涡区之间产生了压力差，把射流稳定地贴附到壁面上，如图 14.1 中的下图所示。这种附壁现象可以稳定地维持，直到外加干扰后让射流脱离。

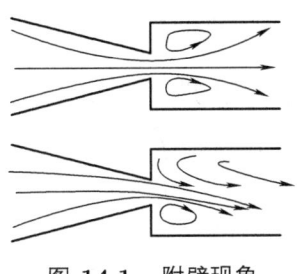

图 14.1　附壁现象

附壁现象看似简单,但是要建立真实的理论分析模型却十分困难。若只进行比较粗略的分析,可以采用下面的方法。

如图 14.2 所示,流体从左侧的喷嘴中流出,靠近附壁侧的流线 A 与侧壁 B 有一个交点 S,称附着点。在附着点之后的流体将沿着侧壁面向下游流动。因此,附着点 S 是研究附壁现象的一个重要特征点。为了确定 S 点的位置,这里给出早期一种思路比较清晰的分析方法。该方法认为,从喷嘴出来的射流与周围的流体发生冲突,并不断吸卷周围的流体,结果使射流越来越扩大。

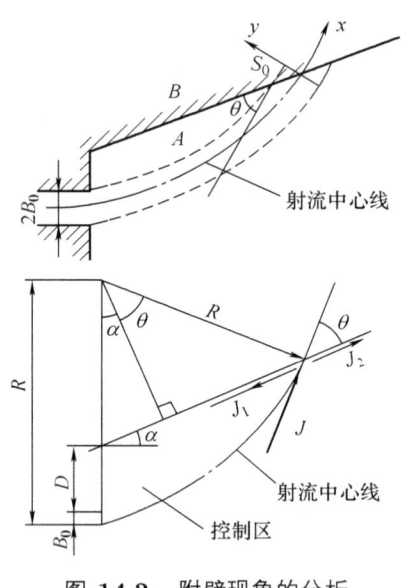

图 14.2 附壁现象的分析

在还未与周围流体冲突之前,射流的动量 J 是不变的。当射流到达 S 点并与侧壁面发生冲击时,动量应该是平衡的。因此沿壁面方向在 S 点上有

$$J_1 - J_2 = J\cos\theta \tag{14.1}$$

式中,J_1,J_2 为射流分离成左、右两股流体后的动量;θ 为附壁流线到达侧壁时,流线在 S 点的切线与侧壁之间的夹角。

自由射流运动时,射流的动量

$$J = \int \rho u^2 \mathrm{d}A \tag{14.2}$$

微流中,绝大多数情况可视作等宽度的二维流动,这时

$$J = \int \rho u^2 \mathrm{d}y \tag{14.3}$$

在喷嘴的出口处流体的动量为

$$J_0 = 2\rho u_0^2 B_0 \tag{14.4}$$

而
$$J = J_0 \tag{14.5}$$
$$J_1 = \int_{-\infty}^{y'} \rho u_x^2 \mathrm{d}y \tag{14.6}$$
$$J_2 = \int_{y'}^{\infty} \rho u_x^2 \mathrm{d}y \tag{14.7}$$

因此,若知道速度分布,就可以确定 y' 和 θ 值。式中 y' 是指附着点 S 至射流中心 O 的距离,如图 14.3 所示。

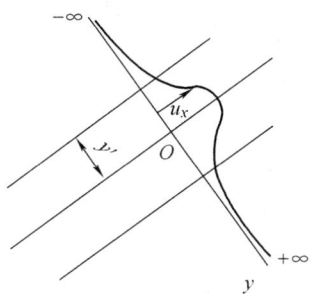

图 14.3 射流速度分布

射流的速度分布和射流的结构有关。图 14.4 给出了自由射流的结构。在喷口处如果是均匀的流速 u_0,那么随着向前流动,流体不断地与周围介质混合,使等速区逐渐缩小,当到达 A 点后,全部进入混合区。由此形成一个圆锥形的等速核心区 CAC',四周是边界层混合区 CAB 和 $C'AB'$,这一段称为射流初始段,其距离用 S_0 表示。然后经过一段过渡区 $BDD'B'$,就进入射流充分发展区,又称射流自模区,或射流主段。过渡段较小,有时可以忽略。在射流自模区,速度分布近似于高斯分布曲线。据包奎 (Bowerque) 和纽曼 (Newman) 的分析,可以采用高特勒 (Görtler) 提出的速度分布公式,即

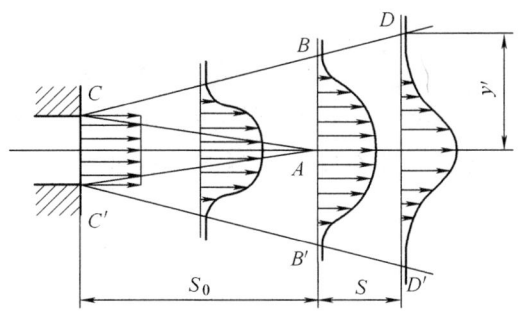

图 14.4 射流速度分布与射流结构

$$u = \left[\frac{3J\sigma}{4\rho(S+S_0)}\right]^{\frac{1}{2}} \operatorname{sech}^2\left(\frac{\sigma y}{S+S_0}\right) \tag{14.8}$$

式中, J 为射流的动量; S_0 为核心区长度; S 为自核心区结束到所要确定速度分布这一位置的距离; ρ 为流体密度; σ 为实验常数。

如果喷口截面是矩形的, 垂直于纸面的高度为 1, 宽度为 $B_0 \times 2$, 则射流的体积流量为

$$\begin{aligned} 2u_0 B_0 &= 2\int_0^{y'} u \mathrm{d}y = \int_0^{y'} \left[\frac{3J\sigma}{4\rho(S+S_0)}\right]^{\frac{1}{2}} \mathrm{sech}^2\left(\frac{\sigma y}{S+S_0}\right) \mathrm{d}y \\ &= 2\left[\frac{3J\sigma}{4(S+S_0)}\right]^{\frac{1}{2}} \frac{S+S_0}{\sigma} \int_0^{y'} \mathrm{sech}^2\left(\frac{\sigma y}{S+S_0}\right) \mathrm{d}\left(\frac{\sigma y}{S+S_0}\right) \\ &= 2\left[\frac{3}{4}\frac{J(S+S_0)}{\rho\sigma}\right]^{\frac{1}{2}} \tanh\left(\frac{\sigma y'}{S+S_0}\right) \end{aligned} \tag{14.9}$$

而射流的动量由式 (14.4)、式 (14.5) 可得

$$J = 2\rho u_0^2 B_0 \tag{14.10}$$

或

$$\frac{J}{\rho} = 2u_0^2 B_0 \tag{14.11}$$

因此有

$$\frac{\left(\frac{J}{\rho}\right)^{\frac{1}{2}}}{u_0 B_0} = \frac{u_0(2B_0)^{\frac{1}{2}}}{u_0 B_0} = \left(\frac{2}{B_0}\right)^{\frac{1}{2}} \tag{14.12}$$

把上式代入式 (14.9) 可得

$$\left[\frac{3}{2}\frac{(S+S_0)}{B_0\sigma}\right]^{\frac{1}{2}} \tanh\left(\frac{\sigma y'}{S+S_0}\right) = 1 \tag{14.13}$$

令

$$\tanh\left(\frac{\sigma y'}{S+S_0}\right) = t \tag{14.14}$$

则有

$$t^2 = \tanh^2\left(\frac{\sigma y'}{S+S_0}\right) = \frac{2B_0\sigma}{3(S+S_0)} \tag{14.15}$$

上式就是附壁流线 $y' - S$ 关系, 由此可以确定流线位置。

现在来确定 A 点的位置, 即参数 S_0。当 $S = 0$ 时, $J = 2\rho u_0^2 B_0$, 代入式 (14.9), 可得

$$\left[\frac{3}{2}\frac{S_0}{B_0\sigma}\right]^{\frac{1}{2}} \tanh\left(\frac{\sigma y'}{S_0}\right) = 1 \tag{14.16}$$

当 $y' \to \infty$ 时, $\tanh\left(\frac{\sigma y'}{S_0}\right) = 1$, 代入上式可得

$$\frac{3}{2}\frac{S_0}{B_0\sigma} = 1$$

因此
$$S_0 = \frac{2\sigma B_0}{3} \tag{14.17}$$

把 S_0 代入附壁流线公式 (14.15), 有
$$t^2 = \frac{2B_0\sigma}{3\left(S + \frac{2\sigma B_0}{3}\right)} = \frac{2\sigma B_0}{3}\frac{1}{S + \frac{2\sigma B_0}{3}}$$

或
$$S = \frac{2\sigma B_0}{3t^2} - \frac{2\sigma B_0}{3} = \frac{2\sigma B_0}{3}\left(\frac{1}{t^2} - 1\right)$$

可得
$$\frac{3S}{2\sigma B_0} = \frac{1}{t^2} - 1 \tag{14.18}$$

这是附壁流线的另一种表达公式。

附壁流线与侧壁之间的夹角 θ 可用下述方法求出。把速度分布式 (14.8) 代入动量方程式 (14.6), 有

$$\begin{aligned} J_1 &= \int_{-\infty}^{y'} \rho u_x^2 \mathrm{d}y = \int_{-\infty}^{y'} \rho \left\{ \left[\frac{3J\sigma}{4\rho(S+S_0)}\right]^{\frac{1}{2}} \mathrm{sech}^2 \left(\frac{\sigma y}{S+S_0}\right) \right\}^2 \mathrm{d}y \\ &= \int_{-\infty}^{y'} \frac{3\rho u_0^2 B_0 \sigma}{2(S+S_0)} \mathrm{sech}^4 \left(\frac{\sigma y}{S+S_0}\right) \mathrm{d}y \\ &= \frac{3}{2}\rho u_0^2 B_0 \int_{-\infty}^{y'} \mathrm{sech}^4 \left(\frac{\sigma y}{S+S_0}\right) \mathrm{d}\left(\frac{\sigma y}{S+S_0}\right) \\ &= \frac{3}{4}J \int_{-\infty}^{y'} \mathrm{sech}^4(z)\mathrm{d}z \end{aligned} \tag{14.19}$$

式中
$$z = \frac{\sigma y}{S+S_0}$$

同理可得
$$J_2 = \frac{3}{4}J \int_{y'}^{\infty} \mathrm{sech}^4 z \mathrm{d}z \tag{14.20}$$

由于
$$\int \mathrm{sech}^4 z \mathrm{d}z = \tanh z - \frac{1}{3}\tanh^3 z$$

代入上述二式, 可得

$$\begin{aligned} J_1 &= \frac{3}{4}J \left(\tanh z \Big|_{-\infty}^{y'} - \frac{1}{3}\tanh^3 z \Big|_{-\infty}^{y'}\right) = \frac{3}{4}J\left[\tanh z' + 1 - \frac{1}{3}(\tanh^3 z' + 1)\right] \\ &= \frac{3}{4}J\left(\tanh z' - \frac{1}{3}\tanh^3 z' + \frac{2}{3}\right) \end{aligned} \tag{14.21}$$

$$J_2 = \frac{3}{4}J\left(\tanh z\Big|_{y'}^{\infty} - \frac{1}{3}\tanh^3 z\Big|_{y'}^{\infty}\right) = \frac{3}{4}J\left(-\tanh z' + \frac{1}{3}\tanh^3 z' + \frac{2}{3}\right) \tag{14.22}$$

把 J_1, J_2 代入式 (14.1) 可得

$$J_1 - J_2 = \frac{3}{4}J\left(2\tanh z' - \frac{2}{3}\tanh^3 z'\right) = \frac{3}{4}J\left(2t - \frac{2}{3}t^3\right) = J\cos\theta$$

因此

$$\cos\theta = \frac{3}{2}t - \frac{1}{2}t^3 \qquad (14.23)$$

根据外壁面的几何形状就可由上式求出 θ 值。

对于外壁面是平行壁的通道来说，$y' = D$，代入式 (14.14) 求出 t，再代入式 (14.18) 就可求出 S 值，从而确定附着点，再代入式 (14.23) 可以得到 θ 角。

如果外壁面是带有锥度 α 的喇叭形锥管 (图 14.5)，则存在关系

$$y' = y'' + D + B_0 = (S + S_0)\tan\alpha + D + B_0 \qquad (14.24)$$

把壁面方程式 (14.24) 代入附壁流线方程式 (14.18)，就可求出附着点的位置，再由式 (14.23) 求出角 θ 值。

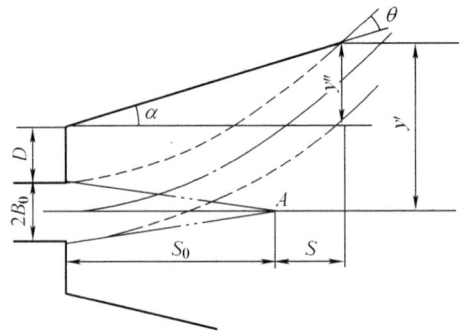

图 14.5　锥管外壁的附壁流线

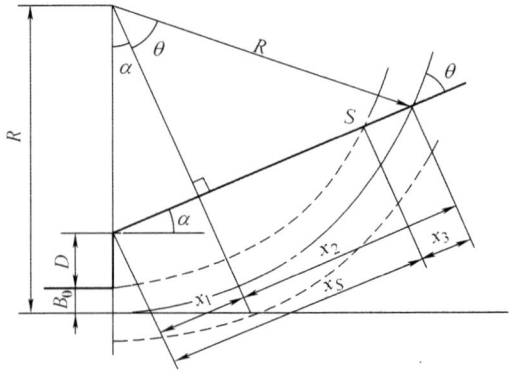

图 14.6　射流中心线的确定

射流中心线的轨迹对附壁效应的影响很大。通常可以把它看作一段圆弧。这样

一旦 θ 角确定，圆弧的有关尺寸也就确定了。如图 14.6 所示，这时有

$$R\cos\theta = (R - D - B_0)\cos\alpha \tag{14.25}$$

或

$$R\left(1 - \frac{\cos\theta}{\cos\alpha}\right) = D + B_0$$

可得圆弧的曲率半径

$$R = \frac{D + B_0}{1 - \dfrac{\cos\theta}{\cos\alpha}} \tag{14.26}$$

附着点的距离

$$x_S = x_1 + x_2 - x_3 = (R - D - B_0)\sin\alpha + R\sin\theta - \frac{B_0}{\sin\theta} \tag{14.27}$$

但是上述方法存在较大的不确定性，因为系数 σ 是一个没有明确物理意义的数值，而且射流中心线的确切位置也是不确定的。因此不少学者对此提出了各种修正。

此外，附壁效应的动态稳定性、外加干扰力的敏感度等方面的研究尚属空白，这牵涉涡流区内的压力、涡流区内外的压力差、涡流区及附着点的位置等因素。

14.3 附壁效应在微流动中的应用

14.3.1 可控制微流放大器[51,105]

图 14.7 所示为一种可控制的微流放大器原理图。当射流从左侧喷嘴出来后，受到控制口 2 的气流影响，使射流偏向一侧，主气流从出口 1 流出。如果要使出口变为 2，需要关闭控制口 2，并在控制口 1 送入控制气体，使附壁转向上侧壁面。如果主气流暂时不需要从出口流出，可以关闭出口，而使气流从排出口排出。这种元件只要使用少量的控制气流就可以控制大气量主气流的排出方向，因此是一种可控制的微流放大器。

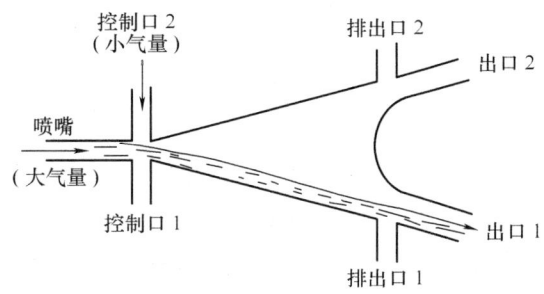

图 14.7 微流放大器

14.3.2 微流振荡器

利用返回的一小部分气流作为控制气流,这样可使主气流以一定的频率定时变换出口方向。图 14.8 给出了它的示意图。当主气流在下侧流动时,返回的小部分气流迫使主气流向上侧靠拢。当主气流转向上侧流动时,返回的小部分气流又迫使主气流向下侧靠拢。这就形成了一种振荡的功能。已制成的一种微振荡器可以产生 250~390 Hz 的频率,压强为 60~250 kPa,用作微型插入式心脏外科手术的手术刀。

图 14.8　微流振荡器

14.3.3 微阀[51,106]

图 14.9 给出了一种利用附壁原理制成的微阀。左侧有一块压电晶体悬臂片,可利用它来导引流动。当悬臂片向下弯时,由于附壁效应的影响使气流紧贴悬臂片流入。气流被导入薄膜式中心体的下面,同时把右侧中心体抬起打开阀孔,使气流排出。如果压电晶体悬臂片产生一个向上的变形,那么气流就被导向中心体的上面,从而关闭阀孔。这种微阀的通气量通常大于 5 mL/min,压强为 600 kPa,开闭的频率可达 1 kHz。

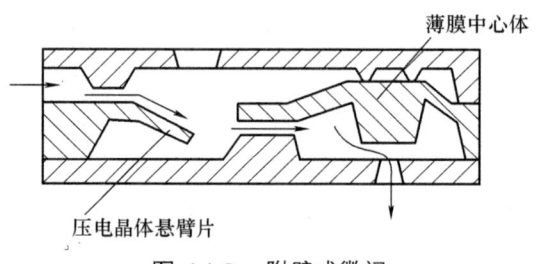

图 14.9　附壁式微阀

14.3.4　Tesla 泵[102-103]

这是一种利用阀式导管二极管作为单向阀的流体泵,图 14.10 给出了它的示意图。如图所示,气流的进出口各有一组瓣膜阀,所谓瓣膜阀就是一种产生单向较大局部阻力的导管。图 14.10 的下部给出了两种不同的形式。当气流正向流动时,由于阻力小,流量就大;当气流反向流动时,就造成很大的局部阻力,使流量大减。这就形成一种类似单向阀的流体二极管,从而实现泵压的功能。

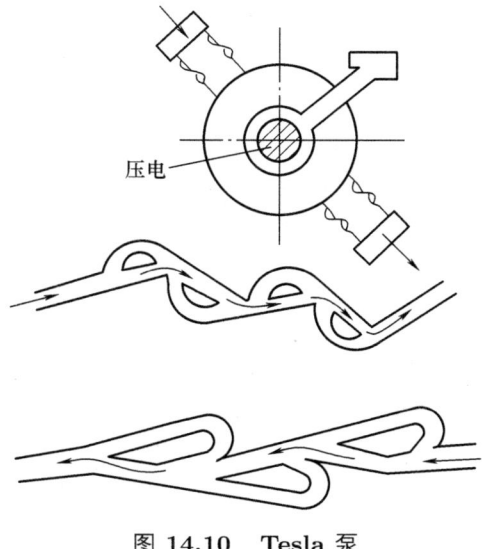

图 14.10 Tesla 泵

这种 Tesla 泵在 1920 年就取得了美国专利,现在又在微泵中获得了应用[104]。

第 15 章 微型热管中的微流动

15.1 简介

热管的本质是一种热虹吸现象,人们很早就发现了这一现象并加以应用。但是直到 20 世纪 60 年代才把它应用到热管中。在热虹吸管中,可利用重力向下回流冷凝液,也可利用具有毛细作用的吸液芯来回流液体[70,165]。后者不受重力的影响,可以放置于任何位置。图 15.1 给出了这两类虹吸现象的区别。因此,从热管工作的基本特点来看,它仍是利用毛细现象的一种特殊元件。至于微型热管则是在 1984 年由 Cotter 提出的,并用于半导体元器件的冷却[43]。

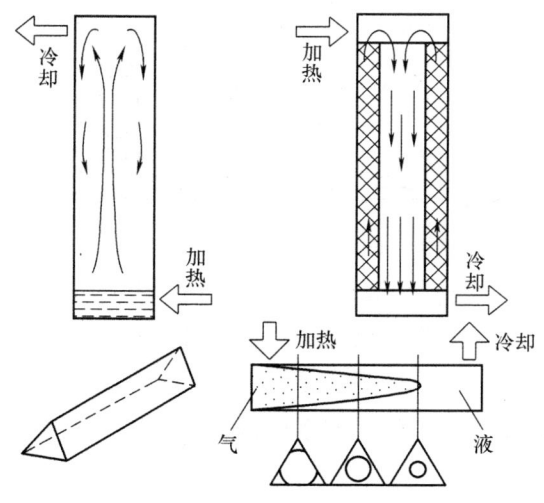

图 15.1 热虹吸管与热管

虽然热管利用了毛细作用,但由于其尺寸较大,因此重力对其工作的影响仍然存在,例如水力直径大于 1 mm 时,重力产生的体积力的影响仍然较大。而微型热管则完全摆脱了重力影响,因此微型热管得到了广泛的应用,例如激光二极管、光电池等的冷却,超高速飞机翼缘的散热,超低温外科手术,空间技术中辐射热的散逸,废热利用等。

发展到现在,热管冷凝液的回流方法超出了毛细力的范围,已向离心力、静电力、磁力或渗透力等方向发展,因此相应地出现了旋转式热管、电流体动力热管、磁流体动力热管或渗透式热管等。

15.2 微型热管的基本工作原理

热管由管壳、吸液芯和液相工质三部分组成。根据不同用途的工作温度,在热管内充灌某一种相应的工质。热管的基本原理如图 15.2 所示。整个热管分蒸发端、绝热段和冷凝端三个区域。外部热源加热蒸发端,热量通过管壁、吸液芯传给液态工质,使其温度升高,同时饱和蒸气压也随着升高。吸收潜热后蒸发出来的蒸气通过蒸气通道流向冷凝端。由于冷凝端的作用是冷却流体,并把热量带出,因此温度降低,饱和蒸气压也跟着降低。冷却带走冷凝潜热后,蒸气冷凝成液体。液体则靠吸液芯的毛细力回流到蒸发端,因而完成一个循环。蒸发端和冷凝端之间的蒸气通道和液体回流通道应该是绝热的。由此可见,毛细力必须克服两端的压力差、吸液芯的流动阻力以及可能存在的重力影响,才能正常工作。如果工质不能回流,就会造成蒸发端烧干,热管停止工作。

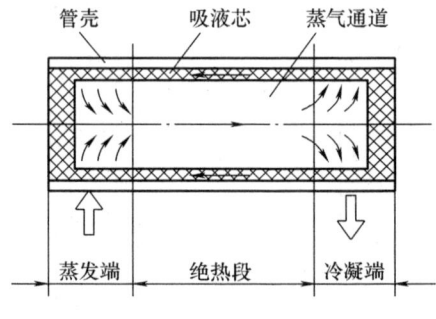

图 15.2 热管的工作原理

毛细力是由表面张力产生的,可用 Laplace–Young 公式 (10.5) 来表示,可参见图 15.3。这时

$$\Delta p = \sigma \left(\frac{1}{R_1} + \frac{1}{R_2} \right) \tag{15.1}$$

式中,σ 为液体表面张力;R_1, R_2 为液体曲面的主曲率半径。对于圆管 $R_1 = R_2 = R$,因此

$$\Delta p = \frac{2\sigma}{R} \tag{15.2}$$

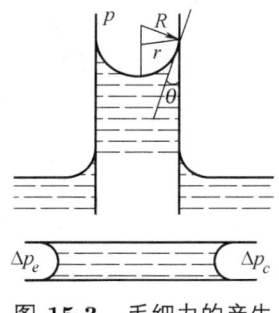

图 15.3　毛细力的产生

当液体和管壁的接触角为 θ 时，$R = r/\cos\theta$。因此，当 $\theta=0$ 时，可获得最大的毛细力。如果蒸发端的毛细力为 Δp_e，冷凝端的毛细力为 Δp_c，则两端的毛细压力差为

$$\Delta p_{e-c} = \Delta p_e - \Delta p_c = 2\sigma\left(\frac{\cos\theta_e}{r_e} - \frac{\cos\theta_c}{r_c}\right) \tag{15.3}$$

上式表明，当 $\theta_e = 0, \theta_c = \pi/2$ 时，两端的毛细力差达到最大值

$$\Delta p_{\max} = \frac{2\sigma}{r_e} \tag{15.4}$$

也就是说，使蒸发端毛细状态处于半球形凹面，冷凝端处于平面时，可获得最大的毛细压力差。在同一种液体和毛细材料时，要达到不同的接触角是比较困难的。因此在器壁上可以通过不同的曲率半径来达到这一要求。例如，在蒸发端表面上加工成的曲率半径小，而冷凝端的曲率半径大。也可以采用异形管，让液体在尖角区产生蒸发和冷凝过程，这时气 – 液界面组成的是一个连续的变截面流体通道，不同的曲率造成不同的毛细力，蒸发与冷凝过程也在相应的压力下完成。曲率半径越小，压力越大，图 15.4 给出了上述表达的两种不同曲率半径方案的示意图。其中方案 b 得到了实际应用。它的气、液流体分布具有子弹头似的抛物面结构，内部是气体，外围是液体。靠近冷凝端含气量少，因此在尖角区液面的曲率半径小，接触角小，毛细力大；而在靠近蒸发端区，含气量多，尖角区液面的曲率半径大，接触角大，毛细力就小。因此造成液体从冷凝端回流到蒸发端。

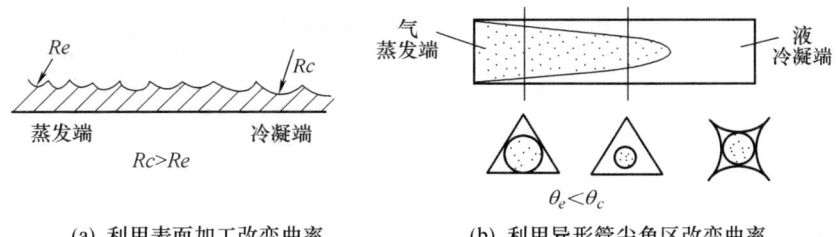

(a) 利用表面加工改变曲率　　(b) 利用异形管尖角区改变曲率

图 15.4　两种不同曲率半径的方案

根据不同的用途，热管内充灌的工质有所不同。表 15.1 给出了几种不同温度范围内的热管工质。

表 15.1 不同温度范围热管使用的工质[70]

工质	沸点/°C	温度使用范围/°C	工质	沸点/°C	温度使用范围/°C
氦	−269	−271~−269	水	100	30~200
氮	−196	−203~−160	Thermex	257	150~395
氨	−33	−60~100	汞	361	250~650
氟利昂 11	24	−40~120	钾	774	500~1000
戊烷	28	−20~120	钠	892	600~1200
丙酮	57	0~120	锂	1340	1000~1800
乙醇	78	0~130	银	2212	1800~2300

注：沸点是在标准大气压下测定的。

吸液芯可以采用填充式 (如金属丝网、烧结金属、泡沫材料、金属或陶瓷、毛毡等) 和管槽式 (如毛细管、毛细沟槽等)。在微型热管中，由于尺寸微小，并受材料及其加工方法的影响，一般多采用管槽式结构设计来满足流体回流的要求，例如毛细管簇，或矩形、三角形的槽道。图 15.5 所示是一种用于晶片冷却的微型热管结构。沟槽是三角形的，高 70.72 μm, 底宽 100 μm, 槽长 25.4 mm, 每条沟槽间距 100 μm, 共有 125 条沟槽。所有沟槽都开口于汇集管中，由上部的充装孔充灌工质。

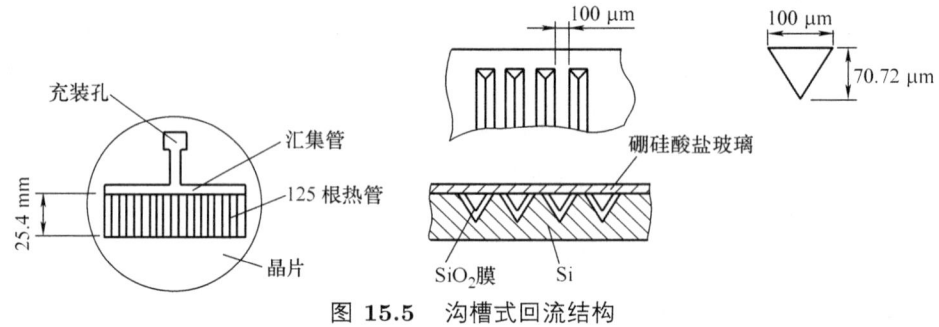

图 15.5 沟槽式回流结构

由于采用异形通道，在计算中，毛细孔半径 r 应该用有效半径来代替。表 15.2 给出了不同形状沟槽吸液芯的有效半径 r_c 公式和水力半径 r_h 公式。1990 年 Babin

表 15.2 异形沟槽的有效半径和水力半径

管槽结构	毛细孔有效半径 r_c	形状	水力半径 $r_h = \dfrac{2A}{U}$
圆管	$r_c = r$		$r_h = r$
开口矩形槽	$r_c = W, W$ 为槽宽		$r_h = \dfrac{2W\delta}{W + 2\delta}$
开口三角形槽	$r_c = \dfrac{W}{\cos\beta}, W$ 为槽宽；β 为半顶角		$r_h = \dfrac{W\cos\beta}{2}$

等提出了确认微型热管的一个量纲一的量 r_c/r_h，式中 r_c 为有效毛细孔半径，r_h 为流道的水力半径。当 $r_c/r_h \geqslant 1$ 时，可定义为微型热管。

热管吸液芯的回流压力不仅要克服蒸发压力与冷凝压力之差，还要克服吸液芯本身的流动阻力。

15.3 微型热管中的微流动

有关吸液芯的阻力损失，可以利用多孔介质中流动的达西 (Darcy) 公式计算。达西对水在不同压力下通过各种床层进行了测试，发现体积流量 $\dot{V}$ 与压差 Δp_l 以及床层截面面积 A 成正比，而与床层厚度 l 成反比，即

$$\dot{V} = K' A \frac{\Delta p_l}{l} \tag{15.5}$$

式中，K' 为比例常数，它是介质对水的渗透性的度量，与摩擦系数有关，可用实验方法测定。由于 K' 受粘度 μ 的影响，为此令 $K = K'\mu$，K 称为渗透率，则有

$$\dot{V} = K \frac{A \Delta p_l}{\mu l} \tag{15.6}$$

或

$$\Delta p_l = \frac{\dot{V} l \mu}{K A} \tag{15.7}$$

对于圆形直管道，在层流状态下，当不可压缩流体在管内作等速流动时，可以作下述分析，以求出 K 值。

如图 15.6 所示，在圆管内取一段流体单元柱，以常速 u 流动，可求出其受力的平衡式

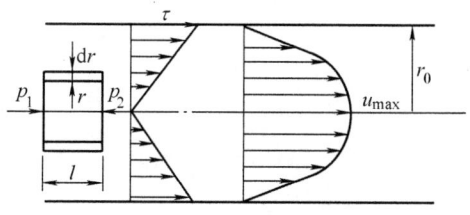

图 15.6　圆管内的流动

$$\pi y^2 (p_1 - p_2) = -2\pi y l \tau \tag{15.8}$$

对于层流有

$$\tau = \mu \frac{\mathrm{d}u}{\mathrm{d}y} \tag{15.9}$$

因此

$$\frac{\mathrm{d}u}{\mathrm{d}y} = -\frac{y \Delta p}{2\mu l} \tag{15.10}$$

积分可得

$$u = -\frac{r^2 \Delta p}{4\mu l} + K \quad (15.11)$$

由边界条件, 在没有滑移时管壁处流速为零, 即当 $y = r_0$ 时, $u = 0$, 可得

$$K = \frac{r_0^2 \Delta p}{4\mu l} \quad (15.12)$$

因此

$$u = \frac{(r_0^2 - r^2)\Delta p}{4\mu l} \quad (15.13)$$

而通过圆管的体积流量

$$\dot{V} = \int_0^{r_0} 2\pi r u \mathrm{d}r = \int_0^{r_0} \frac{2\pi r(r_0^2 - r^2)\Delta p}{4\mu l} \mathrm{d}r = \frac{\pi \Delta p r_0^4}{8\mu l} = \frac{A\Delta p}{\mu l}\frac{r_0^2}{8} \quad (15.14)$$

这就是在第 13 章用到的哈根 – 泊肃叶 (Hagen–Poiseuille) 公式 (13.19)。与达西公式 (15.6) 比较, 可以求出渗透率

$$K = \frac{r_0^2}{8} \quad (15.15)$$

对于非圆形截面的通道, K 值可按表 15.3 中的公式计算。

表 15.3 吸液芯渗透率的计算公式[70]

吸液芯结构	渗透率 K 的公式	备 注
圆形通道	$K = \dfrac{r^2}{8}$	r 为圆管半径,
开口矩形槽	$K = \dfrac{2\varepsilon r_h^2}{fRe}$	$\varepsilon = \dfrac{W}{S}$, W 为槽宽, S 为槽对应点间距离 $r_h = \dfrac{2W\delta}{W + 2\delta}$, δ 为槽深, fRe 见图 15.7
双层套筒式	$K = \dfrac{2r_h^2}{fRe}$	$r_h = r_1 - r_2$, fRe 见图 15.8

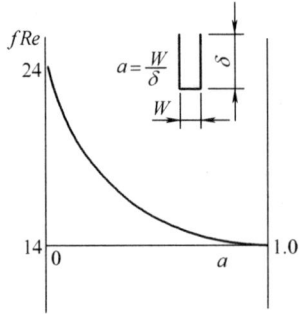

图 15.7 开口矩形槽的 fRe

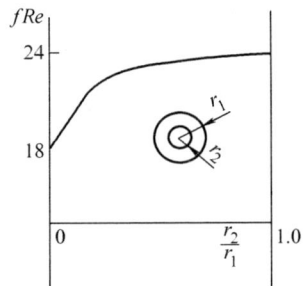

图 15.8 双层套筒的 fRe

对于蒸发段和冷凝段, 由于质量流量 $\dot{m}$ 在变化, 如果为线性变化, 则有

$$\dot{m}(x) = \left(\frac{\dot{m}}{l}\right) x \quad (15.16)$$

由此可得，热管的有效长度 l_{eff} 为

$$l_{\text{eff}} = \frac{l_e}{2} + l_a + \frac{l_c}{2} \tag{15.17}$$

液相总的压力降

$$\Delta p_l = \frac{\mu \dot{m} l_{\text{eff}}}{\rho_l K A} \tag{15.18}$$

在气相的流动过程中，首先是蒸发段的逐段加热，然后是绝热的中间段，最后进入逐段冷却的冷凝段。因此，气相的运动是在总压差克服了上述三段的阻力和之后完成的。

蒸发段既有轴向流动，又有径向流动 (图 15.9)。径向的雷诺数

$$Re_r = \frac{\rho_V v_r r_V}{\mu_V} \tag{15.19}$$

式中，下角标 V 代表蒸发端；v_r 为径向分速；r_V 为热管的半径，由于径向流动是由外围向中心流动，因此以半径作为 Re 数的定性尺寸。大多数热管的 Re_r 为 $0.1 < Re_r < 100$。

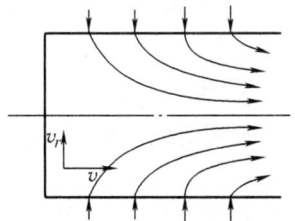

图 15.9 蒸发段的加热

沿轴向流动时 (图 15.10)，质量流量的变化为

$$d\dot{m}(x) = 2\pi r_V dx \cdot \rho_V v_r \tag{15.20}$$

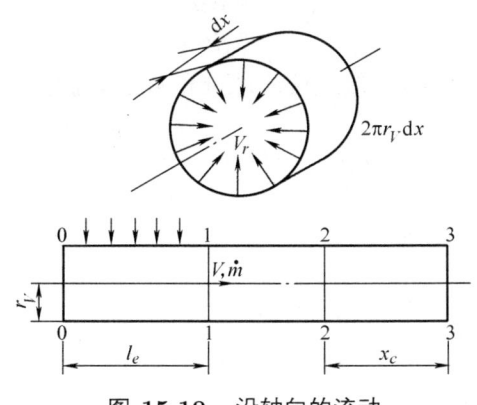

图 15.10 沿轴向的流动

代入式 (15.19) 可得
$$Re_r = \frac{1}{2\pi\mu_V} \frac{\mathrm{d}\dot{m}(x)}{\mathrm{d}x} = \frac{\dot{m}}{2\pi\mu_V l_e} \tag{15.21}$$

在蒸发段从 $x=0$ 到 $x=l_e$ 时，进入截面 1-1 时，所有从管壁蒸发的蒸气质量流量应等于从 1-1 截面向右流出的流量，即
$$2\pi r_V l_e \rho_V v_r = \pi r_V^2 v \rho_V \tag{15.22}$$

或
$$2\pi l_e \mu_V Re_r = \pi r_V \mu_V Re$$

可得
$$Re_r = \frac{Re}{2} \frac{r_V}{l_e} \tag{15.23}$$

上式反映了径向雷诺数 Re_r 和轴向雷诺数 Re 的关系。由式 (15.22) 也可求得
$$v = \frac{2l_e}{r_V} v_r \tag{15.24}$$

因此，从蒸发段向绝热段流动的平均速度 v 是与蒸发段径向蒸发速度 v_r、蒸发段半径 r_V 及长度 l_e 有关的。

对于不可压缩流体，蒸发段的蒸气压力差 Δp_{Ve} 应克服蒸发段的粘性阻力 $\Delta p''_{Ve}$ 和供气流从速度零增加到速度 v 所需要的惯性力 $\Delta p'_{Ve}$，因此
$$\Delta p_{Ve} = \Delta p'_{Ve} + \Delta p''_{Ve} \tag{15.25}$$

惯性力 $\Delta p'_{Ve}$ 为 $\rho v^2/2$。对于圆管内的层流流动，粘性力可利用式 (15.14)
$$\dot{m} = \frac{\pi r_0^2 \Delta p}{\mu l} \frac{r_0^2 \rho_V}{8}$$

计算而得
$$\Delta p = \frac{8\mu l_e \dot{m}}{\pi r_V^4 \rho_V} \tag{15.26}$$

由于开始端 $v=0, \Delta p=0$，若近似地按线性分布考虑，则有
$$\Delta p''_{Ve} = \frac{\Delta p}{2} = \frac{8\mu \dot{m}}{\pi r_V^4 \rho_V} \frac{l_e}{2} \tag{15.27}$$

同理，冷凝段的蒸气压力差为
$$\Delta p_{Vc} = \Delta p'_{Vc} + \Delta p''_{Vc} \tag{15.28}$$

而
$$\Delta p'_{Vc} = \frac{\rho v^2}{2}, \quad \Delta p''_{Vc} = \frac{8\mu \dot{m}}{\pi r_V^4 \rho_V} \frac{l_c}{2}$$

中间段是绝热的，速度不变，没有惯性项，只有粘性项 $\Delta p_{Va} = \dfrac{8\mu \dot{m}}{\pi r_V^4 \rho_V} l_a$。最后，蒸气相总的压降应等于

$$\Delta p_V = \Delta p_{Ve} + \Delta p_{Va} + \Delta p_{Vc}$$
$$= \frac{\rho v^2}{2} + \frac{8\mu \dot{m}}{\pi r_V^4 \rho_V}\left[\left(\frac{l_e + l_c}{2}\right) + l_a\right] \tag{15.29}$$

热管是否正常工作受到很多条件的约束，其中之一就是热管中流动产生的堵塞现象。在第 9 章的 9.1.2 节曾介绍过，热力喷管具有和几何喷管相类似的工作过程。而热管在蒸发段的加热过程，本质上也可看作热力喷管或质量喷管。随着不断加热蒸发，蒸发段的流量不断增加，因而流速不断增大。和几何喷管相似，当流量达到最大流量时，在其他条件不变的情况下，流量不再增加。这就是所谓的堵塞现象，如图 15.11 所示。与几何喷管在堵塞时最小截面上流动出现声速一样，热力喷管在流量达到一定值时，速度也会达到声速。因此热力喷管的流量也有一定的限度，这一限度有时称为声速限。对热管来说，最大传热量是受到声速限制约的。

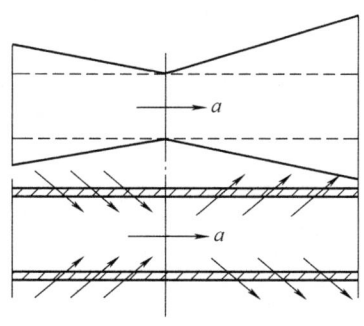

图 15.11 热管的工作区

除了声速限，热管能否正常工作还受到很多其他条件限制。图 15.12 给出了这些限制的区域。为了满足蒸气粘性流动的需要，至少要求有一个最小的传热量，称为粘

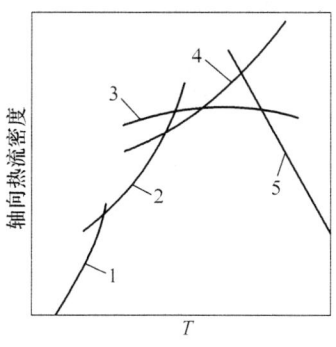

图 15.12 热管工作的限制区

1 为粘性限；2 为声速限；3 为毛细限；4 为携带限；5 为沸腾限

性限。温度升高时蒸发速度加大，可能会挟带液体返回冷凝段，导致蒸发段产生烧干现象，因此有一个携带限。当吸液芯的毛细力不能满足回流液体的要求时，也会使蒸发段出现烧干现象，这就有一个毛细限。当吸液芯在蒸发段加热时，热量太大会出现泡核沸腾，堵塞吸液芯的毛细孔，从而降低了径向传热量，因此需要一个沸腾限。当冷凝段在冷却过度时可能会出现工质冻结的现象，因而需要有冻结限。综合考虑所有这些限制条件，热管能够正常工作的区间是较小的。因此热管的工作条件是十分苛刻的，特别是在启动时还需考虑热管会不会因为超出上述限制区而无法进入正常工作状态。

有关热管的进一步介绍，可参阅有关书籍[70]。

第 16 章 相变现象及多相流引起的微流动

16.1 简介

在微流动中，往往会遇到相变现象，或者为两相或者为多相。在第 10 章中已经举过一些例子，如气泡式微泵、气泡式微阀、气泡式微执行器等，凝胶阀也属于相变的应用。它们在应用过程中都需要按照工作程序的要求，在一定时间、一定位置上产生一定大小和一定数量的气泡、液滴或相变，例如在微喷管中，接近饱和的气体经过膨胀后会产生液滴，在生物体内的微流动中存在液－固、液－气两相现象，微热管中更是利用相变来进行热量的传输。因此，在微流动中，对相变及两相流动应给予足够的重视。

在热力学中对气－液两相平衡已有许多介绍，它们都是以大容器中的平衡状态、缓慢的变化过程为基础的。但是在微流动中就没有这样的假设条件。由于微流动中存在表面效应，就使得流道尺寸及器壁表面状况的影响更加突出。微小的气泡或液滴足以堵塞微流道，影响正常流动。相对于流道尺寸，壁面粗糙度及微形状对蒸发和冷凝的影响也更加明显。不过总体来说，它们的基本原理及理论计算还是和大容器中的流动相一致的。因此这里只对相变及两相流动作一简要的介绍。

16.2 蒸发及气泡的形成

在平衡状态下，纯质液体在维持压力不变的条件下加热时，当温度升高到一定程度，液体开始蒸发，形成第一个气泡。随着热量的增加，气泡数量也不断地增加。这时处于气－液两相状态的流体温度始终保持不变。直至最后一滴液体被蒸发为气泡，变成单相的气态，此时如果再增加热量，气体温度就会升高。这一等压过程在温度－

熵图上，可以用一条折线来表示，如图 16.1 所示。不同的压力有不同的折线，组成一簇等压线。当压力升高达到一定值时，气 – 液转变过程就没有明显的界限，不再有两相区，这一压力称为临界压力 p_{cr}，相应于这一点的温度称为临界温度 T_{cr}。

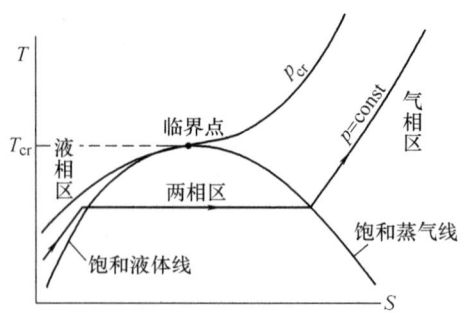

图 16.1　两相区的温 – 熵图

但是，如果仔细分析，就可以发现这一描述与实际状态存在差别。在微流动中，这一差别的影响会更加突出。因为蒸发过程首先是在沸腾核心开始的。图 16.2 显示了一个气泡在凹穴中的形成过程。根据前面介绍的表面张力原理，气泡内外存在一定的压力差，它与表面张力相平衡，即

$$p_v - p_l = \frac{2\sigma}{r} \tag{16.1}$$

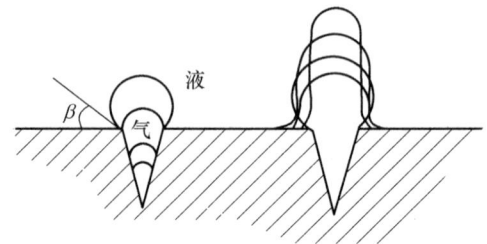

图 16.2　气泡的形状

式中，r 为气泡的曲率半径；σ 为表面张力。随着液体的不断蒸发，气泡不断增大，形状也随之变化。这一变化是和凹穴的形状及接触角 β 有关的。当 $\beta \leqslant 90°$ 时，Griffith 给出了气泡曲率 $1/r$ 与气泡容积 V 之间的关系[60]。图 16.2 是锐角槽中气泡的形状变化，图 16.3 则是气泡曲率与容积的关系。

根据 Clausius–Clapeyron 方程，气泡内外的压力差必将产生相应的饱和温度差，其关系为

$$\frac{\mathrm{d}T}{\mathrm{d}p} = \frac{Tv_{fg}}{h_{fg}} \tag{16.2}$$

式中，$v_{fg} = v'' - v'$ 为饱和蒸气与饱和液体的比容差；$h_{fg} = h'' - h'$ 为饱和蒸气与饱

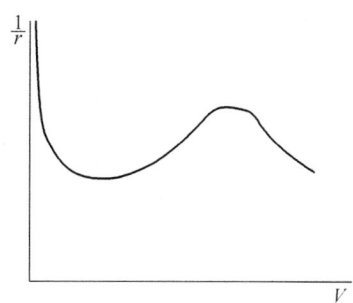

图 16.3　气泡曲率与容积的关系

和液体的焓差，即蒸发潜热。如果认为 $v_{fg} \approx v'' = RT/p$，则有

$$\frac{dT}{dp} = \frac{RT^2}{ph_{fg}} \quad \text{或} \quad \frac{dT}{T^2} = \frac{R}{h_{fg}}\frac{dp}{p} \tag{16.3}$$

对上式沿饱和线积分可得

$$\frac{1}{T} + \frac{R}{h_{fg}} \ln p = C$$

或

$$\frac{1}{T_v} + \frac{R}{h_{fg}} \ln p_v = \frac{1}{T_s} + \frac{R}{T_{fg}} \ln p_s \tag{16.4}$$

式中，下角标 v 代表与蒸气泡状态对应的参数；s 代表与液体对应的饱和参数。由式 (16.4) 可得气泡内温度

$$T_v = \frac{T_s}{1 - \left(\dfrac{T_s R}{h_{fg}} \ln \dfrac{p_v}{p_s}\right)} \tag{16.5}$$

由于气泡外液体压力 p_l 相当于液体饱和压力 p_s，因此从式 (16.1) 可得

$$p_v - p_l = p_v - p_s = \frac{2\sigma}{r} = p_s\left(\frac{p_v}{p_s} - 1\right)$$

或

$$\frac{p_v}{p_s} = 1 + \frac{2\sigma}{rp_s} \tag{16.6}$$

代入式 (16.5) 有

$$T_v = \frac{T_s}{1 - \dfrac{T_s R}{h_{fg}} \ln\left(1 + \dfrac{2\sigma}{rp_s}\right)} \tag{16.7}$$

因此可求得过热度 ΔT 与气泡半径 r 之间的关系

$$\Delta T = T_v - T_s = \frac{\dfrac{T_s^2 R}{h_{fg}} \ln\left(1 + \dfrac{2\sigma}{rp_s}\right)}{1 - \dfrac{T_s R}{h_{fg}} \ln\left(1 + \dfrac{2\sigma}{rp_s}\right)} \tag{16.8}$$

另一方面, 由 Antoine 蒸气压方程

$$\ln p_s = A - \frac{B}{T_s + C} \tag{16.9}$$

求导后可得

$$\frac{\mathrm{d}p_s}{p_s} = \frac{B}{(T_s + C)^2}\mathrm{d}T_s$$

或

$$\frac{\mathrm{d}T}{\mathrm{d}p} = \frac{(T_s + C)^2}{Bp_s} \tag{16.10}$$

结合式 (16.3) 和式 (16.10), 可得

$$\frac{RT_s^2}{p_s h_{fg}} = \frac{(T_s + C)^2}{Bp_s}$$

或

$$\frac{R}{h_{fg}} = \frac{(T_s + C)^2}{BT_s^2} = \left(\frac{T_s + C}{T_s}\right)^2 \frac{1}{B} \tag{16.11}$$

把上式代入式 (16.8), 最终可得过热度

$$\Delta T = \frac{\dfrac{(T_s + C)^2}{B} \ln\left(1 + \dfrac{2\sigma}{rp_s}\right)}{1 - \dfrac{(T_s + C)^2}{BT_s} \ln\left(1 + \dfrac{2\sigma}{rp_s}\right)} \tag{16.12}$$

当 $2\sigma/(rp_s) \ll 1$ 时, 可简化为

$$\Delta T = \frac{\dfrac{(T_s + C)^2}{B}\dfrac{2\sigma}{rp_s}}{1 - \dfrac{(T_s + C)^2}{BT_s}\dfrac{2\sigma}{rp_s}} \tag{16.13}$$

例 16.1 对于水, 当气泡半径 $r = 0.0127$ mm 时, 求在压力为 10^5 Pa, 温度为 373.3 K 时的过热度。

解： 上述式中的系数 A, B, C 可从有关资料查得[68], 对于水的蒸气压方程有 $A = 18.3036, B = 3816.44, C = -46.13$, 而 $\sigma = 59 \times 10^{-3}$ mN/m, 因此代入式 (16.12) 可得

$$\Delta T = \frac{\dfrac{(373.3 - 46.13)^2}{3816.44} \times \ln\left(1 + \dfrac{2 \times 59 \times 10^{-3}}{0.0127 \times 10^{-3} \times 1 \times 10^5}\right)}{1 - \dfrac{(373.3 - 46.13)^2}{373.3 \times 3816.44} \times \ln\left(1 + \dfrac{2 \times 59 \times 10^{-3}}{0.0127 \times 10^{-3} \times 1 \times 10^5}\right)}\,°C = 2.51\ °C$$

按简化式 (16.13) 计算, 则有

$$\Delta T = \frac{\dfrac{(373.3 - 46.13)^2}{3816.44} \times \dfrac{2 \times 59 \times 10^{-3}}{0.0127 \times 10^{-3} \times 1 \times 10^5}}{1 - \dfrac{(373.3 - 46.13)^2}{373.3 \times 3816.44} \times \dfrac{2 \times 59 \times 10^{-3}}{0.0127 \times 10^{-3} \times 1 \times 10^5}}\,°C = 2.624\ °C$$

气泡内温度
$$T_v = T_s + \Delta T = (373.3 + 2.51)\ \text{K} = 375.81\ \text{K}$$

气泡内压力
$$p_v = p_s + \frac{2\sigma}{r} = \left(10^5 + \frac{2 \times 59 \times 10^{-3}}{0.0127 \times 10^{-3}}\right)\ \text{Pa} = 1.093 \times 10^5\ \text{Pa}$$

气泡内外压差
$$\Delta p = p_v - p_l = (1.093 - 1) \times 10^5\ \text{Pa} = 0.093 \times 10^5\ \text{Pa}$$

由过热度公式 (16.12) 可以求出在已知过热度为 ΔT 时, 气泡的临界半径 r_{cr}

$$r_{\text{cr}} = \frac{2\sigma}{p_s} \frac{1}{\exp\left[\dfrac{B\Delta T T_s}{(T_s + \Delta T)(T_s + C)^2}\right] - 1} \tag{16.14}$$

在一定的过热度下, 如果成核半径大于临界半径 r_{cr}, 那么气泡将形成并增大; 反之, 如果成核半径小于临界半径, 那么气泡就会消失。

图 16.4 给出了在大气压力下, 水的气泡临界半径与过热度的关系。可以看出, 在微流动壁面上, 要形成一个很小的气泡, 必须要有很大的过热度。曾经由实验测得, 在大气压力下, 当温度高于饱和温度 17 °C 时水才开始沸腾。按上面公式计算, 这时相应的气泡核心半径只有 0.0015 mm。

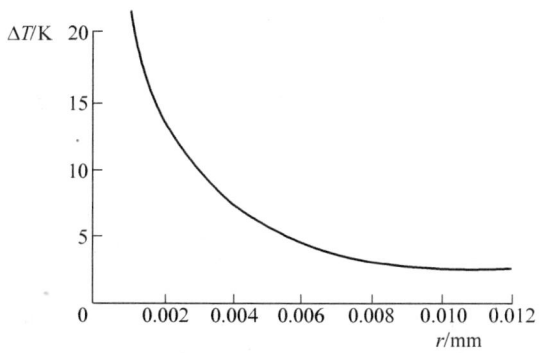

图 16.4　水的过热度与临界半径的关系

气泡形成后, 开始增大。当气泡大到一定尺寸时就会脱离壁面。1933 年, Fritz 和 Wark 给出脱离壁面时的气泡直径为

$$D_{\text{脱离}} = C_{\text{d}}\beta \left[\frac{2g_0\sigma}{g(\rho_l - \rho_v)}\right]^{\frac{1}{2}} \tag{16.15}$$

式中, C_{d} 为经验系数, 对于水的气泡 $C_{\text{d}} = 0.0148$; ρ_l, ρ_v 分别为液体和气体密度, 单位为 kg/m^3; σ 为液 – 蒸气表面张力, 单位为 N/m; β 为接触角, 单位为 rad; g 为重力加速度, $g = 9.806$ m/s^2; g_0 为换算因子, $g_0 = 1.0$ kg·m/(s^2·N)。

例 16.2 对于水，在大气压力下温度为 373.3 K 时，$\sigma = 59 \times 10^{-3}$ mN/m，$\rho_l = 960$ kg/m^3，$\rho_v = 0.598$ kg/m^3，接触角 $\beta = \pi/6$ rad，则由上式可求出

$$D_{脱离} = 0.0148 \times \frac{\pi}{6} \times \left[\frac{2 \times 1 \times 59 \times 10^{-6}}{9.806 \times (960 - 0.598)}\right]^{\frac{1}{2}} \text{ m} = 0.868 \times 10^{-6} \text{ m} = 0.868 \text{ μm}$$

这时的气泡半径 $r = D/2 = 0.868/2 = 0.434$ μm，代入过热度公式 (16.12) 可求得过热度 $\Delta T \geqslant 25.74$ °C。

上述式 (16.15) 的计算结果与实验值有较大误差。1969 年 Cole 与 Rohsenow 根据实验结果提出下列公式：

对于水、F-12、苯，可用

$$E_0^{\frac{1}{2}} = 1.5 \times 10^{-4} (J_a^*)^{\frac{5}{4}} \tag{16.16}$$

对于丙酮、甲醇、四氯化碳等流体，可用

$$E_0^{\frac{1}{2}} = 4.65 \times 10^{-4} (J_a^*)^{\frac{5}{4}} \tag{16.17}$$

式中

$$E_0 = \frac{g(\rho_l - \rho_v) D_{脱离}^2}{g_0 \sigma} \tag{16.18}$$

$$J_a^* = \frac{\rho_l C_l T_s}{\rho_v h_{fg}} \tag{16.19}$$

如果在液体中存在由惰性气体形成的气泡，那么上述有关气泡的公式应改为

$$p_v - p = \frac{2\sigma}{r} - p_g \tag{16.20}$$

$$T - T_s = \left(\frac{RT^2}{ph_{fg}}\right)\left[\left(\frac{2\sigma}{r}\right) - p_g\right] \tag{16.21}$$

式中，p_g 为惰性气体的分压。由此可见，如果存在惰性气体，那么要使给定尺寸的气泡继续增大，所需要的过热度将小于只有纯质气体存在时的情况。

由于过热度造成的这些差别，可以利用压力 – 化学位图表示出来，参见图 16.5。图中 a'-b'-c' 为液态线；a''-b''-c'' 为气泡内气态线；实线代表饱和线。由于气态线和饱和线很接近，故可以近似地用饱和线代替气态线。图中对应位置上气泡的半径为 $r_c < r_b < r_a = \infty$。

形成稳定的气泡核心后，气泡开始增长。1970 年，Mikic 等[60] 提出，当过冷液体 ($T_b < T_s$) 的壁面温度高于饱和温度 ($T_w > T_s$) 时，气泡半径的增长率为

$$\frac{dR^+}{dt^+} = \left[t^+ + 1 - \theta\left(\frac{t^+}{t^+ + t_w^+}\right)^{\frac{1}{2}}\right]^{\frac{1}{2}} - (t^+)^{\frac{1}{2}} \tag{16.22}$$

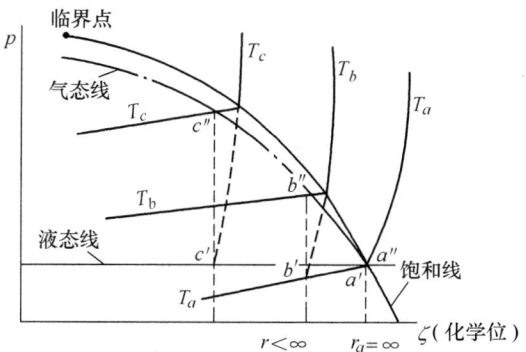

图 16.5 压力 – 化学位图

式中

$$R^+ = \frac{RA}{B^2}, t^+ = \frac{tA^2}{B^2}$$

$$A = \left[\frac{b(T_w - T_s)h_{fg}\rho_v}{T_s\rho_l}\right]^{\frac{1}{2}}, B = \left[\frac{12}{\pi}\frac{J_a^2 k_l}{\rho_l C_l}\right]^{\frac{1}{2}}$$

$$J_a = \frac{(T_w - T_s)\rho_l C_l}{h_{fg}\rho_v}, \theta = \frac{T_w - T_b}{T_w - T_s}$$

当壁面上气泡增长时，$b = \pi/7$。气泡之间的相持时间为

$$t_w^+ = \frac{\rho_l C_l}{\pi k_l}\left\{\frac{(T_w - T_b)R_c}{T_w - T_s\left[1 + \frac{2\sigma(h_{fg})^{\frac{1}{2}}}{R_c h_{fg}}\right]}\right\}^2 \tag{16.23}$$

当 $t_w^+ \to \infty$ 时，气泡增长率

$$\frac{dR}{dt} = (t^+ + 1)^{\frac{1}{2}} - t^{\frac{1}{2}} \tag{16.24}$$

或

$$\int_{R_c}^{R^+} dR^+ = \int_0^{t^+}\left[(t^+ + 1)^{\frac{1}{2}} - (t^+)^{\frac{1}{2}}\right] dt^+ \tag{16.25}$$

积分可得

$$R^+ - R_c = \frac{2}{3}(t^+ + 1)^{\frac{3}{2}} - \frac{2}{3}(t^+)^{\frac{3}{2}} - \frac{2}{3} \tag{16.26}$$

气泡的增长可分为两个阶段。第一阶段的增长动力来自动力平衡，这时 $t^+ \ll 1$，因此 $(t^+ + 1)^{\frac{3}{2}} \approx \frac{3}{2}t^+ + 1$，如果忽略了 t^+ 的高次项和凹穴半径 R_c 的影响，可得

$$R^+ = \frac{2}{3}\left[(t^+ + 1)^{\frac{3}{2}} - (t^+)^{\frac{3}{2}} - 1\right] = t^+ \tag{16.27}$$

上式说明，在气泡开始增长阶段，气泡的当量半径 R^+ 是与当量时间 t^+ 成正比的。

当 $t^+ \gg 1$ 时，气泡的增长动力来自热力平衡，由积分式 (16.25) 可得

$$\int_{R_c}^{R^+} dR^+ = \int_0^t \left[(t^+)^{\frac{1}{2}}\left(1+\frac{1}{t^+}\right)^{\frac{1}{2}} - (t^+)^{\frac{1}{2}}\right] dt^+$$
$$= \int_0^t \left[(t^+)^{\frac{1}{2}}\left(1+\frac{1}{2t^+}\right) - (t^+)^{\frac{1}{2}}\right] dt^+ = \int_0^t \frac{1}{2(t^+)^{\frac{1}{2}}} dt^+ \quad (16.28)$$

因此

$$R^+ - R_c = \frac{1}{2} \times 2(t^+)^{\frac{1}{2}} = (t^+)^{\frac{1}{2}}$$

忽略 R_c 后有

$$R^+ = (t^+)^{\frac{1}{2}} \tag{16.29}$$

由此可以作出气泡增长图，如图 16.6 所示。图中还给出了 $t_w^+ = 0.1, 1.0, 10$ 时的变化曲线。可以看出，在 $t^+ < 10^{-1}$ 时，符合式 (16.27) 的线性变化关系。$t^+ > 10^{-1}$ 后，成为曲线变化关系，而且 t_w^+ 的影响较为明显。

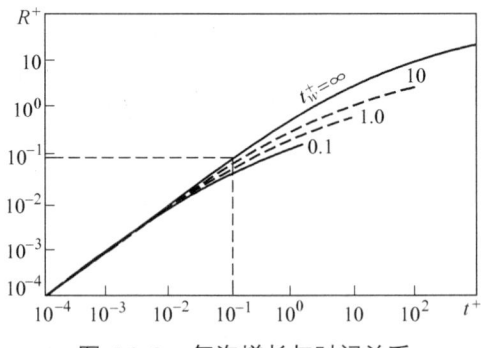

图 16.6　气泡增长与时间关系

16.3　冷凝及液滴的形成[5]

与蒸发相似，在冷凝过程中也不可能完全处于平衡态。特别是自发冷凝时，液滴的形成需要有一定的过冷度。过冷的蒸气实际上就是过饱和蒸气，它可以与液相处于同一个压力之下，如图 16.7 中的 B 点所示，这时的压力为 p''，温度为 T''。p'' 是过热区等压线在两相区内的延展。但与压力 p'' 相应的饱和温度 T_s 相比，温度 T'' 和 T_s 存在一定的温度差 $\Delta T = T_s - T''$，这就是过冷度。过冷度越大则冷凝核心越小，过冷度越小则冷凝核心越大。有时也用过饱和度 $S_s = p''/p_s(T'')$ 来反映这一现象，式中 $p_s(T'')$ 为相应于过饱和蒸气温度 T'' 的饱和蒸气压力。

利用液滴气液界面上自由焓相等，即 $d\phi' = d\phi''$，可求出

$$d\phi'' = S''dT'' + v''dp'' = S''dT'', \quad \text{对气相} \tag{16.30}$$

$$d\phi' = S'dT' + v'd\left(\frac{2\sigma}{r_d}\right), \quad \text{对液相} \tag{16.31}$$

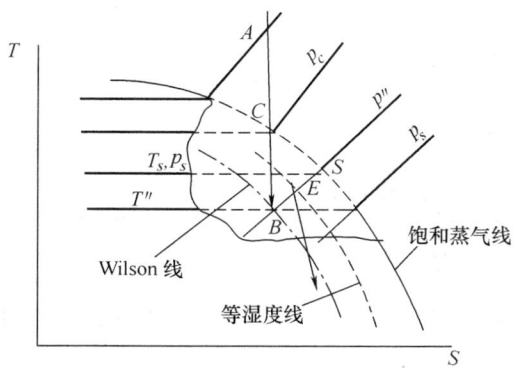

图 16.7　冷凝时的过冷

假定 $dT' \approx dT'' \approx dT$，则有

$$(S'' - S')dT = v'd\left(\frac{2\sigma}{r_d}\right) = \frac{h_{fg}}{T}dT \tag{16.32}$$

式中，r_d 为液滴半径，当 $T = T_s$ 时，$r_d \to \infty$；当 $T = T''$ 时，形成稳定的冷凝核心 $r_d = r_{cr}$。将 T_s, T'' 作为积分限对式 (16.32) 积分可得

$$\ln\frac{T_s}{T''} = \frac{2\sigma}{h_{fg}\rho' r_{cr}} \tag{16.33}$$

把对数展开并近似地取第一项，则有

$$\ln\frac{T_s}{T''} \approx \frac{T_s - T''}{T''} = \frac{\Delta T}{T''} \tag{16.34}$$

代入式 (16.33) 可得

$$\Delta T = \frac{2\sigma T''}{h_{fg}\rho' r_{cr}} \tag{16.35}$$

或

$$r_{cr} = \frac{2\sigma T''}{h_{fg}\rho' \Delta T} \tag{16.36}$$

如果用过饱和度表达则为

$$r_{cr} = \frac{2\sigma}{\rho' RT \ln S_s} = \frac{2\sigma \rho''}{\rho' p \ln S_s} \tag{16.37}$$

式 (16.35) 或式 (16.37) 称为 Kelvin–Helmholts 公式。

要形成一个半径为 $r_d = 1 \times 10^{-9}$ m 的液滴，在一个大气压力下，空气的过冷度可达 $\Delta T \approx 7.8\ °C$，而甲烷达 $\Delta T \approx 13\ °C$。在低压力下，水蒸气所需的过冷度可达 20 °C。

上述现象在微喷嘴中有饱和蒸气膨胀时可能发生，在管道内高速流动中也可能出现。图 16.8 给出了喷嘴中出现过冷液滴时的膨胀过程。图 16.9 为管道中的两相流动。

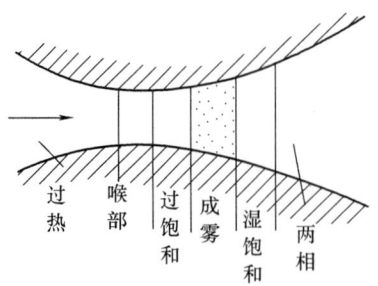
图 16.8 喷嘴中两相流动

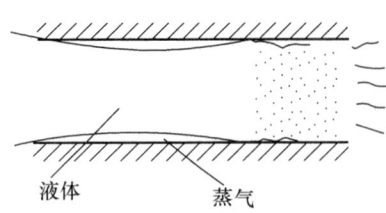
图 16.9 管道中的两相流动

自发冷凝时的成核率可用下式求出：

$$I = \sqrt{\frac{2\sigma}{\pi m_m^3}} \frac{\rho''}{\rho'} \exp\left(-\frac{4\pi\sigma}{3kT''}r_{\mathrm{cr}}^2\right) \tag{16.38}$$

式中，m_m 为分子质量，其余符号含义同前。

例 16.3 求水蒸气的成核率及过饱和度。已知 $m_m = 3 \times 10^{-26}\mathrm{kg}, r_{\mathrm{cr}} = 1 \times 10^{-9}$ m, $RT = 25 \times 10^4$ m^3/s^2, $T'' = 300$ K, $\sigma = 0.06$ N/m, $\rho'' = 1$ kg/m^3, $\rho' = 10^3$ kg/m^3, $k = 1.371 \times 10^{-23}$ J/K。

解： 利用式 (16.37) 可得过饱和度

$$\ln S_s = \frac{2\sigma}{\rho' RT r_{\mathrm{cr}}} = \frac{2 \times 0.06}{10^3 \times 25 \times 10^4 \times 10^{-9}} = 0.48, S_s = 1.616$$

利用式 (16.38) 可求出成核率

$$\begin{aligned}
I &= \sqrt{\frac{2\sigma}{\pi m_m^3}} \frac{\rho''}{\rho'} \exp\left(-\frac{4\pi\sigma}{3kT''}r_{\mathrm{cr}}^2\right) \\
&= \sqrt{\frac{2 \times 0.06}{\pi \times (3 \times 10^{-26})^3}} \times \frac{1}{10^3} \exp\left[-\frac{4\pi \times 0.06 \times (10^{-9})^2}{3 \times 1.371 \times 10^{-23} \times 300}\right] \text{个}/(\mathrm{kg \cdot s}) \\
&= 1.09 \times 10^8 \text{ 个}/(\mathrm{kg \cdot s})
\end{aligned}$$

由上例可知，一旦达到临界半径，冷凝核心将大量产生，迅速出现液滴。原来处于过饱和状态的蒸气，这时就大量冷凝，最后达到平衡的状态点 E，并具有一定的湿度 Y（图 16.7）。

在自发冷凝发生之前所达到的最大过饱和度的热力状态称为 Wilson 点。由不同初始状态经膨胀过程得到的各个 Wilson 点的连线称为 Wilson 线。在 Wilson 线与饱和蒸气线之间为 Wilson 区。

一旦建立了稳定的凝结核心，这些液滴将会进一步增长。液滴的增长是由蒸气在液滴表面上的冷凝或者与其他液滴的聚合而引起的。

蒸气在液滴表面上冷凝将引起液滴的增长,其速度是与分子自由行程 λ 有关的。当 $r_d < \lambda$ 时,液滴的增长速度主要取决于分子的迁移规律。当 $r_d > \lambda$ 时,则取决于液滴与周围介质的传热。

由分子动力理论可知,气体的动力粘度 μ'' 是与分子平均自由行程 λ 及其算术平均速度 C_m 有关的,即

$$\mu'' = \frac{1}{3}\rho''\lambda C_m \tag{16.39}$$

而 $C_m = \sqrt{\frac{8RT''}{\pi}}$,因而

$$\lambda = \frac{3}{2}\frac{\mu''}{\rho''}\sqrt{\frac{\pi}{2RT''}} = \frac{3}{2}\frac{\mu''}{p}\sqrt{\frac{\pi RT''}{2}} \tag{16.40}$$

当 $r_d < \lambda$ 时,由迁移规律可知,单位时间内与液滴表面碰撞的单位面积上的分子数目为

$$N = N''\sqrt{\frac{kT''}{2\pi m_m}} \tag{16.41}$$

式中,$N'' = p/(kT'')$ 为单位容积内的分子数,代入上式可得

$$N = \frac{p}{\sqrt{2\pi m_m kT''}} \tag{16.42}$$

相应的分子质量总和为

$$Nm_m = \frac{p}{\sqrt{2\pi \dfrac{k}{m_m}T''}} \tag{16.43}$$

而 $m_m = M_0/N_A, k = m_m R$,其中 M_0 为分子量,N_A 为阿伏伽德罗常数,R 为通用气体常数。因此有

$$Nm_m = \frac{p}{\sqrt{2\pi RT''}} = \rho''\sqrt{\frac{RT''}{2\pi}} \tag{16.44}$$

在 $\mathrm{d}t$ 时间内,半径为 r_d 的液滴其质量增量为

$$\mathrm{d}m = \beta_c Nm_m \times 4\pi r_d^2 \mathrm{d}t \tag{16.45}$$

式中,β_c 为冷凝系数,它等于在碰撞液滴表面的所有蒸气分子中能冷凝下来的分子所占的百分比。冷凝系数可以从热平衡条件求得,即消耗于逸出分子的加热量应等于冷凝下来的蒸气分子所放出的热量

$$(1-\beta_c)C_p''(T'-T'')\mathrm{d}m = \beta_c\left[h_{fg} - C_p''(T'-T'') - \frac{2\sigma}{\rho' r_d}\right]\mathrm{d}m$$

可得

$$\beta_c = \frac{C_p''}{h_{fg}}\frac{T'-T''}{1 - \dfrac{2\sigma}{\rho' h_{fg} r_d}} \tag{16.46}$$

另一方面，在 $\mathrm{d}t$ 时间内液滴质量的增加可写成

$$\mathrm{d}m = \rho' d\left(\frac{4}{3}\pi r_d^3\right) = \rho' \times 4\pi r_d^2 \mathrm{d}r_d \tag{16.47}$$

将上式与式 (16.45) 合并，再利用式 (16.44) 就有

$$\frac{\mathrm{d}r_d}{\mathrm{d}t} = \beta_c \frac{Nm_m}{\rho'} = \beta_c \frac{\rho''}{\rho'}\sqrt{\frac{RT''}{2\pi}} \tag{16.48}$$

将式 (16.46) 代入上式，有

$$\frac{\mathrm{d}r_d}{\mathrm{d}t} = \frac{\rho''}{\rho'}\frac{C_p''}{h_{fg}}\frac{T'-T''}{1-\dfrac{2\sigma}{\rho' h_{fg} r_d}}\sqrt{\frac{RT''}{2\pi}} \tag{16.49}$$

引用马赫数 $Ma = \dfrac{c}{a}, c = \dfrac{\mathrm{d}S}{\mathrm{d}t}, a = \sqrt{kRT''}$，代入上式可得

$$\frac{\mathrm{d}r_d}{\mathrm{d}S} = \frac{\rho''}{\rho'}\frac{C_p''}{h_{fg}}\frac{T'-T''}{Ma}\frac{1}{\sqrt{2\pi k}}\frac{1}{1-\dfrac{2\sigma}{\rho' h_{fg} r_d}} \tag{16.50}$$

当 $r_d > \lambda$ 时，液滴增长就直接和它周围介质的热交换有关。在热平衡时，液滴在蒸气冷凝时释放给气体的热量应等于液滴表面给周围介质气体的热量，即

$$h_{fg}\frac{\mathrm{d}m}{\mathrm{d}t} = \alpha_r \times 4\pi r_d^2 (T'-T'') \tag{16.51}$$

以液滴半径 r_d 为特征尺寸、相对速度 w_r 为特征速度的雷诺数 $Re_r = \dfrac{w_r r_d \rho''}{\mu''}$ 和马赫数 $M_r = w_r/a''$，一般都很小，即 $Re_r \leqslant 1, M_r \leqslant 0.1$，因此球面上的放热系数 α_r 可以用下式表示：

$$\alpha_r = \frac{\lambda''}{r_d}\frac{1}{1+\dfrac{2\sqrt{8\pi}}{1.5Pr''}\dfrac{k}{k+1}\dfrac{Kn}{a_{th}}} \tag{16.52}$$

式中，a_{th} 是分子击中液滴的热力命中系数，对于气 - 液相互作用时，$a_{th} \approx 1$。而

$$\frac{\mathrm{d}m}{\mathrm{d}t} = \frac{\rho' \times 4\pi r_d^2 \mathrm{d}r_d}{\mathrm{d}t} \tag{16.53}$$

联合上述三式可得

$$\frac{\mathrm{d}r_d}{\mathrm{d}t} = \frac{\lambda''}{\rho' h_{fg}}\frac{1}{1+\dfrac{2\sqrt{8\pi}}{1.5Pr''}\dfrac{k}{k+1}\dfrac{Kn}{a_{th}}}\frac{T'-T''}{r_d} \tag{16.54}$$

通常液滴表面温度 T' 不易知道，可用下式近似表达。参见图 16.10，有

$$T' = T_s - \Delta T\frac{r_{\mathrm{cr}}}{r_d}$$

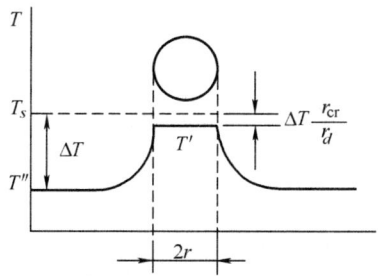

图 16.10 液滴周围温度分布

而
$$\Delta T = T_s - T''$$

因此
$$T' - T'' = \Delta T \left(1 - \frac{r_{cr}}{r_d}\right) \tag{16.55}$$

代入式 (16.54) 可得

$$\frac{\mathrm{d}r_d}{\mathrm{d}t} = \frac{\lambda''}{\rho' h_{fg}} \frac{1 - \dfrac{r_{cr}}{r_d}}{1 + \dfrac{2\sqrt{8\pi}}{1.5 Pr''} \dfrac{k}{k+1} \dfrac{Kn}{a_{th}}} \frac{\Delta T}{r_d} \tag{16.56}$$

由于 $Re_r < 1$ 时, $Nu \approx 2$, 因此

$$\alpha_r = \frac{\lambda''}{2r_d} Nu \approx \frac{\lambda''}{r_d} \tag{16.57}$$

代入式 (16.51) 并联立式 (16.53) 可得

$$\frac{\mathrm{d}r_d}{\mathrm{d}t} = \frac{\lambda''}{\rho' h_{fg}} \frac{T' - T''}{r_d} \tag{16.58}$$

或
$$\frac{\mathrm{d}(r_d^2)}{\mathrm{d}t} = \frac{2\lambda''}{\rho' h_{fg}} (T' - T'') \tag{16.59}$$

至此, 液滴的成核、增长都可以求出。

16.4 二次液滴的形成与 Weber 数[5]

液滴在流动过程中还会产生所谓二次液滴的现象。二次液滴形成的主要途径有两种：一是液滴相互之间的碰撞, 由于碰撞, 液滴可以更加分散或聚集成大液滴; 二是液滴在壁面上的沉积, 使细雾汇集成液滴, 液滴汇集成液流, 液滴离开壁面时又可能形成细雾或粗液滴。

曾有学者对液滴相互之间的碰撞作过研究, 其中有代表性的是下面两种情况。一种是两个液滴碰击后首先结合, 产生振荡, 然后再破碎成小液滴或者聚集成大液滴。

图 16.11 给出了两个液滴碰撞过程的示意图。这种碰撞可以由统计力学的规律分析求得。

还有一种碰击是大液滴流经有许多小液滴的气流时所发生的,这时大液滴具有挟带作用。

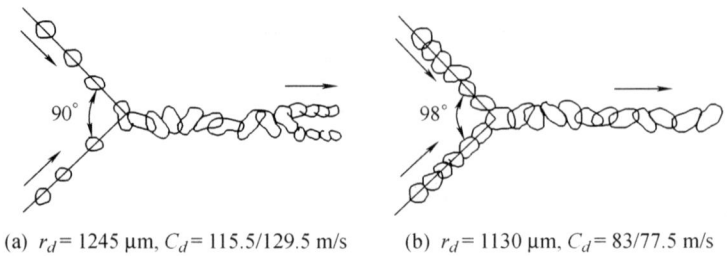

(a) $r_d = 1245\ \mu m$, $C_d = 115.5/129.5$ m/s (b) $r_d = 1130\ \mu m$, $C_d = 83/77.5$ m/s

图 16.11 两个液滴的碰撞

液滴碰撞到壁面上时,可能引起沉积或反跳,这一过程是十分复杂的,它不仅与液滴的几何尺寸、气动参数、热力参数等有关,而且还与壁面的状况有关。如果壁面是干燥的亲液表面,低速的液滴可能完全被吸住,而高速的液滴将有一部分反跳。但是如果表面是湿润的,那么具有不同速度的液滴将有大部分被捕集到壁面的液膜上。

液滴受到气动力作用后是否会被破碎的一个重要判断准则是 Weber 数,它是惯性力与表面张力之比。对于在气体中运动的液滴,Weber 数可由下式确定:

$$We = \frac{\rho''(C_g - C_f)^2 d_d}{\sigma} \tag{16.60}$$

式中,ρ'' 为气体密度;C_g 为气体速度;C_f 为液滴速度;d_d 为液滴直径;σ 为表面张力。

在低 We 数时,液滴几乎保持球形。当 We 数增大后,液滴将发生明显变形或破碎。液滴破碎的形式有袋状、棒状和盘状三种。液滴破碎时的 We 数称为临界 We 数,即 We_{cr},相应的液滴直径为破碎临界直径 d_{cr}。因此有

$$We_{cr} = \frac{\rho''(C_g - C_f)^2 d_{cr}}{\sigma} \tag{16.61}$$

人们对 We_{cr} 的研究结果并不完全一致。图 16.12 给出了在蒸气低压透平中的试验结果。对于水蒸气,破碎突然发生时 $We_{cr} \approx 13$,缓慢发生时 $We_{cr} \approx 22$。

在微流动中,由于液滴尺寸很小,只有在气流速度很高的微透平流道中才有可能发生液滴破碎,其他场合一般只会聚集。

对于液膜是否会被破碎,可采用类似的表达式判断

$$We = \frac{\rho' u^2 h}{\sigma} \tag{16.62}$$

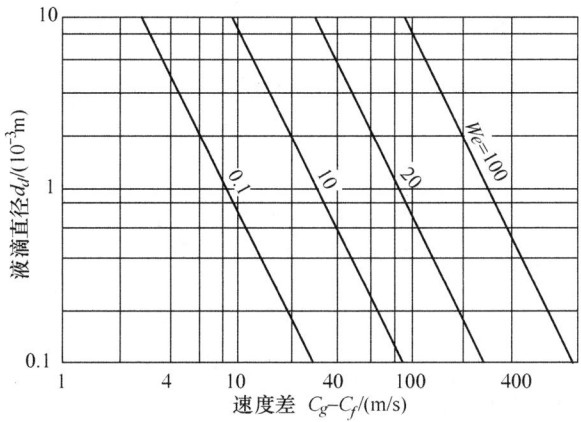

图 16.12 液滴破碎时的临界值

式中，ρ' 为液膜密度；u 为液膜表面速度；h 为液膜厚度。液膜的临界 We 数还和液膜在固体表面上的稳定性有关。如果壁面上有孔眼，将使液膜提前破裂。

临界 Weber 数在数值上具有确定性，因此便于实际应用。

当 We_{cr} 足够大时，液滴破碎的时间可用下式估算：

$$\Delta t = (0.3 \sim 1) \frac{\pi}{4} \sqrt{\frac{d_d^2 \rho'}{\sigma}} \tag{16.63}$$

由此可见，液滴尺寸越大，破裂所需要的时间越长。液体密度越大，破裂所需要的时间也越长。但是液滴表面张力越大，破裂所需时间反而越短。

当液滴进入壁面附近的边界层时，液滴的部分动量将损耗，根据动量损耗的多少可以判断液滴是否能到达壁面以及是否存在反跳。

由液滴对气流的阻力，即拖曳力，可得在边界层流场中液滴作一维流动时的方程

$$\frac{\mathrm{d}C_d}{\mathrm{d}t} = \frac{-C_D \rho''}{2m_d} \frac{\pi}{4} d_d^2 (C - C_d)^2 \tag{16.64}$$

式中，C_d 为液滴速度；C 为气流速度；C_D 为阻力系数；m_d 为液滴质量；ρ'' 为气体密度。

由于雷诺数

$$Re = \frac{\rho'' d_d}{\mu_g}(C - C_d)$$

式中，μ_g 为气体动力粘度。则可得

$$\mathrm{d}(Re) = \frac{\rho'' d_d}{\mu_g} \mathrm{d}C_d$$

令 $A = \pi d_d^2/4$，则

$$\frac{d(Re)}{C_d Re^2} = \frac{A\mu_g}{2 d_d m_d} \mathrm{d}t$$

当 $Re \leqslant 1$ 时,$C_D = 24/Re$,因此

$$\frac{\mathrm{d}(Re)}{Re} = \frac{12A\mu_g}{d_d m_d}\mathrm{d}t$$

积分后可得

$$\ln\frac{Re_0}{Re} = \ln\frac{C_{d_0}}{C_d} = \frac{12A\mu_g t}{d_d m_d}$$

或

$$C_d = C_{d_0}\exp\left(-\frac{12A\mu_g t}{d_d m_d}\right) \tag{16.65}$$

因此可得液滴在边界层内所经过的距离

$$S = \int_0^t C_d \mathrm{d}t = \frac{m_d C_{d_0} d_d}{12A\mu_g}\left[1 - \exp\left(-\frac{12A\mu_g t}{d_d m_d}\right)\right] \tag{16.66}$$

由上式求得的液滴在边界层中经过的距离,如果小于边界层厚度,则液滴尚未到达壁面,可以被边界层带走;如果大于边界层厚度,则液滴与壁面碰撞,存在反跳现象。

16.5 两相流动的基本概念

在微流动中,同样也会存在两相甚至多相流动,主要有液－固(如血液的流动)、液－气(如气泡泵、气泡阀等)、气－液(如喷射过程)、液－液(不同液体的混合)等。气相和液相可以是连续的形式,也可以是离散的形式(如气泡、液滴、粒子)。固相大多是以微小的团粒形式出现。

两相流动的分析十分复杂,不同流型其分析方法也不一样。以液－气两相流为例,由于液相和气相含量的不同和离散形式的不同,而有所区别。在水平圆管内流动时,一般可以分为以下几种:当带液量小于 5%~8% 时,液滴尺寸很小,多以雾状形式出现;当带液量为 10%~20% 时,由于液滴的凝聚而形成二次液滴,出现液团流;当带液量达到 20%~40% 时,液体已在壁面上大量沉积,出现环状流、层状流或波状流;当带液量很大时,壁面上液层互相串通,形成不稳定的冲击流、段塞流;再增加带液量,则液相变为连续的,气相成为离散的,因此有气团流、气泡流。如图 16.13 所示。

两相流动会引起流动参数的变化。

在微喷管中,如果膨胀气体接近饱和状态,那么膨胀时将出现液体,进入两相流动。上节曾介绍了由于过冷引起的特殊现象——Wilson 点。在 Wilson 点附近将形成大量的成核,因而参数发生突变。除了压力、温度、密度有突跳以外,还有一些其他变化特性。例如,过冷度 ΔT 达到最大后就逐渐消失;成核率 I 达到最大后迅速减小;液滴总数 SU 基本保持不变;含液量 Y 将不断地增大。如图 16.14 所示。

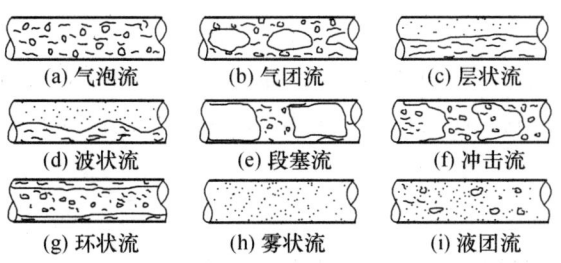

图 16.13 水平圆管内的气－液两相流型

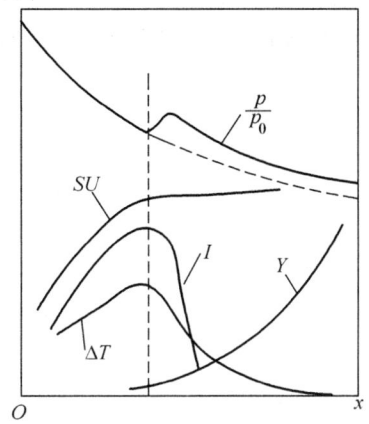

图 16.14 Wilson 点附近参数的变化

两相流对弯管中流动的影响也十分明显。由于流动惯性力,使比重大的流体趋向弯管外侧,而比重小的流体趋向弯管内侧,如图 16.15 所示。从横截面上可以看出,在气－液两相流时,外侧将密集液体,而内侧则密集气体。不过由于二次流的作用,这种分离现象会被削弱。

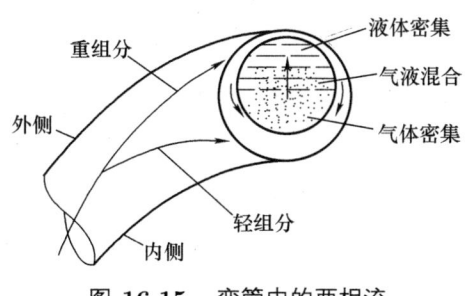

图 16.15 弯管中的两相流

16.6 相变及多相流在微流动中的应用

16.6.1 相变阀与相变泵

其实,在第 10 章介绍毛细现象在微流动中的应用时,所提到的气泡式微泵、微阀以及喷墨打印头、气泡执行器等,都是利用相变产生气泡来完成所需要的功能。这些气泡阀和气泡泵都属于相变阀和相变泵的范畴。

除了这些,将在第三篇中介绍的电毛细、流变、凝胶等形式的微阀及有关的微泵也都是利用相变来完成相应动作的。在相关章节中会作详细介绍,这里不再重复。

16.6.2 多相微流动

在宏观流动中,多相流研究本身就十分困难,现已发展成一门新兴的学科——多相流。在微流动中,多相流所牵涉的课题更多,难度也更大,这是尚待深入研究的一个新领域,目前可供参考的资料并不多,只能留待以后补充。

第 17 章　流变效应引起的微流动

17.1　简介[96,107-108]

在第一篇介绍微流动中的流体时,曾提到一种非牛顿流体,叫宾厄姆(Bingham)塑料型流体和拟塑料型流体。它们在初始速度下具有固体或非牛顿流体的规律。当速度梯度达到某一值后,其内部的剪切应力就和速度梯度成正比,从而变成牛顿流体。由于流动状态发生改变,因此称为流变,其变化如图 17.1 所示。这种体现流体粘性变化和流态变换的性能称为流变效应。如果这种流变效应是由电场作用引起的,则称电流变效应;如果是由磁场作用引起的,则称磁流变效应。生物体内的血液也是一种流变体。

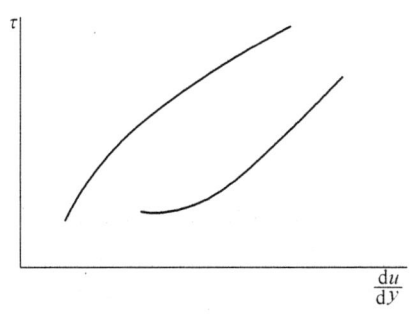

图 17.1　非牛顿流体

流变体是一种细微的固体颗粒在液体中的悬浮体。以电流变体为例,它是由粒径为微米级的可极化粒子分散在绝缘液中所形成的悬浮液。由于粒子和绝缘液的介电常数相差很大,在外加电场作用下,形成粒子链或粒子柱,使悬浮液的粘度明显增大,甚至发生液、固转变。这种现象是 W. Winslow 于 1947 年发现的,故称 Winslow 现象。

Winslow 认为电流变效应是微粒极化成纤而引起的。极化的结果产生了偶极矩

p, 它可由式 (12.23) 求出, 即

$$p = 4\pi\varepsilon_0 K^{(1)} R^3 E \tag{17.1}$$

式中, ε_0 为真空中的介电常数; R 为粒子半径; E 为外加电场; $K^{(1)}$ 为有效极化率, 即

$$K^{(1)} = \frac{\varepsilon_p - \varepsilon_s}{\varepsilon_p + 2\varepsilon_s} \tag{17.2}$$

式中, ε_p 为粒子的相对介电常数; ε_s 为分散介质的相对介电常数。

由上式可知, 只有当颗粒与分散介质的介电常数 ε_p 和 ε_s 相差很大时, 在电场作用下, 才能产生较大的电极矩。正是偶极矩产生了使颗粒沿着电场方向排列的偶极力, 排列的结果为链状结构, 从而使粘性增大。这种链状结构的电流变体具有一定的屈服应力 τ_y。当施加的应力小于 τ_y 时, 链状结构只发生形变, 类似弹性体。但当施加的应力大于 τ_y 时, 链状结构就被破坏, 流变体开始流动。

对于上述电流变效应的解释也有人提出异议, 并给出另外一些机理, 例如双电层变形机理、水桥机理、电泳机理等, 这里不再赘述。

电流变体的响应性快, 结构简单, 既可作为阻尼又可用来传递功率。其缺点是要求有较高的工作电压, 因此安全性和密封性较差, 相对而言, 磁流变体在此方面的性能得到改善, 而且其动力学和温度稳定性好。磁流变体也是一种悬浮液, 它由带磁性的颗粒与分散介质组成。为了使悬浮液稳定, 一般都要添加稳定剂。磁流变体在外加磁场作用下, 磁性颗粒产生偶极矩, 最后形成链状结构, 甚至团簇结构。磁流变体同样存在屈服应力 τ_y。当施加应力 $\tau < \tau_y$ 时, 磁流变体性质类似于固体, 当 $\tau > \tau_y$ 时, 磁流变体出现流动现象。

17.2 血液[6]

从某种意义上讲, 生物体内的体液也是一种流变体, 称为生物流变体, 因而血液也可归入流变体, 称为血液流变体。研究血液流变体性能的学科就是血液流变学, 这是一门独立的学科, 牵涉血液、血管、心脏的各种性能及其相互影响, 而微血管中的血液流动就属于微流动的范畴。

血液是由血浆、血细胞和血小板组成的。血浆是分散介质, 人类的血浆约占血液总量的 55%, 血细胞和血小板是分散相, 在正常人体内每立方毫米 (即微升) 血液中约有血小板 8~30 万个。而血细胞又分红细胞和白细胞, 红细胞在每立方毫米血液中约有 365~565 万个, 白细胞在每立方毫米中约有 4 000~10 000 个。因此红细胞对血液的流动特性具有重要的影响。

正常的红细胞形状是双面凹陷的圆盘形, 容易与氧和二氧化碳结合和分离, 完成输送的任务。健康人体的红细胞是分散的、柔软的、清晰的。每个红细胞的直径约

为 8 μm，厚约 2 μm。红细胞在流动中会有一定的变形，以增加血液的流动性。红细胞有其产生、增长和衰亡的过程。衰亡的红细胞变得僵硬、干瘪。如果机体发生疾病，红细胞就失去活性，会成串集结，失去变形能力，新陈代谢失衡，阻塞血管，从而产生和上述流变体相似的性能。但是在血液中，流变体是不可逆的，这时生物体就会趋向衰亡。因此，为了改善生物体的生存质量，延长其寿命，研究血液在血管中，特别是在微血管中的流动及其变化，将具有十分重要的意义。近年来出现的一些保健品及器械，就是从这个角度出发，对红细胞进行干扰，例如有的减少其集结；有的增加其活力；有的增进其代谢。所采用的方法有的是物理作用，例如高电压、电磁疗法、低能量激光疗法等；有的是生化方法，例如花粉疗法、各种生物活性口服液等；有的则是化学方法。

有关血液的一些性能已在第一篇作过介绍，不再重复。

17.3 流变体在微流动中的应用

由于流变体具有特殊性能，因此在微流动中也得到了应用，流变体微阀就是其中的一种。在第三篇将有具体介绍，此处不再赘述。

第三篇　微流动中的元器件及微流管网

　　和宏观流动一样,微流动也需要有相应的控制设备、工艺设备和测量元件。但是由于其流动的特殊性,使得微流动中所应用的控制设备、工艺设备和测量元件完全不同于宏观流动,反而更接近于微机电系统(MEMS)。为了有别于宏观流动,这里不再把它们称为机械和设备,而改称为元器件。但是按照其作用,仍然是和宏观流动相似的。因此在具体名称上,仍沿用宏观流动的称呼。例如微阀、微泵、微混合器、微分离器、微透平、微传感器等。

　　在微流动状态下,很多在宏观中不被重视的物理效应和化学效应可能会凸显出来,利用这些效应可以完成微流动的某一特定任务,为此出现了许多各种不同形式、不同性能的微流动元器件,而且仍在不断地发展,本书只能就已知的一些微流动元器件作一综合介绍。

第 18 章 微　　阀

18.1 微阀的形式

阀是宏观流动中控制流体流量的大小、流动的启闭和流动的方向的主要设备。在微流动中同样需要微阀来满足这些要求。但是由于微流动的特殊性,使得微阀不仅在结构上与宏观阀有很大的区别,而且在性能上也存在差异。这些差异包括材料及其加工方法、小尺寸效应、响应度、生物适应性、间断性等。

根据微阀的作用,可以分为启闭阀、调节阀、单向阀和喘吸阀。前三种微阀的作用和宏观阀相似,其共同特点是只向一个方向流动,因此可归属为单向作用阀。但是喘吸阀在宏观流动中是不存在的。它的特点是在吸排流体时,正、逆方向都可能存在流动,只是在不同方向流动时,由于阻力不同而产生一个流量差。利用这个流量差就可以达到泵送流体的目的。尽管这种阀的效率低,但结构简单、加工方便,在微阀中还是得到了应用。由于正、逆向都有流动,有的文献把它称为直流阀。

按照微阀启闭的工作原理,可分为主动阀和被动阀。主动阀是需要一定的外加驱动力来主动控制微阀启闭的,因此结构比较复杂。被动阀则只需要利用流体流动时本身的作用力来启闭,但不能由人们主动地采取技术措施进行调整。需要注意,这种定义与宏观流动中对压缩机阀的定义有所不同。在压缩机中利用流体本身流动来启闭的阀称为自作用阀,而有外力控制的则称强制阀。

主动阀中按照不同的驱动力,又有热力驱动、静电驱动、电磁驱动、热气动、压电驱动、电化学驱动、毛细力驱动等。

按照阀的具体形式还可分为舌片式、膜片式、气泡式、双金属片式、变截面式、附壁式等。微阀可以单独用在流道中,也可以安置于微泵中。但其工作原理都是相似的。下面介绍时就不再区分它们的使用场合。

根据阀的工作状态,微阀又可分为常闭式、常开式及双稳式三类。

下面将分别介绍几种常见的微阀。

18.1.1 变截面微阀 (缩/扩式微阀)[51,62,64,111]

这种阀带有一定锥度的锥形通道，从大口径流向小口径是收缩的，从小口径流向大口径则是扩张的，因此又称缩/扩式微阀，或扩压－喷嘴型微阀。它是利用正、逆流不同方向的流动阻力和局部阻力而形成的阻力差来工作的，由于阻力差而产生了流量差，提供了一定的输送流体的能力。因此这种阀是属于喘吸型的。在第一篇中已经介绍过，由于局部阻力的不同，这种变截面微阀的正、逆向流量是有差异的。图 18.1 就是这种截面变化的微阀结构示意图。图的下边表示此阀的动力是薄膜。当薄膜向下运动时，腔内流体从变截面锥孔向外排出。但是左边扩张型锥孔阻力大，排出的流体少，而右侧收缩型锥孔阻力小，排出的流体多。因而综合来讲，当薄膜向下运动时，流体是从右边排出的。反之，当薄膜向上运动时，流体也从左、右两边锥孔同时吸入，这时左边锥孔变成截面从大到小的收缩孔，流动阻力小，吸入流体多，而右边锥孔截面从小到大变成扩张孔，阻力大，吸入量少。因此薄膜向上运动时，最终体现出来的效果是从左边吸入流体。这样，薄膜一下一上，完成从左边吸入，右边排出这样一个泵压动作。

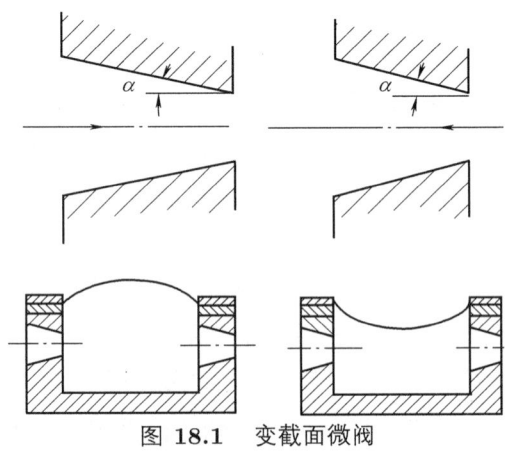

图 18.1 变截面微阀

需要注意的是，不同的扩散角 α 产生的局部阻力大小是不同的，甚至可能出现相反的效果，例如在芯片中常用的硅材料，根据其晶面结构，常加工成 35.3° 或 2.6° 的不同锥角。当采用 2.6° 锥角时，扩压孔的流动阻力反而小于喷嘴型收缩孔的流动阻力，这时流动方向正好和上述过程相反。

变截面阀没有运动部分，安全可靠，而且结构简单，极易在芯片上加工。只是受限于所采用的硅晶体材料而不能随意设计锥角，而且这种阀的效率很低，正、反流比可达 10:1。

18.1.2 舌片式微阀 (悬梁式微阀)[51,110]

舌片式阀在小型宏观压缩机中经常可以见到，特别是制冷压缩机。利用同样的原理，舌片式阀也可用作微阀。它是利用流体本身的压力差来启闭的，在压缩机中称为自作用阀，而在微阀中归为被动阀。由于微型化后，在结构上就不可能像压缩机那样由许多零件组合，而是利用材料的特殊性把它们整合在一起。图 18.2 上部是一种最简单的舌式微阀示意图。对硅材料进行特殊加工后可以得到很薄的舌片 1，例如厚度为 30~50 μm，升程为 1 mm，面积为 500 μm × 500 μm。为了防止阀片粘贴在阀座表面上，可以把阀座表面改成接触面积较小的凸台表面 2，如图 18.2 下部所示。当然这将多增加一道加工工序。这种微阀的正、反流比约为 100:1，因此性能是比较好的，结构也不复杂，每分钟流量可达到微升级。但是由于受到升程的限制，不适宜在较大的流量中使用。

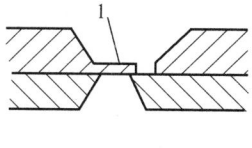

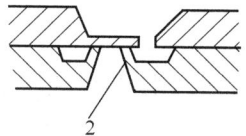

图 18.2　舌片式微阀

舌片式微阀的舌片可以看作一个小的悬臂梁[112]，如图 18.3 所示。如果是一个被动阀，则舌片上所受的力可认为是一种分布载荷。单位长度上舌片两侧的流体压力差为 pb，则对于等截面梁可近似地列出下述微分式：

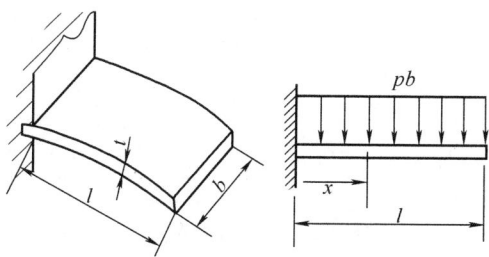

图 18.3　悬臂式的舌片

$$EJ_z\frac{\mathrm{d}^2y}{\mathrm{d}x^2} = M(x) \tag{18.1}$$

而弯矩

$$M(x) = -\frac{1}{2}pb(l-x)^2 \tag{18.2}$$

代入式 (18.1) 并移项，可得

$$\frac{\mathrm{d}^2y}{\mathrm{d}x^2} = -\frac{pb}{2EJ_z}(l-x)^2 = -\frac{pb}{2EJ_z}(l^2 - 2lx + x^2) \tag{18.3}$$

对上式积分一次有

$$\frac{dy}{dx} = -\frac{pb}{2EJ_z}\left(l^2 x - lx^2 + \frac{x^3}{3}\right) + C_1 \tag{18.4}$$

再积分一次可得

$$y = -\frac{pb}{2EJ_z}\left(\frac{l^2 x^2}{2} - \frac{lx^3}{3} + \frac{x^4}{12}\right) + C_1 x + C_2 \tag{18.5}$$

当边界条件 $x=0$ 时, $y=0, dy/dx=0$, 可得 $C_1 = 0, C_2 = 0$, 最终可得舌片挠度

$$y = -\frac{pbx^2}{24EJ_z}(6l^2 - 4lx + x^2) \tag{18.6}$$

最大挠度出现在 $x = l$ 处, 这时

$$y_{\max} = -\frac{pbl^4}{8EJ_z} \tag{18.7}$$

式中, E 为材料的弹性模量; J_z 为梁在 z 方向的惯性矩。

例 18.1 有一硅晶片制舌片式微阀, 舌片厚 30 μm, 尺寸为 700 μm × 700 μm, 上下压差 $p=5000$ Pa, 求最大挠度 $y_{\max}$。

解: 对于单晶硅, 不同的晶面有不同的弹性模量, 如表 18.1 所示。

表 18.1 单晶硅的弹性模量[111]

晶面	(100)	(110)	(111)
弹性模量/MPa	130×10^3	170×10^3	190×10^3

本例按 (100) 面计算, $E = 130 \times 10^3$ MPa, 矩形截面的惯性矩 $J_z = bt^3/12$, 因此抗挠刚度

$$EJ_z = 130 \times 10^9 \times \frac{700 \times 30^3}{12} \times 10^{-24} \text{ Pa·m}^4 = 2.0475 \times 10^{-7} \text{ Pa·m}^4$$

最大挠度

$$y_{\max} = -\frac{pbl^4}{8EJ_z} = -\frac{5000 \times 700 \times 10^{-6} \times (700 \times 10^{-6})^4}{8 \times 2.0475 \times 10^{-7}} \text{ m}$$
$$= -0.513 \times 10^{-6} \text{ m} = -0.513 \text{ μm}$$

例 18.2 如果流体为空气, 阀后压力为 0.1 MPa, 暂不考虑阻力损失, 求流量。设阀孔为圆形, 直径 $d = 0.5$ mm, 其他参数同例 18.1。

解: 通过阀孔隙的平均速度 C 为

$$C = \sqrt{\frac{2k}{k-1}\frac{p_0}{\rho_0}\left[1 - \left(\frac{p_1}{p_0}\right)^{\frac{k-1}{k}}\right]}$$
$$= \sqrt{\frac{2 \times 1.4}{1.4-1}\frac{105\,000}{1.293}\left[1 - \left(\frac{100\,000}{105\,000}\right)^{\frac{1.4-1}{1.4}}\right]} \text{ m/s} = 88.7 \text{ m/s}$$

如果阀孔位于舌片的中间位置,则孔的中心与 $x = l/2$ 处吻合,这时舌片挠度为

$$y = -\frac{pbx^2}{24EJ_z}(6l^2 - 4lx + x^2) = -\frac{pb\left(\frac{l}{2}\right)^2}{24EJ_z}\left[6l^2 - 4l\frac{l}{2} + \left(\frac{l}{2}\right)^2\right] = \frac{17}{384}\frac{pbl^4}{EJ_z}$$

$$= \frac{17}{384}\frac{5000 \times 0.7 \times 10^{-3} \times (0.7 \times 10^{-3})^4}{2.0475 \times 10^{-7}} \text{ m} = 0.1817 \times 10^{-6} \text{ m} = 0.1817 \text{ μm}$$

假定阀孔环形缝隙的高度用平均高度 y 近似,则其缝隙面积

$$f = \pi \mathrm{d} y = \pi \times 0.5 \times 0.1817 \times 10^{-3} \text{ mm}^2 = 2.854 \times 10^{-4} \text{ mm}^2$$

通过阀孔环形缝隙的空气容积流量为

$$V = fC = 2.854 \times 10^{-4} \times 10^3 \times 88.7 \text{ μL/s} = 25.315 \text{ μL/s} = 1519 \text{ μL/min}$$

如果流体为水,则在上述压差下理想速度 C 为

$$C = \sqrt{\frac{p_0 - p_1}{\rho}} = \sqrt{\frac{105\ 000 - 100\ 000}{1\ 000}} \text{ m/s} = 2.236 \text{ m/s}$$

通过环形缝隙水的流量为

$$V = fC = 2.854 \times 10^{-4} \times 2.236 \times 10^3 \text{ μL/s} = 0.638 \text{ μL/s} = 38.3 \text{ μL/min}$$

18.1.3 膜片式微阀[48,51,111]

与舌片式不同,膜片式阀片的支撑比较均匀,而且可以是柔性的,因此阀片与阀座的接触密封性更好,流体通过量也可以更大。图 18.4 给出了三种不同柔性支撑方式的膜片式微阀的平面图。图 18.4a,b 是直支撑架。图 18.4c 是曲尺形支撑架,因此有更大的升程,这种微阀的密封性好,反流量接近于零,正、反流量比可以达到 500:1。

上述三种微阀的性能见图 18.4d,曲线 1 为舌片式,曲线 2 为直支撑膜片式,曲线 3 为曲尺支撑膜片式。很明显,在相同压力差的条件下,曲尺形支撑的膜片式微阀的流体通过量要大得多。

由于膜片式微阀结构的复杂性,膜片阀的理论计算是十分困难的。这里仅介绍一种简化的近似方法。

膜片式微阀的柔性支撑可以看作一根弹性梁,因此膜片的升程也可以利用梁的挠度来计算。如图 18.5 所示,以四条直的双金属片支撑的热力阀为例,这是一个主动阀,动力由双金属片通过温度差来提供。每一条支撑的外端是固定在外体上的。内端则固定在阀片上,要求阀片能平行升降。因此,外端没有位移也没有转角;内端有位移但没有转角。这就可以简化为图右下方所示的计算模型。在内端——自由端既受到等效力 F 的作用,又受到弯矩 M 的作用。如果梁是等截面的,它的微分方程可近似地表示[112],即

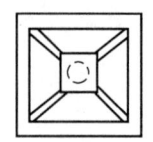 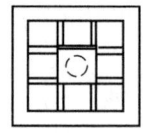 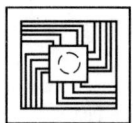

(a) 对角直支撑　　(b) 平行直支撑　　(c) 曲尺形支撑

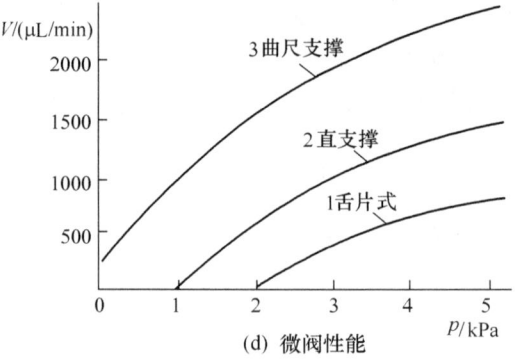

(d) 微阀性能

图 18.4　膜片式微阀及性能

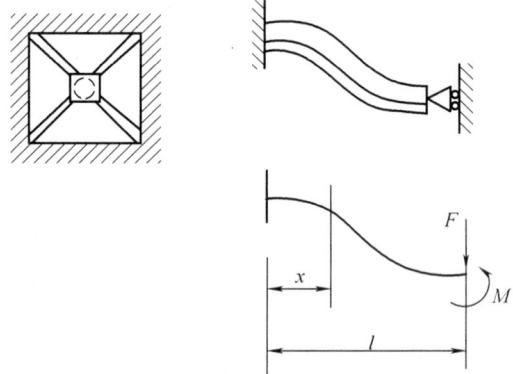

图 18.5　膜片阀计算用图

$$\frac{\mathrm{d}^2 y}{\mathrm{d}x^2} = \frac{F(l-x)}{EJ} - \frac{M}{EJ} \tag{18.8}$$

假设梁的变形是对称的, 则转矩 $M = Fl/2$, 代入上式有

$$\frac{\mathrm{d}^2 y}{\mathrm{d}x^2} = \frac{F(l-x)}{EJ} - \frac{Fl}{2EJ} = \frac{Fl}{2EJ} - \frac{Fx}{EJ} \tag{18.9}$$

对上式积分一次有

$$\frac{\mathrm{d}y}{\mathrm{d}x} = \frac{Fl}{2EJ}x - \frac{Fx^2}{2EJ} + C_1 \tag{18.10}$$

再积分一次可得

$$y = \frac{Flx^2}{4EJ} - \frac{Fx^3}{6EJ} + C_1 x + C_2 \tag{18.11}$$

根据边界条件, 当 $x = 0$ 时, $y = 0$, 可得 $C_2 = 0$; $x = l$ 时, $\mathrm{d}y/\mathrm{d}x = 0$, 可得 $C_1 = 0$,

因此有
$$y = \frac{Flx^2}{4EJ} - \frac{Fx^3}{6EJ} = \frac{Fx^2}{2EJ}\left(\frac{l}{2} - \frac{x}{3}\right) \tag{18.12}$$

自由端的最大位移
$$y_{\max} = \frac{Fl^2}{2EJ}\left(\frac{l}{2} - \frac{l}{3}\right) = \frac{Fl^3}{12EJ} \tag{18.13}$$

把双金属片等效力 F 和复合抗挠刚度 EJ 代入，就可求出膜片升程。

有时候，采用单位挠度所需的力来表示各种弹性梁的特性，称为弹簧系数 K，即
$$K = \frac{F}{y_{\max}} \tag{18.14}$$

将式 (18.13) 代入式 (18.14) 可得上述膜片支撑梁的弹簧系数
$$K = \frac{F \times 12EJ}{Fl^3 \times 4} = \frac{3EJ}{l^3} \tag{18.15}$$

对于矩形截面
$$J = \frac{bt^3}{12} \tag{18.16}$$

代入式 (18.15) 有
$$K = \frac{Ebt^3}{4l^3} \tag{18.17}$$

对于图 18.6 所示的两头夹持梁来说，作用力 F 在梁的中间，这时中间产生的挠度 $y_{\max}$ 由两部分叠加而成：一是在力 F 作用下的挠度 y_1；二是在弯矩 M 作用下的挠度 y_2，因此

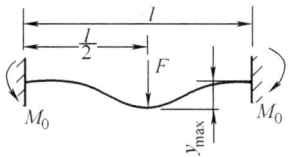

图 18.6　两头夹持梁

$$y_{\max} = y_1 + y_2 = -\frac{Fl^3}{48EJ} + 2 \times \frac{M_0 l^2}{16EJ} \tag{18.18}$$

由于两头夹持，$\theta_1 = \theta_2 = 0$，因此
$$\frac{Fl^2}{16EJ} = \frac{M_0 l}{6EJ} + \frac{M_0 l}{3EJ} = \frac{M_0 l}{2EJ} \tag{18.19}$$

可得
$$M_0 = \frac{Fl}{8} \tag{18.20}$$

代入式 (18.18) 有
$$y_{\max} = -\frac{Fl^3}{48EJ} + \frac{2Fl \cdot l^2}{8 \times 16EJ} = -\frac{1}{192}\frac{Fl^3}{EJ} \tag{18.21}$$

对于矩形截面,把式 (18.16) 代入上式,有

$$y_{\max} = -\frac{1}{192}\frac{Fl^3 \times 12}{Ebt^3} = -\frac{1}{16}\frac{Fl^3}{Ebt^3} \tag{18.22}$$

因此可得两头夹持梁的弹簧系数

$$K = \frac{F}{y_{\max}} = -\frac{16Ebt^3}{l^3} \tag{18.23}$$

在膜片式微阀和微泵中,经常用到四周固定的球面形膜片,如图 18.7 所示。这种膜片在分布压力 p 的作用下,其挠度变化可用轴对称薄壳理论求出[111],即

$$\frac{pr^4}{Et^4} = \left(\frac{8}{15}\frac{7-2\nu}{1-\nu}\frac{H^2}{t^2} + \frac{16}{3(1-\nu^2)}\right)\frac{y}{t} - 2\frac{3-\nu}{1-\nu}\frac{H}{t}\left(\frac{y}{t}\right)^2 + \frac{2}{21}\frac{23-9\nu}{1-\nu}\left(\frac{y}{t}\right)^3 \tag{18.24}$$

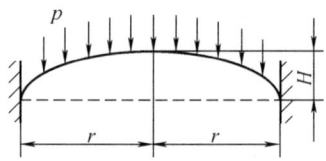

图 18.7 球面形膜片

式中,H 为原始状态下膜片的凸起高度;ν 为泊松比;t 为膜厚度。式 (18.24) 可以表达为 pr^4/Et^4-y/t 图线,如图 18.8 所示,对应于每一条线有一个凸起高度 H。可以看出,如果采用有凸起的膜片 ($H > 0$),那么它的特性一般是双稳态的,也就是有两个稳定工况,而中间是不稳定的,这种性能称为跳跃特性。当 $H = 0$ 时,膜片初始状态为平表面,这时曲线是单调变化的。如果忽略高次项,在 $H = 0$ 时有

$$\frac{pr^4}{Et^4} = \frac{16}{3(1-\nu^2)}\frac{y}{t} \tag{18.25}$$

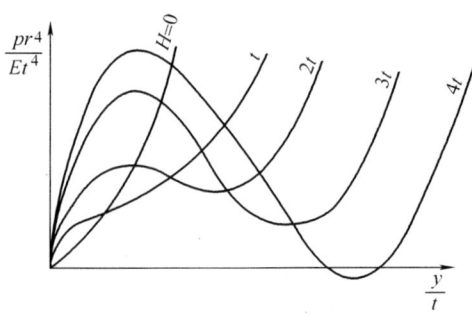

图 18.8 球面膜片特性

膜片上受力

$$F = \pi r^2 p \tag{18.26}$$

因此可得平面膜片的弹簧系数

$$K = \frac{F}{y} = \frac{16\pi E t^3}{3r^2(1-\nu^2)} \tag{18.27}$$

这种平膜片往往用于微泵的驱动。

当用于微阀时，就应该选用带有凸起的弹性跳跃型的双稳态膜片。这种膜片上、下两个极点的压力值是由泵室内容积的变化来提供的。在压缩过程中，膜片的挠度开始随着压力的增加而增加。到达极值点后，失去这种稳定的变化关系，而进入失稳状态，即突然自动增加挠度，而负荷由正负荷变为负负荷。直到第二个极值点时，又恢复稳定工作状态，膜片的挠度又随着压力的增加而增加。从第一个极点到第二个极点的变化是很快的，因此可以利用这个特性来达到启闭微阀的目的，把膜片的中心部位贴合在阀座上。伴随着泵室的吸、压过程，膜片就在上、下两个极点之间反复动作。

上述两个极值点的位置可以通过对式 (18.24) 的分析来求得。令

$$A_0 = \frac{16}{3}, \quad A_1 = \frac{8}{15}\frac{7-2\nu}{1-\nu}, \quad A_2 = 2\frac{3-\nu}{1-\nu}, \quad A_3 = \frac{2}{21}\frac{23-9\nu}{1-\nu}$$

则式 (18.24) 可改写为

$$\frac{pr^4}{Et^4} = \left(A_1 \frac{H^2}{t^2} + A_0 \frac{1}{1-\nu^2}\right)\frac{y}{t} - A_2 \frac{H}{t}\left(\frac{y}{t}\right)^2 + A_3 \left(\frac{y}{t}\right)^3 \tag{18.28}$$

对上式求导，并使其导数为零，可得

$$\left(A_1 \frac{H^2}{t^2} + A_0 \frac{1}{1-\nu^2}\right) - 2A_2 \frac{H}{t}\frac{y}{t} + 3A_3 \left(\frac{y}{t}\right)^2 = 0 \tag{18.29}$$

可解出

$$\left(\frac{y}{t}\right)_{1,2} = \frac{1}{3A_3}\left[A_2 \frac{H}{t} \pm \sqrt{\frac{H^2}{t^2}(A_2^2 - 3A_1 A_3) - A_0 A_3 \frac{3}{1-\nu^2}}\right] \tag{18.30}$$

这两个解相当于图 18.9 中膜片性能曲线上的两个极值点 1, 2。把它们代入式 (18.28)，可得两个极值点的量纲一压力

$$\left(\frac{pr^4}{Et^4}\right)_{1,2} = \frac{1}{3}\frac{A_0 A_2}{A_3}\frac{H}{t}\left[\frac{A_1 A_3 - \frac{2}{9}A_2^2}{A_0 A_3}\left(\frac{H}{t}\right)^2 + \frac{1}{1-\nu^2}\right] \pm \\ 2A_3 \left(\frac{A_0}{3A_3}\right)\left[\frac{\frac{A_2^2}{3} - A_1 A_3}{A_0 A_3}\left(\frac{H}{t}\right)^2 - \frac{1}{1-\nu^2}\right]^{\frac{3}{2}} \tag{18.31}$$

根据上述极值压力就可以确定微泵的吸、排压力。

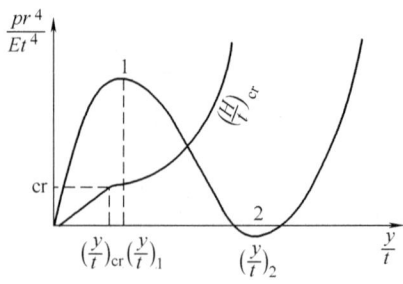

图 18.9 膜片的极值点与临界点

为了保证膜片具有上面所说的跳跃特性，式 (18.29) 必须有两个实根，也就是它的判别式必须大于零，即

$$4A_2^2\left(\frac{H}{t}\right)^2 - 4\times 3A_3\left[A_1\left(\frac{H}{t}\right)^2 + A_0\frac{1}{1-\nu^2}\right] \geqslant 0$$

可得

$$\frac{H}{t} \geqslant \sqrt{\frac{3A_0A_3}{(1-\nu^2)(A_2^2-3A_1A_3)}} = \sqrt{\frac{40(23-9\nu)}{(1+\nu)(301-194\nu+33\nu^2)}} \tag{18.32}$$

因此上式给出了最小凸起高度 $\left(\dfrac{H}{t}\right)_{\min}$，又称临界凸起高度 $\left(\dfrac{H}{t}\right)_{\mathrm{cr}}$。只有当实际的 $\dfrac{H}{t} > \left(\dfrac{H}{t}\right)_{\mathrm{cr}}$ 时，球面膜片才能起到阀片的作用。

例 18.3 若采用单晶硅 (111)，泊松比 $\nu = 0.17$，试分析此膜片阀。

解： 用作球形膜片微阀时，预凸起度必须大于下述数值：

$$\left(\frac{H}{t}\right)_{\mathrm{cr}} = \sqrt{\frac{40\times(23-9\times 0.17)}{(1+0.17)\times(301-194\times 0.17+33\times 0.17^2)}} = 1.652$$

如果膜片厚度 $t=0.02$ mm，则最小凸起高度 $H = 1.652\times 0.02 = 0.033$ mm。系数 $A_0 = \dfrac{16}{3}$，$A_1 = \dfrac{8}{15}\dfrac{7-2\nu}{1-\nu} = 4.2795$，$A_2 = 2\dfrac{3-\nu}{1-\nu} = 6.8193$，$A_3 = \dfrac{2}{21}\dfrac{23-9\nu}{1-\nu} = 2.4636$。

若已知膜片半径 $r=0.95$ mm，$E = 170\times 10^9$ Pa，则膜片双稳态相对挠度必须大于下述数值：

$$\left(\frac{y}{t}\right)_{\mathrm{cr}} = \frac{A_2}{3A_3}\left(\frac{H}{t}\right)_{\mathrm{cr}} = \frac{2\dfrac{3-\nu}{1-\nu}}{3\times\dfrac{2}{21}\dfrac{23-9\nu}{1-\nu}}\left(\frac{H}{t}\right)_{\mathrm{cr}} = 0.9227\times 1.652 = 1.5243$$

$$y_{\mathrm{cr}} = 1.5243\times 0.02 \text{ mm} = 0.0305 \text{ mm}$$

要使微阀膜片紧密关闭, 必须使压力大于下列数值:

$$\begin{aligned}p_{\min} &= \frac{Et^4}{r^4}\left\{\left[A_1\left(\frac{H}{t}\right)^2 + A_0\frac{1}{1-\nu^2}\right]\frac{y}{t} - A_2\frac{H}{t}\left(\frac{y}{t}\right)^2 + A_3\left(\frac{y}{t}\right)^3\right\} \\ &= \frac{170\times 10^9 \times (0.02\times 10^{-3})^4}{(0.95\times 10^{-3})^4}\left\{\left[4.2795\times(1.652)^2 + \frac{16}{3}\frac{1}{1-0.17^2}\right]\times \right. \\ &\quad \left. 1.5243 - 6.8193\times 1.652\times 1.5243^2 + 2.4636\times 1.5243^3\right\}\text{Pa} \\ &= 2.9134\times 10^5 \text{ Pa} = 2.9134 \text{ bar}\end{aligned}$$

如果采用平膜片, 则有

$$\begin{aligned}p &= \frac{Et^4}{r^4}\left[\frac{16}{3(1-\nu^2)}\left(\frac{y}{t}\right)\right] \\ &= \frac{170\times 10^9 \times (0.02\times 10^{-3})^4}{(0.95\times 10^{-3})^4}\times \frac{16}{3\times(1-0.17^2)}\times 1.5243 \text{ Pa} \\ &= 2.7956\times 10^5 \text{ Pa}\end{aligned}$$

比较可知, 在相同几何尺寸条件下, 采用球面膜片所需要的压力比平膜片要大。但是球面膜片行程大, 紧密性好, 泄漏量小。

球面膜片常用作微泵的驱动。如果假定是一个球冠, 则往复一次的容积改变量为 (图 18.10)

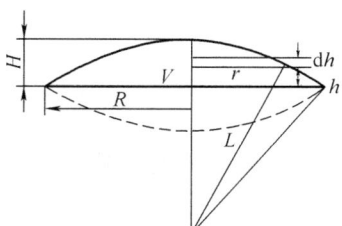

图 18.10 球冠容积计算

$$V = 2\int_0^H \pi r^2 \mathrm{d}h = 2\pi\int_0^H [L^2 - (L-H+h)^2]\mathrm{d}h$$
$$= \frac{2\pi}{3}H^2(3L-H) \tag{18.33}$$

由于 $L^2 = (L-H)^2 + R^2$, 因此 $L = (H^2+R^2)/2H$, 代入上式可得

$$V = \frac{\pi}{3}H(3R^2 + H^2) \tag{18.34}$$

下面举例说明, 设 $H_{\mathrm{cr}}=0.033$ mm, $R=0.95$ mm, 则往复一次最小容积改变量为

$$\begin{aligned}V_{\mathrm{cr}} &= \frac{\pi}{3}\times 0.033\times 10^{-3}\times \left[3\times(0.95\times 10^{-3})^2 + (0.033\times 10^{-3})^2\right] \text{ m}^3 \\ &= 9.36\times 10^{-11} \text{ m}^3 = 93.6 \text{ nL}\end{aligned}$$

如果膜片往复频率为 100 Hz, 则容积变化量为

$$\overline{V} = V_{\mathrm{cr}} \times 100 \times 60 = 9.36 \times 10^{-11} \times 100 \times 60 \text{ m}^3/\text{min}$$
$$= 5.616 \times 10^{-7} \text{ m}^3/\text{min} = 561.6 \text{ μL}/\text{min}$$

对于其他形式的膜片也可以采用类似的方法求出弹簧系数。例如图 18.11 所示的曲尺形四支撑膜片, 其弹簧系数为

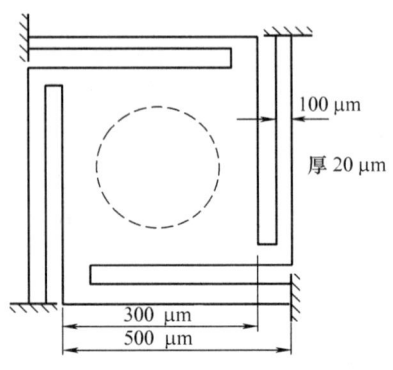

图 18.11　曲尺支撑膜片

$$K = \frac{4Ebt^3}{l^3} \tag{18.35}$$

例如, 采用单晶硅材料, 具体尺寸如图所示,则

$$K = \frac{4 \times 170 \times 10^9 \times 100 \times 10^{-6} \times (20 \times 10^{-6})^3}{(500 \times 10^{-6})^3} \text{ N/m} = 4352 \text{ N/m}$$

如果微阀的启闭间隙为 $y = 20$ μm, 则此时膜片的弹簧力 $F = Ky = 4352 \times 20 \times 10^{-6}$ N $= 0.087\,04$ N, 作用在尺寸为 300 μm × 300 μm 膜片上的压强为

$$p = \frac{F}{A} = \frac{0.087\,04}{(0.3 \times 10^{-3})^2} \text{ Pa} = 0.967 \times 10^6 \text{ Pa} = 9.67 \text{ bar}$$

对于图 18.12 所示的正方形膜片, 其四周都被夹持, 当 $\nu = 0.3$ 时, 弹簧系数为

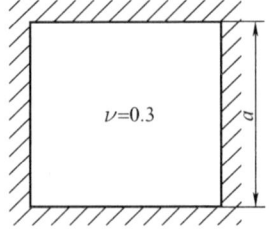

图 18.12　正方形膜片

$$K = \frac{Et^3}{0.0611a^2} \tag{18.36}$$

对于圆球面形膜片，如果作用力是集中于中点的集中载荷，则

$$K = \frac{4\pi E t^3}{3r^2(1-\nu^2)} \tag{18.37}$$

18.1.4 附壁式微阀[101-104]

利用流动时的附壁效应可以改变流体的流动方向，从而控制微阀的启闭。在第二篇有关附壁现象的介绍中，已经对附壁原理及其应用作过分析。在微阀中，附壁现象可以通过不同途径来改变附壁流的方向。如附壁式微流放大器是利用小气量的控制气流来实现对大气量主气流方向的控制，这种放大器的原理也可以应用到微阀上，实现对流体流动方向的控制。而第二篇中介绍的附壁式微阀则是利用压电晶体悬臂片来导引流动的，这种控制方法具有良好的稳定性。

从某种意义上讲，瓣膜式导管也是一种附壁式微阀。图 18.13 所示为瓣膜阀，当流体从左向右流动时，局部阻力小于从右向左流动的情形，而且在主流之外还有一小部分流体进入旁路通道，并在出口与主流汇合，这个汇合过程存在一定的能量，把主流流体压向管壁，因而使主流的流动更加稳定。当流体反向流动时，即流体从右向左流动，将从主流分出一小部分流体进入旁路通道，这一小部分流体的出口方向是与主流方向相反的，因此不仅增加了局部阻力，还使主流更加稳定。

图 18.13　瓣膜式微阀

这种瓣膜式微阀是利用阻力差来实现单向流动的，因此和缩-扩式微阀一样，都属于阻差式微阀，也属于喘吸型微阀。这种微阀的正、反流比要比缩-扩式微阀大，但仍然存在效率低的缺点。图 18.14 给出了瓣膜阀正向 $(A \to B)$ 和反向 $(B \to A)$ 的阻力变化。在相同流量下，正向阻力远小于反向阻力。或者反过来说，在相同压力差下，正向流动 $(A \to B)$ 的流量远大于反向流动 $(B \to A)$ 的流量。

还有一种叫涡流管的元件，它与瓣膜阀的性能相类似，但形式完全不同，如图 18.15 所示。它的一个进、出口孔是在中心 A，另一个进、出口孔是在外周切向 B。当流体从中心 A 流向外周 B 时，阻力小，流量大；反之，流体从外周 B 向中心 A 流动时，由于产生涡旋而阻力增大，因而流量减小。这种大阻力差可用作流体二极管，也可用作微流阀。涡流管的性能曲线如图 18.16 所示。与图 18.14 相比，涡流管产生的阻力差更大。

还有一种在通道内设置倾斜栅栏的等直径管道，如图 18.17 所示。很显然，正、反向流动的阻力差是很大的。

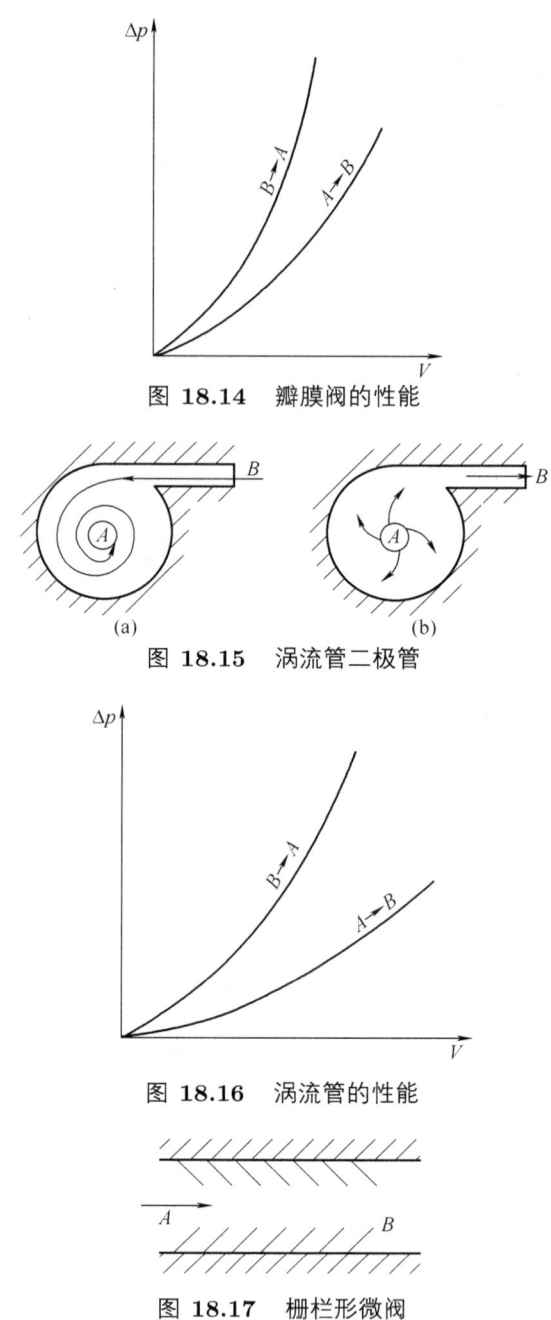

图 18.14 瓣膜阀的性能

图 18.15 涡流管二极管

图 18.16 涡流管的性能

图 18.17 栅栏形微阀

虽然涡流管和栅栏形微阀主要是利用正、反向流动时的阻力差，但是附壁效应加强了反流时的局部阻力和流动的稳定性，因此这里把它们都归类为附壁式微阀。

18.1.5 表面张力及气泡式微阀

表面张力及气泡式微阀按其作用可以分成两类：一类是直接利用流体的表面张

力及气泡参与流体流动的控制；另一类是利用表面张力和气泡作为动力来驱动流体控制元件。

在第二篇中介绍毛细现象时，曾介绍过两种单向微阀，它们就是直接利用表面张力和气泡来实现单向流动的。表面张力式微阀是利用流体表面张力在不同条件下的差异来实现启闭的，例如利用壁面的几何形状，第二篇图 10.16 所示就是利用小孔两侧角度的不同，形成不同的接触角，使表面张力产生差异的，有的则是采用不同的孔径来实现表面张力差的。

至于气泡式微阀则是利用气泡两侧的表面张力差来启闭阀孔的，表面张力差产生的毛细力称 Marangori 力，这一表面张力差是由温度差引起的。

另一类微阀以表面张力和气泡作为驱动力[48]，图 18.18 所示就是其中之一。微阀的本体实际上就是一般的闸阀，而这个闸阀的移动则由气泡来推动。气泡由电解或相变过程产生，因此没有复杂的操纵系统。

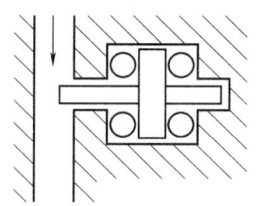

图 18.18 气泡驱动微阀

气泡的产生可以是相变过程，也可以是电化学过程。以水为例，相变产生的是蒸气泡，而电化学过程（即电解）产生的是氢和氧。电解产生的气泡容积是同质量水气化体积的 15 倍，因此电化学过程比相变过程产生气泡的效果更好。

18.1.6 电毛细力微阀[113]

电毛细力微阀利用了电毛细效应，又称电湿效应，即利用两种不溶导电液之间或固体表面与液体表面之间的电位差所产生的表面张力进行工作。在它们的湿界面上是一层双电层，利用离子的吸附而产生毛细力。图 18.19 即为这种电毛细效应的示意图。当不存在外电场时，流体处于相对静止状态。在施加外电场后，如图 18.19 的右图所示，流体受到一定的电位影响而产生不同的表面张力，因而推动流体移动。表面张力与电位 V 的关系为

$$\sigma = \sigma_0 - \frac{C}{2}(V - V_0)^2 \tag{18.38}$$

式中，σ_0 为 $V = V_0$ 时的最大表面张力；C 为双电层中单位面积的电容。可见，电压高时表面张力低。如图 18.19 右图所示，加上电场后，右端电压高，就在间隙中产生了电流，改变了双电层的电位，使得右侧的表面张力低于左侧，因而产生自左向右的运动。

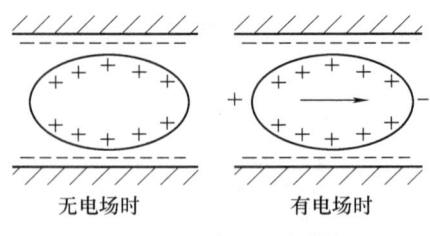

图 18.19　电毛细力微阀

18.1.7　流变式微阀

前面介绍微流动中的流体时，曾提到过一种非牛顿流体，即宾厄姆(Bingham)塑料型流体。其中的电流变体和磁流变体就可以用在微阀中。

电流变体是粒径为微米级的可极化粒子在绝缘液中分散后形成的一种悬浮液。由于粒子和绝缘液的介电常数相差很大，在外加电场作用下，粒子就会被极化，沿电场方向形成粒子链或粒子柱，使悬浮体的粘度明显增大，甚至发生液–固转变。

流变体的特点是在固态状况下存在一个屈服应力。当外加应力小于屈服应力时，流体具有固态或流弹性性质，这时阀可以保持关闭状态，如图 18.20 中、上图所示[96]。如果施加的应力超过屈服应力，那么流变体就可以流动了，这时阀被开启，如图 18.20 下图所示。

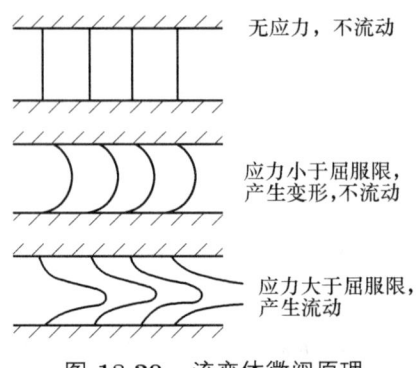

图 18.20　流变体微阀原理

一旦造成流变效应的外界条件消失，流动状态也就恢复到原来的状态。例如，电流变体一旦失去电场，微粒也就失去链状排列的前提条件，流体粘性明显下降，成为牛顿流体。

18.1.8　凝胶微阀[107]

这是一种电化学微阀。利用凝胶在电场作用下迅速收缩的特性，将多孔性凝胶的边缘固定在一个圆周上，如图 18.21 所示。当施加电场后，膜液收缩，膜孔的孔径变大，流体或微粒就可以通过；如果电场消失，凝胶就膨胀，膜上的孔径变小，流体被截断。通过外加电场的调节，就可以控制孔径的大小，从而可以让不同大小的粒子通行,达到分离的目的,因此也可称为选择性通过微阀。

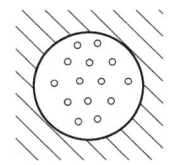

图 18.21 凝胶微阀

凝胶的这种性能,也可以通过调节 pH 值、温度等外界条件获得,这在药物的丸剂制作中得到了广泛的应用。

18.1.9 多相微阀

相变微阀是多相微阀的一种。利用一些物质的相变现象,可以对微流道实施启闭动作。图 18.22 就是一种相变阀[117]。人字形的主流道位于阀体下方,流动从左向右。人字形的上部充灌有石蜡,当石蜡被加热后融化,流到下部后则被冷却凝固,从而堵塞通道,关闭微阀;反之,如果在下部加热,石蜡融化后被流体推向上部,流体通道打通,开启微阀。

图 18.23 给出了一种多相层流微阀[97,122]。它利用了层流的特性,其基本原理是试样在两种载液的夹挟下进入通道,通过改变左、右载体的流速大小就可以把试样带至出口 1 或出口 2。由于接触时间很短,流速很慢,三股流体基本上处于层流状态,因此混合效应很小。

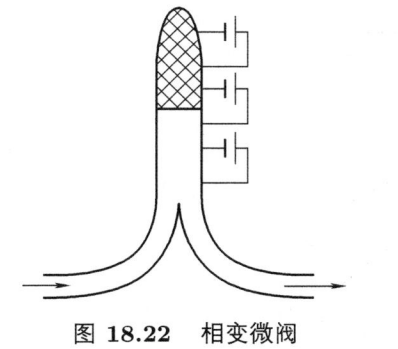

图 18.22 相变微阀

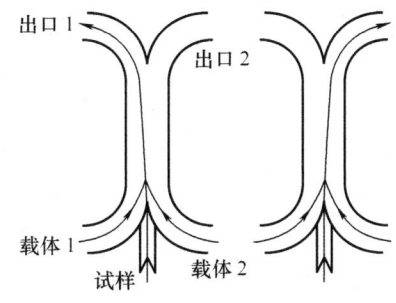

图 18.23 多相层流微阀

18.2 微阀的驱动

在主动微阀中需要外加的驱动力,可由各种微动力提供,这里介绍几种典型的微阀驱动元器件。在微流动中,有时微阀往往与微泵结合在一起,因此这里的叙述也可能涉及微泵的有关部分。

18.2.1 双金属片式驱动

双金属片是利用两种不同热膨胀系数的可变形金属片结合在一起来提供移动的动力，又称热双层作用。双金属片可以和微阀组合在一起，甚至和微泵组合在一起。加热元件也可以集成于双金属片之间或热双层一侧。上面介绍过的膜式微阀的支撑就可以采用双金属片。在微流动领域，由于材料的特殊性，也可能采用非金属作为元器件材料，但习惯上仍称为双金属片。

图 18.24 所示为双金属片工作原理简图[112]。如果上层材料的热膨胀率 γ_1 小于下层材料的热膨胀率 γ_2，那么在一定的温差作用下，双金属片将向上翘起。因此双金属片的作用力是与温度差和热膨胀率差成正比的。但是由于双金属片材料的不同，弹性模量 E 也不同，因此要正确分析上述过程是十分困难的。下面给出了对双金属片工作性能的分析 (图 18.25)。

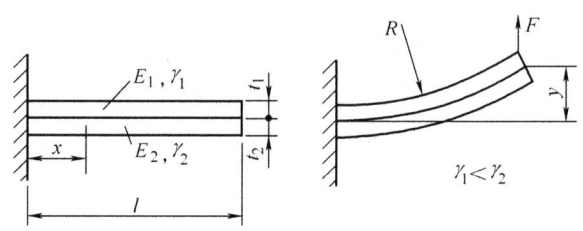

图 18.24　双金属片工作原理图

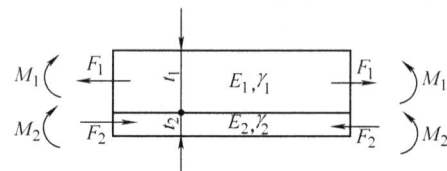

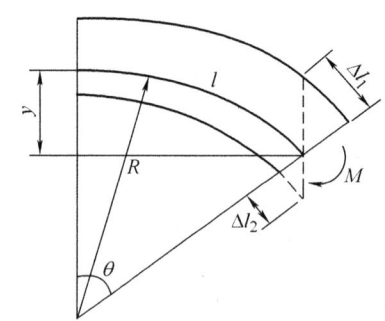

图 18.25　双金属片工作性能分析

双金属片分别用 1 和 2 表示，符号 F 为正向力，M 为弯矩，t 为厚度，E 为弹性模量，γ 为热膨胀率，如图 18.25 所示。在受热后，由于热膨胀率不同，使上、下两片金属有不同的膨胀量 Δl。由于上、下两层是紧密贴合在一起的，所以两者的总长度最终是相等的。因此上、下两层之间就受到一定的力的作用。如果 $\gamma_1 < \gamma_2$，则上层受到拉伸力 F_1 的作用，下层受到压缩力 F_2 的作用。显然，这两个力应该是大小相等，方向相反的，即

$$F_1 = |F_2| = F \tag{18.39}$$

但由于 F_1 和 F_2 不在同一条直线上，因而产生一个力偶 $F\dfrac{t_1 + t_2}{2}$。该力偶是与弯矩 M_1 和 M_2 相平衡的，因此有

$$F\frac{t_1 + t_2}{2} = M_1 + M_2 \tag{18.40}$$

按照悬臂梁的分析，在矩 M 作用下，悬臂梁自由端的最大挠度

$$y_{\max} = \frac{Ml^2}{2EJ} \tag{18.41}$$

在挠度 y 不太大的情况下，梁的弯形曲线可以近似地用一段圆弧来表示，圆弧的半径为 R。这样就可以建立挠度 y 与曲率半径 R 的关系。因为

$$y = R - R\cos\theta = R(1 - \cos\theta) \tag{18.42}$$

而 $\theta = l/R$，所以

$$y = R\left(1 - \cos\frac{l}{R}\right) \tag{18.43}$$

由于 l/R 很小，展开 $\cos\dfrac{l}{R}$ 并略去高次项，可得

$$\cos\frac{l}{R} = 1 - \frac{\left(\dfrac{l}{R}\right)^2}{2!} + \frac{\left(\dfrac{l}{R}\right)^4}{4!} - \cdots \approx 1 - \frac{1}{2}\left(\frac{l}{R}\right)^2 \tag{18.44}$$

代入式 (18.43) 可得

$$y = R\left[1 - 1 + \frac{1}{2}\left(\frac{l}{R}\right)^2\right] = \frac{l^2}{2R} \tag{18.45}$$

在悬臂梁的自由端，式 (18.45) 和式 (18.41) 的结果应一致，因此

$$\frac{l^2}{2R} = \frac{Ml^2}{2EJ} \tag{18.46}$$

由此可得

$$M_1 = \frac{E_1 J_1}{R}, M_2 = \frac{E_2 J_2}{R}$$

代入式 (18.40) 可得

$$F\frac{t_1 + t_2}{2} = \frac{E_1 J_1}{R} + \frac{E_2 J_2}{R}$$

或

$$F = \frac{2}{R(t_1 + t_2)}(E_1 J_1 + E_2 J_2) \tag{18.47}$$

又因上、下层总长是相等的，两者的总变形量应相等。单位长度的变形是由三部分组成的，即温度变形、拉伸压缩变形和弯曲变形。若忽略厚度方向的温度梯度，则温度变形为

$$\frac{\Delta l'}{l} = \gamma \Delta T \tag{18.48}$$

拉伸压缩变形可由虎克定律求得，即

$$\frac{\Delta l''}{l} = \frac{F}{AE} = \frac{F}{btE} \tag{18.49}$$

弯曲变形为

$$\Delta l''' = \left(R + \frac{t}{2}\right)\theta - R\theta = \frac{t}{2}\theta$$

因此

$$\frac{\Delta l'''}{l} = \frac{t}{2l}\theta = \frac{t}{2R} \tag{18.50}$$

由总长相等可得

$$\gamma_1 \Delta T + \frac{F}{E_1 b t_1} + \frac{t_1}{2R} = \gamma_2 \Delta T - \frac{F}{E_2 b t_2} - \frac{t_2}{2R}$$

或

$$(\gamma_2 - \gamma_1)\Delta T = \frac{F}{b}\left(\frac{1}{E_1 t_1} + \frac{1}{E_2 t_2}\right) + \frac{t_1 + t_2}{2R} \tag{18.51}$$

把式 (18.47) 代入上式，有

$$(\gamma_2 - \gamma_1)\Delta T = \frac{2}{bR(t_1 + t_2)}(E_1 J_1 + E_2 J_2)\left(\frac{1}{E_1 t_1} + \frac{1}{E_2 t_2}\right) + \frac{t_1 + t_2}{2R}$$

因此可求出在温度 ΔT 作用下，悬臂梁弯曲的曲率半径

$$R = \frac{\dfrac{2(E_1 J_1 + E_2 J_2)}{b(t_1 + t_2)}\left(\dfrac{1}{E_1 t_1} + \dfrac{1}{E_2 t_2}\right) + \dfrac{t_1 + t_2}{2}}{(\gamma_2 - \gamma_1)\Delta T}$$

$$= \frac{2\dfrac{(E_1 J_1 + E_2 J_2)}{b}(E_1 t_1 + E_2 t_2) + \dfrac{E_1 E_2 t_1 t_2}{2}(t_1 + t_2)^2}{(\gamma_2 - \gamma_1)\Delta T E_1 E_2 t_1 t_2(t_1 + t_2)} \tag{18.52}$$

如果梁的截面为 $b \times h$ 的矩形，则惯性矩 $J = bt^3/12$，代入上式有

$$R = \frac{(E_1 t_1^3 + E_2 t_2^3)(E_1 t_1 + E_2 t_2) + 3E_1 E_2 t_1 t_2(t_1 + t_2)^2}{6(\gamma_2 - \gamma_1)\Delta T E_1 E_2 t_1 t_2(t_1 + t_2)}$$

或

$$R = \frac{(E_1 t_1^2)^2 + (E_2 t_2^2)^2 + 2E_1 E_2 t_1 t_2(2t_1^2 + 3t_1 t_2 + 2t_2^2)}{6(\gamma_2 - \gamma_1)\Delta T E_1 E_2 t_1 t_2(t_1 + t_2)} \tag{18.53}$$

双金属片的复合抗挠刚度 EJ 应符合累加规则 (图 18.26)，即

$$EJ = E_1 J_1 + E_2 J_2 \tag{18.54}$$

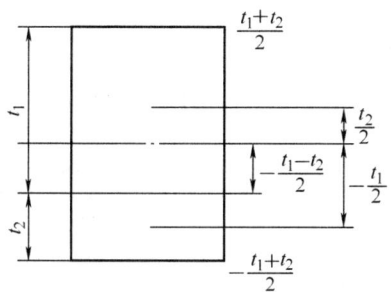

图 18.26 复合抗挠刚度

对于矩形截面, 有

$$E_1 J_1 = E_1 \left[\frac{1}{12} b t_1^3 + \left(\frac{t_2}{2} \right)^2 b t_1 \right] = \frac{b E_1}{12} (t_1^3 + 3 t_1 t_2^2)$$

$$E_2 J_2 = E_2 \left[\frac{1}{12} b t_2^3 + \left(-\frac{t_1}{2} \right)^2 b t_2 \right] = \frac{b E_2}{12} (t_2^3 + 3 t_1^2 t_2)$$

$$EJ = \frac{b}{12} \left(E_1 t_1^3 + 3 E_1 t_1 t_2^2 + 3 E_2 t_1^2 t_2 + E t_2^3 \right) \tag{18.55}$$

如果该双金属片悬臂梁产生的自由端挠度 y 用等效力 F 来表示, 则有

$$y = \frac{-F l^3}{3 EJ} \tag{18.56}$$

而实际的挠度是由弯矩 M 产生的, 那么就可以建立等效力 F 与弯矩 M 之间的关系, 即

$$y = -\frac{F l^3}{3 EJ} = -\frac{M_1 l^2}{2 E_1 J_1}$$

因此

$$F = \frac{3 EJ}{2 l E_1 J_1} M_1 = \frac{3 EJ}{2 l R} \tag{18.57}$$

把式 (18.53) 的 R 和式 (18.55) 的 EJ 代入上式, 最终可得等效力 F

$$F = \frac{3b}{4l}(\gamma_2 - \gamma_1)\Delta T \left[\frac{E_1 E_2 t_1 t_2 (t_1 + t_2)(E_1 t_1^3 + 3 E_1 t_1 t_2^2 + 3 E_2 t_1^2 t_2 + E_2 t_2^3)}{(E_1 t_1^2)^2 + (E_2 t_2^2)^2 + 2 E_1 E_2 t_1 t_2 (2 t_1^2 + 3 t_1 t_2 + 2 t_2^2)} \right] \tag{18.58}$$

将双金属片作为膜片阀的支撑时, 把式 (18.55) 的复合抗挠刚度 EJ 和式 (18.57) 的等效力 F 代入式 (18.13), 就可求出膜片的升程。

例 18.4 有一双金属片支撑的膜片阀, 如图 18.27 所示[48]。采用 Si – Al 双金属片, 其物理特性见表 18.2。试对其进行分析。

表 18.2 材料物理特性

材料	弹性模量 E/Pa	热膨胀率 γ/K^{-1}
硅 (110)	170×10^9	2.3×10^{-6}
铝	70×10^9	23×10^{-6}

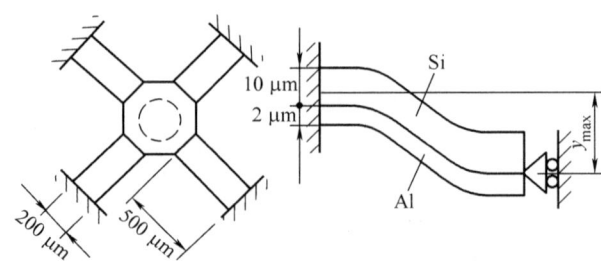

图 **18.27** 双金属片膜式微阀

解: 铝层是通过蒸发的方法结合在硅层上的,具体尺寸见图 18.27。假定蒸发上去后没有产生应力,且蒸发时的温度为 400 °C,则当室温为 25 °C 时,双金属片复合梁就会产生一个等效力 F。在常闭微阀中此力也是阀片的预压紧力。

首先计算在悬臂梁条件下,弯曲后的曲率半径 R 和复合抗挠刚度 EJ,由式 (18.53) 求 R,由式 (18.55) 求 EJ,有

$$R = \{[170 \times 10^9 \times (10 \times 10^{-6})^2]^2 + [70 \times 10^9 \times (2 \times 10^{-6})^2]^2 + 2 \times 170 \times 10^9 \times \\ 70 \times 10^9 \times 10 \times 10^{-6} \times 2 \times 10^{-6}[2(10 \times 10^{-6})^2 + 3(10 \times 10^{-6} \times 2 \times 10^{-6}) + \\ 2(2 \times 10^{-6})^2]\} \times [6 \times (23 - 2.3) \times 10^{-6} \times (400 - 25) \times 170 \times 10^9 \times 70 \times \\ 10^9 \times 10 \times 10^{-6} \times 2 \times 10^{-6}(10 \times 10^{-6} + 2 \times 10^{-6})]^{-1}\text{m}$$

$$= 0.003\,132 \text{ m}$$

$$EJ = \frac{200 \times 10^{-6}}{12}[170 \times 10^9(10 \times 10^{-6})^3 + 3 \times 170 \times 10^9 \times 10 \times 10^{-6} \times \\ (2 \times 10^{-6})^2 + 3 \times 70 \times 10^9(10 \times 10^{-6})^2 \times 2 \times 10^{-6} + 70 \times \\ 10^9(2 \times 10^{-6})^3] \text{ Pa} \cdot \text{m}^4$$

$$= 3.883 \times 10^{-9} \text{ Pa} \cdot \text{m}^4$$

可得自由端最大挠度

$$y_{\max} = \frac{l^2}{2R} = \frac{(500 \times 10^{-6})^2}{2 \times 0.003\,132} \text{ m} = 3.991 \times 10^{-5} \text{m} = 39.91 \text{ μm}$$

等效力

$$F = \frac{3EJ}{2Rl} = \frac{3 \times 3.883 \times 10^{-9}}{2 \times 0.003\,132 \times 500 \times 10^{-6}} \text{ N} = 0.003\,719 \text{ N}$$

膜片柔性支撑双金属片在温差为 $(400 - 25)$ °C 时的最大升程为

$$y = \frac{Fl^3}{12EJ} = \frac{0.003\,719 \times (500 \times 10^{-6})^3}{12 \times 3.883 \times 10^{-9}} \text{ m} = 9.978 \times 10^{-6} \text{ m} = 9.978 \text{ μm}$$

如果上述阀片与阀座之间的间隙为 5 μm,阀片面积为 200 μm × 200 μm,则升程为 5 μm 时该双金属片支撑所残余的力为

$$F_{\text{升}} = y\frac{12EJ}{l^3} = 5 \times 10^{-6} \times \frac{12 \times 3.883 \times 10^{-9}}{(500 \times 10^{-6})^3} \text{ N} = 0.001\,864 \text{ N}$$

因此, 要把阀片开启到 5 μm 升程, 所需要的力为

$$F - F_升 = (0.003\ 719 - 0.001\ 864)\ \text{N} = 0.001\ 855\ \text{N}$$

考虑到有四个支撑, 则

$$F = 4 \times (F - F_升) = 4 \times 0.001\ 855\ \text{N} = 0.007\ 421\ \text{N}$$

阀片上单位面积的压力

$$p = \frac{4 \times (F - F_升)}{A} = \frac{0.007\ 421}{(200 \times 10^{-6})^2}\ \text{Pa} = 185\ 500\ \text{Pa} = 1.855\ \text{bar}$$

也就是说, 要使阀片开启到 5 μm 升程时所需要的阀片前后压力差为 1.855 bar。如果阀片另一侧压力为零, 则要使阀片升高 5 μm 所需要的加热温差为

$$\Delta T = F_升 \frac{4l}{3b(\gamma_2 - \gamma_1)} \frac{(E_1 t_1^2)^2 + (E_2 t_2^2)^2 + 2E_1 E_2 t_1 t_2 (2t_1^2 + 3t_1 t_2 + 2t_2^2)}{E_1 E_2 t_1 t_2 (t_1 + t_2)(E_1 t_1^3 + 3E_1 t_1 t_2^2 + 3E_2 t_1^2 t_2 + E_2 t_2^3)}$$

$$= \frac{0.001\ 855 \times 4 \times 500 \times 10^{-6}}{3 \times 200 \times 10^{-6}(23 - 2.3) \times 10^{-6}} \times$$

$$\frac{[170 \times 10^9 \times (10 \times 10^{-6})^2]^2 + [70 \times 10^9 \times (2 \times 10^{-6})^2]^2 +}{170 \times 10^9 \times 70 \times 10^9 \times 10 \times 10^{-6} \times 2 \times 10^{-6} \times (10 + 2) \times 10^{-6} \times}$$

$$\frac{2 \times 170 \times 10^9 \times 70 \times 10^9 \times 10 \times 10^{-6} \times 2 \times 10^{-6} \times}{[170 \times 10^9 \times (10 \times 10^{-6})^3 + 3 \times 170 \times 10^9 \times 10 \times 10^{-6} \times (2 \times 10^{-6})^2 +}$$

$$\frac{[2(10 \times 10^{-6})^2 + 3(10 \times 10^{-6})(2 \times 10^{-6}) + 2 \times (2 \times 10^{-6})^2]}{3 \times 70 \times 10^9 \times (10 \times 10^{-6})^2 \times 2 \times 10^{-6} + 70 \times 10^9 \times (2 \times 10^{-6})^3]}\ °\text{C}$$

$$= 188\ °\text{C}$$

如果室温为 25 °C, 则需加热到 (188+25) °C=213 °C 才能达到 5 μm 升程的要求。

18.2.2 形状记忆材料驱动[96,107-108]

形状记忆合金材料可以用作微阀的阀片。形状记忆合金是通过马氏体的相变体现形状记忆功能的, 因为马氏体相变具有可逆性。当温度升高时, 马氏体向高温相奥氏体转变, 这种转变称逆转变; 反之, 当温度降低时, 奥氏体又会向马氏体转变, 称正转变。这样, 将高温时具有一定形状的金属急冷下来, 到了低温相马氏体时经塑性变形就成为另一种形状, 如果将此金属再加热到高温相奥氏体, 并保持稳定的状态, 则可以通过马氏体的逆转变使其恢复到低温塑性变形前的形状。这种形状记忆材料通常都由两种以上的金属构成。

根据记忆效应, 形状记忆合金可以分为三种类型, 即单程形状记忆、双程形状记忆和全程形状记忆。图 18.28 给出了这三类形状记忆合金在转变过程中形状的变化关系。在微阀中, 一般采用双程形状记忆合金。

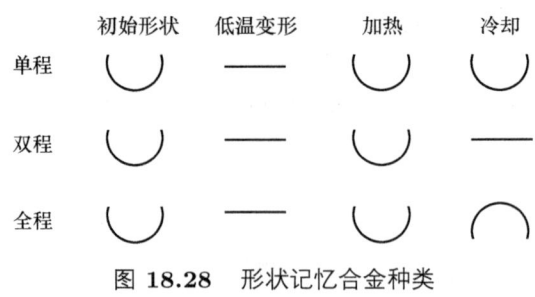

图 18.28　形状记忆合金种类

按照合金组合和相变的特征,具有完全形状记忆效应的合金可分为三大系列,即铁－镍系、铜基系和铁基系。近年来在一些陶瓷体和聚合物中也发现了这种形状记忆效应,这就为形状记忆材料在微流动中的应用开辟了新的途径。有关形状记忆材料性能的更详细内容可参阅有关资料[96,107]。

图 18.29 所示是一种利用形状记忆材料 Ti－Ni 组成的微阀结构。相变温度为 60 °C ～ 75 °C。[111,118]

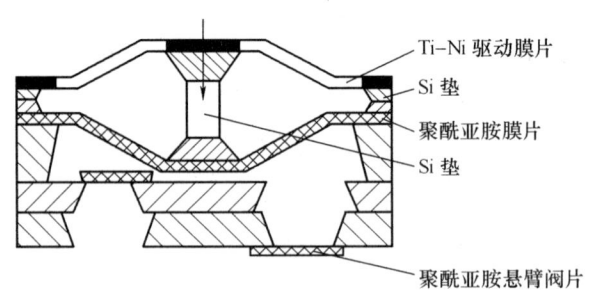

图 18.29　形状记忆微阀

形状记忆合金材料恢复形状的推动力除了上述的热致型以外,还有外力型、电致型、光致型、化学感知型等。

上述利用加热、冷却过程出现的马氏体相变称为热弹性马氏体。如果在相变温度以上对合金施加外力而引起马氏体的相变,则形成的马氏体称为应力诱发马氏体。

参与马氏体相变的高温相称为母相,低温相称为马氏体相。恢复形状的动力就来自加热温度下,母相与马氏体相之间的自由能差。在低温度下马氏体具有较小的杨氏弹性模量,而在高温下的奥氏体则具有较高的杨氏弹性模量。在产生相同的形变时奥氏体所需要的应力比马氏体要大得多。因此形状记忆合金的优点就是作用力大,行程长;缺点是响应慢,工作频宽低,只有 1 Hz～5 Hz。

表 18.3 给出了 Ti－Ni 形状记忆合金的一些主要特性。

表 18.3　Ti – Ni 形状记忆合金的特性

特性	单程形状记忆合金 MAT – 10	全程形状记忆合金 MAT – 100
冷却时相变开始温度/°C	$-80\sim 80$	$-40\sim 0$
加热时相变开始温度/°C	$-70\sim 90$	$-10\sim 40$
滞后温度/°C	$20\sim 30$	≈ 70(全程)
形状恢复率/%	≤3(多次反复)	≤2(全程)
形变恢复应力/MPa	< 400	< 400(升温)
		< 130(降温)
热膨胀率/(10^{-6}/°C)	11(奥氏体)6.6(马氏体)	11(奥氏体)6.6(马氏体)
电阻率/($10^{-6}\Omega\cdot$cm)	$70\sim 90$(奥氏体) $50\sim 80$(马氏体)	$70\sim 90$(奥氏体)$50\sim 80$(马氏体)

18.2.3　压电效应驱动[96,111]

压电效应早在 1880 年就被居里兄弟 (Cuire Pieir 和 Cuire Jacques) 发现。他们发现在石英晶体的某些方向上加载荷时，石英被极化，在与作用力方向相垂直的面上会产生电荷，在两个端面上出现电势差。以后又发现，把石英晶体作为电介质置于电场中时，会产生弹性变形或应力，两者的过程正好是可逆的。因此前一过程称为正压电效应，后一过程称为逆压电效应。逆压电效应可用来产生微阀的推动力。

现已发现，不仅石英有压电效应，很多电解质，例如电气石、酒石酸钾钠等晶体，特别是锆钛酸铅 (PZT) 等某些陶瓷材料，以及一些复合材料都有这种压电效应。其中陶瓷压电材料具有应力大、变形小的特点，其应力可达几十大气压，而变形量在 0.1% 以下。压电陶瓷还有各向异性的特点，但是坚硬易脆。近年来出现的压电复合材料具有较好的柔韧性，可以加工成纤维和薄膜，但是它的压电效应较差，产生的力很小，不宜用在微阀上。

压电效应的一个重要参数是压电应变常数 d，它是应变量 φ 和电场强度 E 之比，单位是 C/N。图 18.30 给出了压电晶体的极化方向，用下角标 1,2,3 加以区别[48]，则有

$$\varphi_l = \varphi_t = d_{31}E \tag{18.59}$$

$$\varphi_v = d_{33}E \tag{18.60}$$

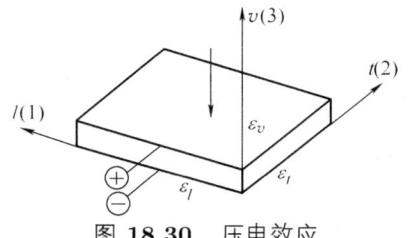

图 18.30　压电效应

表 18.4 给出了几种压电材料的特性。下面举例说明，当 $V = 70$ V，厚度 $h = 0.4$ mm 时，用 PZT 作压电材料，则在高度方向可产生应变量 $\Delta h = d_{33} E h = 400 \times 10^{-12} \times \dfrac{70}{0.4 \times 10^{-3}} \times 0.4 \times 10^{-3}$ m $= 2.8 \times 10^{-8}$ m $= 0.028$ μm。

表 18.4 压电材料的特性

压电材料	$d_{31}/(10^{-12}\text{C/N})$	$d_{33}/(10^{-12}\text{C/N})$	介电常数 ε_r	密度 $\rho/(\text{g/cm}^3)$
PZT(锆钛酸铅)	$-60 \sim -270$	$380 \sim 590$	1700	7.6
PVDF(聚偏氟乙烯)	$6 \sim 10$	$12 \sim 22$	12	1.8
BaTiO$_3$(钛酸钡)	78	190	1700	—
ZnO	-5	12.4	1400	—

为了提高压电性能，微阀中的压电材料有时做成压电堆、双压电晶体悬臂或双压电块等形式。

图 18.31 给出了一种双压电微阀的示意图。利用压电块的膨胀变形可以把阀盖紧密地压在阀座上[51,119]。

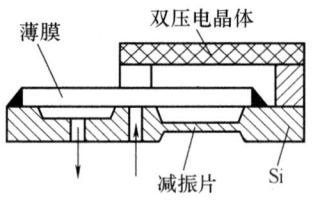

图 18.31 双压电微阀

18.2.4 静电力与电磁力驱动

静电力是基于两个异号的电荷板之间的吸引力。图 18.32 给出平板间静电作用力示意图。电场强度

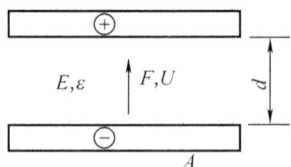

图 18.32 平板间静电作用力

$$E = \frac{F}{Q} = \frac{U}{d}, \quad \mathrm{d}F = E\mathrm{d}Q \tag{18.61}$$

又由高斯定理，两平板间电场强度

$$E = \frac{Q}{\varepsilon A}, \quad \mathrm{d}Q = \varepsilon A \mathrm{d}E \tag{18.62}$$

因此有
$$dF = \varepsilon A E dE$$
积分可得
$$F = \frac{1}{2}\varepsilon A E^2 = \frac{1}{2}\varepsilon A\left(\frac{U}{d}\right)^2 \tag{18.63}$$
式中, A 为平板面积; U 为电压; d 为板间距离; ε 为介电常数。

用静电力作为驱动力的优点是响应快。但是位移量小, 而且要求高电压。

例 18.5 电极平板面积为 5 mm × 5 mm, 间距为 20 μm, 电压为 100 V, 介质为氧化硅 (介电常数 $\varepsilon_r = 3.8$), 试求两板间的静电力。

解: 由式 (18.63) 可求得
$$F = \frac{1}{2} \times 3.8 \times 8.854 \times 10^{-12} \times (5 \times 10^{-3})^2 \times \left(\frac{100}{20 \times 10^{-6}}\right)^2 \text{ N} = 0.0105 \text{ N}$$

电磁微阀的电磁力是利用电磁场而产生的, 有两种类型。第一种是用软磁作为活动部件, 利用外线圈通电时产生的电磁场与软磁块之间的作用力来驱动膜片。这时磁场 B 在 l 方向的垂直力 F 可由下述分析求得, 参见图 18.33。在气隙内磁场贮能

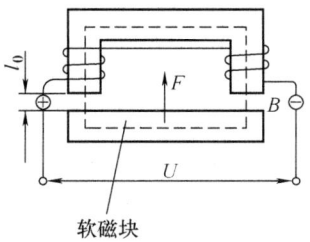

图 18.33 电磁微阀

$$A_0 = H_0 l_0 S B \tag{18.64}$$

式中, H_0 为气隙中的磁场强度; S 为铁芯截面积; l_0 为铁芯两端的气隙长度; B 为磁感应强度。当 l_0 和 B 变化时, 贮能也发生变化, 因此

$$d^2 A_0 = H_0 S dl_0 dB = H_0 dV_0 dB$$

式中, $V_0 = S dl_0$ 为气隙的容积。磁场贮能将转变为机械功 $F dl$, 因此有

$$dF dl = H_0 dV_0 dB$$

或

$$dF = H_0 \frac{dB}{dl} dV_0 \tag{18.65}$$

积分可得

$$F = \int H_0 \frac{\mathrm{d}B}{\mathrm{d}l} \mathrm{d}V_0 \tag{18.66}$$

由于磁化强度 M 与磁场强度 H 之比为磁化率 χ_m，因此上式也可写成

$$F = \frac{M}{\chi_m} \int \frac{\mathrm{d}B}{\mathrm{d}l} \mathrm{d}V_0 \tag{18.67}$$

由电磁力驱动的微阀行程大，可调性好，但结构较复杂。

第二种是将永久磁铁作为固定部件，而带有金属导体的膜片作为活动部件，当电流通过金属导体时，将磁场中产生的洛伦兹力作为驱动力。可用左手规则确定洛伦兹力的方向，其大小为

$$F = BlI \tag{18.68}$$

式中，B 为磁感应强度；l 为导线有效长度；I 为导线内的电流。当导线与磁场不垂直时，有

$$F = BlI \sin\alpha \tag{18.69}$$

式中，α 为 B 与 l 的夹角。

18.2.5 化学和物理化学作用驱动

化学或物理化学微阀是利用化学作用或物理化学作用来启闭的微阀。由于新型智能材料的不断涌现，这种微阀的种类也不断地增加。其中凝胶型微阀就是典型代表，下面对它作一简要介绍。

前面曾经提到，在胶体分散系内有一种溶胶，其固体为分散相，液体为分散媒剂。这种溶胶可以分为亲液溶胶和疏液溶胶两类，不管是哪一类，它们在凝结时所产生的半固体性质的物质，都称为凝胶。

凝胶也有不同的形式。由溶胶凝结而成的整块冻状物称为冻胶或软胶，果冻就是一种冻胶，它是有结构的。如果溶胶的浓度很大，则在溶胶凝结时就会把分散媒剂包含进去，而成为一种无结构的糊状物。这种糊状物在溶胶浓度不够大时，会发生一种絮状沉淀，把溶胶分成两个相。其中一个相液体多、固体少；另一个相固体多、液体少。液体多的相仍是一种溶胶，而固体多的相就成为絮状沉淀。絮状沉淀可能是属于冻胶性的，也可能是属于糊状性的。凝胶风干后得到的固体物就称为干凝胶。

干凝胶最大的特点是把它浸在某一特定的液体中时，能吸收液体，因此体积胀大，形态变软，这种现象称为肿胀，又称溶胀。如果干凝胶的容积受到限制，那么在肿胀时就会产生一定的压力，称为肿胀压力。正是这种压力的存在才能实现微阀的启闭。

单位时间内、单位体积干凝胶所吸收的液体量多少称为肿胀速度。对于微阀来说，希望启闭迅速，因此要求肿胀速度大。在肿胀过程中会放出热量，称为肿胀热。需

要指出的是，肿胀后产生的冻胶体积一般是小于肿胀前干凝胶体积与所吸收的液体体积之和的。

凝胶的肿胀有一个重要的特点，即受电解质的影响。一般情况下，凝胶吸液肿胀为冻胶后，仍会继续吸收液体。如果将某冻胶移至电解质溶液中，则在一些情况下冻胶会继续肿胀，而在另一些情况下，冻胶反而会收缩。影响肿胀或收缩以及由此而改变其强度的因素很多，其中最重要的是酸度 pH 值，也与酸的种类、浓度、温度、电场、光照度等有关。

图 18.34 给出了凝胶在平衡时，肿胀度 V/V_0 与温度 τ 的关系[96]。每一条曲线表示每根高分子链上带有的电荷数。凝胶性能曲线也存在一个临界点 cr，当电荷数 $f > f_{\mathrm{cr}}$ 时，凝胶的体积随温度的变化是连续的。当 $f < f_{\mathrm{cr}}$ 时，凝胶的体积变化就不再连续了，而是发生突变。这与水的热力学图表存在气、液相的相变过程很相似，因此称为体积相变。根据凝胶性质的不同，体积相变可以是正向的，也可以是逆向的。

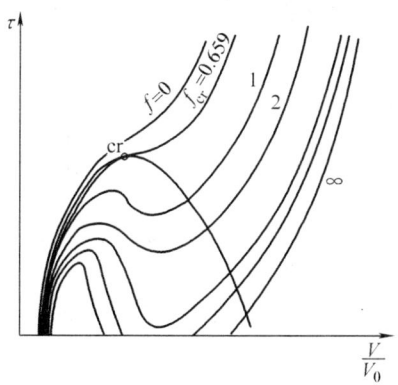

图 18.34　凝胶的肿胀性能

因此，凝胶的肿胀和收缩过程实质上属于一种相变过程。这种相变过程在一定条件下可能是突变的，因而使体积发生十倍甚至数千倍的变化。这是凝胶体内几种力相互作用的结果。这些作用力有范德瓦耳斯力、氢键力、静电作用力和疏水相互作用力。例如，聚异丙基丙烯酰胺凝胶 (PlPAm) 在水中肿胀时，疏水性异丙基周围的水分子之间就形成氢键，使疏水性基团之间产生相互作用，大分子链之间相互吸引。当温度升高时，凝胶网络被疏水基团保护，水不易进入，使凝胶不能肿胀。因此这类凝胶在高温时收缩。相反，在低温时水分子在异丙基周围形成团簇，呈现亲水性，使凝胶发生肿胀。

凝胶的肿胀度与温度的关系是由 Flory – Huggins 理论得出的，这一关系可表达为

$$\tau = 1 - \frac{\Delta F}{kT} = \frac{v\nu}{N_\mathrm{A}\phi^2}\left[(2f+1)\left(\frac{\phi}{\phi_0}\right) - 2\left(\frac{\phi}{\phi_0}\right)^{\frac{1}{3}}\right] + 1 + \frac{2}{\phi} + \frac{2\ln(1-\phi)}{\phi^2} \quad (18.70)$$

式中，τ 为归一化温度；N_A 为阿伏伽德罗常数；k 为玻尔兹曼常数；T 为绝对温度；v

为溶剂物质量的体积；f 为每根高分子链上带有的电荷数；ν 为单位体积中高分子链的数量；ΔF 为高分子之间相互作用的自由能；ϕ 为高分子网络的体积占有率，它是膨胀度 q 的倒数；ϕ_0 为参考状态的体积占有率。

利用凝胶的上述特性，可以制成多种形式的微阀。图 18.35 是一种直接利用温度响应的凝胶阀。阀分左、右二室，左室安置球形凝胶，右室安置 T 形凝胶，都用聚乙烯基甲基醚制成。水流从下部流入，从上部流出。当阀中通入冷水时，左通道内球形凝胶肿胀，堵住左侧通道中的阀孔，而右侧通道内 T 形凝胶由于肿胀而伸长，打开了右侧阀孔，冷水就从右侧流过。如果通入的是热水，则右侧 T 形凝胶缩短，堵住阀孔，而左侧小球形凝胶收缩，打开阀孔，热水就从左侧流过。

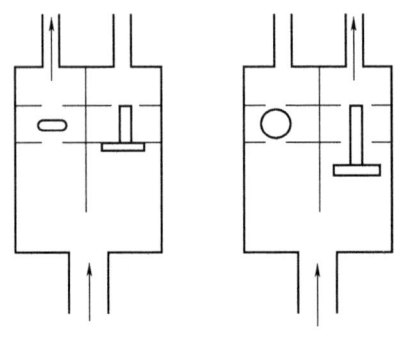

图 18.35　温感凝胶阀[107]

由于凝胶肿胀成冻胶后，内部产生很多细孔，具有半透膜的性质，因此可以通过改变孔径的大小来实现控制流动的目的。图 18.36 是电化学凝胶微阀的示意图，它将多孔性凝胶的边缘固定在一定的圆环上，并利用凝胶在电场作用下迅速收缩的特性工作。当施加电场时，膜液收缩，膜上小孔的孔径变大，流体或微粒就可以通过；如果电场消失，凝胶就肿胀，膜上孔径变小，流体或微粒被截断。通过外加电场强度的调节，就可以控制孔径的大小。不但可以起到微阀的作用，而且还可以控制不同大小粒子的通行，达到分离的目的。Qsada 等利用乙烯醇和丙烯酸的共聚合凝胶试验了这种凝胶微阀的性能。

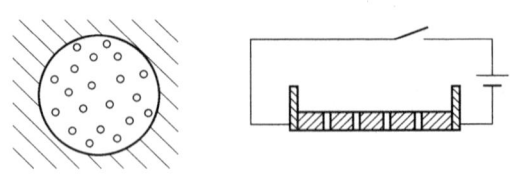

图 18.36　电化学凝胶阀[111]

这种半透膜式的微阀可以保证极小的通过量，具有纳米级的孔道，能达到分子阀的等级，在生物、药物等方面有广阔的应用前景。

图 18.37 给出了 N. I. Shtanko 的实验结果。他将 PlPAm (聚异丙基丙烯酰胺)

接枝到聚对苯二甲酸乙二醇酯 PET 上，制成温敏性高分子复合膜[111]。图 18.37 给出了复合膜孔径和水的流量与温度的关系。可以看出，这种材料制成的微阀对温度非常敏感。

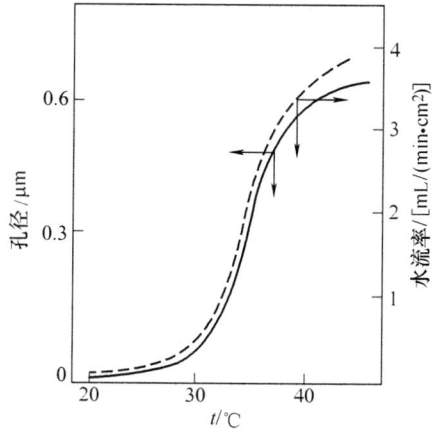

图 18.37　凝胶膜微阀特性 (接枝率 7.5%)

18.2.6　气动与热力气动驱动[51]

利用外界的压缩气体，或者从内部加热使密封腔内流体的压力升高，都可以驱动膜片式微阀的启闭。这是一种比较经典的、在宏观流动中常用的驱动方法。图 18.38 给出了一种热力气动微阀的示意图[120]。电加热元件可以使密封腔内气体温度升高，提高压力，从而使膜片向下移动。相反，冷却时膜片就向上移动。密封腔内可以是单相的流体，也可以是有相变的两相流体。单相的只利用热胀冷缩来改变压力，两相的则可利用气 – 液的相变产生更大的压力。

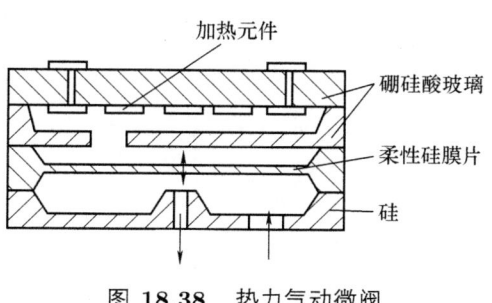

图 18.38　热力气动微阀

气动微阀要由外界提供气源，而热力气动只需在内部预设加热元件。密封膜内的流体则采用容易蒸发的工质，如氟氯烷等。

很多液体在一定温度下的饱和蒸气压都已制成热力图表以便参考查阅。如果没

有热力图表，也可以近似地利用 Antoine 蒸气压方程

$$\ln p = A - \frac{B}{T+C} \tag{18.71}$$

式中，p 为饱和蒸气压，单位为 mmHg；T 为绝对温度，单位为 K；系数 A, B, C 可由有关资料查到，要注意的是这些数据有一定的适用范围。

例 18.6 对于 R – 11 (一氟三氯甲烷)，系数 $A = 15.8516, B = 2401.61, C = -36.3$，试求其饱和蒸气压。

解： 由式 (18.71) 可得

$$\ln p = 15.8516 - \frac{2401.61}{T - 36.3}$$

在室温 25 °C 时，其饱和蒸气压为

$$p = \exp\left(15.8516 - \frac{2401.61}{273.16 + 25 - 36.3}\right) \text{mmHg} = 796.52 \text{ mmHg} = 1.062 \text{ bar}$$

18.2.7 毛细力驱动

在微流动中常用毛细力来启闭微阀。毛细力可以由电湿效应、热毛细效应、几何形状效应等产生，在有关章节中已作过较详细的介绍，这里不再重复。

由于影响毛细力大小的因素很多，所以存在多种毛细力微阀。例如，在 18.1.5 节中介绍的利用几何形状产生不同表面张力而形成的流体微阀，由电解水产生的气泡因左右表面张力不同而形成的气泡微阀，18.1.6 节中介绍的电湿效应形成的电毛细力微阀等。此外，利用电压、电解质等对某些液体表面张力的影响，也可以制成微阀，例如汞的表面张力及其毛细表面曲率就可以利用电压的变化和电解质溶液组成的变化来加以调节，见图 18.39。当汞的表面张力达到极大时，存在一个临界电压，这时汞柱表面电荷为零。如果电压大于或小于这个临界电压，汞柱表面都会聚集电荷，从而导致表面张力下降，汞柱表面曲率降低。这样就可以控制汞柱的升降，从而达到控制流动的目的。

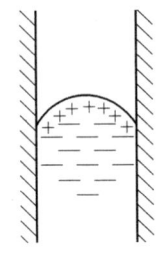

图 18.39 汞柱表面的电荷

另一种影响毛细力的因素是毛细管表面的疏液能力。如果管壁是疏液的，那么液流就会因管壁疏液而停止流动。如果有一个外力使液体受到的力超过疏液表面的排

斥力，那么液流就会继续流动。这种原理已经用在由离心力驱动的微阀中。图 18.40 给出了旋转的离心力圆盘上的一个流体通道[130]。这个通道的上端有一个容积较大的腔室，内壁有疏水表面。在转速较低时，离心力不足以克服疏液排斥力，因此流体不能通过，停于管内。当转速提高、离心力增大后，离心力能够克服疏液排斥力，液体就会畅通。这里就存在一个临界转速，它关系到阀的启闭。

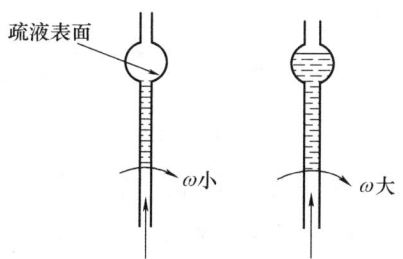

图 18.40 疏液表面毛细力阀

也可以利用热气动力来驱动疏水微阀中的流体。图 18.41 上部微管的左段内表面是亲液的，因此液体可以利用毛细力吸入管内，并稍过热气入口处。而右段内表面是疏液的，液体不能继续向右流动，因此流体被阻止。当热气室加热后，气室内气体膨胀，产生气压把上部吸入的液体截断成一颗液滴。热气体的压力可以克服疏液表面的排斥力，从而把截断后的液滴推向右端，这种热气动微阀可以提供间断性的液滴。

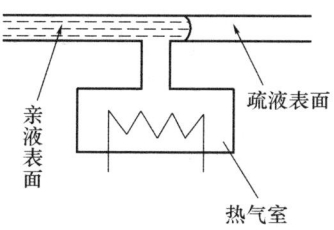

图 18.41 热控疏液毛细力阀

18.2.8 其他形式的驱动

实现微流体流动控制的方法很多，除了上述一些方法之外，还可利用外加压力迫使微流道变形的办法来启闭微阀。这种方法在微流动控制中是十分有用的，特别是采用弹性高分子材料聚二甲基硅氧烷 (PDMS, 硅橡胶) 薄膜作为芯片上微流道的壁面时。以静电力促使薄膜升降的静电式蠕动微泵就是它的应用之一，如图 18.42a 所示。这种蠕动泵把微阀和微泵结合在一起，利用按程序产生静电的运动电极 (膜片) 与固定电极之间的吸引力，把流体从左边入口压送到右边出口。图 18.42 所示则是气动式的蠕动泵，同样是按程序供应气动压力来迫使流体从左向右流动。

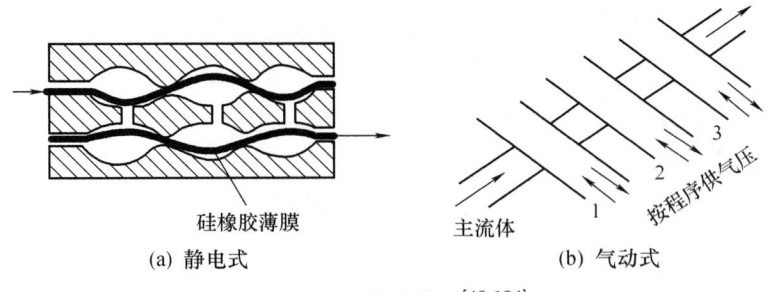

图 18.42 蠕动微泵[48,124]

这类蠕动微泵把阀和泵体结合在一起,结构简单,加工容易[121-122]。

另外,利用叶绿酸吸收光能时温度升高的特性,让它与温度响应性的聚异丙基丙烯酰胺 (PlPAm) 以共价键形式结合成凝胶,则可制成光控流量调节阀,从而实现无接触控制的目的[107]。

第 19 章 微 泵

19.1 微泵的形式

任何流动都存在流动阻力,需要消耗一定的有效能量。利用压力能来克服流动阻力损失是宏观流动中的主要形式,也是微流动中的一种形式。为了提高压力能,通常采用的设备是泵(对于液体而言)或压缩机(对于气体而言)。本章介绍在微流动中采用的提升压力能的元器件——微泵。把微泵称为微流动中的元器件而不是机械设备,是因为微泵的功能等同于传统机械泵的功能,但其结构形式几乎完全不同于传统的泵,甚至它并不是一个独立的机械设备,只是微流动系统中的一部分或一种功能,往往是与动力源结合在一起的。

按照对流体作用方式的不同,可以分为机械式微泵和非机械式微泵两大类。最初,微泵的形式只是沿用宏观流动中泵的概念,以机械式为主,后来才出现了各种非机械式微泵。

在机械式微泵中,为了结构上的紧凑,微阀与微泵往往是连成一体的,不能分开。因此,上一节中介绍的微阀与驱动力的结合就成为微泵的主体部分,而容积的变化大多以薄膜来实现。

在机械式微泵中,泵的工作是独立的,只对流体施加压力。而在非机械式微泵中,泵的工作与流体是密不可分的。例如电场泵就要求流体是一种电介质;化学泵要求流体本身具有相应的化学性能或物理化学性能的变化;流变泵则要求流体具有流变特性。

通常,微泵的流量都是很小的,因此所用的微机械泵几乎都是往复式的,只有要求流量很大的个别情况下,才采用旋转式。更小的微泵可成为不连续的间断泵,例如滴泵、止痛泵、释药泵等,甚至小到最后只驱动分子团的游动。这时机械泵已经无能为力,于是出现了形式众多的非机械泵。

已经出现的机械式和非机械式微泵大致可作如下划分:

微机械泵分为位移泵和动力泵。前者如单向阀泵、蠕动泵、无阀阻差泵、转子泵等，它们的特点是对流体施加周期性的能量，以提高其压力；后者如超高速泵、离心泵等，它们的特点是连续地施加能量，使流体增加流速，进而提高压力。

非机械微泵按其动力源的不同有：压力梯度泵——利用表面张力驱动，如电湿效应、Marangoni 效应、几何效应等；浓度梯度泵——利用渗透原理，如半渗透膜、表面活性剂等；电位梯度泵——利用电位差，如电渗、介电电泳、电流体动力等；磁场梯度泵，例如铁磁流体；物理化学泵，如凝胶、电解等。下面将具体介绍。

19.2 机械式微泵

机械泵一般都需要有一个能量转换元器件，以便把动力能源转变为机械功。这种转换元器件可以由外部提供，也可由内部完成。前者如电磁式、压电舌片式、压电膜片式、气动式、形状记忆式等，它们的特点是尺寸比较大，相应的驱动力和位移也比较大；后者如静电式、热气动式、双金属片式等，它们的特点是响应快，可靠性较大。

19.2.1 有阀机械式微泵

这种微泵脱胎于宏观机械泵，并保留了宏观泵的一些元器件。上一章介绍的很多微阀都是为这类微泵配套的。这种泵大多属于位移泵，而位移主要是通过膜片的往复运动来实现的。图 19.1 给出了这种膜片微泵的基本工作原理。流体从左边微阀进入，从右边微阀排出。这种微泵存在很多影响泵压的因素。例如，泵室中除膜片往复运动时产生的有效行程容积可以泵送流体之外，还存在一些无用的容积，如在压缩终了时存在的死隙。死隙越大，泵的效率也越低。在微泵中，这种死隙在总容积中所占的比例相对要比宏观泵中大得多。进出口阀的正、反流比也是造成微泵效率低的一个重要因素。如果泵压的是一种饱和状态的液体，那么还可能出现气泡。气泡的表面张力足以造成微泵无法正常工作。气泡的产生还会引起微泵的气蚀现象，损坏泵体。

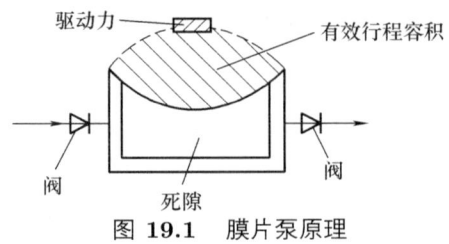

图 19.1 膜片泵原理

有阀机械微泵虽然其结构比较复杂，但它易于采用层叠组合方法，对微泵的制造十分有利,因此仍然得到了广泛应用。和微阀的驱动相似,微泵也有类似的驱动形式,如图 19.2 所示。这些驱动方式与上节各种微阀的不同组合,就可以获得各种形式的微泵。这里不再一一介绍。图 19.3 介绍了一种比较典型的热气动式微泵,这是由 V. D. Pol 于 1990 年提出的[129]。方形的泵膜嵌入了 M 型电阻丝作为加热元件。膜片在硅片上有四条硅支架支撑,既具有隔热作用,又有柔性支撑的作用。供电电压范围为 6 ~ 13 V。这种泵膜行程大,中心位置可达 23 μm,容积变化为 0.5 μL,膜片尺寸为 7.2 mm × 7.2 mm。但周期长,全充满要 25 s。最大流量为 34 μL/min,最大背压为 3.5 kPa。该泵的膜片是在硅片上加工的,膜片与加热片之间形成气室,由加热丝的供电电压控制膜片的运动,加热元件上面覆以玻璃片,而阀室处于泵的下方,最下面的阀座是用 Pyrex 硼硅酸玻璃制成的。

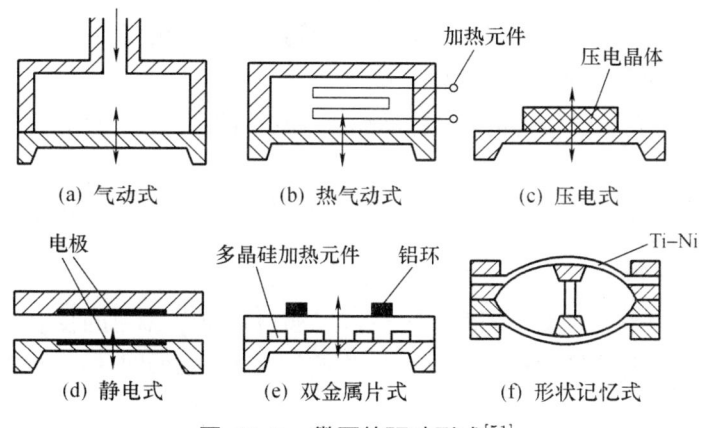

图 19.2 微泵的驱动形式[51]

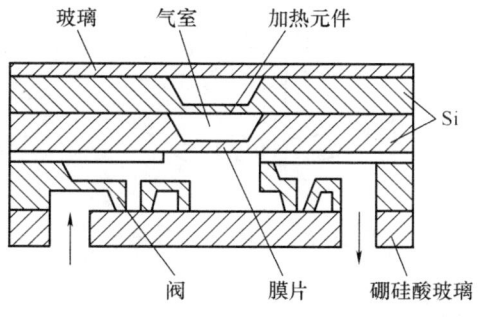

图 19.3 热气动机械式微泵

19.2.2 无阀阻差式微泵

这里的无阀是指没有运动元器件的微阀,即直接利用通道形状和截面变化来实现阀的功能。流体经过通道直接进入泵体,因此称为无阀直流微泵。阀的正、反流流量是由通道的正、反流流动阻力差来控制的,因此又称无阀阻差式微泵。

图 19.4 给出的就是以前介绍过的无阀阻差式微泵。图 19.4a 为变截面的缩 – 扩式[62,64]。图 19.4b 为瓣膜式迂回通道的 Tesla 式[103]。

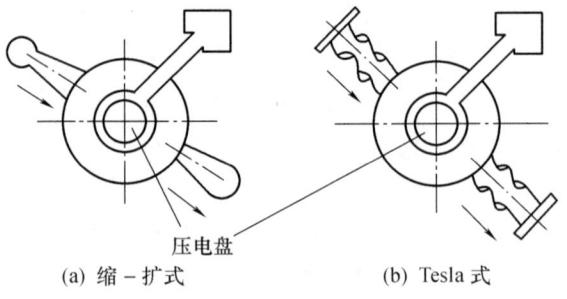

(a) 缩 – 扩式　　　　(b) Tesla 式

图 19.4　无阀阻差式微泵

这类微泵的驱动力可由压电、气动、双金属片、形状记忆合金等多种方式提供，而执行往复运动的元件大多采用膜片。

由于无阀，使微泵的结构简化，容易加工。其中缩 – 扩式应用广泛，但其正、反流比太大，泵的效率较低。

19.2.3　旋转式微泵

旋转式具有连续、流量大的特点，也可以通过对某些参数的控制实现间断性的流动。上面提到过的旋转毛细管阀就可配作旋转式微泵，如图 19.5 所示[130]。

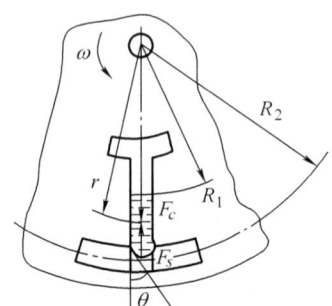

图 19.5　旋转毛细管微泵

毛细管中流体受到的离心力为

$$\mathrm{d}F_c = \rho \omega^2 r \mathrm{d}r \tag{19.1}$$

$$F_c = \int_{R_1}^{R_2} \rho \omega^2 r \mathrm{d}r = \rho \omega^2 \frac{(R_2^2 - R_1^2)}{2} \tag{19.2}$$

在毛细管出口，流体的表面张力为

$$F_s = \frac{\sigma \cos\theta L_w}{A} = \frac{4\sigma \cos\theta}{D_h} \tag{19.3}$$

式中，σ 为流体的表面张力；θ 为流体的接触角；$D_h = 4A/L_w$ 为水力直径；L_w 为湿周长。式 (19.2) 中的 ρ 为流体密度。

要使流体从毛细管中流出，必须满足 $F_c \geqslant F_s$ 的条件，即

$$\rho\omega^2 \frac{R_2^2 - R_1^2}{2} \geqslant \frac{4\sigma\cos\theta}{D_h} \tag{19.4}$$

可以解出

$$\omega = \sqrt{\frac{2 \times 4\sigma\cos\theta}{\rho D_h (R_2 - R_1)(R_2 + R_1)}} = \sqrt{\frac{4\sigma\cos\theta}{\rho D_h \Delta R R_m}} \tag{19.5}$$

旋转频率

$$f = \frac{\omega}{2\pi} = \sqrt{\frac{\sigma\cos\theta}{\pi^2 \rho D_h \Delta R R_m}} \tag{19.6}$$

式中，f 的单位为 r/s。

也有人把宏观齿轮泵的概念应用到微泵中，实现了齿轮式转子微泵。它的功率大，可用于泵压粘稠流体。由于微泵尺寸小，一般只采用正齿轮啮合。该泵泵压的流量为

$$\dot{V} = \pi h n \left(\frac{D^2}{2} - \frac{C^2}{2} - \frac{\pi^2 m^2}{6} \cos^2\phi \right) \tag{19.7}$$

式中，n 为每分钟转数；h 为齿高；m 为齿轮模数，$m = D/N$；D 为节圆直径；C 为中心距；ϕ 为压力角；N 为齿数。

例 19.1 一齿轮式微泵，$D = 596\ \mu m, C = 515\ \mu m, n = 300\ \text{r/min}, N = 12, \phi = 20°, h = 500\ \mu m$，试求其流量。

解： 由式 (19.7) 可得

$$\dot{V} = \pi \times 500 \times 300 \times \left[\frac{596^2}{2} - \frac{515^2}{2} - \frac{\pi^2 \left(\frac{596}{12}\right)^2}{6} \cos^2 20° \right]\ \mu m^3/\text{min}$$

$$= 1.95 \times 10^{10}\ \mu m^3/\text{min} = 19.5\ \mu L/\text{min}$$

19.2.4 其他形式的机械式微泵

由于可以驱动微泵的微能种类很多，因此微泵的种类也在不断地增加。图 19.6 是利用剪切力驱动的微泵示意图[131]。这种驱动方式产生的速度分布是接近线性的，类似于 Couette 流动。滑动轴承间隙内的润滑油或气体的流动，也可以看作由特殊的剪切力驱动的微泵。

用在色谱分析中的一个例子是，在深 0.125 μm，宽 4 mm 的通道上用速度为 2 cm/s 的驱动片来带着流体运动。

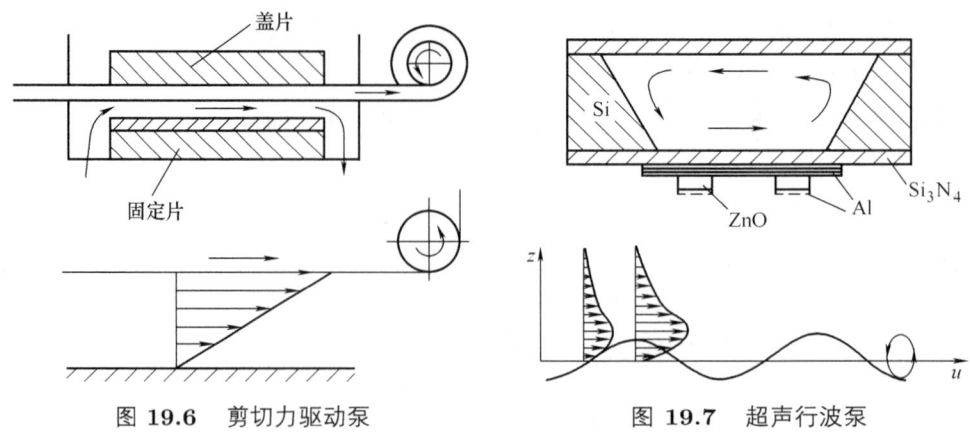

图 19.6　剪切力驱动泵　　　　图 19.7　超声行波泵

还有一种利用超声波工作的微泵[132]，也可归入机械式微泵，只是它利用了机械行波诱导的超声速流效应。如图 19.7 所示，将一指爪形结构置于压电材料上，再把它放在氮化硅膜片上，以一定的电压使膜片产生声波，从而诱发封闭腔内流体边界附近的运动。当频率为 1~5 MHz 时，挠曲平面波的波速可达 100~500 m/s，流体速度达 100 μm/s。图 19.7 的下方给出了流体的速度分布。可以看出，紧贴波面处有一薄层的粘性损耗段，而后很快达到最大速度，最后由于声波能的损耗，流速逐渐降为零。如果不考虑粘性损耗，则流速与距离的关系应为

$$u = u_{\max}\exp\left(-\frac{z}{\delta}\right) \tag{19.8}$$

式中，δ 为声波消失长度，它正比于波长 λ。

19.3　非机械式微泵

前面说过，机械式微泵一般需要一个能量转换元器件，以便把动力能源转变为机械功。非机械式微泵则不需要这种转换元器件，而是直接把动力能源作用于微泵的工作流体。这种直接作用于流体的方式也可以分为两种：一种是动力能源直接参与流体的流动，引起流体本身物理或物理化学性质的改变，例如电渗泵、电流变泵、磁流变泵、凝胶泵等；另一种是把动力能源作为诱导流体流动的动力，例如电流诱导流体动力泵、电流体动力泵、磁流体动力泵等。

由于驱动微泵的能源结构不同，因此非机械式微泵具有多种形式，而且差别很大。凡是具有一定梯度的有效能源都可作为微流动的动力。这里所说的微流动，不仅指连续流，而且还包括不连续流、液滴流、微粒流、气泡流、分子团流等。因此这里所指的非机械式微泵有的已没有泵的形式，有的甚至只是流道的一部分，所以这里所说的微泵已是一种更广泛意义上的概念。只要能驱动流体、微粒、分子团等运动

的过程都归纳到微泵的范畴。这些能源在第二篇曾作过介绍,这里就结合具体的微泵作一综合介绍。

19.3.1 压力梯度微泵

这里的压力梯度是指非机械性能量转换所提供的压力梯度。在微泵中主要是指直接由毛细力引起的压力梯度。由第二篇的介绍可知,引起毛细力压力梯度的因素很多,下面给出几种由不同因素所引发的压力梯度微泵。

利用温度对表面张力的影响可以设计出无阀非机械微泵。由温度梯度引起表面张力梯度而产生的流动现象称为 Marangori 效应或 Marangori 流。自然对流实际上也是由热毛细力引起的流动。这种流动在微重力领域显得尤为重要,特别是在微重力条件下对细胞及组织受力状态的研究、对晶体成核的研究、对相变过程的研究等。

Marangori 迁移就是一种利用热毛细力来使液滴向上迁移的过程。图 19.8 表示在一个流场中不溶于母液的液滴或气泡的迁移过程[79]。流场上部的温度高,下部的温度低,因而在液滴或气泡表面上造成上部表面张力小于下部表面张力,结果使液滴或气泡顶部表面的分子拉向四周,为了补充顶部的分子,又在内部产生从下向上的分子运动,这就是所谓的对流胞元,最后促使液滴或气泡向上迁移。

热虹吸泵实际上是一种利用毛细力的气泡泵,如图 19.9 所示。在由毛细力引起的上升过程中,由于外界热量的加入而使流体部分气化。随着气泡的上升,毛细管内的液体也被挟带向上,直至上管口排出。

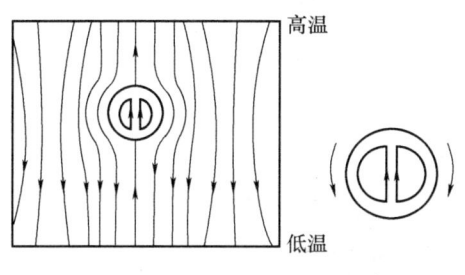

图 19.8　Marangori 迁移

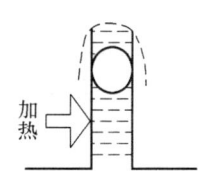

图 19.9　热虹吸泵

图 19.10 是另一种利用热毛细力的间断式微泵[113]。由电阻丝加热方式控制和驱使上、下管内液滴的流动。当加热液滴的左侧时,液滴左侧表面张力将小于右侧,因此右侧的表面张力将拖曳液滴向右移动。如果加热丝依照一定的程序从左向右依次通电,那么就会使液滴不断地向右移动。上下两根毛细管内的液滴同时向右移动,最后可以把两个液滴在汇合管内混合成一个大液滴。这种结构既有泵送的作用,又可实现不同液滴的混合。

图 19.11 是利用疏液性和毛细力来完成间断输送液体的任务[136]。进液段是亲液表面,排液段是疏液表面。因此亲液段利用毛细力充满了液体,而疏液段则不能进

入液体。再利用加热元件控制气室内的气体压力，就可以从亲液段截出一小段液体，并在气体压力的推动下从右端排出，实现泵送的功能。

图 19.10　毛细力间断泵　　　　图 19.11　毛细力疏液泵

更接近于宏观泵概念的是一种利用电毛细力的汞微泵。如图 19.12 所示[127]，把一个 T 形毛细管插入另一个较粗的管内，后者充灌汞液，上部则是电解质水溶液。当 T 形管插入后，毛细管内汞的液面提升到一定高度。如果在外管上下连接电路，并在电路中施加脉冲电压，则在汞的表面上产生电荷。由于电荷对表面张力的影响，使毛细管中汞的液面随着脉冲电压的变化而升降。这一升降过程就相当于机械活塞式往复泵的泵送过程。如果在 T 形管横管的左右接上单向阀，那么就成了一台完整的毛细力微泵。图 19.12 右图给出了电场强度 E 和电解质浓度 C 对汞表面张力 σ 的影响。

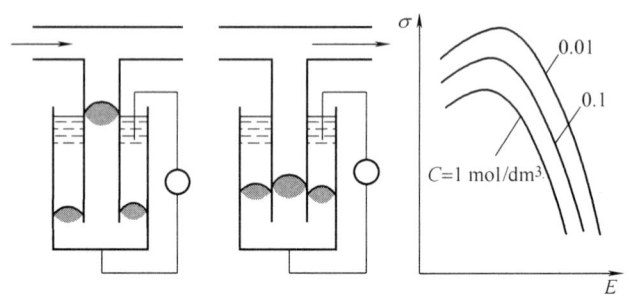

图 19.12　毛细力汞微泵及汞的特性

采用按序交替加热的方法，可以通过相变产生气泡，并依次推进，达到泵送的目的。这就是相变热毛细微泵，是由 Takagi 等于 1994 年首次提出的。Jan 等于 1998 年也制成了这类微泵，其流速为 160 μm/s，流量小于 1 nL/min。Geng 等则于 2001 年给出了采用大小通道对导电溶液进行按序加热的相变热毛细微泵。

利用固 – 液界面上表面张力与表面电荷之间的依存关系，可以制成电湿微泵，又称电毛细微泵，这是由 Matsumoto 等于 1990 年提出的。

另外，18.1.6 节中介绍的电毛细力微阀，在实现阀的作用的同时，也达到了泵送间断流的目的。

19.3.2 浓度梯度微泵

在第二篇中介绍了由渗透和扩散现象引起的微流动,而渗透和扩散正是由浓度梯度产生的。根据这一原理可以制成浓度梯度微泵。

在医药领域出现的渗透泵片剂就是一个典型的例子[98]。它利用半透膜把药物和渗透促进剂包在里面。当药片进入胃肠后,水分就会通过渗透膜进入药室,使药物成为饱和溶液。当药物溶液的渗透压高于半透膜外胃肠液的渗透压,并达到一定程度时,药片内的药物就会通过释药孔稳定地排出,进入胃肠。渗透压的高低、释药速率的大小可以通过半透膜的透水性来控制,还可在半透膜中加入增塑剂和水溶性添加剂来加快半透膜的渗水速率。图 19.13 的左图为单室渗透泵简图。

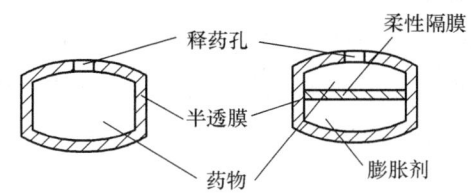

图 **19.13** 渗透泵片剂

对于水溶性过大或难溶于水的药物,可采用双室渗透泵,如图 19.13 的右图所示。两室中间有一层柔性聚合物膜,上室装药物,下室为盐类或膨胀剂。其他部分与单室型相同。当水分子渗透进入下室后,由于膨胀产生压力,把隔膜推向上层,使药物从小孔释出。影响渗透泵释药速度的因素有渗透压差、膜的渗透性、释药孔大小、膜的厚度等。

此类药物泵片不仅可以稳定地以恒速释放药物,而且可以调节释放的速率,甚至具有靶向作用、复合给药作用。

还有一种浓度梯度微泵,其特点是利用表面活性剂来控制液体的表面张力,通过不同的表面张力来改变扩散率。

19.3.3 电位梯度微泵

利用电位梯度同样可以达到泵送流体或微粒的目的。按照电位梯度对流体产生的作用的不同,又有电渗、电泳、介电、电流体动力等不同形式。

电渗微泵是目前应用最广的一种微泵。电渗流的驱动力是动电效应,它是直接作用于流体的,因此这种泵送方式已不再是传统泵的形式。有关电渗流的原理在第二篇中已经作过详细的介绍,不再重复,这里仅介绍其应用。图 19.14 是一种由电渗流驱动的微泵,由 Mcknight 等于 2001 年提出[137]。微流通道深 30 μm,宽 60 μm。电渗流产生于电极对 E_2 和 E_3 之间。在该区间内流体流动的速度是按电渗流规律分布的,呈比较均匀的柱塞形。但是在该区间以外,仍为流体动力驱动,速度分布不均匀性大,具有 Poiseuille 流的抛物线形。

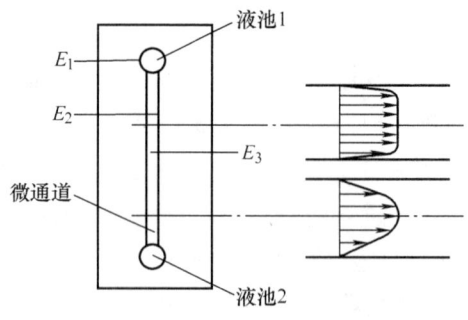

图 19.14 电渗微泵

电渗流的这种流态分布对组分区带展宽是有利的,而且有利于微粒组分的分离和分级。整个流道截面上流体性质比较均匀,有利于保证检测的精度。但是这种流态分布不利于不同物质的混合与反应。因此必须根据微流道的用途,恰当地设计所需要的流态分布。由于电渗流的速度分布比较均匀,在同样条件下,电渗流的总流量将大于 Poiseuille 流的流量。

据介绍,在间距为 0.06 ~ 15 mm 的电极对上施加 5 ~ 40 V 的电压后,可获得 0.01 ~ 0.14 mm/s 的流速,流量为 0.01 ~ 0.14 mL/s。很明显,这种电渗微泵十分简单,而且可以根据芯片工艺流程的需要灵活布置于所需要的区段,操作方便,没有脉动,样品区带展宽比较小。它的缺点是仅适用于电解质溶液,而且易受外加电场强度、通道表面、流体性质等因素的影响。

电泳微泵也是建立在电位梯度基础上的。不过在微流中电泳微泵的主要作用是使固体或胶体微粒移动,而流体是不流动的。根据第二篇的介绍,在外加电场作用下,带电荷的微粒将由于双电层的动电效应而加速运动,直至电场力与流体对它的摩擦阻力相平衡。这时的微粒速度就称为电泳速度。如果用单位电场强度的电泳速度来表达,那就称为电泳淌度。

影响电泳速度或电泳淌度的因素很多,例如粒子的带电量、粒子的大小及质量等。因此在同一流场中,不同粒子所受到的电场力和阻力是不同的,表现为不同粒子有不同的速度、方向和位置。这样就可以利用检测设备来分辨不同的粒子,达到分析物质的目的。因此电泳方法在化学分析和生物医药中被广泛应用。DNA 检测、蛋白质的分离都可采用这一方法。

实际上,电渗和电泳常常会同时起作用。在施加电压后,流体将因双电层效应而流动,微粒则因电泳而迁移。因此微粒实际的电迁移率应为二者之和,即

$$u_p = u_E + u_{E0} \tag{19.9}$$

式中,u_p 为微粒的电迁移率;u_E 为微粒的电泳淌度;u_{E0} 为流体的电渗淌度。大多数情况下,电渗流速度要比电泳速度快 5 ~ 7 倍,因此流动的主要驱动力由电渗流提供,而电泳力和阻滞力则为分离微粒提供动力。当然,它们相互之间是有影响的,若

适当地进行组合,则可以提高分离的效果。

例 19.2 动电微泵管系的初步计算,具体参数见图 19.15[48]。点 1,2 之间的阻抗为 400 MΩ, 点 1,2,3,4 的电位分别为 1000 V, 1000 V, 1500 V 及 0 V, 双电位 $\zeta = -100$ mV。求在长流道中动电流动的方向及流量。

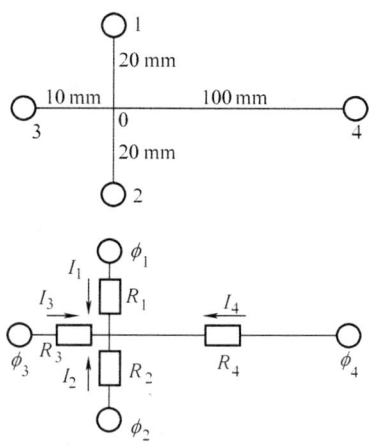

图 **19.15** 动电微泵的计算

解: 设管径 $d = 100$ μm, 流体粘度 $\mu = 1 \times 10^{-3}$ kg/(m·s), 相对介电常数 $\varepsilon_r = 50$, 真空中介电常数 $\varepsilon_0 = 8.854\,18 \times 10^{-14}$ F/cm。计算中假定流体在流道中是均匀的, 每一段充液流道中的阻抗是与长度成正比的, 因而可以把上述管系用一个虚拟的等效电路来表示, 如图 19.15 的下图所示。这时 $R_1 = 200$ MΩ, $R_2 = 200$ MΩ, $R_3 = 100$ MΩ, $R_4 = 100$ MΩ。

根据基尔霍夫第一、第二定律: 流入节点的电流总和应等于流出节点的电流总和; 在电路内循行任一闭合回路, 则各电位升的总和必等于各电位降的总和。因此有

$$\begin{cases} I_1 + I_2 + I_3 + I_4 = 0 \\ \phi_1 - \phi_2 = I_1 R_1 - I_2 R_2 \\ \phi_3 - \phi_4 = I_3 R_3 - I_4 R_4 \\ \phi_1 - \phi_3 = I_1 R_1 - I_3 R_3 \end{cases} \tag{19.10}$$

式中, ϕ 为电位, I 为电流, R 为电阻。由上式方程组可求出

$$I_4 = \frac{(\phi_4 - \phi_1) R_2 R_3 + (\phi_4 - \phi_2) R_1 R_3 + (\phi_4 - \phi_3) R_1 R_2}{R_1 R_2 R_3 + R_2 R_3 R_4 + R_3 R_4 R_1 + R_4 R_1 R_2} \tag{19.11}$$

将已知数据代入上式可得

$$I_4 = -1.19 \times 10^{-6} \text{ A} = -1.19 \text{ μA}$$

计算结果表明, 电流是负的, 因此电流的实际方向与参考方向 (见图 19.15) 相反。

最长流道中的电场强度

$$E_4 = \frac{\phi_0 - \phi_4}{L} = \frac{I_4 R_4}{L} = \frac{1.19 \times 10^{-6} \times 1000 \times 10^6}{100 \times 10^{-3}} \text{ V/m} = 11.9 \times 10^3 \text{ V/m}$$

电渗淌度

$$u_{E0} = \frac{\varepsilon_r \varepsilon_0 \zeta}{\mu} = \frac{50 \times 8.854\,18 \times 10^{-12} \times 100 \times 10^{-3}}{1 \times 10^{-3}} \text{ m}^2/(\text{V} \cdot \text{s})$$
$$= 4.43 \times 10^{-8} \text{ m}^2/(\text{V} \cdot \text{s})$$

最长流道中的电渗流速度

$$v_4 = u_{E0} E_4 = 4.43 \times 10^{-8} \times 11.9 \times 10^3 \text{ m/s} = 5.268 \times 10^{-4} \text{ m/s} = 526.8 \text{ μm/s}$$

最长流道中的流量

$$\dot{V}_4 = v_4 A = v_4 \frac{\pi d^2}{4} = 5.268 \times 10^{-4} \times \pi \times (100 \times 10^{-6})^2 \text{ m}^3/\text{s}$$
$$= 4.137 \times 10^{-12} \text{ m}^3/\text{s} = 248 \text{ nL/min}$$

利用电位梯度的微泵，除了电渗泵、电泳泵之外，还有一种是电流体动力泵，根据电场的状态，又可分为喷射泵和诱导泵。前者处于静止电场中，后者处于动力电场中。

喷射泵的基本原理是电极通过电化学反应释放出带电离子，进而以该离子上的库仑力作为驱动力，如图 19.16 所示[133]。电极采用多孔网格式，在电场作用下，由离子带动流体通过网格。这种微泵由 Richter 于 1991 年首次提出，要求在流体中存在介电常数或电导率的梯度，例如乙醇、丙酮及去离子水，它们的电导率介于 $10^{-14} \sim 10^{-9}$ S/cm 之间，属于相对绝缘的介电流体。水溶液因电导率高，离子的迁移不能带动整个流体的流动，因而不适合用此泵驱动。

诱导泵是由电导率梯度与电场行波之间的相互作用提供驱动力的，它推动被诱导的电荷沿着波的方向运动，如图 19.17 所示[48]。电荷可在界面上释放，也可在体内释放。前者如分层流体、浮悬粒子流体的运动；后者如非均质流体的运动。不过这类微泵所驱动的流体仅限于电导率很低的介电流体，其范围在 $10^{-12} \sim 10^{-6}$ S/cm 之间。图 19.17 中 σ 为电导率，ε 为介电常数。

Fuhr 等于 1994 年提出了一种压缩的平面传输波微泵[134]，也属于电流体动力微泵，图 19.18 是它的示意图。它采用四相电极系统，每相相差 90°。流道深 50 μm，宽 $200 \sim 600$ μm，长 4 mm，当所用电压大于 50 V、交变场频率为 200 kHz 时，可得流体的电导率为 10^{-3} S/m。如果要使电导率为 10^{-2} S/m，则交变场的频率应为 2 MHz。这种微泵在高频时可泵送水及酒精。当电压为 35 V 时，水的流速可达 250 μm/s，相应的流量为 450 nL/min。

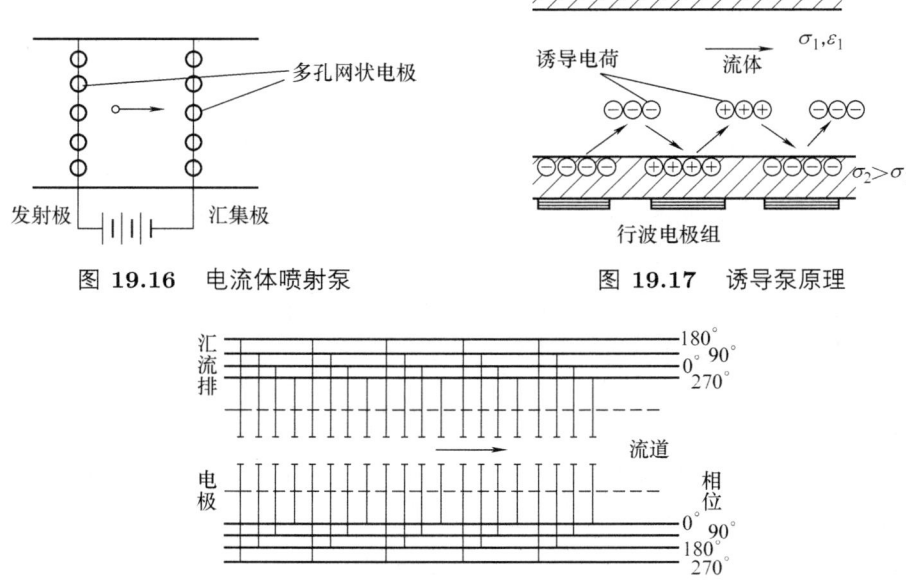

图 19.16　电流体喷射泵　　　　图 19.17　诱导泵原理

图 19.18　平面传输波微泵

介电电泳泵也可归为电位梯度微泵。在第二篇已经介绍了介电电泳的基本原理，它可以用来分离和操纵微粒，已在生物医学中得到了应用。

图 19.19 表示在非定常电场中由诱导而极化的无电荷粒子所进行的转向运动。比周围介质极化程度高的微粒将向电场强的方向运动 (如左侧微粒)，而极化程度低的微粒则远离强电场 (如右侧微粒)。

图 19.20 是最简单的四电极介电电泳泵[138]。根据介电电泳的正、负，细胞或者向中心集中，或者向电极靠拢。

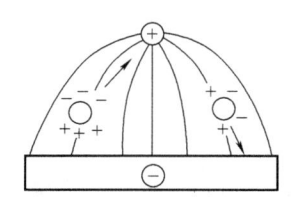
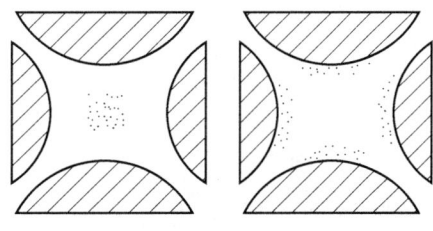

图 19.19　极化粒子的运动　　　　图 19.20　四电极介电电泳泵

图 19.21 是 Fuhr 等提出的轨道型电极布置[139]。在电极中给以周期性变化的电位 E，就可能获得一条电场移动的途径，使微粒能够稳定地沿着要求的路线运动。

利用电极的不同形状和组合，可以完成对微粒 (包括细胞等) 的各种操作。电极的基本形状有漏斗、偏转、弯钩、笼罩、开关、栅栏、锯齿等，图 19.22 给出了加载器中这些形式的组合[89]。

介电电泳已经初步应用到胶体粒子的分离、生物目标物 (如酵母细胞、病毒、癌

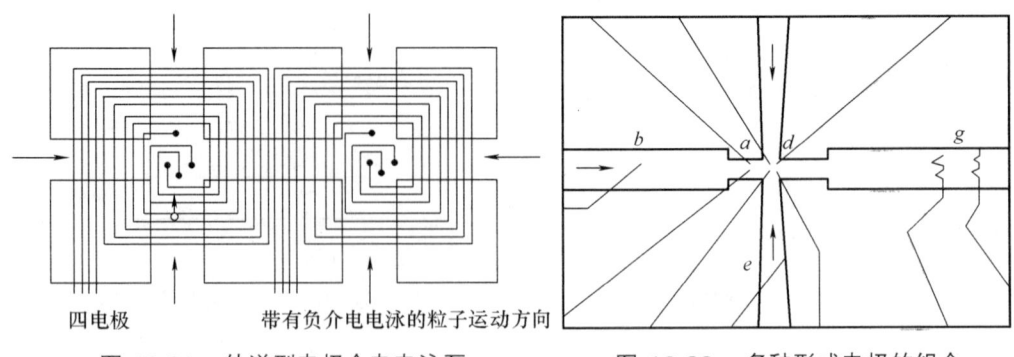

| 四电极 | 带有负介电电泳的粒子运动方向 |

图 19.21　轨道型电极介电电泳泵　　　　图 19.22　多种形式电极的组合

细胞等) 的分离、金属与半导体单壁碳纳米管的分离、DNA 分子的捕集与操纵等。但是上述这些介电电泳方法都需要使用金属微电极，并由薄膜覆盖后再加工，因此电场强度会迅速减小，从而降低了介电电泳力，影响了介电电泳的捕集力和分离能力。如果电场强度很高，就可能发生复杂的电化学反应，如电解，从而使电极剥蚀。

C. F. Chou 等于 2003 年提出了无电极的介电电泳方法，可以解决上述难题[90]。该方法利用几何形状的变化来聚集电场，即通过收缩的微通道把电场压挤到一个导电的溶液中，从而建立局部的高电场梯度。图 19.23 给出了这种电泳方法的示意图，也给出了测试结果以及局部电压梯度和电场梯度的变化。

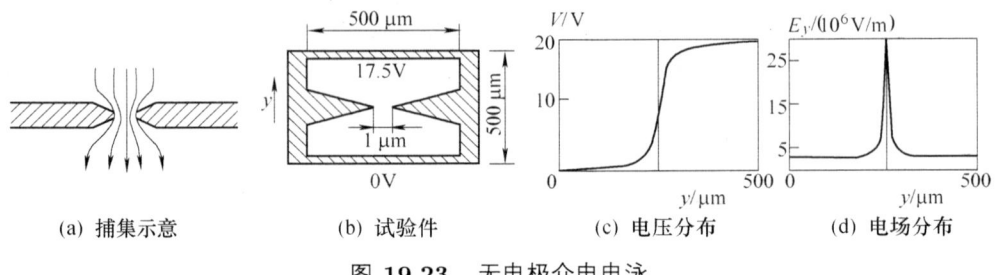

(a) 捕集示意　　(b) 试验件　　(c) 电压分布　　(d) 电场分布

图 19.23　无电极介电电泳

19.3.4　磁场梯度微泵

磁流体动力泵是利用磁场梯度的微泵。这是一种基于作用于导电溶液的 Lorentz 力的微泵。由磁学可知 Lorentz 力就是电荷 Q 在垂直于磁场的平面上，以速度 v 运动时所受到的力，又称电磁力，即

$$F = BQv \tag{19.12}$$

式中，B 为磁感应强度。如果在长度为 l 的导线内，有电荷 $\mathrm{d}Q$ 在垂直于磁场的平面上以 $\mathrm{d}l/\mathrm{d}t$ 的速度移动，若磁场的磁通密度为 B，则微元段 $\mathrm{d}l$ 导体上的作用力为

$$\mathrm{d}F = B\mathrm{d}Q\frac{\mathrm{d}l}{\mathrm{d}t} = B\frac{\mathrm{d}Q}{\mathrm{d}t}\mathrm{d}l = BI\mathrm{d}l \tag{19.13}$$

如果导线是直的,且沿导线长度上各点的 B 的大小和方向都一致,则作用于导线上的力为

$$F = BIl \tag{19.14}$$

因此作用力的大小与导线内的电流 I、导线在磁场中的长度 l 及导线所处的磁通密度 B 三者成正比,这就是安培定律。

作用力的方向由左手定则确定,即掌心对着磁力线方向,四指对着电流方向,则大拇指所指的就是电磁力的方向 (图19.24)。如果导线与磁场不垂直,则可以采用垂直分量,即

$$F = BlI\sin\alpha \quad 或 \quad \boldsymbol{F} = (\boldsymbol{I} \times \boldsymbol{B})l \tag{19.15}$$

式中,α 为 B 与 l 的夹角。这一关系同样适用于磁流体,因此称为磁流体动力微泵。这种微泵具有无脉动、双向可调、结构简单的优点。图 19.25 所示是一种铁磁流体微泵。它以碳氢基铁作为流体塞,并将磁力直接作用于该铁磁体上。流体塞相当于一个活塞,可将流体从一侧移向另一侧,这样一侧压力降低,而另一侧压力升高,再配合单向阀就可以完成泵送流体的任务[140,166]。

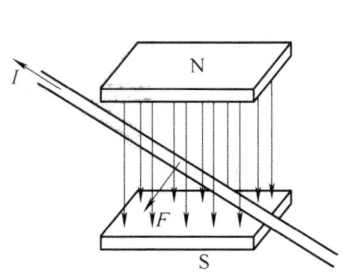

图 19.24　Lorentz 作用力

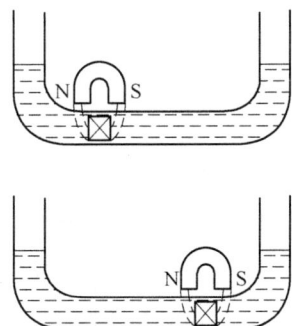

图 19.25　铁磁流体微泵

19.3.5　物理化学变化及其他形式微泵

利用物理化学作用可以达到泵送流体或微粒的目的,浓度梯度微泵实际上也属于这一类。此外,还有另外一些物理化学微泵,图 19.26 给出了一种由电解反应引起的泵送功能[141]。在水中施加电场后,水被电解成氢和氧,各自向正、负两极移动,从而带动液体一起流动。该泵可以通过改变气体流动方向实现双向泵送的目的。

静电式蠕动微泵和压电式蠕动微泵是通过外加电场的作用进行驱动的,但电场不是直接作用于液体,而是通过中间膜片施压于流体的,原则上可归入机械式微泵范畴。

光学捕获微泵的工作原理如下:当激光聚焦后得到的高斯光场作用于透明粒子时,如果粒子的折射率 n_1 大于周围介质的折射率 n_0,梯度力 F_a, F_b 就会把粒子推

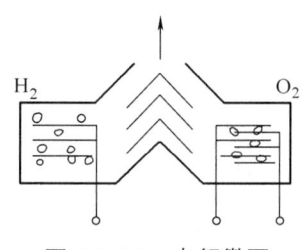

图 19.26 电解微泵

向光场的最强处。这一原理可用于微流的控制,实现泵送微粒的目的。光学齿轮泵和光学蠕动泵就是它的典型应用,如图 19.27 所示[115,128]。该泵在微流道中合成直径为 $1\sim 3\mu m$ 的胶束粒子,通过上述光学捕获的方法来控制多个粒子的运动,完成类似于机械齿轮泵和机械蠕动泵的功能,最终实现泵送微粒的目的。

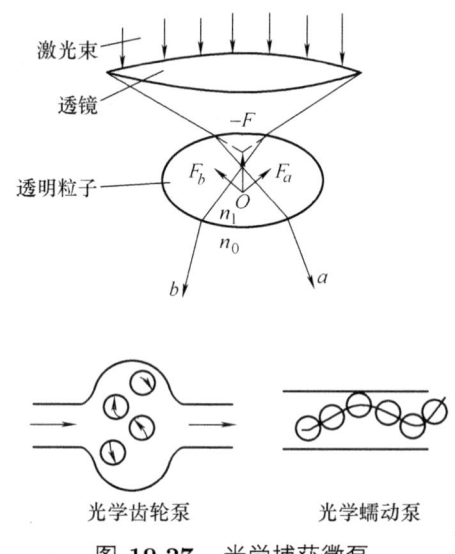

图 19.27 光学捕获微泵

Cheng 等在 2007 年利用疏水表面的粗糙度梯度设计了一款气泡泵,该泵构思巧妙,如图 19.28 所示[180]。从本质上说,它仍是一种毛细力微泵。该泵的主要工作机理如下:按一定规律制造的人工粗糙度梯度,可以把由电解产生的气泡向一个方向移动,而疏液表面则可防止液体外溢。

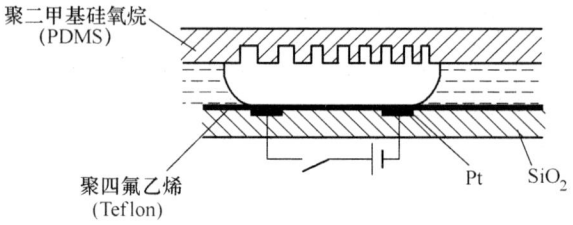

图 19.28 粗糙度梯度微泵

第 20 章　微混合器与微分离器

在微流动元器件中，微混合器和微分离器常用于分析、检测或微实验室中。由于微流动时雷诺数通常很小，流态大多处于层流状态，因此对混合过程造成不利的影响。除了需要采取措施来加强紊流，强化混合过程以外，还需另辟途径，例如利用扩散、流道形状变化、电磁作用、超声作用等措施来增强混合效果。对于分离过程，同样也必须考虑微流及其介质的具体特点，采取相应的分离方法，以增强分离的效果。

20.1　微混合器的形式

在宏观混合中经常利用湍流达到混合的目的，而在微流动中，出现湍流的机会很少。由雷诺数可知

$$Re = \frac{ud}{\nu} \tag{20.1}$$

微流中定性尺寸 d 一般都很小，流速 u 也不大，因此该雷诺数通常小于临界雷诺数，流动处于层流状态。在层流状态时很难使流体在各层之间相互交换以达到混合的目的，因此需要采取相应措施来破坏层流状态。

在微流中为了增强混合效果，除了破坏层流状态以外，还可利用扩散效应。参见式 (13.5)，可知扩散通量为

$$\phi = -D\frac{\partial C}{\partial x} \tag{20.2}$$

式中，D 为扩散系数；C 为物质浓度。而扩散系数为 [参见式 (13.12)]

$$D = \frac{RT}{fN_A} \tag{20.3}$$

式中，R 为气体常数；T 为绝对温度；f 为摩擦因子，对于球形粒子 $f = 6\pi\mu r$；$N_A = 6.02 \times 10^{23}$，为阿伏伽德罗常数。在温度不变时，可以认为摩擦因子 f 正比于流体的动力粘度 μ，因此有

$$D = \frac{C_D}{\mu} \tag{20.4}$$

式中，C_D 考虑了所有其他的因素。因此要通过扩散来增强混合，除了提高浓度梯度 $\partial C/\partial x$ 外，还应降低流体的粘度。一般情况下，大分子的粘性大，如血红蛋白、病毒等，因此大分子溶液的扩散系数要比大多数液体小两个数量级。此外，增加接触面积或接触时间，也必然会提高扩散通量，但是在微混合器中要做到这一点是存在一定困难的。

我们知道，扩散的时间是与扩散距离的二次方成正比的 [参见式 (13.13)]，即

$$t = \frac{d^2}{2D} \tag{20.5}$$

而粒子的扩散系数 D 则与粒子的大小成反比。因此粒子越小，扩散系数越大，在同样的扩散距离下所需的扩散时间就越短。表征扩散混合效果的一个量纲一的量为

$$F_{\text{mix}} = \frac{Dt}{l^2} \tag{20.6}$$

式中，l 为垂直于流动方向的流道尺度。一般情况下，若 F_{mix} 值介于 0.1~1 之间，则具有较好的扩散混合效果。当 $l = d$ 时，$F_{\text{mix}} = 1$。显然，减小通道截面积也是增强混合效果的一个措施，这在圣诞树形微混合器中已得到了应用。

还有一些其他方法可以加强微流体的混合，如施加超声波、电场、磁场等，但是这需要增加额外的设备。

按照混合过程的原理，这里把微混合器分成弱化层流型和强化层流型两类。弱化层流型又可分为被动型和主动型，被动型是在流体内部采取强化措施的混合器，而主动型则从外部施加影响，以促进混合。强化层流型就是扩散型微混合器。

为了把两股微流混合，最早采用了一维的 T 形或 Y 形管式混合器，如图 20.1 所示。两股流体在同一平面上流入混合管道。流体的混合主要靠扩散来实现，因此分离现象严重，混合效果差。但因其结构简单、加工容易，至今仍被应用于芯片分析、芯片实验室和芯片反应器中。为了加强混合效果，在此基础上出现了很多不同的构型。图 20.2 给出了 16 种不同形式的微混合器的原理图，具体内容将在下面分别介绍。

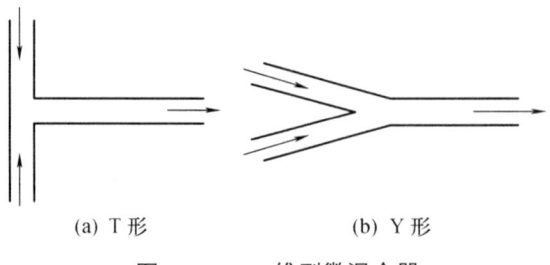

图 20.1　一维型微混合器

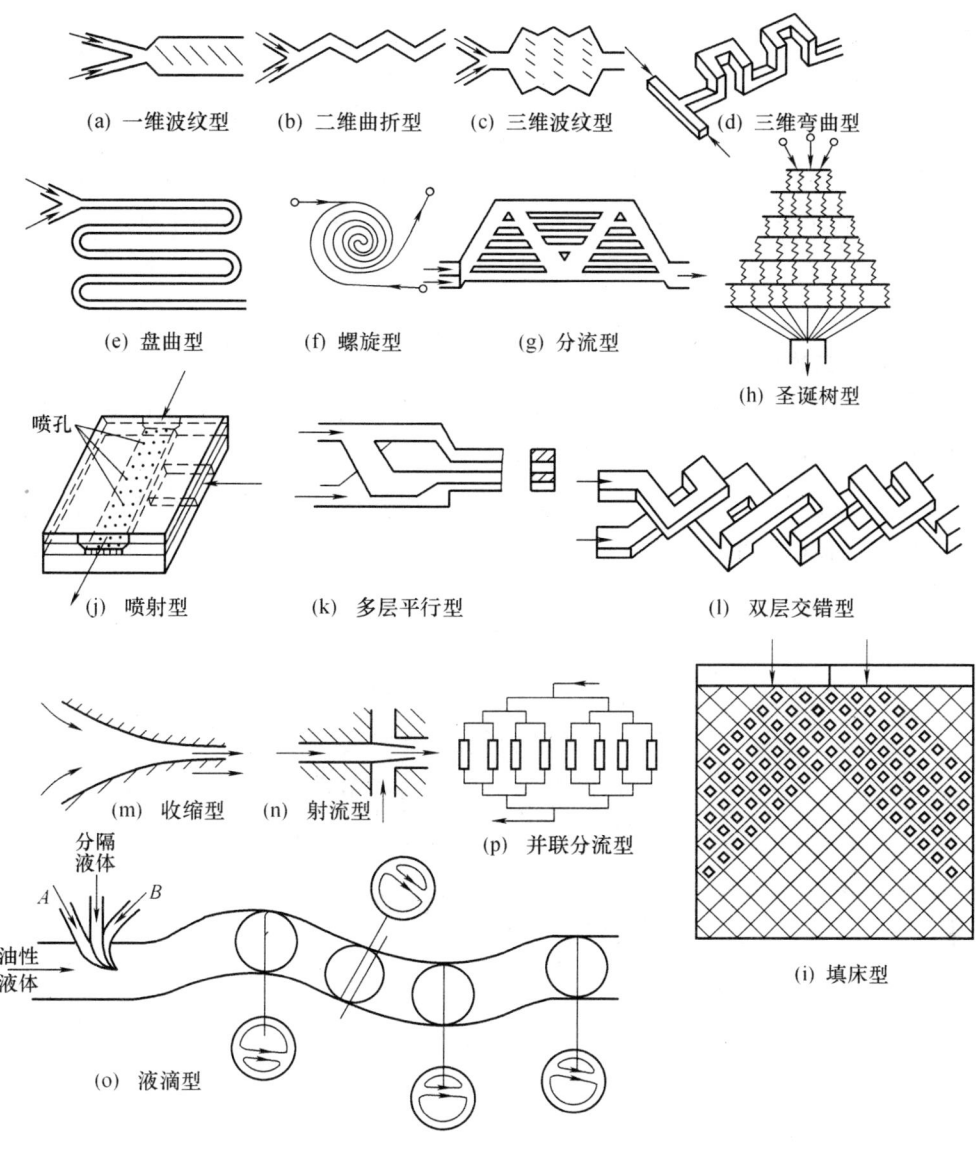

图 20.2 各种构型的微混合器[48,54,115]

20.2 弱化层流型微混合器 —— 被动型

如上所述,层流是造成混合效果差的主要原因,为此必须采取措施削弱层流的影响。本节介绍的几种方法就是从微流动内部的构型出发增强混合效果的。由于不是人为地从外部施加影响,因此称为被动型。削弱层流的方法主要是增加扰动,使层流层之间相互掺和。

20.2.1 多维扰动型

图 20.2a, b, c, d 所示都是脱胎于 T 形和 Y 形的微混合器。图 20.2a 所示混合器除了使截面变化还增加了波纹通道,增强了扰动。图 20.2b 所示混合器采用了曲折的通道。图 20.2c, d 所示更具有三个方向的变化,其中图 20.2c 所示混合器是在壁面上附加各种形式的波纹阻力[142,149],图 20.2d 所示混合器则使混合流道产生三维弯曲[143]。

20.2.2 弯道二次流型

利用弯道中的二次流现象可以增强流体的扰动。图 20.2e, f 所示就是利用弯道效应的微流混合器,其结构简单,加工容易,混合效果也较好。作者对螺旋型做过分析和实验,通过荧光显像手段证实了这种构型可以加强混合过程,且效果良好[54,164]。目前,该混合器已取得了专利,如图 20.3 所示[182]。文献 [145] 还对这种混合器作了理论分析。

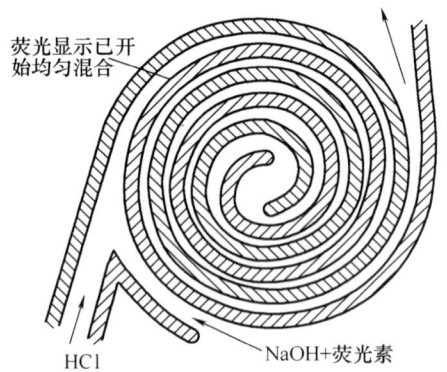

图 20.3 螺旋型微混合器的试验结果 (参见彩图 6)

20.2.3 分流型

图 20.2g 所示为大小通道相结合的分流型微混合器[146]。大通道沿程阻力小,但有曲折,局部阻力大;小通道沿程阻力大,但通道直,局部阻力小。混合流体在大小通道中随机进入,完成混合过程。大通道中的流体还会因为小通道流出液体的干扰而增加扰动,破坏层流,因此混合效果较好。

20.2.4 喷注型

在流动过程中可让一股流体或两股流体通过小孔、喷管等产生较高的流速来增加扰动,从而强化混合过程。图 20.2 所示的喷射型、射流型、收缩型都属于这类微混合器[150]。

20.2.5 填床型

在混合器内填充各种微填料，以增加混合流体的接触机会，如图 20.2i 所示[146]。

20.2.6 液滴型

图 20.2o 所示是一种液滴式微混合器[151]。为了使液 A 和液 B 均匀混合，可利用一种不溶的油性液体来分散这些液滴，而液体 A 和 B 是由分隔液挟带进入油性液体中的。这种不连续的混合液滴，在后续的波形通道内经过多次的二次流扰动，液滴内的液体 A 和 B 混合得更加均匀。

20.3 强化层流型微混合器 —— 扩散型

上节是用破坏层流的方法来强化混合过程，而本节却采用强化层流的方法。强化层流的目的是为了实现扩散。正如前面讲过的，增加接触面积或接触时间都可提高扩散通量，这正是强化层流型微混合器的理论依据[148]。

20.3.1 多层平行型

在尺寸不大的微混合器中可采用多层通道的方法增加混合过程的接触面积。图 20.2k, l 所示就是这种方法的应用[142]。把单一的微流分隔成更薄的多层层流，这就使混合流的接触面积成倍地增加，为强化扩散提供了条件。图 20.2l 所示混合器在增加接触面积的同时，还采用了交错流动的方式以增加对流体的扰动，因此效果更好。如果两种流体都分成 n 个薄层，然后再汇合，则混合时间是原来的 $1/n^2$。

可以在高度方向分层也可以在宽度方向分层。在微混合器中，对二维的宽度方向分层，其结构比较简单，且容易加工，而对三维的高度方向分层则相对比较复杂。如果能在高度和宽度方向相互交错分层的话，扩散效果会更好。

20.3.2 圣诞树型

这是一种把微流道逐级分细的构型。图 20.2h 所示就是这种结构[147]。如果把一个流道分成两个次流道作为一个级，那么用 n 级串联起来就可以有 2^n 个层流层，这就产生了 4^{n-1} 次快速混合。图 20.4 给出了分级数 n 与混合次数的关系。曲线 1 是平行流式，曲线 2 是圣诞树式。后者的效果更好。

图 20.2p 所示的并联分流型也可归为圣诞树型微混合器，不同的是并联分流型在分流后并没有像圣诞树型那样重新汇合后又分流，而是各自向后分流。而且最后也是各自汇聚，不像圣诞树型那样到最后全都汇集在一起。

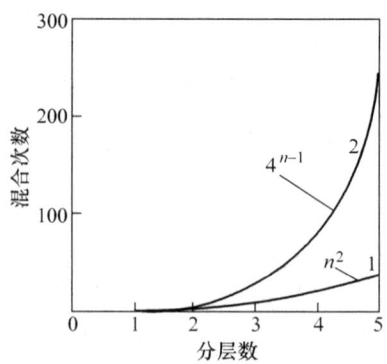

图 20.4　混合次数与分层的关系

20.4　弱化层流型微混合器——主动型

和被动型不同,主动型的弱化层流型微混合器需要外加的动力场来干扰层流层。这些干扰方法包括机械力式、电场力式、磁场力式和超声波式等。

20.4.1　机械力式

这是一种通过微泵实现的扰动,图 20.5a 所示的混合器采用了两个微泵,使流体相向流动,促进了混合过程。图中 20.5b 所示的混合器则在混合前用旋转叶片增强两股流体的混合。旋转叶片可用旋转磁场来驱动。

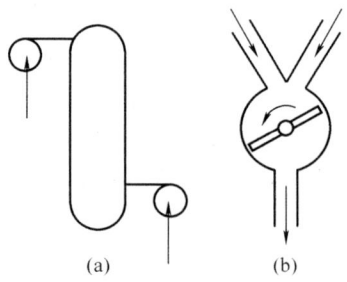

图 20.5　机械力干扰式微混合器

20.4.2　电场力式

对流体施以一定的交变电场,可以加速流体分子的振动。根据混合要求适当布置电极,就可以强化混合过程。在电渗流中利用可变直流电场产生的电渗流不仅可以驱动流体,而且也可以混合不同的流体。

20.4.3 电磁力式

在外加磁场和电场作用下,流体产生洛伦兹 (Lorentz) 力而引起扰动,从而加强混合过程。显然,这只能用于电介质溶液中。

20.4.4 超声波式

利用超声波来加强液体混合的方法在宏观流动中已得到广泛的应用,它同样可用于微混合器。超声波直接作用于分层的两种流体,促使其失去稳定性,以加强混合效果。

还可以用声场引发气泡的方式形成微混合器,即把一系列符合大小要求的气泡引入到待混合的溶液中,并由外界声场促使气泡产生振动,从而形成球形对流,以强化混合过程。

在一些微流芯片分析和微流芯片实验室中,微混合过程常常伴随着微化学反应。这样,对微混合器就提出了更高的要求。有关这方面的内容,本书不再详述,可参考有关文献。

20.5 微分离器

在微流技术方面最早受到重视的就是微分离器。因为色谱分析和电泳分析都属于微分离技术的范畴。目前,微流技术中发展最快、最成熟的仍是微流分离技术,这些技术很多都涉及分析化学的内容,已超出本书的范畴,因此不再详述。

一般地说,微分离器可以利用几何尺寸、扩散系数、质量差异、电荷异同等方法来达到分离的目的。微分离也常常和净化、过滤、脱水、干燥等功能结合在一起。

20.5.1 利用不同尺度进行分离

这是宏观分离最常用的一种方法。过滤器、分子筛等都属于这一类。在微分离器中也经常采用这一方法。前面介绍的凝胶微阀实际上也是一种微分离器。利用 pH 值、温度、电位等不同的响应特性,可以调控凝胶中微孔的尺寸,让不同大小的粒子通行,以达到分离的目的。

让流体经过具有不同孔径的多孔固体材料的物理吸附是分离操作的一种常用方法。按孔径大小的不同,多孔材料可以分为微孔、中孔和大孔三种。微孔半径小于 15 Å,中孔半径介于 15~1000 Å 之间,大孔半径大于 1000 Å。图 20.6 表示一种凝胶型分子筛的层析过程。由于凝胶分子筛在其交联键的骨架中有许多一定大小的凝胶孔,只有小于或等于这些小孔的分子物质才能进入。因此,把凝胶在溶剂中浸泡肿胀后装入层析柱中,再把需要分离的样品加入,然后用溶剂洗脱,就可达到分离的目的。因为样品中小分子物质首先自由扩散到凝胶内部,这里流动阻力较大;而大分子物质则在凝胶之间的空隙中流动,这里的流动阻力较小。这样,当充灌溶剂后,首先是溶液流出,其次是大分子物质流出,最后才是小分子物质流出。

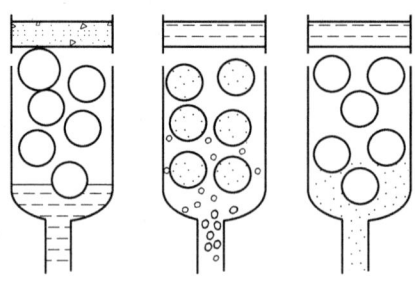

图 20.6 凝胶分子筛层析过程

20.5.2 利用不同扩散度进行分离

将稀释剂注入有样品流的流道中,则由于样品不同组分的扩散系数不同而得到分离。如图 20.7 所示[152],样品和稀释剂分别从下部左右两个管口进入,两股流体汇合后不同组分进行扩散,最后从上部左右两个管口排出。由于扩散程度的不同,两个出口就有不同的组分,从而获得分离。气体或液体的色层分离就属于这一类。由于样品中各组分的扩散速度不同,则某一组分出现尖峰信息的时间也不同,因此根据尖峰出现的时间还可以确定被分离出来的是哪一种组分。

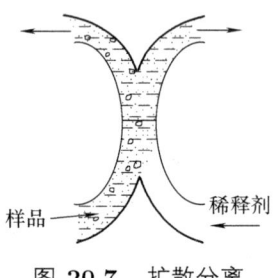

图 20.7 扩散分离

20.5.3 利用不同质量进行分离

这是一种在宏观中常见的分离方法,即在直线惯性流或旋转惯性流中,利用不同质量微粒的不同惯性力进行分离,高速离心分离机就是该方法的典型应用。但在微流中,由于比表面积增大,相应地,质量的影响减弱,因此这种分离方法退居次要地位。

20.5.4 毛细管电泳分离

毛细管电泳分离是微流研究中比较成熟、应用比较普遍的一种分离分析方法。采用该方法的分离器不仅结构简单,电驱动接口容易布置,流速分布均匀,对谱带展宽的影响小,转移和输运区带容易,而且可以实现短通道、高场强、快速分离以及分离模式的多样性。

前面介绍过,所谓电泳就是在外加电场的作用下,带电粒子对静止液体作相对运动的动电现象。利用不同离子或分子在电迁移中速度的不同,就可以用来分离、分析和鉴定混合物中的带电粒子,如离子、高分子、高价电解质、胶体粒子以及病毒活细胞等。

由于分离原理的不同,电泳又可分为多种分离模式,如移界电泳、凝胶电泳、毛细管电泳、区带电泳、等电聚焦和等速电泳、胶束电动色谱、电色谱、自由电泳、介电电泳等。图 20.8 给出了四种电泳模式的示意图[76]。移界电泳是由混合物中不同成分产生的不同电泳速度造成的,因而形成不同的界面;区带电泳则是把样品加入到载体中,在电场作用下,样品中带正、负电荷的离子分别向不同电极移动;等电聚焦则是在正、负微空间内分别加入酸和碱,中间放载体两性电解质的混合物,在电场中以等电点由低到高从正极到负极自动形成 pH 梯度,被分离的物质则各自聚焦在其等电点的位置上;等速电泳则在毛细管或凝胶中进行,两个电极室中分别含有迁移率大的先行离子和迁移率小的终止离子,样品在中间按迁移率分布在各离子的区带内。

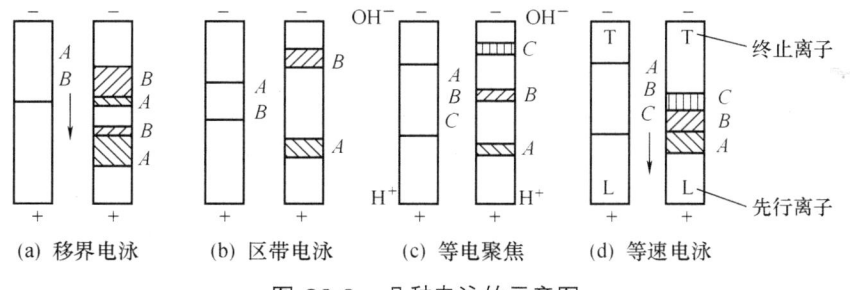

图 20.8 几种电泳的示意图

毛细管凝胶电泳是在毛细管内充填凝胶或其他筛分物质。它能避免对流分散,减少小分子扩散和管壁对分子的吸附,抑制不具分离能力的电渗流,因而有很高的分离能力,特别是在生物大分子分离分析中其效果更好。

胶束电动毛细管色谱则是以带电的、能在电场作用下定向运动的表面活性剂胶束为微固定相的一种电动色谱分离技术。利用该技术既可分离离子型化合物,又可分离不带电荷的中性分子。但是在高电场强度中的应用受到限制,且所有组分的分离都集中在电渗流迁移与胶束迁移之间的短时间范围内。

毛细管电色谱是在毛细管中充填或在毛细管内壁涂渍、键合色谱固定相,并以电渗流作为驱动力的一种技术。它既有毛细管区带电泳那种柱塞流态的高分离效率的优点，又有固定相对组分高选择性的优点；既能分离带电粒子又能分离中性粒子。为了降低填充固定相的困难，出现了一种整体柱电色谱分离芯片，即用各种构型的微通道来代替固定物的填充，如图 20.9 所示[153]。为了增加分离分析的通量，又出现了阵列毛细管电泳芯片，如图 20.10 所示为伞式 12 道[154]，图 20.11 所示为圆盘式 96 道[155]。

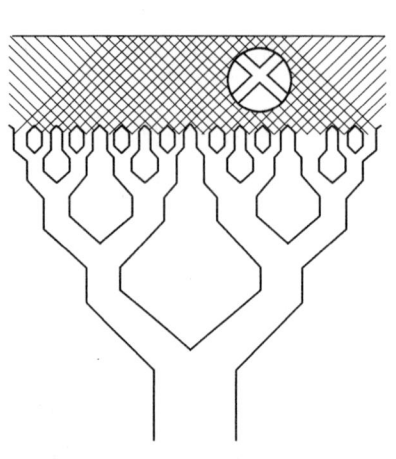

图 20.9　整体柱电色谱芯片

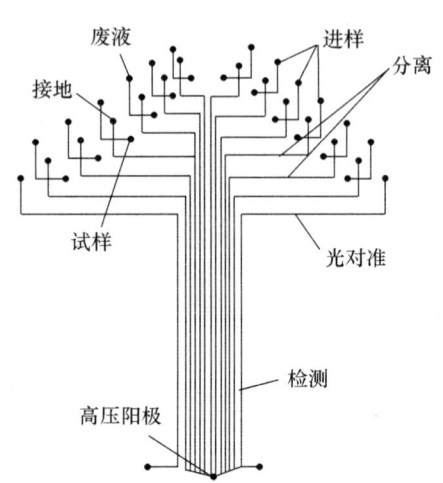

图 20.10　伞式 12 道电泳芯片

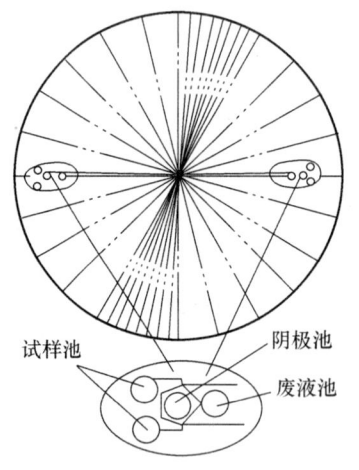

图 20.11　圆盘式 96 道电泳芯片

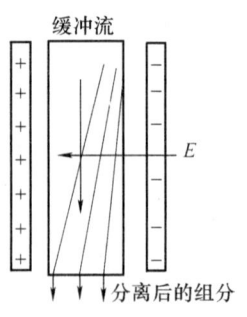

图 20.12　自由电泳

自由流电泳则是把直流电场施加在与缓冲液流动相垂直的方向上，并使被分离的组分在流动的同时，沿电场方向作电迁移。由于电泳淌度不同，在流体末端可得到被分离的物质，如图 20.12 所示[156]。

影响电泳的因素很多，例如粒子的大小、形状、浓度、电荷、水化程度、离解度等；介质的粘度、pH 值、离子强度及浓度等；电场强度、电流强度及电泳时间等。其中，温度的影响特别明显，因为温度升高时，迁移率和自由扩散将增加，而介质的粘度将降低。

在微流动中，以毛细管电泳的应用最为广泛。图 20.13 是一种最简单的十字形微通道电泳分离示意图。当进样通道 1, 2 施加电压后，在电渗流的驱动下，样品从进样入口 1 经过十字交叉口流向样品废液出口 2。然后将电压转换到分离通道 3, 4 上，由左侧入口 3 进入的缓冲液截取一小段样品，并在电渗流的驱动下进入分离通道。接着粒子由于电泳现象产生不同的流速，最后到达检测点。由此可以记录电泳谱图。

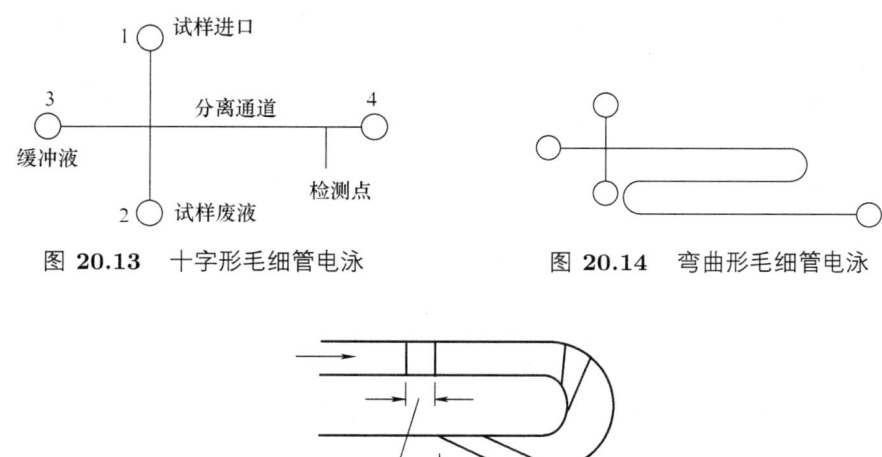

图 20.13　十字形毛细管电泳　　　图 20.14　弯曲形毛细管电泳

图 20.15　弯道效应

毛细管电泳往往要求分离通道较长，在芯片中有时需要用弯道来实现，如图 20.14 所示。但是，在弯道中产生的弯道效应会对电泳的谱带展宽造成不利影响[115,158]。所谓谱带展宽就是电泳中被迁移的组分分子在迁移过程中产生的空间分布。从分离、分析的角度看，这种空间分布越集中越好，例如电渗流这种柱塞形的流态对谱带展宽是有利的。图 20.15 给出了弯道对谱带展宽的影响。在直通道段中的谱带展宽是比较小的。但进入弯道后，由于内外侧距离不同，使得内侧的粒子比外侧超前，因而使谱带变形，增加了谱带展宽的长度，对分离造成不良影响。为了减少这种影响，要对弯道采取改进措施，图 20.16 给出了两种方法[159-160]。图 20.16a 是缩小弯道段的尺寸，使谱带趋于均匀；图 20.16b 则采用了使内侧加大长度的办法，其目的是相同的。理论分析和实验表明，第二种方法更为有效。

毛细管电泳的分离效率常用理论塔板数来表示。它借用了精馏过程中的理论塔板数这一概念。由精馏原理可知，理论塔板数是指在气液相平衡条件下，双组分分离时所需要的气液充分热、质交换的次数。由于在精馏过程中这种热、质交换最早是在塔板上进行的，因此每进行一次交换就需要一块理论塔板，直到最终完成组分的

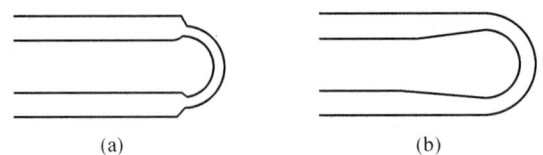

图 20.16　改善弯道效应的措施

分离。

图 20.17 给出了双组分分离时确定理论塔板数的方法。图 20.17 的左图为焓 – 浓度图，右图为精馏塔示意图。理想情况下，在一块塔板上应达到热量平衡和物料平衡。因此有

$$t_{V_2} = t_{L_1}, t_{V_3} = t_{L_2}, \cdots \tag{20.7}$$

$$\frac{i_{\pi_1} - i''}{i_{\pi_1} - i'} = \frac{\xi_{\pi_1} - \xi''}{\xi_{\pi_1} - \xi'}, \frac{i'' - i_{\pi_2}}{i' - i_{\pi_2}} = \frac{\xi'' - \xi_{\pi_2}}{\xi' - \xi_{\pi_2}} \tag{20.8}$$

由此可以在焓 – 浓度图上作出操作线，每一条操作线代表一块理论塔板数。

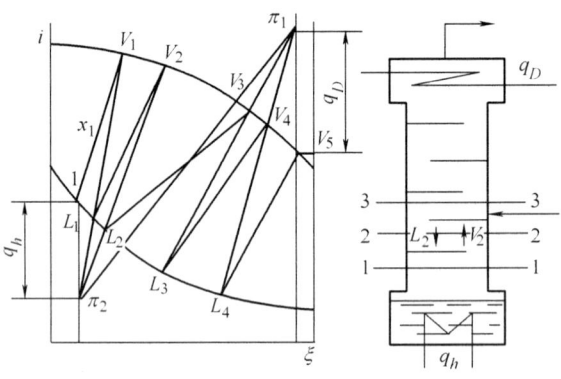

图 20.17　双组分分离与塔板数

塔板的概念被推广应用到填料塔的计算中，根据每一块塔板间距及总的塔板数就可确定填充塔的高度。后来塔板的概念又被应用于色谱分离柱的计算中。另外，在电泳中也采用了这个概念，但是已经没有当初那样明确的物理意义了。

根据 Giddings 方程，毛细管电泳的理论塔板数 N 可表达为

$$N = \frac{L^2}{\sigma^2} \tag{20.9}$$

式中，L 为总的迁移距离；σ^2 为谱带展宽的方差。相应地，理论塔板高度为

$$H = \frac{L}{N} \tag{20.10}$$

每一块理论塔板上应达到充分的谱带展宽。如果组分 i 在 x 轴向的分子扩散是唯一的谱带展宽因素，那么应用第二篇中介绍的爱因斯坦第二扩散公式 (13.13) 有

$$t = \frac{H^2}{2D} \tag{20.11}$$

代入式 (20.10) 可得理论塔板数

$$N = \frac{L}{H} = \frac{L}{2D_i}\frac{H}{t} = \frac{L}{2D_i}v_{Ei} = \frac{L}{2D_i}u_{Ei}E \tag{20.12}$$

或可得理论塔板高度

$$H = \frac{2D_i}{u_{Ei}E} \tag{20.13}$$

式中，D_i 为某组分 i 的扩散系数；u_{Ei} 为某组分 i 的电泳淌度；E 为电场强度。可以看出，电泳分离时的电场强度越大，毛细管电泳分离的效率就越高。或者说，塔板高度与迁移速度成反比，如图 20.18 所示[162-163]。

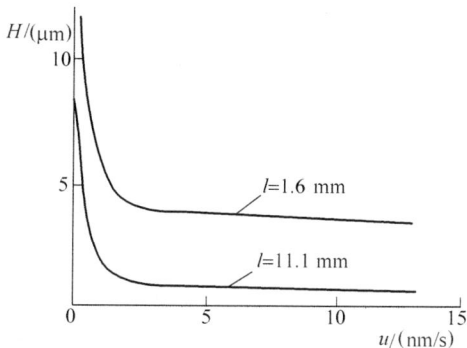

图 20.18　理论塔板高度与迁移速度的关系

除了扩散本身需要一定的理论塔板高度以外，实际上由于存在很多其他因素，也要求增加塔板高度，例如进样、检测、自由扩散、电泳放热、表面吸附、弯道等，因此实际塔板高度为

$$H = \frac{L}{N} = \frac{L\Sigma\sigma^2}{L^2} = \frac{\Sigma\sigma^2}{L} = \frac{\sigma^2_{扩散}}{L} + \frac{\Sigma\sigma^2_{其他}}{L} = \frac{2D_i}{u_{Ei}E} + \frac{\Sigma\sigma^2_{其他}}{L} \tag{20.14}$$

为了达到分离的目的，有时毛细管电泳需要大量的理论塔板数，因而造成分离通道很长。

Culbertson 等对含有两个弯道的毛细管电泳分离通道作了分析和实验，其结果如图 20.19 所示[157]。图中阴影区为弯道所处的位置及宽度；t_D 为组分分子沿弯道径向扩散所需的时间，t_t 为组分分子通过弯道所需的时间。图 20.19a 中的弯道半径大，t_D/t_t 小，因此弯道效应不明显，但因电场强度低，待测物线速度小，分子扩散影响了谱带展宽，使理论塔板高度增大，最终使理论塔板数减少，分离效率差；图 20.19b 中的电场强度高，待测物线速度高，因而理论塔板高度小，理论塔板数增多，但因弯道半径小，t_D/t_t 大，造成明显的弯道效应，在弯道前后理论塔板数明显下降，影响了分离效果。

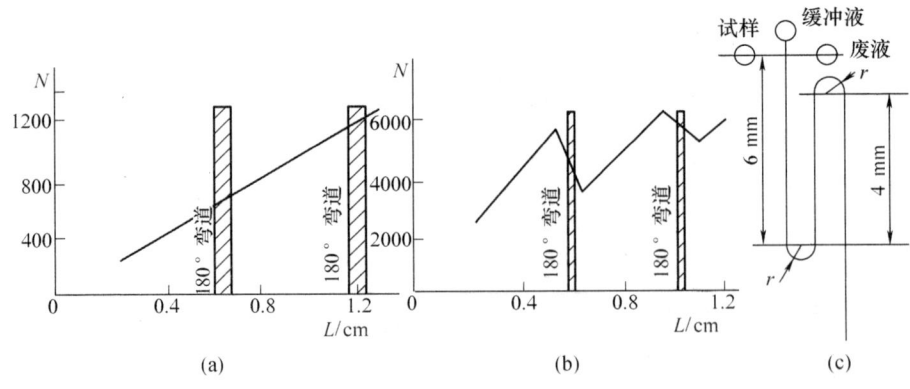

图 20.19 双弯道毛细管电泳的实验结果

(a) 通道宽 47 μm, 弯道半径 500 μm, 电场强度 50 V/m, 待测物线速度 0.0051 cm/s, $t_D/t_t = 0.12$;
(b) 通道宽 60 μm, 弯道半径 125 μm, 电场强度 600 V/m, 待测物线速度 0.0717 cm/s, $t_D/t_t = 6.86$;
(c) 双弯道毛细管电泳试件示意图

20.5.5 介电电泳分离

介电电泳是指在空间非均匀交变电场作用下的粒子,由于其相对于周围介质的诱导偶极矩不同而产生的电迁移。

介电电泳的原理在第二篇已作过详细的介绍,前面也介绍了介电电泳在微泵中的应用。其实,与微泵的工作机理相类似,介电电泳也可以用于粒子的分离和操纵。第二篇中图 12.10 所示就是一种利用介电电泳进行细胞分离的原理图。由图可知,浮悬溶液介质经过一个电极组将有用的细胞由正 DEP 粘附到电极上,而其余无用的细胞则呈负 DEP 被冲洗出去。

介电电泳与光镊子配合,可以捕集所需要的细胞。

第 21 章 微流道及其特点

随着应用范围的不断扩大，微流道的形式也越来越复杂，甚至可以形成一个网络系统。特别是在芯片上，要把各种功能的元器件和微流通道连接起来，不仅需要考虑宏观管系内流动的各项要求，还要考虑微型化后带来的新特点。这些要求和特点是多种多样的，必须根据具体条件进行具体分析。这里只就一些共同关心的问题作一概要介绍，主要有进口效应、弯道效应、层流效应、微流通道网络及其与微流元器件的组合。

21.1 进口效应

21.1.1 层流发展区与动力进口长度

在微流中由于尺寸小、流速低，所以流动时的雷诺数很小。在压力驱动的 Poiseuille 流中，通常的流态都属于层流状态。但是从进口到充分发展了的稳定的层流区之间仍存在一段过渡区 L_h，如图 21.1 所示。从液池、分配器等相对较大的空间进入微流道时，入口处的速度分布是比较均匀的。但流体进入微流道内时，由于流道壁面的摩擦，就出现壁面附近的边界层增厚的现象。这一增厚现象逐渐向中心靠拢，最后汇合在一起，形成一个稳定的速度分布。这段过渡区就是层流发展区，它的长度 L_h 就是动力进口长度。在稳定的层流区，速度分布是抛物线型的。在本书第一篇中已经介绍过层流时动力进口长度的计算，它是与流道的截面形状有关的。在宏观流动中，对于圆形截面的流道有

$$\frac{L_h/D_h}{Re} = 0.06$$

当截面为矩形时，不同的长宽比有不同的比值。对于微流道，它们的关系可用下式表示：

$$\frac{L_h}{D_h} = \frac{0.6}{1 + 0.035 Re} + 0.056 Re \tag{21.1}$$

通过比较可知，微流道中进口效应的影响更大。

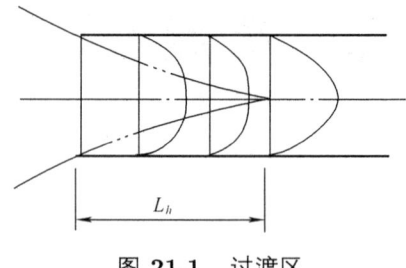

图 21.1 过渡区

动力进口长度会影响测量的准确度。增大微流道的长度、改进进口边缘的锐角可减少动力进口长度的影响。

21.1.2 层流进样效应

由于层流的影响,当几种液体共同进入一个微流道时,它们仍然会继续保持其层流状态,出现分层现象,如图 21.2a 所示。这种分层现象将妨碍两股流体的混合,它们之间的质量交换只能通过扩散来进行。这种分层现象也影响样品的检测结果。采用图 21.2c 所示的十字形进口可以弱化分层现象的影响。

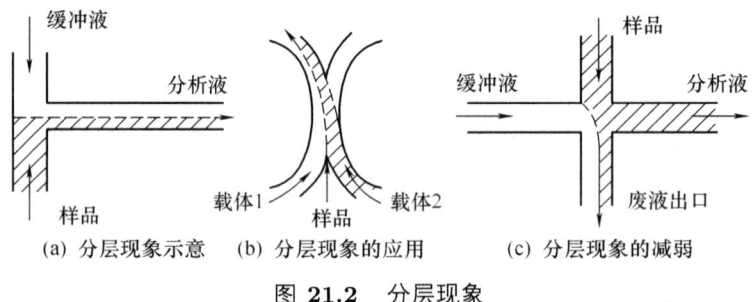

图 21.2 分层现象

有时可以利用这种分层现象来控制微流动。图 21.2b 所示就是把样品液流夹持在两段载体流的中间,控制载体的流速,就可以使样品向左排出或是向右排出。

21.2 弯道效应

在等宽度弯道中,由于内外侧路程的不同,造成流道内流体谱带的倾斜和展宽的增大,这对于分离和检测分析都是不利的。一些学者对此作了分析和改进。采用细化弯道是一种有效的措施,如图 21.3 中的右图所示。Culbertson 给出了由弯道所引起的谱带增长量[157],即

$$\Delta l = 2\theta w \left[1 - \exp\left(-\frac{t_D}{t_t}\right)\right] \tag{21.2}$$

式中，w 为弯道处通道的宽度；θ 为弯道所对应的圆心角；t_D 为组分分子沿弯道径向扩散所需的时间，t_t 为组分分子通过该弯道所需的时间。

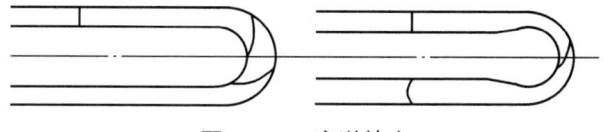

图 21.3 弯道效应

从上式可以看出，流道宽度 w 直接影响谱带的增长，因此细化弯道的效果是十分明显的。如果径向扩散的效果好，那么谱带增长量也可降低，有利于缩小谱带展宽。式 (21.2) 中的时间比可用下式计算 (参见图 21.4)：

$$\frac{t_D}{t_t} = \frac{w^2 u_c r_c}{2 D_i \theta \left(r_c + \dfrac{w}{2}\right)^2} \tag{21.3}$$

式中，r_c 为弯道中心线的曲率半径；D_i 为待测物的扩散系数；u_c 为沿弯道中轴前进的组分迁移速率。由此可得弯道效应所引起的谱带方差

$$\sigma_{\text{弯}}^2 = \frac{(\Delta l)^2}{x} = \frac{\left[2\theta w \left(1 - \exp \dfrac{t_D}{t_t}\right)\right]^2}{24} \tag{21.4}$$

式中，x 为由产生该方差的输入响应函数的形式所确定的常数，由试验可得 $x = 24$。

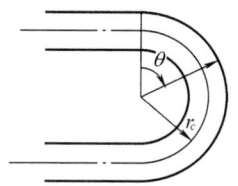

图 21.4 时间比计算

21.3 微流通道

微流通道的形式是多种多样的，要根据具体的情况进行具体的分析。目前在动电驱动下微流通道内流动分析的一种方法为等效电路法，它对微流道的计算有一定的帮助。

图 21.5 所示是在介绍动电微泵时曾经给出的一种最简单的十字形微流道[48]。计算时假定流体在流道中的流动是均匀的，每一段充液流道的阻抗是与其长度成正比的，并假定各段流道内的电阻率及通道截面都是相等的。在这种情况下，可以作出如图 21.5 中右图所示的等效电路。令 ϕ 表示电位，I 表示电流，R 表示电阻，就可以求

得下列方程组：

$$\begin{cases} I_1 + I_2 + I_3 + I_4 = 0 \\ \phi_1 - \phi_2 = I_1R_1 - I_2R_2 \\ \phi_3 - \phi_4 = I_3R_3 - I_4R_4 \\ \phi_1 - \phi_3 = I_1R_1 - I_3R_3 \end{cases} \quad (21.5)$$

由此可解出

$$I_4 = \frac{(\phi_4 - \phi_1)R_2R_3 + (\phi_4 - \phi_2)R_2R_3 + (\phi_4 - \phi_3)R_1R_2}{R_1R_2R_3 + R_2R_3R_4 + R_3R_4R_1 + R_4R_1R_2} \quad (21.6)$$

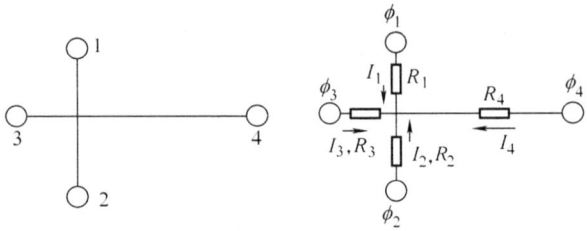

图 21.5　十字形微流道的计算

对于如图 21.6 所示的三通道相交的微流道[97]，也可列出下述方程组：

$$\begin{cases} I_3 = I_1 + I_2 \\ I_3 = \phi_3/R_3 \\ I_1 = \dfrac{\phi_1 - \phi_3}{R_1} \\ I_2 = \dfrac{\phi_2 - \phi_3}{R_2} \end{cases} \quad (21.7)$$

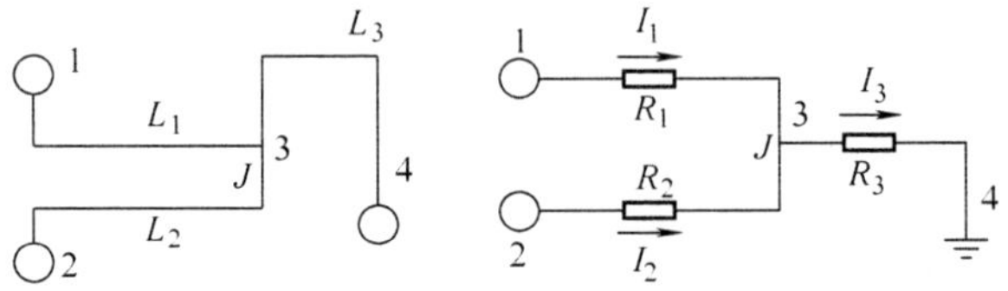

图 21.6　三通道相交微流道的计算

由此可得

$$\phi_3 = \frac{\phi_1R_2R_3 + \phi_2R_1R_3}{R_1R_2 + R_2R_3 + R_3R_1} \quad (21.8)$$

在电渗力驱动下，组分 i 的迁移线速度为

$$\bm{v}_i = \bm{u}_i E$$

式中，$\bm{u}_i$ 为组分 i 的表观淌度，它应等于溶剂的电渗淌度 $\bm{u}_{e0}$ 与组分 i 的电泳淌度 $\bm{u}_{iep}$ 的矢量和，即

$$\bm{u}_i = \bm{u}_{e0} + \bm{u}_{iep} \quad (21.9)$$

因此通道 1-3 中组分 i 的迁移线速度为

$$v_{i,1-3} = \frac{u_i(\phi_1 - \phi_3)}{L_{1-3}} \tag{21.10}$$

通道 2-3 和 3-4 中组分 i 的迁移线速度分别为

$$v_{i,2-3} = \frac{u_i(\phi_2 - \phi_3)}{L_{2-3}} \tag{21.11}$$

$$v_{i,3-4} = \frac{u_i\phi_3}{L_{3-4}} \tag{21.12}$$

式中，$L_{1-3}, L_{2-3}, L_{3-4}$ 分别为微流道 1-3, 2-3, 3-4 的长度。

当微流道各截面都相同时，根据流量连续方程有

$$v_1 + v_2 = v_3 \tag{21.13}$$

由上可知，只要调节外加的电位 ϕ_1, ϕ_2, ϕ_3 就可以调控各通道中液流的方向和大小。

上述等效电路的计算是在电渗淌度 u_{e0} 相同的条件下进行的，因此要求各通道内的电解质具有相同的离子强度和 pH 值。

实际微流动中，有时会出现峰型变差、迁移时间不稳定、基线漂移等反常现象，其原因可能有电偏移、局部压力流、电渗流不均匀、蒸发、虹吸、温度和粘度的变化等。为了避免这些反常现象，还需采取进一步的措施，这里就不再一一详述，可参阅有关资料。

图 21.7 给出了一种典型的免疫芯片微流系统的示意图[92]。它可以实现血清样品与控测试剂的混合、反应、分离和分析等一系列操作。这个微流系统利用电渗流泵输送样品及与其反应的试剂，并实现两者的混合，最后进行电泳分析。当储液池 5, 6, 7 号接地，而样品废液池 3 施加负高压 ($-3 \sim -6$ kV) 时，置于 5, 6 号池内的样品首先在接点 J_1 与 J_3 之间进行混合，然后再与来自 7 号池的液体在接点 J_3 与 J_4 之间进行混合。混合液经过双 T 形管进入样品废液池 3, 如图 21.7 中右上图所示。双 T 形管区间长度为 100 μm, 容积为 100 pL, 为进样区带。当切换电压时，让 1 号池接地，4 号池为负电压 (-6 kV), 其余都切断电路。这样，位于进样区带中 100 pL 的反应试样及产物就会被缓冲液切断而进入分离通道，进行电泳分离。通过位于进样区带下游的检测窗口就可以进行检测操作，如图 21.7 中右下图所示。

图 21.8 所示为计洪苗等研制的 DNA 净化芯片微流系统[164,182]。其特点是采用了她所研发的微螺旋形混合器，并使用了石蜡微阀。整个芯片的外形尺寸为 21 mm× 20.5 mm。经荧光检测表明，这类混合器的混合效果良好。

图 21.9 所示为全集成 DNA 分析芯片系统[115,125]。它集成了气穴式微混合器、热启动石蜡微阀、电化学微泵、热气动微泵、微加热器和 DNA 微阵列。不需外压力源就可以完成对复杂生物样品的一系列分析。

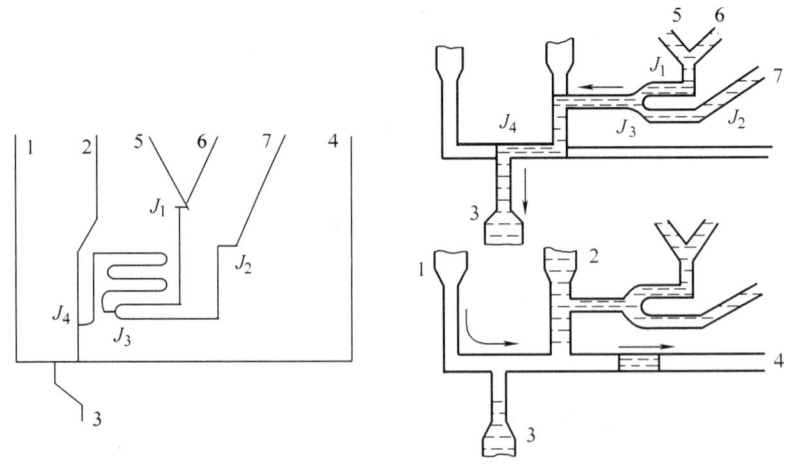

图 21.7 免疫芯片微流系统

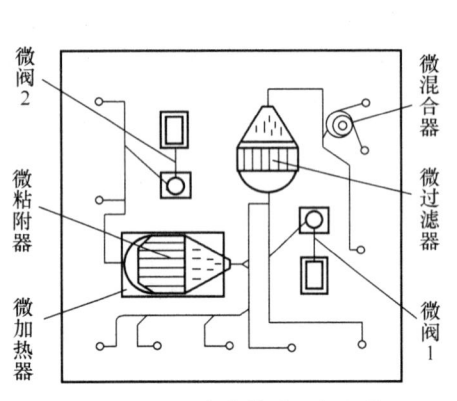

图 21.8 DNA 净化芯片 (参见彩图 7)

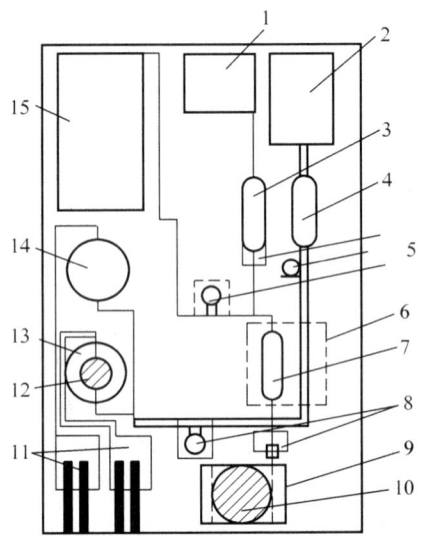

图 21.9 全集成 DNA 分析芯片系统

1 电化学微泵；2 热气动微泵；3 杂交缓冲液池；
4 PCR 试剂室；5 石蜡微阀；6 磁体加热器；7 PCR
反应室；8 石蜡微阀；9 DNA 微阵列室；10 压电换能
盘；11 电化学微阀；12 压电换能盘；13 样品池；
14 冲洗缓冲液；15 废液池

　　Bruns 等推出的集成化纳升级 DNA 分析芯片具有里程碑式的意义[126]，它使微流系统的小型化和集成化向前迈了一步。图 21.10 所示就是这种芯片分析系统。它由纳升级的液体进样器、可控温反应室、微混合器、电泳分离系统和荧光检测器组合而成。整个系统除了激发光源、压力源和控制电路以外，其余部分都在由玻璃和硅片组成的芯片上通过光刻印刷技术制作完成。

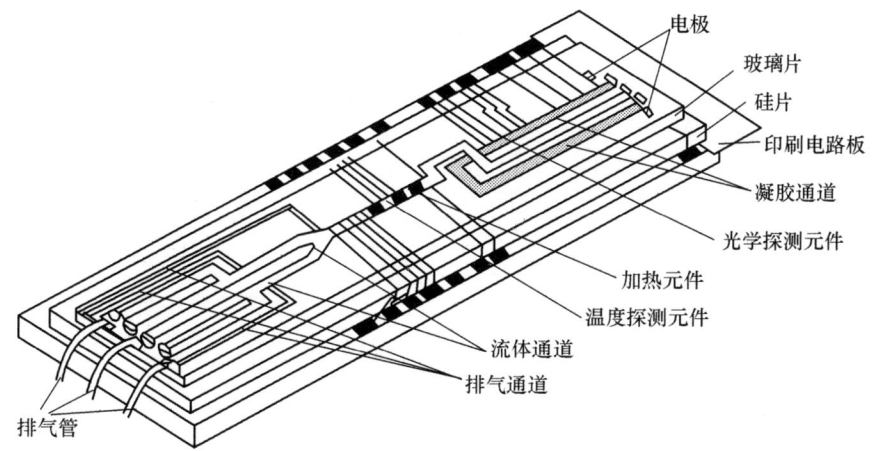

图 21.10 纳升级 DNA 分析芯片

第 22 章 微动力机械

22.1 简介

微流动的最新发展是旋转式微动力机械的出现,可称为 Power-MEMS。从 20 世纪 90 年代开始,在机器人、生物医学、军事侦察、环境保护等领域内,对微流动提出了新的要求。其中很重要的一项就是提供较长运转周期的、具有一定动力或电力的微动力机械。这些微动力机械涉及微透平机械、微电机、微燃烧室、微推进器、微冷却器、微润滑、微轴承等内容。

其实最早的微动力机械应该是牙钻。但是由于过去的牙钻是在传统宏观机械的基础上制成的,还不能真正归入 MEMS 的范畴。目前 MEMS 已经成为一个独立的科技领域,其特点是所使用的材料几乎都以硅类为主,并具有独特的加工方法。最早研究微动力机械的是美国麻省理工学院[167],并于 20 世纪 90 年代初率先制成了微电机。1997 年 Epstein 等在第 28 届 AIAA 的流体动力会议上报告了麻省理工学院研究微动力机械的计划,包括微热机、微火箭推进器。随后,陆续发表了微气体轴承、微透平、微燃烧室、微电机等方面的研究成果,取得了重要进展[169]。在中国,1995 年上海交通大学报道了他们研制的直径为 2 mm 的微电机[168]。

22.2 微动力循环

在以气体作为工质的动力循环中,布雷顿循环最为实用,如图 22.1 所示。它的理论循环由四个过程组成,即压缩过程、加热过程、膨胀过程和冷却过程。实用上,压缩过程 1-2 是在压缩机中完成的。膨胀过程 3-4 则是在发动机中完成的,在膨胀的同时输出外功。加热过程 2-3 可以由外界输入热能,或者在内部燃烧室中完成。如果在内部燃烧室中完成,则该加热器就是燃烧室,这是一个燃气循环。膨胀后的燃气就直接作为废气排出,因此冷却过程 4-1 就没有专门的冷却设备,循环不是封闭的,压缩机直接从大气中吸入空气。所以这是一个开式的布雷顿循环。如果工质在加热器中只是接受外部的热能,那么冷却器就要把余热排出,这是一个封闭的布雷顿循环。根据热力学第二定律,这个冷却过程是必需的,只有向低温热源排出热量,才能完成对外作功。

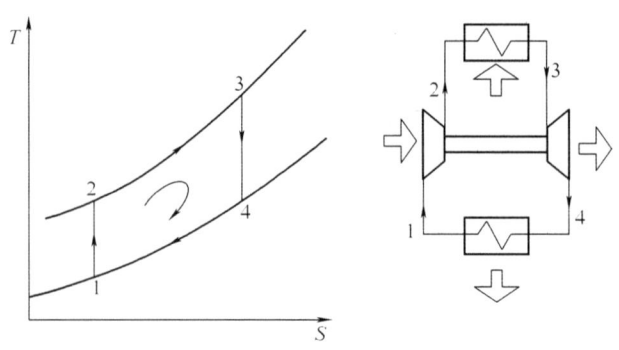

图 22.1 正向布雷顿循环

这种动力循环在微流动中同样适用,例如利用氢作为燃料的微动力设备就在机器人中得到了应用。这种对外输出外功的布雷顿循环称为正向循环,又称动力循环,在 T-S 图中是按顺时针方向工作的。

如果循环工作的方向是逆时针的,则称为逆向布雷顿循环,或称制冷循环。图 22.2 给出了它的循环原理图和 T-S 图。这是一个对外制冷的循环,同样可用于微制冷循环,如电子设备的冷却。逆向布雷顿循环也由四个过程组成。压缩过程 1-2 在压缩机中完成。2-3 是冷却过程,把压缩机带入的热量和制冷器吸入的热量中的大部分通过冷却器排出。然后在膨胀机中进行膨胀过程 3-4,在输出外功的同时,工质温度降低。最后低温的工质在制冷器中吸收外界热量,使周围温度降低,达到制冷的目的。同样,根据热力学第二定律,只有在高温端的冷却器中输出热量,才能完成这一制冷循环。

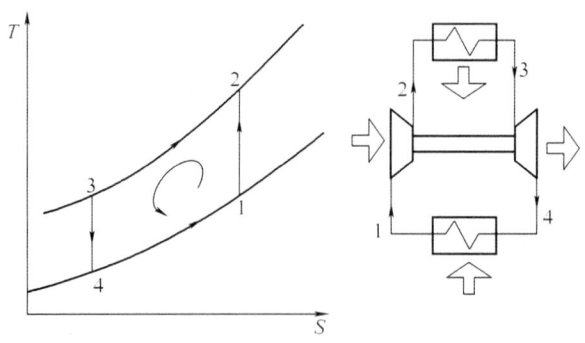

图 22.2 逆向布雷顿循环

无论是正向循环还是逆向循环,都要用到两类动力机械,即压缩机和膨胀机。在宏观工程领域内,这两类机械都已得到了广泛的应用,而且都有很成熟的研究成果。但是在微流动领域,这方面的研究就相当欠缺,特别是具有高速旋转型式的透平机械[170]。目前,主要还是依据宏观的思路和方法去研究和设计这类微型透平机械。

由于微流动中存在微尺寸效应,因此边界层、表面张力、二次流等因素的影响尤为突出。在只有亚毫米和微米级叶片高度的情况下,边界层会充满整个流道,而接近声速的气流速度更使边界层无法得到充分发展。三维流道中的二次流动或三元效应更加突出。微尺寸流道还使得不连续效应突显出来,产生了速度滑移。除了流道内部流体的运动受到影响之外,支承透平机械的高速轴承必须采用气体润滑,这时气体轴承的结构形式及其稳定性就显得尤为重要。此外,微动力机械还牵涉微流动以外的一些问题,如材料及其加工方法、测试技术等。MEMS 的发展给微动力机械的研制创造了有利的条件。

22.3 微透平

22.3.1 简介

本节重点介绍微透平膨胀机,它既可以在动力循环中作为发动机使用,又可以在制冷循环中作为降温的膨胀机使用。

透平膨胀机按其主气流的流动方向可分为径流式和轴流式两种类型。一般情况下,轴流式用于大气量、低焓降的场合,而径流式用于小气量、大焓降的场合。在微流中则以径流式为宜。而径流式又有向心式和离心式两种类型。离心式耗功小,多用于压缩机;向心式焓降大,输出功率大,多用于膨胀机。

图 22.3 所示是英国皇家大学 Holmes 等研制的一台轴流式永磁微透平发电机[172]。叶轮直径为 7.5 mm,有轴流式叶片 31 片,由激光加工而成。在转速为 30 000 r/min 时,输出功率为 1.1 mW。显然,这种形式的透平的效率比较低。

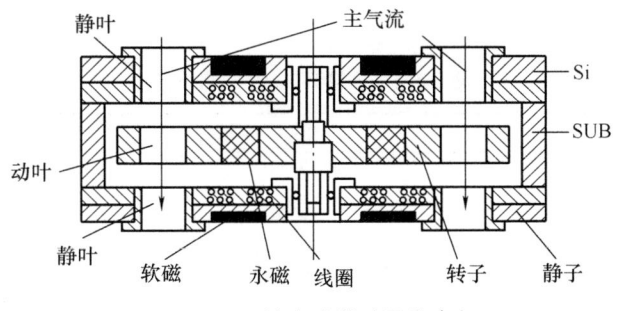

图 22.3 轴流式微透平发电机

图 22.4 则是美国麻省理工学院 Frechette 等研制的一台向心径流式透平膨胀机。叶轮直径为 4.2 mm,叶片高度为 150 μm。设计转速达 238.7×10^4 r/min,设计功率为

60 W[171]。

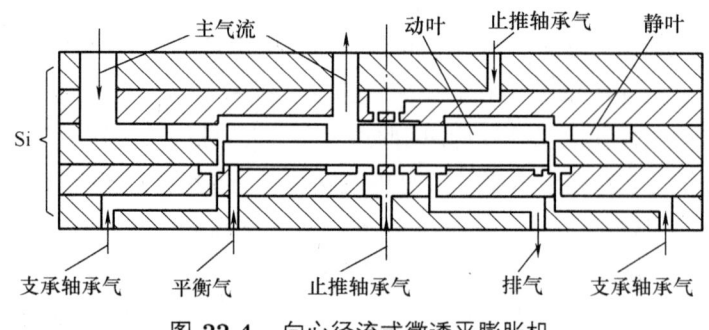

图 22.4 向心径流式微透平膨胀机

在宏观领域，采用常规机械加工方法制造的、用于氦制冷与液化设备中的氦透平膨胀机，其最小直径已达到 5 mm，转速达到 60×10^4 r/min。进入微流领域，1991 年 Mohr 等试验了第一台微透平，其叶轮直径只有 250 μm，叶高 100 μm，累计运转了一千万转[167]。1995 年 Benitez 等制造了另一台微透平，叶轮直径为 550 μm[174]。1997 年 Tsai 等发表了一台微透平的微加工方法[173]。这些研究工作都为微透平的进一步发展奠定了基础。

22.3.2 微透平膨胀机的计算

原则上讲，微透平膨胀机的设计计算方法和宏观透平膨胀机是没有太大差别的。对于宏观透平膨胀机，在作者所著的《透平膨胀机》一书中已经给出了比较可靠的计算方法[69]。下面利用这一方法对麻省理工学院 Frechette 等给出的微透平进行复核计算，其结果十分相近。表 22.1 给出了麻省理工学院给出的参数。由于公开的参数有限，复核计算时还是作了一些假定。令透平出口气流的压力为 1 bar，工质为空气。计算结果表明，除非该透平有极小的流动损失，否则是很难达到 87% 的等熵效率的。

表 22.1 MIT 微透平的参数

参数	静叶	动叶
叶片数	22	20
叶片径向进口半径/mm	2.8	2.0
叶片径向出口半径/mm	2.2	1.4
叶轮半径/mm	2.1	
叶片高度/μm	150	
设计转速/(rad/s)	250 000(2 387 000 r/min)	
设计流量/(g/s)	0.3(15 000 mL/min)	
进口气流速度/(m/s)	22(绝对)	175(相对)

续表

参数	静叶	动叶
出口气流速度/(m/s)	380(绝对)	344(相对)
进口气流角/(°)	0(绝对)	−75(相对)
出口气流角/(°)	83(绝对)	−57(相对)
膨胀压力比	5.4	
等熵效率/%	87	
设计轴功率	60	

由表 22.1 提供的数据可以得到有关的速度三角形参数: 进口绝对速度 $C_1 = 380$ m/s, $\alpha_1 = 7°$; 进口相对速度 $W_1 = 175$ m/s, $\beta_1 = 165°$; 出口相对速度 $W_2 = 344$ m/s, $\beta_2 = 33°$; 出口牵连速度 $u_2 = r_2\omega = 1.4 \times 10^{-3} \times 250\,000$ m/s $= 350$ m/s。由此可以作出速度三角形, 如图 22.5 所示。

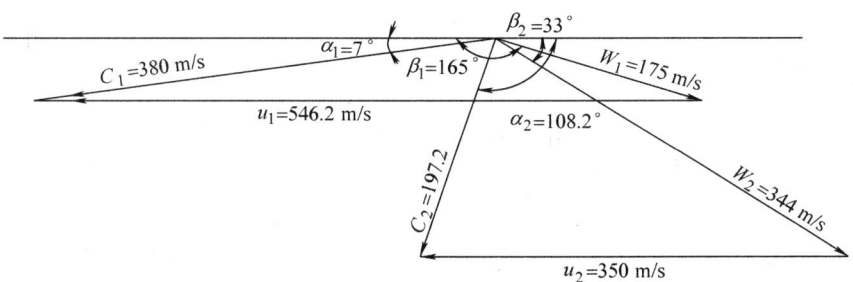

图 22.5 MIT 微透平的速度三角形

由速度三角形可求得进口绝对速度 C_1 在切向的分速度

$$C_{1u} = C_1 \cos\alpha_1 = 380 \times \cos 7° \text{ m/s} = 377.17 \text{ m/s}$$

进口牵连速度

$$u_1 = C_{1u} + W_{1u} = (377.17 + 175 \times \cos 15°) \text{ m/s} = 546.2 \text{ m/s}$$

由出口速度三角形可得出口绝对速度切向分速度

$$C_{2u} = u_2 - W_2 \cos\beta_2 = (350 - 344 \times \cos 33°) \text{ m/s} = 61.5 \text{ m/s}$$

因此, 根据叶轮机械的欧拉公式可得单位轮周功

$$L = C_{1u}u_1 + C_{2u}u_2 = (377.17 \times 546.2 + 61.5 \times 350) \text{ kJ/kg} = 227\,535 \text{ kJ/kg}$$

轴功率

$$P = \dot{m}L\eta_S = 0.3 \times 10^{-3} \times 227\,535 \times 0.87 \text{ W} = 59.4 \text{ W}$$

该值与所提供的设计轴功率基本一致。但是由于轴功率应按实际进叶轮时的速度三角形计算,这时进口牵连速度应为

$$u_1 = r_1 \omega = 2 \times 10^{-3} \times 250\,000 \text{ m/s} = 500 \text{ m/s}$$

因此实际轴功率就不到 60 W。

根据上述计算结果,该透平的等熵焓降 (这里假定轮周效率等于等熵效率 η_S) 为

$$h_S = \frac{L}{\eta_S} = \frac{227\,535}{0.87} \text{ kJ/kg} = 261\,534.5 \text{ kJ/kg}$$

因此理想速度

$$C_S = \sqrt{2h_S} = \sqrt{2 \times 261\,534.5} \text{ m/s} = 723.2 \text{ m/s}$$

可得该透平的特性比

$$\bar{u}_1 = \frac{u_1}{C_S} = \frac{546.2}{723.2} = 0.755$$

轮径比

$$\mu = \frac{u_2}{u_1} = \frac{350}{546.2} = 0.641 \quad \left(\text{实际值为 } \mu = \frac{350}{500} = 0.7\right)$$

根据膨胀压力比 $p_0/p_2 = 5.4$ 及等熵焓降 h_S 可求出进口温度

$$T_0 = \frac{k-1}{2kR} \frac{2h_S}{\left[1 - \left(\frac{p_2}{p_0}\right)^{\frac{k-1}{k}}\right]} = \frac{1.4-1}{2 \times 1.4 \times 287.24} \times \frac{2 \times 261\,534.5}{\left[1 - \left(\frac{1}{5.4}\right)^{\frac{1.4-1}{1.4}}\right]} \text{ K} = 680.4 \text{ K}$$

静叶出口等熵速度应为 (这里估取较高的速度系数 $\varphi = 0.99$)

$$C_{1S} = \frac{C_1}{\varphi} = \frac{380}{0.99} \text{ m/s} = 383.84 \text{ m/s}$$

静叶的膨胀比

$$\frac{p_1}{p_0} = \left(1 - \frac{k-1}{k} \frac{C_{1S}^2}{2} \frac{1}{RT_0}\right)^{\frac{k}{k-1}} = \left(1 - \frac{1.4-1}{1.4} \frac{383.84^2}{2} \frac{1}{287.24 \times 680.4}\right)^{\frac{1.4}{1.4-1}} = 0.671$$

可得静叶和动叶之间的压力

$$p_1 = \frac{p_1}{p_0} \times p_0 = 0.571 \times 5.4 \text{ bar} = 3.624 \text{ bar}$$

静叶中的等熵焓降

$$h_{1S} = \frac{C_{1S}^2}{2} = \frac{383.84^2}{2} \text{ kJ/kg} = 73\,666.6 \text{ kJ/kg}$$

动叶中的等熵焓降

$$h_{2S} = h_S - h_{1S} = (261\,534.5 - 73\,666.6) \text{ kJ/kg} = 187\,867.9 \text{ kJ/kg}$$

该透平的反动度达到
$$\rho = \frac{h_{2S}}{h_S} = \frac{187\,867.9}{261\,534.5} = 0.718$$

这是一个过于大的数值，会导致出口余速损失增大。

静叶中的流动损失
$$q_N = h_{1S} - h_1 = h_{1S} - \frac{C_1^2}{2} = \left(73\,666.6 - \frac{380^2}{2}\right) \text{ kJ/kg} = 1\,466.6 \text{ kJ/kg}$$

静叶中相对能量损失
$$\xi_N = \frac{q_N}{h_S} = \frac{1\,466.6}{261\,534.5} = 0.005\,61$$

动叶中的流动损失（这里估取叶轮中速度系数 $\psi = 0.93$）
$$q_r = \frac{W_2^2}{2}\left(\frac{1}{\psi^2} - 1\right) = \frac{344^2}{2}\left(\frac{1}{0.93^2} - 1\right) \text{ kJ/kg} = 9\,242.2 \text{ kJ/kg}$$

动叶中相对能量损失
$$\xi_r = \frac{q_r}{h_S} = \frac{9\,242.2}{261\,534.5} = 0.035\,34$$

出口余速损失
$$q_{C_2} = \frac{C_2^2}{2} = \frac{197.2^2}{2} \text{ kJ/kg} = 19\,443.9 \text{ kJ/kg}$$

出口相对余速损失
$$\xi_{C_2} = \frac{q_{C_2}}{h_S} = \frac{19\,443.9}{261\,534.5} = 0.074\,35$$

流道损失总和
$$\sum q_u = q_N + q_r + q_{C_2} = (1\,466.6 + 9\,242.2 + 19\,443.9) \text{ kJ/kg} = 30\,152.7 \text{ kJ/kg}$$

流道相对能量损失
$$\xi_u = \frac{\sum q_u}{h_S} = \frac{30\,152.7}{261\,534.5} = 0.115\,29$$

轮周效率
$$\eta_u = 1 - \xi_u = 1 - 0.115\,29 = 0.884\,7$$

透平出口气体等熵温度
$$T_{2S} = T_0 \left(\frac{p_2}{p_0}\right)^{\frac{k-1}{k}} = 680.4 \left(\frac{1}{5.4}\right)^{\frac{1.4-1}{1.4}} \text{ K} = 420.25 \text{ K}$$

如果按表 22.1 给出的等熵效率计算，且不考虑轮盘摩擦损失和内泄漏损失，则透平出口实际温度为
$$T_4 = T_0 - \eta_S(T_0 - T_{2S}) = [680.4 - 0.87 \times (680.4 - 420.25)] \text{ K} = 454.07 \text{ K}$$

以上计算的膨胀过程可以用焓 – 熵图中的线图来表达，如图 22.6 所示。

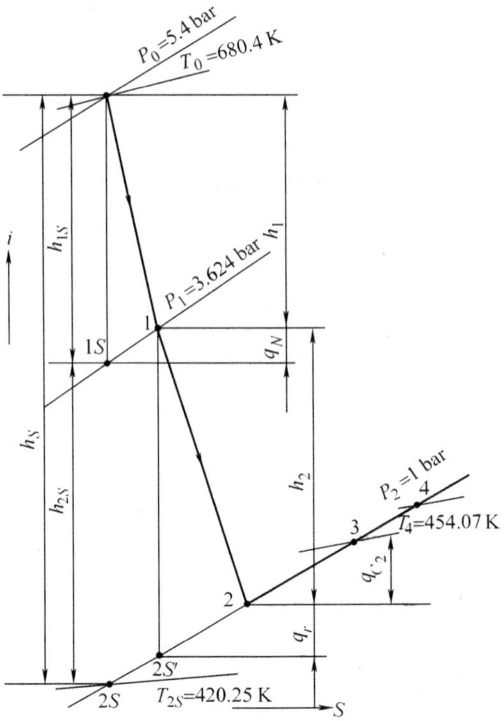

图 22.6　焓 – 熵图上的膨胀过程

静叶通道中的声速

$$a_{\text{cr}} = \sqrt{\frac{2k}{k+1}RT_0} = \sqrt{\frac{2 \times 1.4}{1.4+1} \times 287.24 \times 680.4} \text{ m/s} = 477.5 \text{ m/s}$$

因此静叶通道出口气流马赫数为

$$Ma = \frac{C_1}{a_{\text{cr}}} = \frac{380}{477.5} = 0.796$$

对以上计算结果进行分析可以看出：

(1) 该透平的主要特性参数轮径比 μ、特性比 $\bar{u}_1$ 和反动度 ρ 都比较大，特别是反动度过大导致出口余速损失占总损失的一半以上。

(2) 为了保证 87% 的设计效率，必须具有良好的流道型线设计，以满足静叶通道和动叶通道的速度系数 $\varphi=0.99$ 和 $\psi=0.93$ 的要求。这是一组要求很高的系数。

(3) 即使通流部分的设计能满足上述要求，对轮盘摩擦损失及内泄漏损失的要求仍是很严格的。因为能够提供给这两种损失的数值额度并不大，只有

$$\eta_u - \eta_S = 0.884\,71 - 0.87 = 0.014\,71$$

也就是说，这两种损失只能占透平总焓降的 1.471%。从文中介绍来看，该透平所消耗的轴承气量是很大的，而且径向支承轴承的排气直接进入静叶与动叶之间，必然参与了主流气体的膨胀过程，会影响透平的正常膨胀过程及其参数。

图 22.7 给出了该透平的静叶和动叶的型线[171]。该设计采用了较多的叶片数，这虽然可以降低气流的分离损失和流速的不均匀度，但也增加了流道摩擦损失。所提供的动叶叶型似乎也有不妥，那就是动叶的倾斜弯度，其曲率的方向可能会影响功率的输出。

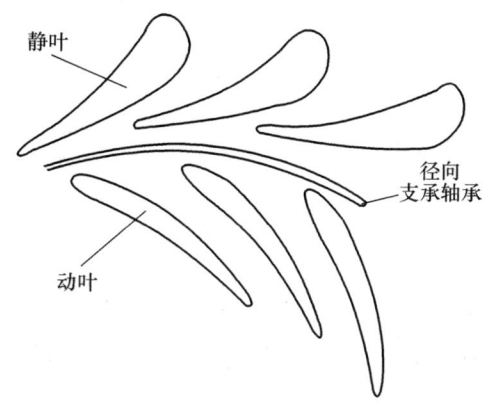

图 22.7 MIT 微透平的叶型

该透平直接利用转子和定子之间的径向间隙作为径向支承轴承。由于总体结构为垂直安装的卧式布置，径向轴承消耗的功率相对较小。轮背部分除了有轴向止推轴承以外，还有流通的轴向力平衡气路，因此轮背的冷却效果好，减少了轮背摩擦损失。

22.3.3 微透平流动损失的分析

在文献 [69] 中曾经给出了一组在微小叶片高度时的喷嘴流道中的速度系数试验值（见图 22.8 中的曲线 4）。从宏观意义上讲，随着叶片高度的降低，受二次流增大的影响，速度系数应该是急速下降的，图 22.8 中曲线 1，2 都反映了这一实际情况，但是曲线 4 却很反常。这意味着微透平的流动损失可能会小于宏观透平中的损失，因而微透平的效率反而会大于宏观透平的效率。

根据以前的分析可知，在宏观的大尺寸透平中，流动损失是以粘性损耗为主的，因此速度分布呈抛物线型。而在微尺寸情况下，由于存在速度滑移，降低了粘性损耗，使速度分布趋于均匀化，于是削弱了二次流的影响，并进一步降低了二次流损失。另一方面，在微透平中流道长度短，但气流速度并不低于宏观透平中的情况，使进口效应影响增大，在通道中粘性边界层还来不及获得充分发展，因而速度分布也比较均匀。所有这些都可以使能量损失减少，也降低了二次流损失。这些特点不仅对降低流

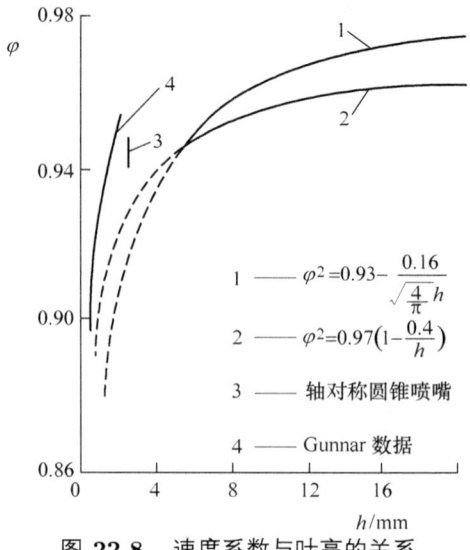

图 22.8 速度系数与叶高的关系

动损失有利,而且也直接降低了轮盘摩擦损失和轴承损耗。因此,在微流中,微透平机械的效率将会相对有所提高。同时,由于速度分布比较均匀,使通道单位面积的气体流通量相应地增加。

22.4 微气体轴承

22.4.1 简介

轴承是动力机械的必需部件之一,特别是高速旋转的透平机械,轴承的性能是直接影响透平机械能否正常工作的关键因素。在微透平中这一问题更加突出。由于微透平的特殊性,目前都利用气体润滑的滑动轴承,简称气体轴承。

气体轴承分为静压气体润滑和动压气体润滑两类。前者由外界提供轴承气体的压力,利用轴承气体的静压把转子支承起来,避免滑动面的固体接触,因此又称外压气体轴承;后者则与动压液体润滑轴承相似,主要利用气体在轴承与轴颈之间的楔形间隙中产生的动压来支承转子,因此也称自作用轴承。静压气体轴承结构简单,但需要额外消耗较多的轴承气;而动压气体轴承的结构较复杂,但供气量少,主要用作冷却轴承。在微透平中,为了简化结构,目前大多采用静压气体轴承。

由于气体的粘性比润滑油小得多,例如常温时空气的粘度只有透平油的千分之一,因此采用气体轴承时产生的摩擦热很少,相应地功率损失也小。但是气体轴承的承载能力很低,动压气体轴承的载荷一般为 $(1.0 \sim 5.0) \times 10^4$ Pa,静压气体轴承为 $(30 \sim 50) \times 10^4$ Pa,而油膜轴承可达 200×10^4 Pa 以上。

气体轴承已在宏观的工程机械中获得了应用，特别在牙钻等医学领域以及小型空气分离装置和用于氢、氦制冷与液化的透平膨胀机中，目前已积累了一定的理论基础和实践经验。但是在微透平中的应用还不是很多。特别是当轴承间隙小到一定程度时，间隙中就可能出现速度滑移现象，这就影响到气体轴承的承载能力和正常工作状态[176,178-179]。

根据轴承承受载荷方向的不同，有径向支承轴承和轴向止推轴承两类。前者承受转子的径向力，使转子在工作转速下稳定地运转；后者主要防止因轴向力而使转子与定子直接接触。

22.4.2 静压气体轴承

图 22.9 给出了静压气体轴承的基本形式。图 22.9a，b 分别为小孔式径向支承轴承和轴向止推轴承，供气先经过小孔节流后再进入轴承间隙内。图 22.9c 为缝隙式径向支承气体轴承，供气可由径向入口或切向入口进入。

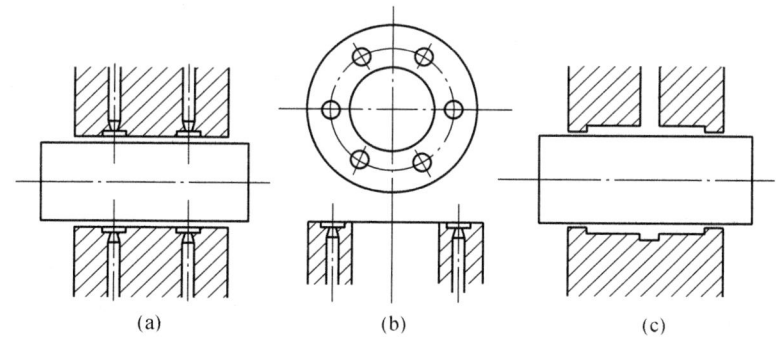

图 **22.9** 静压气体轴承的基本形式

静压气体轴承分析的理论基础是第 4 章中所介绍的两块平板之间的流动。

在径向支承轴承的间隙中，存在周向的和轴向的两种速度分布和压力分布。在静压气体轴承中，由于动压的效应不是主要的，因此周向的流动对承载的作用不大，主要是由轴向缝隙中的外压力承受的。因此这里只分析在轴向缝隙中的流动，如图 22.10 所示。把这种缝隙中的流动看作两块平板之间的压力流，则有

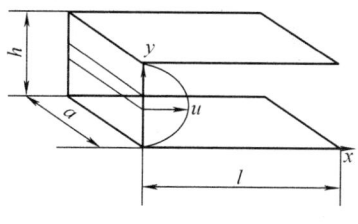

图 **22.10** 缝隙中的流动

$$\mu \frac{\mathrm{d}^2 u}{\mathrm{d} y^2} = \frac{\mathrm{d} p}{\mathrm{d} x}$$

由于平板是固定的, 则有边界条件: 当 $y=0$ 时, $u=0$; $y=h$ 时, $u=0$。可得

$$u = \frac{1}{2\mu} \frac{\mathrm{d} p}{\mathrm{d} x} y(y-h) \tag{22.1}$$

流经狭缝中的气体流量

$$\dot{m} = a\rho \int_0^h u \mathrm{d} y = -\frac{a\rho h^3}{12\mu} \frac{\mathrm{d} p}{\mathrm{d} x} \tag{22.2}$$

或

$$\frac{\mathrm{d} p}{\mathrm{d} x} = -\frac{12\mu \dot{m}}{a\rho h^3} \tag{22.3}$$

如果假定狭缝中的流动为等温过程, 则

$$\frac{\mathrm{d} p}{\mathrm{d} x} = -\frac{12\mu \dot{m}}{a h^3} \frac{RT}{p} \tag{22.4}$$

当 $x=0$ 时, $p=p_1$; $x=l$ 时, $p=p_2$。对上式积分可得

$$p_1^2 - p_2^2 = \frac{24 \mu \dot{m} R T l}{a h^3} \tag{22.5}$$

上式是计算静压气体轴承的基本方程。

把式 (22.5) 用于径向轴承间隙中的流动时, $a = \pi d$, 因此可得缝隙中轴向压力的平方差

$$p_1^2 - p_2^2 = \frac{24 \mu \dot{m} n R T l}{\pi d h_0^3} \tag{22.6}$$

式中, d 为轴承直径; h_0 为轴承的平均半径间隙; n 为每排供气孔的数目。

把式 (22.5) 用于轴向止推轴承时, 径向位置上的压力平方差为

$$p_1^2 - p_2^2 = \frac{12 \mu \dot{m} R T}{\pi h^3} \ln \frac{b}{a} \tag{22.7}$$

式中, a 为止推轴承供气孔所在位置的半径, b 为轴承气流出处位置的半径; h 为轴向间隙。

由此可见, 当压力一定时, 轴承供气量是与间隙的三次方成正比的。或者说, 轴承气前后的压力平方差是和流量成正比而与间隙的三次方成反比的。

静压气体轴承的特性还和供气方式有关。大部分静压气体轴承都采用小孔供气方式, 这时, 如果供气压力为 p_0, 经过小孔后的压力为 p_1, 则与喷嘴流动相类似, 可以求得经过小孔的气体流量

$$\dot{m} = C_D A \rho_0 \left(2 R T_0\right)^{\frac{1}{2}} \left\{ \frac{k}{k-1} \left[\left(\frac{p_1}{p_0}\right)^{\frac{1}{k}} - \left(\frac{p_1}{p_0}\right)^{\frac{k+1}{k}} \right] \right\}^{\frac{1}{2}} \tag{22.8}$$

式中 C_D 为排气系数, 一般为 0.8 左右; A 为小孔的最小截面积。

当压比达到临界压比时，在一定进口状态下流量不再增加，这时称小孔堵塞。把小孔供气和狭缝流动结合起来，就可以求出静压气体轴承的一些重要特性参数。

狭缝压力差 $p_1 - p_2$ 与总的压力差 $p_0 - p_2$ 之比称为狭缝表面压力比

$$K_g = \frac{p_1 - p_2}{p_0 - p_2} = \frac{24\mu l (2RT_0)^{\frac{1}{2}} C_D A F\left(k, \frac{p_1}{p_0}\right)}{\left(\frac{p_1}{p_0} + \frac{p_2}{p_0}\right)\left(1 - \frac{p_2}{p_0}\right) p_0 \pi d h^3} \quad (22.9)$$

式中，函数 $F(k, p_1/p_0)$ 为式 (22.8) 中花括号内函数的平方根。

22.4.3 典型的微静压气体轴承结构

以上节中介绍的麻省理工学院研制的微透平为例[171]，它的径向支承气体轴承与转子叶轮的外轮缘被合成一体。轴承供气从轮背这一侧流向另一侧，也就是流经喷嘴和工作轮之间的径向间隙，因此这里的压力 p_2 就是透平的间隙压力。而轴向支推轴承则设置在转子中心的轮毂上，供气从轮毂上、下供气室的小孔流出，然后沿径向向外排出。图 22.11 给出了它们的示意图。表 22.2 给出了止推气体轴承的主要参数。

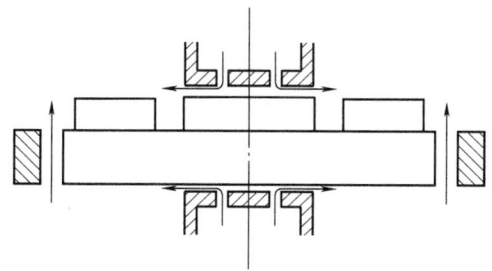

图 22.11 MIT 气体轴承示意图

表 22.2 MIT 止推气体轴承的主要参数

参数	上侧	下侧
小孔数目	14	18
小孔直径	10 μm	10 μm
小孔位置	r=0.55 mm	r=0.75 mm
轴承气排出位置	r=0.7 mm	r=0.9 mm
轴承间隙	1.5 μm	1.5 μm
供气压 (表压)	2.465 kg/cm^2	4.225 kg/cm^2
预测刚度	0.26 N/μm	

径向支承轴承的参数为：轴承直径 (即转子外径) $d = 4.2$ mm，轴向长度 $L = 300$ μm，平均间隙 $h_m = 15$ μm。这时轴承的长径比为 $L/d = 7 \times 10^{-2}$，间隙比为

$h_m/r = 7 \times 10^{-3}$。由此可见,在微透平中,该轴承的长径比要比通常的气体轴承长径比小一个数量级,而间隙比差不多是通常气体轴承的 5 倍。

按设计参数,该透平径向支承轴承的表面线速度达到

$$u = r\omega = 2.1 \times 10^{-3} \times 250\,000 \text{ m/s} = 525 \text{ m/s}$$

这是一个非常高的数值。不过在 2005 年时,转速已达 136×10^4 r/min,也就是轴承表面线速度达到 $u = 300$ m/s。试验表明,该静压气体轴承的耗气量是很大的,轴承气为透平工作气体量的 20%。

参 考 文 献

[1] 李慎安. 常用计量单位词典. 北京: 中国计量出版社, 1984.

[2] Petersen K E, McMillan W A, Kovacs G T A, et al. Toward next generation clinical diagnostic instruments: scaling and new processing paradigms. Biomedical Microdevices, 1998, 1(1): 71-79.

[3] Oosthuizen P H, Carssallen W E. Compressible fluid flow. McGraw-Hill, 1997.

[4] Karniadakis G E, Beskok A. Microflows: fundamentals and simulation. New York: Springer, 2002.

[5] 计光华. 透平膨胀机中的三元流动与两相流动. 西安: 西安交通大学出版社, 1989.

[6] 莱顿. 生物系统的流体动性. 赵冠美, 译. 北京: 科学出版社, 1980.

[7] Shu Chang. Computational fluid dynamics (讲义). National University of Singapore, 2000.

[8] Shu Chang. Differential quadrature and its application in engineering. London: Springer-Verlag, 2000.

[9] Shu Chang. Generalized differential-integral quadrature and application to the simulation of incompressible viscous flows including parallel computation. UK: University of Glasgow, 1991.

[10] Bird G A. Molecular gas dynamics and the direct simulation of gas flows. 2nd ed. UK: Oxford Science Publication, 1995.

[11] Bird G A. Recent advances and current challenges for DSMC. Computer Mathematics and Applications, 1998, 35(1): 1-14.

[12] Woods L C. An introduction to the kinetic theory of gases and mgnetoplasmas. New York: Oxford University Press, 1993.

[13] Wang Chengshu, Uhlenbeck G E. On the transport phenomena in rarefied gases // Boer J D, Uhlenbeck G E. Studies in Statistical Mechanics. New York: Elsevier, 1970: 1-17.

[14] 应纯同. 气体输运理论及应用. 北京: 清华大学出版社, 1990.

[15] Chapman S, Cowling T G. The mathematical theory of non-uniform gases. 3rd ed. Cambridge University Press, 1970.

[16] Burnett D. The distribution of velocities in a slightly non-uniform gas // Proceedings of Lodon Mathematics Society, 1935, 39: 385-430.

[17] Wang Chengshu, Uhlenbeck G E. On the propagation of sound in monatomic gases. US: University of Michigan Eng. Res. Int. Report, 1952.

[18] Zhong X, Maccormack R, Chapman D. Stabilization of the Burnett equations and application to hypersonic flow. AIAA Journal, 1993, 31(6): 1036-1043.

[19] Beskok A. Simulations and models for gas flows in microgeometries. Princeton University, 1996.

[20] Beskok A. Rarefaction and compressibility effects in gas microflows. Journal of Fluid Engineering, 1996, 118: 448-456.

[21] Arkilic E B. Gaseous flow in micro-sized channel. Massachusetts Institute Technology, 1994.

[22] Arkilic E B. Gaseous slip flow in long microchannels. Journal of Microelectromechanical Systems, 1997, 6(2): 167-178.

[23] Ji Hongmiao. Theoretical Analysis and numerical simulation of micro Couette flow. Singapore: National University of Singapore, 2000.

[24] Xue H, Ji Hongmiao, Shu C. Analysis of micro Couette flow using the Burnett equations. International Journal of Heat and Mass Transfer, 2001, 44: 4139-4146.

[25] Xue H, Ji Hongmiao, Shu C. Prediction of flow and heat transfer characteristics in micro-Couette flow. Microscale Thermophysical Engineering, 2003, 7: 51-68.

[26] Emanuel G. Analytical fluid dynamics. CRC Press, 1993.

[27] White F M. Viscous fluid flow. 2nd ed. McGraw-Hill, 1991.

[28] 傅德薰. 流体力学数值模拟. 北京: 国防工业出版社, 1993.

[29] Monaco R, Proziosi L. Fluid dynamic applications of the discrete Boltzmann equation. London: World Scientific, 1991.

[30] 吴其芬, 陈伟芳. 高温稀薄气体热化学平衡流动的 DSMC 方法. 长沙: 国防科技大学出版社, 1999.

[31] 朱本仁. 蒙特卡罗方法引论. 济南: 山东大学出版社, 1987.

[32] 高望东. 数值计算方法. 大连: 大连理工大学出版社, 1992.

[33] 陆全甫, 关治. 偏微分方程数值解法. 北京: 清华大学出版社, 1987.

[34] 陶文铨. 数值传热学. 西安: 西安交通大学出版社, 2000.

[35] 周季生. 张量初步. 北京: 高等教育出版社, 1985.

[36] 徐重光. 张量传热学. 济南: 山东科学技术出版社, 1991.

[37] 汪国强, 洪毅. 张量分析及其应用. 北京: 高等教育出版社, 1992.

[38] Koga T. Introduction to kinetic theory stochastic processes in gaseous systems. Pergamm Press, 1970.

[39] 黄祖洽, 丁鄂江. 输运理论. 北京: 科学出版社, 1987.

[40] Ozisik M N. Heat transfer—a basic approach. New York: McGraw-Hill, 1985.

[41] Tian Changlin. 统计热力学. 北京: 清华大学出版社, 1987.

[42] 陈熙. 动力论及其在传热与流动研究中的应用. 北京: 清华大学出版社, 1996.

[43] Tian Changlin. Microscale Energy transport. Washington DC: Taylor & Francis, 1997.

[44] Char B W, Geddes K O, Gonnet G H, et al. First leaves: a tutorial introduction to maple V. Springer-Verlag, 1992.

[45] Schatz J A. Boundary layer analysis. PrenticHall, 1993.

[46] 江宏俊. 流体力学. 北京: 高等教育出版社, 1985.

[47] Shah R K, London A L. Laminar flow: forced convection in ducts. New York: Academic, 1978.

[48] Nguyen N T, Wereley S T. Fundamentals and applications of microfluidics. London: Artech House, 2002.

[49] Schlichting H. Boundary layer theory. 7th ed. New York: McGraw-Hill, 1979.

[50] Moody L F. Friction factor for pipe flow. Trans. ASME, 1944, 66: 671-684.

[51] Koch M, Brunnschweiler A, Evans A, et al. Microfluidic technology and applications. UK: Research Studies Press, 2000.

[52] 天津大学化工原理教研室. 化工原理. 天津: 天津科学技术出版社, 1983.

[53] 阿尔然尼可夫 H C, 马尔采夫 B H. 空气动力学. 张炳瑄, 译. 北京: 高等教育出版社, 1959.

[54] Ji Hongmiao, Samper V. Micromixer apparatus and methods of using SAME: US, 7160025 [P]. 2003-06-11.

[55] 武汉大学计算数学教研室, 山东大学计算数学教研室. 计算方法. 北京: 人民教育出版社, 1979.

[56] 数学手册编写组. 数学手册. 北京: 人民教育出版社, 1979.

[57] Ji Hongmiao. Numerical solutions of the Burnett equations for Couette flow // 1st International Symposium on Turbulence & Shear flow Phenomena, September 12-15, 1999, Santa Babara, USA.

[58] Xue H, Ji Hongmiao, Shu C. Prediction of flow and heat transfer in micro Couette flow // Heat Transfer & Transport Phenomena in Microscale, 2000, Banff, Canada.

[59] 朱履冰. 表面与界面物理. 天津: 天津大学出版社, 1992.

[60] Frost W. Heat Transfer at low temperatures. New York: Plenum Press, 1975.

[61] Gravesen P, Branebjerg J, Jensen O S. Microfluidics — a review. Journal of Micromechanics and Microengineering, 1993, 3(4): 168-182.

[62] Jiang X N, Zhou Z Y, Huang X Y, et al. Micronozzle/diffuser flow and its application in micro valveless pumps. Sensors and Actuators, 1998, 70(1-2): 81-87.

[63] Heschel M, Mullenborn M, Bouwstra S. Fabrication and characterization of truly 3-D diffuser/nozzle microstructures in silicon. Journal of Microelectromechanical systems, 1997, 6(1): 41-47.

[64] Stemme E. A valveless diffuser/nozzle-based fluid pump. Sensors and Actuators, 1993, 39: 159-167.

[65] Liu C Y, Lees L. Kinetic theory description of plane compressible Couette flow // Talbot L. Rarefied Gas Dynamics. New York: Academic Press, 1961: 391-428.

[66] Nanbu K. Analysis of the Couette flow by means of the new directsimulation method. Journal of the Physical Society of Japan, 1983, 52(2): 1602-1608.

[67] 尚仰震. 物理化学与胶体化学. 成都: 四川科学技术出版社, 1986.

[68] 童景山, 李敬. 流体热物理性质的计算. 北京: 清华大学出版社, 1982.

[69] 计光华. 透平膨胀机. 2 版. 北京: 机械工业出版社, 1989.

[70] 池田义雄. 实用热管技术. 北京: 化学工业出版社, 1988.

[71] Pan L S, Ng T Y, Xu D, et al. Molecular block model direct simulation Monte Carlo method for low velocity micro gas flows. Journal of Micromechanics and Microengineering, 2001, 11: 175-180.

[72] Pan L S, Liu G R, Lam K Y. Determination of slip coefficient for rarefied gas flows using direct simulation Monte Carlo. Journal of Micromechanics and Microengineering, 1999, 9: 89-96.

[73] Wee K H A. Numerical solutions of natural convection in a square cavity by generalized differential quadrature. Singapore: National University of Singapore, 1997.

[74] Harms T M, Kazmierczak M J, Gerner F M. Developing convective heat transfer in deep rectangular microchannels. International Journal of Heat and Fluid Flow, 1999, 20: 149-157.

[75] 黄祖洽, 丁鄂江. 表面润滑和浸润相变. 上海: 上海科学技术出版社, 1994.

[76] 张开. 高分子界面科学. 北京: 中国石化出版社, 1997.

[77] 顾惕人. 表面化学. 北京: 科学出版社, 1994.

[78] 李昌辉. 物理化学. 北京: 高等教育出版社, 1994.

[79] 胡文瑞, 徐硕昌. 微重力流体力学. 北京: 科学出版社, 1999.

[80] Gad-el-Hak M. The MEMS handbook. Boca Raton: CRC Press, 2002.

[81] Gey X, Yuan H, Oguz H N, et al. Bubble-based micropump for electrically conducting liquid. Journal of Micromechanics and Microengineering, 2001, 11: 270-276.

[82] Yu Z T F, Lee Y K, Wong M, et al. Fluid flows in microchannels with cavities. Journal of Microelectromechanical Systems, 2005, 14(6): 1386-1389.

[83] Takahashi K, Weng J G, Tien C L. Marangori effect in microbubble systems. Microscale Thermophysical Engineering, 1999, 3: 169-182.

[84] Asai A. Application of the nucleation theory to the design of bubble jet printers. Japanese Journal of Applied Physics, 1989, 28(5): 909-915.

[85] Jacobson S C, Hergenroeder R, Koutny L B, et al. Open channel electrochromatography on a microchip. Analytical Chemistry, 1994, 66(14): 2369-2373.

[86] Hughes M P. Micro- and nano-electrokinetics in medicine. IEEE Engineering in Medicine and Biology, 2003, 22(6): 32.

[87] Jones T B. Basis theory of dielectrophoresis and electrorotation. IEEE Engineering in Medicine and Biology, 2003, 22(6): 33-42.

[88] 吴百诗. 大学物理. 西安: 西安交通大学出版社, 1991.

[89] Müller T, Pfenning A Klein P, et al. The potential of dielectrophoresis for single-cell experiments. IEEE Engineering in Medicine and Biology, 2003, 22(6): 51-61.

[90] Chou C F, Zenhausern F. Electrodeless dielectrophoresis for micro total analysis systems. IEEE Engineering in Medicine and Biology, 2003, 22(6): 62-67.

[91] Holmes D, Green N G, Morgan H. Microdevices for dielectrophoretic flow-through cell separation. IEEE Engineering in Medicine and Biology, 2003, 22(6): 85-90.

[92] 马立人, 蒋中华. 生物芯片. 北京: 化学工业出版社, 2001.

[93] Johes T B. Electromechanics of particles. New York: Cambridge University Press, 1995.

[94] Pohl H A. Dielectrophoresis. UK: Cambridge University, 1978.

[95] 巴钦斯基 А И. 物理手册. 闫喜杰, 译. 上海: 商务印书馆, 1957.

[96] 贡长生, 张克立. 新型功能材料. 北京: 化学工业出版社, 2001.

[97] 方肇伦. 微流控分析芯片. 北京: 科学出版社, 2003.

[98] 陆彬. 药物新剂型与新技术. 北京: 人民卫生出版社, 1998.

[99] Cussler E L. Diffusion mass transfer in fluid systems. New York: Cambridge University Press, 1984.

[100] 梁文权. 生物药剂学与药物动力学. 北京: 人民卫生出版社, 2000.

[101] 射流技术翻译组. 射流元件入门. 北京: 科学出版社, 1970.

[102] Forester F K. Design, Fabrication and testing of fixed-valve micropumps // Proceedings of ASME Fluid Engineering Division, IMECE'95, 1995, 234: 39-44.

[103] Bardell R L. Designing high-performance micro-pumps based on no-moving-parts valves // Proceedings of Microelectromechanical Systems ASME, 1997, 354: 47-53.

[104] Tesla N. Valvular conduit: US, 1329559[P]. 1920.

[105] Vollmer J, Hein H, Menz W, et al. Bistable fluidic elements in LIGA technique for flow control in fluidic microactuators. Sensors and Actuators, 1994, 43: 330-334.

[106] Trah H P, Baumann H, Döring C, et al. Micromachined valve with hydraulically actuated membrane subsequent to a thermo-electrically controlled bimorph cantilever. Sensors and Actuators, 1994, 39(2): 169-176.

[107] 姚康德, 成国祥. 智能材料. 北京: 化学工业出版社, 2002.

[108] 朱敏. 功能材料. 北京: 机械工业出版社, 2002.

[109] 板生清, 保坂宽. 光微机械电子学. 北京: 科学出版社, 共立出版社, 2002.

[110] Koch M. A novel micromachined pump based on thick-film piezoelectric actuation // Proceedings Transducers 1997, Chicago, USA. 1997: 353-356.

[111] 刘广玉. 微机械电子系统及其应用. 北京: 北京航空航天大学出版社, 2003.

[112] 季文美. 材料力学. 上海: 龙门联合书局, 1951.

[113] Lee J, Kim C J. Surface-tension-driven microactuation based on continuous electrowetting. Journal of Microelectromechanical Systems, 2000, 19(2): 171-180.

[114] 邢婉丽, 程京. 生物芯片技术. 北京: 清华大学出版社, 2004.

[115] 林炳承, 秦建华. 微流控芯片实验室. 北京: 科学出版社, 2006.

[116] 陈忠斌. 生物芯片技术. 北京: 化学工业出版社, 2005.

[117] Pal R, Yang M, Johnson B N, et al. Phase change microvalve for integrated devices. Analytical Chemistry, 2004, 76(13): 3740-3748.

[118] Benard W L. A titanium-nickel shape memory alley actuated micropump // Proceedings Transducers 1997, Chicago, USA, 1997: 361-364.

[119] Stehr M. A microvalve with bidirectional pump effect // Proceedings 10th European Conference on Solid-State Sensors, 1996, Leuven, Belgium. 1996: 845-848.

[120] Henning A K. A thermopneumatically actuated microvalve for liquid expansion and proportional control // Proceedings Transducers 1997, Chicago, USA. 1997: 825-828.

[121] Grosjean C. A thermopneumatic peristaltic micopump // Proceedings of Transducers '99, the 10th International Conference on Solid-State Sensors and Actuators, June 7-10, 1999, Sendai, Japan. 1999: 1776-1779.

[122] Cabuz C, Cabuz E I, Herb W R, et al. Mesoscopic sampler based on 3D array of electrostatically activated diaphragms // Proceedings of Transducers '99, the 10th International Conference on Solid-State Sensors and Actuators, June 7-10, 1999, Sendai, Japan 1999: 1890-1891.

[123] Blankenstein G L, Scampavia J, Branjeberg U D. et al. Flow switch for analyte injection and cell/particle sorting // Proceedings of 2nd International Symposium on Miniaturized Total Analysis Systems, November 19-22, 1996, Basel, Switzerland. 1996: 82.

[124] Urger M A, Chou H P, Thorsen T, et al. Monolithic microfabricated valve and pump by multilayer soft lithography. Science, 2000, 288(5463): 113-116.

[125] Liu R H, Yang J, Lenigk R, et al. Self-contained fully integrated biochip for sample preparation polymerase chain reaction amplification, and DNA microarray detection. Analytical Chemistry, 2004, 76: 1824-1831.

[126] Burns M A, Johnson B N, Brahmasandra S N, et al. An integrated nanoliter DNA analysis devices. Science, 1998, 282: 484-487.

[127] Ni J, Zhong C J, Coldiron S J, et al. Electrochemically actuated mercury pump for fluid flow and delivery. Analytical Chemistry, 2001, 73: 103-110.

[128] Terray A, Oakey J, Marr D W M. Microfluidic control using colloidal devices. Science, 2002, 296(5574): 484-487.

[129] van de Pol F C M, van Lintel H T G, Elwenspoek M, et al. A thermopneumatic micropump based on microengineering techniques. Sensors and Actuators, 1990, 21(1-3): 198-202.

[130] Madou M J, Lee L J, Daunert S, et al. Design and fabrication of CD-like microfluidic platforms for diagnostics: microfluidic functions. Journal of Biomedical Microdevices, 2001, 3(3): 245-254.

[131] Desmet G, Baron G V. The possibility of generating high-speed shear-driven flows and their potential application in liquid chromatography. Analytical Chemistry, 2000, 72: 2160-2165.

[132] Moroney R M, White R M, Howe R T. Ultrasonically induced microtransport // Proceedings of MEMS'91, 4th IEEE Micro Electromechanical Systems, Nara, Japan. 1991: 277-282.

[133] Richter A, Plettner A, Hofmann K A, et al. A micromachined electrohydrodynamic (EHD) pump. Sensors and Actuators, 1991, 29(2): 159-168.

[134] Fuhr G, Schnelle T, Wagner B. Travelling wave-driven microfabricated pumps for liquids. Journal of Micromechanics and Microengineering, 1994, 4(4): 217-226.

[135] Ji Hongmiao, Samper V, Chen Y, et al. Silicon-based microfilters for whole blood cell separation. Biomediacal Microdevices, 2008 (10): 251-257.

[136] Handique K, Burke D T, Mastrangeto C H, et al. On-chip thermopneumatic pressure for discrete drop pumping. Analytical Chemistry, 2001, 73: 1831-1838.

[137] Mcknight T E, Culbertson C T, Jacobson S C, et al. Electroosmotically induced hydraulic pumping with integrated electrodes on microfluidic device. Analytical Chemistry, 73(16): 4045-4049.

[138] Huang Y, Pethig R. Electrode design for negative dielectrophoresis. Measurement Science and Technology, 1991, 2(12): 1142-1146.

[139] Fuhr G. Fiedler S, Muller T, et al. Particle micromanipulator consisting of two orthogonal channels with travelling-wave-electrode structures. Sensors and Actuators, 1994, 41-42(1-3): 230-239.

[140] Hatch A, Kamholz A E, Holman G, et al. A ferrofluidic magnetic micropump. Journal of Microelectrmechanical Systems, 2001, 10(2): 215-221.

[141] Boehm S, Olthuis W, Bergveld P. A bi-directional electrochemically driven micro liquid dosing system with integrated sensor/actuator electrodes // Proceedings of MEMS'00, 13th IEEE International Workshop Micro Electromechanical System, January 23-27, 2000, Miyazaci, Japan. 2000: 92-95.

[142] Branebjerg J, Fabius B Gravesen P. Application of miniature analyzers: from microfluidic components to μTAS // Proceedings of Micro Total Analysis Systems Conference, November 21-22, 1994, Twente, Netherland. 1994: 141-151.

[143] Liu R H, Stremler M A, Sharp K V, et al. Passive mixing in a three-dimensional serpentine microchannel // Proceedings of Transducers'99, 14th International Conference

on Solid-State Sensors and Actuators, June 7-10, 1999, Sandai, Japan. 1999: 730-733.

[144] Ji Hongmiao. Microfluidic bead-based valve // The 16th European Conference on Solid-State Transducers, September 15-18, 2002, Prague, Czech Republic.

[145] Sudarsen A P, Ugaz V M. Fluid mixing in planer spiral microchannels. Lab Chip, 2006, 6: 74-82.

[146] He B, Burke B J, Zhang X, et al. A picoliter-volume mixer for microfluidic analytical systems. Analytical Chemistry, 73(9): 1942-1947.

[147] Dertinger S K W, Chiu D T, Jeon N L, et al. Generation of gradients having complex shapes using microfludic networks. Analytical Chemistry, 73(6): 1240-1246.

[148] Branebjerg J, Gravesen P, Krog J P, et al. Fast mixing by lamination // Proceedings of MEMS'96, 9th IEEE International Workshop Micro Electromechanical System, February 11-15, 1996, San Diago, CA, USA. 1996: 441-446.

[149] Koch M, Witt H, Evans A G R, et al. Improved characterization technique for micromixers. Journal of Micromechanics and Microengineering, 1999, 9: 156-158.

[150] Larsen U D, Rong W, Telleman P. Design of rapid micromixers using CFD // Proceedings of Transduer'99, 10th International Conference on Solid-State Sensors and Actuators, June 7-10, 1999, Sendai, Japan. 1999: 200-203.

[151] Song H, Tice J D, Ismagilov R F. A microfluidic system for controlling reaction networks in time. Angew Chem Int Ed Engl, 2003, 42(7): 768-772.

[152] Kamholz A E, Weigl B H, Finlayson B A, et al. Quantitative analysis of molecular interaction in a microfluidic channel: the T-sensors. Analytical Chemistry, 1999, 71(23): 5340-5347.

[153] He B, Tait N, Regnier F, et al. Fabrication of nanocolumns for liquid chromatography. Analytical Chemistry, 1998, 70: 3790-3797.

[154] Woolly A T, Sensabaugh G F, Mathies R A, et al. High-speed DNA genotyping using microfabricated capillary array electrophoresis chip. Analytical Chemistry, 1997, 69: 2181-2186.

[155] Shi Y, Simpson P C, Scherer J R, et al. Radial capillary array electrophoresis microplate and scanner for high-performance nucleic acid. Analytical Chemistry, 1999, 71: 5354-5361.

[156] Reymond D E, Manz A, Widmer H M. Continuous separation of high molecular weight compounds using a microliter volume free-flow electrophoresis microstructure. Analytical Chemistry, 1996, 68: 2515-2522.

[157] Culbertson C T, Jacobson S C, Ramsey J M. Dispersion sources for compact geometries on microchips. Analytical Chemistry, 1998, 70: 3781-3789.

[158] Griffiths S K, Nilson R H. Low-dispersion turns and junctions for microchannel systems. Analytical Chemistry, 2001, 73: 272-278.

[159] Paegel B M, Hutt L D, Simpson P C, et al. Turn geometry for minimizing band broadening in microfabricated capillary electrophoresis channels. Analytical Chemistry, 2000, 72(14): 3030-3037.

[160] Molho J I, Herr A E, Mosier B P, et al. Optimization of turn geometries for microchip electrophoresis. Analytical Chemistry, 2001, 73(6): 1350-1360.

[161] 林炳承. 毛细管电泳导论. 北京: 科学出版社, 2001.

[162] Jacobson S C, Koutny L B, Hergenroeder R, et al. Microchip capillary electrophoresis with an integrated postcolumn reactor. Analytical Chemistry, 1994, 66: 3472-3476.

[163] Jacobson S C, Hergenroder R, Koutny L B, et al. Effects of injection schemes and column geometry on the performance of microchip electrophoresis devices. Analytical Chemistry, 1994, 66: 1107-1113.

[164] Ji Hongmiao. DNA purification silicon chip. Sensors and Actuators, 2007, 139: 139-144.

[165] Dunn P P, Reay D A. Heat pump. 3rd ed. Oxford: Pergamon Press, 1982.

[166] Yamahato C, Chastellain M, Parashar K, et al. Plastic micropump with ferrofluidic actuation. Journal of Microelectromechanical Systems, 2005, 14(1): 96-102.

[167] Mohr J, Bley P, Burbaum C, et al. Fabrication of microsensor and microactuator elements by the LIGA process // Proceedings Transducers, 1991, San Francisco, USA. 1991: 607-609.

[168] 上海交通大学信息存储研究中心. 一个跨世纪的科研成果——直径 2 mm 电磁型微马达简介. 1995.

[169] Epstein A H, Senturia S D, AI-Midani O, et al. Micro-heat engine, gas turbine, and rocket engines // The MIT Microengine Project, 28th AIAA Fluid Dynamic Conference, June 1997, Snowmass Village, CO, USA. 1997: 97-1773.

[170] Epstein A H. Stirt button-sized gas turbines: the engineering challenges of microhigh-speed rotating machinery // Proceedings of 8th International Symposium Transport Phenomena and Dynamics of Rotating Machinery, January, 2000, Honolulu, HI, USA.

[171] Fréchette L G, Jacobson S A, Breuer K S, et al. High-speed microfabricated silicon turbomachinery and fluid film bearings. Journal of Microelectromechanical Systems, 2005, 14(1): 141-152.

[172] Holmes A S, Hong G, Pullen K R. Axial-flux permanent magnet machines for micropower generation. Journal of Microelectromechanical Systems, 2005, 14(1): 54-62.

[173] Tsai C L, Henning A K. Surface micromachined turbines // Proceedings Transducers 1997, Chicago, USA. 1997: 829-832.

[174] Benitez A, Esteve J, Bausells J. Bulk silicon microelectromechanical devices fabricated from commercial bonded and etched-back silicon-on-insulator substrates. Sensors and Actuators, 1995, 50: 99-103.

[175] Samper V, Ji Hongmiao, Chen Y, et al. Nucleic acid purification chip: USA, 60/533297 [P]. 2005-06-30.

[176] Maureau J, Sharatchandra M C, Sen M, et al. Flow and load characteristics of microbearings with slip. Journal of Micromechanics and Microengineering, 1997, 7: 55-64.

[177] Xu D, Ng T Y, Pan L S, et al. Numerical simulations of fully developed turbulent liquid flows in micro tubes. Journal of Micromechanics and Microengineering, 2001, 11: 175-180.

[178] Pan L S, Liu G R, Lam K Y. Flow and load characteristics in a coaxial microbearing of finite length. Journal of Micromechanics and Microengineering, 1999, 9: 270-276.

[179] Hu Y Z, Wang H, Guo Y, et al. Simulation of lubricant rheology in thin film lubrication, part 2: simulation of Coutte flow. Wear, 1996, 196: 249-253.

[180] Cheng C M, Liu C H. An electrolysis-bubble-actuated micropump based on the roughness gradient design of hydrophobic surface. Journal of Microelectromechanical Systems, 2007, 16(5): 1095-1105.

[181] Faghri M, Sunden B. Heat and fluid flow in microscale and nanoscale structures. UK: WIT Press, 2004.

[182] 计洪苗, 维·桑珀. 微观混合器装置及其制备方法: 中国, ZL 2004 8 0022915: 7[P]. 2008-10-8.

索 引

B

边界层 boundary layer		151
层流边界层 laminar boundary layer		162
克努森边界层 Knudsen boundary layer		173
普朗特边界层 Prandtl boundary layer		151
速度滑移 velocity slip		177
湍流边界层 turbulent boundary layer		164
温度突跳 temperature jump		180

D

动电现象 electrokinetic phenomenon	289
电渗 eletroosmosis	289
电泳 electrophoresis	289
介电常数 permittivity	290, 303
介电电泳 dielectrophoresis	299
克劳修斯–莫索提因子 Clausius–Mossotti factor	303
扩散层 diffuse layer	290
偶极矩 dipole torque	232, 301
双电层 electric double layer	290
Stern 层 Stern layer	290, 291
ζ 电势 ζ potential	244, 291

L

量纲一参数 dimensionless parameters	10
埃克特数 Eckert number	117
贝克莱数 Peclet number	173
勃伦克曼数 Brinkman number	117
雷诺数 Reynolds number	8, 10, 279
马赫数 Mach number	5
马兰戈尼数 Marangori number	11, 279
克努森数 Knudsen number	5, 29, 181
努塞特数 Nusselt number	185
普朗特数 Prandtl number	11, 117, 279
韦伯数 Weber number	353
流动 flow	1
表面张力驱动流 surface tension driven flow	278

层流　laminar flow　　　　　　　　　　　　　　　　　　　　150, 161
　　动力充分发展区　hydrodynamically developed region　　　　170
　　动力进口长度　hydrodynamic entry length　　　　　　　　169
　　电渗流　electroosmotically flow　　　　　　　　　　　　　297
　　电泳流　electrophorestic flow　　　　　　　　　　　　　　298
　　过渡流　transition flow　　　　　　　　　　　　　　　　　30
　　滑移流　slip flow　　　　　　　　　　　　　　　　　　　30
　　剪切驱动流　shear driven flow　　　　　　　　　　　　　265
　　局部流动阻力　patial flow resistance　　　　　　　　　　202
　　库埃特流　Couette flow　　　　　　　　　　　103, 147, 192, 265
　　连续流　continuum flow　　　　　　　　　　　　　　　　29
　　临界雷诺数　critical Reynolds number　　　　　　　　　166
　　毛细电泳流　capillary electrophorestic flow　　　　　　　298
　　摩擦阻力系数　friction drag coefficient　　　　　　　　　164
　　摩擦因子　friction factor　　　　　　　　　　　　　　　160
　　泊肃叶流　Poiseuille flow　　　　　　　　　　　　　　　152
　　谱带展宽　band broadening　　　　　　　　　　　　　　425
　　迁移　migration　　　　　　　　　　　　　　　　　239, 405
　　热力进口长度　thermal entry length　　　　　　　　　　171
　　蠕动　creep, peristalsis　　　　　　　　　　　　　　　　176
　　湍流　turbulence　　　　　　　　　　　　　　　　　156, 164
　　沿程流动阻力　path flow resistance　　　　　　　　　　161
　　阻力系数　drag coefficient　　　　　　　　　　　　　　165
　　自由分子流　free molecule flow　　　　　　　　　　　　30
流体　fluid　　　　　　　　　　　　　　　　　　　　　　　227
　　宾厄姆流体　Bingham fluid　　　　　　　　　　　　228, 359
　　磁流变液　magnetrorheological suspension　　　　　　　359
　　电流变液　electrorheological fluid　　　　　　　　　　　359
　　胶体　colliod　　　　　　　　　　　　　　　　　　　　243
　　胶体溶液　colliod solution　　　　　　　　　　　　　　243
　　拟塑料型流体　pseudoplastic fluid　　　　　　　　　　　228
　　牛顿流体　Newton fluid　　　　　　　　　　　　　　52, 228
　　凝胶　gel　　　　　　　　　　　　　　　　　　　　207, 380
　　膨胀型流体　expansible fluid　　　　　　　　　　　　　228
　　亲液流体　hydrophil fluid　　　　　　　　　　　　　244, 251
　　溶液　solution　　　　　　　　　　　　　　　　　　　233
　　疏液流体　hydrophobic fluid　　　　　　　　　　　　　244

Q

气体分子动力论　molecular gas dynamics　　　　　　　　　　31
　　BBGKY 方程组　BBGKY hierarchy　　　　　　　　　　33
　　玻尔兹曼方程　Boltzmann equation　　　　　　　　37, 42, 48
　　布尔耐特方程　Burnett equation　　　　　　　　　　　52

索引

Chapman–Enskog 方法　Chapman–Enskog method　　42
动量调节系数　momentum accommodation coefficient　　178, 183
分子作用力模型　intermolecular forces model　　55
高斯－赛德尔迭代　Gauss–Seidel iteration method　　131
加权系数　weighting coefficient　　121, 125
拉格朗日内插值　Lagrange interpoltion　　123
勒让德多项式　Legendre multinomial　　123
Liouville 定理　Liouville equation　　32
麦克斯韦分子模型　Maxwell molecular model　　56, 69
蒙特卡罗直接模拟法　direct simulation Monte Carlo (DSMC)　　61, 217
纳维－斯托克斯方程　Navier–Stokes equation　　52
欧拉公式　Euler equation　　49
切比雪夫多项式　Chebyshev multinomal　　128
热量调节系数　thermal accommodation coefficient　　180, 183
速度滑移　velocity slip　　177, 181
通用微分累加法　generalized differential-integral quadrature(GDQ)　　60, 121
微分累加法　differential-integral quadrature(DQ)　　60
温度突跳　temperature jump　　180
压力耦合方程的半隐方法　semi-implicit method for pressure linked equation (SIMPLE)　　130
雅可比迭代　Jacobi interation method　　131
硬球模型　hard sphere model　　56, 69

W

微泵　micropump　　399
表面张力　surface tension driven micropump　　405
超声波　ultrasonic micropump　　404
齿轮式　gear micropump　　403
磁流体动力　magnetic hydrodynamic micropump　　412
粗糙度梯度　roughness gradient micropump　　414
物理化学　physicochemical micropump　　413
电解气泡　electrolysis-bubble micropump　　414
电流体动力　electrohydrodynamic micropump　　410
电渗　electroosmatic micropump　　408
电湿　electrowetting micropump　　406
电泳　electrophorestic micropump　　408
光学齿轮　optical gear micropump　　414
介电电泳　dielectrophorestic micropump　　411
静电　electrostatic micropump　　401
气动　pneumatic micropump　　401
热气动　thermopneumatic micropump　　401
蠕动　peristallic micropump　　414
双金属　bimetallic micropump　　401

Tesla 型　Tesla micropump	402
铁磁流体　ferrafluidic magnetic micropump	413
相变　phase transfer micropump	406
形状记忆　shape memory micropump	401
压电式　piezoelectric micropump	401
直流式　rectification micropump	401
转子式　rotary micropump	402
微动力循环　micro-power cycle	437
布雷顿循环　Brayton cycle	437
微气体轴承　micro gas bearing	446
微透平　microturbine	439
微阀　microvalve	365
瓣膜式　valvular microvalve	377
被动　passive microvalve	365
变截面　variable section microvalve	365
电磁　electromagnetic microvalve	390
电化学　electrochemical microvalve	394
多相　multi-phase microvalve	381
静电　electrostatic microvalve	365
流变式　rheology microvalve	380
毛细力　capillary-force microvalve	379, 396
膜片　diaphragm microvalve	369
凝胶　gel microvalve	380
气泡式　bubble microvalve	378
曲尺支撑式　floppy flap microvalve	370, 376
热力气动　thermopneumatic microvalve	395
舌式　tonque microvalve	366
双金属片　bimetallic microvalve	382
缩/扩式　diffuser/nozzle microvalve	365
相变式　phase transfer microvalve	381
形状记忆合金　shape memory alloy microvalve	387
悬臂式　cantilever microvalve	366
压电式　piezoelectric microvalve	389
主动　active microvalve	362
直支撑式　stiff flap microvalve	370
微飞行器　micro air vehicle (MAV)	12
微分离器　micro separator	421
阵列毛细管电泳芯片　capillary array electrophoresis chip	424
扩散分离　diffused separation	422
凝胶分子筛　gel molecular cell	422
色谱分离　chromatographic separation	423
毛细管电泳分离　capillay electrophorestic separation	423, 425

整体柱电色谱芯片 monlith column electrochromagraphic chip		424
微混合器 micromixer		415
多层平行流式 multilayer parallel micromixer		419
多维扰动式 multi-D chaotic micromixer		418
二维曲折型 2-D serpentine micromixer		417
螺旋槽式 spiral microchannel micromixer		418
盘曲式 meander shape micromixer		417
喷注式 injection micromixer		418
三维波纹型 3-D corrugated micromixer		417
三维弯曲型 3-D serpentine micromixer		417
圣诞树型 Xmas-tree micromixer		419
双层交错型 bilayer cross micromixer		417
填床式 packed bed micromixer		419
T 型 T-type micromixer		416
液滴式 liquid droplet micromixer		419
一维波纹型 1-D corrugated micromixer		417
Y 型 Y-type micromixer		416
微机电系统 microelectromechanical system(MEMS)		2
微机器人 microbot		12
微流动 microflow, microfluidics		2, 14, 261
微流放大器 microfluidic amplifier		327
微喷墨打印头 micro-inkjet printer		287
微热管 micro heat pipe		331
微芯片实验室 lab-on-chip(μ-LOC)		12
微振荡器 micro-oscillator		328
物理化学 physicochemistry		
多相流 multi-phase flow		356
二次液滴 secondary droplet		353
接触角 contact angle		272
扩散 diffuse		314
冷凝 condensation		348
粘附功 adherence work		274
气泡 bubble		341
亲液表面 hydrophil surface		405
浸润 infiltration		272
渗透 osmosis		312
疏液表面 hydrophobic surface		405
相变 phase transfer		341
液滴 droplet		348
展布 spread		272
蒸发 evaporate		341
肿胀（溶胀） swelling		392

X

现象　phenomenon

  动电现象　electrokinetic phenomenon　289

  附壁现象　Coanda phenomenon　321

  毛细现象　capillary phenomenon　269

效应　effect

  表面优势效应　surface enhanced effect　7

  不连续效应　uncontinuity effect　6

  层流进样效应　laminal flow entry effect　430

  低雷诺数效应　low Renolds number effect　8

  多尺度多物态效应　multi-scale and multi-state effect　9

  附壁效应　Coanda effect　321

  进口效应　entrance effect　429

  流变效应　rheological effect　359

  弯道效应　bend effect　430

  稀薄效应　rarefaction effect　5

  形状记忆效应　shape memory effect　388

  压电效应　piezoelectric effect　389

郑 重 声 明

高等教育出版社依法对本书享有专有出版权。任何未经许可的复制、销售行为均违反《中华人民共和国著作权法》,其行为人将承担相应的民事责任和行政责任,构成犯罪的,将被依法追究刑事责任。为了维护市场秩序,保护读者的合法权益,避免读者误用盗版书造成不良后果,我社将配合行政执法部门和司法机关对违法犯罪的单位和个人给予严厉打击。社会各界人士如发现上述侵权行为,希望及时举报,本社将奖励举报有功人员。

反盗版举报电话:(010)58581897/58581896/58581879
反盗版举报传真:(010)82086060
E - mail:dd@hep.com.cn
通信地址:北京市西城区德外大街4号
　　　　　　高等教育出版社打击盗版办公室
邮　　编:100120

购书请拨打电话:(010)58581118